U0337308

气象标准汇编

2015

（上）

中国气象局政策法规司 编

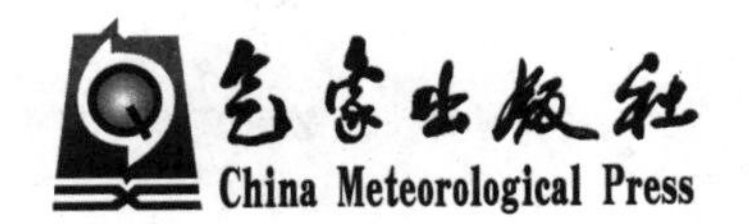

图书在版编目(CIP)数据

气象标准汇编. 2015/中国气象局政策法规司编. —北京:气象出版社, 2016.4

ISBN 978-7-5029-6341-5

Ⅰ.①气… Ⅱ.①中… Ⅲ.①气象-标准-汇编-中国-2015 Ⅳ.①P4-65

中国版本图书馆 CIP 数据核字(2016)第 081530 号

气象标准汇编 2015

中国气象局政策法规司 编

出版发行:气象出版社

地 址:北京市海淀区中关村南大街 46 号	邮政编码:100081
总 编 室:010-68407112	发 行 部:010-68409198
网 址:http://www.qxcbs.com	E-mail: qxcbs@cma.gov.cn
责任编辑:王萃萃	终 审:邵俊年
责任校对:王丽梅	责任技编:赵相宁
封面设计:王 伟	
印 刷:北京京科印刷有限公司	
开 本:880mm×1230mm 1/16	印 张:55.25
字 数:1650 千字	
版 次:2016 年 5 月第 1 版	印 次:2016 年 5 月第 1 次印刷
定 价:150.00 元	

本书如存在文字不清、漏印以及缺页、倒页、脱页等,请与本社发行部联系调换

前　　言

标准是经济活动和社会发展的技术支撑，是国家治理体系和治理能力现代化的基础性制度。气象标准化工作是气象事业提质增效升级、创新驱动发展的重要支撑，是全面推进气象现代化的重要基础，是气象信息化的重要环节。加强气象标准化建设，对于推进气象技术和管理要求的统一规范，促进气象资源的共享和最优配置，实现气象工作法治化具有十分重要的意义。

为了进一步加大对气象标准的学习、宣传和贯彻实施工作力度，使各级政府、广大社会公众和气象行业的广大气象工作者做到了解标准、熟悉标准、掌握标准、正确运用标准，充分发挥标准在提升气象业务技术水平和履行气象工作职责中的技术支撑和保障作用，中国气象局政策法规司对已颁布实施的气象行业标准按年度进行编辑，已出版了11册。本册是第12册，汇编了2015年颁布实施的气象行业标准共60项，供广大气象人员和有关单位学习使用。

中国气象局政策法规司

2016年4月

目　　录

下　册

ICS 07.060
A 47
备案号：49483—2015

中华人民共和国气象行业标准

QX 4—2015
代替 QX 4—2000

气象台(站)防雷技术规范

Technical specifications for lightning protection of meteorological offices (stations)

2015-01-26 发布　　　　2015-05-01 实施

中国气象局　发布

前　　言

本标准的第5.6、5.7、5.8条和第6.1条为强制性的，其余为推荐性的。

本标准按照GB/T 1.1—2009给出的规则起草。

本标准代替QX 4—2000。与QX 4—2000相比主要技术变化如下：

——删除了标准中描述目的和作用的语句；

——在范围的规定中，修改了本标准规定的内容（见第1章，2000年版的第1章）；

——在规范性引用文件的规定中，修改了引导语，删除了正文中未引用的文件，增加了正文中已引用的文件（见第2章，2000年版的第2章）；

——在术语和定义的规定中，修改了引导语（见第3章）；

——增加了部分术语（见3.1，3.6，3.10，3.12，3.13，3.15，3.16，3.17）；

——修改了正确理解本规范所需的术语（见3.2，3.3，3.4，3.5，3.7，3.8，3.9，3.11，3.14，2000年版的3.6，3.18，3.1，3.12，3.16，3.13，3.7，3.8，3.10）；

——删除了正文中使用少于2次的部分术语（见2000年版的3.2，3.3，3.4，3.5，3.9，3.11，3.14，3.15，3.17，3.19，3.20）；

——修改了“气象台（站）的防雷分级”的章节序号（见第4章，2000年版的第6章）；

——修改了用于防雷分级的年预计雷击次数标准（见4.2，4.3，4.4，2000年版的6.2，6.3，6.4）；

——增加了防雷分级和应用的相关规定（见4.5，4.6）；

——增加了“一般要求”，将“防护原则和一般规定”和“等电位连接和共用接地系统”内容整合到相应章节及后续章节（见第5章，第6章，第7章，第8章，2000年版的第4章，第7章）；

——修改了进行防雷设计的一般性要求（见5.1，2000年版的4.1）；

——增加了限制性要求内容（见5.2）；

——修改了应采用防护措施的基本要求（见5.3，5.4，5.5，5.6，2000年版的4.2，4.3，4.4）；

——修改了进行建筑物总等电位连接的基本要求（见5.7，2000年版的7.2）；

——修改了配电制式的防雷要求（见5.8，2000年版的7.4）；

——删除了一般性要求部分内容（见2000年版的4.5，4.6，4.7）；

——增加了“直击雷防护措施”章节（见第6章）；

——增加了户外设备、人员直击雷防护要求的内容（见6.1，6.2，6.3）；

——修改了观测场接闪器的部分内容（见6.4，2000年版的4.8）；

——增加了观测场外设置独立接闪杆时的要求（见6.5）；

——修改了建筑物设置环形接地体要求的部分内容（见6.6，2000年版的7.6）；

——增加了观测场接地体设置的要求（见6.7）；

——增加了防跨步电压的要求（见6.8）；

——增加了“接地和防雷等电位连接”章节（见第7章）；

——修改了接地和防雷等电位连接的部分内容（见7.1，7.3，7.4，7.5，7.7，2000年版的7.1，7.3，7.5，4.8，7.7）；

——增加了屋面金属设备接地的规定（见7.2）；

——增加了邻近地网做等电位连接的规定（见7.6）；

——修改了第8章标题（见第8章，2000年版的第8章）；

——增加了屏蔽和布线的优选措施（见8.1）；

——修改了屏蔽内容(见 8.2,8.3,8.4,8.5,8.8,8.9,2000 年版的 8.1,8.2,8.3,8.4,4.9);
——增加了室外线缆和观测场设备至建筑物间线缆的屏蔽要求(见 8.6,8.7);
——修改了合理布线要求,将附录 C 内容经修改后移入正文(见 8.10,2000 年版的 8.5、附录 C);
——删除了屏蔽效果计算方法(见 2000 年版的 8.6);
——修改了第 9 章标题(见第 9 章,2000 年版的第 9 章);
——修改了低压配电系统电涌保护器的选择与安装的部分内容(见 9.1,9.2,9.5,2000 年版的 9.2.1,9.2.2,9.2.3,附录 A);
——修改了条文号(见 9.3,2000 年版的 9.2.4);
——修改了信号线路电涌保护器的选择与安装的内容(见 9.6,2000 年版的 9.3);
——修改了天馈线路电涌保护器的选择与安装的部分内容(见 9.8,2000 年版的 9.4);
——增加了部分内容(见 9.4,9.7,9.9,9.10,9.11);
——删除了描述电涌保护器安装作用的内容(见 2000 年版的 9.1);
——修改了防雷装置维护与管理的部分内容(见 10.1,10.2,2000 年版的 10.1,10.2);
——删除了原有附录(见 2000 年版的附录 A、附录 B、附录 C、附录 D、附录 E);
——增加了附录 A,将部分正文内容修改后移入附录(见附录 A,2000 年版的第 5 章);
——明确了 5.6 条、5.7 条、5.8 条、6.1 条为强制性条文。

本标准由全国雷电灾害防御行业标准化技术委员会提出并归口。

本标准起草单位:浙江省防雷中心、北京市避雷装置安全检测中心、黑龙江省防雷中心、青海省雷电灾害防御中心。

本标准主要起草人:张卫斌、宋平健、吕东波、辛延俊、李剑、王芳、王康挺、周恩伟、庞立英、杨安良、赵珠、王文英。

本标准所代替标准的历次版本发布情况为:

——QX 4—2000。

气象台(站)防雷技术规范

1 范围

本标准规定了气象台(站)的防雷分级、一般要求、直击雷防护措施、接地和防雷等电位连接、屏蔽和合理布线、电涌保护器的选择与安装、防雷装置的维护与管理等。

本标准适用于气象台(站)的防雷设计与施工。

2 规范性引用文件

下列文件对于本文件的应用是必不可少的。凡是注日期的引用文件,仅注日期的版本适用于本文件。凡是不注日期的引用文件,其最新版本(包括所有的修改单)适用于本文件。

GB 50057—2010 建筑物防雷设计规范

GB 50177—2005 氢气站设计规范

GB 50343—2012 建筑物电子信息系统防雷技术规范

GB 50601—2010 建筑物防雷工程施工与质量验收规范

3 术语和定义

下列术语和定义适用于本文件

3.1

气象台(站) meteorological offices (stations)

用于气象观测、数据收集和处理、天气预报等业务的专业场所。

3.2

防雷装置 lightning protection system;LPS

用于减少闪击击于建(构)筑物上或建(构)筑物附近造成的物质性损害和人身伤亡,由外部防雷装置和内部防雷装置组成。

[GB 50057—2010,定义 2.0.5]

3.3

外部防雷装置 external lightning protection system

由接闪器、引下线和接地装置组成。

[GB 50057—2010,定义 2.0.6]

3.4

直击雷 direct lightning flash

闪击直接击于建(构)筑物、其他物体、大地或外部防雷装置上,产生电效应、热效应和机械力者。

[GB 50057—2010,定义 2.0.13]

3.5

防雷等电位连接 lightning equipotential bonding;LEB

将分开的诸金属物体直接用连接导体或经电涌保护器连接到防雷装置上以减小雷电流引发的电位差。

[GB 50057—2010,定义 2.0.19]

3.6

接地端子　earthing terminal

将保护导体、等电位连接导体和工作接地导体与接地装置连接的端子或接地排。

[GB 50343—2012,定义 2.0.8]

3.7

等电位连接带　bonding bar

将金属装置、外来导电物、电力线路、电信线路及其他线路连于其上以能与防雷装置做等电位连接的金属带。

[GB 50057—2010,定义 2.0.20]

3.8

等电位连接网络　bonding network;BN

将建(构)筑物和建(构)筑物内系统(带电导体除外)的所有导电性物体互相连接组成的一个网。

[GB 50057—2010,定义 2.0.22]

3.9

防雷区　lightning protection zone;LPZ

划分雷击电磁环境的区,一个防雷区的区界面不一定要有实物界面,如不一定要有墙壁、地板或天花板作为区界面。

[GB 50057—2010,定义 2.0.24]

3.10

屏蔽　shielding

一个外壳、屏障或其他物体(通常具有导电性),能够削弱一侧的电、磁场对另一侧的装置或电路的作用。

[GB/T 19663—2005,定义 6.2]

3.11

雷击电磁脉冲　lightning electromagnetic impulse;LEMP

雷电流经电阻、电感、电容耦合产生的电磁效应,包含闪电电涌和辐射电磁场。

[GB 50057—2010,定义 2.0.25]

3.12

电气系统　electrical system

由低压供电组合部件构成的系统,也称低压配电系统或低压配电线路。

[GB 50057—2010,定义 2.0.26]

3.13

电子系统　electronic system

由敏感电子组合部件构成的系统。

[GB 50057—2010,定义 2.0.27]

3.14

电涌保护器　surge protective device;SPD

用于限制瞬态过电压和分泄电涌电流的器件。它至少含有一个非线性元件。

[GB 50057—2010,定义 2.0.29]

3.15

Ⅰ级试验　class Ⅰ test

电气系统中采用Ⅰ级试验的电涌保护器要用标称放电电流 I_n,1.2/50 μs 冲击电压和最大冲击电流

I_{imp}做试验。Ⅰ级试验也可用 T1 外加方框表示，即[T1]。

[GB 50057—2010，定义 2.0.35]

3.16

Ⅱ级试验 class Ⅱ test

电气系统中采用Ⅱ级试验的电涌保护器要用标称放电电流 I_n，1.2/50 μs 冲击电压和 8/20 μs 电流波最大放电电流 I_{max}做试验。Ⅱ级试验也可用 T2 外加方框表示，即[T2]。

[GB 50057—2010，定义 2.0.37]

3.17

Ⅲ级试验 class Ⅲ test

电气系统中采用Ⅲ级试验的电涌保护器要用组合波做试验。组合波定义为由 2 Ω 组合波发生器产生 1.2/50 μs 开路电压 U_{oc}和 8/20 μs 短路电流 I_{sc}。Ⅲ级试验也可用 T3 外加方框表示，即[T3]。

[GB 50057—2010，定义 2.0.39]

4 气象台(站)的防雷分级

4.1 气象台(站)的雷电防护，根据其重要性、发生雷击事故的可能性和后果，分为三级。

4.2 在可能发生对地闪击的地区，遇有下列情况之一时，应划分为一级防雷气象台(站)：

a) 国家级气象中心、区域级气象中心、省(自治区、直辖市)级气象台；

b) 气象业务雷达站、卫星地球站、基准站和大气本底站；

c) 地处平均雷暴日大于或等于 30 d/a 的国家基本站、高空站、高山站和海岛站；

d) 预计雷击次数大于 0.05 次/a 的气象台(站)。

4.3 在可能发生对地闪击的地区，遇有下列情况之一时，应划分为二级防雷气象台(站)：

a) 地(市)级气象台；

b) 地处平均雷暴日小于 30 d/a 的国家基本站、高空站、高山站和海岛站；

c) 预计雷击次数大于或等于 0.01 次/a，且小于或等于 0.05 次/a 的气象台(站)。

4.4 除防雷等级为一级和二级以外的气象台(站)，在可能发生对地闪击的地区，应划为三级防雷气象台(站)。

4.5 按 4.2、4.3 进行防雷分级，当结果不一致时，按等级高的执行。

4.6 气象台(站)年预计雷击次数(N)为观测场年预计雷击次数(N_1)与建筑物年预计雷击次数(N_2)之和。观测场截收面积的计算参照 GB 50057—2010 的 4.5.5 对露天堆场截收面积的计算方法，高度按风杆(塔)高度计算，长度和宽度按观测场的长度和宽度计算。计算 N_1 时，k 取 2。N_2 的计算按 GB 50057—2010 的附录 A 执行。

5 一般要求

5.1 气象台(站)在进行防雷设计时，应调查地理、地质、土壤、气象、环境等条件和雷电活动规律，并结合设备所在雷电防护区和系统对雷击电磁脉冲的抗扰度、雷击事故受损程度及系统设备的重要性，从气象台(站)实际出发，研究防雷装置的形式及其布置，采用防雷新技术，进行全面规划，综合防治。

5.2 气象台(站)所安装的防雷装置不应影响设备的正常运行和观测数据的准确性。

5.3 气象台(站)应设防直击雷装置，并采取防雷击电磁脉冲的措施。

5.4 气象台(站)建(构)筑物的外部防雷设计应符合 GB 50057—2010 第二类和第三类防雷建筑物的规定，一级防雷气象台(站)应按第二类防雷建筑物、二级和三级防雷气象台(站)应按第三类防雷建筑物进行外部防雷设计。施工应符合 GB 50601—2010 的规定。

5.5 气象台(站)的户外设备均应处在 $LPZ0_B$ 内,防雷分区见附录 A。

5.6 制氢室和储氢室应分别按第一类和第二类防雷建筑物进行防雷设计,并符合 GB 50177—2005 的规定。

5.7 在建筑物地下室或地面层处,建筑物金属体、金属装置、建筑物内电气和电子系统、进出建筑物的金属管线应与接地装置做防雷等电位连接。

5.8 当电源采用 TN 系统时,从总配电箱起供电给本气象台(站)内的配电线路和分支线路应采用TN-S 系统。

6 直击雷防护措施

6.1 对于因业务作业需要在户外活动的区域,应在雷击风险评估的基础上确定是否采取直击雷防护,当需要时应使该区域处于 $LPZ0_B$ 内,人员活动区域保护高度不宜小于 2.5 m。

6.2 建筑物屋面上安装的设备宜利用建筑物原有的接闪器进行直击雷防护,当设备不处于接闪器保护范围内时,应架设接闪杆。当建筑物屋顶上的永久金属构件满足接闪器要求时,可作为接闪器。

6.3 建筑物屋面上安装的设备与接闪器之间的间隔距离应按下式计算:

$$S_a \geqslant 0.06 k_c l_x \qquad \cdots\cdots(1)$$

式中:

S_a ——空气中的间隔距离,单位为米(m);

k_c ——分流系数,按 GB 50057—2010 附录 E 的规定取值;

l_x —— 接闪器或引下线计算点到连接点的长度,单位为米(m),连接点即设备或电气和电子系统线路与防雷装置之间直接或通过电涌保护器(SPD)相连之点。

6.4 观测场内风杆(塔)顶部的接闪杆应使风杆(塔)上部的观测设备处于 $LPZ0_B$ 内。高山站观测场宜根据环境情况在其外围设置水平或其他形式的接闪器。

6.5 预计雷击次数大于 0.05 次/a 的一级防雷气象台(站),宜在其观测场外另架设独立接闪杆,架设位置宜选择在雷暴主导路径上风方,高度不应低于观测场内风杆(塔)顶部的接闪杆,独立接闪杆至观测场的距离不宜小于 10 m 且不宜大于 60 m,而且不应影响正常观测。

6.6 应利用建筑物基础钢筋网作为共用接地装置。当建筑物没有基础钢筋网可利用时,应在建筑物四周埋设环形接地体。接地体的接地电阻不宜大于 4 Ω。处在高山、海岛等岩石地面土壤电阻率大于 1000 Ω·m 的气象台(站),接地体的接地电阻值可适当放宽,但应围绕基础接地体敷设环形接地体,环形接地体所包围面积的等效半径不应小于 5 m,并使用 4 根以上导体与基础接地体连接。

6.7 观测场应采用垂直接地体与水平接地体结合的方式埋设人工接地体,宜优先设置环形接地体,观测场内的电缆沟中宜敷设接地干线,接地干线与环形接地体应在不同方向多点连接。风杆(塔)宜直接与环形接地体进行可靠电气连接(参见图 1)。

6.8 当接地体穿过人行通道下方敷设时应考虑采取防跨步电压措施。

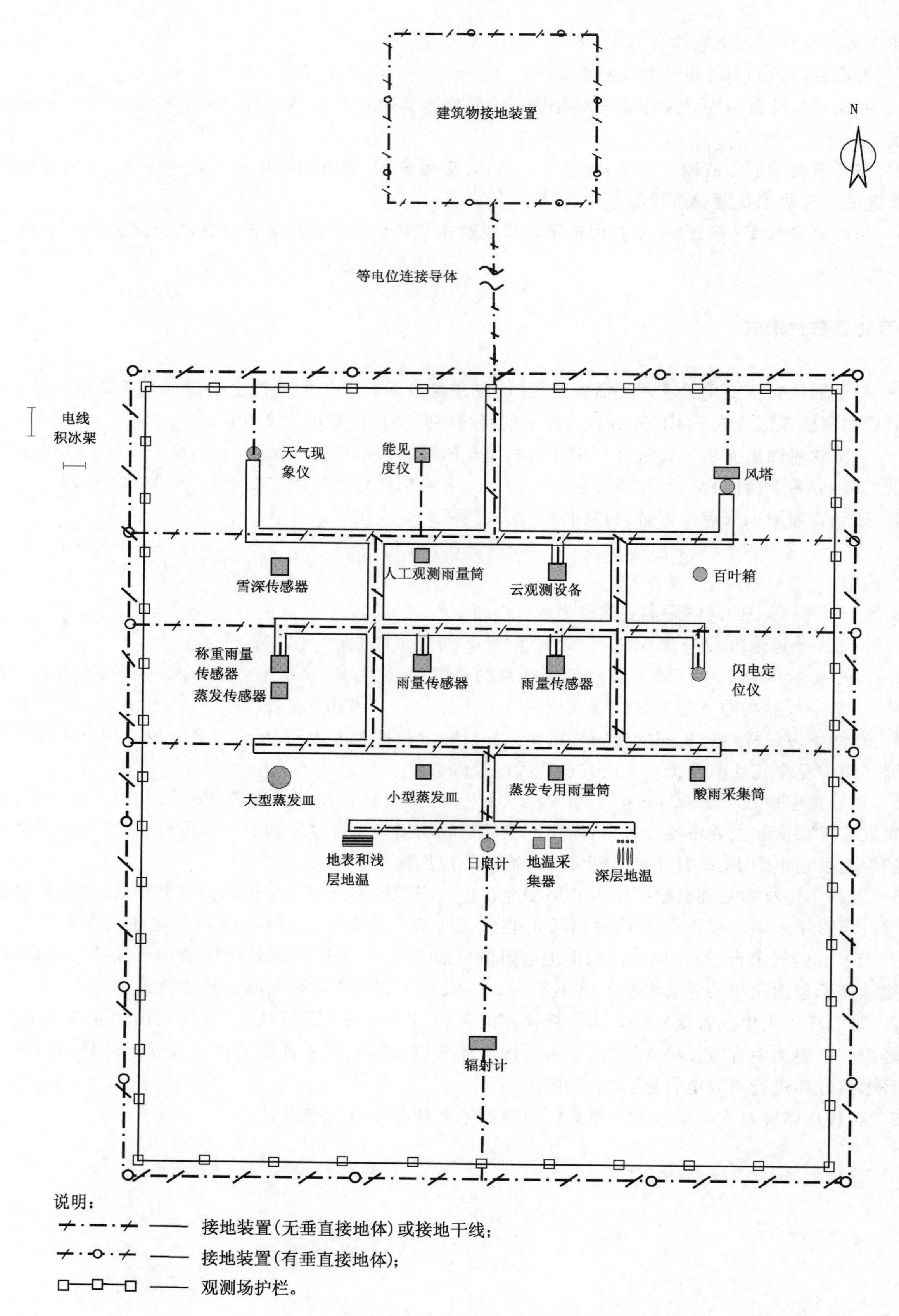

图 1　气象台(站)接地系统示意图

7 接地和防雷等电位连接

7.1 应利用建筑物内部或其上的金属部件多重互连，组成网格状低阻抗等电位连接网络，并与接地装置构成一个接地系统。

7.2 建筑物屋面应设置接地端子。屋面上的金属设备应就近与屋面预留的接地端子进行连接。

7.3 进出建筑物的导电物体均应在 $LPZ0_B$ 和 LPZ1 区交界处或建筑物入户处做等电位连接，并可靠接地。在 LPZ1 和 LPZ2 区交界处及后续雷电防护区的交界处也应进行等电位连接。进出机柜的线缆屏蔽层及光缆的金属加强芯、金属挡潮层应在机柜外侧处做等电位连接。

7.4 电子系统的所有外露导电物应与建筑物的等电位连接网络做功能性等电位连接。根据建筑物内各机房电子系统的工作频率设置等电位连接网络，当电子系统为 300 kHz 以下的模拟线路时可采用 S 型等电位连接，当电子系统为 MHz 以上数字线路时应采用 M 型等电位连接。

机房内电子设备的金属外壳、机柜、机架、金属管、槽、屏蔽线缆外层、防静电接地、安全保护地、SPD 接地端等均应以最短的距离与等电位连接网络连接。

当采用 S 型连接时，所有设施管线和电缆宜从接地基准点(ERP)处附近进入该电子系统。S 型等电位连接应仅通过唯一的一点，即 ERP 组合到接地系统中去形成 S_s 型等电位连接。

当采用 M 型连接时，M 型等电位连接通过多点连接组合到等电位连接网络中去，形成 M_m 型等电位连接。每台设备的等电位连接线的长度不宜大于 0.5 m，并宜设两根等电位连接线，安装于设备的对角处，其长度宜相差 20%。环型等电位连接带宜每隔不大于 5 m 与建筑物内主钢筋连接。当建筑物无钢筋或建筑物内钢筋截面达不到地网要求时，M 型等电位连接带应有不少于两处与人工地网可靠连接，间隔不小于 5 m。

S 型和 M 型等电位连接的基本方法见图 2。

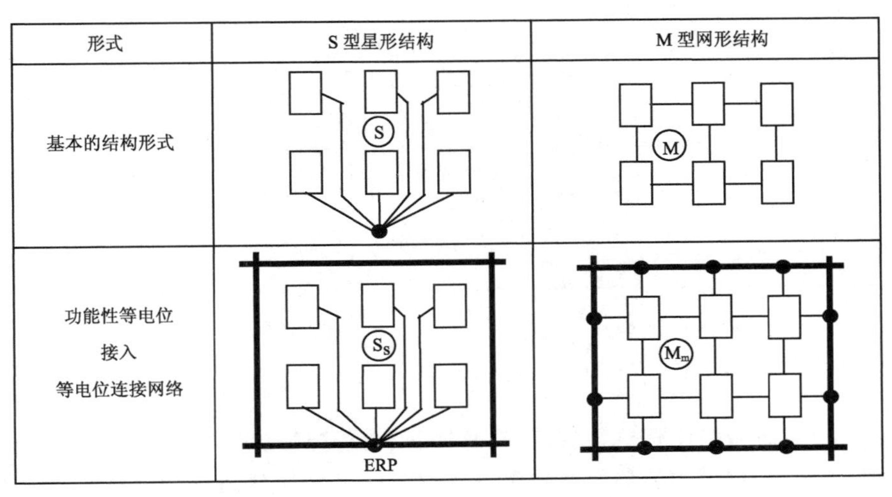

形式
S 型星形结构
M 型网形结构
基本的结构形式
S
M
功能性等电位
接入
等电位连接网络
Ss
Mm
ERP

说明：

—— 等电位连接网络；

—— 等电位连接导体；

—— 设备；

—— 接至等电位连接网络的等电位连接点；

ERP —— 接地基准点；

S_s —— 将星形结构通过 ERP 点整合到等电位连接网络中；

M_m —— 将网形结构通过网形连接整合到等电位连接网络中。

图 2 电子系统等电位连接的基本方法示意图

7.5 室外观测仪器设备金属外壳、穿线金属管、金属线槽应就近与接地干线进行电气连接，其连接部位应做防腐处理。观测场的金属护栏、金属支柱、混凝土柱内的钢筋等金属物应形成整体电气连接，并与环形接地体或接地干线做等电位连接，连接点间隔不宜大于 18 m。

7.6 观测场与值班室所在建筑物之间，以及有电气和电子系统线路连通的相邻建筑物之间，应将其接地装置互相连接，等电位连接导体可通过穿线钢管（金属线槽）、电缆沟的钢筋、金属管道、专用接地干线等连接（参见图 1）。

7.7 做防雷等电位连接各连接部件的最小截面，应符合表 1 的规定。连接单台或多台Ⅰ级分类试验或 D1 类 SPD 的单根导体的最小截面，尚应按下式计算：

$$S_{min} \geqslant I_{imp}/8 \qquad \cdots\cdots(2)$$

式中：

S_{min} ——单根导体的最小截面，单位为平方毫米（mm^2）；

I_{imp} ——流入该导体的雷电流，单位为千安培（kA）。

表 1 防雷装置各连接部件的最小截面

<table>
<tr><th colspan="3">等电位连接部件</th><th>材料</th><th>截面/mm²</th></tr>
<tr><td colspan="3">等电位连接带（铜、外表面镀铜的钢或热镀锌钢）</td><td>铜
铁</td><td>50</td></tr>
<tr><td colspan="3" rowspan="3">从等电位连接带至接地装置或
各等电位连接带之间的连接导体</td><td>铜</td><td>16</td></tr>
<tr><td>铝</td><td>25</td></tr>
<tr><td>铁</td><td>50</td></tr>
<tr><td colspan="3" rowspan="3">从屋内金属装置至等电位连接带的连接导体</td><td>铜</td><td>6</td></tr>
<tr><td>铝</td><td>10</td></tr>
<tr><td>铁</td><td>16</td></tr>
<tr><td rowspan="4">连接 SPD 的导体</td><td rowspan="3">电气
系统</td><td>Ⅰ级试验的 SPD</td><td rowspan="4">铜</td><td>6</td></tr>
<tr><td>Ⅱ级试验的 SPD</td><td>2.5</td></tr>
<tr><td>Ⅲ级试验的 SPD</td><td>1.5</td></tr>
<tr><td>电子
系统</td><td>信号 SPD</td><td>1.2</td></tr>
</table>

8 屏蔽和合理布线

8.1 气象台（站）宜综合采用建筑物屏蔽、机房屏蔽、设备屏蔽、线缆屏蔽和线缆合理布设措施。

8.2 气象台（站）业务系统和装备所在的建筑物的屏蔽宜利用建筑物的金属框架、混凝土中的钢筋、金属墙面、金属屋面等自然金属部件与防雷装置连接构成格栅型大空间屏蔽。

8.3 气象台（站）主机房宜选择在建筑物低层中心部位，其设备应配置在 LPZ1 区或之后的后续防雷区内，并与相应的雷电防护区屏蔽体及结构柱留有一定的安全距离，安全距离不宜小于 1 m。

8.4 当建筑物自然金属部件构成的大空间屏蔽不能满足机房内电子系统电磁环境要求时，应增加机房屏蔽措施。对雷击电磁场敏感程度较高的设备应置于具有屏蔽功能的机柜内。

8.5 在需要保护的空间内，建筑物内的电源、信号线路宜采用屏蔽电缆或穿金属线槽敷设。电缆屏蔽层或金属线槽应至少在两端，并宜在防雷区交界处做等电位连接，系统要求只在一端做等电位连接时，应采用两层屏蔽或穿金属线槽敷设，外层屏蔽或金属线槽应至少在两端，并宜在防雷区交界处做等电位连接。

8.6　室外观测仪器设备的数据传输线均应使用屏蔽电缆并穿金属线槽(管)敷设,金属线槽(管)应与接地干线多点连接,宜每隔 5 m～10 m 连接一次。

8.7　观测场至建筑物的数据传输线和电源线应穿金属线槽(管)敷设,屏蔽体一端应与观测场内金属线槽(管)电气连通,另一端应在建筑物入户处做等电位连接。

8.8　进出建筑物的通信线路宜优先采用光缆,当采用金属线缆时,宜使用屏蔽电缆或穿金属管埋地引入。相应的防雷等电位连接要求见 7.3。

8.9　固定在建筑物上的气象观测仪器及其他用电设备的线路应采用有金属铠装的电缆或将导线穿金属线槽(管),各段金属线槽(管)应保证电气贯通。水平布置的金属线槽(管)或电缆的金属铠装层宜每隔 10 m 与接地预留点或接闪带就近等电位连接,垂直布置的金属线槽(管)或电缆的铠装层至少应在上下两端就近与等电位连接带连接。

8.10　建筑物内线路的布设宜避免形成环路,电源线路和信号线路宜分槽布设,数据传输线与其他管线的间距宜符合表 2、表 3 的要求。

表 2　数据传输线缆与其他管线的间距

线缆	其他管线	平行净距/mm	垂直交叉净距/mm
数据传输线缆	防雷引下线	1000	300
	保护地线	50	20
	给水管	150	20
	热力管(不包封)	500	500
	热力管(包封)	300	300

表 3　数据传输线缆与电力电缆的间距

类别	与数据传输线缆接近状况	最小间距/mm
380 V 电力电缆容量<2 kV·A	与数据传输线缆平行敷设	130
	有一方在接地的金属线槽或钢管中	70
	双方都在接地的金属线槽或钢管中	10
380V 电力电缆容量 2～5 kV·A	与数据传输线缆平行敷设	300
	有一方在接地的金属线槽或钢管中	150
	双方都在接地的金属线槽或钢管中	80
380V 电力电缆容量>5 kV·A	与数据传输线缆平行敷设	600
	有一方在接地的金属线槽或钢管中	300
	双方都在接地的金属线槽或钢管中	150
当 380 V 电力电缆的容量<2 kV·A,双方都在接地的线槽中,且平行长度≤10 m 时,最小间距可以是 10 mm。 双方都在接地的线槽中,系指两个不同的线槽,也可在同一线槽中用金属板隔开。		

9 SPD的选择与安装

9.1 防雷等级为一级的气象台(站),低压配电系统宜安装3级SPD进行保护,其中:

——SPD1:安装在总配电柜上,宜选用Ⅰ级试验的SPD,其电压保护水平(U_p)值应不大于2.5 kV,每一保护模式的冲击电流值,当无法计算时应等于或大于12.5 kA。若无电源线路处于$LPZ0_A$时,也可选用Ⅱ级试验的SPD,标称放电电流(I_n)值宜符合GB 50343—2012的表5.4.3-3的规定;

——SPD2:安装在分配电盘上,宜选用Ⅱ级试验的SPD,I_n值宜等于或大于5 kA;

——SPD3:安装在设备前端,宜选用Ⅱ级或Ⅲ级试验的SPD,I_n值宜等于或大于3 kA;

——SPD2、SPD3的有效电压保护水平值应符合GB 50343—2012的5.4.3的规定。

9.2 防雷等级为二级、三级的气象台(站),低压配电系统中应安装2级SPD进行防护,其中:

——SPD1:安装在总配电柜上,宜选用Ⅰ级试验的SPD,其U_p值不大于2.5 kV。每一保护模式的冲击电流值,当无法计算时应等于或大于12.5 kA。若无电源线路处于$LPZ0_A$时,也可选用Ⅱ级试验的SPD,I_n值宜符合GB 50343—2012的表5.4.3-3的规定;

——SPD2:安装在设备前端,二级防雷气象台(站)宜选用Ⅱ级试验的SPD,I_n值宜等于或大于5 kA;三级防雷气象台(站)宜选用Ⅱ级或Ⅲ级试验的SPD,I_n值宜等于或大于3 kA。有效电压保护水平应符合GB 50343—2012的5.4.3的规定。

9.3 使用直流电源供电的设备,应在直流电源后端安装直流电源SPD,其U_c应大于工作电压的1.2倍以上。

9.4 宜根据当地电网质量现状适当提高U_c值。U_c值不应小于当地电网电压波动的最高值。

9.5 当电压开关型SPD至限压型SPD之间的线路长度小于10 m、限压型SPD之间的线路长度小于5 m时,在两级SPD之间应加装退耦装置。当SPD具有能量自动配合功能时,SPD之间的线路长度不受限制。SPD应有劣化显示功能。SPD在安装时应设后备保护装置,当主电路中的过电流保护的参数不大于SPD后备保护装置规定的参数时,可不安装后备保护装置。

9.6 进入建筑物内的电子线路采用金属线缆时,其引入的终端箱处应安装D1类高能量试验类型的SPD(D1类别见GB 50057—2010的表J.2.1),其中防雷等级为一级的其短路电流不小于1.5 kA,防雷等级为二级、三级的其短路电流不小于1.0 kA。所接入的SPD,其U_c最小值应大于接到线路处可能产生的最大运行电压,U_p应小于设备端口耐压要求。

9.7 制氢室宜使用防爆型保护装置。

9.8 当电台和各类收、发信天馈线路上需要安装SPD时,应安装在收/发通信设备的射频出、入端口处。U_p小于设备端口耐压要求,冲击电流不小于2 kA,U_c大于线路上可能出现的最大运行电压,其他参数应符合系统要求。

9.9 固定在建筑物上的气象观测仪器及其他用电设备和线路,在对应配电箱内应在开关的电源侧装设Ⅱ级试验的SPD,其U_p不应大于2.5 kV,I_n值不应小于20 kA。

9.10 气象台(站)室外照明及其他辅助设备系统宜在该系统电源线输出装置处安装U_p不大于2.5 kV的SPD,I_n值应根据具体情况确定。

9.11 SPD的安装应符合GB 50057—2010的附录J的要求,连接SPD的导体截面宜符合表1的要求。

10 防雷装置的维护与管理

10.1 气象台(站)的防雷装置应确定专人负责管理。防雷装置的相关资料应及时归档保存。当发生雷击灾害时,应将情况及时上报上级主管部门。防雷装置每年应进行定期检测。

10.2　防雷装置应定期维护，在每年雷雨季节前应全面检查防雷装置运行情况，并针对性维护，及时排除隐患。

10.3　新建或改扩建气象台(站)及使用中增添设备需防雷设计与施工时，均应按程序步骤，明确防护目标、计划，按标准进行防护设计、施工安装和复查验收。

附 录 A
（规范性附录）
防雷区的划分

A.1 防雷区划分的原则

应将气象台(站)建(构)筑物按需要保护的空间由外到内分为不同的防雷区,以确定各LPZ空间的雷击电磁脉冲的强度,以便采取相应的防护措施。

A.2 防雷区划分

防雷区划分如下:

——本区内的各物体都可能遭到直接雷击并导走全部雷电流,以及本区内的雷击电磁场强度没有衰减时,应划分为LPZ0A区。

——本区内的各物体不可能遭到大于所选滚球半径对应的雷电流直接雷击,以及本区内的雷击电磁场强度仍没有衰减时,应划分为LPZ0B区。

——本区内的各物体不可能遭到直接雷击,且由于在界面处的分流,流经各导体的电涌电流比LPZ0B区内的更小,以及本区内的雷击电磁场强度可能衰减,衰减程度取决于屏蔽措施时,应划分为LPZ1区。

——需要进一步减小流入的电涌电流和雷击电磁场强度时,增设的后续防雷区应划分为LPZ2…n后续防雷区。

气象台(站)建筑物防雷区划分示例见图A.1,气象台(站)观测场的防雷区划分示例见图A.2。

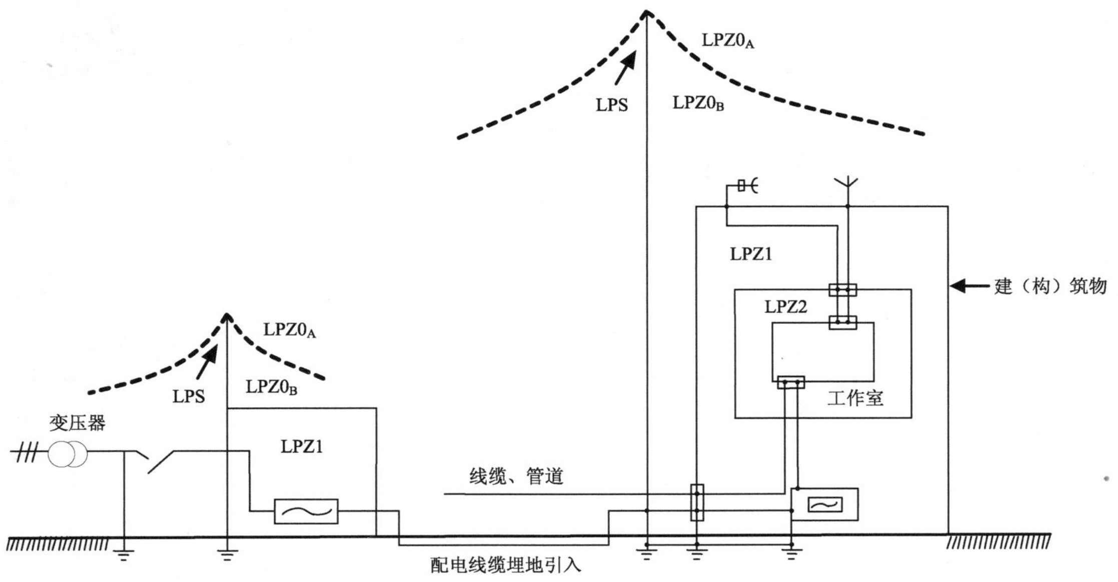

说明：

—— 在不同防雷区界面上的等电位连接带；

—— 起屏蔽作用的建筑物外墙、房间或其他屏蔽；

LPS —— 外部防雷装置；

- - - —— 按滚球法计算 LPS 接闪器的保护范围；

—— 天线；

—— 交流配电屏（室）。

图 A.1 气象台(站)建(构)筑物的防雷区划分示例

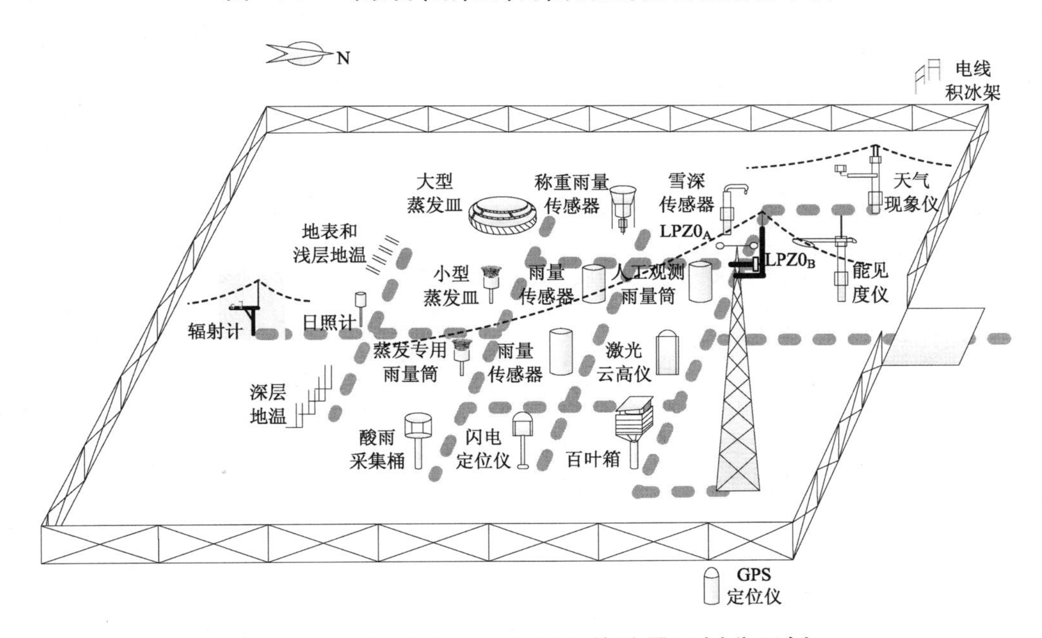

图 A.2 气象台(站)观测场的防雷区划分示例

ICS 07.060
B 18
备案号：49484—2015

中华人民共和国气象行业标准

QX/T 21—2015
代替 QX/T 21—2004

农业气象观测记录年报数据文件格式

Annual records format of agrometeorological observation

2015-01-26 发布 2015-05-01 实施

中 国 气 象 局 发 布

前　言

本标准按照 GB/T 1.1—2009 给出的规则起草。

本标准代替 QX/T 21—2004《农业气象观测记录年报数据文件格式》。与 QX/T 21—2004 相比主要技术变化如下：

——修改了数据结构(见 3.2,2004 年版的 4.2)；

——删除了原有术语和定义(见 2004 年版的 2.1～2.13),增加了“农业气象观测记录年报”定义(见 2.1)；

——调整了土壤水分(中子仪法)观测记录年报部分(见 4.2,2004 年版的 4.2)；

——修改了部分数据项结束符(见 3.2.3,2004 年版的 4.4)；

——修改了自然物候观测记录和畜牧气象观测记录年报数据块标识符(见 4.2,2004 年版的 4.2)。

本标准由全国气象基本信息标准化技术委员会(SAC/TC 346)提出并归口。

本标准起草单位:国家气象信息中心、国家气象中心、天津市气象局、山东省日照市气象局。

本标准主要起草人:赵煜飞、刘娜、高鹰、成兆金、高静、庄立伟。

本标准所代替标准的历次发布情况为：

——QX/T 21—2004。

农业气象观测记录年报数据文件格式

1 范围

本标准规定了农业气象观测记录年报数据文件的范围、格式及内容。

本标准适用于各类农业气象观测站采集的农业气象观测记录年报的归档、存储、管理和历史资料数字化。

2 术语和定义

下列术语和定义适用于本文件。

2.1

农业气象观测记录年报 Annual records of agrometeorological observation

逐年记录作物生育状况观测、土壤水分观测、自然物候观测、畜牧气象观测的报表。

3 文件格式

3.1 文件名

文件名为 NIIiii-YYYY. TXT。文件名中字符含义见表1。

表1 文件名字符含义

字符	含义
N	固定字符,表示文件类别为农业气象观测记录年报数据
IIiii	区站号
YYYY	观测截止年份
TXT	固定字符,表示文件为文本文件

3.2 文件结构

3.2.1 文件构成

农业气象观测记录年报数据文件由台站参数、年报数据和附加信息三部分构成。台站参数是文件的第一条记录,附加信息是最后一条记录,台站参数和附加信息之间为年报数据。每类年报对应若干数据块,每个数据块分为若干数据段,数据段分为若干条记录,每条记录分为若干数据组,具体见附录A。

3.2.2 文件格式要求

文件格式应遵循以下规定:

a) 整数和小数数据位数不足时,高位补空格;字符数据按照实际数据长度占位。

b) 若无特殊规定,日期由8位数字(YYYYMMDD)组成。YYYY为年,MM为月,DD为日。位数不足,高位补“0”。

c) 数据段最后一条非空记录后直接输入数据组结束符和数据段结束符。

d) 数据组缺测，用一位空格表示。

e) 数据段缺测，段标识符和段结束符不能省略；数据块缺测，块标识符和块结束符不能省略。

3.2.3 数据项结束符表示方式

文件中各数据项结束符表示方式见表2。

表2 各数据项结束符表示方式

数据项名称	结束符
数据组	|
记录	<CR>
数据段	=<CR>
数据块	!!!!!! <CR>
年报数据	?????? <CR>
附加信息	######<CR>
注："|"为半角字符。	

4 文件内容

4.1 台站参数

台站参数由区站号、经度、纬度、海拔高度、观测截止年份、观测时制共六组数据组成。各组数据规定如下：

a) 区站号(IIiii)，由5位数字组成，前2位为区号，后3位为站号；

b) 经度(LLLLLL)，由5位数字加1位字母组成，前5位为经度，其中1～3位为度，4～5位为分，位数不足，高位补"0"。最后1位"E"、"W"分别表示东经、西经；

c) 纬度(QQQQQ)，由4位数字加1位字母组成，前4位为纬度，其中1～2位为度，3～4位为分，位数不足，高位补"0"。最后1位"S"、"N"分别表示南纬、北纬；

d) 观测场海拔高度(HHHHHH)，由6位数字组成，第1位为海拔高度参数，实测为"0"，约测为"1"。后5位为海拔高度，单位为0.1 m，位数不足，高位补"0"。若测站位于海平面以下，则第2位为"-"；

e) 观测截止年份(YYYY)，由4位数字组成；

f) 观测时制，由2位或3位字母组成，"BT"代表北京时，"GMT"代表世界时。

4.2 年报数据

年报数据应严格按照作物生育状况观测记录、土壤水分观测记录、自然物候观测记录、畜牧气象观测记录四类年报数据顺序排列。数据块标识符(块标识符)为该数据块的第一条记录，数据段标识符(段标识符)为该数据段的第一条记录。各年报数据标识符对照表见表3。作物生育状况观测记录、土壤水分观测记录、自然物候观测记录、畜牧气象观测记录各数据段的填报要求分别见附录B～附录E。纸质作物生育状况观测记录年报表(农气表-1)、土壤水分观测记录年报表(农气表-2)、自然物候观测记录年报表(农气表-3)、畜牧气象观测记录年报表(农气表-4)格式分别参见附录F～附录I。

表3 标识符对照表

数据块名称	块标识符	段标识符
作物生育状况观测记录年报	Cy	Cnnx
土壤水分观测记录年报	Sy	Snnx
自然物候观测记录年报	Py	Pnnx
畜牧气象观测记录年报	Gy	Gnnx

注1:数据块缺测时,y取“=”。
注2:数据块有记录时,块标识符为Cy,Sy,y取A,B,C,…,Z,表示作物序号;块标识符为Py,Gy,y取“0”。
注3:nn为两位数字,表示数据段序号,如:00,01,02,…。
注4:数据段缺测时,x取“=”;数据段有记录时,x取“0”

4.3 附加信息

附加信息由省(自治区、直辖市)名、台站名称、地址、档案号、备注五组数据组成。各组数据规定如下:

a) 档案号:由5位数字组成。
b) 省(自治区、直辖市)名:不定长字符。
c) 台站名称:不定长字符。
d) 地址:台站详细地址,不定长字符。
e) 备注:站址变动、观测环境变化及不正常观测记录的处理等信息。

附　录　A
（规范性附录）
农业气象观测记录年报数据文件结构

IIiii|LLLLLL|QQQQQ|HHHHHH|YYYY|观测时制|<CR>

CA<CR>

C00x<CR>

作物名称|品种名称|……|寄出（上传）时间|是否质量控制标识|=<CR>

C01x<CR>

名称|始期|普遍期|末期|生长状况（类）|生长高度|总株（茎）密度|有效株（茎）密度|<CR>

……

名称|始期|普遍期|末期|生长状况（类）|生长高度|总株（茎）密度|有效株（茎）密度|=<CR>

C02x<CR>

发育期|项目|单位|数值|<CR>

……

发育期|项目|单位|数值|=<CR>

C03x<CR>

项目|单位|数值|<CR>

……

项目|单位|数值|=<CR>

C04x<CR>

播种到成熟天数|地段实收面积|地段总产|地段1平方米产量|=<CR>

C05x<CR>

项目|起始日期|终止日期|方法和工具|数据、质量、效果|<CR>

……

项目|起始日期|终止日期|方法和工具|数据、质量、效果|=<CR>

C06x<CR>

观测开始日期|观测终止日期|灾害名称|受害期|天气气候情况|受害征状|植株受害程度|器官受害程度|灾前灾后采取的主要措施|对产量的影响情况|地段代表的灾情类型|<CR>

……

观测开始日期|观测终止日期|灾害名称|受害期|天气气候情况|受害征状|植株受害程度|器官受害程度|灾前灾后采取的主要措施|对产量的影响情况|地段代表的灾情类型|=<CR>

C07x<CR>

调查开始日期|调查终止日期|灾害名称|受害期|灾害分布在县内哪些主要区、乡|本县成灾面积及其面积比例|作物受害征状|植株器官受害程度|灾前灾后采取的主要措施|灾情综合评定|减产情况|其他损失|成灾其他原因分析|资料来源|<CR>

……

调查开始日期|调查终止日期|灾害名称|受害期|灾害分布在县内哪些主要区、乡|本县成灾面积及其面积比例|作物受害征状|植株器官受害程度|灾前灾后采取的主要措施|灾情综合评定|减产情况|其他损失|成灾其他原因分析|资料来源|=<CR>

C08x<CR>

观测地段说明|=<CR>

C09x<CR>

纪要|=<CR>

C10x<CR>

生产水平|观测调查地点|作物品种名称|产量|播种日期|收获日期|=<CR>

C11x<CR>

观测调查日期|发育期|高度|密度|生长状况(类)|产量因素—项目1(单位)|产量因素—数值1|产量因素—项目2(单位)|产量因素—数值2|产量因素—项目3(单位)|产量因素—数值3|产量因素—项目4(单位)|产量因素—数值4|<CR>

……

观测调查日期|发育期|高度|密度|生长状况(类)|产量因素—项目1(单位)|产量因素—数值1|产量因素—项目2(单位)|产量因素—数值2|产量因素—项目3(单位)|产量因素—数值3|产量因素—项目4(单位)|产量因素—数值4|=<CR>

C12x<CR>

生产水平|观测调查地点|作物品种名称|产量|播种日期|收获日期|=<CR>

C13x<CR>

观测调查日期|发育期|高度|密度|生长状况(类)|产量因素—项目1(单位)|产量因素—数值1|产量因素—项目2(单位)|产量因素—数值2|产量因素—项目3(单位)|产量因素—数值3|产量因素—项目4(单位)|产量因素—数值4|<CR>

……

观测调查日期|发育期|高度|密度|生长状况(类)|产量因素—项目1(单位)|产量因素—数值1|产量因素—项目2(单位)|产量因素—数值2|产量因素—项目3(单位)|产量因素—数值3|产量因素—项目4(单位)|产量因素—数值4|=<CR>

C14x<CR>

测定日期|叶面积—单株平均|叶面积—1平方米|叶面积—叶面积指数|植株鲜/干重—鲜叶片|植株鲜/干重—干叶片|植株鲜/干重—鲜叶鞘(叶柄)|植株鲜/干重—干叶鞘(叶柄)|植株鲜/干重—鲜茎(枝)|植株鲜/干重—干茎(枝)|植株鲜/干重—鲜穗(铃、荚)|植株鲜/干重—干穗(铃、荚)|植株鲜/干重—鲜整株(茎)合计|植株鲜/干重—干整株(茎)合计|植株鲜/干重—鲜植1平方米|植株鲜/干重—干植1平方米|植株鲜/干重—植株含水率|植株鲜/干重—生长率|灌浆速度—日期|灌浆速度—含水率|灌浆速度—千粒重|灌浆速度—灌浆速度|<CR>

……

测定日期|叶面积—单株平均|叶面积—1平方米|叶面积—叶面积指数|植株鲜/干重—鲜叶片|植株鲜/干重—干叶片|植株鲜/干重—鲜叶鞘(叶柄)|植株鲜/干重—干叶鞘(叶柄)|植株鲜/干重—鲜茎(枝)|植株鲜/干重—干茎(枝)|植株鲜/干重—鲜穗(铃、荚)|植株鲜/干重—干穗(铃、荚)|植株鲜/干重—鲜整株(茎)合计|植株鲜/干重—干整株(茎)合计|植株鲜/干重—鲜植1平方米|植株鲜/干重—干植1平方米|植株鲜/干重—植株含水率|植株鲜/干重—生长率|灌浆速度—日期|灌浆速度—含水率|灌浆速度—千粒重|灌浆速度—灌浆速度|=<CR>

C15x<CR>

生育期间农业气象条件鉴定|=<CR>

C16x<CR>

县平均产量|=<CR>

C17x<CR>

与上年比增减产百分比|=<CR>

C18x<CR>

高度测定日期|生长高度|＝＜CR＞

……

高度测定日期|生长高度|＝＜CR＞

!!!!!! ＜CR＞【A 作物生育状况观测记录年报数据块结束符】

CB＜CR＞

C00x＜CR＞

作物名称|品种名称|…|寄出(上传)时间|是否质量控制标识|＝＜CR＞

C01x＜CR＞

名称|始期|普遍期|末期|生长状况(类)|生长高度|总株(茎)密度|有效株(茎)密度|＜CR＞

……

名称|始期|普遍期|末期|生长状况(类)|生长高度|总株(茎)密度|有效株(茎)密度|＝＜CR＞

……

C17x＜CR＞

与上年比增减产百分比|＝＜CR＞

!!!!!! ＜CR＞【B 作物生育状况观测记录年报数据块结束符】

SA＜CR＞

S00x＜CR＞

观测方法|作物名称|品种名称|…|寄出(上传)时间|是否质量控制标识|＝＜CR＞

S01x＜CR＞

观测日期|0—5 厘米|0—10 厘米或 5 厘米—10 厘米|10 厘米—20 厘米|20 厘米—30 厘米|30 厘米—40 厘米|40 厘米—50 厘米|50 厘米—60 厘米|60 厘米—70 厘米|70 厘米—80 厘米|80 厘米—90 厘米|90 厘米—100 厘米|……|＜CR＞

……

观测日期|0—5 厘米|0—10 厘米或 5 厘米—10 厘米|10 厘米—20 厘米|20 厘米—30 厘米|30 厘米—40 厘米|40 厘米—50 厘米|50 厘米—60 厘米|60 厘米—70 厘米|70 厘米—80 厘米|80 厘米—90 厘米|90 厘米—100 厘米|……|＝＜CR＞

S02x＜CR＞

观测日期|0—5 厘米|0—10 厘米或 5 厘米－10 厘米|10 厘米—20 厘米|20 厘米—30 厘米|30 厘米—40 厘米|40 厘米—50 厘米|50 厘米—60 厘米|60 厘米—70 厘米|70 厘米—80 厘米|80 厘米—90 厘米|90 厘米—100 厘米|……|＜CR＞

……

观测日期|0—5 厘米|0—10 厘米或 5 厘米－10 厘米|10 厘米—20 厘米|20 厘米—30 厘米|30 厘米—40 厘米|40 厘米—50 厘米|50 厘米—60 厘米|60 厘米—70 厘米|70 厘米—80 厘米|80 厘米—90 厘米|90 厘米—100 厘米|……|＝＜CR＞

S03x＜CR＞

观测日期|0—5 厘米|0—10 厘米或 5 厘米—10 厘米|10 厘米—20 厘米|20 厘米—30 厘米|30 厘米—40 厘米|40 厘米—50 厘米|50 厘米—60 厘米|60 厘米—70 厘米|70 厘米—80 厘米|80 厘米—90 厘米|90 厘米—100 厘米|……|＜CR＞

……

观测日期|0—5 厘米|0—10 厘米或 5 厘米—10 厘米|10 厘米—20 厘米|20 厘米—30 厘米|30 厘米—40 厘米|40 厘米—50 厘米|50 厘米—60 厘米|60 厘米—70 厘米|70 厘米—80 厘米|80 厘米—90 厘米|90 厘米—100 厘米|……|＝＜CR＞

S04x＜CR＞

观测日期|0—5 厘米|0—10 厘米或 5 厘米—10 厘米|10 厘米—20 厘米|20 厘米—30 厘米|30 厘米—40 厘米|40 厘米—50 厘米|50 厘米—60 厘米|60 厘米—70 厘米|70 厘米—80 厘米|80 厘米—90 厘米|90 厘米—100 厘米|……|<CR>

……

观测日期|0—5 厘米|0—10 厘米或 5 厘米—10 厘米|10 厘米—20 厘米|20 厘米—30 厘米|30 厘米—40 厘米|40 厘米—50 厘米|50 厘米—60 厘米|60 厘米—70 厘米|70 厘米—80 厘米|80 厘米—90 厘米|90 厘米—100 厘米|……|=<CR>

S05x<CR>

观测日期|地下水位深度|<CR>

……

观测日期|地下水位深度|=<CR>

S06x<CR>

发育期名|发育普期|套种作物发育期名|套种作物发育普期|<CR>

……

发育期名|发育普期|套种作物发育期名|套种作物发育普期|=<CR>

S07x<CR>

观测日期|干土层厚度|<CR>

……

观测日期|干土层厚度|=<CR>

S08x<CR>

观测日期|渗透深度|<CR>

……

观测日期|渗透深度|=<CR>

S09x<CR>

降水日期|降水量|灌溉日期|灌溉量|<CR>

……

降水日期|降水量|灌溉日期|灌溉量|=<CR>

S10x<CR>

0—10 厘米|10 厘米—20 厘米|20 厘米—30 厘米|30 厘米—40 厘米|40 厘米—50 厘米|50 厘米—60 厘米|60 厘米—70 厘米|70 厘米—80 厘米|80 厘米—90 厘米|90 厘米—100 厘米|……|=<CR>

S11x<CR>

0—10 厘米|10 厘米—20 厘米|20 厘米—30 厘米|30 厘米—40 厘米|40 厘米—50 厘米|50 厘米—60 厘米|60 厘米—70 厘米|70 厘米—80 厘米|80 厘米—90 厘米|90 厘米—100 厘米|……|=<CR>

S12x<CR>

0—10 厘米|10 厘米—20 厘米|20 厘米—30 厘米|30 厘米—40 厘米|40 厘米—50 厘米|50 厘米—60 厘米|60 厘米—70 厘米|70 厘米—80 厘米|80 厘米—90 厘米|90 厘米—100 厘米|……|=<CR>

S13x<CR>

表层|10 厘米|20 厘米|=<CR>

S14x<CR>

表层|10 厘米|20 厘米|=<CR>

S15x<CR>

纪要|=<CR>

S16x<CR>

土壤水分变化评述|=<CR>

S17x<CR>

观测地段说明|=<CR>

!!!!!! <CR>【A 作物土壤水分观测记录年报数据块结束符】

SB<CR>

S00x<CR>

作物名称|品种名称|…|寄出(上传)时间|是否质量控制标识|=<CR>

S01x<CR>

观测日期|0—5 厘米|0—10 厘米或 5—10 厘米|10 厘米—20 厘米|20 厘米—30 厘米|30 厘米—40 厘米|40 厘米—50 厘米|50 厘米—60 厘米|60 厘米—70 厘米|70 厘米—80 厘米|80 厘米—90 厘米|90 厘米—100 厘米|……|<CR>

……

观测日期|0—5 厘米|0—10 厘米或 5 厘米—10 厘米|10 厘米—20 厘米|20 厘米—30 厘米|30 厘米—40 厘米|40 厘米—50 厘米|50 厘米—60 厘米|60 厘米—70 厘米|70 厘米—80 厘米|80 厘米—90 厘米|90 厘米—100 厘米|……|=<CR>

…此处省略多个数据段及其记录…

S17x<CR>

观测地段说明|=<CR>

!!!!!! <CR>【B 作物土壤水分观测记录年报数据块结束符】

P0<CR>

P00x<CR>

台站长|制作(抄录)|观测|校对|…|寄出(上传)时间|是否质量控制标识|=<CR>

P01x<CR>

中名|学名|芽膨大期—花芽|芽膨大期—叶芽|芽开放期—花芽|芽开放期—叶芽|展叶期—始期|展叶期—盛期|花蕾或花序出现期|开花期—始期|开花期—盛期|开花期—末期|第二次开花期|果实或种子成熟期|果实或种子脱落期—始期|果实或种子脱落期—末期|叶变色期—始变|叶变色期—全变|落叶期—始期|落叶期—末期|<CR>

……

中名|学名|芽膨大期—花芽|芽膨大期—叶芽|芽开放期—花芽|芽开放期—叶芽|展叶期—始期|展叶期—盛期|花蕾或花序出现期|开花期—始期|开花期—盛期|开花期—末期|第二次开花期|果实或种子成熟期|果实或种子脱落期—始期|果实或种子脱落期—末期|叶变色期—始变|叶变色期—全变|落叶期—始期|落叶期—末期|=<CR>

P02x<CR>

中名|学名|萌芽期|展叶期—始期|展叶期—盛期|开花期—始期|开花期—盛期|开花期—末期|果实或种子成熟期—始期|果实或种子成熟期—全熟期|果实脱落或种子散落期|黄枯期—始期|黄枯期—普遍期|黄枯期—末期|<CR>

……

中名|学名|萌芽期|展叶期—始期|展叶期—盛期|开花期—始期|开花期—盛期|开花期—末期|果实或种子成熟期—始期|果实或种子成熟期—全熟期|果实脱落或种子散落期|黄枯期—始期|黄枯期—普遍期|黄枯期—末期|=<CR>

P03x<CR>

动物名称|始见日期|绝见日期|始鸣日期|终鸣日期|<CR>

……

动物名称|始见日期|绝见日期|始鸣日期|终鸣日期|＝<CR>

P04x<CR>

霜—终霜|霜—初霜|雪—终雪|雪—开始融化|雪—完全融化|雪—初雪|雪—初次积雪|雷—初雷|雷—终雷|闪电—初见|闪电—终见|虹—初见|虹—终见|严寒开始|土壤表面—开始解冻|土壤表面—开始冻结|池塘、湖泊—开始解冻|池塘、湖泊—完全解冻|池塘、湖泊—开始冻结|池塘、湖泊—完全冻结|河流—开始解冻|河流—开始流冰|河流—完全解冻|河流—流冰终止|河流—开始冻结|河流—完全冻结|＝<CR>

P05x<CR>

中名|种植年代|地理位置|海拔高度|地形、坡向|土壤质地|鉴定单位|<CR>

……

中名|种植年代|地理位置|海拔高度|地形、坡向|土壤质地|鉴定单位|＝<CR>

P06x<CR>

重要事项记载|＝<CR>

P07x<CR>

物候分析|＝<CR>

!!!!!! <CR>【自然物候观测记录年报数据块结束符】

G0<CR>

G00x<CR>

台站长|制作(抄录)|观测|校对|…|寄出(上传)时间|是否质量控制标识|＝<CR>

G01x<CR>

牧草名称|学名|科名|返青(出苗)|分蘖始期|分蘖普遍期|展叶始期|展叶普遍期|分枝(新枝)形成始期|分枝(新枝)形成普遍期|抽穗始期|抽穗普遍期|花序形成(现蕾)始期|花序形成(现蕾)普遍期|开花始期|开花普遍期|果实(种子)成熟|黄枯|<CR>

……

牧草名称|学名|科名|返青(出苗)|分蘖始期|分蘖普遍期|展叶始期|展叶普遍期|分枝(新枝)形成始期|分枝(新枝)形成普遍期|抽穗始期|抽穗普遍期|花序形成(现蕾)始期|花序形成(现蕾)普遍期|开花始期|开花普遍期|果实(种子)成熟|黄枯|＝<CR>

G02x<CR>

测定日期|牧草名称|牧草生长高度(长度)|<CR>

……

测定日期|牧草名称|牧草生长高度(长度)|＝<CR>

G03x<CR>

测产日期|牧草名称|鲜重|干重|干鲜比|灌丛产量|<CR>

……

测产日期|牧草名称|鲜重|干重|干鲜比|灌丛产量|＝<CR>

G04x<CR>

测产日期|主要草种株数|千株鲜重|<CR>

……

测产日期|主要草种株数|千株鲜重|＝<CR>

G05x<CR>

测定日期|牧草名称 1—灌丛密度|牧草名称 2—灌丛密度|牧草名称 3—灌丛密度|牧草名称 4—灌丛密度|牧草名称 5—灌丛密度|牧草名称 6—灌丛密度|其他—灌丛密度|合计—灌丛密度|<CR>

测定日期|牧草名称 1—灌丛密度|牧草名称 2—灌丛密度|牧草名称 3—灌丛密度|牧草名称 4—灌

丛密度|牧草名称5—灌丛密度|牧草名称6—灌丛密度|其他—灌丛密度|合计—灌丛密度|=<CR>

G06x<CR>

测定日期|地段—高草层高度|地段—低草层高度|地段—覆盖度|地段—草层状况|放牧场—高草层高度|放牧场—低草层高度|放牧场—采食度|放牧场—采食率|<CR>

……

测定日期|地段—高草层高度|地段—低草层高度|地段—覆盖度|地段—草层状况|放牧场—高草层高度|放牧场—低草层高度|放牧场—采食度|放牧场—采食率|=<CR>

G07x<CR>

测高日期|测产日期|再生草层高度|<CR>

……

测高日期|测产日期|再生草层高度|=<CR>

G08x<CR>

灾害名称|起始日期|结束日期|天气气候情况|受害征状(情况)|受害程度|周围受害情况|防御措施及效果|<CR>

……

灾害名称|起始日期|结束日期|天气气候情况|受害征状(情况)|受害程度|周围受害情况|防御措施及效果|=<CR>

G09x<CR>

地段—所在地、所属单位(个人)|地段—在测站方向|地段—距站|地段—海拔高度差|地段—地形、地势|地段—面积|地段—地下水深度|地段—土壤状况|地段—草场类型|地段—主要共生牧草种类名称|放牧场—观测点地址|放牧场—在测站方向|放牧场—距站|放牧场—海拔高度差|其他|=<CR>

G10x<CR>

调查日期|成畜—等级—上|幼畜—等级—上|合计—等级—上|成畜—等级—中|幼畜—等级—中|合计—等级—中|成畜—等级—下|幼畜—等级—下|合计—等级—下|成畜—等级—很差|幼畜—等级—很差|合计—等级—很差|成畜—等级—病畜|幼畜—等级—病畜|合计—等级—病畜|成畜—等级—合计|幼畜—等级—合计|合计—等级—合计|成畜—等级—死亡|幼畜—等级—死亡|合计—等级—死亡|羯羊重—羊号1|羯羊重—羊号2|羯羊重—羊号3|羯羊重—羊号4|羯羊重—羊号5|<CR>

……

调查日期|成畜—等级—上|幼畜—等级—上|合计—等级—上|成畜—等级—中|幼畜—等级—中|合计—等级—中|成畜—等级—下|幼畜—等级—下|合计—等级—下|成畜—等级—很差|幼畜—等级—很差|合计—等级—很差|成畜—等级—病畜|幼畜—等级—病畜|合计—等级—病畜|成畜—等级—合计|幼畜—等级—合计|合计—等级—合计|成畜—等级—死亡|幼畜—等级—死亡|合计—等级—死亡|羯羊重—羊号1|羯羊重—羊号2|羯羊重—羊号3|羯羊重—羊号4|羯羊重—羊号5|=<CR>

G11x<CR>

调查日期|畜群所在单位|畜群家畜名称|家畜品种|平均日放牧时数—春|平均日放牧时数—夏|平均日放牧时数—秋|平均日放牧时数—冬|有无棚舍|棚舍结构|棚舍型式|棚舍数量|棚舍长度|棚舍宽度|棚舍高度|门窗开向|其他|=<CR>

G12x<CR>

牧事名称|起始日期|结束日期|生产性能|<CR>

……

牧事名称|起始日期|结束日期|生产性能|=<CR>

G13x<CR>

天气气候条件对牧草、家畜影响评述|＝＜CR＞

G14x＜CR＞

牧草纪要|家畜纪要|＝＜CR＞

G15x＜CR＞

评述人|＝＜CR＞

!!!!!! ＜CR＞【畜牧气象观测记录年报数据块结束符】

?????? ＜CR＞【年报数据结束符】

档案号|省(自治区、直辖市)名|台站名称|地址|备注|＜CR＞

＃＃＃＃＃＃＜CR＞【附加信息结束符】

注:【】内为文件结构辅助说明,不包含在文件中。

附 录 B
（规范性附录）
作物生育状况观测记录年报数据格式

作物生育状况观测记录年报数据格式见表 B.1。

表 B.1 作物生育状况观测记录年报数据格式

段标识符	数据段名称	记录数	数据名称	数据类别	数据长度	单位
C00x	年报封面部分内容[a]	1	作物名称	字符		
			品种名称	字符		
			品种类型、熟性、栽培方式	字符		
			台站长	字符		
			制作(抄录)	字符		
			观测	字符		
			校对	字符		
			预审	字符		
			审核	字符		
			寄出(上传)时间	整数	8	
			是否质量控制标识	整数	3	
C01x	发育期[b]	13	名称	字符		
			始期	整数	8	
			普遍期	整数	8	
			末期	整数	8	
			生长状况(类)	整数	1	
			生长高度	整数	4	厘米
			总株(茎)密度	小数	8.2	株(茎)数/平方米
			有效株(茎)密度	小数	8.2	株(茎)数/平方米
C02x	产量因素[c]	13	发育期	字符		
			项目	字符		
			单位	字符		
			数值	小数	8.1	
C03x	产量结构[d]	13	项目	字符		
			单位	字符		
			数值	小数	8.2	
C04x	地段基本情况及播种到成熟天数	1	播种到成熟天数	整数	3	天
			地段实收面积	小数	8.1	平方米
			地段总产	小数	9.1	千克
			地段 1 平方米产量	小数	8.2	克
C05x	主要田间工作记录	n	项目	字符		
			起始日期	整数	8	
			终止日期	整数	8	
			方法和工具	字符		
			数量、质量、效果	字符		

表 B.1 作物生育状况观测记录年报数据格式(续)

段标识符	数据段名称	记录数	数据名称	数据类别	数据长度	单位
C06x	观测地段农业气象灾害与病虫害[e]	n	观测开始日期	整数	8	
			观测终止日期	整数	8	
			灾害名称	字符		
			受害期	字符		
			天气气候情况	字符		
			受害征状	字符		
			植株受害程度	字符		%
			器官受害程度	字符		
			灾前灾后采取的主要措施	字符		
			对产量的影响情况	字符		
			地段代表的灾情类型	字符		
C07x	农业气象灾害和病虫害调查[f]	n	调查开始日期	整数	8	
			调查终止日期	整数	8	
			灾害名称	字符		
			受害期	字符		
			灾害分布在县内那些主要区、乡	字符		
			本县成灾面积及其面积比例	字符		
			作物受害征状	字符		
			植株器官受害程度	字符		
			灾前灾后采取的主要措施	字符		
			灾情综合评定	字符		
			减产情况	字符		
			其他损失	字符		
			成灾其他原因分析	字符		
			资料来源	字符		
C08x	观测地段说明	1		字符		
C09x	纪要	1		字符		
C10x	大田生育状况观测调查(上半段 A)	1	生产水平	字符		
			观测调查地点	字符		
			作物品种名称	字符		
			产量	小数	8.1	千克/公顷
			播种日期	整数	8	
			收获日期	整数	8	
C11x	大田生育状况观测调查(上半段 B)	4	观测调查日期	整数	8	
			发育期	字符		
			高度	整数	4	厘米
			密度	小数	8.2	株(茎)数/平方米
			生长状况(类)	整数	1	
			产量因素—项目 1(单位)	字符		
			产量因素—数值 1	小数	7.1	
			产量因素—项目 2(单位)	字符		
			产量因素—数值 2	小数	7.1	
			产量因素—项目 3(单位)	字符		
			产量因素—数值 3	小数	7.1	
			产量因素—项目 4(单位)	字符		
			产量因素—数值 4	小数	7.1	

表 B.1 作物生育状况观测记录年报数据格式(续)

段标识符	数据段名称	记录数	数据名称	数据类别	数据长度	单位
C12x	大田生育状况观测调查(下半段 A)	1	生产水平	字符		
			观测调查地点	字符		
			作物品种名称	字符		
			产量	小数	8.1	千克/公顷
			播种日期	整数	8	
			收获日期	整数	8	
C13x	大田生育状况观测调查(下半段 B)	4	观测调查日期	整数	8	
			发育期	字符		
			高度	整数	4	厘米
			密度	小数	8.2	株(茎)数/平方米
			生长状况(类)	整数	1	
			产量因素—项目 1(单位)	字符		
			产量因素—数值 1	小数	7.1	
			产量因素—项目 2(单位)	字符		
			产量因素—数值 2	小数	7.1	
			产量因素—项目 3(单位)	字符		
			产量因素—数值 3	小数	7.1	
			产量因素—项目 4(单位)	字符		
			产量因素—数值 4	小数	7.1	
C14x	生长量测定	*n*	测定日期	整数	8	
			叶面积—单株平均	小数	8.1	平方厘米
			叶面积—1 平方米	小数	8.1	平方厘米
			叶面积—叶面积指数	小数	6.1	平方厘米
			植株鲜/干重—鲜叶片	小数	8.3	克
			植株鲜/干重—干叶片	小数	8.3	克
			植株鲜/干重—鲜叶鞘(叶柄)	小数	8.3	克
			植株鲜/干重—干叶鞘(叶柄)	小数	8.3	克
			植株鲜/干重—鲜茎(枝)	小数	8.3	克
			植株鲜/干重—干茎(枝)	小数	8.3	克
			植株鲜/干重—鲜穗(铃、荚)	小数	8.3	克
			植株鲜/干重—干穗(铃、荚)	小数	8.3	克
			植株鲜/干重—鲜整株(茎)合计	小数	8.3	克
			植株鲜/干重—干整株(茎)合计	小数	8.3	克
			植株鲜/干重—鲜植 1 平方米	小数	8.1	克
			植株鲜/干重—干植 1 平方米	小数	8.1	克
			植株鲜/干重—植株含水率	小数	6.1	%
			植株鲜/干重—生长率	小数	6.1	克/(平方米·日)
			灌浆速度—日期	整数	8	
			灌浆速度—含水率	小数	6.2	%
			灌浆速度—千粒重	小数	8.2	克
			灌浆速度—灌浆速度	小数	8.2	克/(千粒·日)
C15x	生育期间农业气象条件鉴定	1		字符		

表 B.1 作物生育状况观测记录年报数据格式(续)

段标识符	数据段名称	记录数	数据名称	数据类别	数据长度	单位
C16x	县平均产量	1		小数	8.1	千克/公顷
C17x	与上年比增减产百分比[g]	1		整数	5	%
C18x	高度附加段	*n*	高度测定日期	整数	8	
			生长高度	整数	4	厘米

注 1:"记录数"表示数据段包含的最多记录条数(记录数为"*n*"表示最多记录数不确定)。

注 2:"数据长度"为空表示对数据长度无要求,"数据类别"为小数时,数据长度以"a.b"形式给出,"a"表示包括整数部分和小数点及小数部分总长,"b"表示小数位数。

[a] 第1位为台站级是否质量控制标识,第2位为省(地区)级是否质量控制标识,第3位为国家级是否质量控制标识。0表示未经某级质量控制,1表示经过某级质量控制。

[b] 当作物类型是烟草、甘蔗、麻类时,C01x生长高度列空白,在C18x列填写高度测定日期和生长高度。

[c] 一次枝梗数、分蘖数、大蘖数、小穗数、铃数、果枝数、一次分枝数和荚果数单位:0.1个;结实粒数单位:0.1粒;果穗长和果穗粗单位0.1厘米;铃重单位:0.1克;茎粗单位1毫米;双穗率单位0.1%;越冬死亡率单位1%。

[d] 穗粒数、荚果数等单位为0.1个(粒);穗粒重、百粒重、千粒重等重量单位为0.01克;纤维长、工艺长等单位为0.1厘米;秃尖比、子粒与茎秆比等比值单位为0.01;衣分、成穗率等百分率单位为1%;锤度单位为0.01。

[e] 如报表中只有观测开始日期,而无终止日期,则终止日期按照与开始日期相同处理。

[f] 如报表中只有调查开始日期,而无终止日期,则终止日期按照与开始日期相同处理。

[g] 正(负)值表示增(减)产。

附 录 C
(规范性附录)
土壤水分观测记录年报数据格式

土壤水分观测记录年报数据格式见表 C.1。

表 C.1 土壤水分观测记录年报表数据格式

段标识符	数据段名称	记录数	数据名称	数据类别	数据长度	单位
S00x	年报封面部分内容	1	观测方法	字符	3	
			作物名称	字符		
			品种名称	字符		
			品种类型、熟性、栽培方式	字符		
			土壤质地	字符		
			地段类别	字符		
			台站长	字符		
			制作(抄录)	字符		
			观测	字符		
			校对	字符		
			预审	字符		
			审核	字符		
			寄出(上传)时间	整数	8	
			是否质量控制标识[a]	整数	3	
S01x	土壤相对湿度	n	观测日期	整数	8	
			0—5 厘米	整数	4	%
			0—10 厘米或 5 厘米—10 厘米	整数	4	%
			10 厘米—20 厘米	整数	4	%
			20 厘米—30 厘米	整数	4	%
			30 厘米—40 厘米	整数	4	%
			40 厘米—50 厘米	整数	4	%
			50 厘米—60 厘米	整数	4	%
			60 厘米—70 厘米	整数	4	%
			70 厘米—80 厘米	整数	4	%
			80 厘米—90 厘米	整数	4	%
			90 厘米—100 厘米	整数	4	%
			……	整数	4	%
S02x	土壤水分总贮存量	n	观测日期	整数	8	
			0—5 厘米	整数	4	毫米
			0—10 厘米或 5 厘米—10 厘米	整数	4	毫米
			10 厘米—20 厘米	整数	6	毫米
			20 厘米—30 厘米	整数	6	毫米
			30 厘米—40 厘米	整数	6	毫米
			40 厘米—50 厘米	整数	6	毫米
			50 厘米—60 厘米	整数	6	毫米
			60 厘米—70 厘米	整数	6	毫米

表 C.1 土壤水分观测记录年报表数据格式(续)

段标识符	数据段名称	记录数	数据名称	数据类别	数据长度	单位
S02x	土壤水分总贮存量	n	70 厘米—80 厘米	整数	6	毫米
			80 厘米—90 厘米	整数	6	毫米
			90 厘米—100 厘米	整数	6	毫米
			……	整数	6	毫米
S03x	土壤有效水分贮存量	n	观测日期	整数	8	
			0—5 厘米	整数	4	毫米
			0—10 厘米或 5 厘米—10 厘米	整数	4	毫米
			10 厘米—20 厘米	整数	4	毫米
			20 厘米—30 厘米	整数	4	毫米
			30 厘米—40 厘米	整数	4	毫米
			40 厘米—50 厘米	整数	4	毫米
			50 厘米—60 厘米	整数	4	毫米
			60 厘米—70 厘米	整数	4	毫米
			70 厘米—80 厘米	整数	4	毫米
			80 厘米—90 厘米	整数	4	毫米
			90 厘米—100 厘米	整数	4	毫米
			……	整数	4	毫米
S04x	土壤重量含水量率	n	观测日期	整数	8	
			0—5 厘米	小数	5.1	%
			0—10 厘米或 5 厘米—10 厘米	小数	5.1	%
			10 厘米—20 厘米	小数	5.1	%
			20 厘米—30 厘米	小数	5.1	%
			30 厘米—40 厘米	小数	5.1	%
			40 厘米—50 厘米	小数	5.1	%
			50 厘米—60 厘米	小数	5.1	%
			60 厘米—70 厘米	小数	5.1	%
			70 厘米—80 厘米	小数	5.1	%
			80 厘米—90 厘米	小数	5.1	%
			90 厘米—100 厘米	小数	5.1	%
			……	小数	5.1	%
S05x	地下水位深度	n	观测日期	整数	8	
			地下水位深度[b]	小数	4.1	米
S06x	作物发育期	n	发育期名	字符		
			发育普期	整数	8	
			套种作物发育期名	字符		
			套种作物发育普期	整数	8	
S07x	干土层厚度	n	观测日期	整数	8	
			干土层厚度	整数	3	厘米
S08x	渗透深度	n	观测日期[c]	字符		
			渗透深度	字符		
S09x	降水与灌溉	n	降水日期[c]	字符		
			降水量	小数	6.1	毫米
			灌溉日期[c]	字符		
			灌溉量	整数	6	方/公顷

表 C.1 土壤水分观测记录年报表数据格式(续)

段标识符	数据段名称	记录数	数据名称	数据类别	数据长度	单位
S10x	土壤容重	1	0—5 厘米	小数	4.2	克/立方厘米
			0—10 厘米或 5 厘米—10 厘米	小数	4.2	克/立方厘米
			10 厘米—20 厘米	小数	4.2	克/立方厘米
			20 厘米—30 厘米	小数	4.2	克/立方厘米
			30 厘米—40 厘米	小数	4.2	克/立方厘米
			40 厘米—50 厘米	小数	4.2	克/立方厘米
			50 厘米—60 厘米	小数	4.2	克/立方厘米
			60 厘米—70 厘米	小数	4.2	克/立方厘米
			70 厘米—80 厘米	小数	4.2	克/立方厘米
			80 厘米—90 厘米	小数	4.2	克/立方厘米
			90 厘米—100 厘米	小数	4.2	克/立方厘米
			……	小数	4.2	克/立方厘米
S11x	田间持水量	1	0—5 厘米	小数	4.1	%
			0—10 厘米或 5 厘米—10 厘米	小数	4.1	%
			10 厘米—20 厘米	小数	4.1	%
			20 厘米—30 厘米	小数	4.1	%
			30 厘米—40 厘米	小数	4.1	%
			40 厘米—50 厘米	小数	4.1	%
			50 厘米—60 厘米	小数	4.1	%
			60 厘米—70 厘米	小数	4.1	%
			70 厘米—80 厘米	小数	4.1	%
			80 厘米—90 厘米	小数	4.1	%
			90 厘米—100 厘米	小数	4.1	%
			……	小数	4.1	%
S12x	凋萎湿度	1	0—5 厘米	小数	4.1	%
			0—10 厘米或 5 厘米—10 厘米	小数	4.1	%
			10 厘米—20 厘米	小数	4.1	%
			20 厘米—30 厘米	小数	4.1	%
			30 厘米—40 厘米	小数	4.1	%
			40 厘米—50 厘米	小数	4.1	%
			50 厘米—60 厘米	小数	4.1	%
			60 厘米—70 厘米	小数	4.1	%
			70 厘米—80 厘米	小数	4.1	%
			80 厘米—90 厘米	小数	4.1	%
			90 厘米—100 厘米	小数	4.1	%
			……	小数	4.1	%
S13x	农田冻结日期	1	表层	整数	8	
			10 厘米	整数	8	
			20 厘米	整数	8	
S14x	农田解冻日期	1	表层	整数	8	
			10 厘米	整数	8	
			20 厘米	整数	8	
S15x	纪要	1		字符		

表 C.1 土壤水分观测记录年报表数据格式(续)

段标识符	数据段名称	记录数	数据名称	数据类别	数据长度	单位
S16x	土壤水分变化评述	1		字符		
S17x	观测地段说明	1		字符		

注 1:“记录数”表示数据段包含的最多记录条数(记录数为“*n*”表示最多记录数不确定)。

注 2:“数据长度”为空表示对数据长度无要求,“数据类别”为小数时,数据长度以“a.b”形式给出,“a”表示包括整数部分和小数点及小数部分总长,“b”表示小数位数。

注 3:“观测方法”中,“FDR”表示中子仪法,“TDR”表示烘干法。

注 4:“土壤重量含水量率”、“土壤相对湿度”、“土壤水分总贮存量”、“土壤有效水分贮存量”4 个数据段中,在数据组前加负号“—”表示数据为约测。

[a] 第 1 位为台站级是否质量控制标识,第 2 位为省(地区)级是否质量控制标识,第 3 位为国家级是否质量控制标识。0 表示未经某级质量控制,1 表示经过某级质量控制。

[b] 当“地下水位深度”常年大于 2 米时,只在第一次观测时记录。当地下水位深度小于某一数值(单位:0.1 米)时,便记作:“7000+某一数值”。如:数值“7020”,表示地下水位深度是小于 2.0 米。当地下水位深度大于某一数值(单位:0.1 米)时,便记作:“8000+某一数值”。如:数值“8020”,表示地下水位深度是大于 2.0 米。当地下水位深度大于等于某一数值(单位:0.1 米)时,记作:“9000+某一数值”。如:数值“9020”,表示地下水位深度是大于等于 2.0 米。当地下水位深度等于某一数值(单位:0.1 米)时,直接记作:“某一数值”。如:数值“17”,表示地下水位深度是 1.7 米。

[c] 多个日期以时间先后顺序排列,每个日期由 8 位整数字符组成,若是连续降水,日期以“—”连接,间隔降水日期以“、”分隔。

附　录　D
（规范性附录）
自然物候观测记录年报数据格式

自然物候观测记录年报数据格式见表 D.1。

表 D.1　自然物候观测记录年报数据格式

段标识符	数据段名称	记录数	数据名称	数据类别	数据长度	单位
P00x	年报封面部分内容	1	台站长	字符		
			制作（抄录）	字符		
			观测	字符		
			校对	字符		
			预审	字符		
			审核	字符		
			寄出（上传）时间	整数	8	
			是否质量控制标识[a]	整数	3	
P01x	木本植物物候期	n	中名	字符		
			学名	字符		
			芽膨大期—花芽	整数	8	
			芽膨大期—叶芽	整数	8	
			芽开放期—花芽	整数	8	
			芽开放期—叶芽	整数	8	
			展叶期—始期	整数	8	
			展叶期—盛期	整数	8	
			花蕾或花序出现期	整数	8	
			开花期—始期	整数	8	
			开花期—盛期	整数	8	
			开花期—末期	整数	8	
			第二次开花期	整数	8	
			果实或种子成熟期	字符		
			果实或种子脱落期—始期	字符		
			果实或种子脱落期—末期	字符		
			叶变色期—始变	字符		
			叶变色期—全变	字符		
			落叶期—始期	字符		
			落叶期—末期	字符		
P02x	草本植物物候期	n	中名	字符		
			学名	字符		
			萌芽期	整数	8	
			展叶期—始期	整数	8	
			展叶期—盛期	整数	8	
			开花期—始期	整数	8	
			开花期—盛期	整数	8	
			开花期—末期	整数	8	

表 D.1 自然物候观测记录年报数据格式(续)

段标识符	数据段名称	记录数	数据名称	数据类别	数据长度	单位
P02x	草本植物物候期	n	果实或种子成熟期—始期	字符		
			果实或种子成熟期—全熟期	字符		
			果实脱落或种子散落期	字符		
			黄枯期—始期	字符		
			黄枯期—普遍期	字符		
			黄枯期—末期	字符		
P03x	候鸟、昆虫、两栖动物物候期	n	动物名称	字符		
			始见日期	整数	8	
			绝见日期	整数	8	
			始鸣日期	整数	8	
			终鸣日期	整数	8	
P04x	气象、水文现象日期	1	霜—终霜	整数	8	
			霜—初霜	整数	8	
			雪—终雪	整数	8	
			雪—开始融化	整数	8	
			雪—完全融化	整数	8	
			雪—初雪	整数	8	
			雪—初次积雪[b]	整数	8	
			雷—初雷	整数	8	
			雷—终雷	整数	8	
			闪电—初见	整数	8	
			闪电—终见	整数	8	
			虹—初见	整数	8	
			虹—终见	整数	8	
			严寒开始	整数	8	
			土壤表面—开始解冻	整数	8	
			土壤表面—开始冻结	整数	8	
			池塘、湖泊—开始解冻	整数	8	
			池塘、湖泊—完全解冻	整数	8	
			池塘、湖泊—开始冻结	整数	8	
			池塘、湖泊—完全冻结	整数	8	
			河流—开始解冻	整数	8	
			河流—开始流冰	整数	8	
			河流—完全解冻	整数	8	
			河流—流冰终止	整数	8	
			河流—开始冻结	整数	8	
			河流—完全冻结	整数	8	
P05x	主要观测植物地理环境	n	中名	字符		
			种植年代	字符		
			地理位置	字符		
			海拔高度	小数	7.1	米
			地形、坡向	字符		
			土壤质地	字符		
			鉴定单位	字符		

表 D.1　自然物候观测记录年报数据格式(续)

段标识符	数据段名称	记录数	数据名称	数据类别	数据长度	单位
P06x	重要事项记载	1		字符		
P07x	物候分析	1		字符		

注 1:“记录数”表示数据段包含的最多记录条数(记录数为“n”表示最多记录数不确定)。

注 2:“数据长度”为空表示对数据长度无要求,“数据类别”为小数时,数据长度以“a.b”形式给出,“a”表示包括整数部分和小数点及小数部分总长,“b”表示小数位数。

注 3:如气象、水文现象(如雷、电、虹等)只出现一次,则终止日期按照与开始日期相同处理。

[a] 第 1 位为台站级是否质量控制标识,第 2 位为省(地区)级是否质量控制标识,第 3 位为国家级是否质量控制标识。0 表示未经某级质量控制,1 表示经过某级质量控制。

[b] “初次积雪”表示下半年从 7 月起第一次积雪日期。

附　录　E
（规范性附录）
畜牧气象观测记录年报数据格式

畜牧气象观测记录年报数据格式见表 E.1。

表 E.1　畜牧气象观测记录年报数据格式

段标识符	数据段名称	记录数	数据名称	数据类别	数据长度	单位
G00x	年报封面部分内容[a]	1	台站长	字符		
			制作（抄录）	字符		
			观测	字符		
			校对	字符		
			预审	字符		
			审核	字符		
			寄出（上传）时间	整数	8	
			是否质量控制标识	整数	3	
G01x	牧草发育期	*n*	牧草名称	字符		
			学名	字符		
			科名	字符		
			返青（出苗）	字符		
			分蘖始期	字符		
			分蘖普遍期	字符		
			展叶始期	字符		
			展叶普遍期	字符		
			分枝（新枝）形成始期	字符		
			分枝（新枝）形成普遍期	字符		
			抽穗始期	字符		
			抽穗普遍期	字符		
			花序形成（现蕾）始期	字符		
			花序形成（现蕾）普遍期	字符		
			开花始期	字符		
			开花普遍期	字符		
			果实（种子）成熟	字符		
			黄枯	字符		
G02x	牧草生长高度（长度）	*n*	测定日期	整数	8	
			牧草名称	字符		
			牧草生长高度（长度）	整数	3	厘米
G03x	牧草产量[b]	*n*	测产日期	整数	8	
			牧草名称	字符		
			鲜重	小数	6.1	
			干重	小数	6.1	
			干鲜比	整数	3	%
			灌丛产量	小数	7.1	千克/公顷

表 E.1 畜牧气象观测记录年报数据格式(续)

段标识符	数据段名称	记录数	数据名称	数据类别	数据长度	单位
G04x	草种株数、千株鲜重	*n*	测产日期	整数	8	
			主要草种株数	整数	4	株
			千株鲜重	小数	6.1	克
G05x	灌丛密度	2	测定日期	整数	8	
			牧草名称 1—灌丛密度	整数	5	株丛/公顷
			牧草名称 2—灌丛密度	整数	5	株丛/公顷
			牧草名称 3—灌丛密度	整数	5	株丛/公顷
			牧草名称 4—灌丛密度	整数	5	株丛/公顷
			牧草名称 5—灌丛密度	整数	5	株丛/公顷
			牧草名称 6—灌丛密度	整数	5	株丛/公顷
			其他—灌丛密度	整数	5	株丛/公顷
			合计—灌丛密度	整数	6	株丛/公顷
G06x	草层高度、覆盖度、草层状况、采食度、采食率	*n*	测定日期	整数	8	
			地段—高草层高度	整数	3	厘米
			地段—低草层高度	整数	3	厘米
			地段—覆盖度	整数	3	%
			地段—草层状况	字符		
			放牧场—高草层高度	整数	3	厘米
			放牧场—低草层高度	整数	3	厘米
			放牧场—采食度	字符		
			放牧场—采食率	整数	3	%
G07x	再生草层高度	*n*	测高日期	整数	8	
			测产日期	整数	8	
			再生草层高度	整数	3	厘米
G08x	牧草及家畜气象、病虫害等灾害	*n*	灾害名称	字符		
			起始日期	整数	8	
			结束日期	整数	8	
			天气气候情况	字符		
			受害征状(情况)	字符		
			受害程度	字符		
			周围受害情况	字符		
			防御措施及效果	字符		
G09x	观测地段说明	1	地段—所在地、所属单位(个人)	字符		
			地段—在测站方向	字符		
			地段—距站	字符		米
			地段—海拔高度差	字符		米
			地段—地形、地势	字符		
			地段—面积	字符		公顷
			地段—地下水深度	字符		米
			地段—土壤状况	字符		
			地段—草场类型	字符		
			地段—主要共生牧草种类名称	字符		
			放牧场—观测点地址	字符		

表 E.1 畜牧气象观测记录年报数据格式(续)

段标识符	数据段名称	记录数	数据名称	数据类别	数据长度	单位
G09x	观测地段说明	1	放牧场—在测站方向	字符		
			放牧场—距站	字符		米
			放牧场—海拔高度差	字符		米
			其他	字符		
G10x	家畜膘情调查	12	调查日期	整数	8	
			成畜—等级—上	整数	4	头
			幼畜—等级—上	整数	4	头
			合计—等级—上	整数	4	头
			成畜—等级—中	整数	4	头
			幼畜—等级—中	整数	4	头
			合计—等级—中	整数	4	头
			成畜—等级—下	整数	4	头
			幼畜—等级—下	整数	4	头
			合计—等级—下	整数	4	头
			成畜—等级—很差	整数	4	头
			幼畜—等级—很差	整数	4	头
			合计—等级—很差	整数	4	头
			成畜—等级—病畜	整数	4	头
			幼畜—等级—病畜	整数	4	头
			合计—等级—病畜	整数	4	头
			成畜—等级—合计	整数	4	头
			幼畜—等级—合计	整数	4	头
			合计—等级—合计	整数	4	头
			成畜—等级—死亡	整数	4	头
			幼畜—等级—死亡	整数	4	头
			合计—等级—死亡	整数	4	头
			羯羊重—羊号 1	小数	5.1	千克
			羯羊重—羊号 2	小数	5.1	千克
			羯羊重—羊号 3	小数	5.1	千克
			羯羊重—羊号 4	小数	5.1	千克
			羯羊重—羊号 5	小数	5.1	千克
G11x	调查畜群的基本情况	1	调查日期	整数	8	
			畜群所在单位	字符		
			畜群家畜名称	字符		
			家畜品种	字符		
			平均日放牧时数—春	整数	2	小时
			平均日放牧时数—夏	整数	2	小时
			平均日放牧时数—秋	整数	2	小时
			平均日放牧时数—冬	整数	2	小时
			有无棚舍	字符		
			棚舍结构	字符		
			棚舍型式	字符		
			棚舍数量	整数	2	

表 E.1　畜牧气象观测记录年报数据格式(续)

段标识符	数据段名称	记录数	数据名称	数据类别	数据长度	单位
G11x	调查畜群的基本情况	1	棚舍长度	整数	4	米
			棚舍宽度	整数	4	米
			棚舍高度	整数	3	米
			门窗开向	字符		
			其他	字符		
G12x	牧事活动生产性能记载	n	牧事名称	字符		
			起始日期	整数	8	
			结束日期	整数	8	
			生产性能	字符		
G13x	天气气候条件对牧草、家畜影响评述	1		字符		
G14x	纪要	1	牧草纪要	字符		
			家畜纪要	字符		
G15x	评述人	1		字符		

注1:“记录数”表示数据段包含的最多记录条数(记录数为“n”表示最多记录数不确定)。

注2:“数据长度”为空表示对数据长度无要求,“数据类别”为小数时,数据长度以“a.b”形式给出,“a”表示包括整数部分和小数点及小数部分总长,“b”表示小数位数。

[a] 第1位为台站级是否质量控制标识,第2位为省(地区)级是否质量控制标识,第3位为国家级是否质量控制标识。0表示未经某级质量控制,1表示经过某级质量控制。

[b] 牧草分种填写一平方米产量,鲜、干重单位为克/平方米;灌丛分种填写公顷产量,鲜、干重单位为千克/公顷。

附 录 F
(资料性附录)
作物生育状况观测记录年报表(农气表-1)格式

作物生育状况观测记录年报表(农气表-1)格式参见图 F.1。

农气表-1
区站号
档案号

作物生育状况观测记录年报表

作物名称＿＿＿＿＿＿ 品种名称＿＿＿＿＿＿

品质类型、熟性、栽培方式＿＿＿＿＿＿

＿＿＿＿＿＿年

省、自治区、直辖市＿＿＿＿＿＿

台站名称＿＿＿＿＿＿

地　　址＿＿＿＿＿＿

北　　纬＿＿＿＿＿＿ 东　　经＿＿＿＿＿＿

海拔高度＿＿＿＿＿＿米

台 站 长＿＿＿＿＿＿ 抄　　录＿＿＿＿＿＿

观　　测＿＿＿＿＿＿ 校　　对＿＿＿＿＿＿

预　　审＿＿＿＿＿＿ 审　　核＿＿＿＿＿＿

寄出时间

中 国 气 象 局

图 F.1　作物生育状况观测记录年报表(农气表-1)格式图

年

发育期	名称													
	始期													
	普遍期													
	末期													
生长状况(类)														
生长高度(cm)														
密度 [株(茎)/m^2]														
产量 因素	发育期													
	项目 (单位)													
	数量													
产量 结构	项目 (单位)													
	数量													

播种到成熟天数	
地段实收面积(m^2)	
地段总产量 (千克)	
地段1平方米 产量(克)	

主要田间工作记录			
项目	起止日期	方法和工具	数量、质量、效果

观测地段农业气象灾害和病虫害	观测日期 (月.日)	灾害名称	受害期	天气气候情况	受害征状	植株受害 程度(%)	器官受害程度 (%)	灾前灾后采取的 主要措施	对产量的 影响情况	地段代表的 灾情类型

第1页

图 F.1 作物生育状况观测记录年报表(农气表-1)格式图(续)

年

农业气象灾害和病虫害调查							观测地段说明
调查日期(月、日)							
灾害名称							
受害期							
灾害分布在县内哪些主要区、乡							
本县成灾面积及其面积比例(单项和各种作物)							
作物受害征状							
植株、器官受害程度							
灾前灾后采取的主要措施							
灾情综合评定							
减产情况							
其他损失							
成灾其他原因分析(地形、品种、播期、栽培方式、前茬、发育期、土壤状况、品种类型、熟性、管理等)							
资料来源							

第2页

图 F.1　作物生育状况观测记录年报表(农气表-1)格式图(续)

年

大田生育观测调查									
生产水平									
观测调查地点									
作物品种名称				播种日期				播种日期	
产量(千克/公顷)				收获日期				收获日期	
观测调查日期									
发育期									
高度(厘米)									
密度(株茎数/m²)									
生长状况(类)									
产量因素	项目(单位)								
	数值								
	项目(单位)								
	数值								
	项目(单位)								
	数值								
	项目(单位)								
	数值								

生长量测定															
测定日期(月.日)	叶面积(m²)			植株鲜/干重(g)								灌浆速度			
	单株平均	1平方米	叶面积指数	叶片	叶鞘(叶柄)	茎(枝)	穗(铃、荚)	整株(茎)合计	1平方米	含水率(%)	生长率(%)	日期(月·日)	含水率(%)	千粒重(g)	灌浆速度(克/千粒日)

生育期间农业气象条件鉴定			
县平均产量(kg/公顷)		与上年比增减产百分比(%)	
资料来源			

第3页

图 F.1 作物生育状况观测记录年报表(农气表-1)格式图(续)

附 录 G
（资料性附录）
土壤水分观测记录年报表(农气表-2)格式

土壤水分观测记录年报表(农气表-2)格式参见图 G.1。

农气表-2-1	
区站号	
档案号	

土壤水分观测记录年报表

（烘干称重法）

作物名称________ 品种名称________

品质类型、熟性、栽培方式________

地段类别________

年

省、自治区、直辖市________

台站名称________

地　　址________

北　　纬________ 东　　经________

海拔高度________米

台 站 长________ 抄　　录________

观　　测________ 校　　对________

预　　审________ 审　　核________

制作时间　　年　　月　　日

中 国 气 象 局

图 G.1 土壤水分观测记录年报表(农气表-2)格式图

年

观测日期(月、日)																																	
土壤重量含水率(%)	0～10																																
	10～20																																
	20～30																																
	30～40																																
	40～50																																
	50～60																																
	60～70																																
	70～80																																
	80～90																																
	90～100																																
土壤相对湿度(%)	0～10																																
	10～20																																
	20～30																																
	30～40																																
	40～50																																
	50～60																																
	60～70																																
	70～80																																
	80～90																																
	90～100																																

第1页

图 G.1　土壤水分观测记录年报表(农气表-2)格式图(续)

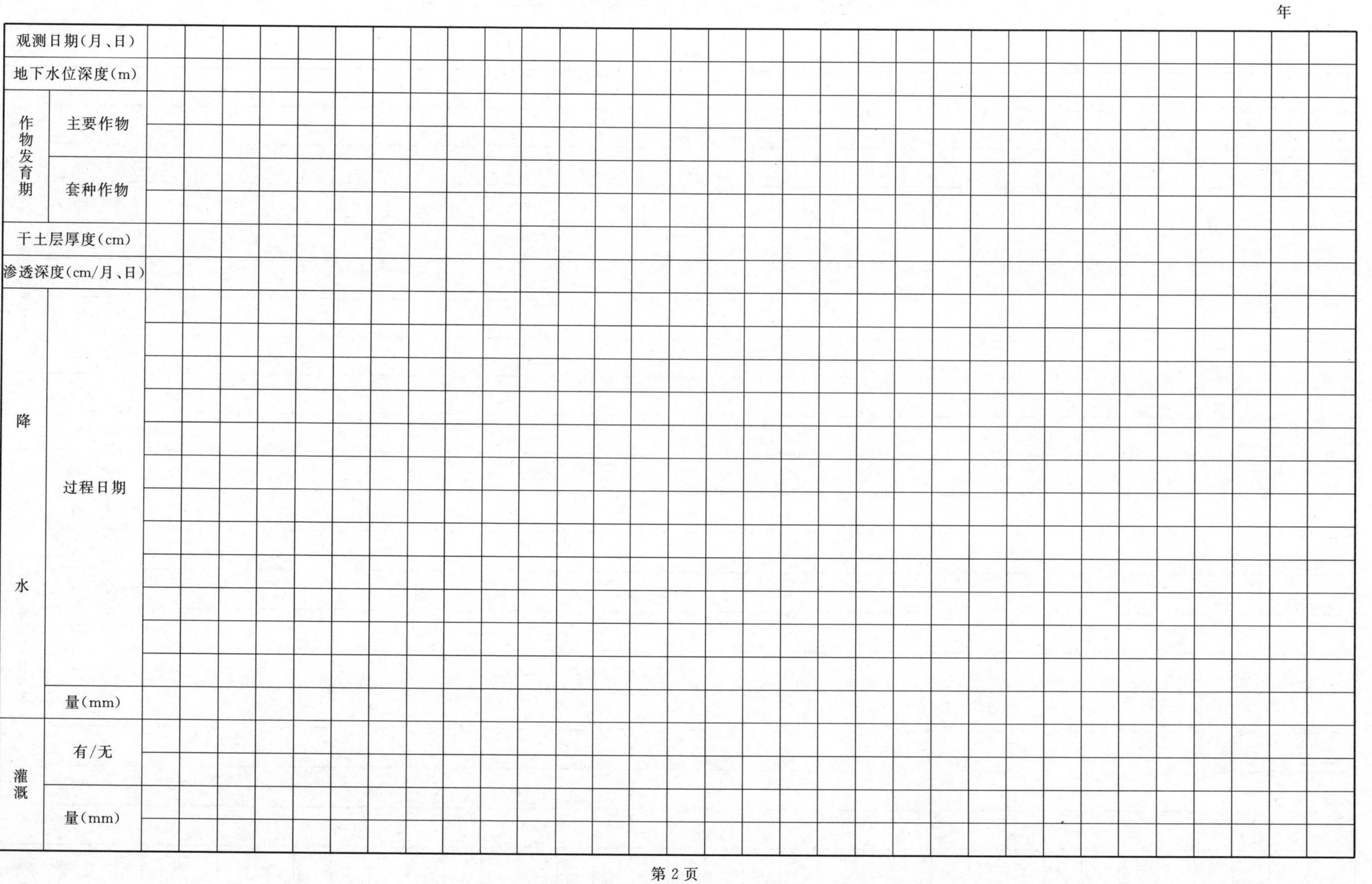

图 G.1　土壤水分观测记录年报表(农气表-2)格式图(续)

年

观测日期(月、日)																																	
土壤水分总储存量(mm)	0～10																																
	10～20																																
	20～30																																
	30～40																																
	40～50																																
	50～60																																
	60～70																																
	70～80																																
	80～90																																
	90～100																																

土壤水分、物理特性测定值	深度(厘米)	0～10	10～20	20～30	30～40	40～50	50～60	60～70	70～80	80～90	90～100
	田间持水量(%)										
	土壤容重()										
	凋萎湿度(%)										

农田冻结解冻日期(月、日)	冻结			解冻		
	表层	10厘米	20厘米	表层	10厘米	20厘米

第3页

图G.1 土壤水分观测记录年报表(农气表-2)格式图(续)

年

观测日期(月、日)																																	
土壤水分有效储存量(mm)	0～10																																
	10～20																																
	20～30																																
	30～40																																
	40～50																																
	50～60																																
	60～70																																
	70～80																																
	80～90																																
	90～100																																

第4页

图 G.1　土壤水分观测记录年报表(农气表-2)格式图(续)

附　录　H
(资料性附录)
自然物候观测记录年报表(农气表-3)格式

自然物候观测记录年报表(农气表-3)格式参见图 H.1。

农气表-3	
区站号	
档案号	

自 然 物 候 观 测 记 录 年 报 表

年

省、自治区、直辖市＿＿＿＿＿＿

台站名称＿＿＿＿＿＿

地　　址＿＿＿＿＿＿

北　　纬＿＿＿＿ 东　经＿＿＿＿

海拔高度＿＿＿＿米

台 站 长＿＿＿＿ 抄　录＿＿＿＿

观　　测＿＿＿＿ 校　对＿＿＿＿

预　　审＿＿＿＿ 审　核＿＿＿＿

制作时间　　年　　月　　日

中 国 气 象 局

图 H.1　自然物候观测记录年报表(农气表-3)格式图

年

中名	学名	木本植物物候期(月、日)																				草本植物物候期(月、日)											
		芽膨大期		芽开放期		展叶期		花蕾或花序出现期	开花期			第二次开花期	果实或种子成熟期	果实或种子脱落期		叶变色期		落叶期		萌芽期	展叶期		开花期			果实或种子成熟期		果实或种子散落期	黄枯期		
		花芽	叶芽	花芽	叶芽	始期	盛期		始期	盛期	末期			始期	末期	始期	末期	始期	末期		始期	末期	始期	盛期	末期	始期	全熟期		始期	普遍期	末期

候鸟、昆虫、两栖动物候期(月、日)				
动物名称	始见	绝见	始鸣	终鸣

气象、水文现象(月、日)													
现象名称	霜		雪					雷		闪电		虹	
	终霜	初霜	终雪	开始融化	完全融化	初雪	初次积雪	初雷	终雷	初见	终见	初见	终见
日期(月、日)													
现象名称	严寒开始	土壤表面		池塘、湖泊				河流					
		开始解冻	开始冻结	开始解冻	完全解冻	开始冻结	完全冰结	开始解冻	开始流水	完全解冻	流水终止	开始冻结	完全冻结
日期(月、日)													

第1页

图 H.1　自然物候观测记录年报表(农气表-3)格式图(续)

年

主要观测植物地理环境							物候分析
中名	种植年代	地点位置	海拔高度(m)	地形坡向	土壤质地	鉴定单位	

第2页

图 H.1　自然物候观测记录年报表(农气表-3)格式图(续)

附　录　I
（资料性附录）
畜牧气象观测记录年报表(农气表-4)格式

畜牧气象观测记录年报表(农气表-4)格式参见图 I.1。

农气表-4
区站号
档案号

畜牧气象观测记录年报表

年

省、自治区、直辖市 ________________

台站名称 ________________

地　　址 ________________

北　　纬 ________ 东　　经 ________

海拔高度 ________________ 米

台 站 长 ________ 抄　　录 ________

观　　测 ________ 校　　对 ________

预　　审 ________ 审　　核 ________

制作时间　　　年　　　月　　　日

中　国　气　象　局

图 I.1　畜牧气象观测记录年报表(农气表-4)格式图

年

牧草名称	牧草发育期(始期/普遍期)(月、日)											牧草生长高度(长度)(cm)																							
	学名	科名	返青出苗	分蘖	展叶	新枝(分枝)形成	抽穗	花序形成	开花	果实(种子)成熟	黄枯	测定日期(月、日)																							

* 进入发育期植株未达 50%

牧草产量、灌丛密度

产量鲜、干重单位:草类(g/m),灌木 1/4 株丛和单株丛(g)

测产日期	月 日									
牧草名称							灌丛	杂草	总产(kg/公顷)	再生草
鲜重										
干重										
干鲜比										
灌丛产量(kg/公顷)										
主要草种株数				千株鲜重(g)						
测产日期	月 日									
鲜重										
干重										
干鲜比										
灌丛产量(kg/公顷)										
主要草种株数				千株鲜重(g)						
灌丛密度(株丛/公顷)									其他	

测产日期	月 日									
牧草名称							灌丛	杂草	总产(kg/公顷)	再生草
鲜重										
干重										
干鲜比										
灌丛产量(kg/公顷)										
主要草种株数				千株鲜重(g)						
测产日期	月 日									
鲜重										
干重										
干鲜比										
灌丛产量(kg/公顷)										
主要草种株数				千株鲜重(g)						
灌丛密度(株丛/公顷)		合计		测定日期						

测产日期	月 日									
牧草名称							灌丛	杂草	总产(kg/公顷)	再生草
鲜重										
干重										
干鲜比										
灌丛产量(kg/公顷)										
主要草种株数				千株鲜重(g)						
测产日期	月 日									
鲜重										
干重										
干鲜比										
灌丛产量(kg/公顷)										
主要草种株数				千株鲜重(g)						
灌丛密度(株丛/公顷)									其他	

测产日期	月 日									
牧草名称							灌丛	杂草	总产(kg/公顷)	再生草
鲜重										
干重										
干鲜比										
灌丛产量(kg/公顷)										
主要草种株数				千株鲜重(g)						
测产日期	月 日									
鲜重										
干重										
干鲜比										
灌丛产量(kg/公顷)										
主要草种株数				千株鲜重(g)						
灌丛密度(株丛/公顷)		合计		测定日期						

第 1 页

图 I.1 畜牧气象观测记录年报表(农气表-4)格式图(续)

年

草层高度(cm)、覆盖度(%) 草层状况、采食度(%)									
测定日期(月日)									
地段	高草层高度								
	底草层高度								
	覆盖度								
	草层状况								
放牧场	高草层高度								
	底草层高度								
	采食度								
	采食率(%)								
测产日期(月日)									
测高日期(月、日)									

牧草及家畜气象、病虫害等灾害						
灾害名称	起止日期	天气气候情况	受害征状(情况)	受害程度	周围受害情况	防御措施及效果

观测地段、放牧场观测地点说明

地段所在地点、所属单位：______

在测点：______方　距站：______米，海拔高度：______米

地形、地势：______，地段面积：______公顷

地下水深度：______米，土壤状况：______

草场类型：______

主要共生牧草种类名称：______

放牧场观测点地址：______

在测点______方　距站：______米，海拔高度：______米

其他：______

第2页

图 I.1　畜牧气象观测记录年报表(农气表-4)格式图(续)

年

等级	家畜膘情调查																							
	膘情等级头数				羯羊重		膘情等级头数				羯羊重		膘情等级头数				羯羊重		膘情等级头数				羯羊重	
	调查日期	头数			羊号	合计	调查日期	头数			羊号	合计	调查日期	头数			羊号	合计	调查日期	头数			羊号	合计
		成畜	病畜	合计				成畜	病畜	合计				成畜	病畜	合计				成畜	病畜	合计		
上	(1)				1		(2)				1		(3)				1		(4)				1	
中					2						2						2						2	
下					3						3						3						3	
很差	月				4		月				4		月				4		月				4	
病畜					5						5						5						5	
合计	日				合计		日				合计		日				合计		日				合计	
死亡					平均						平均						平均						平均	
上	(5)				1		(6)				1		(7)				1		(8)				1	
中					2						2						2						2	
下					3						3						3						3	
很差	月				4		月				4		月				4		月				4	
病畜					5						5						5						5	
合计	日				合计		日				合计		日				合计		日				合计	
死亡					平均						平均						平均						平均	
上	(9)				1		(10)				1		(11)				1		(12)				1	
中					2						2						2						2	
下					3						3						3						3	
很差	月				4		月				4		月				4		月				4	
病畜					5						5						5						5	
合计	日				合计		日				合计		日				合计		日				合计	
死亡					平均						平均						平均						平均	

调查畜群的基本情况
1. 畜群所在单位(个人)： ______________ ______________ 2. 畜群家畜名称： ______________ 3. 家畜品种： ______________ 4. 平均日放牧时数： 春_____ 夏_____ 秋_____ 冬_____ 5. 有无棚舍： 6. 棚舍结构： 型式： 数量： 长： 宽： 高： 门窗开向： 7. 其他： ______________ ______________

第3页

图 I.1　畜牧气象观测记录年报表(农气表-4)格式图(续)

年

牧事活动生产性能记载			天气气候条件对牧草、家畜影响评述	纪　要
牧事名称	日期(月、日)	生产性能		

第4页

图 I.1　畜牧气象观测记录年报表(农气表-4)格式图(续)

参 考 文 献

[1] QX/T 21—2004 农业气象观测记录年报数据文件格式
[2] QX/T 102—2009 气象资料分类与编码
[3] QX/T 118—2010 地面气象观测资料质量控制
[4] 中国气象局. 农业气象观测规范[M]. 北京:气象出版社,1993

ICS 07.060
A 47
备案号：49469—2015

中华人民共和国气象行业标准

QX/T 255—2015

供暖气象等级

Weather grade of heating system management

2015-01-26 发布　　2015-05-01 实施

中国气象局 发布

前　言

本标准按照 GB/T 1.1—2009 给出的规则起草。

本标准由全国气象防灾减灾标准化技术委员会(SAC/TC 345)提出并归口。

本标准起草单位:北京市气象局。

本标准主要起草人:尤焕苓、丁德平、张德山、邓长菊、李迅、沈漪、李永华。

供暖气象等级

1 范围

本标准给出了供暖气象等级及其划分方法。

本标准适用于秦岭—淮河以北地区集中供暖的气象服务和相关研究。

2 术语和定义

下列术语和定义适用于本文件。

2.1

节能温度 energy efficiency temperature

综合考虑气温、热岛效应、辐射、风速等环境因子得出的温度指标。

注:单位为摄氏度(℃)。

3 等级划分

根据节能温度 T_J 所处的阈值范围,将供暖气象等级由低到高分为1级、2级、3级、4级、5级、6级共六个等级,详见表1。

表1 供暖气象等级划分

等级	含义	划分方法	服务指南
1级	最低	$T_{si} \leqslant T_J \leqslant T_{xi}$ 其中,T_{si}、T_{xi} 为第 i 等级节能温度阈值的上、下限,i 取1～6	少量供暖(热源极低负荷供暖)
2级	低		适度供暖(热源低负荷供暖)
3级	中等		适度加大供暖(热源基本负荷供暖)
4级	高		增大供暖(热源正常负荷供暖)
5级	很高		全力供暖(热源尖峰负荷供暖)
6级	极高		持续全力供暖(热源超负荷供暖,启动应急预案)
T_{si}、T_{xi} 的计算见第4章,T_J 的计算见第5章。			

4 节能温度阈值计算

4.1 各供暖气象等级的节能温度阈值的计算见式(1)、式(2)。

$$T_{si} = X_i^2(0.0402\Delta\varphi + 0.0402\Delta Z - 0.3929) - X_i(0.4098\Delta\varphi + 0.4098\Delta Z + 0.764) + 0.1583(\Delta\varphi + \Delta Z) + 8.8 \quad \cdots\cdots(1)$$

$$T_{xi} = X_i^2(0.0551\Delta\varphi + 0.0551\Delta Z - 0.5893) - X_i(0.4378\Delta\varphi + 0.4378\Delta Z + 0.275) - 0.025(\Delta\varphi + \Delta Z) + 5.9 \quad \cdots\cdots(2)$$

式中:

T_{si} ——节能温度上限,单位为摄氏度(℃);

T_{xi} ——节能温度下限，单位为摄氏度(℃)；

X_i ——节能温度级别数，X_i 的值等于 i 的值；

$\Delta\varphi$ ——供暖所在地相对北京市观象台气温的纬度变化率，单位为摄氏度每度，计算方法见 4.2；

ΔZ ——供暖所在地相对北京市观象台气温的海拔高度变化率，单位为摄氏度每米(℃/m)，计算方法见 4.3。

4.2 供暖所在地相对北京市观象台的气温纬度变化率($\Delta\varphi$)的计算如下：

当 $\varphi \geqslant 38.5°$时，$\Delta\varphi = 2.06(\varphi - 39.93)$ ··················(3)

当 $\varphi < 38.5°$时，$\Delta\varphi = 0.935(\varphi - 39.93)$ ··················(4)

式中：

φ ——采暖所在地的纬度，单位为度(°)。

4.3 供暖所在地相对北京市观象台气温的海拔高度变化率(ΔZ)的计算如下：

$$\Delta Z = 0.0043(Z - 54.7) \qquad \cdots\cdots(5)$$

当其经度>105°、高度 Z>900 m 时，ΔZ 按下面公式计算：

$$\Delta Z = 0.00130(Z - 54.7) \qquad \cdots\cdots(6)$$

式中：

Z ——采暖所在地的海拔高度，单位为米(m)。

4.4 不同等级节能温度阈值取值原则：

——等级为 1 时上限四舍五入取整数；

——其他等级上限与上一等级下限取整后数值相同，直接作为阈值分界点。如遇某个供暖等级的上限节能温度与上一等级的下限节能温度取整后相差 1℃，则取两者较小值做上下限节能温度分界点。

示例：

哈尔滨的 4 级上限节能温度为－10.54℃，3 级下限节能温度为－10.29℃，四舍五入后分别－11℃和－10℃，取－11℃为 4 级上限节能温度。

5 节能温度的计算

节能温度的计算见附录 A。

6 供暖气象等级的确定

不同地区供暖气象等级的确定都以北京市观象台为参照点，具体步骤如下：

1) 按照第 4 章计算出该地区不同等级的节能温度阈值；

2) 按照第 5 章计算供暖时段的节能温度；

3) 根据节能温度所处阈值范围确定所在地的供暖气象等级。

附　录　A
（规范性附录）
节能温度计算

A.1　节能温度计算

节能温度的计算公式如下：

$$T_J = T + \Delta T + T_R + T_V \qquad \cdots\cdots(A.1)$$

式中：

T_J ——节能温度，单位为摄氏度（℃）；

T ——代表性试验期观测站试验时的温度，单位为摄氏度（℃）；

ΔT——城市热岛强度修正值，试验期城区代表站和郊区代表站月平均气温差，单位为摄氏度（℃）；

T_R ——辐射对气温的修正量，单位为摄氏度（℃），计算方法见公式（A.2）；

T_V ——风力对气温的修正量，单位为摄氏度（℃），计算方法见公式（A.3）。

A.2　辐射对气温的修正量计算

根据实际供热和热平衡理论，可得到辐射对节能温度的影响，其修正量（T_R）的计算公式如下：

$$T_R = \frac{\sum_{j=1}^{n}(H_j - S_j q(T_{j,\mathrm{in}} - T_{j,\mathrm{out}}))}{\sum_{j=1}^{n} S_j q} \qquad \cdots\cdots(A.2)$$

式中：

j ——取值 1，2，…，n，对应试验次数；

H_j ——对应第 j 次试验的单位时间实际供热总量，单位为瓦（W）；

S_j ——对应第 j 次试验的供热面积，单位为平方米（m^2）；

q ——单位时间、单位面积保持 1℃温差（室内比室外高 1℃）所损失的热量，单位为瓦每摄氏度平方米（$W/(℃ \cdot m^2)$），即围护结构传热系数，可查阅建筑所在地区的《建筑节能设计标准》；

$T_{j,\mathrm{in}}$ ——对应第 j 次试验的室内温度，单位为摄氏度（℃）；

$T_{j,\mathrm{out}}$——对应第 j 次试验的室外温度，单位为摄氏度（℃）。

公式（A.2）中的$\sum$表示对试验累次求和。

A.3　风速对气温的修正量计算

按照实际供热和热平衡理论，可得风速对节能温度的影响，其修正量（T_V）的计算公式如下：

$$T_V = \frac{\sum_{j=1}^{n}(H_j - S_j q(T_{j,\mathrm{in}} - T_{j,\mathrm{out}}))}{\sum_{j=1}^{n} S_j q v_j} V \qquad \cdots\cdots(A.3)$$

式中：

v_j ——对应第 j 次试验的风速，单位为米每秒（m/s）；

V ——需计算(或预报)时段的风速,单位为米每秒(m/s);

公式(A.3)中的$\sum$表示对试验累次求和。将试验数据代入公式(A.3),可得 T_V 。

示例:

北京地区平均 $T_V = -0.2V$,即 1 m/s 的风速对气温的影响为 0.2℃。

参考文献

[1] 陈正洪,胡江林,张德山,等.城市热岛强度订正与供热量预报[J].气象,2002,(1):69-71

[2] 高昆生,吕晓玲,张瑞平.呼市地区近二十年采暖室外温度参数及城市规划供热指标的分析研究[J].区域供热,2000,(6):22-26

[3] 霍秀英,王锋.温度预报在集中供热采暖中的应用[J].气象,1990,(2):51-54

[4] 王保民,张德山,汤庆国,等.节能温度、供热气象指数及供热参数研究[J].气象,2002,(1):72-74

[5] 王志斌,张德山,王保民,等.北京城市集中供热节能气象预报系统研制[J].气象,2005,(1):75-78

[6] 张德山,王保民,陈正洪,等.北京市城市集中供热节能气象预报系统的应用[J].煤气与热力,2008,(11):23-25

ICS 07.060
A 47
备案号：49470—2015

中华人民共和国气象行业标准

QX/T 256—2015

37 mm 高炮人工影响天气作业点安全射界图绘制规范

Specifications for drawing safe firing area map for 37 mm anti-aircraft gun at weather modification sites

2015-01-26 发布　　2015-05-01 实施

中　国　气　象　局　发布

前　言

本标准按照 GB/T 1.1—2009 给出的规则起草。

本标准由全国人工影响天气标准化技术委员会(SAC/TC 538)提出并归口。

本标准起草单位:山东省人民政府人工影响天气办公室、青岛市人民政府人工影响天气办公室。

本标准主要起草人:龚佃利、孙建东、杨凡、刘文、赵健、张洪生、张小培、邵洋、卢培玉。

37 mm 高炮人工影响天气作业点安全射界图绘制规范

1 范围

本标准规定了37 mm高炮人工影响天气作业点安全射界选取、安全射界图绘制、安全射界图审核的技术要求。

本标准适用于37 mm高炮人工影响天气作业点安全射界图的绘制。

2 规范性引用文件

下列文件对于本文件的应用是必不可少的。凡是注日期的引用文件，仅注日期的版本适用于本文件。凡是不注日期的引用文件，其最新版本(包括所有的修改单)适用于本文件。

QX/T 151 人工影响天气作业术语

3 术语和定义

QX/T 151界定的以及下列术语和定义适用于本文件。

3.1

未爆弹丸 unexploded projectile

因引信失效，未能在空中爆炸的弹丸。

3.2

初始方位角 initial azimuth

地理坐标正北方位，即0°方位角。

3.3

射击仰角 firing elevation angle

高炮射击时，炮管轴线与水平面的夹角。

3.4

安全射界 safe firing area

为避免空中未爆弹丸落地时造成地面人员或重要设施损害，所预选的未爆弹丸落地安全区范围。

4 安全射界选取

4.1 选取原则

安全射界的选取应遵守下列原则：

a) 避开人口密集区，如城镇、村庄、学校等；

b) 避开重要设施，如油库、化工厂、文物古迹、军事设施等；

c) 安全射界边界与人口密集区和重要设施的距离大于200 m。

4.2 安全射界最小范围

安全射界最小范围应满足下列条件：

a) 海拔高度小于或等于1500 m的作业点:1500 m(极坐标径向)×1000 m(极坐标切向);

b) 海拔高度大于1500 m的作业点:2000 m(极坐标径向)×1500 m(极坐标切向)。

注:极坐标径向为高炮炮管轴线方向在水平面的投影方向;极坐标切向为水平面上垂直于极坐标径向的方向。

5 安全射界图绘制

5.1 底图

底图宜选用1:50000以上比例尺地图或分辨率不低于5 m的卫星遥感影像图,可明显分辨城镇、村庄等地物及其边界。

5.2 水平距离圈

以作业点为圆心,以1 km、10 km为半径绘制实线闭合圆;在自圆心向右(正东方向)的横轴上,按1 km间隔标出距离刻度,并标注"1 km"、"10 km"距离刻度数值。

5.3 射击距离圈

以作业点为圆心,以45°~80°射击仰角未爆弹丸最大射程为半径,按5°间隔画虚线闭合圆;在自圆心向上(正北方向)的纵轴上,标注对应射击仰角数值。常用的人工影响天气炮弹未爆弹丸的最大射程数据参见附录A。

5.4 方位线段

自初始方位角起,顺时针至345°,间隔15°,由作业点至10 km距离圈画方位线段;自初始方位角起,顺时针至315°,间隔45°,在10 km距离圈外侧标注对应方位角数值。

5.5 安全射界图形

在底图上查找符合4.1和4.2要求的区域,确定安全射界边界;以作业点为圆心绘制扇形区域,用明显区别于底图的颜色、以半透明方式填充。

5.6 安全射界编号

自初始方位角起,沿顺时针方向,由内至外,按阿拉伯数字1,2,3…的顺序编号,居中标注于安全射界内。

5.7 安全射界范围表

依据37 mm高炮不同射击仰角未爆弹丸最大射程数据,插值得出标准气象条件下各安全射界对应的射击起、止方位角和起、止仰角数值(四舍五入取整数),按安全射界编号由小到大的次序在安全射界图左下部写明。

5.8 标注信息

安全射界图应标注下列信息:

a) 在安全射界图上方,居中标注图题"37 mm高炮安全射界图";

b) 在安全射界图右下部,依次标出下列说明内容:

   1) 作业点名称:以所在县级行政区及具体作业地名称表示;

   2) 作业点编号:9位数字编号,1位~6位为GB/T 2260规定的行政区域代码,7位~9位为作业点序号；

3） 经纬度：单位为度(°)，精度为0.01°；

4） 海拔高度：单位为米(m)，精度为0.1 m；

5） 地图比例尺或卫星影像分辨率：按地图比例尺或卫星影像分辨率给出；

6） 适用弹型。

c） 在安全射界图下方，依次写明绘制人、审核人、绘制单位和绘制时间。

5.9 幅面尺寸

安全射界图印制幅面尺寸宜宽度不小于0.6 m、高度不小于0.9 m。

5.10 示例样图

示例样图参见附录B。

6 安全射界图审核

6.1 核对

安全射界图绘制完毕后，应对选取的安全射界及周边环境进行调查核对，确认绘制的安全射界符合4.1和4.2要求。

6.2 复核

每年应对安全射界图进行复核，对不符合4.1和4.2要求的安全射界进行修订。

附 录 A
(资料性附录)
37 mm高炮不同射击仰角未爆弹丸最大射程数据表

表A.1给出了目前国内主要使用的5种人工影响天气炮弹在不同射击仰角情况下未爆弹丸的最大射程数据。

表A.1 37 mm高炮不同射击仰角未爆弹丸最大射程数据表

射角 °	未爆弹丸最大射程 m				
	83型	92型	07型	JD89-Ⅱ型	JD-07A型
45.0	9596.1	9109.2	9129.6	8813.6	9770.7
47.5	9488.0	8998.8	9019.3	8699.9	9662.6
50.0	9331.1	8843.1	8863.6	8542.9	9504.6
52.5	9124.2	8640.9	8661.2	8341.5	9295.3
55.0	8866.0	8390.7	8410.6	8094.9	9033.5
57.5	8554.7	8091.5	8110.9	7802.2	8718.2
60.0	8190.2	7743.0	7761.6	7462.0	8347.9
62.5	7771.5	7343.7	7361.5	7074.8	7922.2
65.0	7298.5	6894.2	6911.0	6639.2	7440.8
67.5	6771.2	6394.3	6409.8	6156.0	6904.1
70.0	6190.7	5844.6	5858.9	5625.8	6312.7
72.5	5558.5	5246.8	5259.6	5049.5	5668.2
75.0	4876.7	4602.8	4614.1	4429.3	4973.2
77.5	4148.6	3915.4	3925.1	3767.7	4230.8
80.0	3378.5	3188.4	3196.3	3068.2	3445.3

注1:标准气象条件下,弹丸口径D为37 mm,弹形系数i_{43}为1.0(弹道系数C_{43}为1.89)的质点弹道计算结果。

注2:83型弹丸质量为0.722 kg,初速为866 m/s;92型弹丸质量为0.658 kg,初速为890 m/s;07型弹丸质量为0.660 kg,初速为890 m/s;JD89-Ⅱ型弹丸质量为0.600 kg,初速为950 m/s;JD-07A型弹丸质量为0.740 kg,初速为866 m/s。

附 录 B
(资料性附录)
37 mm 高炮安全射界图示例样图

图 B.1 给出了基于 SPOT 5 卫星影像图绘制的 37 mm 高炮安全射界图示例。

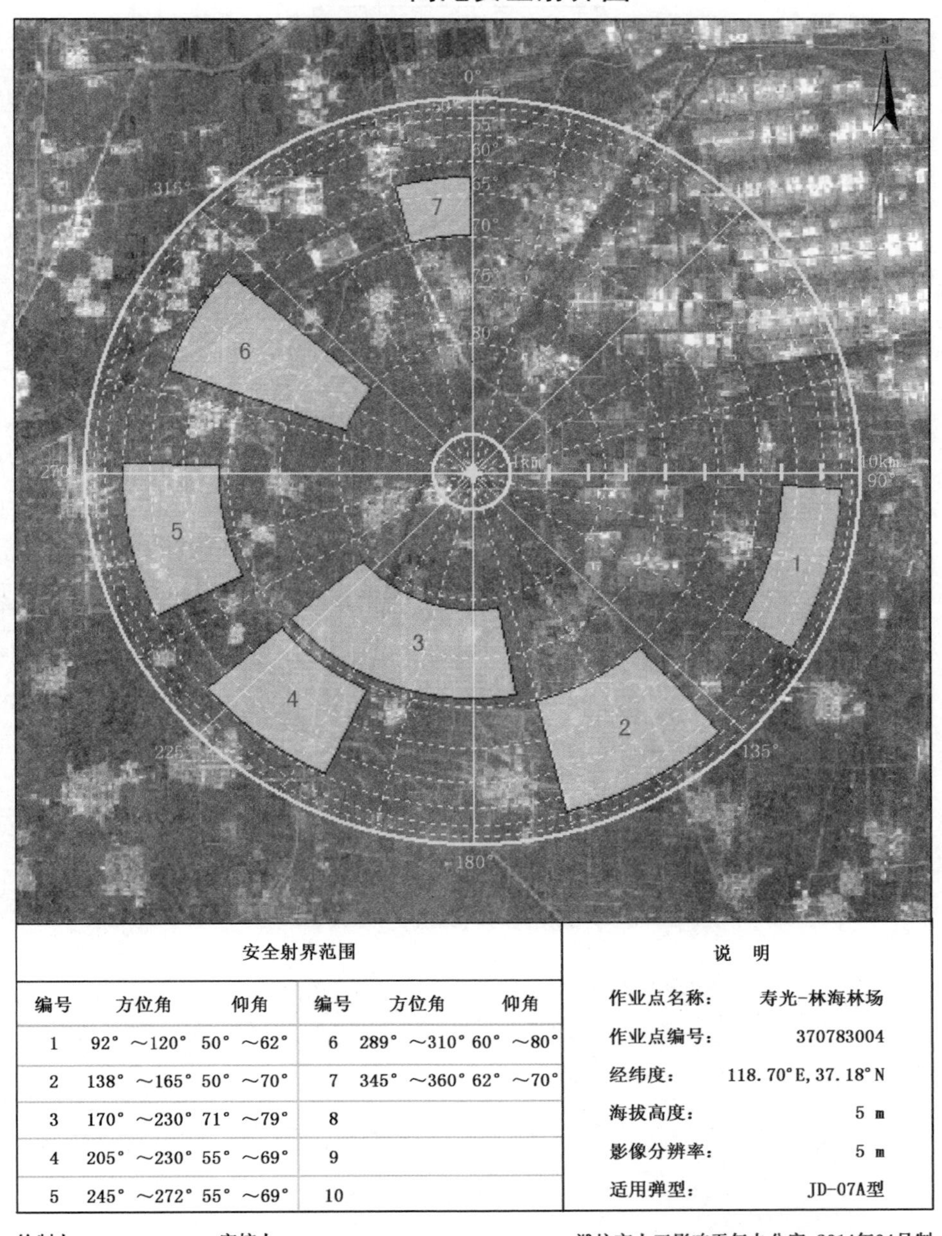

安全射界范围					
编号	方位角	仰角	编号	方位角	仰角
1	92°～120°	50°～62°	6	289°～310°	60°～80°
2	138°～165°	50°～70°	7	345°～360°	62°～70°
3	170°～230°	71°～79°	8		
4	205°～230°	55°～69°	9		
5	245°～272°	55°～69°	10		

说明	
作业点名称：	寿光-林海林场
作业点编号：	370783004
经纬度：	118.70°E，37.18°N
海拔高度：	5 m
影像分辨率：	5 m
适用弹型：	JD-07A型

绘制人： 审核人： 潍坊市人工影响天气办公室 2014年04月制

图 B.1 37 mm 高炮安全射界图示例

参考文献

［1］ GB/T 2260 中华人民共和国行政区划代码

［2］ QX/T 17—2003 37 mm 高炮防雹增雨作业安全技术规范

［3］ 王良明，钱明伟. 高原环境对高炮外弹道特性的影响［J］. 弹道学报，2006，**18**(1)

ICS 07.060
A 47
备案号：49471—2015

中华人民共和国气象行业标准

QX/T 257—2015

毛发湿度表(计)校准方法

Calibration method of hair hygrometer(hygrograph)

2015-01-26 发布　　2015-05-01 实施

中 国 气 象 局　发 布

前　言

本标准按照 GB/T 1.1—2009 给出的规则起草。

本标准由全国气象仪器与观测方法标准化技术委员会(SAC/TC 507)提出并归口。

本标准起草单位:黑龙江省气象局、山东省气象局、中国气象局气象探测中心。

本标准主要起草人:邓树民、张纯钧、孙嫣、温晓清、房岩松、张维、王锡芳、刘旭、任燕。

引　　言

20 世纪 80 年代以前，国内的毛发湿度仪器基本上都是气象用毛发湿度表（如 HM4 型号）和毛发湿度计（如 DHJ1、ZJ1 等型号），当时毛发湿度表（计）的产品标准和计量检定规程都是以此两类产品为对象制定的。目前，此两类仪器的数量较少，使用最多、数量最大的毛发湿度仪器则是 WHM5、HM10 等型号的湿度表。且现行的标准（JJG 205—2005）规定的湿度仪器测量范围、性能、检定设备、检定（校准）方法等部分技术内容不能完全适用和满足毛发湿度仪器校准或检定的需要。为此各有关部门和单位都希望制定一个能涵盖不同型号毛发湿度表（计）的校准（检定）方法。本标准制定后，可做到有标准可依、有章可循。

毛发湿度表(计)校准方法

1 范围

本标准规定了毛发湿度表、毛发湿度自记仪器[以下简称毛发湿度表(计)]的校准条件、项目、方法及校准数据处理、结果表达、复校时间间隔要求。

本标准适用于采用毛发做感湿元件的毛发湿度表(计)的校准。

2 术语和定义

下列术语和定义适用于本文件。

2.1

总变量 total variable

在最高相对湿度校准点与最低相对湿度校准点间被校准毛发湿度表(计)示值的变化量。

2.2

实际变量 actual variable

对应被校准毛发湿度表(计)总变量的标准器测量结果的变化量。

3 校准条件

3.1 环境条件

温度:20℃±5℃;

相对湿度:不大于85%。

3.2 标准器及校准设备

3.2.1 标准器

性能参数为:

a) 测量范围:相对湿度10%~100%;

b) 最大允许误差:相对湿度±2%。

3.2.2 校准设备

湿度校准箱,要求:

a) 湿度调节范围:相对湿度30%~100%;

b) 湿度不均匀度:相对湿度不大于1%;

c) 湿度波动度:相对湿度±1%。

4 校准项目

毛发湿度表(计)的示值误差、总变量和回程误差。

5 校准方法

5.1 长时间处于相对湿度30%以下环境的毛发湿度表(计),校准前应置于相对湿度90%以上高湿环境中预湿6 h以上。

5.2 正式校准前,把湿度校准箱内湿度调至相对湿度98%以上,将毛发湿度表(计)的示值调整至误差在相对湿度±1%以内。

5.3 根据需要,可先对毛发湿度表(计)的放大倍率进行测定与调整。其方法是:首先将湿度校准箱的湿度调整至相对湿度100%,然后再将湿度校准箱调整至相对湿度30%,将测得的毛发湿度表(计)的示值变化量与标准器示值的变化量进行比较。如果误差大于相对湿度±5%,则应对毛发湿度表(计)的放大倍率进行调整。

5.4 将标准器与被校准的毛发湿度表(计)置于湿度校准箱中,在不同的湿度点环境中对标准器的测值和毛发湿度表(计)的示值进行比较,从而对毛发湿度表(计)的主要技术性能进行校准。相对湿度的校准点及顺序为:98%,80%,60%,40%,40%,60%,80%,98%。各点调至与规定校准点±3%以内,且最大相对湿度不超过100%。

5.5 在调湿过程中,应保持整个过程变化趋势的稳定性和一致性。在降湿的整个过程中,不应有升湿的趋势;在升湿的整个过程中,不应有降湿的趋势。

5.6 各校准湿度点的稳定时间及相关要求:

——毛发湿度表的稳定时间一般为5 min~10 min;

——毛发湿度计的稳定时间一般为7 min~15 min;

——校准时,有外罩的毛发湿度表(计)应卸下湿度表(计)的外罩进行,如不卸下外罩,则各校准湿度点的稳定时间应为25 min以上;

——当采用静态稳定的湿度校准箱时,要求从稳定开始至校准读数结束,箱内各校准点的相对湿度不稳定性应不超过2%;

——在稳定及校准读数时,应降低湿度校准箱的搅拌风扇转速。

5.7 校准时,先读取标准器示值,后读取被校准毛发湿度表(计)示值,毛发湿度表(计)读数准确至相对湿度1%。

5.8 毛发湿度表(计)校准记录表格式式样参见附录A。

6 校准数据处理

6.1 示值误差

被校准毛发湿度表(计)各湿度校准点上相对湿度的示值误差按式(1)计算。

$$\Delta H_i = H_{si} - H_{bi} \quad \cdots\cdots\cdots\cdots(1)$$

式中:

ΔH_i ——被校准毛发湿度表(计)的示值误差;

H_{si} ——被校准毛发湿度表(计)示值;

H_{bi} ——标准器测值。

6.2 总变量与实际变量

相对湿度由98%下降至40%和由40%上升至98%时,被校准毛发湿度表(计)的总变量和标准器的实际变量按式(2)和式(3)计算。

$$H_z = H_{98} - H_{40} \quad \cdots\cdots(2)$$

式中：

H_z ——被校准毛发湿度表(计)降湿或升湿时的总变量；

H_{98} ——98%校准点被校准毛发湿度表(计)降湿或升湿时的示值；

H_{40} ——40%校准点被校准毛发湿度表(计)降湿或升湿时的示值。

$$H_{bz} = H_{b98} - H_{b40} \quad \cdots\cdots(3)$$

式中：

H_{bz} ——标准器实际变量；

H_{b98} ——98%校准点标准器在降湿或升湿时的测值；

H_{b40} ——40%校准点标准器在降湿或升湿时的测值。

6.3 回程误差

被校准毛发湿度表(计)各校准点上相对湿度的回程误差按式(4)计算。

$$\Delta H_{hi} = |\Delta H_{ij} - \Delta H_{is}| \quad \cdots\cdots(4)$$

式中：

ΔH_{hi} ——被校准毛发湿度表(计)某校准点上的回程误差；

ΔH_{ij} ——被校准毛发湿度表(计)在降湿过程时，该校准点的示值误差；

ΔH_{is} ——被校准毛发湿度表(计)在升湿过程时，该校准点的示值误差。

7 校准结果表达

经校准的毛发湿度表(计)应出具校准证书。

校准证书格式式样参见附录B。

8 复校时间间隔

毛发湿度表的复校间隔(有效期)宜为1年；

毛发湿度计的复校间隔(有效期)宜为3年。

附　录　A
（资料性附录）
毛发湿度表（计）校准记录表式样

毛发湿度表（计）校准记录表式样参见图 A.1

毛发湿度表（计）校准记录表

<table>
<tr><td colspan="4">标准器</td><td colspan="7">被校准仪器</td></tr>
<tr><td>仪器名称</td><td>仪器型号</td><td>出厂编号</td><td>不确定度</td><td>送检单位</td><td colspan="2"></td><td colspan="2"></td><td colspan="2"></td></tr>
<tr><td rowspan="4"></td><td rowspan="4"></td><td rowspan="4"></td><td rowspan="4"></td><td>仪器名称</td><td colspan="2"></td><td colspan="2"></td><td colspan="2"></td></tr>
<tr><td>仪器型号</td><td colspan="2"></td><td colspan="2"></td><td colspan="2"></td></tr>
<tr><td>出厂编号</td><td colspan="2"></td><td colspan="2"></td><td colspan="2"></td></tr>
<tr><td>制造厂家</td><td colspan="2"></td><td colspan="2"></td><td colspan="2"></td></tr>
<tr><td>示值
%</td><td>订正误差
%</td><td colspan="2">相对湿度
%</td><td>—</td><td>示值
%</td><td>误差
%</td><td>示值
%</td><td>误差
%</td><td>示值
%</td><td>误差
%</td></tr>
<tr><td></td><td></td><td colspan="2"></td><td>—</td><td></td><td></td><td></td><td></td><td></td><td></td></tr>
<tr><td></td><td></td><td colspan="2"></td><td>—</td><td></td><td></td><td></td><td></td><td></td><td></td></tr>
<tr><td></td><td></td><td colspan="2"></td><td>—</td><td></td><td></td><td></td><td></td><td></td><td></td></tr>
<tr><td></td><td></td><td colspan="2"></td><td>—</td><td></td><td></td><td></td><td></td><td></td><td></td></tr>
<tr><td></td><td></td><td colspan="2"></td><td>—</td><td></td><td></td><td></td><td></td><td></td><td></td></tr>
<tr><td></td><td></td><td colspan="2"></td><td>—</td><td></td><td></td><td></td><td></td><td></td><td></td></tr>
<tr><td></td><td></td><td colspan="2"></td><td>—</td><td></td><td></td><td></td><td></td><td></td><td></td></tr>
<tr><td></td><td></td><td colspan="2"></td><td>—</td><td></td><td></td><td></td><td></td><td></td><td></td></tr>
<tr><td colspan="2">H_{bz}降湿</td><td colspan="2"></td><td>H_z
降湿</td><td></td><td>—</td><td></td><td>—</td><td></td><td>—</td></tr>
<tr><td colspan="2">H_{bz}升湿</td><td colspan="2"></td><td>H_z
升湿</td><td></td><td>—</td><td></td><td>—</td><td></td><td>—</td></tr>
<tr><td colspan="5">98%回程误差</td><td colspan="2"></td><td colspan="2"></td><td colspan="2"></td></tr>
<tr><td colspan="5">80%回程误差</td><td colspan="2"></td><td colspan="2"></td><td colspan="2"></td></tr>
<tr><td colspan="5">60%回程误差</td><td colspan="2"></td><td colspan="2"></td><td colspan="2"></td></tr>
<tr><td colspan="5">40%回程误差</td><td colspan="2"></td><td colspan="2"></td><td colspan="2"></td></tr>
<tr><td colspan="5">备注</td><td colspan="2"></td><td colspan="2"></td><td colspan="2"></td></tr>
</table>

室内环境温度______℃　　室内相对湿度：______%　　室内大气压力______ hPa

校准人：______　　复核人：________　　校准日期：____年____月____日

图 A.1　毛发湿度表（计）校准记录表式样

附　录　B
(资料性附录)
校准证书格式式样

B.1　校准证书正面格式

校准证书正面格式式样参见图 B.1。

校准机构名称

校　准　证　书

证书编号__________

送 校 单 位：________________________________

计量器具名称：________________________________

型　号　规　格________________________________

出　厂　编　号________________________________

制　　造　　厂________________________________

校准机构
专用章

主　管________

检验员________

校准员________

校　准　日　期　　　　年　　　月　　　日

建议有效期至　　　　年　　　月　　　日

校准机构地址：　　　　　　　　　　　　　　　　　　　电话：

图 B.1　校准证书正面格式式样

B.2 校准证书背面格式

校准证书背面格式式样参见图B.2。

<table>
<tr><td colspan="3" align="center">校准机构名称</td></tr>
<tr><td colspan="3">证书编号</td></tr>
<tr><td colspan="3">1.校准使用的主要计量仪器：</td></tr>
<tr><td>名称</td><td colspan="2"></td></tr>
<tr><td>型号</td><td colspan="2"></td></tr>
<tr><td>测量范围</td><td colspan="2"></td></tr>
<tr><td>不确定度</td><td colspan="2"></td></tr>
<tr><td>证书编号</td><td colspan="2"></td></tr>
<tr><td>发证机构</td><td colspan="2"></td></tr>
<tr><td>有效期</td><td colspan="2"></td></tr>
<tr><td colspan="3">2.校准环境
温度：__________℃　　　相对湿度：__________%</td></tr>
<tr><td colspan="3">3.校准结果</td></tr>
<tr><td>标准器示值
%</td><td>被标准仪器示值
%</td><td>误差
%</td></tr>
<tr><td></td><td></td><td></td></tr>
<tr><td></td><td></td><td></td></tr>
<tr><td></td><td></td><td></td></tr>
<tr><td></td><td></td><td></td></tr>
<tr><td></td><td></td><td></td></tr>
<tr><td></td><td></td><td></td></tr>
<tr><td></td><td></td><td></td></tr>
<tr><td></td><td></td><td></td></tr>
<tr><td></td><td></td><td></td></tr>
<tr><td></td><td></td><td></td></tr>
<tr><td></td><td></td><td></td></tr>
<tr><td colspan="3">4.校准结果的扩展不确定度：__________%　　　包含因子：__________</td></tr>
</table>

图B.2 校准证书背面格式式样

参 考 文 献

［1］ JJG 205—2005 机械式湿度计检定规程
［2］ QX/T 16—2002 DJM10 型湿度检定箱
［3］ QX/T 27—2004 毛发湿度计
［4］ QX/T 92—2008 湿度检定箱性能测试规范

ICS 07.060
A 47
备案号：49472—2015

中华人民共和国气象行业标准

QX/T 258—2015

荔枝寒害评估

Chilling injury assessment of *Litchi chinensis*

2015-01-26 发布　　2015-05-01 实施

中 国 气 象 局　发 布

前　言

本标准按照GB/T 1.1—2009给出的规则起草。

本标准由全国气象防灾减灾标准化技术委员会(SAC/TC 345)提出,由全国农业气象标准化技术委员会(SAC/TC 539)归口。

本标准起草单位:广西壮族自治区气象减灾研究所。

本标准主要起草人:匡昭敏、李莉、容军、何燕、欧钊荣、罗永明、李玉红、张行清。

引　言

荔枝属南亚热带果树，主要分布在广西、广东、福建等地。寒害是影响荔枝产量和品质的主要气象灾害，为规范不同产区的荔枝寒害影响评估工作，特制定本标准。

荔枝寒害评估

1 范围

本标准规定了单站、区域荔枝寒害的评估方法。

本标准适用于荔枝寒害的调查、监测和评估。

2 术语和定义

下列术语和定义适用于本文件。

2.1

极端最低气温 extreme minimum air temperature

一段时间内某一地区的最低空气温度。

注:单位为摄氏度(℃)。

[QX/T 168—2012,定义 3.1]

2.2

荔枝寒害 chilling injury of litchi

荔枝在11月至翌年3月期间受到低温天气过程影响,造成荔枝生理机制障碍,导致减产、植株死亡的一种灾害现象。荔枝寒害受害程度还与降水量、树龄、树势及末次梢老熟状况等有关。

2.3

荔枝寒害临界温度 critical temperature of chilling injury to litchi

荔枝受寒害影响的起始温度值,一般为5.0℃。

2.4

荔枝寒害过程 process of chilling injury to litchi

荔枝寒害临界温度从开始出现到结束的一次过程。

2.5

积寒 accumulated cold harmful temperature

低于寒害临界温度的逐时温度与临界温度的差的绝对值累积量。

注:单位为摄氏度时(℃·h)。

2.6

减产率 yield reduction percentage

作物实际产量相较于其趋势产量的减少量占趋势产量的百分比。

3 单站荔枝寒害评估

3.1 寒害等级评估

依据寒害指数大小评估单站荔枝寒害等级,分为轻度、中度、重度、特重4个等级。单站荔枝寒害等级评估见表1。

表 1　单站荔枝寒害等级评估

等级	单站寒害指数(Hi)	减产率参考值(y_w)
轻度	$-0.7 \leqslant Hi < 0.2$	$y_w < 10\%$
中度	$0.2 \leqslant Hi < 0.7$	$10\% \leqslant y_w < 20\%$
重度	$0.7 \leqslant Hi < 1.9$	$20\% \leqslant y_w < 30\%$
特重	$Hi \geqslant 1.9$	$y_w \geqslant 30\%$

3.2　寒害指数计算方法

3.2.1　寒害致灾因子

3.2.1.1　极端最低气温

$$T_{\min} = \min_{k=1,m}(T_{k,\min}) \qquad \cdots\cdots(1)$$

式中：

$T_{\min}$ ——每年 11 月至翌年 3 月，荔枝寒害过程中的极端最低气温；

$T_{k,\min}$ ——第 k 日最低气温；

k ——日序；

m ——为各年 11 月至翌年 3 月的总日数，其中 11 月 1 日 k 为 1，翌年 3 月最后一日 k 为 m。

3.2.1.2　寒害累积日数

$$D_T = \sum_{k=1}^{m} d_k \quad (\text{当 } T_{k,\min} \leqslant 5℃ \text{ 时 } d_k = 1\text{，否则 } d_k = 0) \qquad \cdots\cdots(2)$$

式中：

D_T——各年 11 月至翌年 3 月日最低气温不大于 5℃的累积日数；

d_k ——依据公式中的判据赋予第 k 日的值。

3.2.1.3　积寒

每年 11 月至翌年 3 月，当日最低气温不大于 5.0℃时，取日最低气温不大于 5.0℃的日积寒之和作为寒害积寒。积寒的计算方法参见附录 A。

3.2.1.4　最大降温幅度

$$\Delta T = \max_{k=2,m}(T_{k-1,\min} - T_{k,\min}) \qquad \cdots\cdots(3)$$

式中：

ΔT ——每年 11 月至翌年 3 月，日最低气温不大于 5.0℃从开始到结束期间的日最大降温幅度。

3.2.1.5　寒害降水日数

$$D_R = \sum_{k=1}^{m} d_k \quad (\text{当 } R_k \geqslant 5\ \text{mm 时 } d_k = 1\text{，否则 } d_k = 0) \qquad \cdots\cdots(4)$$

式中：

D_R——各年 11 月至翌年 3 月期间日降水量不小于 5 mm 的降水日数；

R_k ——日降水量。

3.2.2 寒害指数

3.2.2.1 计算单站荔枝寒害指数(Hi),计算公式见式(5):

$$Hi = \sum_{i=1}^{5} a_i X_i \quad \cdots\cdots(5)$$

式中:

Hi ——各年寒害指数;

a_i ——相应因子的影响系数,参考值见表2;

X_i ——致灾因子的标准化值,计算方法见3.2.2.2。当 $i=1,2,3,4,5$ 时分别代表:

X_1——寒害累积日数的标准化值;

X_2——极端最低气温的标准化值;

X_3——最大降温幅度的标准化值;

X_4——积寒的标准化值;

X_5——寒害降水日数的标准化值。

3.2.2.2 致灾因子的标准化处理,计算公式见式(6):

$$X_j = (x'_j - \bar{x}) / \sqrt{\sum_{j=1}^{n} (x'_j - \bar{x})^2 / n} \quad \cdots\cdots(6)$$

式中:

X_j——某一致灾因子第 j 年的标准化值;

x'_j——某一致灾因子第 j 年的原始值;

$\bar{x}$ ——相应致灾因子的 n 年平均值;

j ——年份;

n ——总年数(一般不少于30年)。

表2 荔枝主要产区致灾因子的影响系数 a_i 参考值

区域	因子	a_i 的取值区间	a_i 的平均值
福建	X_1	0.240～0.363	0.303
	X_2	−0.337～−0.195	−0.254
	X_3	0.037～0.269	0.173
	X_4	0.281～0.380	0.317
	X_5	0.068～0.266	0.216
广东	X_1	0.237～0.334	0.302
	X_2	−0.321～−0.234	−0.280
	X_3	0.106～0.238	0.183
	X_4	0.286～0.369	0.322
	X_5	0.032～0.257	0.187
广西	X_1	0.261～0.339	0.298
	X_2	−0.306～−0.198	−0.262
	X_3	0.038～0.259	0.155
	X_4	0.262～0.343	0.299
	X_5	0.117～0.307	0.235
注:本表数据由主成分分析法得到。			

4 区域荔枝寒害评估

4.1 寒害影响程度评估

4.1.1 寒害等级评估

区域荔枝寒害等级评估按以下步骤进行：

a) 采用式(5)计算得到单站荔枝寒害指数(Hi)；

b) 计算评估区域内各站点(县)荔枝的产量权重系数，并应用式(7)计算评估区域的区域荔枝寒害评估指数(HI)；

c) 根据区域荔枝寒害评估指数，按照区域荔枝寒害评估等级指标(表3)，对区域荔枝寒害的影响情况分轻度、中度、重度、特重4个等级进行区域荔枝寒害的等级评估。

表3 区域荔枝寒害等级评估

等级	区域寒害指数(HI)	减产率参考值(y_w)
轻度	$-0.2 \leqslant HI < -0.1$	$y_w < 10\%$
中度	$-0.1 \leqslant HI < 0.4$	$10\% \leqslant y_w < 20\%$
重度	$0.4 \leqslant HI < 1.2$	$20\% \leqslant y_w < 30\%$
特重	$HI \geqslant 1.2$	$y_w \geqslant 30\%$

4.1.2 HI 的计算

评估区域内各站点(县)的寒害指数乘以其产量权重系数(即各站点(县)近5～10年荔枝产量占评估区域荔枝总产量的比值)后求和，作为该评估区域内的区域荔枝寒害评估指数。

$$HI = \sum_{q=1}^{p} b_q Hi_q \qquad \cdots\cdots(7)$$

式中：

HI ——区域荔枝寒害评估指数；

b_q ——各站点(县)荔枝产量权重系数；

Hi_q ——各站点(县)寒害指数；

q ——第 q 个站点(县)；

p ——荔枝寒害区域评估总站点数。

4.2 寒害影响范围评估

区域荔枝寒害影响范围评估按以下步骤进行：

a) 根据单站荔枝寒害等级划分指标(见表1)评估区域内各站点(县)荔枝寒害的出现情况；

b) 统计评估区域内出现荔枝寒害的站点(县)数占评估区域总站点数的百分率(St)；

c) 根据出现荔枝寒害的站点百分率将荔枝寒害分局部寒害、区域寒害和大范围寒害三个等级，荔枝寒害影响范围评估见表4。

表4 荔枝寒害影响范围评估

影响范围等级	百分率(St)
局部寒害	$St<30\%$
区域寒害	$30\%\leqslant St<50\%$
大范围寒害	$St\geqslant 50\%$

附 录 A
（资料性附录）
寒害积寒的计算方法

A.1 日积寒

一日内的积寒计算见式(A.1)：

$$X_d = \int_{t_1}^{t_2} (T_C - T(t))\mathrm{d}t \quad (T(t) \leqslant T_c) \qquad \cdots\cdots\cdots\cdots\cdots\cdots (A.1)$$

式中：

X_d —— 一日内的积寒，单位为℃；

T_C —— 荔枝寒害的临界温度，$T_C=5$℃；

$T(t)$—— 瞬时温度，单位为℃；

t_1 —— 一日中低于寒害临界温度的起始时刻；

t_2 —— 一日中低于寒害临界温度的终止时刻。

A.2 过程积寒

A.2.1 对于有逐时气温观测资料的气象台站，可将式(A.1)离散化，一日内的积寒由式(A.2)计算，利用式(A.2)计算寒害过程中的逐日积寒并累加，便可得到过程积寒。

$$X_d = \sum_{i=t_1}^{t_2} (T_C - T_i) \quad (T_i \leqslant T_c) \qquad \cdots\cdots\cdots\cdots\cdots\cdots (A.2)$$

式中：

T_i—— 逐时温度，单位为℃。

A.2.2 对于没有逐时气温观测资料的气象台站（目前大多数气象台站没有逐时的气温观测资料），过程积寒可通过近似公式求得。

近似计算有不同方法，本标准采用日平均气温、日最低气温计算过程积寒。具体计算方法如下：

a) 假设气温的日变化具有如图A.1所示的周期性变化，则将式(A.1)离散化；

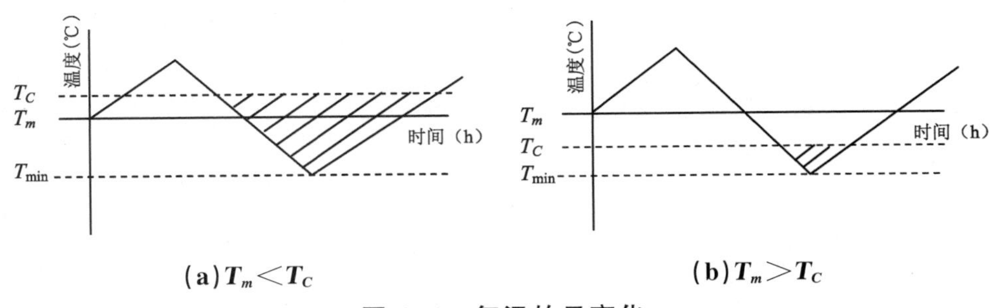

(a) $T_m < T_C$　　　(b) $T_m > T_C$

图A.1 气温的日变化

b) 经过求阴影三角形面积、积分变量转换，过程积寒可写成式(A.3)：

$$X_{\text{pro}} = \int_{N=1}^{N=X_2} \int_{t=0}^{t=24} (T_c - T(t)) \mathrm{d}t \mathrm{d}N = \int_{N=1}^{N=X_2} \left\{ 6(T_C - T_{n,\min})^2 / \left[(T_m - T_{n,\min}) \frac{1}{24} \right] \right\} \mathrm{d}N = \frac{1}{4} \sum_{N=1}^{X_2} (T_c - T_{n,\min})^2 / (T_m - T_{n,\min}) \quad (T_{n,\min} \leqslant T_c) \qquad \text{(A.3)}$$

式中：

X_{pro} ——过程积寒，单位为℃；

N ——过程持续日数；

$T_{n,\min}$ ——寒害过程中第 n 日的日最低气温，单位为℃；

T_m ——日平均气温，单位为℃。

参 考 文 献

[1] QX/T 50—2007 地面气象观测规范 第6部分:空气温度和湿度观测

[2] QX/T 52—2007 地面气象观测规范 第8部分:降水观测

[3] QX/T 80—2007 香蕉、荔枝寒害等级

[4] QX/T 81—2007 小麦干旱灾害等级

[5] QX/T 168—2012 龙眼寒害等级

[6] QX/T 169—2012 橡胶寒害等级

[7] QX/T 199—2013 香蕉寒害评估技术规范

[8] 崔读昌.关于冻害、寒害、冷害和霜冻.中国农业气象[J],1999,**20**(1):56-57

[9] 杜尧东,李春梅,毛慧琴.广东省香蕉与荔枝寒害致灾因子和综合气候指标研究[J].生态学杂志,2006,**25**(2):225-230

[10] 霍治国,王石立,等.农业和生物气象灾害[M].北京:气象出版社,2009,52-53

[11] 温克刚等.中国气象灾害大典——福建卷[M].北京:气象出版社,2007:232-270

[12] 温克刚等.中国气象灾害大典——广东卷[M].北京:气象出版社,2006:275-293

[13] 温克刚等.中国气象灾害大典——广西卷[M].北京:气象出版社,2007:345-348

ICS 07.060
B 18
备案号：49473—2015

中华人民共和国气象行业标准

QX/T 259—2015

北方春玉米干旱等级

Drought grade of spring maize in northern China

2015-01-26 发布

2015-05-01 实施

中 国 气 象 局 发 布

前　言

本标准按照GB/T 1.1—2009给出的规则起草。

本标准由全国农业气象标准化技术委员会(SAC/TC 539)提出并归口。

本标准起草单位:黑龙江省气象科学研究所、吉林省气象台、中国气象局沈阳大气环境研究所、宁夏回族自治区气象科学研究所、内蒙古自治区气象服务中心、黑龙江省气象信息中心。

本标准主要起草人:李秀芬、马树庆、姜丽霞、纪瑞鹏、刘静、李兴华、韩俊杰、周永吉。

北方春玉米干旱等级

1 范围

本标准规定了北方春玉米干旱等级的划分、指标计算和指标使用方法。

本标准适用于北方春玉米种植区开展的干旱灾害调查、监测、预警和评估等工作。

2 规范性引用文件

下列文件对于本文件的应用是必不可少的。凡是注日期的引用文件，仅注日期的版本适用于本文件。凡是不注日期的引用文件，其最新版本(包括所有的修改单)适用于本文件。

QX/T 81—2007 小麦干旱灾害等级

3 术语和定义

下列术语和定义适用于本文件。

3.1

春玉米干旱 spring maize drought

春玉米根系从土壤中吸收到的水分难以补偿蒸腾的消耗，使植株体内水分收支平衡失调，春玉米正常生长发育受到影响乃至部分死亡，并最终导致减产和品质降低的现象。

3.2

土壤湿度 soil moisture

单位容积或单位重量土壤中的水分含量占同容积或同质量土壤烘干后质量的百分比，单位为百分率(%)。

[QX/T 81—2007，定义 2.6]

3.3

土壤相对湿度 relative soil moisture

土壤实际含水量占土壤田间持水量的比值，单位为百分率(%)。

[QX/T 81—2007，定义 2.7]

3.4

土壤田间持水量 soil field moisture capacity

土壤所能保持的毛管悬着水的最大水分含量，以水分占同容积或同质量土壤烘干后质量的百分率(%)表示。

[QX/T 81—2007，定义 2.8]

3.5

土壤容重 bulk density of soil

在自然土壤结构条件下单位容积内的干土重量，单位为克每立方厘米(g/cm^3)。

[QX/T 81—2007，定义 2.10]

3.6

作物需水量　crop water requirement

在正常生育状况和最佳水、肥条件下，作物获得高产时所消耗的植株蒸腾、棵间蒸发及构成植株体的水量之和。

3.7

参考蒸散量　reference evapotranspiration

在保证水分供给的条件下，参考作物表面发生的蒸散量，单位为毫米(mm)。

3.8

作物系数　crop coefficient

作物不同生育阶段需水量与同期作物参考蒸散量的比值。

3.9

作物水分亏缺指数　crop water deficit index

某一时段内作物需水量与供水量(包括自然降水和灌溉水)之差占同期作物需水量的比值。

注：以百分率(%)表示。

3.10

种子出苗率　rate of emergence

出苗数占播下玉米种子数量的百分率(%)。

3.11

保苗率　rate of seedlings

有苗穴数占播种穴数的百分率(%)。

4　等级划分

4.1　按播种—出苗、出苗—拔节、拔节—抽雄、抽雄—乳熟和乳熟—成熟五个生育阶段，将北方春玉米干旱分为无旱、轻旱、中旱、重旱、特旱5个等级。各等级对应的农田状态和植株生长形态参见附录A。

4.2　采用土壤相对湿度或水分亏缺指数指标确定等级，划分结果分别见表1、表2。土壤相对湿度(R)的计算方法见附录B，水分亏缺指数(K_{CWDI})的计算方法见附录C。

表1　土壤相对湿度(R)干旱等级划分表

土壤质地	等级	各发育阶段土壤相对湿度(R,%)				
		播种—出苗	出苗—拔节	拔节—抽雄	抽雄—乳熟	乳熟—成熟
黏土	无旱	$R>70$	$R>65$	$R>75$	$R>80$	$R>70$
	轻旱	$60<R\leqslant70$	$55<R\leqslant65$	$65<R\leqslant75$	$70<R\leqslant80$	$60<R\leqslant70$
	中旱	$50<R\leqslant60$	$45<R\leqslant55$	$55<R\leqslant65$	$60<R\leqslant70$	$50<R\leqslant60$
	重旱	$40<R\leqslant50$	$35<R\leqslant45$	$45<R\leqslant55$	$50<R\leqslant60$	$40<R\leqslant50$
	特旱	$R\leqslant40$	$R\leqslant35$	$R\leqslant45$	$R\leqslant50$	$R\leqslant40$
壤土	无旱	$R>65$	$R>60$	$R>70$	$R>75$	$R>65$
	轻旱	$55<R\leqslant65$	$50<R\leqslant60$	$60<R\leqslant70$	$65<R\leqslant75$	$55<R\leqslant65$
	中旱	$45<R\leqslant55$	$40<R\leqslant50$	$50<R\leqslant60$	$55<R\leqslant65$	$45<R\leqslant55$
	重旱	$35<R\leqslant45$	$30<R\leqslant40$	$40<R\leqslant50$	$45<R\leqslant55$	$35<R\leqslant45$
	特旱	$R\leqslant35$	$R\leqslant30$	$R\leqslant40$	$R\leqslant45$	$R\leqslant35$

表 1　土壤相对湿度(R)干旱等级划分表(续)

土壤质地	等级	各发育阶段土壤相对湿度(R,%)				
		播种—出苗	出苗—拔节	拔节—抽雄	抽雄—乳熟	乳熟—成熟
砂土	无旱	$R>60$	$R>55$	$R>65$	$R>70$	$R>60$
	轻旱	$50<R\leqslant60$	$45<R\leqslant55$	$55<R\leqslant65$	$60<R\leqslant70$	$50<R\leqslant60$
	中旱	$40<R\leqslant50$	$35<R\leqslant45$	$45<R\leqslant55$	$50<R\leqslant60$	$40<R\leqslant50$
	重旱	$30<R\leqslant40$	$25<R\leqslant35$	$35<R\leqslant45$	$40<R\leqslant50$	$30<R\leqslant40$
	特旱	$R\leqslant30$	$R\leqslant25$	$R\leqslant35$	$R\leqslant40$	$R\leqslant30$

表 2　水分亏缺指数干旱等级划分表

等级	各发育阶段水分亏缺指数(K_{CWDI},%)				
	播种—出苗	出苗—拔节	拔节—抽雄	抽雄—乳熟	乳熟—成熟
无旱	$K_{CWDI}\leqslant45$	$K_{CWDI}\leqslant50$	$K_{CWDI}\leqslant35$	$K_{CWDI}\leqslant35$	$K_{CWDI}\leqslant50$
轻旱	$45<K_{CWDI}\leqslant60$	$50<K_{CWDI}\leqslant65$	$35<K_{CWDI}\leqslant50$	$35<K_{CWDI}\leqslant45$	$50<K_{CWDI}\leqslant60$
中旱	$60<K_{CWDI}\leqslant70$	$65<K_{CWDI}\leqslant75$	$50<K_{CWDI}\leqslant60$	$45<K_{CWDI}\leqslant55$	$60<K_{CWDI}\leqslant70$
重旱	$70<K_{CWDI}\leqslant80$	$75<K_{CWDI}\leqslant85$	$60<K_{CWDI}\leqslant70$	$55<K_{CWDI}\leqslant65$	$70<K_{CWDI}\leqslant80$
特旱	$K_{CWDI}>80$	$K_{CWDI}>85$	$K_{CWDI}>70$	$K_{CWDI}>65$	$K_{CWDI}>80$

4.3　应优先使用土壤相对湿度指标划分干旱等级;在无土壤相对湿度资料时,使用水分亏缺指数指标划分干旱等级。

附 录 A
(资料性附录)
春玉米干旱的农田及作物形态表征

干旱发生时,玉米田干土层厚度、叶片萎蔫状况、籽粒状况等植株生长形态和农田状态能直观地反映干旱的程度,其农田及作物形态表征见表A.1。

表A.1 春玉米干旱的农田及作物形态表征

等级	农田状态	各生育阶段植株生长形态				
		播种—出苗	出苗—拔节	拔节—抽雄	抽雄—乳熟	乳熟—成熟
无旱	无干土层,表层至少潮湿	种子出苗率80%以上,保苗率90%左右;苗齐、苗壮。	苗长势好,叶片展开,挺拔,色泽浓绿。	叶色浓绿,植株挺拔健壮,生长旺盛。	植株健壮,叶色浓绿,抽雄抽穗快,且整齐,无黄叶。	植株健壮,籽粒饱满,底部仅有1~2片黄叶。
轻旱	干土层厚度小于5 cm	出苗率70%~80%,保苗率75%~85%;幼苗的上部叶片卷起。	苗长势一般,但不挺拔,午后叶子变软,顶部卷曲,可恢复。	植株长势弱,不健壮,茎秆细,白天叶尖卷曲,夜间恢复。	叶色浅绿,抽雄抽穗较慢,白天顶部叶片卷曲,夜间恢复。	籽粒不够饱满,上部叶片卷曲,底部有3~4片黄叶。
中旱	干土层厚度5 cm~10 cm	播种较困难;种子发芽出苗慢,出苗率为55%~70%,保苗率60%~75%;缺苗断垄较普遍,生长缓慢。幼苗叶片卷起,并呈暗色。	苗长势较差,植株不挺拔,白天叶子变软,多数叶片卷曲,午后萎蔫,但夜间可恢复。	植株矮小,生长缓慢或停止生长,多数叶片卷皱,夜间可恢复。	抽雄抽穗慢,白天多数叶片卷曲,夜间可恢复,底部可见黄叶。	上半部叶片卷曲,下半部叶片枯黄。灌浆不充分,籽粒不饱满,穗苞叶变黄。
重旱	干土层厚度10 cm~15 cm	播种十分困难;种子出苗很慢或不发芽,种子出苗率为40%~55%,保苗率低于60%。缺苗断垄很普遍。幼苗叶片卷起,并呈暗色。	苗长势差,植株变软,白天整株叶片卷曲,萎蔫,不易恢复,部分叶子变黄,底部叶子枯死。	植株矮小,萎蔫,停止生长,叶片卷皱,不易恢复,底部叶片变黄。	抽雄抽穗很慢,多数叶片卷曲,不易恢复,底部叶子变黄,部分枯死。	多数叶片枯死,籽粒较瘪,果穗细小,秃尖,早衰,多数"低头"。穗苞枯黄。
特旱	干土层厚度大于15 cm	因旱无法播种;播种后出苗率小于40%,或不发芽、不出苗。出苗后幼苗青干或枯死。	幼苗整株萎蔫,多数叶子变黄变褐,不可恢复,甚至整株枯死。	植株萎蔫,下半部分叶片枯黄,不可恢复。	雄、雌穗不能及时抽出,整株叶片卷曲或萎蔫,不可恢复,叶子变黄变黑,多数叶片枯死。	植株过早枯死;果穗很小,籽粒干瘪。

附　录　B
（规范性附录）
土壤相对湿度计算方法

B.1　土壤相对湿度计算方法

$$R = (W/f_c) \times 100\% \quad \cdots\cdots\cdots\cdots\cdots\cdots(B.1)$$

式中：

R ——土壤相对湿度，单位为百分率（%）；

W ——土壤湿度，可用土壤重量含水量 W_g（单位为克/克（g/g））或土壤体积含水量 W_v（单位为立方厘米/立方厘米（cm^3/cm^3））表示，计算方法见 B.2 和 B.3；

f_c ——土壤田间持水量，单位为克/克（g/g）或立方厘米/立方厘米（cm^3/cm^3）。

根据春玉米不同生育阶段根系分布规律，播种—出苗阶段计算土层深度为 0～20 cm，其他生育阶段计算土层深度为 0～50 cm。

B.2　土壤重量含水量计算方法

土壤重量含水量按下式计算：

$$W_g = (S_{g1} - S_{g2})/S_{g2} \quad \cdots\cdots\cdots\cdots\cdots\cdots(B.2)$$

式中：

W_g ——土壤重量含水量，单位为克/克（g/g）；

S_{g1} ——原土重，单位为克（g）；

S_{g2} ——烘干土重，单位为克（g）。

B.3　土壤体积含水量计算方法

土壤体积含水量可根据土壤重量含水量和土壤容重计算得出，方法如下：

$$W_v = W_g \times \rho \quad \cdots\cdots\cdots\cdots\cdots\cdots(B.3)$$

式中：

W_v ——土壤体积含水量，单位为立方厘米/立方厘米（cm^3/cm^3）；

W_g ——土壤重量含水量，单位为克/克（g/g），计算方法见式（B.2）；

ρ ——土壤容重，单位为克/立方厘米（g/cm^3）。

附 录 C
（规范性附录）
水分亏缺指数计算方法

C.1 生育阶段水分亏缺指数计算方法

春玉米不同生育阶段水分亏缺指数按下式计算：

$$K_{\mathrm{CWDI}} = \frac{1}{n}\sum_{i=1}^{n} I_{\mathrm{CWDS},i} \qquad \cdots\cdots(\mathrm{C.1})$$

式中：

K_{CWDI} ——春玉米某生育阶段水分亏缺指数；

$I_{\mathrm{CWDS},i}$ ——生育阶段内第 i 天的累计水分亏缺指数，计算方法见C.2；

n ——某生育阶段内包含的总天数。

C.2 累计水分亏缺指数计算方法

考虑到水分亏缺的累计效应及对后期作物生长发育的影响，从某生育阶段开始的那天算起，向作物生长前期推50天，每10天为一个时间单位计算水分亏缺指数，则该生育阶段某一天的水分亏缺指数按下式计算：

$$I_{\mathrm{CWDS},i} = a \times CWDI_{i} + b \times CWDI_{i-1} + c \times CWDI_{i-2} + d \times CWDI_{i-3} + e \times CWDI_{i-4} \qquad \cdots\cdots(\mathrm{C.2})$$

式中：

$I_{\mathrm{CWDS},i}$ ——某生育阶段内第 i 天的累计水分亏缺指数（%）；

$CWDI_{i}$ ——第 i 时间单位（过去1天至10天）的水分亏缺指数（%），计算方法见C.3；

$CWDI_{i-1}$ ——第 $i-1$ 时间单位（过去11天至20天）的水分亏缺指数（%）；

$CWDI_{i-2}$ ——第 $i-2$ 时间单位（过去21天至30天）的水分亏缺指数（%）；

$CWDI_{i-3}$ ——第 $i-3$ 时间单位（过去31天至40天）的水分亏缺指数（%）；

$CWDI_{i-4}$ ——第 $i-4$ 时间单位（过去41天至50天）的水分亏缺指数（%）；

a,b,c,d,e ——权重系数，a 取值为0.3；b 取值为0.25；c 取值为0.2；d 取值为0.15；e 取值为0.1。各地可根据当地实际情况确定相应系数值。

C.3 水分亏缺指数计算方法

$CWDI_{i}$ 由下式计算：

$$CWDI_{i} = \begin{cases} \left(1 - \dfrac{P_{i} + I_{i}}{ET_{c,i}}\right) \times 100 & ET_{c,i} \geq P_{i} + I_{i} \\ 0 & ET_{c,i} < P_{i} + I_{i} \end{cases} \qquad \cdots\cdots(\mathrm{C.3})$$

式中：

$CWDI_{i}$ ——第 i 个时间单位的水分亏缺指数（%）；

P_{i} ——第 i 个时间单位的累计降水量（mm）；

I_{i} ——第 i 个时间单位的累计灌溉量（mm）；

$ET_{c,i}$ ——第 i 个时间单位的累计需水量(mm),可由式(C.4)计算。

$$ET_{c,i} = K_{c,i} \times ET_{0,i} \quad \cdots\cdots(C.4)$$

式中:

$ET_{0,i}$ ——第 i 个时间单位参考蒸散量(可采用联合国粮农组织(FAO 1998)推荐的 Penman-Monteith 公式计算,具体方法见 QX/T 81—2007 附录 A。

$K_{c,i}$ ——春玉米某生育阶段的作物系数,有条件的地区可以根据实验数据来确定本地的作物系数,无条件地区可以直接采用 FAO 的数值(参见表 C.1)或国内临近地区通过试验确定的数值(参见表 C.2)。

表 C.1 联合国粮农组织(FAO)给出的玉米各生育阶段的作物系数($K_{c,i}$)值

作物	初期阶段	前期阶段	中期阶段	后期阶段	收获期	全生育期
玉米	0.3～0.5	0.7～0.85	1.05～1.20	0.8～0.95	0.55～0.6	0.75～0.90

注 1:表中第一个数字表示在高湿(最小相对湿度>70%)和弱风(风速< 5 m/s)条件下。第二个数字表示在低湿(最低相对湿度<20%)和大风(风速>5 m/s)条件下。

注 2:初期阶段:播种—七叶,前期阶段:七叶—抽雄,中期阶段:抽雄—乳熟,后期阶段:乳熟—成熟,收获期:成熟—收获。

表 C.2 北方部分地区春玉米作物系数($K_{c,i}$)参考值

省	地区	4 月	5 月	6 月	7 月	8 月	9 月	全生育期
黑龙江省	东部	0.30	0.49	0.75	1.08	1.02	0.74	0.81
	南部	0.30	0.48	0.71	1.04	1.11	0.80	0.83
	西部	0.30	0.37	0.69	1.11	1.01	0.65	0.77
	北部	0.30	0.49	0.77	1.03	1.02	0.74	0.81
	中部	0.30	0.45	0.76	1.10	1.02	0.74	0.81
吉林省	西部干旱区	0.30	0.40	0.80	1.26	1.25	0.73	0.88
	中部平原区	0.30	0.45	0.63	1.15	0.96	0.74	0.79
	东部山区	0.30	0.40	0.70	1.10	0.95	0.70	0.83
辽宁省	东部	0.47	0.68	0.92	1.13	1.12	0.84	0.86
	南部	0.46	0.70	0.92	1.21	1.11	0.83	0.87
	西部	0.36	0.51	0.72	1.12	1.04	0.77	0.75
	北部	0.39	0.50	0.70	1.17	1.12	0.86	0.79
	中部	0.40	0.52	0.76	1.21	1.13	0.89	0.81
内蒙古自治区	西辽河灌区(通辽)		0.16	0.62	1.51	1.39	1.21	0.86

参 考 文 献

[1] 陈玉民,郭国双.中国主要作物需水量与灌溉[M].北京:水利水电出版社,1995

[2] 何奇瑾.我国玉米种植分布与气候关系研究[D].中国气象科学研究院,2012

[3] 纪瑞鹏,班显秀,张淑杰.辽宁地区玉米作物系数的确定[J].农业环境科学,2004,**20**(3):246-248,268

[4] 李北齐,吴坚,王贵强,等.土壤含水量对玉米产量因素的影响研究[J].中国农学通报,2009,**25**(18):249-252

[5] 马树庆,王琪,吕厚荃,等.水分和温度对春玉米出苗速度和出苗率的影响[J].生态学报.2012,**32**(11):3378-3385

[6] 谭国波,赵立群,张丽华,等.玉米拔节其水分胁迫地植株性状、光合生理及产量的影响[J].玉米科学,2012,**18**(1):96-98

[7] 王琪,马树庆,徐丽萍,等.东北地区春旱对春玉米幼苗长势的影响指标和模式[J].自然灾害学报.2011,**20**(5):141-147

[8] 王延宇,王鑫,赵淑梅,等.玉米各生育期土壤水分与产量关系的研究[J].干旱地区农业研究,1998,**16**(1):100-105

[9] 于沪宁,李伟光.农业气候资源分析和利用[M].北京:气象出版社,1985:136-138

[10] 张淑杰,张玉书,纪瑞鹏,等.东北地区玉米干旱时空特征分析[J].干旱地区农业研究.2011,**29**(1):231-236

[11] 张玉书,米娜,陈鹏狮,等.土壤水分胁迫对玉米生长发育的影响研究进展[J].中国农学通报,2012,**28**(03):1-7

ICS 07.060
B 18
备案号：49474—2015

中华人民共和国气象行业标准

QX/T 260—2015

北方夏玉米干旱等级

Drought grade of summer maize in northern China

2015-01-26 发布　　2015-05-01 实施

中国气象局　发布

前　言

本标准按照 GB/T 1.1—2009 给出的规则起草。

本标准由全国农业气象标准化技术委员会(SAC/TC 539)提出并归口。

本标准起草单位:河南省气象科学研究所、中国气象科学研究院、河北省气象科学研究所、山东省气候中心。

本标准主要起草人:刘荣花、薛昌颖、方文松、李树岩、成林、赵艳霞、李春强、薛晓萍、张心令。

北方夏玉米干旱等级

1 范围

本标准规定了北方夏玉米干旱等级的划分、指标计算和指标使用方法。

本标准适用于秦岭淮河一线及其以北地区开展夏玉米干旱灾害的调查、监测、预警和评估等工作。

2 规范性引用文件

下列文件对于本文件的应用是必不可少的。凡是注日期的引用文件,仅注日期的版本适用于本文件。凡是不注日期的引用文件,其最新版本(包括所有的修改单)适用于本文件。

QX/T 81—2007 小麦干旱灾害等级

3 术语和定义

下列术语和定义适用于本文件。

3.1

夏玉米干旱 drought of summer maize

夏玉米根系从土壤中吸收到的水分难以补偿蒸腾的消耗,使植株体内水分收支平衡失调,夏玉米正常生长发育受到影响乃至部分死亡,并最终导致减产和品质降低现象。

3.2

土壤湿度 soil moisture

单位容积或单位重量土壤中的水分含量占同容积或同质量土壤烘干后质量的百分比,单位为百分率(%)。

[QX/T 81—2007,定义 2.6]

3.3

土壤相对湿度 relative soil moisture

土壤实际含水量占土壤田间持水量的比值,单位为百分率(%)。

[QX/T 81—2007,定义 2.7]

3.4

土壤田间持水量 soil field capacity

土壤所能保持的毛管悬着水的最大水分含量,以水分占同容积或同质量土壤烘干后质量的百分率(%)表示。

[QX/T 81—2007,定义 2.8]

3.5

土壤容重 bulk density of soil

在自然土壤结构条件下单位体积内的干土重,单位为克每立方厘米(g/cm^3)。

[QX/T 81—2007,定义 2.10]

3.6

作物需水量 crop water requirement

在正常生育状况和最佳水、肥条件下，作物获得高产时所消耗的植株蒸腾、棵间蒸发及构成植株体的水量之和。

3.7

参考蒸散量 reference evapotranspiration

在保证水分供给的条件下，参考作物表面发生的蒸散量，单位为毫米(mm)。

3.8

作物系数 crop coefficient

作物不同生育阶段需水量与同期作物参考蒸散量的比值。

3.9

作物水分亏缺指数 crop water deficit index

某一时段内作物需水量与供水量(包括自然降水和灌溉水)之差占同期作物需水量的比值。

注：以百分率(%)表示。

4 等级划分

4.1 将夏玉米播种—出苗、出苗—拔节、拔节—抽雄、抽雄—乳熟、乳熟—成熟五个生育阶段的干旱，划分为无旱、轻旱、中旱、重旱、特旱五个等级。

4.2 采用土壤相对湿度或水分亏缺指数指标确定等级，划分结果分别见表1、表2。土壤相对湿度(R_{sm})的计算方法见附录A，水分亏缺指数(K_{CWDI})的计算方法见附录B。

表1 基于土壤相对湿度的北方夏玉米干旱等级

干旱等级	R_{sm} %				
	播种—出苗	出苗—拔节	拔节—抽雄	抽雄—乳熟	乳熟—成熟
无旱	$R_{sm}>65$	$R_{sm}>60$	$R_{sm}>70$	$R_{sm}>75$	$R_{sm}>70$
轻旱	$55<R_{sm}\leqslant65$	$50<R_{sm}\leqslant60$	$60<R_{sm}\leqslant70$	$65<R_{sm}\leqslant75$	$60<R_{sm}\leqslant70$
中旱	$45<R_{sm}\leqslant55$	$40<R_{sm}\leqslant50$	$50<R_{sm}\leqslant60$	$55<R_{sm}\leqslant65$	$50<R_{sm}\leqslant60$
重旱	$40<R_{sm}\leqslant45$	$35<R_{sm}\leqslant40$	$45<R_{sm}\leqslant50$	$50<R_{sm}\leqslant55$	$45<R_{sm}\leqslant50$
特旱	$R_{sm}\leqslant40$	$R_{sm}\leqslant35$	$R_{sm}\leqslant45$	$R_{sm}\leqslant50$	$R_{sm}\leqslant45$

表2 基于水分亏缺指数的北方夏玉米干旱等级

干旱等级	K_{CWDI} %				
	播种—出苗	出苗—拔节	拔节—抽雄	抽雄—乳熟	乳熟—成熟
无旱	$K_{CWDI}<35$	$K_{CWDI}<40$	$K_{CWDI}<20$	$K_{CWDI}<10$	$K_{CWDI}<35$
轻旱	$35\leqslant K_{CWDI}<45$	$40\leqslant K_{CWDI}<55$	$20\leqslant K_{CWDI}<35$	$10\leqslant K_{CWDI}<25$	$35\leqslant K_{CWDI}<50$
中旱	$45\leqslant K_{CWDI}<50$	$55\leqslant K_{CWDI}<65$	$35\leqslant K_{CWDI}<55$	$25\leqslant K_{CWDI}<45$	$50\leqslant K_{CWDI}<65$
重旱	$50\leqslant K_{CWDI}<55$	$65\leqslant K_{CWDI}<75$	$55\leqslant K_{CWDI}<65$	$45\leqslant K_{CWDI}<55$	$65\leqslant K_{CWDI}<75$
特旱	$K_{CWDI}\geqslant55$	$K_{CWDI}\geqslant75$	$K_{CWDI}\geqslant65$	$K_{CWDI}\geqslant55$	$K_{CWDI}\geqslant75$

4.3 应优先使用土壤相对湿度指标划分干旱等级；在无土壤相对湿度资料时，使用水分亏缺指数指标划分干旱等级。

附 录 A
(规范性附录)
土壤相对湿度计算方法

A.1 土壤相对湿度计算方法

土壤相对湿度计算公式如下：

$$R_{sm} = (\sum_{i=1}^{n} W_{gi} \times \rho_i \times h_i)/(\sum_{i=1}^{n} f_{ci} \times \rho_i \times h_i) \times 100\% \qquad \cdots\cdots(A.1)$$

式中：

R_{sm} ——土壤相对湿度，单位为百分率(%)；

W_{gi} ——第 i 层土壤湿度，单位为百分率(%)，计算方法见 A.2；

ρ_i ——第 i 层土壤容重，单位为克每立方厘米(g/cm^3)。

h_i ——第 i 层土壤厚度，单位为厘米(cm)。

f_{ci} ——第 i 层土壤田间持水量，单位为百分率(%)；

n ——计算的土层总数。

根据夏玉米不同生育阶段根系分布规律，播种—拔节阶段计算土层深度为 0～30 cm，拔节后各生育阶段计算土层深度为 0～50 cm。

A.2 土壤湿度计算方法

土壤湿度按下式计算：

$$W_g = (S_{g1} - S_{g2})/S_{g2} \times 100\% \qquad \cdots\cdots(A.2)$$

式中：

W_g ——土壤湿度，单位为百分率(%)；

S_{g1} ——湿土重，单位为克(g)；

S_{g2} ——烘干土重，单位为克(g)。

附 录 B
（规范性附录）
水分亏缺指数计算方法

B.1 生育阶段水分亏缺指数计算方法

夏玉米不同生育阶段水分亏缺指数按下式计算：

$$K_{CWDI} = \frac{1}{n}\sum_{j=1}^{n} I_{CWDS,j} \qquad \cdots\cdots\cdots\cdots (B.1)$$

式中：

K_{CWDI} ——夏玉米某生育阶段平均水分亏缺指数，单位为百分率（%）；

$I_{CWDS,j}$——生育阶段内第 j 旬（不足整旬按整旬计算）的累计水分亏缺指数，单位为百分率（%），计算方法见 B.2；

n ——某生育阶段内包含的总旬数。

B.2 累计水分亏缺指数计算方法

考虑到水分亏缺的累计效应及对后期作物生长发育的影响，计算某旬累计水分亏缺指数时，以该旬为基础向作物生长前期推 4 旬（共 5 旬），按下式计算：

$$I_{CWDS,j} = a \times I_{CWD,j} + b \times I_{CWD,j-1} + c \times I_{CWD,j-2} + d \times I_{CWD,j-3} + e \times I_{CWD,j-4} \qquad \cdots\cdots (B.2)$$

式中：

$I_{CWDS,j}$ ——第 j 旬累计水分亏缺指数，单位为百分率（%）；

$I_{CWD,j}$ ——第 j 旬的水分亏缺指数，单位为百分率（%），计算方法见 B.3；

$I_{CWD,j-1}$ ——第 $j-1$ 旬的水分亏缺指数，单位为百分率（%）；

$I_{CWD,j-2}$ ——第 $j-2$ 旬的水分亏缺指数，单位为百分率（%）；

$I_{CWD,j-3}$ ——第 $j-3$ 旬的水分亏缺指数，单位为百分率（%）；

$I_{CWD,j-4}$ ——第 $j-4$ 旬的水分亏缺指数，单位为百分率（%）；

a、b、c、d、e ——权重系数，a 取值为 0.3；b 取值为 0.25；c 取值为 0.2；d 取值为 0.15；e 取值为 0.1。各地可根据当地实际情况确定相应系数值。

B.3 旬水分亏缺指数计算方法

$I_{CWD,j}$ 由下式计算：

$$I_{CWD,j} = \begin{cases} (E_{TC,j} - P_j - I_j)/E_{TC,j} \times 100\% & E_{TC,j} \geqslant P_j + I_j \\ 0 & E_{TC,j} < P_j + I_j \text{ 且 } P_i + I_j \leqslant 2\,\overline{E_T} \\ K_j \times 100\% & P_i + I_j > 2\,\overline{E_T} \end{cases} \qquad \cdots\cdots\cdots\cdots (B.3)$$

式中：

$I_{CWD,j}$ ——第 j 旬的水分亏缺指数，单位为百分率（%）；

$E_{TC,j}$ ——第 j 旬的需水量，单位为毫米（mm）；

P_j ——第 j 旬的降水量，单位为毫米（mm）；

I_j ——第 j 旬的灌溉量，单位为毫米(mm)；

$\overline{E_T}$ ——当地夏玉米旬需水基数，单位为毫米(mm)；

K_j ——降水和灌溉总量远大于需水量时的水分盈余系数，由下式计算：

$$K_j = \begin{cases} (\overline{E_T} - P_j - I_j)/\overline{E_T} \times 100\% & \overline{E_T} < P_j + I_j \leqslant 2\overline{E_T} \\ -(P_j + I_j)/(2\overline{E_T}) & 2\overline{E_T} < P_j + I_j \leqslant 3\overline{E_T} \\ -1.5 & P_j + I_j > 3\overline{E_T} \end{cases} \quad \cdots\cdots\cdots\cdots(B.4)$$

当旬降水量与灌溉量之和大于 $\overline{E_T}$ 且小于 2 倍 $\overline{E_T}$ 时，盈余效果好；当旬降水量与灌溉量之和大于 2 倍 $\overline{E_T}$ 时，盈余能力减弱；旬降水量与灌溉量之和大于 3 倍 $\overline{E_T}$ 时，多余水分基本成为径流流失，水分盈余稳定，$K_j = -1.5$。

旬需水量 $E_{TC,j}$ 可由下式计算：

$$E_{TC,j} = K_{c,j} \times E_{T0,j} \quad \cdots\cdots\cdots\cdots\cdots\cdots(B.5)$$

式中：

$E_{T0,j}$ ——某旬参考蒸散量(可采用联合国粮农组织(FAO 1998)推荐的 Penman－Monteith 公式计算，具体方法参见 QX/T 81—2007《小麦干旱灾害等级》附录 A 的内容。

$K_{c,j}$ ——夏玉米生育期内某旬的作物系数，有条件的地区可以根据实验数据来确定本地的作物系数，无条件地区可以直接采用 FAO 的数值或国内临近地区通过试验确定的数值(参见表 B.1)。

表 B.1 北方夏玉米作物系数(K_c)参考值

	地区	6月	7月	8月	9月	全生育期
山东	鲁西南区(莱河)	0.59	0.92	1.27	1.06	1.08
	鲁北区(马东等)	0.77	1.02	1.29	1.20	1.05
	鲁中区(石马绣惠)	0.7	1.08	1.50	1.27	1.17
	鲁南区(唐村)	0.47	0.94	1.56	1.26	1.07
	胶东区(北邢家)	0.88	1.04	1.58	1.27	1.18
河北	冀中(望都)	0.50	0.60	0.96	1.76	0.84
	冀中(藁城)	0.65	0.84	0.94	1.34	0.89
	冀中(栾城)	0.60	1.14	1.77	1.27	1.19
	冀南(临西)	0.49	0.75	1.22	1.47	0.96
河南	豫北(新乡)	0.85	1.32	1.79	1.26	1.14
	豫中(禹县)	0.47	1.13	1.67	1.32	0.99
	豫南(南阳)	0.65	1.35	1.74	1.06	1.07
陕西	关中东部(泾惠渠)	0.51	0.99	1.39	1.86	1.02
	关中西部(武功)	0.51	1.05	1.43	1.28	1.07
	商洛地区	0.54	0.67	0.94	0.99	0.85
	杨凌	0.73	1.00	1.27	1.07	1.01

参 考 文 献

[1] 安顺清,朱自玺,吴乃元,等.黄淮海中部地区作物水分胁迫和干旱研究结果[J].中国农业科学,1991, **24**(2):13-18

[2] “华北平原作物水分胁迫与干旱研究”课题组.作物水分胁迫与干旱研究[M].郑州:河南科学技术出版社,1991,126-129

[3] 黄晚华,杨晓光,曲辉辉,等.基于作物水分亏缺指数的春玉米季节性干旱时空特征分析[J].农业工程学报,2009,**25**(8):28-34

[4] 康绍忠,蔡焕杰.农业水管理学[M].北京:中国农业出版社,1996,110

[5] 梁文清,蔡焕杰,王健.陕西关中地区夏玉米作物系数试验研究[J].节水灌溉,2001,(12):1-4

[6] 刘京宝,杨克军,石书兵,等.中国北方玉米栽培[M].北京:中国农业科学技术出版社,2012,20-26

[7] 孙宏勇,张喜英,张勇强,等.用 Micro-Lysimeters 和大型蒸渗仪测定夏玉米蒸散的研究[J].干旱地区农业研究,2002,**20**(4):72-75

[8] 朱自玺,侯建新.夏玉米土壤水分指标研究[J].气象,1988,**14**(9):13-16

[9] Allen R G, Pereira L S, Raes D, *et al*. Crop Evapotranspiration: Guidelines for Computing Crop Water Requirements. FAO Irrigation and Drainage Paper 56[M]. Rome, Itely: Food and Agriculture Ogranization of the United Nations. 1998,65-73

ICS 07.060
B 18
备案号：49475—2015

中华人民共和国气象行业标准

QX/T 261—2015

设施农业小气候观测规范 日光温室和塑料大棚

Specifications for facility agricultural microclimate observation —Heliogreenhouse and Plastic tunnel

2015-01-26 发布　　2015-05-01 实施

中国气象局　发布

前　言

本标准按照 GB/T 1.1—2009 给出的规则起草。

本标准由全国农业气象标准化技术委员会(SAC/TC 539)提出并归口。

本标准起草单位:山东省气候中心。

本标准主要起草人:薛晓萍、李楠、李鸿怡、陈辰。

设施农业小气候观测规范　日光温室和塑料大棚

1　范围

本标准规定了日光温室和塑料大棚内小气候观测的技术要求，包括设施选择和仪器布设，观测项目、时制与日界，观测仪器要求，观测仪器安装与维护，数据采样与记录。

本标准适用于日光温室和塑料大棚小气候观测。

2　规范性引用文件

下列文件对于本文件的应用是必不可少的。凡是注日期的引用文件，仅注日期的版本适用于本文件。凡是不注日期的引用文件，其最新版本(包括所有的修改单)适用于本文件。

QX/T 61—2007　地面气象观测规范　第17部分：自动气象站观测

3　术语和定义

下列术语和定义适用于本文件。

3.1

设施农业小气候　facility agricultural microclimate

由设施结构及设施内空气、土壤与作物群体间的物理过程和生物过程相互作用，形成的不同于设施外的环境条件。一般用气温、空气相对湿度、地温、辐射和二氧化碳浓度等要素表征。

3.2

日光温室　heliogreenhouse

以太阳辐射为能量来源，东、西、北三面为围护墙体，南坡面以塑料薄膜覆盖，主要用于果蔬生产的设施。

3.3

塑料大棚　plastic tunnel

以竹木、钢架等为支撑，塑料薄膜为覆盖材料，主要用于果蔬生产的拱形设施。

4　设施选择和仪器布设

4.1　设施选择

4.1.1　用于小气候观测的日光温室应在当地具有代表性，东西长度60 m～100 m、南北跨度6 m～10 m、高度3 m～5 m，结构坚固耐用。

4.1.2　用于小气候观测的塑料大棚应在当地具有代表性，南北长度40 m～100 m、东西跨度6 m～12 m、高度2 m～4 m，结构坚固耐用。

4.2　仪器布设

4.2.1　日光温室小气候观测仪器布设位置，应选择在日光温室内东西长度的中间、南北跨度自南向北作物种植区2/3的位置。

4.2.2 塑料大棚小气候观测仪器布设位置,应选择在塑料大棚内中心点位置。

5 观测项目、时制与日界

5.1 观测项目

观测项目包括日光温室和塑料大棚内气温、空气相对湿度、地温、总辐射、光合有效辐射和二氧化碳浓度等。

5.2 观测时制与日界

5.2.1 总辐射和光合有效辐射观测采用地方平均太阳时,其余观测项目均采用北京时。

5.2.2 总辐射和光合有效辐射观测以地方平均太阳时24时为日界,其余观测项目均以北京时20时为日界。

6 观测仪器要求

6.1 构成

应由能够自动观测、存储和传输小气候要素的仪器组成,包括采集器、传感器、电源等。

6.2 功能

应具备日光温室和塑料大棚内气温、空气相对湿度、地温、总辐射、光合有效辐射和二氧化碳浓度等小气候要素采集、处理、存储、传输等功能。

6.3 技术性能

6.3.1 采集器对数据采样、存储及传输应达到下列要求:

a) 采样时钟误差每月不超过30秒;
b) 存储3个月以上的观测数据;
c) 具备无线通信传输功能,同时可以连接有线设备;
d) 预留现场总线接口和新增观测要素传感器接口。

6.3.2 传感器的测量范围、分辨力、准确度、平均时间和采样频次等技术性能应符合表1的要求。

表1 传感器技术性能要求

测量要素	测量范围	分辨力	准确度	平均时间(分钟)	采样频次(次/分钟)
气温	−50 ℃~+50 ℃	0.1 ℃	±0.2 ℃	1	6
空气相对湿度	0%~100%	1%	±4%(≤80%) ±8%(>80%)	1	6
地温	−50 ℃~+80 ℃	0.1 ℃	±0.5 ℃	1	6
总辐射	0 W/m^2~2000 W/m^2	1 W/m^2	±5%	1	6
光合有效辐射	0 $\mu mol/(s \cdot m^2)$~2000 $\mu mol/(s \cdot m^2)$	1 $\mu mol/(s \cdot m^2)$	±5%	1	6
二氧化碳浓度	0 ppm~2000 ppm	1 ppm	±5 ppm	1	6

6.3.3 电源应具备高稳定性，宜使用光伏发电，且蓄电池容量应满足设施农业小气候自动观测仪器正常工作7天以上。采用市电的站点，可对备用电池浮充电。

6.3.4 观测仪器使用的软件应符合QX/T 61—2007的规定。

7 观测仪器安装与维护

7.1 仪器安装

7.1.1 仪器安装应满足下列要求：

a) 仪器支架设于作物行间，架壁延伸方向平行于作物种植行，并保持观测位置及其周围作物的自然生长状态；

b) 传感器安装应符合表2的要求；

c) 易于维修拆装；

d) 符合仪器安装技术手册的要求。

表2 传感器安装要求

仪器	安装要求	允许误差	基准部位
气温传感器	高度150 cm	±5 cm	感应部分中心
空气相对湿度传感器	高度150 cm	±5 cm	感应部分中心
0 cm地温传感器	感应部分一半埋入土中		感应部分中心
10 cm、20 cm地温传感器	深度10 cm、20 cm	±1 cm	感应部分中心
40 cm地温传感器	深度40 cm	±3 cm	感应部分中心
辐射传感器	支架高度200 cm	±10 cm	支架安装面底座南北线
二氧化碳分析仪	高度150 cm	±5 cm	进气口
采集器箱	高度以便于操作为准		

7.1.2 电缆架设应穿入电缆管内，且不能空中架设。

7.1.3 观测仪器采取下列雷电防护措施：

a) 若采用光伏发电，光伏电源线应采取屏蔽措施，金属屏蔽层与采集器外壳可靠电气连接；

b) 若采用市电供电，电源线宜采用金属铠装电缆或穿钢管埋地引入，埋地长度应不小于15 m，电缆金属外皮或金属管应与采集器外壳可靠电气连接；

c) 采集器线路板应采取屏蔽措施，将采集器外壳与观测仪器支架可靠电气连接，必要时可采取双层屏蔽。

7.2 仪器维护

观测仪器应进行下列维护：

a) 检查各要素传感器的位置、电路连接情况；

b) 检查仪器运行情况；

c) 对传感器、采集器和整机进行现场年检和计量检定；

d) 针对检查情况进行实时维护，并记入值班日志。

8 数据采样与记录

8.1 数据采样

观测数据采样由采集器实现，顺序为气温、空气相对湿度、地温、总辐射、光合有效辐射和二氧化碳浓度；采样速率为每分钟 6 次，去掉一个最大值和一个最小值，余下的 4 次为有效采样值；瞬时值均为每分钟内有效采样值的算术平均；极值均从瞬时值中选取。观测数据文件格式见附录 A。

8.2 设施结构参数记录

设施结构参数主要包括用于观测的日光温室和塑料大棚的长度、跨度、高度、覆盖材料及墙体材料等。设施结构参数记录项目和单位参见附录 B。

8.3 设施内作物生长与灾情记录

在进行设施农业小气候观测时，应同时记录设施内作物生长与受灾情况。作物生长与灾情观测记录项目、单位参见附录 C。

8.4 设施生产管理记录

设施生产管理记录包括逐日揭帘时间、盖帘时间、通风开始时间、通风结束时间、通风口开度和灌溉情况。设施生产管理记录项目和单位参见附录 D。

附 录 A
（规范性附录）
设施农业小气候观测数据文件格式

A.1 文件命名

设施农业小气候观测数据文件包括：设施农业小气候温湿度观测数据文件、辐射观测数据文件、二氧化碳浓度观测数据文件，其文件名分别为：Z_AGME_I_NSnnn_YYYYMMDDHHmmSS_O_CLI_FTM[－CC*x*].txt，Z_AGME_I_NSnnn_YYYYMMDDHHmmSS_O_RAD_FTM[－CC*x*].txt 和 Z_AGME_I_NSnnn_YYYYMMDDHHmmSS_O_SPO_FTM[－CC*x*].txt。

文件名格式说明如下：

a) Z：固定代码，表示文件为国内交换的资料；

b) AGME：固定代码，农业气象观测数据指示码；

c) I：固定代码，表示其后字段代码为测站区站号；

d) NSnnn：测站区站号，统一编码，其中"N"为设施农业小气候自动观测站固定标识符；"S"为全国各省（自治区、直辖市）代码，由数字"0"～"9"和英文字母"A"～"Z"组成，全国各省（自治区、直辖市）代码表见表 A.1；"nnn"为台站编号，由三位数字组成，若位数不足高位补"0"，各省统一编号；

e) YYYYMMDDHHmmSS：文件生成时间"年月日时分秒"（北京时）。其中：YYYY 为年，4 位；MM 为月，2 位；DD 为日，2 位；HH 为小时，2 位，mm 表示为分钟，2 位；SS 为秒，2 位；在"年月日时分秒"中，若位数不足高位补"0"；

f) O：固定代码，表示文件为观测类资料；

g) CLI：固定代码，表示文件为设施农业小气候温湿度观测数据文件；

h) RAD：固定代码，表示文件为设施农业小气候辐射观测数据文件；

i) SPO：固定代码，表示文件为设施农业小气候二氧化碳浓度观测数据文件；

j) FTM：固定代码，表示定时观测资料；

k) CC*x*：资料更正标识，可选项。对于某测站（由 NSnnn 指示）已发观测资料进行更正时，文件名中必须包含资料更正标识字段。CC 为固定代码；*x* 取值为 A～X，X＝A 时，表示对该站某次观测的第一次更正；X＝B 时，表示对该站某次观测的第二次更正；其余依此类推，直至 *x*＝X；

l) txt：固定代码，表示文件为文本文件。

表 A.1　全国各省(区、市)代码

字符	字符含义	字符	字符含义	字符	字符含义	字符	字符含义
0	北京	9	预留	I	安徽	R	贵州
1	上海	A	河北	J	江西	S	四川
2	天津	B	山西	K	浙江	T	云南
3	重庆	C	内蒙古	L	辽宁	U	西藏
4	海南	D	山东	M	江苏	V	陕西
5	香港	E	吉林	N	广西	W	甘肃
6	澳门	F	福建	O	河南	X	青海
7	台湾	G	广东	P	湖南	Y	宁夏
8	预留	H	黑龙江	Q	湖北	Z	新疆

示例：山东省济南市区站号为ND001的设施农业小气候自动观测站，其2013年11月3日5时11分进行过第一次更正的温湿度观测数据文件名为Z_AGME_I_ND001_20131103051100_O_CLI_FTM－CCA.txt。

A.2　温湿度观测数据文件格式

温湿度观测数据文件为顺序文本文件，共3条记录，第1条记录为基本参数，包括观测站区站号、纬度、经度、海拔高度、预留字段和质量控制标识，表A.2给出了第1条记录的内容和格式；第2条记录为观测时间和各要素观测值，共20个项，表A.3给出了第2条记录的内容和格式，第2条记录的后面加上“＝”，表示本站本次观测数据结束；第3条为文件结束符，由“NNNN”组成。

各记录之间由＜CR＞＜LF＞分隔，各组数据间空格分隔，每组数据，位数不足时，高位补“0”；缺测项目和预留项目，每字节用“/”代替。

气温和各层地温记录单位为0.1℃；相对湿度记录单位为1％；时间记录采用北京时。

表 A.2　温湿度观测数据文件第1条记录内容及格式

序号	要素名	长度	说明
1	区站号	5字节	5位数字和字母组成
2	纬度	6字节	按度分秒记录，均为2位，高位不足补“0”，台站纬度未精确到秒时，秒固定记录“00”
3	经度	7字节	按度分秒记录，度为3位，分秒为2位，高位不足补“0”，台站经度未精确到秒时，秒固定记录“00”
4	观测站海拔高度	5字节	保留一位小数，扩大10倍记录，高位不足补“0”
5	预留	5字节	用“/////”填充
6	质量控制标识	3字节	依次标识省级、国家级对观测数据进行质量控制的情况。“1”为软件自动作过质量控制，“0”为由人机交互进一步作过质量控制，“9”为没有进行任何质量控制

表 A.3　温湿度观测数据文件第 2 条记录内容及格式

序号	要素名	长度	说明
1	观测时间	14 字节	年月日时分秒，其中，“秒”固定为“00”；当正点观测时，“分”记录为“00”
2	气温	4 字节	当前时刻的空气温度
3	最高气温	4 字节	每 1 小时内的最高气温
4	最高气温出现时间	4 字节	每 1 小时内最高气温出现时间（时、分）
5	最低气温	4 字节	每 1 小时内的最低气温
6	最低气温出现时间	4 字节	每 1 小时内最低气温出现时间（时、分）
7	空气相对湿度	3 字节	当前时刻的空气相对湿度
8	最小空气相对湿度	3 字节	每 1 小时内的最小空气相对湿度值
9	最小空气相对湿度出现时间	4 字节	每 1 小时内的最小空气相对湿度出现时间（时、分）
10	地表温度	4 字节	当前时刻的地表温度值
11	地表最高温度	4 字节	每 1 小时内的地表最高温度
12	地表最高温度出现时间	4 字节	每 1 小时内的地表最高温度出现时间（时、分）
13	地表最低温度	4 字节	每 1 小时内的地表最低温度
14	地表最低温度出现时间	4 字节	每 1 小时内的地表最低温度出现时间（时、分）
15	5 cm 地温	4 字节	当前时刻的 5 cm 地温值
16	10 cm 地温	4 字节	当前时刻的 10 cm 地温值
17	20 cm 地温	4 字节	当前时刻的 20 cm 地温值
18	40 cm 地温	4 字节	当前时刻的 40 cm 地温值
19	预留	4 字节	用“////”填充
20	预留	4 字节	用“////”填充

A.3　辐射观测数据文件格式

辐射观测数据文件为顺序文本文件，共 3 条记录，第 1 条记录为基本参数，包括观测站区站号、纬度、经度、海拔高度、预留字段和质量控制标识，表 A.2 给出了第 1 条记录的内容和格式；第 2 条记录为观测时间和各要素观测值，共 11 项，表 A.4 给出了第 2 条记录的内容和格式，第 2 条记录的后面加上“＝”，表示本站本次观测数据结束；第 3 条为文件结束符，由“NNNN”组成。

各记录之间由＜CR＞＜LF＞分隔，各组数据间空格分隔，每组数据位数不足时，高位补“0”；缺测项目和预留项目，每字节用“/”代替。

总辐射辐照度的记录单位为 W/m^2；总辐射曝辐量的记录单位为 0.01 MJ/m^2；光合有效辐射辐照度的记录单位为 $\mu mol/(s \cdot m^2)$；光合有效辐射曝辐量的记录单位为 $0.01 mol/m^2$；时间记录采用地方平均太阳时。

表 A.4　辐射观测数据文件第 2 条记录的内容及格式

序号	要素名	长度	说明
1	观测时间	14 字节	年月日时分秒，其中，“秒”固定为“00”；当正点观测时，“分”记录为“00”
2	总辐射辐照度	4 字节	当前时刻的总辐射辐照度
3	总辐射曝辐量	4 字节	当前小时内的总辐射辐照度的总量说明
4	总辐射辐照度最大值	4 字节	每 1 小时内的最大总辐射辐照度
5	总辐射辐照度最大值出现时间	4 字节	每 1 小时内的最大总辐射辐照度出现时间(时、分)
6	光合有效辐射辐照度	4 字节	当前时刻的光合有效辐射辐照度
7	光合有效辐射曝辐量	4 字节	当前小时内的光合有效辐射辐照度的总量
8	光合有效辐射辐照度最大值	4 字节	每 1 小时内的最大光合有效辐射辐照度
9	光合有效辐射辐照度最大值出现时间	4 字节	每 1 小时内的最大光合有效辐射辐照度出现时间(时、分)
10	预留	4 字节	用“////”填充
11	预留	4 字节	用“////”填充

A.4　二氧化碳浓度观测数据文件

二氧化碳浓度观测数据文件为顺序文本文件，共 3 条记录，第 1 条记录为基本参数，包括观测站区站号、纬度、经度、海拔高度、预留字段和质量控制标识，表 A.2 给出了第 1 条记录的内容和格式；第 2 条记录为观测时间和各要素观测值，共 8 个项，表 A.5 给出了第 2 条记录的内容和格式，第 2 条记录的后面加上“＝”，表示本站本次观测数据结束；第 3 条为文件结束符，由“NNNN”组成。

各记录之间由＜CR＞＜LF＞分隔，各组数据间空格分隔，每组数据，位数不足时，高位补“0”；缺测项目和预留项目，每字节用“/”代替。

二氧化碳浓度的记录单位为 ppm；时间记录采用北京时。

表 A.5　二氧化碳浓度观测数据文件第 2 条记录的内容及格式

序号	要素名	长度	说明
1	观测时间	14 字节	年月日时分秒，其中，“秒”固定为“00”；当正点观测时，“分”记录为“00”
2	二氧化碳浓度	5 字节	当前时刻的二氧化碳浓度值
3	二氧化碳浓度最大值	5 字节	每 1 小时内最大的二氧化碳浓度值
4	二氧化碳浓度最大值出现时间	4 字节	每 1 小时内二氧化碳最大浓度出现时间(时、分)
5	二氧化碳浓度最小值	5 字节	每 1 小时内最小的二氧化碳浓度值
6	二氧化碳浓度最小值出现时间	4 字节	每 1 小时内二氧化碳最小浓度出现时间(时、分)
7	预留	5 字节	用“/////”填充
8	预留	5 字节	用“/////”填充

附 录 B
（资料性附录）
设施结构参数

表 B.1 给出了日光温室结构参数记录项目和单位。

表 B.1 日光温室结构参数记录表

测站区站号＿＿＿＿＿＿ 是否为半地下结构＿＿＿＿＿ 记录年月：＿＿年＿＿月

参数名称	参数值	参数名称	参数值
半地下深度/m		采光屋面参考角/°	
东西长度/m		后屋面坡角/°	
南北跨度/m		棚膜透光率/%	
前跨/m		棚膜厚度/mm	
后跨/m		采光面覆盖材料	
脊高/m		种植区域长度/m	
墙体材料		种植区域宽度/m	
侧墙材料		保温材料	

表 B.2 给出了塑料大棚结构参数记录项目和单位。

表 B.2 塑料大棚结构参数记录表

测站区站号＿＿＿＿＿＿ 棚内是否有小拱棚＿＿＿＿＿ 记录年月：＿＿年＿＿月

参数名称	参数值	参数名称	参数值
南北长度/m		种植区域长度/m	
东西跨度/m		种植区域宽度/m	
脊高/m		小拱棚南北长度/m	
采光屋面参考角/°		小拱棚东西跨度/m	
棚膜透光率/%		小拱棚脊高/m	
棚膜厚度/mm		小拱棚棚膜透光率/%	
采光面覆盖材料		小拱棚棚膜厚度/mm	

附 录 C
(资料性附录)
设施内作物生长与灾情记录

表C.1给出了设施内作物生长观测记录项目和单位。

表C.1 设施内作物生长观测记录表

测站区站号________ 设施类型________ 种植作物名称________ 定植后密度________

记录日期 yyyy-mm-dd	作物发育期名称	作物高度 m	采摘量 kg

表C.2给出了设施内灾情记录项目。

表C.2 设施内灾情记录表

测站区站号________ 设施类型________ 种植作物名称________ 定植后密度________

记录日期 yyyy-mm-dd	受灾类型(气象灾害/病害/虫害)	受灾程度(轻/中/重)	受害表征	管理措施	恢复情况

附　录　D
（资料性附录）
设施生产管理记录

表 D.1 给出了设施生产管理记录项目和单位。

表 D.1　设施生产管理记录表

测站区站号__________　设施类型__________　种植作物名称__________　定植后密度__________

日期 yyyy-mm-dd	揭帘时间 hh:mm	盖帘时间 hh:mm	通风开始时间 hh:mm	通风结束时间 hh:mm	通风口开度 cm	灌溉情况
1						
2						
3						
⋮						
30						
31						

参 考 文 献

[1] GB/T 12936.2—1991 太阳能热利用术语 第2部分
[2] GB/T 20524—2006 农林小气候观测仪
[3] QX/T 1—2000 Ⅱ型自动气象站
[4] QX/T 45—2007 地面气象观测规范 第1部分:总则
[5] QX/T 50—2007 地面气象观测规范 第6部分:空气温度和湿度观测
[6] QX/T 55—2007 地面气象观测规范 第11部分:辐射观测
[7] QX/T 57—2007 地面气象观测规范 第13部分:地温观测
[8] 中国气象局.农业气象观测规范[M].北京:气象出版社,1993
[9] 周长吉,杨振声.准确统一"日光温室"定义的商榷[J].农业工程学报,2002,**18**(6):200-202

ICS 07.060
A 47
备案号：49476—2015

中华人民共和国气象行业标准

QX/T 262—2015

雷电临近预警技术指南

Technical guidelines for lightning nowcasting and warning

2015-01-26 发布

2015-05-01 实施

中国气象局　发布

前　言

本标准按照 GB/T 1.1—2009 给出的规则起草。

本标准由全国雷电灾害防御行业标准化技术委员会提出并归口。

本标准起草单位：中国气象科学研究院。

本标准主要起草人：姚雯、孟青、姚叶青、吕伟涛、马颖。

雷电临近预警技术指南

1　范围

本标准给出了雷电临近预警技术指南，包括雷电临近预警的使用资料、方法和流程及产品等内容。

本标准适用于雷电活动的临近预警。

2　术语和定义

下列术语和定义适用于本文件。

2.1

雷电活动　lightning activity

发生在大气中、具有时空相关性的一系列放电现象。

2.2

雷电活动区域　lightning activity area

在一定时段内雷电活动的空间分布范围。

2.3

雷电临近预警　lightning nowcasting and warning

对0～2 h内雷电活动的发生时间、区域及发生概率作出估计和警告。

3　使用资料

3.1　原则

资料选取宜遵循实时性、可靠性、易获取的原则。

3.2　资料描述

雷电临近预警宜综合利用闪电监测、雷达、大气电场、卫星和其他资料（探空资料及数值模式产品）等不同类型的气象资料（见表1）；当气象数据资料获取能力不足时，也可利用单一类型气象资料。

表1　雷电临近预警使用资料

资料种类	参量描述	备注
闪电监测资料	时间分辨率：实时； 空间分辨率：1 km×1 km； 主要参数：闪电频次。	数据格式参见QX/T 79—2007表A.3，闪电监测资料是组成雷电临近预警的关键资料。
雷达资料	时间分辨率：6 min； 空间分辨率：1 km×1 km； 主要参数：雷达回波强度及其变化率阈值、雷达回波顶高等。	雷达原始资料需经过格点化处理成按等经纬网格排列数据，雷达资料是组成雷电临近预警的关键资料。

表 1　雷电临近预警使用资料(续)

资料种类		参量描述	备注
大气电场资料		时间分辨率:实时; 空间分辨率:1 km×1 km; 主要参数:电场强度及其变化率阈值。	可根据资料获取条件来确定是否为组成雷电临近预警的资料。
卫星资料		时间分辨率:≤1 h; 空间分辨率:5 km×5 km; 主要参数:相当黑体亮温(TBB)阈值及 TBB 递减率阈值。	可根据资料获取条件来确定是否为组成雷电临近预警的资料。
其他资料	探空资料	时间分辨率:12 h; 空间分辨率:200 km×200 km; 主要参数:0 ℃层高度、−15 ℃层高度以及通过探空资料计算得到状态过程气块抬升高度、中层平均相对湿度、潜在性稳定度指数、对流性稳定度指数、潜在一对流性稳定度指数、对流有效位能、对流抑制能量、抬升指数、700 hPa 相当位温、大气稳定度指数(K 指数)等。	资料数据格式参见气象信息综合分析处理系统(Meteorological Information Comprehensive Analysis And Process System, Micaps)第二类数据格式要求,可根据资料获取条件来确定是否为组成雷电临近预警的资料。
	数值模式产品	考虑感应和非感应起电参数化方案并集成双向随机放电模式建立的二维雷暴云起电、放电的云模式或中尺度模式,由探空资料提供的初始条件来模拟是否会发生雷电活动。	可根据资料获取条件来确定是否为组成雷电临近预警的资料。

4　方法与流程

4.1　方法

雷电临近预警宜综合考虑具有不同时空分辨率特性的气象观测资料,采用区域识别、跟踪和外推算法、多种资料集成预报方法或其他相对成熟的算法得到雷电临近预警产品。区域识别、跟踪和外推算法和多种资料集成预报方法参见附录 A。

4.2　流程

雷电临近预警流程见图 1。

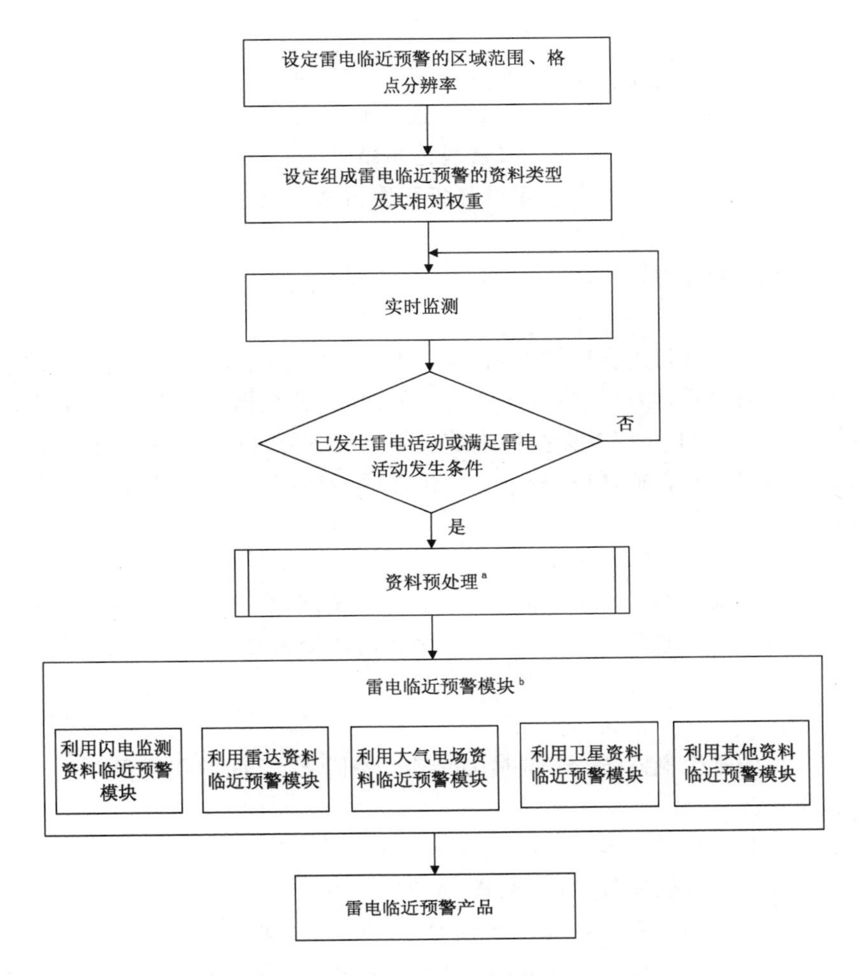

[a] 资料预处理是根据设定的预警区域范围和格点分辨率对使用的气象资料进行重新格点化处理。

[b] 雷电临近预警模块是根据区域识别、跟踪和外推算法或其他相对成熟的临近预警算法获得雷电临近预警产品。雷电临近预警模块可以仅使用单一类型气象资料，直接获取最终的雷电临近预警产品，亦可以根据各使用资料的权重，利用多种资料集成预报方法进行综合预警获得最终的雷电临近预警产品。

图 1　雷电临近预警流程图

5　产品

5.1　产品时效

0～2 h。

5.2　产品内容

内容主要包括雷电活动的实时监测产品、0～2 h 内雷电活动发生概率临近预警产品、0～2 h 内雷电活动区域的移动趋势临近预警产品及雷电预警信号产品。

5.3　产品形式

采用数据、图形和文本三种表现形式。雷电活动的实时监测产品、0～2 h 内雷电活动发生概率临近预警产品、0～2 h 内雷电活动区域的移动趋势临近预警产品的图形示例参见附录 B。

附 录 A
(资料性附录)
雷电临近预警方法

A.1 区域识别、跟踪和外推算法

首先对每个时次的格点资料进行区域识别，识别出有可能发生或已经发生雷电的区域，每个识别区域采用椭圆来描述。识别之后，如果至少有两个时次的记录，就根据 Munkres 分配算法进行区域匹配。区域识别、匹配成功后，采用 Holt 双参数线性指数平滑方法进行外推，获得不同时段的预测结果。各种气象资料经过预处理得到格点资料之后，需要二值化处理(符合条件的格点取值为 1，否则为 0)后使用区域识别、跟踪和外推算法。

区域匹配的算法描述如下。

若相邻的两个时次 t_1 和 $t_2(t_1<t_2)$ 分别有 n_1 和 n_2 个椭圆(识别区域)，则定义 t_1 时次的某个椭圆 $E_{1i}(1\leqslant i\leqslant n_1)$ 与 t_2 时次的某个椭圆 $E_{2j}(1\leqslant j\leqslant n_2)$ 之间的代价函数为

$$C_{ij}=w_1 d_P+w_2 d_A \qquad \cdots\cdots(A.1)$$

式中：

C_{ij} ——t_1 时次的某个椭圆 E_{1i} 与 t_2 时次的某个椭圆 E_{2j} 之间的代价函数；

w_1、w_2 ——权重系数；

d_p ——椭圆中心位置的差异，计算见式(A.2)；

d_A ——椭圆面积引起的差异，计算见式(A.3)。

$$d_P=[(x_{1i}-x_{2j})^2+(y_{1i}-y_{2j})^2]^{1/2} \qquad \cdots\cdots(A.2)$$

$$d_A=A_{1i}^{1/2}-A_{2j}^{1/2} \qquad \cdots\cdots(A.3)$$

式中：

x_{1i}——t_1 时次的椭圆 E_{1i} 中心的横坐标；

x_{2j}——t_2 时次的椭圆 E_{2j} 中心的横坐标；

y_{1i}——t_1 时次的椭圆 E_{1i} 中心的纵坐标；

y_{2j}——t_2 时次的椭圆 E_{2j} 中心的纵坐标；

A_{1i}——t_1 时次的椭圆 E_{1i} 的面积；

A_{2j}——t_2 时次的椭圆 E_{2j} 的面积。

共有 $n_1\times n_2$ 个 C_{ij} 构成了一个代价函数矩阵，按照 Munkres 分配算法，得到一个最佳的匹配方案。对所有相邻时次进行同样的处理，获得每个椭圆(区域)的位置随时间的变化，获得匹配结果。

区域识别、跟踪和外推算法采用 Holt 双参数线性指数平滑方法对区域的中心位置坐标进行预测：

$$\begin{cases} S_t=\alpha R_t+(1-\alpha)[S_{t-1}+b_{t-1}\Delta t_{t,t-1}] \\ b_t=\beta(S_t-S_{t-1})/\Delta t_{t,t-1}+(1-\beta)b_{t-1} \\ F_{t_F}=S_t+b_t\Delta t_F \end{cases} \qquad \cdots\cdots(A.4)$$

式中：

S ——平滑值；

R ——实测值；

F ——预测值；

b ——变化趋势；

α、β ——权重系数；

$\Delta t_{t,t-1}$ ——相邻的两个时次的时间长度；

Δt_F ——预测时间长度。

初始值 $S_0=R_0$，$b_0=0$，$S_1=R_1$，$b_1=(S_1-S_0)/\Delta t_{1,0}$。预测结果中较新的实测值比时间更早的实测值拥有更大的权重，随着时间的前移，权重按指数规律递减。改变式(A.4)中的预测时间长度 Δt_F 即可得到不同时间的预测结果。区域识别、跟踪和外推算法流程见图 A.1。

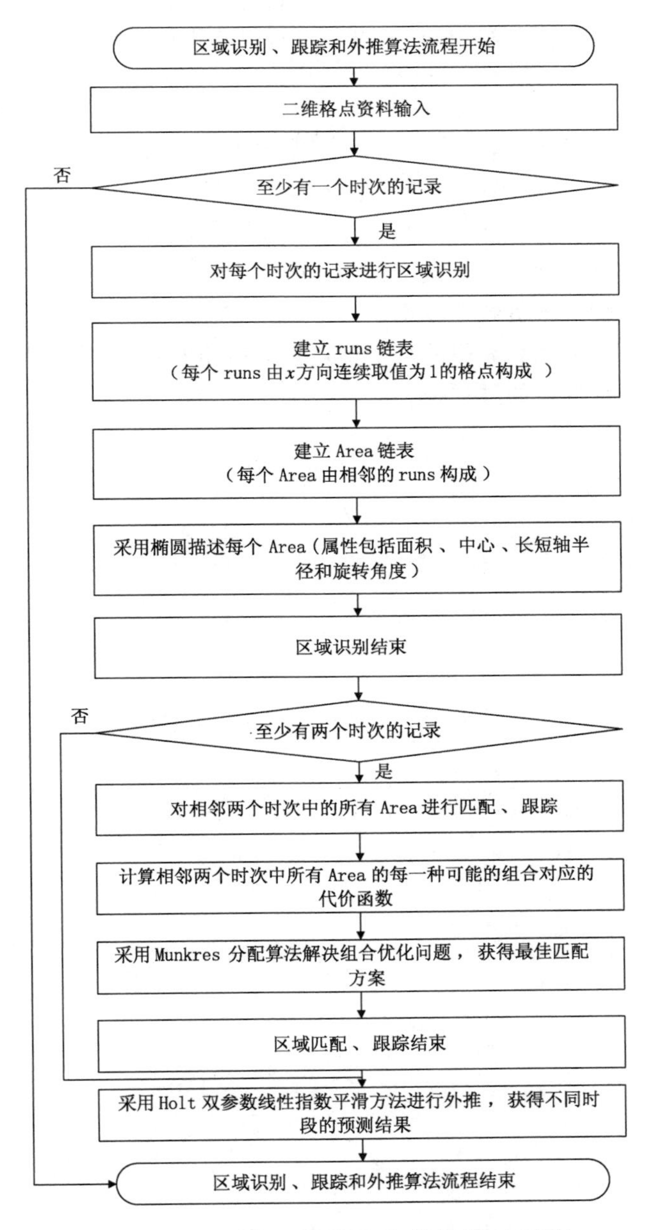

图 A.1 区域识别、跟踪和外推算法流程

A.2 多种资料集成预报方法

不同探测资料用于雷电活动的临近预警都有其优势和不足，比如：闪电监测资料的实时性好，但预警提前时间有限；地面电场资料的实时性也很好，但其单站的预警区域范围有限，对于移近的雷暴能够提前预警的时间也有限；雷达资料的时空分辨率都比较好，但只有在降水粒子形成之后才会有较强的回波，提前预警时间同样有限；卫星资料的空间尺度很大，可达上千千米，但目前能够得到的卫星资料的时空分辨率较粗，在雷电临近预警中的作用还是有限。同时，不同地区雷电活动的特征是不一样的，预报员的经验在雷电预报中的作用也不容忽视。因此，多种资料配合使用，取长补短，能够提高雷电临近预警的准确性。

多种资料集成预报方法首先分别计算各种气象资料在每个格点上的雷电活动的发生概率 r_i。其次对于每一个格点采用指定的各种气象资料权重进行加权平均得到最终的每个格点雷电活动的发生概率 R，计算公式为：

$$R=\frac{\sum_{i=1}^{n}W_i\times r_i}{n} \qquad \cdots\cdots(A.5)$$

式中：

R ——每一个格点雷电活动的发生概率；

W_i ——参与计算的各种气象资料的权重；

r_i ——利用某种气象资料计算获得的每个格点雷电活动的发生概率；

n ——参与计算的气象资料的种类数。

附　录　B
（资料性附录）
雷电临近预警产品图形示例

B.1　雷电活动的实时监测产品

雷电活动的实时监测产品用以表征雷电活动的实际发生情况，产品示例图见图 B.1，该图显示了 2012 年 8 月 19 日 21:30—22:30 湖北省 1 小时内的雷电活动实时分布情况。图中“＋”表示正地闪发生位置，“－”表示负地闪发生位置，不同颜色表示雷电活动发生的不同时间段。雷电活动发生的时间范围、频数等参数在图例中标出。

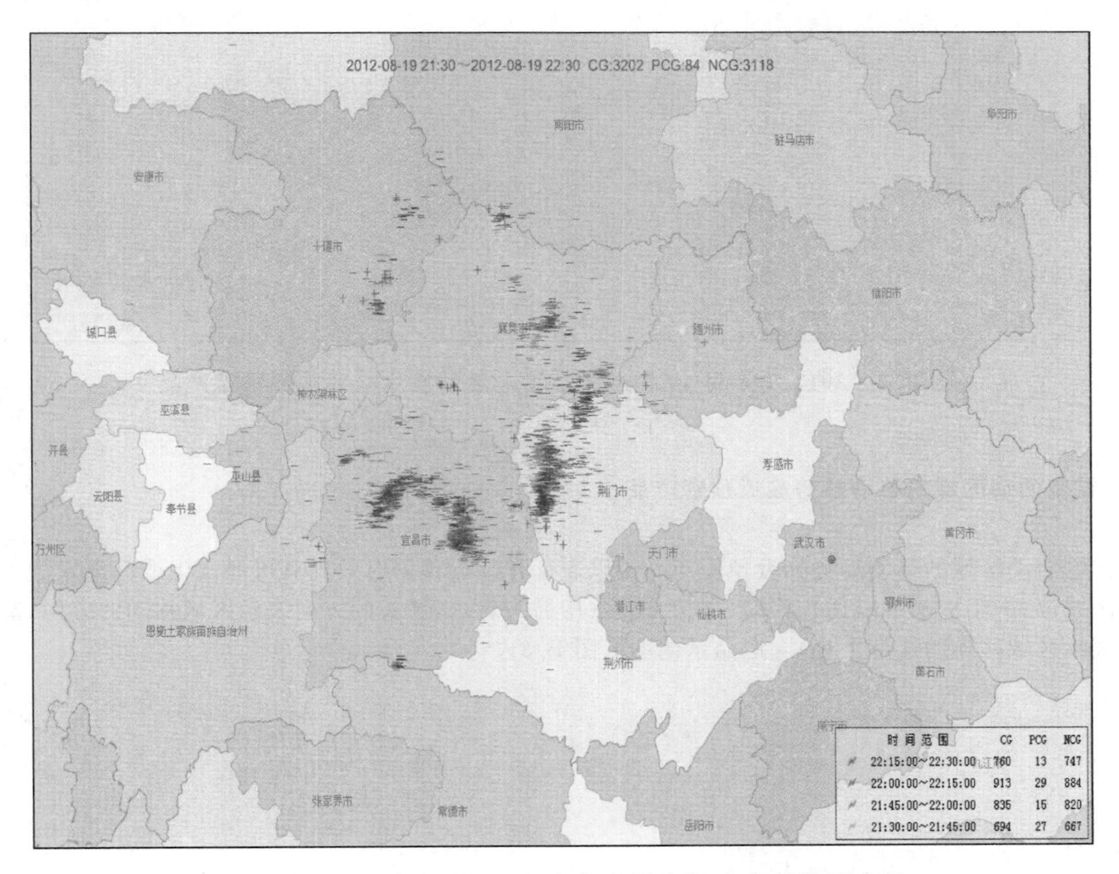

图 B.1　2012 年 8 月 19 日湖北省雷电活动实时监测产品

B.2　雷电活动发生概率临近预警产品

雷电活动发生概率临近预警产品用以表征临近预警时效、预警区域内各个格点的雷电活动的发生概率，不同的色标表示不同的概率范围。产品示例图见图 B.2。

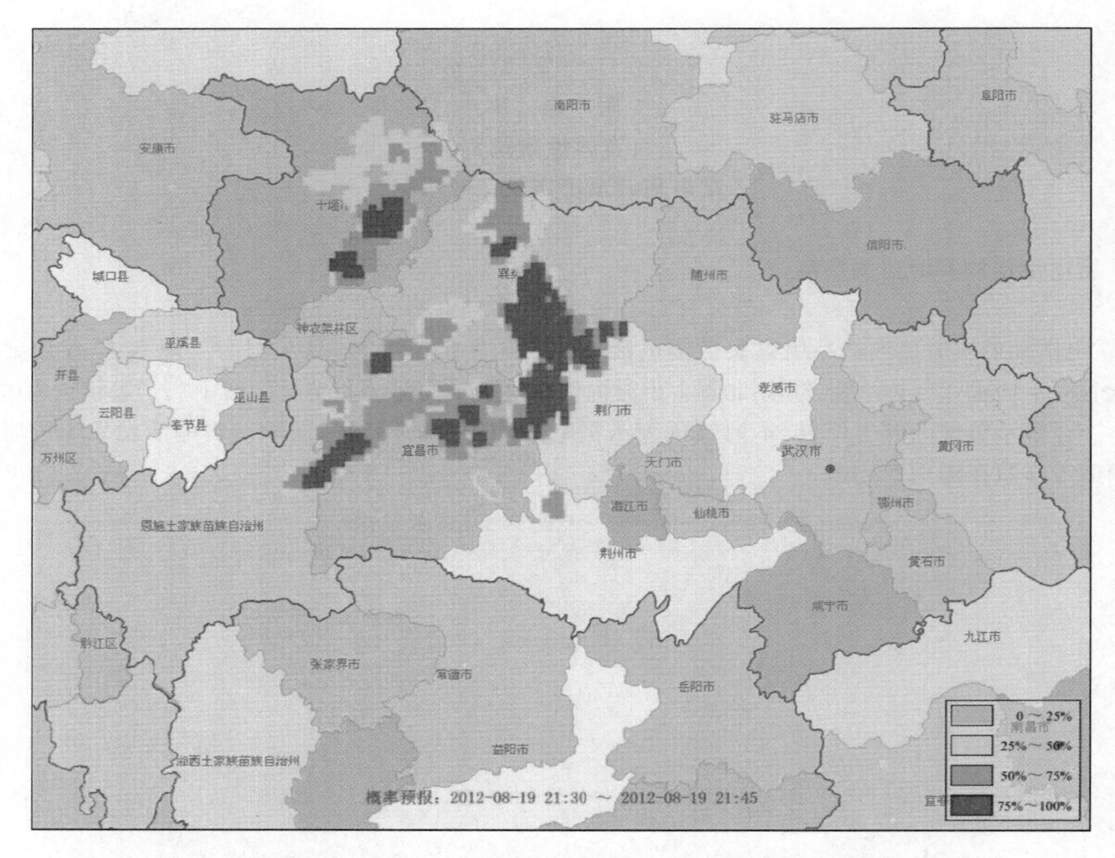

图 B.2　2012 年 8 月 19 日湖北省雷电活动发生概率临近预警产品

B.3　雷电活动区域的移动趋势临近预警产品

雷电活动区域的移动趋势临近预警产品用以表征在临近预警时效内有可能发生或已经发生雷电活动的区域位置(用椭圆来描述)、移动方向和速度(用箭头表示，箭头的方向表示区域移动的方向，箭头的长短表示区域移动的速度大小)。产品示例图见图 B.3。

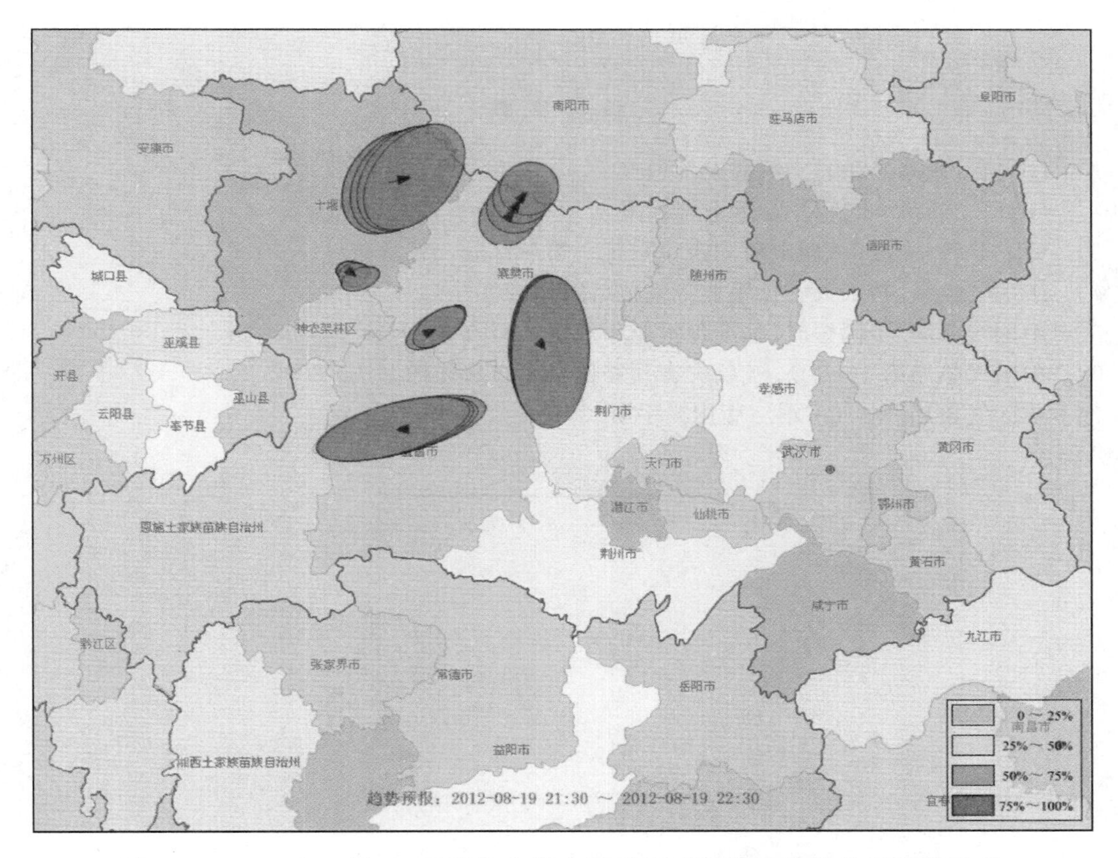

图 B.3　2012 年 8 月 19 日湖北省雷电活动区域的移动趋势临近预警产品

参 考 文 献

[1] GB/T 21984—2008 短期天气预报
[2] GB/T 28594—2012 临近天气预报
[3] QX/T 79—2007 闪电监测定位系统 第一部分 技术条件
[4] 中国气象局.精细天气预报业务规范(试行).2006
[5] 中国气象局.全国短时、临近预报业务规定.2010
[6] 中国气象局第16号令.气象灾害预警信号发布与传播办法.2007
[7] 中国气象局.Micaps第三版用户手册.2010

ICS 07.060
A 47
备案号：49477—2015

中华人民共和国气象行业标准

QX/T 263—2015

太阳能光伏系统防雷技术规范

Technical specifications for lightning protection of solar photovoltaic(PV) system

2015-01-26 发布 2015-05-01 实施

中 国 气 象 局 发 布

前　言

本标准按照GB/T 1.1—2009给出的规则起草。

本标准由全国雷电灾害防御行业标准化技术委员会提出并归口。

本标准起草单位：山东省雷电防护技术中心、安徽省防雷中心、山东省建筑设计研究院、广西地凯防雷工程有限公司、南京菲尼克斯电气有限公司、天津市中力防雷技术有限公司、山东力诺太阳能电力工程有限公司。

本标准主要起草人：张文、冯桂力、程向阳、孙忠欣、王建丰、胡先锋、王永久、王东生、丁晓华、孙巍巍、张锋、李海腾、邬铭法、刘岩、刘磊、黄文章。

太阳能光伏系统防雷技术规范

1 范围

本标准规定了太阳能光伏系统的直击雷防护、雷击电磁脉冲防护等技术要求。

本标准适用于安装在地面和光伏建筑一体化的太阳能光伏系统新建、改建、扩建防雷工程的设计和施工。风—光互补型发电系统、通信专用太阳能光伏电源系统等可参照使用。

2 规范性引用文件

下列文件对于本文件的应用是必不可少的。凡是注日期的引用文件,仅注日期的版本适用于本文件。凡是不注日期的引用文件,其最新版本(包括所有的修改单)适用于本文件。

GB/T 20047.1—2006 光伏(PV)组件安全鉴定 第1部分:结构要求

GB 50057—2010 建筑物防雷设计规范

3 术语和定义

下列术语和定义适用于本文件。

3.1

太阳能光伏系统 solar photovoltaic(PV) system

利用太阳能电池的光伏效应将太阳辐射能直接转换成电能的发电系统。

[JGJ 203—2010,定义2.0.1]

3.2

光伏建筑一体化 building integrated photovoltaic;BIPV

在建筑上安装光伏系统,并通过专门设计,实现光伏系统与建筑的良好结合。

[JGJ 203—2010,定义2.0.2]

3.3

光伏方阵 PV array

由若干个光伏组件或光伏构件在机械和电气上按一定方式组装在一起,并具有固定的支撑结构而构成的直流发电单元。

[JGJ 203—2010,定义2.0.8]

3.4

光伏组件 PV module

具有封装及内部联结的、能单独提供直流电流输出的,最小不可分割的太阳能电池组合装置。

[JGJ 203—2010,定义2.0.7]

3.5

光伏汇流箱 PV combiner box

将若干光伏组件输出线路有序连接、具有汇流功能的连接箱体,并将熔断器、电涌保护器等保护器件安装在此箱内。

3.6

逆变器　inverter

将直流电变换成交流电的设备。

[GB/T 19964—2012,定义 3.2]

3.7

防雷装置　lightning protection system

用于减少闪击于建(构)筑物上或建(构)筑物附近造成的物质性损害和人身伤亡,由外部防雷装置和内部防雷装置组成。

[GB 50057—2010,定义 2.0.5]

3.8

防雷等电位连接　lightning equipotential bonding;LEB

将分开的诸金属物体直接用连接导体或经电涌保护器连接到防雷装置上以减小雷电流引发的电位差。

[GB 50057—2010,定义 2.0.19]

3.9

电压保护水平　voltage protection level

U_P

表征电涌保护器限制接线端子间电压的性能参数,其值可从优先值的列表中选择。电压保护水平值应大于所测量的限制电压的最高值。

[GB 50057—2010,定义 2.0.44]

3.10

有效电压保护水平　effective voltage protection level

$U_{P/f}$

对限压型电涌保护器(SPD),其值为 SPD 的电压保护水平与 SPD 两端引线的电压降之和;对电压开关型 SPD,其值为 SPD 的电压保护水平或 SPD 两端引线的电压降的较大值者。

3.11

设备耐冲击电压额定值　rated impulse withstand voltage of equipment

U_W

设备制造商给予的设备耐冲击电压额定值,表征其绝缘防过电压耐受能力。

[GB 50057—2010,定义 2.0.47]

3.12

冲击电流　impulse current

I_{imp}

由电流幅值 I_{peak}、电荷 Q 和单位能量 W/R 所限定。

[GB 50057—2010,定义 2.0.33]

3.13

标称放电电流　nominal discharge current

I_n

流过电涌保护器 8/20μs 电流波的峰值。

[GB 50057—2010,定义 2.0.32]

3.14

标准测试条件　standard test conditions;STC

光伏系统组件电气性能试验的测试环境、测试方法。

3.15

标准测试条件下的开路电压　open circuit voltage under standard test conditions

$U_{OC\ STC}$

标准测试条件下的空载(开路)太阳能光伏组件、阵列、逆变器等组件直流端的电压。

[EN 50539—12:2010,定义 3.10]

3.16

光伏用最大持续运行电压　maximum continuous operating voltage for pv application

U_{CPV}

可持续施加在光伏系统专用SPD保护模式的最大直流电压。

[EN 50539—11:2013, 定义 3.1.11]

3.17

保护模式　modes of protection

在端子间包含一个或多个保护元件的既定电流通路,并且制造商声明了该电流通路的保护水平,例如+对 ,+对地,-对地。

注:该电流通路中可能包含额外的端子。

[EN 61643—11:2012,定义 3.1.2]

4　直击雷防护

4.1　太阳能光伏系统应设置接闪器、引下线和接地装置。

4.2　太阳能光伏系统宜利用包覆固定光伏组件的金属边框作为接闪器,其材料和最小尺寸应符合附录A的规定。

4.3　当太阳能光伏系统需设置专设接闪器时:

a)　接闪器宜设置在光伏方阵的北侧;

b)　接闪器的设置高度应考虑阳光对光伏方阵造成阴影的影响;

c)　接闪器应固定可靠,并与专设引下线或与自然引下线进行电气连接;

d)　接闪器和专设引下线的材料和最小尺寸应符合附录A的规定。接闪器的安装参见附录B。

4.4　应利用光伏组件的金属支撑结构和建筑物内钢筋、钢柱作为自然引下线。当无自然引下线可利用时,安装于地面的太阳能光伏系统和光伏建筑一体化的光伏系统专设引下线的平均间距不应大于25 m。

4.5　安装于地面的太阳能光伏系统应利用光伏组件钢筋混凝土、螺旋钢桩基础作为自然接地体,其接地装置的冲击接地电阻值不宜大于10 Ω。在土壤电阻率高的地区,可适当放宽对冲击接地电阻值的要求,但不应大于30 Ω。当冲击接地电阻值大于30 Ω时,应按GB 50057—2010中5.4的要求敷设人工接地体。当土壤电阻率小于或等于3000 Ω·m,符合GB 50057—2010中4.3.6或4.4.6的要求时,可不计及冲击接地电阻。

4.6　光伏建筑一体化的太阳能光伏系统应利用建筑物的基础钢筋作为自然接地体,其金属支撑结构应与建筑物的防雷接地装置电气连接,连接点不应少于4处,连接点的平均间距不应大于25 m,并应均匀设置。建筑物防雷装置的接地电阻应符合GB 50057—2010中4.3.6或4.4.6的规定。

4.7　敷设在土壤中的人工接地体与混凝土基座内的钢材相连接时,宜采用不锈钢或铜材。

4.8　防止接触电压和跨步电压的措施应符合GB 50057—2010中4.5.6的规定。

5 雷击电磁脉冲防护

5.1 一般规定

5.1.1 太阳能光伏系统应采取雷击电磁脉冲防护措施，综合运用防雷等电位连接、屏蔽、综合布线和安装电涌保护器，防止因闪电电涌侵入和闪电感应对光伏电气系统和电子系统造成损害。

5.1.2 所有布线环路包围的面积应尽可能的小。

5.2 等电位连接

5.2.1 每排(列)光伏组件的金属固定构件之间均应电气连接，各连接部件的材料和最小截面应符合GB 50057—2010 中表 5.1.2 的要求。

5.2.2 金属固定构件应与防雷接地装置电气连接，包括与埋设在地下的基础钢材、不锈钢地脚螺栓、建筑物上钢筋混凝土内钢筋等电气连接。

5.2.3 太阳能光伏系统的导线宜采用金属铠装电缆或屏蔽电缆或穿金属管保护，金属铠层或金属管应与每排(列)的金属固定构件就近等电位连接。

5.2.4 防雷接地、安全接地、电子系统工作接地、太阳能光伏系统接地及金属箱体电站接地应相互连接在一起，形成共用接地系统。附录C给出了三种常用的太阳能光伏系统接地方法。

5.3 屏蔽

5.3.1 太阳能光伏系统的电子系统信号线宜采用密封的金属壳层、同轴外套、穿金属管或敷设在金属槽盒内进行线路屏蔽保护。线路屏蔽层应首尾电气贯通，并就近与光伏组件的金属构件、等电位连接板和防雷接地装置进行等电位连接。

5.3.2 光伏汇流箱的屏蔽应符合 GB/T 20047.1—2006 表 5 的要求。

5.3.3 当太阳能光伏电站房间进行格栅形大空间屏蔽时，应符合 GB 50057—2010 中 6.3.2 的要求。

5.4 电涌保护器选择和安装

5.4.1 用于光伏系统的电涌保护器，按试验类型可选用Ⅰ类试验、Ⅱ类试验的产品，分别用[T1]和[T2]表示。用于电子系统和信号网络的电涌保护器按试验类型可分为 A 类(A1～A2)、B 类(B1～B3)、C 类(C1～C3)和 D 类(D1～D2)。

5.4.2 安装于地面的太阳能光伏系统规模按光伏系统总装机容量划分，其中大于或等于 30 MW 为大型，小于 30 MW 且大于或等于 1 MW 为中型，小于 1 MW 为小型。安装于地面的太阳能光伏系统应选用Ⅱ类试验的电涌保护器，即[T2]电涌保护器。电涌保护器可安装在正极与等电位连接带、负极与等电位连接带、正极与负极之间。安装于地面的太阳能光伏系统每一保护模式的标称放电电流值 I_n 不应小于表 1 中的要求。

表 1 安装于地面的太阳能光伏系统中 I_n 的选择

光伏系统规模	大型	中型	小型
I_n	20 kA	15 kA	10 kA

5.4.3 光伏建筑一体化太阳能光伏系统的防雷分类按系统所在建筑物的防雷类别划分。光伏建筑一体化的太阳能光伏系统宜选用Ⅰ类试验的电涌保护器，即[T1]电涌保护器。电涌保护器可安装在正极

与等电位连接带、负极与等电位连接带、正极与负极之间。光伏建筑一体化的太阳能光伏系统每一保护模式的冲击电流值 I_{imp} 不应小于表 2 中的要求。

表 2　光伏建筑一体化的太阳能光伏系统中 I_{imp} 的选择

建筑物防雷类别	第一类	第二类	第三类
I_{imp}	12.5 kA	10 kA	6.5 kA

5.4.4　电涌保护器的电压保护水平 U_p 不应大于表 3 的要求。

表 3　电压保护水平 U_p 的选择

汇流箱额定直流电压 U_n/V	电压保护水平 U_p/kV
$U_n \leqslant 60$	1.1
$60 < U_n \leqslant 250$	1.5
$250 < U_n \leqslant 400$	2.5
$400 < U_n \leqslant 690$	3.0
$690 < U_n \leqslant 1000$	4.0

5.4.5　电涌保护器的有效电压保护水平 $U_{p/f}$ 应小于设备耐冲击电压额定值的 0.8 倍。有效电压保护水平的计算方法参见附录 D。

5.4.6　电涌保护器的最大持续运行电压 U_{cpv} 不应小于太阳能光伏系统设备在标准测试条件下的开路电压 $U_{oc\ stc}$ 的 1.2 倍。

5.4.7　电涌保护器两端连接的材料和最小截面应符合表 4 的要求。

表 4　电涌保护器两端连接的材料和最小截面

<table>
<tr><th colspan="3">等电位连接部件</th><th>材料</th><th>截面/mm²</th></tr>
<tr><td rowspan="5">连接电涌保护器的导体</td><td rowspan="3">电气系统</td><td>Ⅰ类试验的电涌保护器</td><td rowspan="5">铜</td><td>6</td></tr>
<tr><td>Ⅱ类试验的电涌保护器</td><td>2.5</td></tr>
<tr><td>Ⅲ类试验的电涌保护器</td><td>1.5</td></tr>
<tr><td rowspan="2">电子系统</td><td>D1 类电涌保护器</td><td>1.2</td></tr>
<tr><td>其他类的电涌保护器（连接导体的截面可小于 1.2 mm²）</td><td>S_{min} [a]</td></tr>
<tr><td colspan="5">[a] 最小截面按公式 $S_{min} = I_{imp}/8$ 计算，其中 S_{min} 为导体的最小截面，单位为平方毫米（mm²）；I_{imp} 为流入该导体的雷电流，单位为千安（kA）。</td></tr>
</table>

5.4.8　太阳能光伏系统电涌保护器应安装在光伏汇流箱和/或机柜（机房）内。

5.4.9　当安装在光伏汇流箱内的第一级电涌保护器与直流配电柜（盘）之间的线路长度大于 10 m 时，宜在机房或机柜内的直流配电盘上安装第二级电涌保护器，参见附录 E。第二级电涌保护器可选用 T2 电涌保护器，I_n 不应小于 5 kA，$U_{p/f}$ 应小于 $0.8U_w$，U_{cpv} 应不小于 $1.2U_{oc\ stc}$。

5.4.10　当光伏汇流箱中过电流保护装置需要防雷时，应在过电流保护装置前端安装电涌保护器。电涌保护器应选用 T2 电涌保护器，I_n 不应小于 10 kA，$U_{p/f}$ 应小于 $0.8U_w$，U_{cpv} 应不小于 $1.2U_{oc\ stc}$。

5.4.11　电涌保护器可按电流支路的形式（如 I，U，Y，L，△等）安装，参见附录 E。

附　录　A
（规范性附录）
接闪器和引下线的材料、结构与最小截面

表 A.1 给出了接闪器和引下线的材料、结构与最小截面的要求。

表 A.1　接闪器和引下线的材料、结构与最小截面

材料	结构	最小截面/mm²	备注[a]
铜，镀锡铜[b]	单根扁铜	50	厚度 2 mm
	单根圆铜[c]	50	直径 8 mm
	铜绞线	50	每股线直径 1.7 mm
	单根圆铜[d,e]	176	直径 15 mm
铝	单根扁铝	70	厚度 3 mm
	单根圆铝	50	直径 8 mm
	铝绞线	50	每股线直径 1.7 mm
铝合金	单根扁形导体	50	厚度 2.5 mm
	单根圆形导体	50	直径 8 mm
	绞线	50	每股线直径 1.7 mm
	单根圆形导体	176[d]	直径 15 mm
	外表面镀铜的单根圆形导体	50	直径 8 mm，径向镀铜厚度至少 70 μm，铜纯度 99.9%
热浸镀锌钢[f]	单根扁钢	50	厚度 2.5 mm
	单根圆钢[g]	50	直径 8 mm
	绞线	50	每股线直径 1.7 mm
	单根圆钢[d,e]	176	直径 15 mm
不锈钢[h]	单根扁钢[i]	50[j]	厚度 2 mm
	单根圆钢[i]	50[j]	直径 8 mm
	绞线	70	每股线直径 1.7 mm
	单根圆钢[d,e]	176	直径 15 mm

[a] 截面积允许误差为 −3%。
[b] 热浸或电镀锡的锡层最小厚度为 1 μm。
[c] 在机械强度无重要要求之处，50 mm²（直径 8 mm）可减为 28 mm²（直径 6 mm）。并应减小固定支架间的间距。
[d] 仅应用于接闪杆。当应用于机械应力没达到临界值之处，可用直径 10 mm、最长 1 m 的接闪杆，并增加固定。
[e] 仅应用于入地之处。
[f] 镀锌层宜光滑连贯、无焊剂斑点，镀锌层圆钢至少 22.7 g/m²、扁钢至少 32.4 g/m²。
[g] 避免在单位能量 10 MJ/Ω 下熔化的最小截面是铜为 16 mm²、铝为 25 mm²、钢为 50 mm²、不锈钢为 50 mm²。
[h] 不锈钢中，铬的含量等于或大于 16%，镍的含量等于或大于 8%，碳的含量等于或小于 0.08%。
[i] 对埋于混凝土中以及与可燃材料直接接触的不锈钢，其最小尺寸宜增大至直径 10 mm 的 78 mm²（单根圆钢）和最小厚度 3 mm 的 75 mm²（单根扁钢）。
[j] 当温升和机械受力是重点考虑之处，50 mm² 加大至 75 mm²。

附 录 B
(资料性附录)
接闪器安装示意图

B.1 图 B.1 给出了接闪杆在太阳能光伏系统中的安装。

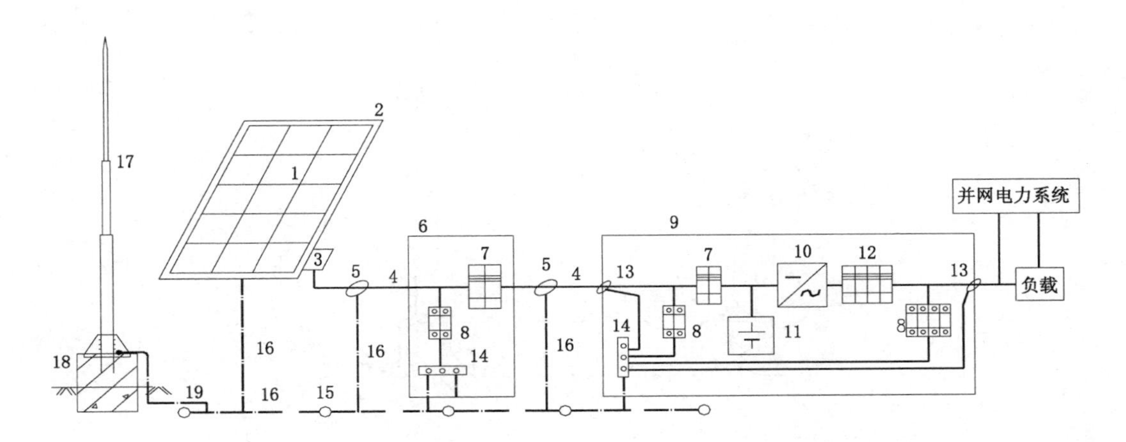

说明：

1——光伏组件；
2——光伏组件金属边框；
3——光伏组件接线盒；
4——直流电缆；
5——电缆槽盒或钢管；
6——汇流箱；
7——直流配电装置；
8——电涌保护器；
9——机柜或机房；
10——逆变器；
11——蓄电池组；
12——交流配电装置；
13——LPZ0 与 LPZ1 交界处的槽盒或钢管等电位连接；
14——等电位连接端子；
15——接地体；
16——接地母线；
17——接闪杆；
18——接闪杆混凝土底座；
19——引下线。

图 B.1 接闪杆在太阳能光伏系统中的安装示意图

B.2 图 B.2 给出了利用固定光伏组件的金属框架作为接闪器的示意图。

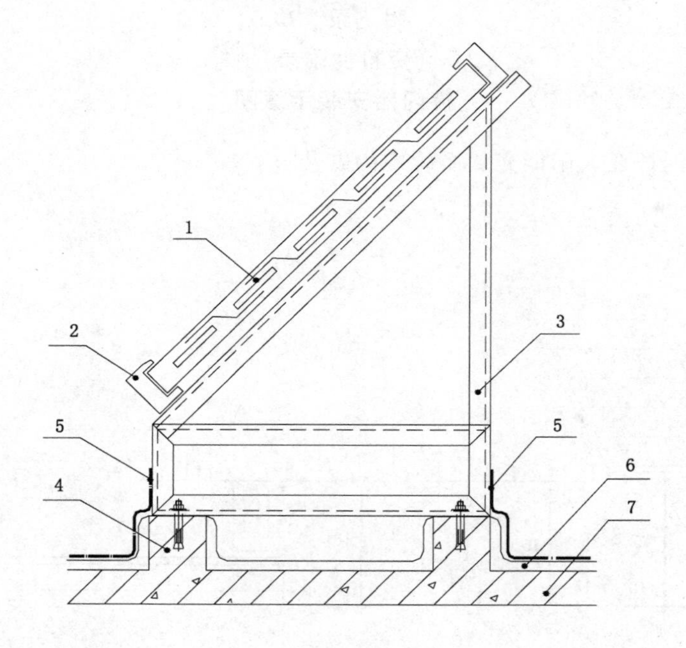

说明：

1——光伏组件；
2——光伏组件金属边框与支架栓接；
3——成品配套角钢支架；
4——预制底座，见设计；
5——防雷连接条（圆钢或扁钢，焊接或栓接见设计）；
6——建筑防水，保温层；
7——结构混凝土楼板。

图 B.2 利用固定光伏组件的金属边框作为接闪器的示意图

B.3 图 B.3 给出了利用接闪杆作为接闪器或在边框上安装防雷装置的示意图。

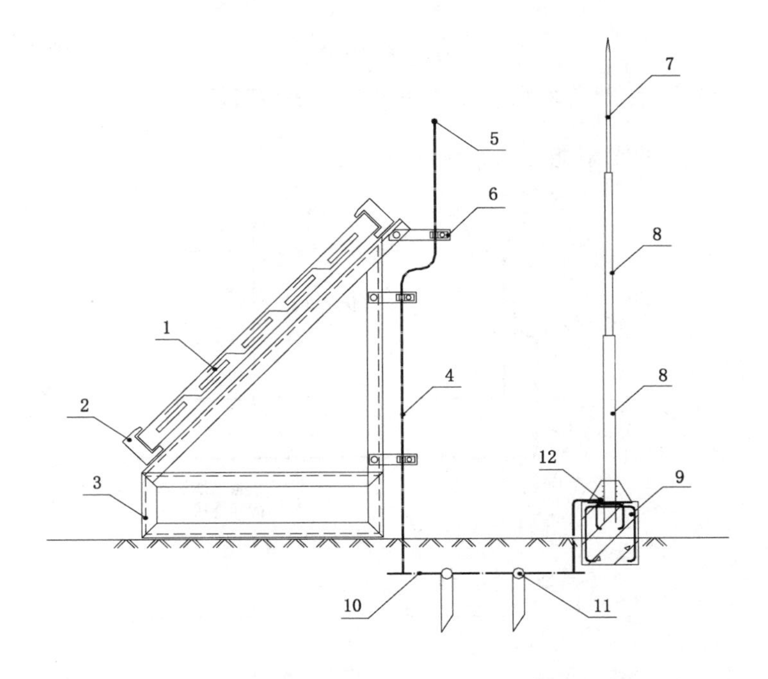

说明：

1——光伏组件；

2——光伏组件金属边框与支架栓接；

3——成品配套角钢支架；

4——防雷引下线；

5——接闪线；

6——角钢支架；

7——接闪针；

8——接闪杆；

9——接闪杆混凝土底座；

10——接地母线；

11——接地体；

12——引下线焊接。

图 B.3 利用接闪杆作为接闪器或在边框上安装防雷装置示意图

附 录 C
（资料性附录）
太阳能光伏系统常用接地方法

图 C.1 给出了三种常用的太阳能光伏系统接地方法。

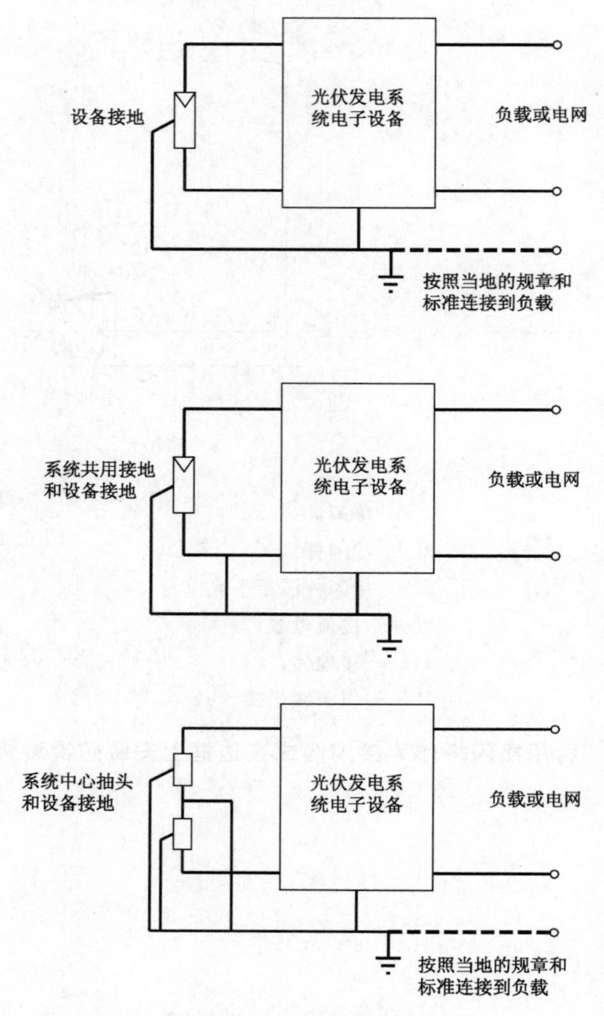

图 C.1　太阳能光伏系统常用接地方法

附　录　D
（资料性附录）
电涌保护器有效电压保护水平的计算方法

D.1　限压型电涌保护器、电压开关型电涌保护器的有效电压保护水平计算方法如下：

对限压型电涌保护器：

$$U_{p/f} = U_p + \Delta U \qquad \text{(D.1)}$$

对电压开关型电涌保护器，应取下列公式中的较大值：

$$U_{p/f} = U_p \text{ 或 } U_{p/f} = \Delta U \qquad \text{(D.2)}$$

式中：

$U_{p/f}$ ——电涌保护器的有效电压保护水平，单位为千伏（kV）；

U_p ——电涌保护器的电压保护水平，单位为千伏（kV）；

ΔU ——电涌保护器两端引线的感应电压降，即 $L \times d_i/d_t$，户外线路进入建筑物处可按 1 kV/m 计算，在其后的可按 $\Delta U = 0.2U_p$ 计算，仅是感应电涌时可略去不计。

D.2　为取得较小的电涌保护器有效电压保护水平，一方面可选有较小电压保护水平值的电涌保护器，并应采用合理的接线，同时应缩短连接电涌保护器的导体长度。

附 录 E
(资料性附录)
电涌保护器安装示意图

E.1 当汇流箱处的电涌保护器和逆变器之间的距离 E 大于 10 m 时,应安装两级电涌保护器来保护光伏组件和逆变器,如图 E.1。

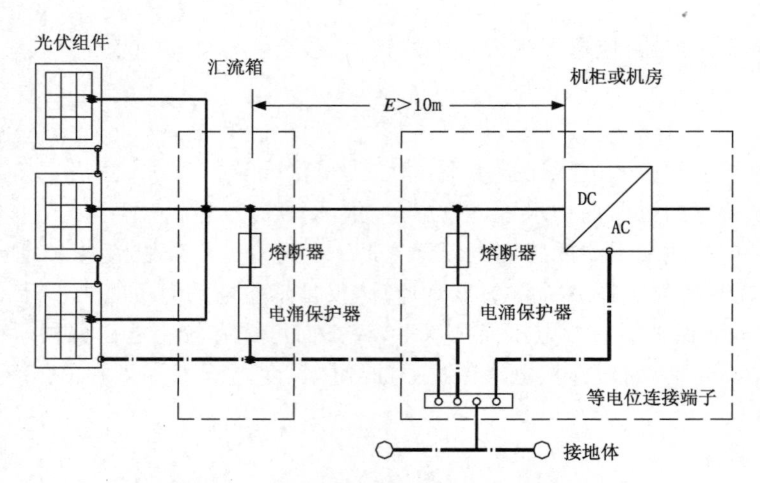

图 E.1 电涌保护器的安装示意图

E.2 光伏系统直流端电涌保护器的内部连接方案或电涌保护器单保护模式的组合可按电流支路的形式,如 I、U、Y、L、△等形式安装,如图 E.2。

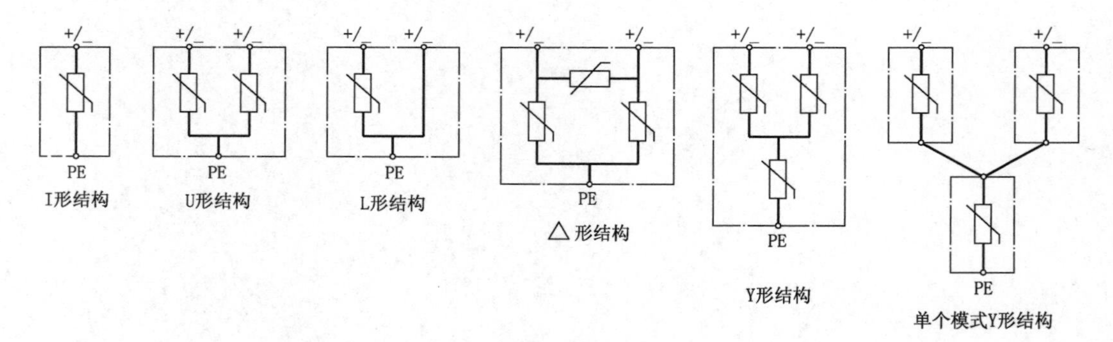

图 E.2 电涌保护器的安装形式

参 考 文 献

[1] GB/T 20046—2006 光伏(PV)系统电网接口特性

[2] GB 50797—2012 光伏发电站设计规范

[3] JGJ 203—2010 民用建筑太阳能光伏系统应用技术规范

[4] EN 50539-12:2010 Low-voltage surge protective devices-Surge protective devices for specific application including d. c. Part 12:Selection and application principles-SPDs connected to photovoltaic installations

[5] EN 61643-11:2012 Low-voltage surge protective devices-Part 11:Surge protective devices connected to low-voltage power systems-Requirements and tests

ICS 07.060
A 47
备案号：49478—2015

中华人民共和国气象行业标准

QX/T 264—2015

旅游景区雷电灾害防御技术规范

Technical specifications for lightning disaster prevention of tourist attractions

2015-01-26 发布 2015-05-01 实施

中国气象局 发布

前　言

本标准按照 GB/T 1.1—2009 给出的规则起草。

本标准由全国雷电灾害防御行业标准化技术委员会提出并归口。

本标准起草单位：安徽省防雷中心、上海市防雷中心、湖南省防雷中心、北京市避雷装置安全检测中心、重庆市防雷中心、湖北省防雷中心、安徽省旅游局。

本标准主要起草人：程向阳、王凯、王业斌、黄晓虹、王智刚、宋海岩、覃彬全、王学良、刘岩、梅勇成、彭克云、刘继龙、孙浩、李丽、朱浩、王新培。

旅游景区雷电灾害防御技术规范

1 范围

本标准规定了旅游景区的雷电防护措施、雷电监测预警和防雷装置的检测与维护要求。

本标准适用于旅游景区的雷电灾害防御。

2 规范性引用文件

下列文件对于本文件的应用是必不可少的。凡是注日期的引用文件，仅注日期的版本适用于本文件。凡是不注日期的引用文件，其最新版本(包括所有的修改单)适用于本文件。

GB 8408—2008 游乐设施安全规范

GB 12352—2007 客运架空索道安全规范

GB 16895.19—2002 建筑物电气装置 第7部分:特殊装置或场所的要求 第702节:游泳池和其他水池

GB/T 18802.22—2008 低压电涌保护器 第22部分:电信和信号网络的电涌保护器(SPD)—选择和使用导则

GB/T 21431 建筑物防雷装置检测技术规范

GB/T 21714.2—2014 雷电防护 第2部分:风险管理

GB 50054—2011 低压配电设计规范

GB 50057—2010 建筑物防雷设计规范

GB 50127—2007 架空索道工程技术规范

QX/T 79.1—2007 闪电监测定位系统 第1部分:技术条件

QX/T 225—2013 索道工程防雷技术规范

QX/T 231—2014 古树名木防雷技术规范

3 术语和定义

下列术语和定义适用于本文件。

3.1

旅游景区 tourist attraction

以满足旅游者出游目的为主要功能(包括参观游览、审美体验、康乐健身等)，并具备相应旅游服务设施，提供相应旅游服务的独立管理区。该管理区应有统一的经营管理机构和明确的地域范围。

[GB/T 26355—2010,定义3.1]

3.2

游道 tour road

景区内供游客步行的通道，由露天道路和护栏构成。

3.3

观景平台 viewing platform

景区内供游客观景或休息的场所，由露天平台和护栏构成。

3.4

游乐园(场)　amusement park

以游乐设施为主要载体,以娱乐活动为重要内容,为游客提供游乐体验的合法经营场所。

[GB/T 16767—2010,定义 3.1]

3.5

水景设施　waterscape devices

构成各种水流景观所使用的设备、装置、机械和器具的总称。

3.6

游乐设施　amusement devices

游乐设施是指在特定的区域内运行,承载游客游乐的载体。包括具有动力的游乐器械,为游乐而设置的构筑物和其他附属装置以及无动力的游乐载体。

[GB 8408—2008,总则 3.1]

3.7

索道系统　ropeway system

由站房和附属建筑物、索道、支架、连接站房之间的电力和信号线路以及动力和控制设备组成,用来输送物料和人员的运输系统。

3.8

避雷亭　lightning pavilion

景区内供游客观景、休息、躲雨和避雷的亭式建(构)筑物。

3.9

古树　ancient tree

树龄在 100 年以上的树木。

[QX/T 231—2014,定义 3.1]

3.10

名木　rare tree

珍贵稀有或具有历史、科学、文化价值以及有重要纪念意义的树木。

[QX/T 231—2014,定义 3.2]

3.11

电气系统　electrical system

由低压供电组合部件构成的系统。也称低压配电系统或低压配电线路。

[GB 50057—2010,定义 2.0.26]

3.12

电子系统　electronic system

由敏感电子组合部件构成的系统。

[GB 50057—2010,定义 2.0.27]

3.13

雷暴活动最多方位　most direction of thunderstorm

景区所在地或距离最近的人工观测站多年(应大于 30 年)观测记录中占单站雷暴记录方向次数最多的方位。

3.14

防雷装置　lightning protection system

LPS

用于减少闪击击于建(构)筑物上或建(构)筑物附近造成的物质性损害和人身伤亡,由外部防雷装置和内部防雷装置组成。

［GB 50057－2010,定义 2.0.5］

3.15

外部防雷装置　external lightning protection system

由接闪器、引下线和接地装置组成。

［GB 50057－2010,定义 2.0.6］

3.16

接闪器　air-termination system

由拦截闪击的接闪杆、接闪带、接闪线、接闪网以及金属屋面、金属构件等组成。

［GB 50057－2010,定义 2.0.8］

3.17

引下线　down-conductor system

用于将雷电流从接闪器传导至接地装置的导体。

［GB 50057－2010,定义 2.0.9］

3.18

接地体　earth electrode

埋入土壤中或混凝土基础中作散流用的导体。

［GB 50057－2010,定义 2.0.11］

3.19

防雷等电位连接　lightning equipotential bonding

LEB

将分开的诸金属物体直接用连接导体或经电涌保护器连接到防雷装置上以减小雷电流引发的电位差。

［GB 50057－2010,定义 2.0.19］

3.20

电涌保护器　surge protective device

SPD

用于限制瞬态过电压和分泄电涌电流的器件。它至少含有一个非线性元件。

［GB 50057－2010,定义 2.0.29］

4　一般规定

4.1　旅游景区的雷电灾害防御,应在调查地理、地质、土壤、气象、环境等条件和雷电活动规律、旅游景区特点等基础上,确定防护措施。

4.2　旅游景区的游道、观景平台、索道系统、电气和电子系统、游乐园(场)、水景设施、古树名木及其他空旷地带等易发生雷电灾害的场所,应在雷电灾害风险评估的基础上,采取综合防雷措施。

4.3　雷电灾害风险评估应符合 GB/T 21714.2－2014 的要求。

4.4　旅游景区应建立雷电监测预警系统,并制定应急预案。

4.5　旅游景区防雷装置每年雷雨季节前应进行安全检测。

5 防护措施

5.1 人身安全

5.1.1 旅游景区区域雷电灾害风险评估应包括以下内容：

——雷击大地平均密度(Ng)、雷电频次及时空分布、雷暴主要移动路径等；

——地理、地质、土壤、水系等情况；

——游人常聚集的位置、人数及时间等情况；

——树木、森林的分布及易发生林火的位置等情况；

——景区内防雷装置现状；

——景区内电气系统和电子系统状况；

——景区内和毗邻区域的雷灾史；

——应急措施现状；

——一旦出现灾情可能对周边及环境造成的危害；

——其他需考虑的因素。

5.1.2 应根据区域雷电灾害风险评估的结果，绘制出景区内雷电灾害高、中、低风险区，并按风险等级采取不同的防护措施。

5.1.3 旅游景区内建(构)筑物的防雷措施应符合 GB 50057—2010 的要求。位于中风险区和高风险区不属于第三类防雷及以上类别的孤立建(构)筑物，如亭、阁等，宜作为应急避雷(雨)场所，并应安装防直击雷的外部防雷装置。

5.1.4 防接触电压和跨步电压措施应符合 GB 50057—2010 的要求。

5.2 游道

5.2.1 应根据风险等级在游道两侧设置防雷装置或具备防雷功能的应急避雷亭，在高风险区避雷亭或防雷装置之间的间距不宜大于 100 m，在中风险区其间距不宜大于 150 m，并应在明显位置设置指示牌。

5.2.2 应急避雷亭安装的外部防雷装置应符合 GB 50057－2010 和表 1 的要求，其形状、颜色等应与其周围环境相协调。

表 1 接闪器保护范围及接地电阻的要求

风险等级	滚球半径 m	接地电阻 Ω
高风险区	60	≤20
中风险区	100	≤30

5.2.3 游道两侧的护栏宜采用高强度非金属材料，当采用金属材料时，应不大于 25 m 做一次接地，并应设置警示牌。

5.2.4 当游道两侧有高大乔木时，可将短接闪装置安装在树冠。

5.3 观景平台

5.3.1 高、中风险区的观景平台应设置独立接闪杆对平台上 2.5 m 高度平面进行防雷保护。接闪杆的保护范围计算应符合 GB 50057－2010 附录 D 的要求，其滚球半径应符合表 1 的要求。当平台面积较大时，独立接闪杆应设置在雷暴活动最多方位。

5.3.2 防接触电压和跨步电压的措施应符合5.1.4的要求。
5.3.3 接地电阻值应符合表1的要求。
5.3.4 观景平台四周的护栏宜采用高强度非金属材料，当采用金属材料时，应不大于25 m做一次接地，并应设置警示牌。

5.4 电气系统和电子系统

5.4.1 电气系统

5.4.1.1 索道供电、驱动控制、站内安全装置、线路安全装置、索道照明等电气系统的防雷与接地应符合GB 12352—2007和GB 50127—2007的要求。索道站房等建(构)筑物防雷措施应符合QX/T 225—2013的要求。
5.4.1.2 室外照明系统宜采用铠装电缆或穿金属管埋地敷设。宜利用金属灯杆作为接闪器和引下线，灯杆接地电阻值应符合表1的要求。
5.4.1.3 在独立接闪杆、架空接闪线、架空接闪网的支柱上，严禁悬挂电话线、广播线、电视接收天线及低压架空线等。
5.4.1.4 高风险区防闪电电涌侵入和闪电感应的措施应符合GB 50057—2010中4.3节的规定；中风险区防闪电电涌侵入措施应符合GB 50057—2010中4.4的规定。
5.4.1.5 高风险区和中风险区的等电位连接和屏蔽措施应符合GB 50057—2010中第6章的规定。
5.4.1.6 电气系统中电涌保护器的选择参见附录A。

5.4.2 电子系统

5.4.2.1 景区内的电视监控系统、广播系统、售(验)票系统、紧急电话系统、停车场管理系统、信息指示等电子系统的室外部分均应在外部防护装置的保护范围内。
5.4.2.2 电子系统的电源线、信号线在高风险区应全线采用铠装电缆或穿金属管埋地敷设。在中风险区宜埋地敷设。
5.4.2.3 电子系统的线路在不同地点进入建筑物时，宜设若干等电位连接带，并应将其就近连到环形接地体、内部环形导体或在电气上贯通并连通到接地体或基础接地体的钢筋上。
5.4.2.4 位于高风险区和中风险区的电子系统信息技术设备(ITE)机房的屏蔽、等电位连接措施应符合GB 50057—2010中第6章的规定。
5.4.2.5 电子系统中电涌保护器的选择参见附录A。

5.5 游乐园(场)

5.5.1 游乐园(场)建(构)筑物的防雷设计应符合GB 50057—2010的规定。
5.5.2 游乐园(场)内2.5 m高度应置于直击雷防护区(LPZ0_B)内。
5.5.3 宜利用游乐设施金属结构作为外部防雷装置，金属构件应符合GB 8408—2000和GB 50057—2010的规定。
5.5.4 在高耸金属游乐设施保护范围之外的空旷地带，高风险区应装设独立接闪装置或架空接闪线进行保护，滚球半径取60 m。中风险区应装设独立接闪装置或架空接闪线进行保护，滚球半径取100 m。接闪杆或架空接闪线的支柱不应架设在游人集中通过或停留的位置。
5.5.5 外部防雷装置的接地电阻值应符合表1的要求。防接触电压和跨步电压的措施应符合5.1.4的要求。

5.6 水景设施

5.6.1 水景泵房及控制机房建(构)筑物防雷设计应符合GB 50057—2010的规定。

5.6.2 水景低压配电系统设计应符合 GB 50054－2011 的要求。

5.6.3 喷水池的电气安全、等电位连接应符合 GB 16895.19－2002 的要求。

5.7 树木

5.7.1 高风险区或曾经发生过雷击火灾的林区，宜选择地势较高的位置并均匀布设独立接闪杆。接闪杆的高度应高于树冠 1 m 以上。当有高大乔木可利用时，可将长度不超过 1 m 的短接闪杆安装在树冠的干支上，引下线应沿树干弯曲敷设到接地装置。接地电阻值不应大于 30 Ω。

5.7.2 古树名木的防雷应符合 QX/T 231－2014 的要求。

6 雷电监测和预警

6.1 旅游景区宜建设雷电监测和预警系统。

6.2 雷电监测定位系统应符合 QX/T 79.1－2007 的要求。

6.3 旅游景区宜建设地面大气电场监测站网，并应符合下列要求：

——电场仪应放置空旷平地，半径 3 km 范围内地面粗糙度系数 Gr 小于 1，可位于游客中心、索道上行及索道下行处；

——大气电场监测网的站间距不宜大于 10 km，景区雷暴活动最多方位上应加密布设。

6.4 雷电预警应包括雷电活动的 0 h～12 h 的潜势预报和 0 h～2 h 临近预警预报。

7 防雷装置的检测与维护

7.1 旅游景区的防雷装置应按 GB/T 21431 的要求，由当地具有检测资质的机构每年检测一次。

7.2 景区内的新建、改建、扩建项目，应根据建设项目防雷工程施工进度进行跟踪检测。

7.3 旅游景区防雷装置的维护应符合下列要求：

a) 检查接闪杆、接闪带（网、线）、杆塔和引下线的腐蚀情况及机械损伤、松动等，若有损伤，应及时修复，特别是在断接卡或接地测试点处，应进行电气连续性测量；

b) 测试接地装置的接地电阻值，若测试值大于规定值，应检查接地装置和土壤条件，找出变化原因，采取有效的整改措施；

c) 检测内部防雷装置和设备（金属外壳、机架）等电位连接的电气连续性，若发现连接处松动或断路，应及时修复；

d) 检查各类电涌保护器的运行情况，若发现接触不良、漏电、发热、积尘过多等，应及时处理。

附 录 A
(资料性附录)
电气系统和电子系统中电涌保护器的选择和安装

A.1 低压配电系统(电气系统)中电涌保护器的选择

A.1.1 高风险区和中风险区各独立建(构)筑物的总配电柜里面,电涌保护器的选择应符合表A.1的要求。

表A.1 总配电柜里面电涌保护器的选择参数

风险等级	电涌保护器的试验类型	冲击电流 I_{imp} kA	电压保护水平 U_p kV	最大持续运行电压 U_c V
高风险区	Ⅰ级分类(T1)	12.5	2.5	按低压配电系统的接地型式和GB 50057—2010中表J.1.1规定
中风险区	Ⅰ级分类(T1)	12.5	2.5	

A.1.2 同一建(构)筑物总配电盘上是否需加第Ⅱ级电涌保护器,应符合GB 50057—2010中6.4的要求,当需要安装时,应安装Ⅱ级分类试验产品,标称放电电流(I_n)应不小于5 kA,U_p应不大于2.5 kV。

A.2 电子系统中电涌保护器的选择

A.2.1 高风险区和中风险区各独立建(构)筑物的ITE接口处,电涌保护器的选择应符合表A.2的要求。

表A.2 ITE接口处电涌保护器的选择参数

风险等级	电涌保护器的试验类型	冲击电流 I_{imp} kA	电压保护水平 U_p kV	最大持续运行电压 U_c V
高风险区	D1	1.5	$\leqslant 0.8\,Uw$	$\geqslant 1.2\,Un$
中风险区	D1	1.0		

A.2.2 当第一级电涌保护器的电压保护水平(U_p)大于$0.8Uw$时,宜在被保护的设备上安装第二级电涌保护器。第二级电涌保护器的选择应符合GB/T 18802.22—2008的要求。

A.3 电涌保护器的安装

电涌保护器的安装参见GB 50057—2010中附录J的规定。

ICS 07.060
A 47
备案号：49479—2015

中华人民共和国气象行业标准

QX/T 265—2015

输气管道系统防雷装置检测技术规范

Technical specifications for inspection of lightning protection system of gas transmission pipeline system

2015-01-26 发布　　　　2015-05-01 实施

中国气象局　发布

前 言

本标准按照 GB/T 1.1—2009 给出的规则起草。

本标准由全国雷电灾害防御行业标准化技术委员会提出并归口。

本标准起草单位：四川省防雷中心、中石油西南油气田分公司输气管理处、陕西省防雷中心、新疆维吾尔自治区防雷减灾中心、宁夏回族自治区雷电防护技术中心、成都市防雷中心、甘肃省防雷中心。

本标准主要起草人：靳小兵、余进、叶文军、刘宏、王迎春、王靖、杨炬、魏强、赵东、霍广勇、李涛、潘波、李一丁、王琳莉、高武虎、梁文光、陆恒立、巫俊威、薛洁、张莉、雍学彪、田琨、李磊。

输气管道系统防雷装置检测技术规范

1 范围

本标准规定了输气管道系统防雷装置检测、检测作业、检测仪器及检测技术报告的要求。

本标准适用于陆上输气管道系统防雷装置检测。

2 规范性引用文件

下列文件对于本文件的应用是必不可少的。凡是注日期的引用文件，仅注日期的版本适用于本文件。凡是不注日期的引用文件，其最新版本(包括所有的修改单)适用于本文件。

GB 50057—2010 建筑物防雷设计规范

GB 50459—2009 油气输送管道跨越工程设计规范

3 术语和定义

下列术语和定义适用于本文件。

3.1

输气管道系统 gas transmission pipeline system

采用管道输送天然气和煤气的相关设施的总称，一般包括输气管道、输气站、穿(跨)越管道、阀室及辅助生产设施等。

3.2

输气站 gas transmission station

输气管道系统中各类工艺站场的总称。一般包括输气首站、输气末站、压气站、气体接收站、气体分输站、清管站等站场。

[GB 50251—2003，定义 2.0.3]

3.3

工艺装置区 process plant area

由一个或一个以上的独立输气工艺装置或联合装置组成的区域。

3.4

外部防雷装置 external lightning protection system

由接闪器、引下线和接地装置组成。

[GB 50057—2010，定义 2.0.6]

3.5

内部防雷装置 internal lightning protection system

由防雷等电位连接和与外部防雷装置的间隔距离组成。

[GB 50057—2010，定义 2.0.7]

4 一般规定

4.1 输气管道系统的防雷装置检测流程参见附录 A。

4.2 新(改、扩)建输气管道系统防雷装置的竣工检测,应查阅设计文件及隐蔽工程记录等相关文件中的接地体使用材料、结构和尺寸。

4.3 投入使用后的输气管道系统防雷装置应每半年检测一次。

5 防雷装置检测

5.1 输气管道系统中的建(构)筑物的外部防雷装置,首先应按 GB 50057—2010 第 3 章确定的防雷分类,根据设施使用情况,按附录 B 的要求对接闪器、引下线和接地装置进行检测。按照附录 C 的要求对外部防雷装置的材料和最小尺寸进行检测。

5.2 各类防雷建筑物的内部防雷装置检测应包含下列内容:

a) 在建筑物的地下室或地面层处,建筑物金属体、金属装置、建筑物内系统及进出建筑物的金属管线与防雷装置应做防雷等电位连接。

b) 等电位连接导体的材料和最小截面应符合附录 C 的要求。

c) 等电位连接的有效性可通过等电位连接导体之间的电阻值测试来确定。各类防雷建筑物中长金属物的弯头、阀门、法兰盘等连接处的过渡电阻不应大于 0.03 Ω;连在额定值为 16 A 的断路器线路中,同时触及的外露可导电部分和装置外可导电部分之间的电阻不应大于 0.24 Ω;等电位连接带与连接范围内的金属管道等金属体末端之间的直流过渡电阻值不应大于 3 Ω。

5.3 敷设于地面的输气管道及户外防爆场所内露天布置的生产设备的防雷装置检测,应包含下列内容:

a) 敷设于地面的输气管道及户外防爆场所内露天布置的钢制密闭设备、容器等,当其顶板厚度小于 4 mm 时,其他金属材质厚度小于 GB 50057—2010 的 5.2.7 第 3 款的规定时,应处于接闪器的保护范围之内。在使用独立接闪杆或架空接闪线(或网)对地面输气管道及生产设施进行直击雷防护时,可采用滚球法计算保护范围,滚球半径取 45 m。

b) 户外防爆场所内露天布置的各种转动设备(或其转动部件)和非金属外壳的储罐,当其在可作为接闪器的高大生产设备、框架和大型管架防雷保护范围之外时,应处在专设外部防雷装置的保护范围之内,此时滚球半径取 45 m。

c) 安置在地面及通过框架或支架安置在高处的整体封闭、焊接结构的静设备,引向火炬的主管道、火炬、烟囱和排气管等排放设施,露天布置的天然气储罐等,在利用设备和容器的金属实体做接闪器时,其厚度及专设引下线的材料和最小尺寸应符合附录 C 的要求,同时符合 GB 50057—2010 的 4.3.10 的规定。

d) 接闪器、引下线和接地装置的材料和尺寸应符合附录 C 的要求,应无损坏。

e) 接闪器、引下线和接地装置的焊接固定的焊缝应饱满无遗漏,螺栓固定的应备帽等防松零件应齐全,焊接部分的防腐油漆应完整。

f) 接闪器和引下线上附着的电气和电信线路,必须采用直埋于土壤中的带金属护层的电缆或穿入金属管的导线。电缆的金属护层或金属管必须接地,埋入土壤中的长度应在 10 m 以上,方可与配电装置的接地相连或与电源线、低压配电装置相连接。

g) 大型设备和撬装设备以及高大炉体、塔体、罐体和桶仓外部敷设专设引下线的材料和最小尺寸应符合附录 C 的要求,引下线之间间距应符合平均间距不大于 18 m 的要求。

h) 独立接闪杆和架空接闪线(或网)的支柱及接地装置与被保护管道之间的间隔距离应符合 GB 50057—2010 的 4.2.1 第 5~7 款的要求。

i) 外部防雷装置的防接触电压、防跨步电压措施应符合 GB 50057—2010 的 4.5.6 的规定。

j) 接地电阻不宜大于 10 Ω。对于共用接地装置,其接地电阻应按 50 Hz 电气装置的接地电阻确定,不应大于按人身安全所确定的接地电阻值。在土壤电阻率高的地区,接地体的检测应符合

GB 50057—2010 的 4.3.6 的规定。

k) 平行敷设的管道、构架和电缆金属外皮等长金属物以及阀门、法兰等的跨接应符合 GB 50057—2010 的 4.2.2 第 2 款的要求。

l) 输气站钢制放空竖管底部(包括金属固定绳)和其他利用金属壳体作为接闪器的设备,其底部应至少有 2 处接至接地体。

m) 架空跨越管线的引下线和接地装置应符合 GB 50459—2009 的 6.3.8 及 5.3 的 d)至 k)的要求。

5.4 埋地引入的输气管道,当其从室外进入户内处设有绝缘段和/或具有阴极保护时,绝缘段处跨接的Ⅰ级试验的密封型电涌保护器(SPD)应符合 GB 50057—2010 的 4.2.4 的第 13 款和第 14 款的要求。

5.5 电气和电子系统的防雷装置检测,应包含如下内容:

a) 电气和电子系统等电位连接应符合 GB 50057—2010 的 6.3.4 的规定;

b) 电气和电子系统共用接地系统应符合 GB 50057—2010 的 4.4.6 的规定;

c) 电子系统设备的屏蔽应符合设计要求;

d) 当电源采用 TN 系统时,总配电箱引出的配电线路和分支线路应采用 TN-S 系统;

e) 进入场站的低压配电线路和电子系统信号线路应采用金属铠装电缆或护套电缆穿钢管直接埋地引入,线路的埋地敷设长度应符合 GB 50057—2010 的 4.2.3 的要求;

f) 低压配电系统 SPD 的布置应能承受预期通过的雷电流,并具有通过电涌时的电压保护水平和有熄灭工频续流的能力;

g) 通信和信号系统 SPD 的布置应符合附录 D 的规定。

6 检测作业

6.1 一般要求

6.1.1 检测人员必须遵守检测作业现场的安全管理规定。入场检测前应确认劳动保护用品已正确配备和穿戴,严禁将火种带入现场,应将火种存放在指定位置,应关闭手机并出示确认,未经许可不应摄像拍照,禁止触动任何生产设备及消防设施。检测人员进入现场后应首先确认风向标、逃生门、紧急疏散通道及紧急集合点的位置。现场严禁吸烟,现场不准随意敲打金属物,以免产生火星,造成重大事故。应使用防爆型对讲机、防爆型检测仪表和不易产生火花的工具。

6.1.2 接地电阻值测量宜选择土壤未冻结时的非降水日进行,对于受条件限制,在土壤冻结时进行检测所得到的数据,应根据当地实际情况进行订正。

6.1.3 现场检测应由二人以上承担,检测数据需经复核无误后,填入原始记录表。

6.2 现场检测

6.2.1 接地电阻测试仪的电流极和电位极探针宜选择自然土层布设,避开地下金属输气管道、水池水沟等影响接地电阻值的地方。当测试数据有明显的反常现象或对测试数据有怀疑时,应更换电流极和电位极探针的布设方向进行对比测试。

6.2.2 凡重新布置测试仪器后,应再次检查、校准所使用仪器;如检测中发现仪器不正常则应更换仪器重新检测。

6.2.3 如实将检测数据填入原始记录表相应栏目。原始记录表应用钢笔(或签字笔)填写,字迹要求工整、清楚;改错应用两条平行短线划去原有数据,在其右上角填入正确数据。原始记录表和技术报告中未经检测或不涉及的项目其相应栏用一横杠“—”锁定。

6.2.4 在原始记录表相应位置,绘制接地电阻测试平面和立面示意图,依次标注测试点。

6.2.5 应对检测结果逐项进行对比、计算，各分项应合格，并作出综合结论。

6.2.6 当检测数据出现临界值时，应反复进行对比验证测试，再确定最终测量结果，以保证数据的准确性。

6.2.7 仪器情况、检测方法、天气状况、检测日期应在现场填写，检测员和校核员应当场签名。

6.2.8 现场检测结束前应全面复核记录，发现遗漏或疑误应及时进行补测或复测。

7 检测仪器

检测仪器应符合国家计量法规的规定，在计量认证有效期内且能满足检测内容的要求。部分检测仪器的主要性能和参数指标参见附录 E。

8 检测技术报告

8.1 制作检测技术报告应严格依据原始记录表，报告编制人员不得随意更改原始记录表。如果发现记录有明显的错漏或疑误，应经当事检测人员确认后，方能更正。不能确认的，技术负责人应随原检测队一起到现场重测。

8.2 检测技术报告中的所有数据单位均应采用国家法定计量单位，所使用的符号应符合相关技术规范的规定，检测数据记录表式样参见附录 F。当设计中要求接地电阻为冲击接地电阻值时，应将测得的工频接地电阻值换算成冲击接地电阻值，换算方法见 GB 50057—2010 附录 C。

8.3 检测技术报告须经现场检测员、校核员、批准人签名，并加盖防雷技术服务机构公章或检测技术报告专用章。

8.4 针对检测中的不合格项，应书面通知受检单位，意见书应做到问题明确、措施具体、用语规范。

8.5 检测技术报告一式二份，一份送受检单位，一份由检测单位存档。存档应有文字和计算机存档两种形式。

8.6 防雷技术服务机构应妥善保管保存检测资料。检测资料应包括申请表、原始记录表、整改意见书、检测技术报告。竣工检测资料应永久保存，定期检测资料保管期为两年。

附 录 A
(资料性附录)
防雷装置检测流程

防雷装置检测,可按照图 A.1 给出的流程进行。

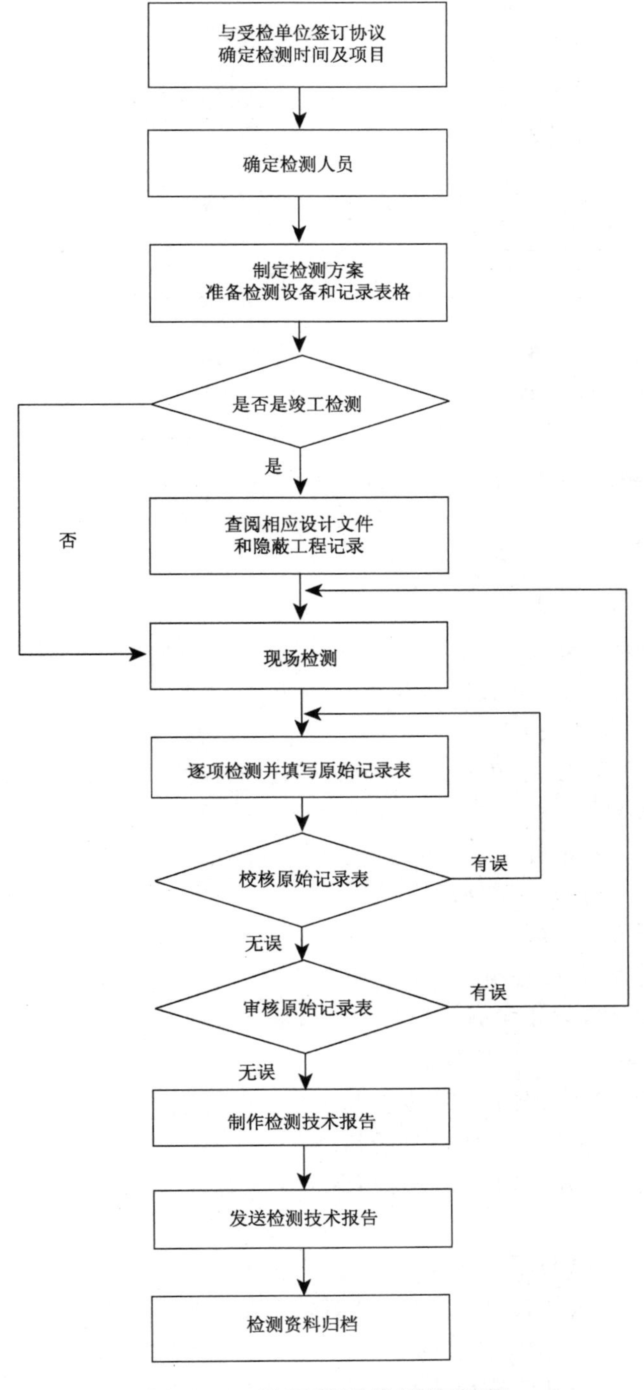

图 A.1 防雷装置检测流程图

附 录 B
(规范性附录)
建筑物防雷装置检测要求和方法

B.1 接闪器

B.1.1 要求

B.1.1.1 接闪器的布置,应符合表B.1的规定。布置接闪器时,可单独或任意组合采用接闪杆、接闪带、接闪网。

表B.1 各类防雷建筑物接闪器的布置要求

建筑物防雷类别	滚球半径/m	接闪网网格尺寸/m
第一类防雷建筑物	30	≤5×5或≤6×4
第二类防雷建筑物	45	≤10×10或≤12×8
第三类防雷建筑物	60	≤20×20或≤24×16

B.1.1.2 接闪器的材料规格、结构、最小截面和安装方式等应符合GB 50057—2010的4.2.4,4.3.1,4.4.1及5.2的规定。

B.1.2 检测

B.1.2.1 首次检测时,应查看隐蔽工程纪录。检查屋面设施应处于直击雷保护范围内,并应符合GB 50057—2010的4.5.7的规定。检查接闪器与建筑物顶部外露的其他金属物的电气连接、与引下线的电气连接,屋面设施的等电位连接。

B.1.2.2 检查接闪器的位置是否正确,焊接固定的焊缝是否饱满无遗漏,螺栓固定的应备帽等防松零件是否齐全,焊接部分补刷的防腐油漆是否完整,接闪器截面是否锈蚀1/3以上。接闪带是否平正顺直,固定支架间距是否均匀,固定可靠,接闪带固定支架间距和高度是否符合GB 50057—2010的5.2.6的要求。每个支持件能否承受49 N的垂直拉力。

B.1.2.3 首次检测时,应检查接闪网的网格尺寸是否符合表B.1的要求,第一类防雷建筑物的接闪器(网、线)与被保护建筑物、风帽、放散管等之间的距离应符合GB 50057—2010的4.2.1的规定。

B.1.2.4 首次检测时,应用经纬仪或测高仪和卷尺测量接闪器的高度、长度,建筑物的长、宽、高,并根据建筑物防雷类别用滚球法计算其保护范围。

B.1.2.5 首次检测时,检测接闪器的材料、规格和尺寸是否符合GB 50057—2010的第5章的规定。

B.1.2.6 检查接闪器上有无附着的其他电气线路。

B.1.2.7 首次检测时,应检查建筑物的防侧击雷保护措施是否符合GB 50057—2010的4.2.4第7款、4.3.9和4.4.8的规定。

B.1.2.8 当低层或多层建筑物利用女儿墙内、防水层内或保温层内的钢筋作暗敷接闪器时,要对该建筑物周围的环境进行检查,防止可能发生的混凝土碎块坠落等事故隐患。除低层和多层建筑物外,其他建筑物不应利用女儿墙内钢筋作为暗敷接闪器。

B.1.2.9 接闪带在转角处应按建筑造型弯曲,其夹角应大于90°,弯曲半径不宜小于圆钢直径10倍、扁钢宽度的6倍。接闪带通过建筑物伸缩沉降缝处,应将接闪带向侧面弯成半径为100 mm弧形。

B.1.2.10 当树木在第一类防雷建筑物接闪器保护范围外时，应检查第一类防雷建筑物与树木之间的净距，其净距应大于 5 m。

B.1.2.11 烟囱的接闪器应符合 GB 50057—2010 的 4.4.9 的规定。

B.2 引下线

B.2.1 要求

B.2.1.1 引下线的布置一般采用明敷、暗敷或利用建筑物内主钢筋或其他金属构件敷设。专设引下线可沿建筑物最易受雷击的屋角外墙明敷，建筑艺术要求较高者可暗敷。建筑物的消防梯、钢柱等金属构件宜作为引下线的一部分，其各部件之间均应连成电气通路。例如，采用铜锌合金焊、熔焊、螺钉或螺栓连接。

注：各金属构件可被覆有绝缘材料。

B.2.1.2 引下线的材料规格应符合 GB 50057—2010 的 5.3 的规定。

B.2.1.3 明敷引下线固定支架的间距应符合 GB 50057—2010 的 5.2.6 的规定。

B.2.1.4 各类防雷建筑物专设引下线平均间距应符合表 B.2 的规定。

表 B.2 各类防雷建筑物专设引下线的平均间距

建筑物防雷类别	间距/m
第一类防雷建筑物	≤12 m
第二类防雷建筑物	≤18m
第三类防雷建筑物	≤25 m

B.2.1.5 第一类防雷建筑物的独立接闪杆的杆塔、架空接闪线的端部和架空接闪网的各支柱处应至少设一根引下线。对用金属制成或有焊接、绑扎连接钢筋网的杆塔、支柱，宜利用其作为引下线。

B.2.1.6 第一类防雷建筑物防闪电感应时，金属屋面周边每隔 18 m～24 m 应采用引下线接地一次。现场浇制的或由预制构架组成的钢筋混凝土屋面，其钢筋宜绑扎或焊接成闭合回路，并应每隔 18 m～24 m 采用引下线接地一次。

B.2.1.7 第二类防雷建筑物的专设引下线不应少于 2 根，并应沿建筑物四周和内庭院四周均匀对称布置，其间距沿周长计算不应大于 18 m。当建筑物的跨度较大，无法在跨距中间设引下线，应在跨距两端设引下线并减小其他引下线的间距，专设引下线的平均间距不应大于 18 m。当仅利用建筑物四周的钢柱或柱内钢筋作为引下线时，可按跨度设引下线。

B.2.1.8 第三类防雷建筑物的专设引下线不应少于 2 根，并应沿建筑物四周和内庭院四周均匀对称布置，其间距沿周长计算不应大于 25 m。当建筑物的跨度较大，无法在跨距中间设引下线时，应在跨距两端设引下线并减小其他引下线的间距，专设引下线的平均间距不应大于 25 m。当仅利用建筑物四周的钢柱或柱内钢筋作为引下线时，可按跨度设引下线。

B.2.1.9 烟囱的引下线应符合 GB 50057—2010 的 4.4.9 的规定。

B.2.1.10 防接触电压措施应符合 GB 50057—2010 的 4.5.6 的规定。

B.2.1.11 明敷引下线与电气和电子线路敷设的最小距离，平行敷设时不宜小于 1.0 m，交叉敷设时不宜小于 0.3 m。

B.2.1.12 引下线与易燃材料的墙壁或墙体保温层间距应大于 0.1 m，当小于 0.1 m 时，引下线的横截面应不小于 100 mm^2。

B.2.2 检测

B.2.2.1 首次检测时，应检查引下线隐蔽工程记录。

B.2.2.2 检查专设引下线位置是否准确，焊接固定的焊缝是否饱满无遗漏，焊接部分补刷的防锈漆是否完整，专设引下线截面是否腐蚀1/3以上。检查明敷引下线是否平正顺直、无急弯，卡钉是否分段固定。引下线固定支架间距均匀，是否符合水平或垂直直线部分0.5 m～1.0 m，弯曲部分0.3 m～0.5 m的要求，每个固定支架应能承受49 N的垂直拉力。检查专设引下线、接闪器和接地装置的焊接处是否锈蚀，油漆是否有遗漏及近地面的保护设施。

B.2.2.3 首次检测时，应用卷尺测量每相邻两根专设引下线之间的距离，记录专设引下线布置的总根数，每根专设引下线为一个检测点，按顺序编号检测。

B.2.2.4 首次检测时，应用游标卡尺测量每根专设引下线的规格尺寸。

B.2.2.5 检测每根专设引下线与接闪器的电气连接性能，其过渡电阻不应大于0.2 Ω。

B.2.2.6 检查专设引下线上有无附着的电气和电子线路。测量专设引下线与附近电气和电子线路的距离是否符合GB 50057—2010的4.3.8的规定，应不小于1 m。

B.2.2.7 检查专设引下线的断接卡的设置是否符合GB 50057—2010的5.3.6的规定。测量接地电阻时，每年至少应断开断接卡一次。

B.2.2.8 检查专设引下线近地面处易受机械损伤处的保护是否符合GB 50057—2010的5.3.7的规定。

B.2.2.9 采用仪器测量专设引下线接地端与接地体的电气连接性能，其过渡电阻应不大于0.2 Ω。

B.2.2.10 检查防接触电压措施是否符合GB 50057—2010的4.5.6的规定。

B.3 接地装置

B.3.1 要求

B.3.1.1 除第一类防雷建筑物独立接闪杆和架空接闪线(网)的接地装置有独立接地要求外，其他建筑物应利用建筑物内的金属支撑物、金属框架或钢筋混凝土的钢筋等自然构件、金属管道、低压配电系统的保护线(PE)等与外部防雷装置连接构成共用接地系统，共用接地装置的接地电阻按50 Hz电气装置的接地电阻确定，应为不大于按人身安全所确定的接地电阻值。当互相邻近的建筑物之间有电力和通信电缆连通时，宜将其接地装置互相连接。

B.3.1.2 第一类防雷建筑物的独立接闪杆和架空接闪线(网)的支柱及其接地装置至被保护物及与其有联系的管道、电缆等金属物之间的间隔距离应符合GB 50057—2010的4.2.1的第5款的规定。

B.3.1.3 利用建筑物的基础钢筋作为接地装置时应符合GB 50057—2010的4.3.5,4.4.5和4.4.6的规定。

B.3.1.4 各类防雷建筑物接地装置的接地电阻(或冲击接地电阻)值应符合GB 50057－2010中第4章的要求。其他行业有关标准规定的设计要求值见表B.3。

B.3.1.5 人工接地体的材料、埋设深度和间距等要求应符合GB 50057—2010的5.4.1至5.4.7的规定。

B.3.1.6 对土壤电阻率的测量应符合GB/T 17949.1的规定。

B.3.1.7 防跨步电压应符合GB 50057—2010的4.5.6的规定。

B.3.1.8 第二类和第三类防雷建筑物在防雷电高电位反击时，间隔距离应符合GB 50057—2010的4.3.8和4.4.7的规定。

表 B.3 接地电阻(或冲击接地电阻)允许值

接地装置的主体	允许值/Ω	接地装置的主体	允许值/Ω
汽车加油、加气站	≤10	天气雷达站	≤4
电子信息系统机房	≤4	配电电气装置(A类)或配电变压器(B类)	≤4
卫星地球站	≤5	移动基(局)站	≤10
注1：加油加气站防雷接地、防静电接地、电气设备的工作接地、保护接地及信息系统的接地当采用共用接地装置时，其接地电阻不应大于4 Ω。 注2：电子信息系统机房宜将交流工作接地(要求≤4 Ω)、交流保护接地(要求≤4 Ω)、直流工作接地(按计算机系统具体要求确定接地电阻值)、防雷接地共用一组接地装置，其接地电阻按其中最小值确定。 注3：雷达站共用接地装置在土壤电阻率小于100 Ω·m时，宜≤1 Ω；土壤电阻率为100 Ω·m～300 Ω·m时，宜≤2 Ω；土壤电阻率为300 Ω·m～1000 Ω·m时，宜≤4 Ω；当土壤电阻率>1000 Ω·m时，可适当放宽要求。			

B.3.2 检测

B.3.2.1 首次检测时，应查看隐蔽工程纪录；检查接地装置的结构型式和安装位置；校核每根专设引下线接地体的接地有效面积；检查接地体的埋设间距、深度、安装方法；检查接地装置的材质、连接方法、防腐处理；应符合GB 50057—2010的5.4的规定。

B.3.2.2 检查接地装置的填土有无沉陷情况。

B.3.2.3 检查有无因挖土方、敷设管线或种植树木而挖断接地装置。

B.3.2.4 首次检测时，应检查相邻接地体在未进行等电位连接时的地中距离。

B.3.2.5 检查独立接闪杆的杆塔、架空接闪线(网)的支柱及其接地装置与被保护建筑物及其有联系的管道、电缆等金属物之间的间隔距离是否符合B.3.1.2的规定。

B.3.2.6 检查防跨步电压措施是否符合GB 50057—2010的4.5.6的规定。

B.3.2.7 用毫欧表测量两相邻接地装置的电气贯通情况，判定两相邻接地装置是否达到B.3.1.1的规定的共用接地系统要求或B.3.1.2规定的独立接地要求。检测时应使用最小电流为0.2 A的毫欧表对两相邻接地装置进行测量，如测得阻值不大于1 Ω，判定为电气贯通，如测得阻值大于1 Ω，判定各自为独立接地。

注：接地网完整性测试可参见GB/T 17949.1的8.3的内容。

B.3.2.8 接地装置的工频接地电阻值测量常用三极法和接地电阻表法，其测得的值为工频接地电阻值，当需要冲击接地电阻值时，应进行换算或使用专用仪器测量。

B.3.2.9 每次接地电阻测量宜固定在同一位置，采用同一型号仪器，采用同一种方法测量。

B.3.2.10 测量大型接地地网(如变电站、发电厂的接地地网)时，应选用大电流接地电阻测试仪。

B.3.2.11 使用接地电阻表(仪)进行接地电阻值测量时，应按选用仪器的要求进行操作。

附　录　C
（规范性附录）
外部防雷装置和等电位连接导体的材料和最小尺寸

C.1　接闪线（带）、接闪杆和引下线的材料、结构与最小截面

接闪线（带）、接闪杆和引下线的材料、结构与最小截面的要求见表C.1。

表C.1　接闪线（带）、接闪杆和引下线的材料、结构与最小截面

材料	结构	最小截面/mm^2	备注
铜，镀锡铜	单根扁铜	50	厚度 2 mm
	单根圆铜	50	直径 8 mm
	铜绞线	50	每股线直径 1.7 mm
	单根圆铜	176	直径 15 mm
铝	单根扁铝	70	厚度 3 mm
	单根圆铝	50	直径 8 mm
	铝绞线	50	每股线直径 1.7 mm
铝合金	单根扁形导体	50	厚度 2.5 mm
	单根圆形导体	50	直径 8 mm
	绞线	50	每股线直径 1.7 mm
	单根圆形导体	176	直径 15 mm
	外表面镀铜的单根圆形导体	50	直径 8 mm，径向镀铜厚度至少 70 μm，铜纯度 99.9%
热浸镀锌钢	单根扁钢	50	厚度 2.5 mm
	单根圆钢	50	直径 8 mm
	绞线	50	每股线直径 1.7 mm
	单根圆钢	176	直径 15 mm
不锈钢	单根扁钢	50	厚度 2 mm
	单根圆钢	50	直径 8 mm
	绞线	70	每股线直径 1.7 mm
	单根圆钢	176	直径 15 mm
外表面镀铜的钢	单根圆钢（直径 8mm）	50	镀铜厚度至少 70 μm，铜纯度 99.9%
	单根扁钢（厚 2.5mm）		
具体参数要求见 GB 50057—2010 的表 5.2.1 的注。			

C.2 接地体的材料、结构和最小尺寸

接地体的材料、结构和最小尺寸的要求见表 C.2。

表 C.2 接地体的材料、结构和最小尺寸

材料	结构	最小尺寸			备注
		垂直接地体直径 mm	水平接地体 mm²	接地板 mm	
铜、镀锡铜	铜绞线	—	50	—	每股直径 1.7 mm
	单根圆铜	15	50	—	—
	单根扁铜	—	50	—	厚度 2 mm
	铜管	20	—	—	壁厚 2 mm
	整块铜板	—	—	500×500	厚度 2 mm
	网格铜板	—	—	600×600	各网格边截面 25 mm×2 mm，网格网边总长度不少于 4.8 m
热镀锌钢	圆钢	14	78	—	—
	钢管	20	—	—	壁厚 2 mm
	扁钢	—	90	—	厚度 3 mm
	钢板	—	—	500×500	厚度 3 mm
	网格钢板	—	—	600×600	各网格边截面 30 mm×3 mm，网格网边总长度不少于 4.8 m
	型钢[a]		—	—	—
裸钢	钢绞线	—	70	—	每股直径 1.7 mm
	圆钢	—	78	—	—
	扁钢	—	75	—	厚度 3 mm
外表面镀铜的钢	圆钢	14	50	—	镀铜厚度至少 250 μm，铜纯度 99.9%
	扁钢	—	90（厚 3 mm）	—	
不锈钢	圆形导体	15	78	—	—
	扁形导体	—	100	—	厚度 2 mm

[a] 具体参数要求见 GB 50057—2010 的表 5.4.1 的注。

C.3 防雷装置各连接部件的最小截面

防雷装置各连接部件的最小截面的要求见表 C.3。

表 C.3 防雷装置各连接部件的最小截面

<table>
<tr><th colspan="3">等电位连接部件</th><th>材料</th><th>截面积/mm²</th></tr>
<tr><td colspan="3">等电位连接带(铜、外表面镀铜的钢或热镀锌钢)</td><td>铜、铁</td><td>50</td></tr>
<tr><td colspan="3" rowspan="3">从等电位连接带至接地装置或
各等电位连接带之间的连接导体</td><td>铜</td><td>16</td></tr>
<tr><td>铝</td><td>25</td></tr>
<tr><td>铁</td><td>50</td></tr>
<tr><td colspan="3" rowspan="3">从屋内金属装置至等电位连接带的连接导体</td><td>铜</td><td>6</td></tr>
<tr><td>铝</td><td>10</td></tr>
<tr><td>铁</td><td>16</td></tr>
<tr><td rowspan="4">连接电涌
保护器
的导体</td><td rowspan="3">电气系统</td><td>Ⅰ级试验的 SPD</td><td rowspan="4">铜</td><td>6</td></tr>
<tr><td>Ⅱ级试验的 SPD</td><td>2.5</td></tr>
<tr><td>Ⅲ级试验的 SPD</td><td>1.5</td></tr>
<tr><td>电子系统</td><td>SPD</td><td>1.2</td></tr>
</table>

附　录　D
（规范性附录）
通信和信号系统SPD的布置要求

D.1　连接于电信和信号网络的SPD其电压保护水平U_p和通过的电流I_p应低于被保护的电子设备的耐受水平。

D.2　在$LPZ0_A$区或$LPZ0_B$区与LPZ1区交界处应选用冲击电流(I_{imp})值为0.5 kA～2.5 kA(10/350 μs或10/250 μs)的SPD或开路电压(U_{oc})的值为4 kV(10/700 μs)的SPD;在LPZ1区与LPZ2区交界处应选用U_{oc}值为0.5 kV～10 kV(1.2/50 μs)的SPD或I_{imp}值为0.25 kA～5 kA(8/20 μs)的SPD;在LPZ2区与LPZ3区交界处应选用U_{oc}值为0.5 kV～1 kV(1.2/50 μs)的SPD或I_{imp}为0.25 kA～0.5 kA(8/20 μs)的SPD。

D.3　网络入口处通信系统的SPD应满足通信系统传输特性。

D.4　信号SPD应设置在金属线缆进出建筑物(机房)的防雷区界面处,但由于工艺要求或其他原因,受保护设备的安装位置不会正好设在防雷区界面处,在这种情况下,当线路能承受所发生的电涌电压时,也可将信号SPD安装在保护设备端口处。信号SPD与被保护设备的等电位连接导体的长度应不大于0.5 m,以减少电感电压降对有效电压保护水平的影响。连接导线的过渡电阻应不大于0.2 Ω。

附 录 E
(资料性附录)
部分检测仪器的主要性能和参数指标

E.1 测量工具和仪器

E.1.1 尺

钢直尺:测量上限(mm):150,300,500,1000,1500,2000。

钢卷尺:自卷式或制动式测量上限(m):1,2,3,3.5,5。

摇卷盒式或摇卷架式测量上限(m):5,10,15,20,50,100。

卡钳:全长(mm):100,125,200,250,300,350,400,450,500,600。

游标卡尺:全长(mm):0～150。

分度值(mm):0.02。

E.1.2 经纬仪

测风经纬仪:测量范围:仰角－5°～180°,

方位 0°～360°。

读数最小格值:0.1°。

E.2 工频接地电阻测试仪

测量范围分为 0 Ω～1 Ω,0 Ω～10 Ω,0 Ω～100 Ω;最小分度值分别为 0.01 Ω,0.1 Ω,1 Ω。

E.3 土壤电阻率测试仪

许多工频接地电阻测试仪具有土壤电阻率测试功能,综合多种测试仪,仪器主要参数指标见表 E.1。

表 E.1 土壤电阻率测试仪主要参数指标

测量范围/Ω·m	分辨率/Ω·m	精度
0～19.99	0.01	±(2% + $2\pi a$ × 0.02 Ω) $\frac{\rho}{2\pi a} \leqslant 19.99\ \Omega$
20～199.9	0.1	
200～1999	1	
2 k～19.99 k	10	±(2% + $2\pi a$ × 0.2 Ω) $19.99\Omega \leqslant \frac{\rho}{2\pi a} \leqslant 199.9\ \Omega$
20 k～199.9 k	100	±(2% + $2\pi a$ × 2 Ω) $\frac{\rho}{2\pi a} \geqslant 199.9\ \Omega$

E.4　毫欧表

毫欧表主要用以电气连接过渡电阻的测试，含等电位连接有效性的测试，其主要参数指标见表E.2。

表E.2　毫欧表参数指标

测量范围/mΩ	分辨率/mΩ	测量电流/A	精度
0～19.9	0.01	0.1	±(0.1% + 3d)
20～200	0.1	0.1	±(0.1% + 2d)
注：d为取小数点后位数。			

E.5　绝缘电阻测试仪

E.5.1　绝缘电阻测试应用及主要仪器

在本标准中，绝缘电阻测试主要用于采用S型连接网络时，除在接地基准点(ERP)外，是否达到规定的绝缘要求和SPD的绝缘电阻测试要求。

绝缘电阻测试仪器主要为兆欧表，按其测量原理可分为：

——直接测量试品的微弱漏电流兆欧表；

——测量漏电流在标准电阻上电压降的电流电压法兆欧表；

——电桥法兆欧表；

——测量一定时间内漏电流在标准电容器上积聚电荷的电容充电法兆欧表。

兆欧表可制成手摇式、晶体管式或数字式。

除兆欧表外，也可以使用1.2/50 μs波形的冲击电流发生器进行冲击，以测试S型网络除ERP外的绝缘。

E.5.2　兆欧表或绝缘电阻测试仪

主要参数指标见表E.3。

表E.3　兆欧表或绝缘电阻测试仪主要参数指标

额定电压/V	量限/MΩ	延长量限/MΩ	准确度等级
100	0～200	500	1.0
250	0～500	1000	1.0
500	0～2000	∞	1.0
1000	0～5000	∞	1.0
2500	0～10000	∞	1.5
5000	$2\times10^3\sim5\times10^5$	∞	1.5

E.6　环路电阻测试仪

N-PE环路电阻测试仪不仅可应用于低压配电系统接地型式的判定，也可用于等电位连接网络有效性的测试，其主要参数指标见表 E.4。

表 E.4　环路电阻测试仪主要参数指标

显示范围/Ω	分辨率/Ω	精度
0.00～19.99	0.01	±(2% + 3d)
20.0～199.9	0.1	
200～1999	1	

E.7　指针或数字万用表

万用表应有交流(a.c)和直流(d.c)的电压、电流、电阻等基本测量功能，也可有频率测量的性能，其主要参数指标见表 E.5。

表 E.5　万用表主要参数指标

性能	量程	分辨率	精度
直流电压(d.c)	0.2 V 2 V 20 V 200 V 400 V	0.1 mV 1 mV 10 mV 100 mV 1000 mV	±(0.8% + 2d)
交流电压(a.c)	200 V 400 V 750 V	0.1 V 1 V 10 V	±(1.5% + 10d)
电流(a.c 或 d.c)	10 A	1 mA	±(0.5% + 30d)
电阻	30 MΩ	1 Ω	±(0.1% + 5d)

E.8　压敏电压测试仪

压敏电压测试仪主要参数指标见表 E.6。

表 E.6　压敏电压测试仪主要参数指标

量程	允许误差	恒流误差	$0.75U_{1mA}$下漏电流量程	漏电流测试允许误差	漏电流分辨率
0～1700 V	≤±(2%+1d)	5μA	0.1μA～199.9μA	≤2μA±1d	0.1μA

E.9　电磁屏蔽用测试仪

电磁屏蔽用测试仪主要参数指标见表 E.7。

表 E.7 电磁屏蔽测试仪主要参数指标

频率范围	输入电平范围	参考电平准确度
0.15 MHz～1 GHz	－100 dBm～20 dBm	±1 dBm(80 MHz)

附 录 F
(资料性附录)
检测数据记录表式样

F.1 输气管道系统输气站和阀室的防雷装置检测数据记录表

输气管道系统输气站和阀室的防雷装置检测数据记录表见表 F.1。

表 F.1 输气管道系统输气站和阀室的防雷装置检测数据记录表

<table>
<tr><td colspan="2">单位名称</td><td colspan="4"></td><td>档案号</td><td></td></tr>
<tr><td colspan="2">场站名称</td><td colspan="4"></td><td>检测时间</td><td></td></tr>
<tr><td colspan="8">执行标准:QX/T xxxx—201x</td></tr>
<tr><td colspan="3">检测内容</td><td colspan="2">检测数据</td><td>结论</td><td colspan="2">影响安全因素及整改意见:</td></tr>
<tr><td rowspan="13">建筑物外部防雷装置</td><td rowspan="7">接闪器</td><td>类型</td><td></td><td></td><td rowspan="7"></td><td colspan="2" rowspan="12"></td></tr>
<tr><td>规格</td><td></td><td></td></tr>
<tr><td>网格尺寸</td><td></td><td></td></tr>
<tr><td>与设备安全距离</td><td></td><td></td></tr>
<tr><td>针高/m</td><td></td><td></td></tr>
<tr><td>数量</td><td></td><td></td></tr>
<tr><td>保护范围</td><td></td><td></td></tr>
<tr><td rowspan="3">引下线</td><td>类型</td><td></td><td></td><td rowspan="3"></td></tr>
<tr><td>规格</td><td></td><td></td></tr>
<tr><td>数量</td><td></td><td></td></tr>
<tr><td rowspan="2">接地极</td><td>类型</td><td></td><td></td><td rowspan="2"></td></tr>
<tr><td>规格</td><td></td><td></td></tr>
<tr><td>接地电阻</td><td>阻值/Ω</td><td></td><td></td><td></td><td colspan="2">备注</td></tr>
<tr><td rowspan="12">等电位连接</td><td rowspan="12">过渡电阻/Ω</td><td>法兰跨接</td><td></td><td></td><td></td><td colspan="2" rowspan="12"></td></tr>
<tr><td>配电间等电位排</td><td></td><td></td><td></td></tr>
<tr><td>配电柜</td><td></td><td></td><td></td></tr>
<tr><td>计量柜</td><td></td><td></td><td></td></tr>
<tr><td>通信柜</td><td></td><td></td><td></td></tr>
<tr><td>墙上配电箱</td><td></td><td></td><td></td></tr>
<tr><td>控制室静电地板</td><td></td><td></td><td></td></tr>
<tr><td>控制柜机壳</td><td></td><td></td><td></td></tr>
<tr><td>UPS 电池柜</td><td></td><td></td><td></td></tr>
<tr><td>阴极保护系统设备保护接地</td><td></td><td></td><td></td></tr>
<tr><td>阴极保护系统输出阳极接地</td><td></td><td></td><td></td></tr>
<tr><td>卫星天线</td><td></td><td></td><td></td></tr>
</table>

表 F.1　输气管道系统输气站和阀室的防雷装置检测数据记录表(续)

检测内容			检测数据		结论	影响安全因素及整改意见：
工艺装置区防雷装置	接地线	规格				
		类型				
	接地电阻值/Ω	汇管 1				
		汇管 2				
		投光灯				
		分离器 1				
		分离器 2				
		清管器				
		过滤器				
		水露点在线分析仪				
		气体组分在线分析仪				
		H_2S 在线分析仪				
		压力变送器				
		风向标				
		温度变送器				
		电动阀门				
		摄像头				
		可燃气体报警器				
		储罐				
		压缩机组				
		冷却系统				
		金属架				
		电动球阀阀体				
		电动球阀电动头				
		防爆接线箱				

表 F.1 输气管道系统输气站和阀室的防雷装置检测数据记录表(续)

检测内容			检测数据	结论	影响安全因素及整改意见:
低压配电系统		线路敷设方式			
		屏蔽保护措施			
		屏蔽保护层接地			
	第一级	安装位置			
		型号			
		标称放电电流/kA			
		劣化指示			
		电压保护水平			
		最大持续运行电压值			
		连接导线截面积/mm^2			
		直流参考电压/V			
		泄漏电流/μA			
		接地电阻/Ω			
	第二级	安装位置			
		型号			
		标称放电电流/kA			
		劣化指示			
		电压保护水平			
		最大持续运行电压值			
		连接导线截面积/mm^2			
		直流参考电压/V			
		泄漏电流/μA			
		接地电阻/Ω			
	第三级	安装位置			
		型号			
		标称放电电流/kA			
		劣化指示			
		电压保护水平			
		最大持续运行电压值			
		连接导线截面积/mm^2			
		直流参考电压/V			
		泄漏电流/μA			
		接地电阻/Ω			
	直流	安装位置			
		型号			
		劣化指示			
		接地电阻/Ω			

表 F.1 输气管道系统输气站和阀室的防雷装置检测数据记录表(续)

	检测内容		检测数据		结论	影响安全因素及整改意见：
信号系统	温度信号	放电电流/型号				
		数量				
		接地电阻/Ω				
	压力信号	放电电流/型号				
		数量				
		接地电阻/Ω				
	物位信号	放电电流/型号				
		数量				
		接地电阻/Ω				
	可燃气体信号	放电电流/型号				
		数量				
		接地电阻/Ω				
	流量信号	放电电流/型号				
		数量				
		接地电阻/Ω				
	电动球阀信号	放电电流/型号				
		数量				
		接地电阻/Ω				
	网络信号	放电电流/型号				
		数量				
		接地电阻/Ω				
	监控信号	放电电流/型号				
		数量				
		接地电阻/Ω				
	报警信号	放电电流/型号				
		数量				
		接地电阻/Ω				
综合结论：						

仪器型号		仪器编号		检测方法	
仪器型号		仪器编号		检测方法	
天气状况		温度(℃)/湿度(%)		仪器自校	

检测员： 校核员：

F.2 输气管道系统阀室防雷装置检测数据记录表

输气管道系统阀室防雷装置检测数据记录表见表 F.2。

表 F.2 输气管道系统阀室防雷装置检测数据记录表

<table>
<tr><td colspan="2">单位名称</td><td colspan="3"></td><td>档案号</td><td></td></tr>
<tr><td colspan="2">阀室名称</td><td colspan="3"></td><td>检测时间</td><td></td></tr>
<tr><td colspan="7">执行标准：QX/T xxxx—201x</td></tr>
<tr><td colspan="3">检测内容</td><td colspan="2">检测数据</td><td>结论</td><td rowspan="2">影响安全因素及整改意见：</td></tr>
<tr><td rowspan="15">外部防雷装置</td><td rowspan="7">接闪器</td><td>类型</td><td></td><td></td><td rowspan="7"></td></tr>
<tr><td>规格</td><td></td><td></td><td rowspan="11"></td></tr>
<tr><td>网格尺寸</td><td></td><td></td></tr>
<tr><td>与设备安全距离</td><td></td><td></td></tr>
<tr><td>针高/m</td><td></td><td></td></tr>
<tr><td>数量</td><td></td><td></td></tr>
<tr><td>保护范围</td><td></td><td></td></tr>
<tr><td rowspan="3">引下线</td><td>类型</td><td></td><td></td><td rowspan="3"></td></tr>
<tr><td>规格</td><td></td><td></td></tr>
<tr><td>数量</td><td></td><td></td></tr>
<tr><td rowspan="2">接地极</td><td>类型</td><td></td><td></td><td rowspan="2"></td></tr>
<tr><td>规格</td><td></td><td></td></tr>
<tr><td rowspan="3">接地电阻/Ω</td><td>阻值(1)</td><td></td><td></td><td rowspan="3"></td><td>备注</td></tr>
<tr><td>阻值(2)</td><td></td><td></td><td rowspan="13"></td></tr>
<tr><td>阻值(3)</td><td></td><td></td></tr>
<tr><td rowspan="11">工艺装置区防雷装置</td><td rowspan="2">接地线</td><td>类型</td><td></td><td></td><td></td></tr>
<tr><td>规格</td><td></td><td></td><td></td></tr>
<tr><td rowspan="9">接地电阻/Ω</td><td>汇管 1</td><td></td><td></td><td></td></tr>
<tr><td>汇管 2</td><td></td><td></td><td></td></tr>
<tr><td>球阀</td><td></td><td></td><td></td></tr>
<tr><td>设备柜</td><td></td><td></td><td></td></tr>
<tr><td>太阳能板支架</td><td></td><td></td><td></td></tr>
<tr><td>放空火炬</td><td></td><td></td><td></td></tr>
<tr><td></td><td></td><td></td><td></td></tr>
<tr><td></td><td></td><td></td><td></td></tr>
<tr><td></td><td></td><td></td><td></td></tr>
<tr><td colspan="2">综合结论</td><td colspan="5"></td></tr>
<tr><td colspan="2">仪器型号</td><td></td><td>仪器编号</td><td></td><td>检测方法</td><td></td></tr>
<tr><td colspan="2">仪器型号</td><td></td><td>仪器编号</td><td></td><td>检测方法</td><td></td></tr>
<tr><td colspan="2">天气状况</td><td></td><td>温度(℃)/湿度(%)</td><td></td><td>仪器自校</td><td></td></tr>
</table>

检测员：　　　　　　　　　　　　　　　校核员：

参考文献

[1] GB 15599－2009　石油与石油设施雷电安全规范
[2] GB 50074－2002　石油库设计规范
[3] GB 50160－2008　石油化工企业设计防火规范(2012 版)
[4] GB 50251－2003　输气管道工程设计规范
[5] SH/T 3164－2012　石油化工仪表系统防雷设计规范
[6] SY/T 5225－2005　石油天然气钻井、开发、储运防火防爆安全生产技术规程

ICS 07.060
A 47
备案号：49480—2015

中华人民共和国气象行业标准

QX/T 266—2015

气象卫星光学遥感器场地辐射校正星地同步观测规范

Synchronous observation specification for sites radiometric calibration for optical sensors of meteorological satellites

2015-01-26 发布　　2015-05-01 实施

中 国 气 象 局　发 布

前　言

本标准按照 GB/T 1.1—2009 给出的规则起草。

本标准由全国卫星气象与空间天气标准化技术委员会(SAC/TC 347)提出并归口。

本标准起草单位:国家卫星气象中心。

本标准主要起草人:胡秀清、张玉香。

引　言

随着气象卫星遥感技术及其资料定量化应用技术的迅速发展，利用多个卫星光学遥感器获取定量化遥感数据、监测和分析全球气候与环境变化，对气象卫星遥感器辐射校正精度提出了更高要求。

利用地面辐射校正场开展卫星遥感器辐射校正，是提高遥感器绝对辐射观测精度的重要手段之一。“九五”期间，国内遥感卫星应用部门和相关遥感单位协作，建立了中国遥感卫星辐射校正场（敦煌辐射校正场和青海湖辐射校正场）和实验室定标系统，初步形成了场地辐射校正星地同步观测规范和实验室定标规范。“十五”期间，我国针对在轨运行的气象卫星、资源卫星和海洋卫星光学遥感器进行了多次场地辐射校正试验。此后多种国产遥感卫星（如环境减灾卫星、测绘卫星等）已经把场地辐射校正列入其光学载荷在轨辐射校正的重要手段之一。

目前，气象卫星光学遥感器的场地辐射校正工作已进入业务化运行阶段，场地辐射校正是风云气象卫星在轨辐射定标的基线方法，每年一次的星地同步辐射校正试验成为光学载荷辐射校正不可或缺的手段，并逐步向完全自动化观测迈进。针对气象卫星光学遥感器，基于敦煌辐射校正场和青海湖辐射校正场，制定一套完整、科学的场地辐射校正星地同步观测规范，对于促进气象卫星场地辐射校正工作规范化，提高遥感器辐射校正精度，具有十分重要的意义。

气象卫星光学遥感器场地辐射校正星地同步观测规范

1 范围

本标准规定了气象卫星光学遥感器场地辐射校正星地同步观测的定标场地选择、观测内容、观测仪器和观测方法。

本标准适用于气象卫星光学遥感器0.35 μm～2.5 μm，3 μm～5 μm和8 μm～14 μm波段场地辐射校正时，对场地表面光学特性、大气光学辐射特性及气象参数的同步观测。其他对地观测卫星光学遥感器场地辐射校正可参照使用。

2 规范性引用文件

下列文件对于本文件的应用是必不可少的。凡是注日期的引用文件，仅注日期的版本适用于本文件。凡是不注日期的引用文件，其最新版本(包括所有的修改单)适用于本文件。

QX/T 45—2007　地面气象观测规范　第1部分：总则

QX/T 46—2007　地面气象观测规范　第2部分：云的观测

QX/T 47—2007　地面气象观测规范　第3部分：气象能见度

QX/T 49—2007　地面气象观测规范　第5部分：气压观测

QX/T 50—2007　地面气象观测规范　第6部分：空气温度和湿度观测

QX/T 51—2007　地面气象观测规范　第7部分：风向和风速的观测

QX/T 61—2007　地面气象观测规范　第17部分：自动气象站观测

QX/T 69—2007　大气浑浊度观测　太阳光度计方法

QX/T 176—2012　遥感卫星光学辐射校正场数据格式

金伟其，胡威捷.辐射度光度与色度及其测量.北京：北京理工大学出版社，2009

中国气象局.常规高空气象观测业务规范.北京：气象出版社，2010

3 术语和定义

下列术语和定义适用于本文件。

3.1

[定标]场地　calibration site

在空间和时间上具有较好的辐射和光学均一性，覆盖遥感器多个地面观测像元，场地上空无大气污染且晴空日数多，用于卫星光学遥感器辐射校正的地球参照目标。

3.2

辐射校正　radiometric calibration

辐射定标

为消除遥感图像的辐射失真或畸变而进行的校正。

注：辐射校正实质上是确立空间对地遥感器响应输出与辐射输入之间的对应关系。

3.3

[星地]同步观测　synchronous observation

当卫星飞过定标场地前后,为遥感器场地辐射校正收集现场数据而开展的场地表面反射及辐射特性、大气光学辐射特性和气象参数的观测。

3.4

朗伯特性　lambertian pattern

物体具有其单位表面积在单位时间内向空间指定方向单位立体角内发射(或反射)的辐射通量正比于该指定方向与表面法线夹角的余弦的特性。

3.5

参考标准板　reference standard panel

基于国家标准的用来进行物体反射比因子测量的漫反射板。

注:参考标准板具有反射均匀和各向异性小的特点,是普通物体和地物反射比测量的重要参考基准。

3.6

光谱辐照度　spectral irradiance

$E(\lambda)$

入射到目标面元上的辐射通量与该面元面积的比值。

$$E(\lambda)=F(\lambda)/A$$

式中:

λ ——波长,单位为微米(μm);

$E(\lambda)$ ——光谱辐照度,单位为瓦每平方米微米(W /(m^2 · μm));

$F(\lambda)$ ——辐射通量,单位为瓦(W);

A ——面元面积,单位为平方米(m^2)。

3.7

太阳直射辐照度　solar direct irradiance

一个给定平面接收到来自日面中心一个小立体角内的辐射通量除以该表面的面积。

注:如果该平面垂直于立体角的轴线,所接收的是法向太阳直射辐照度。假定采用窄波段地基太阳光度计对准太阳,且光谱通道没有气体吸收影响的情况下,太阳光度计某通道测量的太阳直射辐照度与大气层外太阳光谱辐照度的关系可以用下式表示。

$$S_{g\lambda}=S_{0\lambda}R^2 e^{-m\tau_\lambda}T_{g\lambda}$$

式中:

$S_{g\lambda}$ ——地面测量的在波长 λ 上的太阳直射辐照度,单位为瓦每平方米微米(W /(m^2 · μm));

$S_{0\lambda}$ ——日地平均距离处大气层外太阳光谱辐照度,单位为瓦每平方米微米(W /(m^2 · μm));

R ——测量时的日地距离校正量,无量纲,计算方法为 $R=1+0.034\times\cos(2\pi J/365)$,$J$ 是一年中的第 J 天;

m ——大气质量数,近似为太阳天顶角 θ 余弦的倒数,即 $1/\cos(\theta)$,无量纲;

τ_λ ——波长为 λ 的大气垂直总光学厚度,无量纲;

$T_{g\lambda}$ ——波长为 λ 处的臭氧等吸收气体的透过率,无量纲。

3.8

光谱辐亮度　spectral radiance

$L(\lambda)$

给定波长处单位波长间隔内的光辐射产生的辐亮度。

$$L(\lambda)=F(\lambda)/(A\times\omega)$$

式中:

λ ——波长,单位为微米(μm);

$L(\lambda)$ ——波长 λ 处接收到的光谱辐亮度,单位为瓦每平方米球面度微米(W /(m^2 · sr · μm))或

瓦每平方厘米球面度波数(W /(cm^2 · sr · cm^{-1}));

$F(\lambda)$ ——波长 λ 处接收到的辐射通量,单位为瓦(W);

A ——面元面积,单位为平方米(m^2);

ω ——立体角,单位为球面度(sr)。

3.9

光谱反射比 spectral reflectance

$R(\lambda)$

给定波长处物体表面反射的辐射通量与入射到该面元的辐射通量之比。

$$R(\lambda)=F_r(\lambda)/ F_i(\lambda)$$

式中:

λ ——波长,单位为微米(μm);

$R(\lambda)$ ——物体表面光谱反射比,无量纲;

$F_r(\lambda)$——物体表面反射的辐射通量,单位为瓦每平方米球面度微米(W/(m^2 · sr · μm));

$F_i(\lambda)$——物体表面入射的辐射通量,单位为瓦每平方米球面度微米(W/(m^2 · sr · μm))。

3.10

光学厚度 optical depth

τ_λ

大气中两点间路径的单位截面所有吸收和散射产生的总衰减。

$$\tau_\lambda = \int_{s_1}^{s_2} (k_\lambda + \beta_\lambda)\rho \mathrm{d}s$$

式中:

τ_λ ——光学厚度,无量纲;

s_1 ——大气路径中起始点距离,单位为米(m);

s_2 ——大气路径中终止点距离,单位为米(m);

k_λ ——质量吸收系数,单位为平方厘米每克(cm^2/g);

β_λ ——散射系数,单位为每米(m^{-1});

ρ ——物质密度,单位为千克每立方米(kg/m^3);

$\mathrm{d}s$——路径元,单位为米(m)。

3.11

漫射辐照度与总辐照度比 diffuse to global irradiance ratio

$R_\mathrm{d}(\lambda,\theta)$

给定波长和太阳天顶角条件下的天空漫射辐照度与太阳及天空下行总辐照度的比值。

$$R_\mathrm{d}(\lambda,\theta)=E_\mathrm{d}(\lambda,\theta)/ E_\mathrm{g}(\lambda,\theta)$$

式中:

λ ——波长,单位为微米(μm);

θ ——太阳天顶角,单位为弧度;

$R_\mathrm{d}(\lambda,\theta)$ ——漫射辐照度与总辐照度比,无量纲;

$E_\mathrm{d}(\lambda,\theta)$ ——漫射辐照度,单位为瓦每平方米微米(W/(m^2 · μm));

$E_\mathrm{g}(\lambda,\theta)$ ——太阳总辐照度,单位为瓦每平方米微米(W/(m^2 · μm))。

4 定标场地选择

4.1 陆地场

陆地场主要用于气象卫星光学遥感器可见光—短波红外波段的场地辐射校正。陆地场定标场地的选择应满足下列条件：

a) 面积不小于 12 km×12 km；
b) 坡度角小于或等于 2%，场地周边 5 km 范围内无高大遮挡物；
c) 场地表面物质单一，整个场地反射率的标准偏差不大于 3%；
d) 朗伯特性好，偏离星下点 15°以内的反射率与星下点垂直反射率偏差不大于 2%；
e) 场地目标可见光至近红外波段反射率不小于 0.10；
f) 气候相对干燥，年降水量小于 100 mm，年晴天日数不小于 150 天；
g) 地质地貌稳定性好，除降水影响外，不同时间反射率变化不大于 3%；
h) 场地周边无大型工业化设施和污染排放源，人为活动少，大气洁净，年平均污染指数不大于 2 级；
i) 交通便利，灾害天气少。

敦煌辐射校正场是我国气象卫星辐射校正的陆地场，场地特性参见附录 A 的 A.1。

4.2 水面场

水面场主要用于气象卫星光学遥感器热红外波段的场地辐射校正。水面场定标场地的选择应满足下列条件：

a) 面积不小于 12 km×12 km；
b) 水体洁净，无污染，水质满足一类水质标准；
c) 场地水温垂直梯度不大于 0.5 ℃/km；
d) 场地周边 5 km 内无高大遮挡物；
e) 气候相对干燥，年晴天日不少于 150 天；
f) 场地周边无大型工业化设施和污染排放源，人为活动少，大气洁净，年平均污染指数不大于 2 级；
g) 交通便利，灾害天气少。

青海湖辐射校正场是我国气象卫星辐射校正的水面场，场地特性参见 A.2。

5 观测内容

5.1 可见光—短波红外波段

可见光—短波红外波段观测的内容应包括：

a) 场地表面和参考标准板的可见光—短波红外光谱反射辐射；
b) 场地表面和参考标准板的卫星遥感器对应通道的反射辐射；
c) 可见光—短波红外波段太阳直射辐照度；
d) 可见光—短波红外波段太阳总辐照度和漫射辐照度；
e) 定标场地附近探空廓线和地面常规气象要素；
f) 观测点全球定位系统(GPS)定位。

5.2 热红外波段

热红外波段观测的内容应包括：

a) 水体表面红外光谱辐亮度；

b) 水表同步观测前后或实时黑体定标；

c) 水表面温度；

d) 探空廓线和地面常规气象要素；

e) 观测点 GPS 定位。

6 观测仪器

6.1 技术指标要求

场地辐射校正星地同步观测仪器及技术指标应符合表 1 的要求。

表 1 场地辐射校正星地同步观测仪器及性能指标要求

仪器类型	仪器名称	技术指标要求	测量物理量和说明
光谱仪器	野外光谱仪	光谱范围:350 nm～2500 nm 光谱分辨率:可见光—近红外波段不大于 3.5 nm,短波红外波段不大于 10 nm 视场角:8.0°～15.0° 波长精度:±1 nm 探测器响应线性度:± 0.01 温度范围:0 ℃～40 ℃	地面光谱反射比
	红外光谱仪	波长范围:2.0 μm～15.0 μm 光谱分辨率:不大于 4 cm^{-1} 视场角:4.5°～15.0° 等效噪声温差:0.2 K(在 300 K 时) 温度分辨率:不低于 0.05 ℃(在 20 ℃时) 温度测量范围:－80 ℃～50 ℃ 环境温度:－20 ℃～50 ℃	红外光谱辐亮度
	光谱照度计	光谱范围:350 nm～1600 nm 光谱分辨率:不大于 5 nm 视场角:180°	天空漫射辐照度与总辐照度
波段式仪器	可见光、近红外野外辐射计	与卫星仪器设定的光谱通道中心波长偏移量不超过 10% 带外响应不大于 1% 视场角:8°～15° 信噪比:不低于 600 db	卫星可见光、近红外通道反射比

表1 场地辐射校正星地同步观测仪器及性能指标要求(续)

仪器类型	仪器名称	技术指标要求	测量物理量和说明
波段式仪器	热红外辐射计	与卫星仪器波段中心波长偏移量不大于10% 带外响应不大于1% 视场角:8.0°~15.0° 等效噪声温差:不高于0.2 K(在300K时) 温度分辨率:不低于0.05 ℃(在20 ℃时) 温度测量范围:−80 ℃~ +50 ℃ 环境温度:−20 ℃~ +50 ℃	卫星红外通道辐亮度
	太阳光度计	光谱范围:0.4 μm~1.6 μm 通道不少于4个 通道带宽:不大于10 nm 视场角:1.0°~1.2° 跟踪精度:不高于0.1°	气溶胶光学厚度和微物理参数
光学标准仪器	参考标准板	尺寸:200 mm×200 mm ~500 mm×500 mm 表面均匀性:反射率偏差小于1% 朗伯特性:反射率方向差异小于5%	为地面反射比测量的参照标准
	黑体定标源	温度范围:−20 ℃~ 50 ℃ 温度精度:±0.2 ℃ 稳定度:每小时不超过0.1 ℃ 口径:不小于50 mm 发射率:不低于0.98	红外仪器辐射定标
气象观测仪器	地面气象仪器	按照QX/T 45—2007,6.2的规定	地面气压、温度、湿度、风向和风速
	高空观测仪器	按照常规高空气象观测业务规范的规定	高空气压、温度、湿度、风速和风向
辅助观测设备	走航式表层水温仪	温度范围:5 ℃~50 ℃ 测量精度:±0.4 ℃	水表温度
	GPS定位系统	定位精度:小于或等于10 m	测点定位

6.2 维护和检测

6.2.1 光谱仪器、波段式仪器和光学标准仪器等精密光学仪器应按照辐射度光度与色度及其测量的第6章和第7章中的相关规范进行一年一次定标和检测。同步观测时不应使用未经定标和检测的仪器。

6.2.2 地面气象观测仪器和高空气象观测仪器应分别按照QX/T 45—2007和常规高空气象观测业务规范中的规定进行校验和检定,不应使用未经检定、超过检定周期或检定不合格的仪器设备。

7 观测方法

7.1 可见光—短波红外波段同步观测方法

7.1.1 仪器定标和检测

7.1.1.1 实验室定标

进行光谱仪器、波段式仪器的辐射响应、波长校正、光谱响应、线性度和稳定性的定标和检测。定标和检测方法应按照2009年北京理工大学出版社出版的《辐射度光度与色度及其测量》中第6章和第7章的相关规定进行。

7.1.1.2 太阳光度计定标

选择海拔不低于2000 m、大气洁净(550 nm波长上的大气气溶胶光学厚度小于0.1)的地区,在天气晴朗、能见度不低于30 km的条件下,进行太阳直射辐照度测量。

7.1.1.3 测量仪器比对

定标场地试验前后应对测量仪器状态和性能进行详细检测,并将同类测量仪器同时对同一测量目标进行测量,通过相同辐射源测值实现测量仪器的比对。

7.1.2 天气条件

天气晴朗、场地上空无云,能见度应不低于20 km,风力不超过4.0 m/s。

7.1.3 地面光谱反射比测量

7.1.3.1 测量条件

根据卫星轨道参数提前进行卫星轨迹预报和观测角度计算,确定同步观测时间,卫星过境前后各1 h进行同步观测;同步观测期间的太阳天顶角应不大于55°,卫星天顶角应不大于30°。

7.1.3.2 采样点分布

在敦煌辐射校正场定标场地的同步观测区内,按照2 km、4 km间距布置采样点,采样点分布示意图参见图A.1。在每个采样点周围10 m半径范围内取5个子采样点。

7.1.3.3 测量方法

先后对参考标准板和地面目标采样点进行天底垂直观测。在GPS指引下,每个采样点使用野外光谱仪进行5个子采样点测量和2次参考标准板测量;也可以同时采用波段式辐射计对相同目标按野外光谱仪同样方式进行测量。气象卫星过境时刻,在定标场地中心附近加密进行地面同步观测,并连续测量10 min。

7.1.3.4 测量要求

地面光谱反射比的测量应遵循下列要求:

a) 仪器光学头部应垂直向下,离开地面高度不低于1.5 m;
b) 2 min内完成每个采样点的5个子采样点和2次标准参考板的测量;
c) 测量标准参考板时,标准参考板水平放置,倾斜度不超过0.1°,光学头部置于标准参考板中央法线上方，观测视场覆盖面积小于参考标准板总面积的 2/3；

d） 波段式辐射计的头部垂直于地面测量，或头部倾角与卫星遥感器观测角一致；

e） 测量人员身穿深色外衣，离开观测目标水平距离不少于 1.0 m，站立位置避免阴影进入仪器的观测视场。

7.1.4 天空漫射辐照度与总辐照度比测量

7.1.4.1 测量条件

太阳天顶角不超过 70°，天空云量不超过 10%，并满足 7.1.2 的条件。

7.1.4.2 测量方法

每次测量分 3 步进行：

a） 第 1 步在无任何遮挡情况下，用光谱照度计进行太阳及天空总辐照度测量；

b） 第 2 步用挡光球或挡光板遮挡太阳直射光，测量天空漫射辐照度；

c） 第 3 步去掉挡光球或挡光板，再次测量太阳及天空总辐照度(重复第 1 步过程)。

第 1 步、第 3 步测量的平均值作为第 2 步中的太阳及天空总辐照度。

7.1.4.3 测量要求

天空漫射辐照度与太阳总辐照度比的测量应遵循下列要求：

a） 光谱照度计水平安装，仪器的辐照度接收面保持水平，倾斜角不超过 0.5°；

b） 测量时除挡光设备外避免受其他物体阴影的影响；

c） 测量时间间隔由大气质量数(m)的变化范围决定。当 m 在 6.0～3.0 时，间隔 5 min；m 在 3.0～1.0 时，间隔 10 min。

7.1.5 气溶胶光学厚度测量

7.1.5.1 测量方法

按照 QX/T 69—2007 第 5 章、第 6 章的规定利用太阳光度计，在定标场地附近进行太阳直射辐照度测量。首先进行时间校对和相关参数设定，然后进行太阳瞄准与跟踪观测。

7.1.5.2 测量要求

气溶胶光学厚度的测量应遵循下列要求：

a） 测量仪器放置在定标场地较高处，周围环境及天空对太阳光无遮挡；

b） 测量时间为早晨大气质量数(m)达到 6.5 时开始，到下午大气质量数达到 6.5 时停止；

c） 测量时间间隔由大气质量数(m)的变化范围决定。当 m 在 6.0～3.5 时，间隔为 2 min；当 m 在 3.5～1.0 时，间隔为 5 min。

7.1.6 气象观测

7.1.6.1 地面气象观测

7.1.6.1.1 观测内容：包括气压、温度和湿度、风速和风向、云量、云状、能见度。

7.1.6.1.2 观测方法：气压、温度和湿度、云量、能见度、风向和风速分别按照 QX/T 49—2007，QX/T 50—2007，QX/T 51—2007，QX/T 46—2007，QX/T 47—2007 进行。自动气象站观测按照 QX/T 61—2007 进行。

7.1.6.1.3 观测要求:人工观测在同步观测期间进行,每 30 min 一次。自动气象站观测常年连续不间断进行。

7.1.6.2 高空气象观测

7.1.6.2.1 观测内容:包括气压、温度、湿度、风向和风速。

7.1.6.2.2 观测方法:按照 2010 年气象出版社出版的《常规高空气象观测业务规范》进行。

7.1.6.2.3 观测要求:常规观测 2 次,时间为 8:00 和 20:00。同步观测日在卫星过境时增加 1 次探空观测,共进行 3 次探空观测。

7.1.7 同步观测元数据获取

收集与星地同步观测相关的信息和辅助数据。相关信息包括测量时间、测点坐标(经纬度和海拔高度)、仪器型号、测量内容、仪器运行状况。辅助数据包括天气状况描述、测点和周围环境数码照片、测量人员等信息。

7.2 热红外波段同步观测方法

7.2.1 水面同步观测

7.2.1.1 测量条件

天气晴朗、湖面上空无云,能见度不低于 15 km,风力不超过 4 m/s。

根据卫星轨道参数预报确定同步观测时间,卫星天顶角应不超过 30°,卫星过境前后各 1 h 进行同步观测。

7.2.1.2 观测方法

测量船应提前进入同步观测场区,并进行观测仪器的架设和测量前的准备。测量方式包括走航测量和停航测量。走航测量间隔为 5 min,当卫星过境时应连续进行 10 min 停航测量。

7.2.1.3 测量要求

7.2.1.3.1 红外光谱仪测量

黑体定标:根据表层水温仪初始测量的水体温度设置黑体温度,在该温度±5℃的区段内对黑体设置不低于 2 个温度点,黑体在设置温度点稳定后,用红外光谱仪进行黑体辐射测量。

目标测量:红外光谱仪光学头部垂直离开水面高度应不小于 1.5 m,观测天顶角应不超过 25°,测量水表样本离开船体应不少于 1.0 m;测量期间应每隔 1 h 进行一次黑体定标测量。

7.2.1.3.2 热红外辐射计测量

黑体定标:每次红外测量仪器(红外光谱仪、热红外辐射计)试验前后,利用黑体对红外测量仪进行黑体定标测量。定标过程见 7.2.1.3.1。

目标测量:红外测量仪光学头部架设在船头,离开水面高度应不小于 1.5 m,垂直方向离开船体应不少于 1 m,对水体进行垂直观测。

7.2.1.3.3 表层水温仪测量

将表层水温仪传感器探头安装在船体一侧,位于水下 10 cm～50 cm,随船进行水温测量,测量间隔应不少于 30 s,每次测量后应将数据存储于表层水温仪控制箱内。

7.2.2 气象观测

观测内容、方法和要求见7.1.6。

7.2.3 同步观测元数据获取

可采用现场记录、拍照或者GPS等技术手段采集。获取内容见7.1.7。

7.3 同步观测数据内容

7.3.1 可见光、近红外反射特性数据

仪器编号、参考标准板编号、测量时间、测量点和子采样点编号、波长、目标测值和参考标准板测值、参考标准板随入射光变化的反射比因子、各测量点光谱反射比。

7.3.2 辐照度数据

仪器编号、测量时间、测点位置(或测点编号)、波长、太阳总辐照度、天空漫射辐照度。

7.3.3 定标场地水面红外辐亮度数据

仪器编号、测量时间、测点位置(或测量点编号)、波长、辐亮度。

7.3.4 定标场地水面温度数据

仪器编号、测量时间、测点位置(或测量点编号)、水表温度。

7.3.5 大气参数数据

仪器编号、测量时间、测点位置、波长、太阳直射辐照度、总辐照度、天空漫射辐照度、总消光光学厚度,气溶胶光学厚度等。

7.3.6 气象要素数据

7.3.6.1 地面气象要素数据:时间、气压、温度、湿度、风速、风向、云量、云状、能见度。

7.3.6.2 探空数据:时间、高度、气压、温度、湿度、风速、风向。

7.3.7 GPS定位数据

时间、定位格点编号、纬度、经度、海拔高度。

7.3.8 数据存储方式和处理

现场测量数据由计算机存储并实时进行备份。每次星地同步观测试验完成后将全部原始数据和处理后结果按要求录入数据库,纳入数据库统一存储、管理和发布。数据存储和归档格式应遵循QX/T 176—2012的规定。

附　录　A
（资料性附录）
敦煌、青海湖辐射校正场场地特性

A.1　敦煌辐射校正场

A.1.1　地理位置和范围

A.1.1.1　敦煌辐射校正场位于甘肃省敦煌市以西15 km外的戈壁滩上，地理坐标为40° 02′N～40°25′N，94°10′E～94°45′E，海拔高度为1105 m～1250 m。在场区（40° 02′N～40°25′N，94°10′E～94°40′E）内选定12 km×12 km作为气象卫星可见光—短波红外波段的定标场地同步观测区。

A.1.1.2　同步观测区坐标为（40°09′00″N，94°12′00″E）、（40°09′00″N，94°18′00″E）、（40°03′00″N，94°12′00″E）、（40°03′00″N，94°18′00″E），采样点分布如图A.1所示。

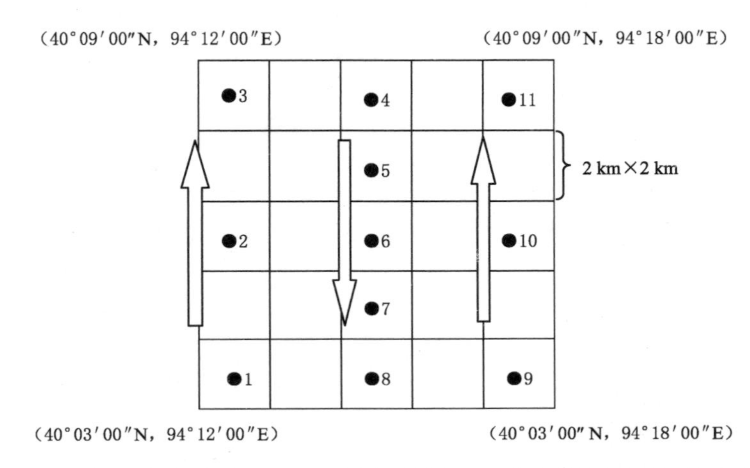

图A.1　气象卫星可见光—短波红外波段同步观测采样格点分布图

A.1.2　地面特性

敦煌辐射校正场位于甘肃党河冲积扇上，地势平坦，梯度小于1%；场地地表物质由沙土和灰色砾石组成，且分布均匀，粒径为2 cm～5 cm；在20 km×20 km的场区内有少量骆驼刺覆盖；在可见光—短波红外波段，地面反射率为0.12～0.32，反射率随波长增加而上升；场区内不同时次测量的反射比的均方差在2.3%以内。由于场地覆盖物粒径影响，使场地表面反射存在一定的方向特性。

A.1.3　大气特性

敦煌场地接近于干燥的沙漠气候，场地周边无工厂，人为活动少，除3—5月风沙季节外，大气干燥、洁净，在550 nm波长处的气溶胶光学厚度年平均小于0.26。

A.2　青海湖辐射校正场

A.2.1　地理位置和范围

A.2.1.1　青海湖位于青海省东北部，是我国最大的咸水湖，地理坐标为36° 32′N～37°15′N，99°36′E～

100°47′E，海拔高度 3200 m，面积为 4583 km²，周长为 360 km，最大水深 28.7 m，水深大于 20 m 的湖区面积为 2620 km²。卫星遥感器热红外波段辐射校正试验场位于海心山（36°51′35″N，100°08′06″E，海拔为 3267 m）东南水域，20 m 以上水深的范围东西宽约 65 km，南北长约 16 km。

A.2.1.2 同步观测区坐标为 36° 42′N～36°52′N，100°24′E～100°08′E。青海湖星地同步观测采样点选取，轮船航行轨迹如图 A.2 所示。

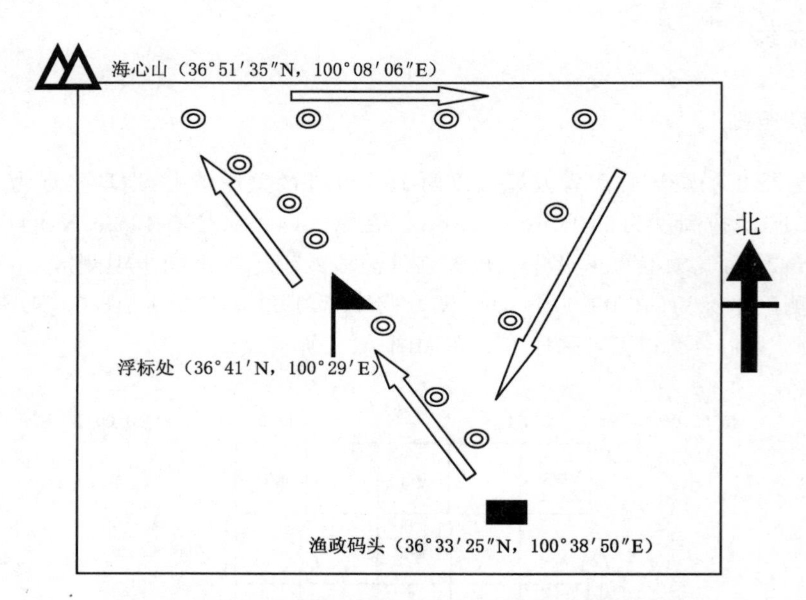

图 A.2 青海湖星地同步观测采样点选取示意图

A.2.2 水表特性

场区水面广阔、洁净，无污染，接近于一类水体，湖区水表温度均匀，温度梯度不高于 0.2℃/km；水温日变化小于 2.0 ℃。

A.2.3 大气特性

由于海拔在 3000 m 以上，场地为高原草原气候，场地周边无工厂，人为活动少，大气干燥、洁净，在 550 nm 波长处的气溶胶光学厚度年平均小于 0.15。

参 考 文 献

［1］《大气科学辞典》编委会.大气科学辞典［M］.北京：气象出版社，1994

［2］薛君敖，李在清，朴大植，等.光辐射测量原理和方法［M］.北京：计量出版社，1980

［3］中国遥感卫星辐射校正场管理办公室.中国遥感卫星辐射校正场科研成果论文选编［C］.北京：海洋出版社，2001

ICS 07.060
A 47
备案号：49481—2015

中华人民共和国气象行业标准

QX/T 267—2015

卫星遥感雾监测产品制作技术导则

Technical guidelines for satellite remote sensing products of fog

2015-01-26 发布 2015-05-01 实施

中 国 气 象 局 发 布

前　　言

本标准按照 GB/T 1.1—2009 给出的规则起草。

本标准由全国卫星气象与空间天气标准化技术委员会(SAC/TC 347)提出并归口。

本标准起草单位:国家卫星气象中心。

本标准主要起草人:吴晓京、陆文杰、李三妹、任素玲。

卫星遥感雾监测产品制作技术导则

1 范围

本标准规定了雾的卫星遥感监测数据、监测方法和产品制作要求。

本标准适用于雾的卫星光学遥感监测信息提取和监测产品制作。

2 规范性引用文件

下列文件对于本文件的应用是必不可少的。凡是注日期的引用文件，仅注日期的版本适用于本文件。凡是不注日期的引用文件，其最新版本(包括所有的修改单)适用于本文件。

GB/T 2260—2007 中华人民共和国行政区划代码

GB/T 15968—2008 遥感影像平面图制作规范

GB/T 17278—2009 数字地形图产品基本要求

3 术语和定义

下列术语和定义适用于本文件。

3.1

雾二值图 binary image of fog

以数值1和0分别表示雾和非雾的图像。

3.2

多通道合成图 multi-channel composite color image

在图像处理中，分别赋予传感器不同通道以不同颜色(红、绿、蓝)，生成与实际景物色彩相似或较易表现目标特征的图像。

3.3

专题图 thematic map of remote sensing

具有某种相同属性遥感内容的图形集合。

4 符号

下列符号适用于本文件。

$NDSI$：归一化积雪指数，为 Normalized Difference Snow Index 首字母缩写。

$NDSI_{NIR}$：R_{NIR}参加计算的 $NDSI$。

$NDSI_{VIS}$：R_{VIS}参加计算的 $NDSI$。

$NDVI$：归一化植被指数，为 Normalized Difference Vegetation Index 首字母缩写。

$NDVI_{th}$：$NDVI$ 阈值。

R_{NIR}：星载仪器中近红外 0.725 μm ～1.25 μm 波段的反射率。

R_{SIR}：星载仪器中短波红外 1.58 μm～1.65 μm 波段的反射率。

R_{SIR_th}：短波红外通道 1.58 μm～1.65 μm 反射率阈值。

R_{SWIR}：短波红外通道 1.58 μm～1.65 μm 反射率。
R_{VIS}：星载仪器中可见光 0.55 μm～0.68 μm 谱段的反射率。
$R_{VIS\_th\_cloud}$：不同云覆盖类型的反射率阈值。
$R_{VIS\_th\_land}$：不同陆地覆盖类型的反射率阈值。
$R_{VIS陆}$：晴空陆地可见光波段反射率阈值。
$R_{VIS中高云}$：中高云可见光波段反射率阈值。
$R_{1.385\mu m}$：1.385μm 反射率阈值。
T_{mean_water}：判识像元所在海区的多年月平均海温。
T_{MIR}：星载仪器中中波红外 3.5 μm～4.0 μm 谱段观测的等效黑体辐射亮温 。
$T_{MIR陆}$：晴空陆地中波红外 3.5 μm～4.0 μm 谱段观测的等效黑体辐射亮温。
$T_{MIR中高云}$：中高云中波红外 3.5 μm～4.0 μm 谱段观测的等效黑体辐射亮温。
T_{11}：星载仪器中 10.3 μm～11.3 μm 谱段观测的等效黑体辐射亮温。
T_{11_th}：10.3 μm～11.3 μm 谱段观测的等效黑体辐射亮温雾阈值。
T_{11_min}：10.3 μm～11.3 μm 谱段雾顶的最低亮温阈值。
$T_{11陆}$：晴空陆地像元在 10.3 μm～11.3 μm 谱段的亮温阈值。
$T_{11地}$：晴空地表(包括陆地、海洋)像元在 10.3 μm～11.3 μm 谱段的亮温阈值。
$T_{11中高云}$：中高云 10.3 μm～11.3 μm 谱段雾顶的最低亮温阈值。
T_{12}：星载仪器中 11.5 μm～12.5 μm 谱段观测的等效黑体辐射亮温。
ΔT：雾顶亮温和周围晴空地表的亮温差。
ΔT_{11-12}：10.3 μm～11.3 μm 谱段与 11.5 μm～12.5 μm 谱段亮温差，$\Delta T_{11-12} = T_{11} - T_{12}$。
ΔT_{MIR-11}：3.5 μm～4.0 μm 谱段与 10.3 μm～11.3 μm 谱段亮温差，$\Delta T_{MIR-11} = T_{MIR} - T_{11}$。
$\Delta T_{MIR-11陆}$：3.5 μm～4.0 μm 谱段与 10.3 μm～11.3 μm 谱段晴空陆表亮温间亮温差。
$\Delta T_{MIR-11中高云}$：3.5 μm～4.0 μm 谱段与 10.3 μm～11.3 μm 谱段中高云亮温间亮温差。

5 数据要求

雾的卫星遥感监测对数据有如下要求：

a) 使用星载可见光和红外相应波段探测仪器获取的数据，仪器的通道设置参数参见附录 A～附录 H；
b) 使用经过定位、定标预处理的数据；
c) 不宜使用日出后和日落前 2 h 内的数据。

6 监测方法

6.1 白天雾的识别

6.1.1 白天陆地雾的识别

6.1.1.1 使用短波红外通道的卫星数据时，判识流程和算法如下。各步骤中的数值均为参考值，判识时可根据卫星通道数据质量情况微调。

a) 识别云与晴空陆地：
   1) 视下垫面情况满足 $R_{VIS} < R_{VIS\_th\_land}$ 时为晴空陆地，下垫面为裸地时 $R_{VIS\_th\_land}$ 宜取 0.25，下垫面为植被覆盖区时 $R_{VIS\_th\_land}$ 宜取 0.2；
   2) 满足 $R_{VIS} > R_{VIS\_th\_cloud}$ 时为云区，$R_{VIS\_th\_cloud}$ 宜取 0.25；

3) 按附录I计算 $NDVI$ 值，视下垫面情况与 $NDVI_{th}$ 进行比较，满足 $NDVI < NDVI_{th}$ 时为云区，满足 $NDVI > NDVI_{th}$ 时为晴空陆地区。下垫面为裸地区时 $NDVI_{th}$ 宜取 −0.01，下垫面为非裸地区时 $NDVI_{th}$ 宜取 0.2。

b) 在 6.1.1.1 a)基础上，计算 ΔT_{MIR-11} 和 $R_{1.385\mu m}$，按下列条件从晴空陆地范围提取绝对晴空区域：

1) $\Delta T_{MIR-11} < 8$ K；

2) $R_{1.385\mu m} > 0.05$。

c) 在 6.1.1.1 a)基础上，按附录I计算 $NDSI_{VIS}$ 和 $NDSI_{NIR}$，满足下列条件之一即标记为绝对云区（明显高于雾的云）：

1) $NDSI_{VIS} > 0.35$；

2) $NDSI_{NIR} > 0.25$，且 $T_{11} < T_{11\_th}$。

d) 在不包含晴空陆地和云区的范围内，计算 T_{11} 和 $NDSI$，将满足以下条件的区域判识为雾：

1) $T_{11} - T_{11陆} < \Delta T$（$\Delta T$ 应小于 6 K）；

2) $-0.2 < NDSI < 0.05$，如雾区下垫面为积雪，$NDSI$ 取值应为 0.05 以上。

6.1.1.2 使用中波红外通道的卫星数据时，计算 R_{VIS}、T_{11}、T_{MIR}、ΔT_{MIR-11}。判识为雾的区域将满足以下条件：

a) $R_{VIS陆} < R_{VIS} < R_{VIS中高云}$；

b) $T_{11} > T_{11中高云}$；

c) $T_{MIR} > T_{MIR陆} > T_{MIR中高云}$；

d) $\Delta T_{MIR-11陆} < \Delta T_{MIR-11} < T_{MIR-11中高云}$。

6.1.2 白天海上雾的识别

6.1.2.1 使用短波红外数据时，判识流程和算法如下，各步骤中的数值均为参考值，判识时可根据卫星通道数据质量情况微调：

a) 云区识别：

1) 对太阳镜面反射形成的耀斑区采用耀斑角数据识别海上耀斑影响范围。

2) 非耀斑区，计算 R_{VIS}，$NDVI$，T_{11}，R_{NIR}，R_{SWIR}，当满足以下条件之一时，判识为云区：

- $R_{VIS} > 0.3$；
- $0.15 < R_{VIS} < 0.3$，且 $-0.13 < NDVI < 0.15$；
- $R_{VIS} > 0.18$，$T_{11} < T_{mean\_water} - 2$ K，$NDVI > -0.12$；
- $R_{VIS} > 0.1$，$R_{NIR} > 0.1$，$R_{SWIR} > 0.1$，$T_{11} < T_{mean\_water} + 4$ K。

b) 晴空海区识别。

经 a)识别出的非云像元，对于 R_{VIS}，R_{NIR}，R_{SIR}，$NDVI$，$NDSI$ 同时满足以下条件的区域判识为晴空海区：

1) $R_{VIS} < 0.18$；

2) $R_{NIR} < 0.12$，$R_{SIR} < 0.08$；

3) $NDVI < -0.25$；

4) $NDSI > 0.4$。

c) 碎云或云水混合像元的红外亮温订正。通过云覆盖率，基于辐射传输模型估算云顶辐射，推算红外等效亮温，作为混合像元的订正后的亮温用于阈值判识的备选。

d) 从云区中剔除中高云。满足以下条件之一的像元，判识为中高云：

1) $NDSI_{VIS} > 0.35$；

2) $NDSI_{NIR} > 0.25$，且 $T_{11} < T_{mean\_water} - 2$ K；

3） $NDVI < -0.05$，且 $R_{SIR} < 0.12$。

e） 对于 T_{11}，$NDSI_{VIS}$，$NDSI_{NIR}$，R_{SIR}，$T_{11海区}$同时满足以下条件的区域判识为雾：

1） $T_{11} - T_{11海区} < \Delta T$，$\Delta T$ 冬季取 8 K，其他季节取 4 K；

2） $-0.2 < NDSI_{VIS} < 0.25$；

3） $-0.2 < NDSI_{NIR} < 0.25$；

4） $R_{SIR} > 0.14$；

5） $T_{11} > T_{mean\_water} - 5$ K；

6） $T_{11海区} < 295$ K。

6.1.2.2 使用中波红外数据时，先计算出中红外通道的反射辐射，用其替代短波红外通道反射率，再按 6.1.2.1 操作。

6.2 夜间雾的识别

中波红外和远红外通道的辐射特性，当 T_{11}，$T_{11地}$，ΔT_{MIR-11}满足下列各条件时，判识为夜间雾：

1） $T_{11\_min} < T_{11} < 298$ K；

2） $|T_{11} - T_{11地}| < \Delta T$，$\Delta T$ 宜取 3 K；

3） $-8\text{ K} < \Delta T_{MIR-11} < -1$ K。

7 监测产品制作

7.1 实时产品

7.1.1 多通道合成图像产品

7.1.1.1 多通道合成图像产品以三通道合成图像为底图增强显示雾区。

7.1.1.2 图像处理方法：在有短波红外通道情况下，选取短波红外通道、近红外通道和可见光通道，依次赋予红、绿、蓝色进行多通道合成；在没有短波红外通道情况下，选取远红外通道、近红外通道和可见光通道，依次赋予红、绿、蓝色进行多通道合成。在二值图的雾区范围内，对雾区影像进行增强显示处理。

7.1.1.3 附加地理标记：按照 GB/T 15968—2008、GB/T 2260—2007 和 GB/T 17278—2009 的要求叠加地理标记。

7.1.1.4 图像注释：图像上应附加卫星号（仪器名称）、观测时间、图例等注释标记。图像上应对雾、云、沙尘、积雪等可能出现视觉混淆的区域做注释标记，同类物体的注释标记应有一致的形式和色彩，文字以外的图像注释应配合图例说明。

7.1.2 遥感监测专题图产品

7.1.2.1 遥感监测专题图产品在地图背景上显示雾区。

7.1.2.2 图像处理方法：将雾判识区域（雾二值图像）信息叠加在地图（根据需要选择叠加地理信息）上。雾信息赋予的色彩应与地图区域的色彩有所区别。

7.1.2.3 附加地理标记：按 7.1.1.3 给出的要求进行。

7.1.2.4 图像注释：按 7.1.1.4 给出的要求进行。

7.2 多时次合成图像产品

7.2.1 雾过程合成产品

7.2.1.1 合成图处理方法:对属于同一次雾天气影响过程的多时次雾天气二值图应使用相同的地图投影方式,每一时次的雾天气二值图像元地理位置应包含于监测区域,对属于监测区域的每一时次的二值图进行逐像元判读。只要监测区域内同一像元某一时次有雾,则标记为有雾像元。

7.2.1.2 附加地理标记:按7.1.1.3给出的要求进行。

7.2.1.3 图像注释:按7.1.1.4给出的要求进行,且应附加过程资料接收的起始、终止时间标记。

7.2.2 雾时间周期合成产品

7.2.2.1 合成图处理方法:对属于同一旬、月、季等时段内的雾天气二值图应使用相同的地图投影方式,每一时段内的各时次雾天气二值图像元地理位置应包含于监测区域。对属于同一时段、同一监测区域的各时次的二值图进行逐像元判读,只要监测区域内同一像元某一时次有雾,则标记为有雾像元。根据时段内雾出现的频次标记不同颜色。

7.2.2.2 附加地理标记:按7.1.1.3给出的要求进行。

7.2.2.3 图像注释:按7.1.1.4给出的要求进行。

附 录 A
（资料性附录）
FY-1C/1D 极轨气象卫星 MVISR（多通道可见光红外扫描辐射计）通道参数

FY-1C/1D 极轨气象卫星 MVISR（多通道可见光红外扫描辐射计）通道参数见表 A.1。

表 A.1 FY-1C/1D 极轨气象卫星 MVISR（多通道可见光红外扫描辐射计）通道参数

通道	波长 μm	波段	星下点分辨率 m
1	0.580～0.680	可见光（visible）	1100
2	0.840～0.890	近红外（near infrared）	1100
3	3.550～3.950	中波红外（middle infrared）	1100
4	10.300～11.300	远红外（far infrared）	1100
5	11.500～12.500	远红外（far infrared）	1100
6	1.580～1.640	短波红外（short infrared）	1100
7	0.430～0.480	可见光（visible）	1100
8	0.480～0.530	可见光（visible）	1100
9	0.530～0.580	可见光（visible）	1100
10	0.900～0.985	近红外（near infrared）	1100

附 录 B
(资料性附录)
FY-3A/3B/3C 极轨气象卫星 VIRR(可见光、红外扫描辐射计)通道参数

FY-3A/3B/3C 极轨气象卫星 VIRR(可见光、红外扫描辐射计)通道参数见表 B.1。

表 B.1 FY-3A/3B/3C 极轨气象卫星 VIRR(可见光、红外扫描辐射计)通道参数

通道	波长 μm	波段	星下点分辨率 m
1	0.580～0.680	可见光(visible)	1100
2	0.840～0.890	近红外(near infrared)	1100
3	3.550～3.950	中波红外(middle infrared)	1100
4	10.300～11.300	远红外(far infrared)	1100
5	11.500～12.500	远红外(far infrared)	1100
6	1.580～1.640	短波红外(short infrared)	1100
7	0.430～0.480	可见光(visible)	1100
8	0.480～0.530	可见光(visible)	1100
9	0.530～0.580	可见光(visible)	1100
10	1.325～1.395	水汽通道(water vapor)	1100

附　录　C
（资料性附录）
FY-3A/3B/3C MERSI（中分辨率成像光谱仪）通道参数

FY-3A/3B/3C MERSI（中分辨率成像光谱仪）通道参数见表 C.1。

表 C.1　FY-3A/3B/3C MERSI（中分辨率成像光谱仪）通道参数

通道	波长 μm	波段	星下点分辨率 m
1	0.445～0.495	可见光(visible)	250
2	0.525～0.575	可见光(visible)	250
3	0.625～0.675	可见光(visible)	250
4	0.835～0.885	近红外(near infrared)	250
5	10.50～12.50	远红外(far infrared)	250
6	1.615～1.665	短波红外(short infrared)	1000
7	2.105～2.255	短波红外(short infrared)	1000
8	0.402～0.422	可见光(visible)	1000
9	0.433～0.453	可见光(visible)	1000
10	0.480～0.500	可见光(visible)	1000
11	0.510～0.530	可见光(visible)	1000
12	0.525～0.575	可见光(visible)	1000
13	0.640～0.660	可见光(visible)	1000
14	0.675～0.695	可见光(visible)	1000
15	0.755～0.775	可见光(visible)	1000
16	0.855～0.875	近红外(near infrared)	1000
17	0.895～0.915	近红外(near infrared)	1000
18	0.930～0.950	近红外(near infrared)	1000
19	0.970～0.990	近红外(near infrared)	1000
20	1.020～1.040	近红外(near infrared)	1000

附 录 D
(资料性附录)
EOS/MODIS(中分辨率成像光谱仪)通道参数

EOS/MODIS(中分辨率成像光谱仪)通道参数见表D.1。

表D.1 EOS/MODIS(中分辨率成像光谱仪)通道参数

通道	波长 μm	波段	星下点分辨率 m
1	0.620～0.670	可见光(visible)	250
2	0.841～0.876	近红外(near infrared)	250
3	0.459～0.479	可见光(visible)	500
4	0.545～0.565	可见光(visible)	500
5	1.230～1.250	近红外(near infrared)	500
6	1.628～1.652	短波红外(short infrared)	500
7	2.105～2.155	短波红外(short infrared)	500
8	0.405～0.420	可见光(visible)	1000
9	0.438～0.448	可见光(visible)	1000
10	0.483～0.493	可见光(visible)	1000
11	0.526～0.536	可见光(visible)	1000
12	0.546～0.556	可见光(visible)	1000
13	0.662～0.672	可见光(visible)	1000
14	0.673～0.683	可见光(visible)	1000
15	0.743～0.753	可见光(visible)	1000
16	0.862～0.877	近红外(near infrared)	1000
17	0.890～0.920	近红外(near infrared)	1000
18	0.931～0.941	近红外(near infrared)	1000
19	0.915～.965	近红外(near infrared)	1000
20	3.660～3.840	中波红外(middle infrared)	1000
21	3.929～3.989	中波红外(middle infrared)	1000
22	3.929～3.989	中波红外(middle infrared)	1000
23	4.020～4.080	中波红外(middle infrared)	1000
24	4.433～4.498	中波红外(middle infrared)	1000
25	4.482～4.549	中波红外(middle infrared)	1000
26	1.360～1.390	短波红外(short infrared)	1000
27	6.535～6.895	中波红外(middle infrared)	1000
28	7.175～7.475	中波红外(middle infrared)	1000

表 D.1 EOS/MODIS（中分辨率成像光谱仪）通道参数（续）

通道	波长 μm	波段	星下点分辨率 m
29	8.400～8.700	远红外(far infrared)	1000
30	9.580～9.880	远红外(far infrared)	1000
31	10.780～11.280	远红外(far infrared)	1000
32	11.770～12.270	远红外(far infrared)	1000
33	13.185～13.485	远红外(far infrared)	1000
34	13.485～13.785	远红外(far infrared)	1000
35	13.785～14.085	远红外(far infrared)	1000
36	14.085～14.385	远红外(far infrared)	1000

附 录 E
（资料性附录）
NOAA 极轨气象卫星 AVHRR(改进的甚高分辨率扫描辐射计)通道参数

NOAA 极轨气象卫星 AVHRR(改进的甚高分辨率扫描辐射计)通道参数见表 E.1。

表 E.1 NOAA 极轨气象卫星 AVHRR(改进的甚高分辨率扫描辐射计)通道参数

通道	波长 μm	波段	星下点分辨率 m
1	0.58～0.68	可见光(visible)	1100
2	0.725～1.00	近红外(near infrared)	1100
3A	1.58～1.64	短波红外(short infrared)	1100
3B	3.55～3.95	中波红外(middle infrared)	1100
4	10.3～11.3	远红外(far infrared)	1100
5	11.5～12.5	远红外(far infrared)	1100

附　录　F
(资料性附录)
FY-2 静止气象卫星 VISSR(扫描辐射计)通道参数

FY-2 静止气象卫星 VISSR(扫描辐射计)通道参数见表 F.1。

表 F.1　FY-2C/D/E/F 静止气象卫星 VISSR(扫描辐射计)通道参数

通道	波长 μm	波段	星下点分辨率 m
1	0.50～0.75	可见光(visible)	1250
2	10.3～11.3	远红外(far infrared)	5000
3	11.5～12.5	远红外(far infrared)	5000
4	3.5～4.0	中波红外(middle infrared)	5000
5	6.3～7.6	水汽通道(water vapor)	5000

附　录　G
（资料性附录）
NPP 极轨气象卫星 VIIRS（可见光红外辐射计组合仪）通道参数

NPP 极轨气象卫星 VIIRS(可见光红外辐射计组合仪)通道参数见表 G.1。

表 G.1　NPP 极轨气象卫星 VIIRS(可见光红外辐射计组合仪)通道参数

通道	波长 μm	波段	星下点分辨率 m
M1	0.402～0.422	可见光(visible)	750
M2	0.436～0.454	可见光(visible)	750
M3	0.478～0.488	可见光(visible)	750
M4	0.545～0.565	可见光(visible)	750
M5(B)	0.662～0.682	可见光(visible)	750
M6	0.739～0.754	近红外(near infrared)	750
M7(G)	0.846～0.885	近红外(near infrared)	750
M8	1.23～1.25	短波红外(short infrared)	750
M9	1.371～1.386	短波红外(short infrared)	750
M10(R)	1.58～1.64	短波红外(short infrared)	750
M11	2.23～2.28	短波红外(short infrared)	750
M12	3.61～3.79	中波红外(middle infrared)	750
M13	3.97～4.13	中波红外(middle infrared)	750
M14	8.4～8.7	远红外(far infrared)	750
M15	10.26～11.26	远红外(far infrared)	750
M16	11.54～12.49	远红外(far infrared)	750
DNB	0.5～0.9	可见光(visible)	750
I1(B)	0.6～0.68	可见光(visible)	375
I2(G)	0.85～0.88	近红外(near infrared)	375
I3(R)	1.58～1.64	短波红外(short infrared)	375
I4	3.55～3.93	中波红外(middle infrared)	375
I5	10.5～12.4	远红外(far infrared)	375

附　录　H
（资料性附录）
Metop 极轨气象卫星 AVHRR（改进的甚高分辨率扫描辐射计）通道参数

Metop 极轨气象卫星 AVHRR（改进的甚高分辨率扫描辐射计）通道参数见表 H.1。

表 H.1　Metop 极轨气象卫星 AVHRR（改进的甚高分辨率扫描辐射计）通道参数

通道	波长 μm	波段	星下点分辨率 m
1	0.58～0.68	可见光（visible）	1000
2	0.725～1.00	近红外（near infrared）	1000
3A	1.58～1.64	短波红外（short infrared）	1000
3B	3.55～3.93	中波红外（middle infrared）	1000
4	10.3～11.3	远红外（far infrared）	1000
5	11.5～12.5	远红外（far infrared）	1000

附 录 I
（规范性附录）
***NDSI* 和 *NDVI* 的计算公式**

I.1 *NDSI* 的计算公式

I.1.1 $NDSI_{\mathrm{VIS}}$的计算公式为：

$$NDSI_{\mathrm{VIS}}=\frac{R_{\mathrm{VIS}}-R_{\mathrm{SIR}}}{R_{\mathrm{VIS}}+R_{\mathrm{SIR}}} \qquad \cdots\cdots(\mathrm{I}.1)$$

I.1.2 $NDSI_{\mathrm{NIR}}$计算公式为：

$$NDSI_{\mathrm{NIR}}=\frac{R_{\mathrm{NIR}}-R_{\mathrm{SIR}}}{R_{\mathrm{NIR}}+R_{\mathrm{SIR}}} \qquad \cdots\cdots(\mathrm{I}.2)$$

I.2 *NDVI* 的计算公式

$$NDVI=\frac{R_{\mathrm{NIR}}-R_{\mathrm{VIS}}}{R_{\mathrm{NIR}}+R_{\mathrm{VIS}}} \qquad \cdots\cdots(\mathrm{I}.3)$$

参 考 文 献

[1] QX/T 47—2007 地面气象观测规范 第3部分:气象能见度观测

ICS 07.060
A 47
备案号：49482—2015

中华人民共和国气象行业标准

QX/T 268—2015

电视气象信息服务节目综合评价方法

Evaluation method of meteorological information service television programs

2015-01-26 发布

2015-05-01 实施

中 国 气 象 局 发 布

前　言

本标准按照 GB/T 1.1—2009 给出的规则起草。

本标准由全国气象防灾减灾标准化技术委员会气象影视分技术委员会(SAC/TC 345/SC1)提出并归口。

本标准起草单位:华风气象传媒集团有限责任公司。

本标准主要起草人:王倩、卢晓露、周笛。

电视气象信息服务节目综合评价方法

1 范围

本标准规定了电视气象信息服务节目综合评价的指标体系，指标数据的获取、处理和评价得分计算方法。

本标准适用于电视气象信息服务节目的综合评价。

2 术语和定义

下列术语和定义适用于本文件。

2.1

电视气象信息服务节目 meteorological information service television programs

在电视频道播出的，以天气预报等气象信息服务为主要内容的节目。

2.2

服务能力 service ability

电视气象信息服务节目在公共气象服务方面的作用。

2.3

公信力 credibility

节目赢得观众信赖的能力。

2.4

观众满意度 satisfaction

观众对节目整体的满意程度。

2.5

观众主动收看意愿 active viewing

观众收看节目的主动程度。

2.6

观众节目推荐度 recommendation

观众向其他人推荐节目的可能性。

2.7

电视收视率 TV rating

电视收视市场的总体观众中，收看某频道或其节目的个人所占的比例。

[GB/T 30350—2013，定义 3.2]

2.8

收视时段贡献 contribution to the rating of time band

节目对所在频道、所在时段的收视贡献力。

2.9

收视忠诚度 audience loyalty

节目粘着观众的能力。

2.10

收视成长趋势　growth trend of rating

与历史同期相比，时段收视贡献增长比率。

3　指标体系

由4个一级指标和10个二级指标构成，见表1。

表1　电视气象信息服务节目综合评价指标体系

一级指标	二级指标	指标解释
创作力	专业性	制作水准和品质（编辑编排、制作剪辑、播音主持、图形图像、灯光抠像、造型、文字写作等）。
	创新性	节目在形式创新方面的表现。
影响力	服务能力	主流社会群体对节目公众气象服务功能的认可。由专家评分和观众评分组成，观众评分为过去30天看过某电视气象信息服务节目的观众对该节目气象服务功能认可程度的评分。
	公信力	过去30天内收看过某电视气象信息服务节目的观众对节目所提供的信息信赖程度的评分。
美誉度	观众满意度	过去30天内收看过某电视气象信息服务节目的观众对该节目满意程度的评分。
	观众主动收看意愿	过去30天内收看过某电视气象信息服务节目的观众对自己主动收看该节目意愿的评分。
	观众节目推荐度	收看过某电视气象信息服务节目的观众向其他人推荐的可能性的评分。
传播力	收视时段贡献	节目电视收视率与所在半小时时段收视率比值。可以修正掉时段和播出平台对收视数据的影响，较准确地反映气象节目的实际影响力。
	收视忠诚度	考评周期内收看过节目的观众人均收看期数减1后与考评周期内节目总期数的比值。
	收视成长趋势	考评周期内的收视时段贡献与上一年同期收视时段贡献的差值与考评周期内上一年度同期收视时段贡献的比值。

4　数据获取和处理方法

二级指标的数据获取和处理方法见附录A和附录B。

5　计算方法

各项指标与相应权重乘积后的总和即为综合评价得分，其计算见公式(1)：

$$SQ = P \times a_1 + C \times a_2 + S \times b_1 + PT \times b_2 + AS \times c_1 + AV \times c_2 + AR \times c_3 + CR \times d_1 + AL \times d_2 + GT \times d_3 \quad \cdots\cdots(1)$$

式中：

SQ——电视气象信息服务节目综合评价得分；

P ——专业性得分；

a_1 —— 专业性指标权重系数；

C ——创新性得分；

a_2 ——创新性指标权重系数；

S ——服务能力得分；

b_1 ——服务能力标权重系数；

PT——公信力得分；

b_2 ——公信力指标权重系数；

AS——观众满意度得分；

c_1 ——观众满意度指标权重系数；

AV——观众主动收看意愿得分；

c_2 ——观众主动收看意愿指标权重系数；

AR——观众节目推荐度得分；

c_3 ——观众节目推荐度指标权重系数；

CR——收视时段贡献得分；

d_1 ——收视时段贡献指标权重系数；

AL——收视忠诚度得分；

d_2 ——收视忠诚度指标权重系数；

GT——收视成长趋势得分；

d_3 ——收视成长趋势指标权重系数。

指标权重系数的设置以不抵消各项指标在综合评价中的作用为原则，可根据实际情况进行调整(参见附录C)。

附 录 A
(规范性附录)
电视气象信息服务节目综合评价二级指标数据的获取与处理方法

A.1 数据的获取

二级指标数据的获取方法见表 A.1。

表 A.1 电视气象信息服务节目综合评价二级指标数据的获取方法

<table>
<tr><th>二级指标</th><th>数据来源</th><th>获取要求</th></tr>
<tr><td>专业性</td><td>专家评价小组评分</td><td rowspan="4">专家评价小组评分数据:同一次评价中有多个参评节目时,每个节目的专家评价得分应由同一组织单位负责统计,所使用的统计方法应统一,具体评分操作规则见附录 B。
专家评价小组应由电视行业专家、气象行业专家、节目制作单位业务主管或负责人组成。三类专家身份不重叠。电视行业专家人数应占专家评价小组总人数的 30%以上,气象行业专家人数应占专家评价小组总人数 25%以上,节目制作单位业务主管或负责人参评人数应占专家评价小组总人数 25%以上。专家评价小组总人数不少于 4 人。</td></tr>
<tr><td rowspan="2">创新性</td><td>专家评价小组评分</td></tr>
<tr><td>观众调查</td></tr>
<tr><td rowspan="2">服务能力</td><td>专家评价小组评分</td></tr>
<tr><td>观众调查</td><td rowspan="5">观众调查数据:应由权威市场调查机构通过开展观众调查获得。
同一次评价中有多个参评节目时,数据应来源于同一次、同等规模的观众调查。</td></tr>
<tr><td>公信力</td><td>观众调查</td></tr>
<tr><td>观众满意度</td><td>观众调查</td></tr>
<tr><td>观众主动收看意愿</td><td>观众调查</td></tr>
<tr><td>观众节目推荐度</td><td>观众调查</td></tr>
<tr><td>收视时段贡献</td><td>收视率调查</td><td rowspan="3">收视率调查数据:统计收视数据所需的相应数据应为由传媒行业公认的收视调查公司依照 GB/T 30350—2013 调查获得的由收视仪获取的收视率数据,目标人群为四岁以上观众。</td></tr>
<tr><td>收视忠诚度</td><td>收视率调查</td></tr>
<tr><td>收视成长趋势</td><td>收视率调查</td></tr>
</table>

A.2 数据的处理

A.2.1 初级处理方法

获取的二级指标数据应先进行初级处理,方法见表 A.2。当同一次评价中有多个参评节目,需要对评价结果进行横向对比时,需对观众主动收看意愿和观众节目推荐度做观众规模加权,之后对所有二级指标数据进行标准化处理,再代入综合评价得分计算公式(1)。

表 A.2　电视气象信息服务节目综合评价二级指标数据的初级处理方法

二级指标	初级处理方法
专业性	进行季度或年度综合评价时，将所涵盖各月的专家评价小组评分取平均值； 当个别节目缺失专家评价小组评分时，可使用同一次评价过程中参评的其他节目专家评价小组评分分值的平均数代替。
创新性	进行季度或年度综合评价时，将所涵盖各月的专家评价小组该项评分取平均值； 按比例与观众调查相应评分合并，比例可自行设定，观众评分所占比例最高不超过50%； 当个别节目缺失专家评价小组评分时，可使用同一次评价过程中参评的其他节目专家评价小组评分分值的平均数代替。
服务能力	
公信力	当一个节目一天有多档节目时，应取多档节目该项数据的平均值作为该项指标的原始数据。
观众满意度	
观众主动收看意愿	
观众节目推荐度	
收视时段贡献	当一个节目一天有多档节目时，应取多档节目的相应项目数据的平均值作为该项指标的原始数据。
收视忠诚度	
收视成长趋势	

A.2.2　观众规模加权

A.2.2.1　观众规模

观众规模可以量化反映观众对某档节目的期待水平。基于节目的主动收看意愿和推荐度应与节目观众规模成正比的前提假设，以观众规模对观众主动收看意愿和观众节目推荐度两项指标进行加权处理

A.2.2.2　观众规模加权

以观众主动收看意愿得分和观众节目推荐度的原始得分直接除以观众规模得分。

加权后，数值大于1，表示节目的满意度和观众主动收看意愿超出观众期待；数值等于1，表示节目的观众主动收看意愿和观众节目推荐度与观众期待相适应；数值小于1，表示节目的满意度和观众主动收看意愿距离观众要求还有距离。

A.2.3　标准化处理

按照式(A.1)消除不同指标的量纲差异，同时减少数据的过度波动。

$$X = 60 + 40 \times \frac{x - \mathrm{MIN}(x)}{\mathrm{MAX}(x) - \mathrm{MIN}(x)} \qquad \cdots\cdots\cdots\cdots (A.1)$$

式中：

X ——标准化后指标数值，通过标准化处理后所有指标数值对位到60分～100分；

x ——标准化前指标数值。

附 录 B
(规范性附录)
专家评价小组评分操作规则

B.1 专家评价小组评分项目及评分分类

专家评价小组评分项目根据节目类型不同有所区别,主持人类电视气象信息服务节目的评分项目及评分分类见表B.1,纯图文类电视气象信息服务节目的评分项目见表B.2。

注:主持人类电视气象信息服务节目与纯图文类电视气象信息服务节目相比,结构、手段和形式都相对复杂,可承载的服务功能更多,通过综合评价后可提升的空间更大,因此在进行评分项目设计时,以主持人类电视气象信息服务节目为基础,对纯图文类电视天气预报进行评价时,去掉相应项目即可,分数可按管理需求重新划分。

表B.1 主持人类电视气象信息服务节目评分项目及评分分类

指标名称	分数	观众	评分项目	分数分配	电视专家	电视专业主管	气象专业主管	其他专业主管
服务能力	40分	√	气象信息准确程度	10分			√	
			气象服务信息实用程度	10分	√	√	√	√
			气象信息通俗易懂程度	5分	√	√		√
			气象图形直观程度	5分	√	√	√	√
			服务敏感度(指定参评主题时,指节目对指定主题服务的情况;自选报送时,指所选主题的吸引力)	10分	√	√	√	√
创新性	20分	√	节目形式新颖程度	5分	√	√	√	√
			天气图形创新	10分	√	√	√	√
			节目包装(演播室、背景演示包装)创新	5分	√	√	√	√
专业性	40分		电视手段丰富程度	5分	√	√		
			电视手段精美程度	5分	√	√		
			结构条理	5分	√	√	√	√
			解说词	5分	√	√	√	√
			主持人表现	10分	√	√	√	√
			主持人造型	5分	√	√	√	√
			灯光、抠像、摄像	5分	√	√		
总分				100分				

表 B.2 纯图文类电视气象信息服务节目评分项目及评分分类

指标名称	评分项目	电视专家	电视专业主管	气象专业主管	其他专业主管
服务能力	气象信息准确程度			√	
	气象服务信息实用程度	√	√	√	√
	气象信息通俗易懂程度	√	√		√
创新性	节目形式新颖程度	√	√	√	√
	节目包装创新	√	√	√	√
专业性	电视手段精美程度	√	√		

B.2 专家评价小组分数统计方法

专家评价小组分数的统计方法可根据具体情况，选择下列任意一种方法：

a) 各项参与评分人员的单项平均分求和，得出总平均分；

b) 针对本单位的管理要求，根据不同身份的参评人员其主观意见的重要程度不同，给不同参评人员的单项分数赋予不同的权重，计算总分。

示例：某制作单位认为在“电视手段丰富程度”方面，电视专家的主观意见比节目制作单位主管领导的意见更具参考价值，赋予电视专家6的权重，主管领导4的权重，则“电视手段丰富程度”项的得分＝电视专家评分的平均分×0.6＋节目制作单位主管领导评分的平均分×0.4。其他各项依此类推，最终再将各项得分求和得出总分。

附 录 C
（资料性附录）
某影视中心电视气象信息服务节目综合评价指标权重分配

某影视中心电视气象信息服务节目综合评价指标权重分配见表C.1。

表C.1 某影视中心电视气象信息服务节目综合评价指标权重分配

一级指标	权重分配	二级指标	权重分配	专家评分小组	观众调查	收视率调查
创作力	15%	专业性	5%	√		
		创新性	5%	√	√	
影响力	20%	服务能力	10%	√	√	
		公信力	10%		√	
美誉度	25%	观众满意度	15%		√	
		观众主动收看意愿	15%		√	
		观众节目推荐度	5%		√	
传播力	40%	收视时段贡献	30%			√
		收视忠诚度	5%			√
		收视成长趋势	5%			√

ICS 07.060
A 47
备案号：50953—2015

中华人民共和国气象行业标准

QX/T 269—2015

气溶胶污染气象条件指数(PLAM)

Parameter linking aerosol-pollution and meteorology

2015-07-28 发布　　2015-12-01 实施

中 国 气 象 局　发 布

前 言

本标准按照GB/T 1.1—2009给出的规则起草。

本标准由全国气候与气候变化标准化技术委员会大气成分观测预报预警服务分技术委员会(SAC/TC 540/SC 1)提出并归口。

本标准起草单位:中国气象科学研究院。

本标准主要起草人:杨元琴、王继志、周春红、侯青。

引　　言

定量评估和预测因气象条件变化对大气气溶胶污染物加重或减轻的影响，有利于各地日趋严重的大气污染分析预测的社会服务需求，是各级气象部门提高和改善气象服务质量的重要任务之一，编制标准十分必要。本标准采用PLAM诊断和预测方法，定量给出气象条件对气溶胶污染物浓度扩散稀释影响等级。

气溶胶污染气象条件指数(PLAM)

1 范围

本标准规定了气溶胶污染气象条件指数(PLAM)的计算和分级方法。

本标准适用于气象条件对大气气溶胶污染影响的评估和预测。

2 术语和定义

下列术语和定义适用于本文件。

2.1

大气气溶胶 atmospheric aerosol

液体或固体微粒分散在大气中形成的相对稳定的悬浮体系。

[GB/T 31159—2014,定义 2.1]

2.2

饱和水汽压 saturation water-vapour pressure

达到饱和状态的大气湿空气作用在单位面积上的水汽压力。

注:常用单位为百帕(hPa)。

2.3

位温 potential temperature

空气沿干绝热过程变化到气压为 1000 hPa 时的温度。

注:常用单位为开尔文(K)。

2.4

假相当位温 pseudo-equivalent potential temperature

未饱和湿空气块上升,直到气块内水汽全部凝结降落后,再按干绝热下沉到 1000 hPa 处,此时气块所具有的温度。

注:常用单位为开尔文(K)。

2.5

大气稳定度 atmospheric stability

近地层大气作垂直运动的强弱程度。

注:单位为无量纲。

2.6

湿空气凝结率 condensation efficiency of wet air

在湿绝热大气条件下,1 kg 的湿空气在单位水汽压作用下,凝结产生的液态水含量。

2.7

湿理查逊数 wet Richardson number

湍流的浮力做功和切应力做功之比值,用来表征湿空气垂直稳定度状态的参数。

注:单位为无量纲。

2.8

气溶胶污染气象条件指数 parameter linking aerosol-pollution and meteorology;PLAM

描述特定的气象条件对大气气溶胶污染影响程度的无量纲指数。

注:PLAM值愈大则表征大气环境状态愈不利于近地面大气中气溶胶污染物稀释与扩散。

2.9

气溶胶污染气象条件指数等级 classes of parameter linking aerosol-pollution and meteorology

按照标准化方法对计算获得PLAM的连续数值进行归类分级处理后的气溶胶污染气象条件等级值。

3 PLAM计算方法

气溶胶污染气象条件指数(PLAM)的计算公式为:

$$I_{PLAM} = M \times \beta \quad \cdots\cdots(1)$$

式中:

I_{PLAM}——PLAM值;

M ——气象条件二维分布影响参数值,无量纲,计算方法见A.1;

β ——大气垂直稳定度影响参数值,无量纲,计算方法见A.2。

4 PLAM分级

4.1 PLAM标准化处理

为了消除地理位置、季节和排放等差异的影响,对PLAM值进行标准化分析处理,计算公式如下:

$$I_{PLAM,s} = [(I_{PLAM} - I_{PLAM,min}) / (I_{PLAM,max} - I_{PLAM,min})] \times 100 \quad \cdots\cdots(2)$$

式中:

$I_{PLAM,s}$ ——PLAM标准化值;

$I_{PLAM,max}$——计算地区I_{PLAM}的历史极大值,历史资料长度通常取近30年;

$I_{PLAM,min}$——计算地区I_{PLAM}的历史极小值,历史资料长度通常取近30年。

4.2 PLAM等级

将标准化值$I_{PLAM,s}$由低到高划分为6级(见表1)。等级越高,表示气象条件越不利于大气气溶胶污染物扩散与稀释。

表1 PLAM的标准化等级

等级	PLAM标准化值	气象条件对大气气溶胶污染物的影响特征
1	0~18	气象条件极有利于大气气溶胶污染物扩散与稀释
2	19~36	气象条件有利于大气气溶胶污染物扩散与稀释
3	37~54	气象条件较有利于大气气溶胶污染物扩散与稀释
4	55~72	气象条件较不利于大气气溶胶污染物扩散与稀释
5	73~90	气象条件不利于大气气溶胶污染物扩散与稀释
6	91~100	气象条件极不利于大气气溶胶污染物扩散与稀释

附　录　A
（规范性附录）
PLAM 计算公式中各变量的计算方法

A.1　气象条件二维分布影响参数 M 的计算方法

A.1.1　气象条件二维分布影响参数 M 的计算公式

$$M = \theta_e \frac{f_c}{C_p T} \qquad \cdots\cdots(A.1)$$

式中：

M ——气象条件二维分布影响参数，无量纲；

θ_e ——湿相当位温数值，单位为开尔文(K)，计算方法见式(A.2)；

f_c ——湿空气凝结率数值，单位为焦耳每克开尔文($J \cdot g^{-1} \cdot K^{-1}$)，计算方法见式(A.4)；

C_p ——定压比热数值，$C_p=1.005$，单位为焦耳每克开尔文($J \cdot g^{-1} \cdot K^{-1}$)；

T ——气温数值，单位为开尔文(K)。

A.1.2　湿相当位温 θ_e 的计算公式

$$\theta_e = \theta \times \exp\left[\left(\frac{Lw}{C_p T}\right)\right] \qquad \cdots\cdots(A.2)$$

其中，

$$\theta = T\left[\left(\frac{1000}{P}\right)^{\frac{R_d}{C_p}}\right] \qquad \cdots\cdots(A.3)$$

式中：

θ ——相当位温数值，单位为开尔文(K)；

L ——水汽的凝结潜热数值，$L=2500.6$，单位为焦耳每克($J \cdot g^{-1}$)；

W ——空气的混合比数值，单位为克每克($g \cdot g^{-1}$)；

C_p ——定压比热数值，$C_p=1.005$，单位为焦耳每克开尔文($J \cdot g^{-1} \cdot K^{-1}$)；

T ——气温数值，单位为开尔文(K)；

R_d ——干空气的比气体常数，$R_d=2.87\times10^{-1}$，单位为焦耳每克开尔文($J \cdot g^{-1} \cdot K^{-1}$)；

P ——气压数值，单位为百帕(hPa)。

A.1.3　湿空气凝结率 f_c 的计算公式

$$f_c = f_{cd}\Big/\left[\left(1+\frac{L}{C_p}\frac{\partial q_s}{\partial T}\right)_p\right] \qquad \cdots\cdots(A.4)$$

其中，

$$f_{cd} = \left[\left(\frac{\partial q_s}{\partial P}\right)_T + \gamma_d\left(\frac{\partial q_s}{\partial T}\right)_p\right] \qquad \cdots\cdots(A.5)$$

$$q_s = \frac{0.622\times6.11\times\exp[a(T_d-273.16)/(T_d-b)]}{P-0.278\times\exp[a(T_d-273.16)/(T_d-b)]} \qquad \cdots\cdots(A.6)$$

$$\gamma_d = \frac{R_d}{C_p}\times\frac{T}{P} \qquad \cdots\cdots(A.7)$$

式中：

f_{cd} ——干空气凝结率数值，单位为焦耳每克开尔文（$J\cdot g^{-1}\cdot K^{-1}$）；
L ——水汽的凝结潜热数值，$L=2500.6$，单位为焦耳每克（$J\cdot g^{-1}$）；
C_p ——定压比热数值，$C_p=1.005$，单位为焦耳每克开尔文（$J\cdot g^{-1}\cdot K^{-1}$）；
q_s ——比湿数值，单位为克每千克（$g\cdot kg^{-1}$）；
T ——气温数值，单位为开尔文（K）；
P ——气压数值，单位为百帕（hPa）；
γ_d ——干绝热直减率数值，单位为开尔文每百帕（$K\cdot hPa^{-1}$）；
T_d ——露点温度数值，单位为开尔文（K）；
a，b ——经验系数，单位为无量纲，其取值如下：
$T_d>263$，$a=17.26$，$b=35.86$；
$T_d\leqslant 263$，$a=21.87$，$b=7.66$。
R_d ——干空气的比气体常数数值，$R_d=2.87\times 10^{-1}$，单位为焦耳每克开尔文（$J\cdot g^{-1}\cdot K^{-1}$）。

A.2 大气垂直稳定度影响参数 β 的计算方法

$$\beta=\begin{cases} e^{-R_i}, & -0.28\leqslant R_i\leqslant 0 \\ e^{-R_i}, & R_i>0 \\ e^{R_i}, & R_i<-0.28 \end{cases} \quad \cdots\cdots\cdots\cdots(A.8)$$

其中，

$$R_i=\frac{g}{\theta_e}\frac{\left(\dfrac{\partial\theta_e}{\partial z}\right)}{\left(\dfrac{\partial\bar{u}}{\partial z}\right)^2} \quad \cdots\cdots\cdots\cdots(A.9)$$

式中：
β ——大气垂直稳定度影响参数数值，单位为无量纲；
R_i ——理查逊（Richardson）数值，单位为无量纲；
g ——重力加速度数值，$g\approx 9.8$，单位为米每二次方秒（$m\cdot s^{-2}$）；
θ_e ——湿相当位温数值，单位为开尔文（K）；
z ——高度数值，单位为米（m）；
$\bar{u}$ ——平均风速数值，单位为米每秒（$m\cdot s^{-1}$）。

参考文献

[1] GB 3095—2012 环境空气质量标准

[2] QX/T 41—2006 空气质量预报

[3] QX/T 49—2007 地面气象观测规范第5部分:气压观测

[4] QX/T 50—2007 地面气象观测规范第6部分:空气温度和湿度观测

[5] 杨元琴,王继志,侯青等. 北京夏季空气质量的气象指数预报[J]. 应用气象学报,2009,20(6):649-655

[6] Zhang X Y, Wang Y Q, et al. Changes of Atmospheric Composition and Optical Properties over Beijing2008 Olympic Monitoring Campaign,BAMS, 2009, **90**(11):1633-1649

[7] Zhang X Y, Wang Y Q, Lin W L,et al. Changes of Atmospheric composition and optical-properties over Beijing 2008 olympic monitoring campaign. Amer Ican Meteorological Socieity[J]. BAMS,November 2009:1633-1651

[8] Gong S L, Barrie L A, Blanchet J P,et al. Canadian Aerosol Module: A size-segregated simulation of atmospheric aerosol processes for climate and air quality models 1. Module development. [J]. Geophys. Res **108** (D1), 2003:4007, doi: 10.1029/2001 JD002002

[9] Honoré C, et al. Predictability of European air quality: Assessment of 3 years of operational forecasts and analyses by the PREV'AIR system[J]. Geophys. Res. 2008:113 D04301 (2008)

[10] Wang J Z, Gong S, Zhang X Y, Yang Y Q, et al. A parameterized method for air-quality diagnosis and its applications[J]. Adv Meteorol, 2012,doi:10.1155/2012/238589

[11] 蒋维楣,曹文俊,蒋瑞宾. 空气污染气象学教程[M]. 北京:气象出版社. 1993

[12] 王继志,杨元琴. 现代天气工程学[M]. 北京:气象出版社. 2000

[13] 张玉玲. 中尺度大气动力学引论[M]. 北京:气象出版社. 1999

[14] 唐孝炎,张远航,邵敏. 大气环境化学[M]. 北京:高等教育出版社. 2006

ICS 07.060
A 47
备案号：50954—2015

中华人民共和国气象行业标准

QX/T 270—2015

CE318 太阳光度计观测规程

Regulation of CE318 sunphotometer measurement

2015-07-28 发布

2015-12-01 实施

中 国 气 象 局 发 布

前　言

本标准按照 GB/T 1.1—2009 给出的规则起草。

本标准由全国气候与气候变化标准化技术委员会大气成分观测预报预警服务分技术委员会(SAC/TC 540 /SC 1)提出并归口

本标准起草单位：中国气象科学研究院、中国气象局气象探测中心。

本标准主要起草人：车慧正、张晓春、孙俊英、张小曳。

引　言

CE318 太阳光度计是一种测量太阳和天空在可见光和近红外的不同波段、不同方向、不同时间的辐射变化的高精度仪器，可实时测量大气气溶胶、水汽、臭氧等成分的特性，可用于大气环境监测、卫星观测大气结果校正等。为了规范 CE318 太阳光度计观测规程，特制定本标准。

CE318 太阳光度计观测规程

1 范围

本标准规定了利用 CE318 型多波段太阳光度计测量太阳直接辐射和天空散射辐射的观测规程，包括技术要求指标、安装方法、维护与校准要求、数据记录及审核要求等。

本标准适用于气象及相关行业台站观测人员利用 CE318 型多波段太阳光度计，进行大气气溶胶光学厚度、水汽、臭氧等的长期测定。

2 术语和定义

下列术语和定义适用于本文件。

2.1

大气气溶胶 aerosol

大气与悬浮在其中的固体和液体微粒共同组成的多相体系，粒径大小通常在 0.01 μm～100 μm。

2.2

大气气溶胶光学厚度 aerosol optical depth

大气气溶胶粒子消光系数在垂直方向上的积分，表示气溶胶对光的衰减作用大小。

2.3

多波段太阳光度计 multi-wavelength sunphotometer

通过测量从可见光到近红外不同波段、不同天顶角、不同时刻太阳和天空的辐射信号强度，反演大气气溶胶光学厚度等特性的仪器。

2.4

大气质量数 air mass

太阳在任何位置与在天顶时直射光通过大气到达观测点的路径之比。

3 代号

下列代号适用于本文件。

ASTPWin 软件：仪器观测数据显示软件。

AZ：机器人臂水平转动方向。

GOSUN 指令：使仪器指向太阳所在位置的操作指令。

LINK PC 指令：使仪器自动连接计算机的操作指令。

PARK 指令：使仪器回到初始位置的操作指令。

PC 指令：手动将仪器观测数据传输至计算机的操作指令。

SBY：仪器处于待机状态。

SCN 菜单：仪器控制箱内手动调试仪器的各项指令均在此菜单下面。

TRACK 指令：使仪器进行微调整，最终精确对准太阳的操作指令。

ZN：机器人臂垂直转动方向。

4 观测仪器构成

CE318 太阳光度计是用于自动测量太阳直接辐射和天空散射辐射的仪器，仪器系统主要由光学头、机器人臂、控制箱、三脚架、直流电源、太阳能板、交流充电器、仪器箱等部分构成。

5 技术指标

5.1 视场角

光学头瞄准筒视场角为 1.2°。

5.2 波长范围

CE318 太阳光度计主要包括 CE318-N、CE318-NE、CE318-P 等三种型号，各自波段情况如下：

——CE318-N 型波段包括 340 nm，380 nm，440 nm，500 nm，670 nm，870 nm，936 nm 和 1020 nm；

——CE318-NE 型波段包括 340 nm，380 nm，440 nm，500 nm，670 nm，870 nm，936 nm，1020 nm 和 1640 nm；

——CE318-P 型波段包括 440 nm，670 nm，870 nm，936 nm，1020 nm 和三个 870 nm 偏振通道。

各型号仪器半波宽度在 340 nm 和 380 nm 波段时分别为 2 nm 和 4 nm，在 1640 nm 波段为 25 nm，在其他波段时为 10 nm。

5.3 太阳自动跟踪精度

四象限太阳跟踪器跟踪精度应优于 0.1°。

5.4 观测频率

仪器自动模式下根据当地时间与经纬度在大气质量数等于 7.0，6.5，6.0，5.5，5.0，4.5，4.0，3.8，3.6，3.4，3.2，3.0，2.8，2.6，2.4，2.2，2.0 和 1.7 时分别自动进行观测。

5.5 测量误差

太阳直接辐射测量误差应小于 2 %，天空散射辐射测量误差应小于 5 %。

5.6 电源

内部直流电池（电压为 5 V）为仪器的控制箱提供电力供应，外部直流电池（电压为 12 V）为机器人臂的运行提供电力供应。

5.7 仪器观测环境要求

在白天仪器自动观测，在夜间和下雨（雪、露、霜）时仪器自动停止观测，工作温度范围：－30～60℃，仪器观测点四周应空旷平坦，不应设在陡坡、洼地或邻近有烟囱、高大建筑物的地方。

6 仪器安装与校验

6.1 安装前检查

安装前应检查仪器外观，不应有松动、损坏，部件应齐全。

6.2 控制箱设置

控制箱的设置宜按照以下步骤进行：

a) 在控制箱内输入准确的日期、时间、国家代码、站号、仪器编号、当地经纬度参数；

b) 将控制箱放入仪器箱；

c) 将外部电源、太阳能板、雨感器依次连接到控制箱。

6.3 三脚架安装

三脚架的安装宜按照以下步骤进行：

a) 将三根钢管与支架主体用螺丝固定；

b) 将仪器箱用螺丝与支架主体固定，朝南放置；

c) 整套系统调试完成后，将三根钢管作永久性固定。

6.4 机器人臂安装

机器人臂安装宜按照以下步骤进行：

a) 将机器人臂放在三脚架的圆盘上；

b) 调整其顶部水平气泡至中央；

c) 用螺丝将机器人臂与三脚架初步固定，将机器人臂的两条 AZ 和 ZN 线缆与控制箱连接。

6.5 仪器光学头固定

仪器光学头固定宜按照以下步骤进行：

a) 将光学头与瞄准筒连接；

b) 用数据线将光学头与控制箱连接；

c) 执行 PARK 指令，调整机器人臂至初始位置后，将垂直轴反转 180°；

d) 将光学头朝上并与机器人臂固定，再将光学头转动 180°，使得瞄准筒朝下；

e) 将光学头与控制箱的连接线圈固定到机器人臂的线圈上。

6.6 仪器系统定位

仪器系统定位宜按照以下步骤进行：

a) 执行 PARK 指令，使得光学头到达初始位置；

b) 执行 GOSUN 指令，水平转动机器人臂底座，使瞄准筒对准太阳；

c) 重复 PARK、GOSUN 指令，确认对准太阳；

d) 执行 TRACK 指令，查看光斑是否能够落入瞄准筒凹槽的中央；

e) 调整机器人臂底座的螺丝，再次确认其顶部水平气泡位于中央位置；

f) 将机器人臂与三脚架固定。

6.7 数据下载

数据下载宜按照以下步骤进行：

a) 当仪器所有部件安装完毕后,用数据传输线连接控制箱与计算机,在计算机 ASTPWin 软件界面中,设置数据端口、传输路径等相关信息;
b) 在控制箱 SCN 菜单下执行 PC 命令,确认数据能否正常传输至计算机。如果数据传输正常,将 LINK PC 指令由默认 NO 更改为 YES,以便观测完毕后数据能自动传输到计算机。如果数据不能正常传输,应检查数据端口设置和数据传输线连接是否正确。

6.8 自动观测模式设置

自动观测模式设置宜按照以下步骤进行:

a) 确认仪器执行 PARK、GOSUN、TRACK、PC 等指令均正常;
b) 再次检查日期、时间、国家、站号、仪器编号、经纬度等参数;
c) 以上步骤确认无误后将手动模式变更为自动观测模式。

6.9 仪器拆卸

仪器拆卸宜按照以下步骤进行:

a) 将仪器的自动观测模式更改为手动观测模式;
b) 将仪器控制箱设置成 SBY 待机模式;
c) 将各部件拆下,依次放入运输箱内,并用海绵、泡沫等保护好以确保运输安全。

7 仪器运行维护

7.1 每日运行维护事项

在仪器正常运行时,应每日检查仪器时间、自动准确跟踪太阳情况、数据能否自动传输至计算机,了解仪器的工作状态。如发现不正常,应重新调整控制箱内的仪器时间,调整移动机器人臂底座使仪器能够准确跟踪太阳,检查计算机数据端口设置和仪器数据传输线连接情况。

7.2 每周运行维护事项

7.2.1 仪器部件

检查仪器各部件间的连接线、仪器箱和雨感器,各部件之间应连接紧密,仪器箱应密闭,雨感器应干洁。如发现不正常,应重新插拔连接线接头,打开仪器箱并重新扣紧,利用酒精或清水对雨感器表面进行清洁。

7.2.2 仪器时间

检查仪器内部时间,使其与国际标准时间相差不超过 10 s。

7.2.3 仪器电源

利用万用表检查内部和外部电池的电压。内部电池电压应保持在 5.00 V 以上,外部电池的电压应在 12.00 V 以上。

7.2.4 仪器水平

查看机器人臂上方的水平气泡是否处在中央,如果不在中央,应调节机器人臂,直至其上方水平气泡处在中央。

7.2.5 仪器光学头

卸下瞄准筒，检查两个光筒内壁是否清洁。检查光学头上的两个镜头和四象限探测器的窗口是否清洁。如发现有灰尘、蜘蛛网或者其他脏物应及时进行清除，可用洗耳球进行吹扫，或用镜头纸、擦镜布等轻轻擦拭。每次沙尘过程结束后，都应按上述方法对光学头进行清洁。清洁工作可在仪器自动运行模式下进行，一般可在两次观测期间进行，或在仪器完成当天的测量后进行清洁工作。

7.3 每月运行维护事项

应对机器人臂内部微开关的电压进行一次检查，以保证机器人臂运行正常。

7.4 每年运行维护事项

应对仪器进行全面检查。如有备份仪器，则应先将运行仪器卸下，安装好备份仪器后，再将卸下的仪器放入仪器运输箱。

8 仪器校准及滤光片更换

8.1 室内标定

每年至少进行一次天空辐射室内标定。应在超净光学暗室中将仪器天空散射辐射通道利用积分球进行对比测量，确定各波段散射辐射标定系数。

8.2 室外标定

每年至少进行一次太阳辐射室外标定。应在500 nm或440 nm光学厚度小于0.20的晴空条件下，将仪器与标准仪器进行同步对比观测，同步观测时间小于10 s，最后选取北京时10:00到14:00之间的对比观测数据，确定各波段太阳辐射通道标定系数。

8.3 滤光片更换

如果某一个或多个波段前后两次室内和室外标定系数均相差超过6 %，则应及时将相应的滤光片进行更换，更换滤光片后应重新进行定标，以确保仪器观测的准确性。

9 数据记录及审核

9.1 数据记录

系统在线连续观测，自动记录数据，以电子介质存储，台站应定期复制后异地存储至少两份。

9.2 数据质量检查

由专业人员对数据的有效性进行逐日检查、审核，并做好记录。

9.3 数据处理

观测数据可结合站点海拔、仪器标定参数文件及其自带软件进行气溶胶光学厚度计算，可获得未滤云以及滤云后两种气溶胶光学厚度结果。

参 考 文 献

［1］ 王明星.大气化学(第二版)[M].北京:气象出版社.1999

［2］ 大气科学辞典编委会.大气科学辞典(第一版)[M].北京:气象出版社.1994

［3］ 全国科学技术名词审定委员会.大气科学名词(第三版).北京:科学出版社.2009

［4］ 朱炳海,王鹏飞,束家鑫.气象学词典[M].上海:上海辞书出版社.1985

［5］ Holben B. AERONET: A federated instrument network and data archive for aerosol characterization [J]. Remote Sensing of Environment, 1998, **66**(1): 1-16.

ICS 07.060
A 47
备案号：50955—2015

中华人民共和国气象行业标准

QX/T 271—2015

光学衰减法大气颗粒物吸收光度仪维护与校准周期

Interval of maintenance and intercomparison for Aethalometer based on optical attenuation method

2015-07-28 发布　　2015-12-01 实施

中国气象局　发布

前　言

本标准按照 GB/T 1.1—2009 给出的规则起草。

本标准由全国气候与气候变化标准化技术委员会大气成分观测预报预警服务分技术委员会(SAC/TC 540/SC 1)提出并归口。

本标准起草单位:中国气象局气象探测中心、中国气象科学研究院、四川省气象局、北京市气象局。

本标准主要起草人:张晓春、靳军莉、贾小芳、周怀刚、苏永亮、赵鹏、孙俊英、王亚强。

光学衰减法大气颗粒物吸收光度仪维护与校准周期

1 范围

本标准规定了光学衰减法大气颗粒物吸收光度仪的巡视、清洁、滤带(膜)更换、过滤器更换、采样泵维护、光源检查、光学测试、流量测试、零点检测等维护周期和流量校准、仪器比对的周期。

本标准适用于气象及相关行业正确维护及校准光学衰减法大气颗粒物吸收光度仪测定大气中气溶胶光学吸收特性参数。

2 维护周期

2.1 仪器巡视

2.1.1 每日应对仪器的运行时间、流量、运行状态、滤带余量和采样斑点等进行至少一次巡视,每次巡视的时间应相对固定;

2.1.2 仪器运行时间与标准时间偏差应小于 30 s;

2.1.3 仪器流量应与实际设定的流量一致,正常范围为±10%;

2.1.4 仪器存储介质余量小于 24 h 的应更换;

2.1.5 仪器有错误信息提示时,应及时对仪器进行检查和处理;

2.1.6 滤带余量不足 5%时应及时更换;

2.1.7 滤带上的采样斑点边缘应清晰、无重叠、间距适中相等,且色泽均匀。

2.2 仪器清洁

2.2.1 每 1 个月应对仪器内、外部表面进行一次除尘;

2.2.2 每 3 个月应对仪器散热风扇、进气口处的防虫罩、防水帽或切割头进行一次清洁;

2.2.3 每 3 个月应对光学测量腔室进行一次清洁;

2.2.4 每 6 个月应对进气管路内部进行一次清洁;

2.2.5 在有扬沙、浮尘、沙尘暴或重污染等过程时,应在过程结束后 6 h 内对 2.2.1 至 2.2.4 进行清洁。

2.3 滤带(膜)更换

2.3.1 滤带(膜)出现破损、污染时应及时更换。同一滤带的最长连续使用时间不宜超过 3 个月。

2.3.2 当仪器测量结果持续出现负值且持续时间超过 6 h,应更换较为干燥的滤带(膜);或对滤带进行进带操作,使滤带前进至较为干燥的采样区。

2.4 过滤器更换

同一过滤器的最长连续使用时间不宜超过 4 个月。当过滤器颜色由白色变为灰黑色时,应及时更换;当仪器流量出现不稳定或波动时,应检查过滤器,必要时进行更换。

2.5 采样泵维护

每 6 个月应对采样泵和泵膜等进行保养维护。仪器流量波动超过 10%及采样泵出现声音异常时,应及时检查、维护;泵膜破损时应及时进行更换。

2.6 光源检查

每6个月应对不同波长光源在接通和关闭状态下的输出电压信号进行一次检查,输出电压信号异常时应调整或更换。

2.7 光学测试

每6个月应使用专用光学测试条进行一次光学性能测试。光学测量腔室清洁后和仪器光学部件维修后应进行光学测试。

2.8 流量测试

每3个月应使用标准流量计对仪器的流量进行一次测试。当仪器流量与标准流量计流量偏差超过10%时,应及时进行流量校准。

2.9 零点检测

每2个月应使用高效过滤器对仪器零点进行一次检测。每次零点检测时间不宜超过3 h。

3 校准周期

3.1 流量校准

每12个月应使用量程为5 L/min的标准流量计对仪器进行一次流量校准。在仪器的流量控制单元、采样泵、主电路板等相关部件更换后,应进行流量校准。

3.2 比对

每24个月应将仪器与实验室传递标准仪器进行一次同步比对。在仪器的光学测量单元、流量控制单元、主电路板等部件更换后,应进行比对。

参 考 文 献

[1] QX/T 68－2007 大气黑碳气溶胶观测 光学衰减法

[2] 中国气象局.大气成分观测业务规范(试行).北京:气象出版社.2012

[3] 中国气象局综合观测司.大气成分观测业务技术手册(第二分册 气溶胶观测).北京:气象出版社.2014

ICS 07.060
A 47
备案号：50956—2015

中华人民共和国气象行业标准

QX/T 272—2015

大气二氧化硫监测方法　紫外荧光法

Monitoring method for atmospheric sulfur dioxide—Ultraviolet fluorescence method

（ISO 10498:2004, Ambient air—Determination of sulfur dioxide—Ultraviolet fluorescence method, NEQ）

2015-07-28 发布　　　　2015-12-01 实施

中　国　气　象　局　发　布

前　言

本标准按照 GB/T 1.1—2009 和 GB/T 20000.2—2009 给出的规则起草。

本标准使用重新起草法参考 ISO 10498:2004《环境空气　二氧化硫的测定　紫外荧光法》编制，与 ISO 10498:2004 的一致性程度为非等效。

本标准由全国气候与气候变化标准化技术委员会大气成分观测预报预警服务分技术委员会(SAC/TC 540 /SC 1)提出并归口。

本标准起草单位：中国气象科学研究院。

本标准主要起草人：徐晓斌、林伟立、张晓春、汤洁、孟昭阳。

引　言

二氧化硫是大气中最重要的酸性气体之一，主要来自燃煤等人为排放源。大量使用化石燃料导致了许多地区大气二氧化硫浓度显著升高，造成部分地区严重的酸雨污染。二氧化硫转化生成的硫酸盐细颗粒不但是重要的云凝结核，其具有强烈的光散射作用，同时也危害人体健康。因此，大气二氧化硫浓度的变化与天气、气候、生态、雾霾和人体健康等密切相关，需要对不同地区二氧化硫浓度进行长期、准确的观测，以掌握其时空变化规律。

由于二氧化硫浓度的时空变化很大，要掌握其时空分布需要在代表不同空间尺度的站点上开展长期观测。世界气象组织的全球大气观测（WMO/GAW）网中的许多区域本底站和部分全球本底站已将二氧化硫作为日常观测项目，许多国家的一些城市和乡村站点也将二氧化硫列为重要观测内容，并坚持长期观测。

二氧化硫的测量方法较多，其中紫外荧光法和火焰光度法较适合在线监测。紫外荧光法具有灵敏度高、可连续测量、易于校准、可靠、准确和选择性高的特点，因此是大气二氧化硫监测中最常用的方法，也是世界气象组织推荐的方法之一。本标准仅对利用紫外荧光法在地面固定站点测量大气二氧化硫进行规范。

大气二氧化硫监测方法　紫外荧光法

1　范围

本标准规定了采用紫外荧光法测量近地层大气二氧化硫(SO_2)的原理、试剂、材料、测量系统结构、仪器安装、日常运行和维护、多点校准与量值传递、数据记录与处理等。

本标准适用于在地面固定站点进行二氧化硫的连续观测。

2　规范性引用文件

下列文件对于本文件的应用是必不可少的。凡是注日期的引用文件,仅注日期的版本适用于本文件。凡是不注日期的引用文件,其最新版本(包括所有的修改单)适用于本文件。

ISO 6142　气体分析　校准混合气的配制　重量法(Gas analysis—Preparation of calibration gas mixtures—Gravimetric method)

ISO 6144　气体分析　校准混合气的配制　静态体积法(Gas analysis—Preparation of calibration gas mixtures—Static volumetric method)

ISO 6145-1　气体分析　动态容量法制备标定用混合气体　第1部分:校正方法(Gas analysis—Preparation of calibration gas mixtures using dynamic volumetric methods—Part 1: Methods of calibration)

ISO 6145-4　气体分析　用动态容量法制备标定用混合气体　第4部分:持续喷射器注入法(Gas analysis—Preparation of calibration gas mixtures using dynamic volumetric methods—Part 4: Continuous syringe injection method)

ISO 6145-6　气体分析　动态容量法制备校准用混合气体　第6部分:临界声孔(Gas analysis—Preparation of calibration gas mixtures using dynamic volumetric methods—Part 6: Critical orifices)

ISO 6349　气体分析　校正用混合气体的制备　渗透法(Gas analysis—Preparation of calibration gas mixtures—Permeation method)

ISO 6767　空气质量　二氧化硫质量浓度的测定　四氯汞钾(TCM)/副品红分光光度法(Air quality—Determination of the mass concentration of sulfur dioxide—Tetrachloromercurate (TCM)/pararosaniline method)

ISO 9169　空气质量　定义和确定自动测量系统的性能特性(Air quality—Definition and determination of performance characteristics of an automatic measuring system)

3　术语和定义

下列术语和定义适用于本文件。

3.1

紫外荧光　fluorescence

当某些物质受到紫外光照射,其内部粒子吸收光能而跃迁至激发态,在返回到基态的过程中所发出的确定频率范围的光。

3.2

零气 zero air

由气体净化设备产生的干洁空气，其中待测气体和可产生干扰信号的其他气体的含量不高于仪器检测下限。

3.3

跨气 span gas

在零气中加入一定量的标准气，用于对测量仪器响应状况进行检查的气体。

3.4

零检查 zero check

向测量仪器通入零气，对其零点漂移程度进行检查的操作。

3.5

跨检查 span check

向测量仪器通入跨气，对其响应变化进行检查的操作。

3.6

多点校准 multi-point calibration

向测量仪器顺序通入零气和多个不同浓度的标准气，对仪器进行响应测试和订正的方法和操作。

注：多点校准的目的是建立气体实际浓度和分析仪器响应之间的定量关系，并把仪器观测值订正到实际的浓度。

3.7

国际标准气 international standard gas

世界气象组织（WMO）指定的标准气或同级别国际标准气。

注：主要用于标准传递，将台站测量溯源至国际标准。

3.8

国家标准气 national standard gas

来自国家权威标准机构的标准气，具有CMC（制造计量器具许可证）标志。

注：主要用于台站跨检查和多点校准，同时也用于标准传递，将台站测量溯源至国际标准。

3.9

校准方程 calibration equation

在特定浓度范围内，将测量仪器获得的测量值订正到由国家标准气或国际标准气所确定的浓度值所适用的线性方程。

3.10

元数据 meta data

关于数据的数据。

[QX/T 39－2005，定义3.3]

3.11

协同数据 co-data

与观测数据同期的、对解释观测数据有重要意义的其他观测数据。

4 测量原理

紫外荧光法的测量原理基于受紫外光激发的二氧化硫分子释放荧光的特性。当二氧化硫受紫外光激发后，形成激发态的二氧化硫；激发态的二氧化硫不稳定，返回到分子基态时，释放出荧光光子，当激发光的光强一定时，荧光的辐射强度与被测体积内的二氧化硫摩尔浓度成正比。

温度和压力对于测量有影响。这种测量技术比当前现有其他技术的干扰少。当硫化氢、芳香烃等碳氢化合物、一氧化氮、水和低分子量硫醇等物质浓度很高时，宜确定这些物质对分析仪响应的影响(参见附录A)。

测量时，空气样品经分析仪的进样口进入碳氢化合物涤除器，去除样品中芳香烃等的干扰，最后流入反应池，接受波长为200 nm～220 nm的紫外光照射。产生的波长范围在240 nm～420 nm的荧光，经过滤光片后被检测器转换为电信号。反应池中温度和压力应保持不变，否则测量值应进行订正。

测量仪器应定期用稀释后的标准气来校准。为保证浓度测量结果准确，应用一级标准气(见5.2)来校准溯源。

5 试剂与材料

5.1 零气

零气所含的二氧化硫浓度不应高于分析仪的检测下限。零气中氧气浓度应在标准大气(20.9%)的±2%之内。

5.2 标准气

5.2.1 一级标准气

应使用下列方法之一制备一级标准气：

——静态体积稀释法，见ISO 6144；

——渗透管法，见ISO 6349；

——四氯汞钾法，见ISO 6767；

——与各种稀释系统结合的气体混合物的重量制备法，见ISO 6142，ISO 6145-1，ISO 6145-4，ISO 6145-6。

5.2.2 传递标准气

使用经过实验室标定过的二氧化硫渗透源或二氧化硫气瓶配制。当气瓶中二氧化硫浓度在10 nL/L ～1000 nL/L范围时，可直接作为传递标准使用，高于这个浓度范围则应适当定量稀释后使用。应使用零气作为稀释气源。零气和传递标准气的流量均应由流量控制器控制，流量控制的系统偏差和精密度均应小于读数的±2%。具体稀释方法与要求见8.2和9.1.1。

5.2.3 标准气存贮与使用

存贮二氧化硫标准气的气瓶应由惰性材料制成，气瓶内表面还应经过钝化处理，以确保在预计使用期内浓度稳定在±3%的范围内。标准气瓶的输出压力调节应采用不锈钢双级稳压式减压阀。减压阀的压力表应经过国家计量部门质量检验和标定，并在有效期内使用。

当二氧化硫标准气超出保质期或者标准气钢瓶压力低于1.0 MPa时，应停止使用。购买的二氧化硫标准气使用时应以制造商提供的保质期为准。如果超出保质期的标准气余量较多(剩余气压高于2.0 MPa)，可用尚在保质期内的更高级别标准气重新确定当前浓度(见第9章)之后继续使用。

6 测量系统结构

6.1 采样管路

管路应使用对二氧化硫惰性的材料，例如聚四氟乙烯或玻璃。如果采样管路的惰性可疑，应使用标准气体对全部采样管路进行检验。

应避免采样管路中水汽凝结(当潮湿的空气被吸入到更冷的测量环境时),可对采样管路进行辅助加热。

6.2 颗粒物过滤器

应在样气入口处或与仪器相联的进气管线的入口处安装颗粒物过滤器。过滤器应由惰性物质(例如聚四氟乙烯)制成,过滤器不应改变样气中的二氧化硫浓度。孔径为 5 μm 的聚四氟乙烯膜可有效过滤颗粒物(参见 ISO 4219)。

6.3 分析仪

6.3.1 仪器结构

紫外荧光法测量二氧化硫的分析仪包括以下主要部件(见图 1)。

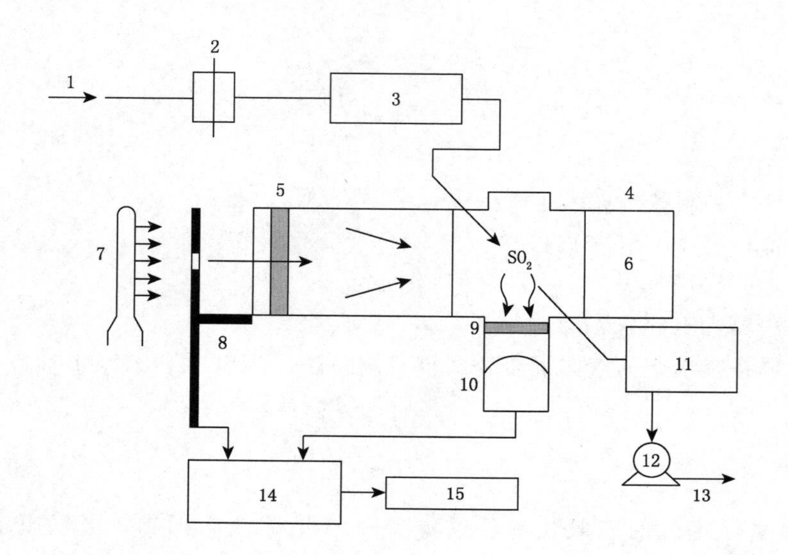

说明:

1——样气;

2——采样入口过滤膜;

3——干扰物涤除器;

4——反应池;

5——入口滤光片;

6——光阱;

7——紫外灯;

8——调制器;

9——出口滤光片;

10——光电倍增管;

11——压力补偿流量计;

12——抽气泵;

13——排气口;

14——同步电子放大器;

15——信号采集与处理系统。

图 1 紫外荧光二氧化硫分析仪结构示意图

6.3.2 干扰物涤除器

在反应池前应加涤除器去除掉芳香烃等干扰气体。涤除器不应改变二氧化硫浓度，可按制造商提供方法更换。如果大气中存在较高浓度硫化氢，应使用选择性清除硫化氢的涤除器。

6.3.3 光学部件和反应池

光源应能发射强度稳定紫外脉冲，能实现信号的同步检测和放大，并能使其他气体的干扰降到最低。

反应池应对二氧化硫和紫外辐射惰性，能防止紫外激发光的反射，池温应恒定在露点以上。

所有光学部件应放在加热圈包围的封闭体中。

6.3.4 压力补偿流量计

测量信号可因为外部压力波动而改变。应通过压力补偿流量计来控制反应池内压力，或者测量反应池内压力变化后对信号进行订正。

6.3.5 流量控制器和指示器

宜通过流量控制器使流量保持稳定，并配备流量指示器。

6.4 抽气泵

抽气泵应装在采样流路末端。由于仪器内紫外灯会产生臭氧，分析仪排出的气体应引至室外下风方向或经过活性炭过滤器后再排出。

7 仪器安装

7.1 地点和高度

仪器安装地点和高度的选择应服从观测所要达到的特定目标，采样高度不应超出近地面层。采样地点四周应尽量开阔，无局地源的影响，远离电厂、锅炉、车流量较大的公路、化工车间等有可能排放二氧化硫和可对二氧化硫分析造成严重干扰的气体的设施，并避开上述污染源的下风方向。

仪器机房位于小型建筑内（高度不超过 5 m）时，采样进气口距离屋顶平面的高度宜为 1.5 m～2 m。仪器机房位于大型建筑内（高度超过 5 m）时，采样口的位置应选择在建筑的迎风面或最顶端，采样进气口距离屋顶平面的高度应适当增加，但管长应符合 7.3 的要求。四周有茂密树木时，采样进气口高度应超过树冠高度 1 m 以上。在采样进气口的迎风面水平 270°扇区内，阻挡物到采样进气口的距离应大于阻挡物高度的 10 倍。

7.2 安装环境

二氧化硫分析仪应安装在洁净、有良好温度控制的机房内。机房内温度全年控制在 10℃～30℃范围内，每天的温度波动应在±2℃的范围内。

二氧化硫分析仪应平稳放置，四周有不小于 0.1 m 的散热空间，并应避开其他发热、震动、电磁干扰和强烈腐蚀的影响。

提供给二氧化硫分析仪的电源应稳定、可靠、接地良好，电压波动范围应在 220 V±5 V 的范围内，必要时应配备稳压电源或不间断电源系统。

7.3 进气管和排气管

采样进气管可采用共用进气管或单独进气管方式安装(见图 2 和图 3)。进气管应采取防雨、防凝结措施。

当采用共用进气管路方式时,可和其他气体分析仪器共用一套进气管路。应选用玻璃(石英玻璃或硬质玻璃)或聚四氟乙烯的管材作为共用进气管路的内管。空气进气管路的停留时间应小于 10 s。管路的内径应不小于 20 mm,以保证在管路内的最大压力下降不大于 0.5 kPa。从共用进气管路连接到二氧化硫分析仪的管路应使用外径不小于 6 mm、内径不小于 4 mm 的聚四氟乙烯材质管路,总长度应小于 3 m,在靠近共用进气管路的附近连接颗粒物过滤膜盒。

当采用单独进气管时,管路外径不应小于 6 mm、内径不应小于 4 mm,总长度不应大于 6 m,应在室外的进气口前端连接颗粒物过滤膜盒。

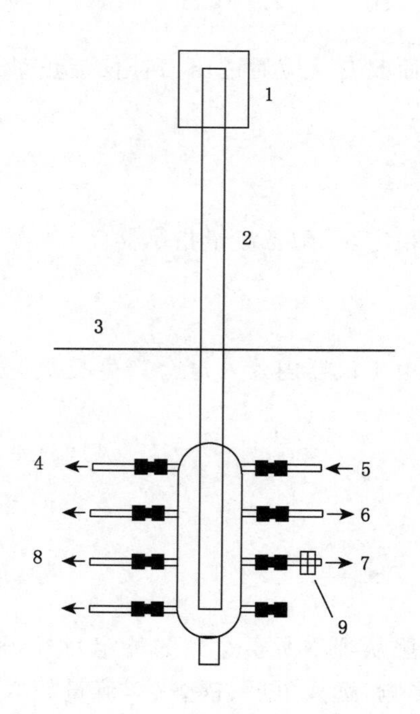

说明:
1——防雨罩;
2——进气管;
3——房顶;
4——抽气泵;
5——标准气/零气;
6——其他分析仪;
7——二氧化硫分析仪;
8——其他分析仪;
9——过滤膜盒。

图 2 共用进气管安装方式示意图

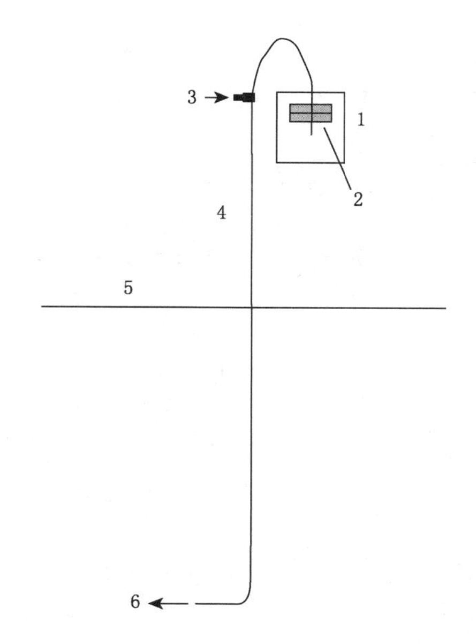

说明：
1——防雨罩；
2——过滤膜盒；
3——标准气/零气；
4——进气管；
5——房顶；
6——二氧化硫分析仪。

图3 单独进气管安装方式示意图

为减少二氧化硫分析仪产生的臭氧对其他测量和人体健康的影响，应在仪器的排气口连接一段管线并引到室外非主导风向10 m以外处。该管线的内径应足够大，以保证排气通畅。

8 日常运行和维护

8.1 每日巡视检查

应以每日巡视的方式检查和记录二氧化硫分析仪的运行状态，记录发现的问题并及时对仪器进行维修和维护，检查记录的内容参见附录B。

至少每周一次检查二氧化硫分析仪的运行参数，记录内容参见C.3，并分析重要指示参数的变化趋势，必要时采取相应的应对措施。

8.2 零检查和跨检查

8.2.1 基本要求

检查可每日进行，但至少应每周进行1次。当有严重漂移时应采取相应措施，如零/跨调整、多点校准等。

8.2.2 连接方法

进行零检查或跨检查时，应按照图2、图3和图4的方式连接零气源（或跨气源）和二氧化硫分析仪。零气源（或跨气源）的供气总流量为二氧化硫分析仪的采样流量和平衡分流流量之和，平衡分流流量应大于二氧化硫分析仪采样流量的0.2倍，应不低于0.2 L/min。平衡分流的支管长度应大于20 cm，防止气路外空气倒流。零气源和跨气源的其他指标应符合9.1的要求。

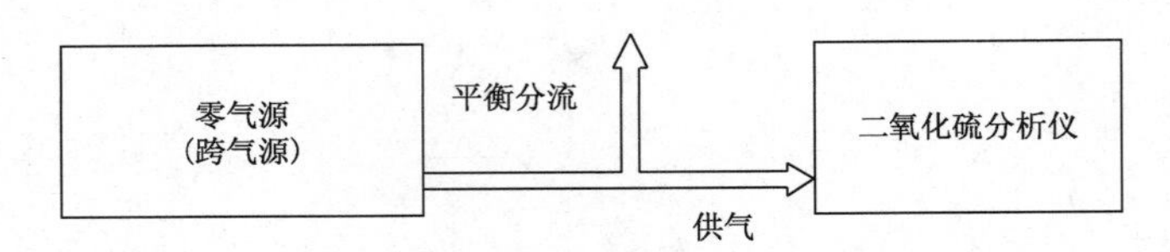

图4 零检查和跨检查的仪器连接

8.2.3 跨点浓度

跨点的二氧化硫浓度宜根据观测站点所在地区的二氧化硫浓度水平确定，一般应为该地区基于1年统计的小时平均二氧化硫浓度的50%和90%之间。

示例：该地区二氧化硫小时平均值有50%落在40 nL/L以内，有90%落在70 nL/L以内，则跨气浓度可选为40 nL/L～70 nL/L的任何值。

在长期观测开始阶段，应根据二氧化硫分析仪的量程来确定跨气浓度，跨气浓度应落在满量程的70%～90%范围内。

8.2.4 记录及调整

给二氧化硫分析仪通入零气或跨气至少15 min，记录通气10 min以后仪器给出的稳定测量数据(二氧化硫浓度，单位为纳升每升(nL/L))，计算其平均值，即为二氧化硫分析仪的零检查值或跨检查值。

当零检查值低于0.5 nL/L时，应调整仪器的零点设置。应根据跨检查值的变化情况对仪器进行其他检查和维护，包括紫外灯、零气质量、标准气浓度、零气和标气流量、气路泄漏等的检查与维护。

上述零检查和跨检查适用于日常运行质量控制中确认分析仪工作状况(参见ISO 6879)，但不宜作为校准方法。严格的校准应按9.1进行。

8.3 更换颗粒物过滤膜

应定期或根据颗粒物污染状况更换颗粒物过滤膜：

——通常情况下可每2周更换1次；

——在颗粒物含量较高的地区和季节(如沙尘、露天秸秆燃烧等多发地区和季节)，宜适当增加更换频率，尤其是当一个污染过程导致滤膜表面颗粒物急剧增加后应立即更换滤膜；

——在偏远的大气清洁地区，可适当降低更换频率，但不应低于每月1次。

8.4 年度检查与维护

下列检查及仪器维护项目应至少每年进行1次：

——测量系统的气密性；

——抽气泵泵膜和抽气效率；

——灯电压、光电倍增管电源电压等各项参数指标；

——紫外灯状态；

——滤光片状态；

——零气发生系统的炉温、过滤材料、输出流量等；

——标准气稀释系统的流量计和电磁阀工作状况；

——标准气气瓶阀门以及减压阀压力表和调节阀；

——用蒸馏水清洗或更换进气管线。

每次检查的内容和结果以及采取的维护措施应严格记录，并作为台站档案按规定备份、保存和报送。

9 多点校准与量值传递

9.1 多点校准

9.1.1 基本要求

多点校准应遵循下列基本要求：

——对于长期连续观测，应至少每3个月进行1次多点校准。在对二氧化硫分析仪的测量光池、紫外光源和内部气路等部分进行调整和维修的前后，均应进行多点校准。持续时间少于3个月的短期观测，观测前后应各进行1次多点校准。

——多点校准时的仪器连接见图2、图3和图4。图4中的跨气源相当于多点校准的标准气源。校准前应让所有仪器预热6小时以上(宜过夜)，以确保其达到稳定状态。在校准过程中，二氧化硫分析仪应在日常的流速和温度条件下运行。校准气的总流量应超过仪器所需全部流量的20%，剩余的气体应作为平衡分流在大气压状态下排空。

——零气源应满足5.1的要求，其最大供气量不应低于5 L/min。

——零气源和标准气稀释系统构成标准气源。标准气源应能连续、稳定地供气，最大流量应不小于3 L/min，并能在所校准的二氧化硫分析仪当前量程范围内基本等间距地生成5个不同浓度的标准气。

9.1.2 校准方法

对具有自动温度和气压补偿的二氧化硫分析仪，应确认已激发此功能并能够产生正确的输出值。对不具备此补偿功能的仪器，在校准时应同时测量和记录反应池的温度和内部压力。

在二氧化硫分析仪当前量程范围内以基本等间距的方式确定至少5个校准点的浓度，其中最高浓度应落在满量程的80%～90%。

示例：对量程为0～100 nL/L的二氧化硫分析仪进行5点校准，其浓度可选为0 nL/L，21 nL/L，42 nL/L，63 nL/L和84 nL/L。

在图2和图4(或图3和图4)的连接方式下，依次改变二氧化硫标准气与零气的比例，从而向二氧化硫分析仪提供不同浓度的二氧化硫标准气。每次改变标准气浓度后，应至少通气15 min，分别记录二氧化硫分析仪给出的至少6个稳定测量数据，计算平均值。由此，得到各个校准点的数据。

由标准气源给出的校准点的二氧化硫浓度(C_{C1}，C_{C2}，…，C_{Cn})和二氧化硫分析仪给出的二氧化硫浓度平均值(C_{M1}，C_{M2}，…，C_{Mn})，计算线性回归方程：

$$C_C = a \times C_M + b \qquad \cdots\cdots(1)$$

式中：

C_C ——二氧化硫标准气浓度值，单位为纳升每升(nL/L)；

C_M ——二氧化硫分析仪测量的二氧化硫浓度平均值，单位为纳升每升(nL/L)；

a ——斜率系数，无量纲；

b ——截距，单位为纳升每升(nL/L)。

回归方程的相关系数 r^2 应大于0.999，否则应检查仪器是否工作稳定或管路连接是否正常后重新校准。当斜率系数超出1.00±0.15的范围时，应对二氧化硫分析仪的增益进行调整，增益参数调整后应再次进行多点校准。

多点校准的记录表格和回归计算结果报告表格参见附录D。

9.2 量值传递

通过在实验室用工作状态稳定、良好的二氧化硫分析仪对台站使用的二氧化硫标准气(如二氧化硫国家标准气）和更高级别的二氧化硫标准气（如二氧化硫国际标准气）分别进行多点测量的方式，可将更高级别的二氧化硫标准量值传递给台站使用的标准气，使台站测量结果具有更高的准确度和可比性。

要使观测数据始终保持较高的准确度和国际可比性，台站使用的二氧化硫标准气应在使用前后各一次与国际标准比对。

不同二氧化硫标准气间的量值关系建立见附录 E 。

10 数据记录和处理

10.1 数据记录

10.1.1 原始观测数据

由一段时间内完整采集的二氧化硫分析仪输出信号（每个信号可均匀重复采集两次或以上），计算出该时段的二氧化硫浓度平均值和相关统计值，给出该段时间的数据记录。应至少每 5 min 形成 1 条数据记录，每条原始观测数据记录应包含的最少记录要素和格式见表 F.1。

10.1.2 元数据

二氧化硫观测的元数据包括：站址元数据、仪器元数据、仪器运行状况元数据和多点校准元数据。元数据的记录内容参见附录 C。

站址和仪器的元数据应至少每年更新 1 次记录。仪器运行状况元数据应至少每周形成 1 次记录。每进行 1 次多点校准，则应形成 1 次校准方程元数据记录。

10.1.3 协同数据

可作为二氧化硫观测的协同数据包括：

a） 气象参数，如风向频率、风速、气温、气压、相对湿度、降水量等的小时平均值；
b） 太阳辐射，如总辐射、紫外辐射的小时累计值；
c） 一氧化碳浓度的小时平均值；
d） 地面臭氧浓度数据的小时平均值；
e） 氮氧化物（一氧化氮和二氧化氮）浓度的小时平均值；
f） 地面及卫星遥感二氧化硫含量的小时平均值或卫星过境时段的测量值；
g） 降水离子成分的日平均值；
h） 黑碳气溶胶浓度的小时平均值；
i） 气溶胶质量浓度 PM_1、$PM_{2.5}$、PM_{10} 的小时平均值；
j） 凝结核数浓度的小时平均值。

10.2 数据处理

10.2.1 原始数据的订正

10.2.1.1 零点的订正量可通过 3 种方法取得：

——对于较短期的、离多点校准较近的数据，直接应用多点校准方程（式(1)）中的 b 值；

——对于一段时间完成了多次有效的零检查，且零检查结果总体稳定、没有阶段性特征的情况，应采用剔除粗差之后的多次零检查的算术平均；

注：可以应用 3 倍标准偏差法、Grubbs 法、Dixon 法等进行粗差的判别。

——对于一段时间完成了多次有效的零检查，但不同时段零检查结果有显著阶段性差异的情况，应针对不同时间区间分别确定 b 值。

10.2.1.2 斜率的订正量可通过4种方法取得：

——对于在特定时期内、因缺乏足够的多点校准方程或短期观测的情况，宜采用最近的一次多点校准方程(式(1))中的 a 值；

——对于一段时间完成了多次有效的多点校准，且校准得到的斜率在允许偏差范围内波动的情况，应取多次校准方程之斜率值(a_1，a_2，…，a_n)的平均值；

——对于一段时间完成了多次有效的多点校准，校准得到的斜率有较大波动，但仪器的响应没有人为干预的情况，应利用不同时期多点校准取得的斜率值(a_1，a_2，…，a_n)对时间作图，并通过拟合取得合理方程，再根据此方程求得各个时刻的斜率值；

——对于仪器较长时间停机、重要的零部件更换、零/跨调整等导致的仪器响应不连续变化的情况，应参考零/跨检查值随时间的变化以及部件更换等情况，区分不同的时间区间，再结合上述3种方法，确定每个区间斜率值。

10.2.1.3 数据订正应辅以数据订正说明文档。

10.2.2 小时平均值的计算

对订正后的二氧化硫浓度数据进行甄别，剔除标校后15 min内的数据和其他异常值后，计算小时平均值。小时平均值数据应包含的最少记录要素和格式见表F.2。

附　录　A

（资料性附录）

商业紫外荧光二氧化硫分析仪的典型工作性能

仪器主要工作性能如下：

——响应时间：大约 2 min。

——零漂移：从可忽略到每周 2 nL/L。

——跨漂移：大约每天 1%（相对），七天估计值。

——重复性：大约 50 nL/L 时为±1%。

——记忆效应：采集数 1000 nL/L 的二氧化硫，稳定 15 min 后，大约为几个纳升每升（nL/L）。

——线性度：在 50 n L/L～500 nL/L 误差可达 2%。

——选择性（以产生相当于 1 nL/L 输出信号变化所需要的干扰物的浓度表达）：硫化氢（在使用涤除器后可忽略）；甲烷（3.3×10^{6} nL/L）；一氧化氮（100 nL/L）；芳香烃（在使用涤除器后可忽略）；苯乙烯（2000 nL/L）。

——温度影响：当样气温度在 10℃至 40℃范围内输出信号变化小于 2%。

注：这里提及的性能来自 ISO 6879 和 ISO 9169 所定义的术语，给出的值只是资料性的，确切的性能可根据不同仪器而有所不同。

附 录 B
(资料性附录)
二氧化硫观测日检查记录

二氧化硫观测日检查记录表格式参见图B.1。

站　　年　月　日至　　年　月　日　　　仪器型序号：

日期	时间	分析仪时间	记录仪时间	样气流量	零检查值	跨检查值	光源强度	更换滤膜时间	值班人
yyyy-mm-dd	hh:mm	hh:mm	hh:mm	x.xxx	x.xxx	x.xxx	xxxxx	xx:xx	xxx

审核：　　　　审核日期：

图B.1　二氧化硫观测日检查记录表式样

附　录　C
（资料性附录）
二氧化硫观测元数据

C.1　站址元数据

站址元数据包括：

a）站址名称；
b）经度、纬度、海拔高度；
c）通信地址；
d）邮政编码；
e）联系电话；
f）观测站负责人；
g）观测人员；
h）站址周围环境特征；
i）站址元数据的生成日期；
j）站址元数据的记录人员；
k）站址元数据的审核人员。

C.2　仪器元数据

仪器元数据包括：

a）二氧化硫分析仪型号、序列号、开始使用（安装）日期；
b）零气发生源型号、序列号、开始使用（安装）日期；
c）跨气发生源型号、序列号、开始使用（安装）日期；
d）数据记录设备型号、序列号、开始使用（安装）日期；
e）二氧化硫分析仪安装位置；
f）进气口位置、高度；
g）采样进气管的方式，管线材料及长度；
h）数据记录方式（数字或模拟）；
i）仪器元数据的生成日期；
j）仪器元数据的记录人员；
k）仪器元数据的审核人员。

C.3　仪器运行状况元数据

仪器运行状况元数据包括：

a）二氧化硫分析仪机箱内温度；
b）二氧化硫分析仪采样流量；
c）二氧化硫分析仪气路内气压；
d）二氧化硫分析仪紫外光源强度；

e) 零检查的起止时间、零检查值；

f) 跨检查的起止时间、跨检查值；

g) 仪器维护操作(如更换颗粒物过滤膜、进行多点校准和其他维护维修活动)的起止时间；

h) 观测系统(如仪器、管路)异常的起止时间、现象描述；

i) 环境异常(如进气口附近的人员活动等明显的人为干扰，以及如沙尘暴等明显的恶劣天气)的起止时间、现象描述；

j) 仪器运行状况元数据的生成日期；

k) 仪器运行状况元数据的记录人员；

l) 仪器运行状况元数据的审核人员。

a)～d)项一般为单次记录，e)～i)项可以有多次记录。

C.4 多点校准元数据

多点校准元数据包括：

a) 标准气来源、编号；

b) 被校准仪器的型号、序列号；

c) 零气发生源型号、序列号；

d) 数据记录设备型号、序列号；

e) 二氧化硫分析仪原有校准方程的校准系数和零校准值；

f) 二氧化硫分析仪新校准方程的校准系数和零校准值；

g) 零气发生源的供气气压、流量；

h) 二氧化硫分析仪采样流量；

i) 二氧化硫分析仪气路内气压；

j) 二氧化硫分析仪紫外光源强度；

k) 二氧化硫分析仪机箱内温度；

l) 二氧化硫标准气气瓶压力；

m) 二氧化硫校准气与二氧化硫分析仪的连接管路材质、长度；

n) 多点校准的日期；

o) 多点校准的操作人员；

p) 多点校准元数据的生成日期；

q) 多点校准元数据的记录人员。

附　录　D
（资料性附录）
多点校准数据记录格式

D.1　多点校准数据记录表

二氧化硫分析仪多点校准数据记录表式样参见图D.1。

站点：________　日期：____年____月____日　操作人员：________

仪器型号/序号：________ 标准气来源：________ 标准气编号：________ 开始时间：________ 结束时间：________

时间	—	—	—	—	—	—	—	—
校准点浓度								
读数顺序	读数							
1								
2								
3								
4								
5								
6								
7								
8								
9								
10								
平均值								

图D.1　二氧化硫分析仪多点校准数据记录表式样

D.2　二氧化硫分析仪多点校准结果报告表

二氧化硫分析仪多点校准结果报告表式样参见图D.2。

站　　点		日　　期	
分析仪型/序号		操作人员	
标准气来源/编号		审核人员	
校准点	校准点浓度	分析仪读数平均值	
1			
2			
3			
4			
5			
6			
回归方程式：[校准点浓度]= a ×[分析仪读数] + b			
斜率系数 a	截距 b	相关系数 r^2	
备注：			
(回归曲线图)			

注：所有二氧化硫浓度均用纳升每升(nL/L)表示。

图 D.2　二氧化硫分析仪多点校准结果报告表式样

附　录　E
（规范性附录）
标准气间量值关系建立

当对台站的二氧化硫标准气按照 9.1 的方式执行类似多点校准的步骤时可得到方程(1)。

当对更高级别的二氧化硫标准气(这里假设为二氧化硫国际标准气)按照 9.1 的方式执行类似多点校准的步骤时可得到类似回归方程：

$$C_W = S_C \times C_C + Z_C \qquad \text{(E.1)}$$

式中：

C_W ——二氧化硫国际标准气浓度值，单位为纳升每升(nL/L)；

S_C ——校准系数，无量纲；

C_C ——实验室二氧化硫分析仪给出的二氧化硫浓度平均值，单位为纳升每升(nL/L)；

Z_C ——零校准值，单位为纳升每升(nL/L)。

由式(1)和式(E.1)可以确定台站二氧化硫分析仪测出的二氧化硫浓度与二氧化硫国际标准气浓度值之间的关系为：

$$C_W = S_C \times (a \times C_M + b) + Z_C \qquad \text{(E.2)}$$

式中：

S_C ——校准系数，无量纲；

a ——多点校准回归方程(式(1))的斜率系数，无量纲；

C_M ——二氧化硫测量仪器给出的二氧化硫浓度值，单位为纳升每升(nL/L)；

b ——多点校准回归方程(式(1))的截距，单位为纳升每升(nL/L)；

Z_C ——零校准值，单位为纳升每升(nL/L)。

附 录 F
（规范性附录）
二氧化硫观测数据格式

F.1 原始数据的记录格式

二氧化硫观测原始数据记录格式见表F.1。

原始数据是二氧化硫分析仪直接给出的二氧化硫浓度值数据，未进行订正处理，单位为纳升每升(nL/L)。

原始观测数据的时间段为记录生成的末端时刻，时间体制为国际标准时。

表F.1 二氧化硫观测原始数据记录格式

列	字段说明	字段类型	备注
1	时间	年-月-日 时：分	不可缺
2	二氧化硫浓度(平均值)	实数，1位小数	缺测时记为－999.9
3	二氧化硫浓度(最大瞬时值)	实数，1位小数	缺测时记为－999.9
4	二氧化硫浓度(最小瞬时值)	实数，1位小数	缺测时记为－999.9
5	二氧化硫浓度(标准偏差)	实数，1位小数	缺测时记为－999.9
6	标志位	字符，1位	“Z”表示零检查数据；“S”表示跨检查数据；“C”表示多点校准数据。

示例1：08时55分至09时00分的平均值(5 min平均值)，其记录时间为09时00分。

示例2：2005年07月31日23时55分至24时00分(即次日0时0分)的平均值(5 min平均值)，其记录时间为2005年07月31日24时00分。

示例3：2005年12月31日23时55分至24时00分(即次年元月1日0时0分)的平均值(5 min平均值)，其记录时间为2005年12月31日24时00分。

F.2 小时平均数据的记录格式

二氧化硫观测小时平均数据记录格式见表F.2。

小时平均数据是进行了订正处理的二氧化硫浓度值数据，单位为纳升每升(nL/L)。

小时平均数据的时间段为记录生成的末端时刻，时间体制为国际标准时。

表F.2 二氧化硫观测小时平均数据记录格式

列	字段说明	字段类型	备注
1	时间	年-月-日 时	不可缺
2	二氧化硫浓度(小时平均值)	实数，1位小数	缺测时记为－999.9
3	二氧化硫浓度(最大记录值)	实数，1位小数	缺测时记为－999.9
4	二氧化硫浓度(最小记录值)	实数，1位小数	缺测时记为－999.9

表 F.2　二氧化硫观测小时平均数据记录格式(续)

列	字段说明	字段类型	备注
5	二氧化硫浓度(标准偏差)	实数,1位小数	缺测时记为－999.9
6	数据个数	整数,3位	缺测时记为－999
7	标志位	字符,1位	"V"表示有效数据;"I"表示无效数据;"Q"表示可疑数据;"N"表示缺测;"P"表示该小时内有效观测数据少于半小时……

示例1:记录时间为08时05分至09时00分的原始数据(5 min平均值),平均计算记为09时的小时平均数据。

示例2:记录时间为2005年07月31日23时05分至24时00分(即次日0时0分)的原始数据(5 min平均值),平均计算记为2005年07月31日24时的小时平均数据。

示例3:记录时间为2005年12月31日23时05分至24时00分(即次年元月1日0时0分)的原始数据(5 min平均值),平均计算记为2005年12月31日24时的小时平均数据。

参 考 文 献

[1] HJ/T 193—2005 环境空气质量自动监测技术规范

[2] QX/T 39—2005 气象数据核心元数据

[3] ISO 4219:1979 Air quality—Determination of gaseous sulfur compounds in ambient air—Sampling equipment

[4] ISO 6879:1995 Air quality—Performance characteristics and related concepts for air quality measuring methods

[5] 郑用熙. 分析化学中的数理统计方法[M]. 北京:科学出版社. 1986

[6] WMO. WMO/TD No. 1073，全球大气监测观测指南[M]. 中国气象局监测网络司编译. 北京:气象出版社. 2003

[7] US-EPA. *Quality Assurance Handbook for Air Pollution Measurement Systems*—Volume II，EPA-454/R-98-004. NC，United States. 1998

[8] US-EPA，Guideline on ozone monitoring site selection EPA-454/R-98-002. NC，United States，1998

[9] Luke W T. Evaluation of a commercial pulsed fluorescence detector for the measurement of low-level SO_2 concentrations during the Gas-Phase Sulfur Intercomparison Experiment. *J. Geophys. Res.* 1997,**102**(D13)，16255-16265

ICS 07.060
A 47
备案号：50957—2015

中华人民共和国气象行业标准

QX/T 273—2015

大气一氧化碳监测方法　红外气体滤光相关法

Monitoring method for atmospheric carbon monoxide concentration—Gas filter correlation

2015-07-28 发布　　2015-12-01 实施

中国气象局　发布

前　言

本标准按照GB/T 1.1—2009给出的规则起草。

本标准由全国气候与气候变化标准化技术委员会大气成分观测预报预警服务分技术委员会(SAC/TC 540/SC 1)提出并归口。

本标准起草单位:中国气象科学研究院、中国气象局气象探测中心。

本标准主要起草人:徐晓斌、林伟立、汤洁、张晓春、王瑛。

引　言

气候、生态和人体健康与大气一氧化碳浓度密切相关，因此需要对不同地区一氧化碳浓度进行长期、准确的观测，以掌握其时空分布特征及变化规律。

世界气象组织的全球大气观测（WMO/GAW）网中的许多区域本底站和全球本底站已将一氧化碳浓度作为常规观测项目，许多国家的一些城市和乡村站点也将其列为重要观测内容。

红外气体滤光相关法具有易于校准、准确和成本较低的特点，因此常被用于在线连续观测。

大气一氧化碳监测方法　红外气体滤光相关法

1　范围

本标准规定了采用红外气体滤光相关法测量近地层大气一氧化碳(CO)的原理、试剂、材料和设备、测量系统结构、测量系统安装、日常运行和维护、多点校准与量值传递、数据记录与处理等。

本标准适用于在地面固定站点进行一氧化碳的连续观测。

2　规范性引用文件

下列文件对于本文件的应用是必不可少的。凡是注日期的引用文件,仅注日期的版本适用于本文件。凡是不注日期的引用文件,其最新版本(包括所有的修改单)适用于本文件。

ISO 4224:2000 环境空气　一氧化碳测定　非色散红外光谱法(Ambient air—Determination of carbon monoxide—Non-dispersive infrared spectrometric method)

ISO 6142 气体分析　校准混合气的配制　重量法(Gas analysis—Preparation of calibration gas mixtures-Gravimetric method)

ISO 6144 气体分析　校准混合气的配制　静态体积法(Gas analysis—Preparation of calibration gas mixtures—Static volumetric method)

3　术语和定义

下列术语和定义适用于本文件。

3.1

气体滤光相关　gas filter correlation

利用充有高浓度被测气体的滤光片,周期性地切割穿过测量池的光束,从而产生周期的参比光束和测量光束,对比测量光束和参比光束产生的信号强度,以检出测量池中被测气体浓度的技术。

3.2

零气　zero air

由气体净化设备产生的干洁的空气,其中待测气体和可产生干扰信号的其他气体含量不高于仪器检测下限。

3.3

跨气　span gas

在零气中加入一定量的标准气,用于对测量仪器响应状况进行检查的气体。

3.4

零检查　zero check

向测量仪器通入零气,对其零点漂移程度进行检查的操作。

3.5

跨检查　span check

向测量仪器通入跨气,对其响应变化进行检查的操作。

3.6

多点校准　multi-point calibration

向测量仪器顺序通入零气和多个不同浓度的标准气，对仪器进行响应测试和订正的方法和操作。

注：多点校准的目的是建立气体实际浓度和分析仪器响应之间的定量关系，并把仪器观测值订正到实际的浓度。

3.7

国际标准气　international standard gas

世界气象组织（WMO）指定的标准气或等同级别国际标准气。

注：主要用于标准传递，将台站测量溯源至国际标准。

3.8

国家标准气　national standard gas

来自国家权威标准机构的标准气，具有CMC（制造计量器具许可证）标志。

注：主要用于台站跨检查和多点校准，同时也用于标准传递，将台站测量溯源至国际标准。

3.9

校准方程　calibration equation

在特定浓度范围内，将测量仪器获得的浓度测量值订正到由国家标准气或国际标准气确定的浓度值所适用的线性方程式。

3.10

元数据　meta data

关于数据的数据。

［QX/T 39—2005，定义3.3］。

4　测量原理

以气体滤光相关原理进行测量。大气样品连续导入测量光池（参见图1），从红外光源发射出的非色散光束，先经过一个旋转的、一半充满一氧化碳另一半充满氮气的滤光片切割，交替形成参比光束和测量光束，照射测量光池，光池另一端的检测器检测参比光束和测量光束的强度。通过比较参比光束和测量光束的衰减后的强度，即可获得光池内一氧化碳对测量光束吸收的信号。将此信号进行转换处理，再利用多点校准方程进行计算，即可得到大气样品的一氧化碳浓度。当用本方法测量低浓度一氧化碳时，空气中的水汽含量波动可能产生干扰，此时可采用ISO 4224推荐的方法降低干扰。

5　试剂、材料和设备

5.1　零气

零气中的一氧化碳浓度应低于0.05 μL/L。可使用高温（约370℃）转化或者利用钯催化氧化后过滤的方法等制造零气。

5.2　标准气

5.2.1　国际标准气

通常为一氧化碳/氮气高压混合标准气，其一氧化碳浓度应具有至少2年的有效期。

应采用下列方法之一配制：

——静态体积稀释法，见ISO 6144；

——重量制备法，见ISO 6142。

5.2.2 国家标准气

是一氧化碳/氮气高压混合国家标准气，其一氧化碳标称浓度应具有至少1年的有效期。在使用前及使用后应与国际标准气进行比对。

5.2.3 跨气

通过动态配气系统，临时产生的一个已知浓度的一氧化碳混合气。其一氧化碳浓度宜为分析仪当前满量程的80%左右。分析仪的量程应根据站点一氧化碳浓度变化范围和分析仪自身的技术条件来选择。

5.2.4 标准气存贮与使用

存储一氧化碳标准气的气瓶内部应经过钝化处理，不吸附一氧化碳，以确保在预计使用期内浓度变化稳定在±5%的范围内。标准气瓶的输出压力调节器应为铜质或不锈钢材质的双级稳压式减压阀。减压阀的压力表应经过国家计量部门质量检验和标定，并在有效期内使用。

当一氧化碳标准气超出保质期或者标准气钢瓶气压低于2.0 MPa时，应停止使用。如果超出保质期的标准气余量较多，在用尚在保质期内的更高级别标准气重新确定当前浓度（方法见第9章）之后，可继续使用。

有关气瓶使用和存贮安全方面的要求见ISO 4224:2000的第7章。

5.3 稀释设备

用于稀释标准气的设备，主要部件的材料和性能应满足ISO 4224:2000中第5.5条的相关要求。

6 测量系统结构

6.1 进气管路

管路应为聚四氟乙烯或玻璃等惰性材料。

6.2 颗粒物过滤器

应在样气入口处或与仪器相联的进气管线的入口处安装颗粒物过滤器。过滤器应由惰性物质（例如聚四氟乙烯）制成，过滤器不应改变样气中的一氧化碳浓度。孔径为5 μm的聚四氟乙烯膜能有效地过滤颗粒物（参见ISO 4219）。

6.3 分析仪

测量一氧化碳的分析仪包括图1所示的主要部件。

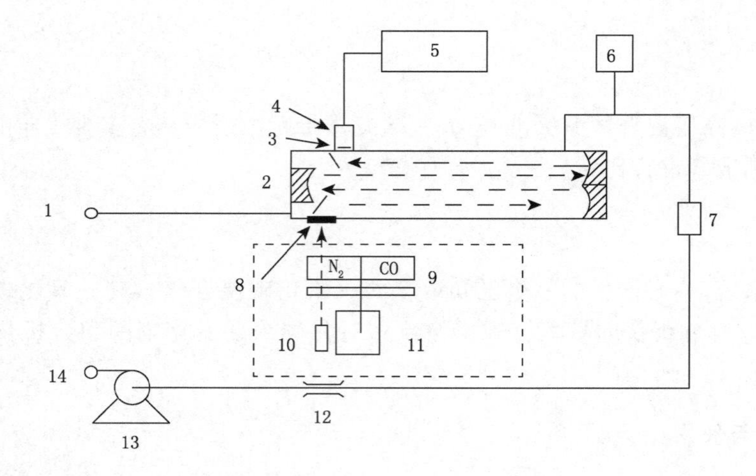

说明：

1——进气口；

2——测量光池；

3——红外检测器；

4——信号放大器；

5——电路系统；

6——压力传感器；

7——流量计；

8——窄带宽滤光镜；

9——相关轮；

10——红外光源；

11——电机；

12——毛细管限流器；

13——抽气泵；

14——排气口。

图1　一氧化碳分析仪结构示意图

分析仪的最低性能指标应满足ISO 4224:2000中附录A的要求。

7　测量系统安装

7.1　地点和高度

仪器安装地点和高度的选择要服从观测所要达到的特定目标，采样高度不应超出近地面层。采样地点四周应尽量开阔，无局地源的影响，远离电厂、锅炉、车流量较大的公路、化工车间等有可能排放一氧化碳和可对一氧化碳分析仪造成严重干扰的气体的设施，并避开上述污染源的下风方向。

仪器机柜位于小型建筑内（高度不超过5 m）时，采样进气口距离屋顶平面的高度以1.5 m～2 m为宜。仪器机柜位于大型建筑内（高度超过5 m）时，采样口的位置应选择在建筑的迎风面或最顶端，采样进气口距离屋顶平面的高度应适当增加，但管长应符合7.3的要求。四周有茂密树木时，采样进气口高度应超过树冠高度1 m以上。在采样进气口的迎风面水平270°扇区内，阻挡物到采样进气口的距离应大于阻挡物高度的10倍。

7.2　安装环境

一氧化碳分析仪应安装在洁净、有良好温度控制的机房内。机房内温度全年应控制在10℃～30℃

范围内,每天的温度波动应在±5℃的范围内。

一氧化碳分析仪应平稳放置,四周有不小于 0.1 m 的散热空间,并应避开其他发热、震动、电磁干扰和强烈腐蚀的影响。

提供给一氧化碳分析仪的电源应稳定、可靠、接地良好,电压波动范围应在 220 V±5 V 的范围内,必要时应配备稳压电源或不间断电源系统。

7.3 进气管

采样进气管可采用共进气管或单独进气管方式安装。进气管应采取防雨、防凝结措施。

当采用共进气管路方式时,可和其他气体分析仪器共用一套进气管路。空气在共进气管路的停留时间应不大于 100 s。共进气管路的内径应不小于 20 mm,以保证在管路内的最大压降不大于 0.5 kPa。从共进气管路连接到一氧化碳分析仪的管路应使用外径不小于 6 mm、内径不小于 4 mm 的聚四氟乙烯材质管路,总长度应小于 3 m,在靠近共进气管路的附近连接颗粒物过滤膜盒。

当采用单独进气管时,管路外径不应小于 6 mm、内径不应小于 4 mm,总长度一般不应大于 10 m,应在室外的进气口前端连接颗粒物过滤膜盒。

8 日常运行和维护

8.1 每日巡视检查

应以每日巡视的方式检查和记录一氧化碳分析仪的运行状态,记录发现的问题并及时对仪器进行维修和维护,检查记录的内容参见表 A.1。

每周应至少一次检查一氧化碳分析仪的运行参数,记录内容参见 B.3,并分析重要指示参数的变化趋势,必要时采取相应的应对措施。

8.2 零检查和跨检查

8.2.1 基本要求

每 6 小时至少应进行 1 次一氧化碳分析仪零检查,每周应至少进行 1 次一氧化碳分析仪跨检查,并分析零/跨检查的变化趋势。当零点漂移严重时应采取相应措施,如零/跨调整、多点校准等。

8.2.2 连接方法

进行零检查或跨检查时,应按照图 2 的方式连接零气源(或跨气源)和一氧化碳分析仪。零气源(或跨气源)的供气总流量为一氧化碳分析仪的采样流量和平衡分流流量之和,平衡分流流量应大于一氧化碳分析仪采样流量的 0.2 倍,应不低于 0.2 L/min。平衡分流的支管长度应大于 20 cm,防止气路外空气倒流。零气源和跨气源的其他指标应符合 9.1 的要求。跨气的配制要求见 5.2.3。

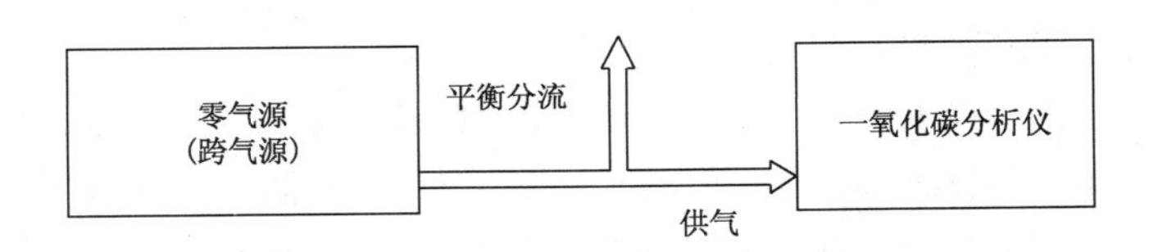

图 2 零检查和跨检查的仪器连接示意图

8.2.3 记录及调整

给一氧化碳分析仪通入零气或跨气 15 min 或以上，记录通气 10 min 以后仪器给出的稳定测量数据，计算其平均值，即为一氧化碳分析仪的零检查值或跨检查值。

通常，一氧化碳分析仪的零点随时间变化较大，为避免一氧化碳分析仪的信号输出超出其动态范围，当零检查值低于 0.05 μL/L 或零值与跨值之和接近量程值的 80%时，应调整仪器的零点设置。跨检查值可反映一氧化碳分析仪器的响应特性，因此应根据跨检查值的变化情况对仪器进行其他检查和维护，包括光源、相关轮、零气质量、标准气浓度、零气和标气流量、气路泄漏等的检查与维护。

8.3 更换颗粒物过滤膜

应定期或根据颗粒物污染状况更换颗粒物过滤膜：

——通常情况可每 2 周更换 1 次；

——在颗粒物含量较高的地区和季节，宜适当增加更换频率；

——在偏远的大气清洁地区，可适当降低更换频率至每月或每季度更换 1 次。

8.4 年度检查与维护

下列检查及仪器维护项目应至少每年进行 1 次：

——测量系统的气密性；

——抽气泵泵膜和抽气效率；

——红外光源、相关轮、光电倍增管等关键部件；

——零气发生系统的炉温、过滤材料、输出流量等；

——标准气稀释系统的流量计和电磁阀工作状况；

——标准气气瓶阀门以及减压阀压力表和调节阀；

——用蒸馏水清洗或更换进气管线。

每次检查的内容和结果以及采取的维护措施应严格记录，并作为台站档案按规定备份、保存和报送。

9 多点校准与量值传递

9.1 多点校准

9.1.1 基本要求

多点校准应遵循下列基本要求：

——对于长期连续观测，应至少每 3 个月进行一次多点校准。在对一氧化碳分析仪的测量光池、红外光源和内部气路等部分进行调整和维修的前后，均应进行多点校准。持续时间少于 3 个月的短期观测，观测前后应各进行一次多点校准。

——多点校准时的仪器连接见图 2。此时图中的跨气源相当于多点校准的标准气源。在校准过程中，一氧化碳分析仪应在正常的流速和温度下运行。校准气的总流量应超过仪器所需全部流量的 20%，剩余的气体应作为平衡分流在大气压状态下排空。

——零气源应满足 5.1 的要求，其最大供气流量应不低于 2 L/min。

——零气源和标准气稀释系统构成标准气源。标准气源应能连续、稳定地供气，最大流量应不小于 2 L/min，并能在所校准的一氧化碳分析仪当前量程范围内基本等间距地生成 5 个不同浓度的标准气。

9.1.2 校准方法

对具有自动温度和压力补偿的一氧化碳分析仪，应确认已激发此功能并能够产生正确的输出值。对不具备此补偿功能的仪器，在校准时应同时测量和记录测量光池的温度和内部压力。

在一氧化碳分析仪当前量程范围内以基本等间距的方式，确定至少5个校准点的浓度（例如，满量程的15%、30%、45%、60%、85%……）。在图2的连接方式下，改变一氧化碳标准气与零气的比例，从而向一氧化碳分析仪提供不同浓度的一氧化碳标准气。每次改变标准气浓度后，应至少通气15 min，分别记录一氧化碳分析仪给出的至少6个稳定测量数据，计算平均值。由此，得到各个校准点的数据。

由标准气源给出的校准点的一氧化碳浓度（$C_{C1}, C_{C2}, \cdots, C_{Cn}$）和一氧化碳分析仪给出的一氧化碳浓度平均值（$C_{M1}, C_{M2}, \cdots, C_{Mn}$），计算线性回归方程（即校准方程）：

$$C_C = a \times C_M + b \qquad \cdots\cdots(1)$$

式中：

C_C ——一氧化碳标准气浓度值，单位为微升每升（μL/L）；

C_M ——一氧化碳分析仪测量的一氧化碳浓度平均值，单位为微升每升（μL/L）；

a ——斜率系数，无量纲；

b ——截距，单位为微升每升（μL/L）。

回归方程的相关系数 r^2 应大于0.999，否则应检查仪器是否工作稳定或管路连接是否正常后重新校准。当斜率系数超出 1.00 ± 0.15 的范围时，应对一氧化碳分析仪的增益进行调整，增益参数调整后应再次进行多点校准。

多点校准的记录表格和回归计算结果报告表格参见表C.1和表C.2。

9.2 量值传递

通过在实验室用工作状态稳定、良好的一氧化碳分析仪对台站使用的一氧化碳标准气（如一氧化碳国家标准气）和更高级别的一氧化碳标准气（如一氧化碳国际标准气）分别进行多点测量的方式，可将更高级别的一氧化碳标准量值传递给台站使用的标准气，使台站测量结果具有更高的准确度和可比性。

要使观测数据始终保持较高的准确度和国际可比性，应将台站使用的一氧化碳标准气在使用前后各一次与国际标准的比对。

不同一氧化碳标准气间的量值关系建立见附录D。

10 数据记录和处理

10.1 数据记录

10.1.1 原始观测数据

由一段时间内完整采集的一氧化碳分析仪输出信号，信号采集频率至少为0.1 Hz，计算出该时段的一氧化碳浓度平均值和相关统计值，给出该段时间的数据记录。应至少每5 min形成1条数据记录，每条原始观测数据记录应包含的最少记录要素和格式见表E.1。

10.1.2 元数据

一氧化碳观测的元数据包括：站址元数据、仪器元数据、仪器运行状况元数据和多点校准元数据。元数据的记录内容见附录B。

站址和仪器的元数据应至少每年更新1次记录。仪器运行状况元数据应至少每周形成1次记录。每进行1次多点校准，则应形成1次校准方程元数据记录。

10.1.3 协同数据

可作为一氧化碳观测的协同数据包括：

a) 气象参数，如风向频率、风速、气温、气压、相对湿度、降水量等的小时平均值；

b) 太阳辐射，如总辐射、紫外辐射的小时累计值；

c) 地面臭氧浓度数据的小时平均值；

d) 氮氧化物(一氧化氮和二氧化氮)浓度的小时平均值；

e) 二氧化硫浓度的小时平均值；

f) 黑碳气溶胶浓度的小时平均值；

g) 气溶胶质量浓度 PM_1、$PM_{2.5}$、PM_{10} 的小时平均值。

10.2 数据处理

10.2.1 原始数据的订正

10.2.1.1 零点的订正量可通过3种方法取得：

——对于较短期的、离多点校准较近的数据，直接应用多点校准方程(式(1))中的 b 值；

——对于一段时间完成了多次有效的零检查，且零检查结果总体稳定、没有阶段性特征的情况，应采用剔除粗差之后的多次零检查的算术平均；

注：可以应用3倍标准偏差法、Grubbs法、Dixon法等进行粗差的判别。

——对于一段时间完成了多次有效的零检查，但不同时段零检查结果有显著阶段性差异的情况，应针对不同时间区间分别确定 b 值。

10.2.1.2 斜率的订正量可通过4种方法取得：

——对于在特定时期内、因缺乏足够的多点校准方程或短期观测的情况，宜采用最近的一次多点校准方程(式(1))中的 a 值；

——对于一段时间完成了多次有效的多点校准，且校准得到的斜率在允许偏差范围内波动的情况，应取多次校准方程之斜率值(a_1，a_2，…，a_n)的平均值；

——对于一段时间完成了多次有效的多点校准，校准得到的斜率有较大波动，但仪器的响应没有人为干预的情况，应利用不同时期多点校准取得的斜率值(a_1，a_2，…，a_n)对时间作图，并通过拟合取得合理方程，再根据此方程求得各个时刻的斜率值；

——对于仪器较长时间停机、重要的零部件更换、零/跨调整等导致的仪器响应不连续变化的情况，应参考零/跨检查值随时间的变化以及部件更换等情况，区分不同的时间区间，再结合上述3种方法，确定每个区间斜率值。

10.2.1.3 数据订正应辅以数据订正说明文档。

10.2.2 小时平均值的计算

对订正后的一氧化碳浓度数据进行甄别，剔除标校后15 min内的数据和其他异常值后，计算小时平均值。小时平均值数据应包含的最少记录要素和格式见表E.2。

附　录　A
（资料性附录）
一氧化碳观测检查记录

一氧化碳观测日检查记录表格式参见图 A.1。

站　　　年　月　日至　　年　月　日　　　仪器型序号：

日期	时间	分析仪时间	记录仪时间	样气流量	零检查值	跨检查值	光源强度	更换滤膜时间	值班人
yyyy-mm-dd	hh：mm	hh：mm	hh：mm	x. xxx	x. xxx	x. xxx	xxxxx	xx：xx	xxx

审核：　　　　　　审核日期：

图 A.1　一氧化碳观测日检查记录表式样

附　录　B
（资料性附录）
一氧化碳观测元数据

B.1　站址元数据

站址元数据包括：

a)　站址名称；
b)　经度、纬度、海拔高度；
c)　通信地址；
d)　邮政编码；
e)　联系电话；
f)　观测站负责人；
g)　观测人员；
h)　站址周围环境特征；
i)　站址元数据的生成日期；
j)　站址元数据的记录人员；
k)　站址元数据的审核人员。

B.2　仪器元数据

仪器元数据包括：

a)　分析仪型号、序列号、开始使用（安装）日期；
b)　零气发生源型号、序列号、开始使用（安装）日期；
c)　跨气发生源型号、序列号、开始使用（安装）日期；
d)　数据记录设备型号、序列号、开始使用（安装）日期；
e)　分析仪安装位置；
f)　进气口位置、高度；
g)　采样进气管的方式，管线材料及长度；
h)　数据记录方式（数字或模拟）；
i)　仪器元数据的生成日期；
j)　仪器元数据的记录人员；
k)　仪器元数据的审核人员。

B.3　仪器运行状况元数据

仪器运行状况元数据包括：

a)　分析仪机箱内温度；
b)　分析仪采样流量；
c)　分析仪气路内气压；
d)　分析仪光源强度；

e） 零检查的起止时间、零检查值；（可以有多次记录）
f） 跨检查的起止时间、跨检查值；（可以有多次记录）
g） 仪器维护操作（如更换颗粒物过滤膜、进行多点校准和其他维护维修活动）的起止时间；
h） 观测系统（如仪器、管路）异常的起止时间、现象描述；
i） 环境异常（如进气口附近的人员活动等明显的人为干扰，以及如沙尘暴等明显的恶劣天气）的起止时间、现象描述；
j） 仪器运行状况元数据的生成日期；
k） 仪器运行状况元数据的记录人员；
l） 仪器运行状况元数据的审核人员。

a)～d)项一般为单次记录，e)～i)项可以有多次记录。

B.4 多点校准元数据

多点校准元数据包括：
a） 标准气来源、编号；
b） 被校准仪器的型号、序列号；
c） 零气发生源型号、序列号；
d） 数据记录设备型号、序列号；
e） 分析仪原有校准方程的校准系数和零校准值；
f） 分析仪新校准方程的校准系数和零校准值；
g） 零气发生源的供气气压、流量；
h） 分析仪采样流量；
i） 分析仪气路内气压；
j） 分析仪光源强度；
k） 分析仪机箱内温度；
l） 标准气气瓶压力；
m） 校准气与分析仪的连接管路材质、长度；
n） 多点校准的日期；
o） 多点校准的操作人员；
p） 多点校准元数据的生成日期；
q） 多点校准元数据的记录人员；
r） 多点校准元数据的审核人员。

附 录 C
（资料性附录）
多点校准数据记录格式

一氧化碳分析仪多点校准数据记录表和结果报告表式样分别参见图 C.1 和图 C.2。

站点：________ 日期：____年____月____日 操作人员：________

仪器型号/序号：________ 标准气来源：________ 标准气编号：________ 开始时间：________ 结束时间：________

时间	—	—	—	—	—	—	—	—
校准点浓度								
读数顺序	读数							
1								
2								
3								
4								
5								
6								
7								
8								
9								
10								
平均值								

图 C.1 一氧化碳分析仪多点校准数据记录表式样

<table>
<tr><td>站　　点</td><td></td><td>日　　期</td><td></td></tr>
<tr><td>分析仪型/序号</td><td></td><td>操作人员</td><td></td></tr>
<tr><td>标准气来源/编号</td><td></td><td>审核人员</td><td></td></tr>
<tr><td>校准点</td><td>校准点浓度</td><td colspan="2">分析仪读数平均值</td></tr>
<tr><td>1</td><td></td><td colspan="2"></td></tr>
<tr><td>2</td><td></td><td colspan="2"></td></tr>
<tr><td>3</td><td></td><td colspan="2"></td></tr>
<tr><td>4</td><td></td><td colspan="2"></td></tr>
<tr><td>5</td><td></td><td colspan="2"></td></tr>
<tr><td>6</td><td></td><td colspan="2"></td></tr>
<tr><td colspan="4">回归方程式：[校准点浓度]＝ a ×[分析仪读数] ＋ b</td></tr>
<tr><td>斜率系数 a</td><td>截距 b</td><td colspan="2">相关系数 r^2</td></tr>
<tr><td></td><td></td><td colspan="2"></td></tr>
<tr><td colspan="4">备注：</td></tr>
<tr><td colspan="4">（回归曲线图）</td></tr>
</table>

注：所有 CO 浓度均用微升每升（μL/L）表示。

图 C.2　一氧化碳分析仪多点校准结果报告表式样

附 录 D
（规范性附录）
标准气间量值关系建立

当对台站的一氧化碳标准气按照9.1的方式执行类似多点校准的步骤时可得到方程(1)。

当对更高级别的一氧化碳标准气(这里假设为一氧化碳国际标准气)按照9.1的方式执行类似多点校准的步骤时可得到类似回归方程：

$$C_W = S_C \times C_C + Z_C \quad \cdots\cdots\cdots\cdots\cdots\cdots (D.1)$$

式中：

C_W ——一氧化碳国际标准气浓度值,单位为微升每升(μL/L)；

S_C ——校准系数,无量纲；

C_C ——实验室一氧化碳分析仪给出的CO浓度平均值,单位为微升每升(μL/L)；

Z_C ——零校准值,单位为微升每升(μL/L)。

由式(1)和式(D.1)可以确定台站一氧化碳分析仪测出的一氧化碳浓度与一氧化碳国际标准气浓度值之间的关系为：

$$C_W = S_C \times (a \times C_M + b) + Z_C \quad \cdots\cdots\cdots\cdots\cdots\cdots (D.2)$$

式中：

S_C ——校准系数,无量纲；

a ——多点校准回归方程(式(1))的斜率系数,无量纲；

C_M ——一氧化碳测量仪器给出的一氧化碳浓度值,单位为微升每升(μL/L)；

b ——多点校准回归方程(式(1))的截距,单位为微升每升(μL/L)；

Z_C ——零校准值,单位为微升每升(μL/L)。

附　录　E
（规范性附录）
一氧化碳观测数据格式

E.1　原始数据的记录格式

一氧化碳观测原始数据记录格式见表 E.1。

原始数据为一氧化碳分析仪直接给出的一氧化碳浓度值数据，未进行订正处理，单位为微升每升（μL/L）。

原始观测数据的时间段为记录生成的末端时刻，时间体制为国际标准时。

表 E.1　一氧化碳观测原始数据记录格式

列	字段说明	字段类型	备注
1	时间	年－月－日　时：分	不可缺
2	一氧化碳浓度（平均值）	整数	缺测时记为－999.9
3	一氧化碳浓度（最大瞬时值）	整数	缺测时记为－999.9
4	一氧化碳浓度（最小瞬时值）	整数	缺测时记为－999.9
5	一氧化碳浓度（标准偏差）	整数	缺测时记为－999.9
6	标志位	字符，1 位	“V”表示有效数据；“I”表示无效数据；“Q”表示可疑数据；“N”表示缺测；“Z”表示零检查数据；“S”表示跨检查数据；“C”表示多点校准数据；“L”表示低于检测限的数据；“O”表示其他未定义数据

示例 1：08 时 55 分至 09 时 00 分的平均值（5 min 平均值），其记录时间为 09 时 00 分。

示例 2：2005 年 07 月 31 日 23 时 55 分至 24 时 00 分（即次日 0 时 0 分）的平均值（5 min 平均值），其记录时间为 2005 年 07 月 31 日 24 时 00 分。

示例 3：2005 年 12 月 31 日 23 时 55 分至 24 时 00 分（即次年元月 1 日 0 时 0 分）的平均值（5 min 平均值），其记录时间为 2005 年 12 月 31 日 24 时 00 分。

E.2　小时平均数据的记录格式

一氧化碳观测小时平均数据记录格式见表 E.2。

小时平均数据为进行了订正处理的一氧化碳浓度值数据，单位为微升每升（μL/L）。

小时平均数据的时间段为记录生成的末端时刻，时间体制为国际标准时。

表 E.2　一氧化碳观测小时平均数据记录格式

列	字段说明	字段类型	备注
1	时间	年－月－日　时	不可缺
2	一氧化碳浓度(小时平均值)	整数	缺测时记为－999.9
3	一氧化碳浓度(最大记录值)	整数	缺测时记为－999.9
4	一氧化碳浓度(最小记录值)	整数	缺测时记为－999.9
5	一氧化碳浓度(标准偏差)	整数	缺测时记为－999.9
6	数据个数	整数,3位	缺测时记为－999
7	标志位	字符,1位	“V”表示有效数据;“I”表示无效数据;“Q”表示可疑数据;“N”表示缺测;“P”表示该小时内有效观测数据少于半小时;等

示例1:记录时间为08时05分至09时00分的原始数据(5 min平均值),平均值计算记为09时的小时平均数据。

示例2:记录时间为2005年07月31日23时05分至24时00分(即次日0时0分)的原始数据(5 min平均值),平均值计算记为2005年07月31日24时的小时平均数据。

示例3:记录时间为2005年12月31日23时05分至24时00分(即次年元月1日0时0分)的原始数据(5 min平均值),平均值计算记为2005年12月31日24时的小时平均数据。

参 考 文 献

[1] QX/T 39—2005 气象数据核心元数据

[2] HJ/T 193—2005 环境空气质量自动监测技术规范

[3] ISO 4219:1979 Air quality-Determination of gaseous sulfur compounds in ambient air-Sampling equipment

[4] 林伟立,徐晓斌,于大江,等. 龙凤山区域大气本底台站反应性气体观测质量控制[J]. 气象,2009,**35**(11):93-100

[5] 郑用熙. 分析化学中的数理统计方法[M]. 北京:科学出版社. 1986

[6] WMO. WMO/TD No. 1073. 全球大气监测观测指南[M]. 中国气象局监测网络司编译. 北京,气象出版社. 2003

[7] US-EPA. Guideline on ozone monitoring site selection EPA-454/R-98-002. NC, United States. 1998

ICS 07.060
A 47
备案号：50958—2015

中华人民共和国气象行业标准

QX/T 274—2015

大型活动气象服务指南　工作流程

Meteorological services guideline for events—Workflow

2015-07-28 发布　　2015-12-01 实施

中 国 气 象 局　发 布

前　　言

本标准按照 GB/T 1.1—2009 给出的规则起草。

本标准由全国气象防灾减灾标准化技术委员会(SAC/TC 345)提出并归口。

本标准起草单位:北京市气象局。

本标准主要起草人:崔继良、初子莹、杨洁、赵现平、曲晓波、尤凤春。

大型活动气象服务指南　工作流程

1　范围

本标准给出了大型活动气象服务工作流程。

本标准适用于大型活动气象保障服务工作。

2　术语和定义

下列术语和定义适用于本文件。

2.1

大型活动　event

单场次参加人数在1000人以上，或由国家、地方人民政府组织，具有一定社会影响的政治、经济、体育、文化等活动。

2.2

跟进式气象服务　progressive meteorological service

密切跟踪用户需求及天气变化，滚动提供气象预报、预警、实况服务及对策建议等信息，逐步加密信息发布频次及时空精细化程度的服务方式。

2.3

关键时间节点　time of keynotes

大型活动开(闭)幕式或活动主办方强调的其他重要活动举办的时间节点。

3　工作流程

3.1　筹备期

3.1.1　需求分析

3.1.1.1　通过实地考察、会议讨论、访谈或电话咨询等方式，了解大型活动概况、关键时间节点和对气象服务的具体要求，确立气象服务的内容及重点。

3.1.1.2　需求分析在大型活动气象服务筹备初期开展，随筹备工作深入不断进行补充和完善。

3.1.2　气候背景分析与气象灾害风险评估

3.1.2.1　分析活动举办地(宜到县级)在活动举办期间基本气象要素的历史平均情况、极端情况以及可能出现的高影响天气情况。

3.1.2.2　对于气象敏感度较高的大型活动，在上述分析基础上，评估可能对大型活动产生较大影响的气象灾害风险，分析可能造成的后果，提出风险控制措施建议。

3.1.3　气象服务方案编制

3.1.3.1　根据3.1.1和3.1.2的结果制定大型活动气象服务方案，报备活动主办方，并在筹备及服务过程中不断修订完善气象服务方案。

3.1.3.2 气象服务方案编制内容包括大型活动气象服务目标、组织运行机构、工作机制、服务内容、服务方式、经费预算及保障措施等内容。
3.1.3.3 根据活动特殊性质和需求，制定应急服务、媒体服务等专项方案。

3.1.4 人员技术准备

根据大型活动具体要求，规划部署必要的气象观测设备和网络环境，改进气象预报、服务业务平台，组织气象服务队伍、落实岗位职责，开展专项培训。

3.1.5 测试演练

3.1.5.1 测试演练内容主要包括内部工作流程、对外服务接口和应急保障措施等。测试演练结束后，应及时根据测试演练情况对服务方案进行调整完善，补充人员技术准备。
3.1.5.2 测试演练可结合大型活动演练、彩排开展，也可在活动正式开始前在气象服务机构内部组织。

3.2 运行保障期

3.2.1 加密气象观测

根据服务方案，可适时启动加密气象观测。

3.2.2 预报预警与天气会商

3.2.2.1 根据服务方案，制作基础预报预警产品。
3.2.2.2 在规定时段的天气会商中增加大型活动气象服务会商内容，并根据需要适时组织与上级或周边地区气象台站等的联合天气会商。
3.2.2.3 会商关注重点包括活动期间天气过程的开始和结束时间、强度、影响范围、对大型活动的可能影响等，以及高影响天气对户外活动、交通、人体健康等方面的影响。

3.2.3 跟进式气象服务

3.2.3.1 大型活动开始前，根据服务方案，适时提供活动举办城市延伸期和中、短期天气预报等预报服务产品以及主要天气过程对大型活动的可能影响及应对建议。
3.2.3.2 大型活动期间，根据服务方案，逐日提供活动所在县或活动地短期天气预报、空气质量预报、活动主办方关注的各类生活气象指数预报，以及近期天气展望、出行参考等提示内容。
3.2.3.3 大型活动关键时间节点，根据天气形势和活动需求，滚动加密提供活动举办地点精细化天气预报。
3.2.3.4 如遇雨、雪、雷电、大风、雾、霾等对活动产生影响的天气，及时通过约定方式向活动主办方滚动加密提供举办地实时气象监测产品、精细化短时临近天气预报、气象灾害预警信息及防御提示。

3.2.4 现场气象服务

3.2.4.1 根据服务方案，结合主办方要求及天气情况，适时开展现场气象保障服务工作。
3.2.4.2 大型活动开始前，组织考察活动现场观测环境、通信和电力等基础保障情况，合理架设现场观测设备，保障业务平台正常运行，保持与本地气象台的远程连线。
3.2.4.3 大型活动期间，密切监视天气变化，随时与本地气象台会商联动，研判可能由天气原因造成的不利影响，及时向用户解读最新气象监测、预报和预警等信息，提出应对建议。
3.2.4.4 对于持续时间长、影响度较高的大型活动，可向活动主办方提出搭建临时观测场及气象服务驻地办公环境要求。

3.2.5 人工影响天气作业

视情况开展增(消)雨(雪)、防雹等人工影响天气作业。

3.3 评估总结期

3.3.1 效益评估

活动结束后,以大型活动主办方和活动参与人员为重点评估对象,从用户期望度和满意度出发,评价气象服务产品内容的准确性、通俗性和精细化程度,气象服务手段的便捷性,服务产品的及时性,以及气象服务人员综合能力和气象服务社会经济综合效益等。

3.3.2 服务总结

在评估的基础上,总结成功经验、分析存在的不足和改进建议,形成服务总结报告。

3.4 流程图

大型活动气象服务工作流程图参见附录A的图A.1。

附　录　A
（资料性附录）
大型活动气象服务工作流程

图 A.1 为大型活动气象服务工作流程。

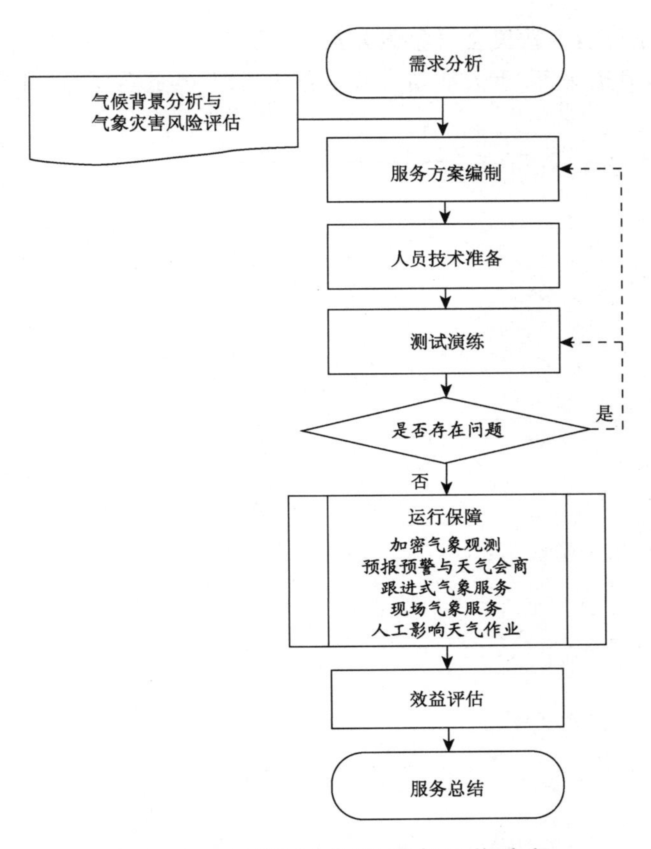

图 A.1　大型活动气象服务工作流程

参 考 文 献

[1] 马鹤年等.气象服务学基础.北京:气象出版社.2001

[2] 许小峰等.气象服务效益评估理论方法与分析研究.北京:气象出版社.2009

[3] 北京奥运气象服务中心.北京2008年奥运会与残奥会气象服务方案汇编.北京:气象出版社.2010

[4] 郑国光等.北京奥运会残奥会气象服务报告.北京:气象出版社.2009

[5] 谢璞,王建捷,潘进军等.重大活动气象服务的组织、实施与运行.北京市气象局.2010

ICS 07.060
A 47
备案号：50959—2015

中华人民共和国气象行业标准

QX/T 275—2015

气象工程项目建议书编制规范

Specification for compiling proposal of meteorological engineering projects

2015-07-28 发布　　2015-12-01 实施

中国气象局　发布

前　言

本标准按照 GB/T 1.1—2009 给出的规则起草。

本标准由全国气象防灾减灾标准化技术委员会(SAC/TC 345)提出并归口。

本标准起草单位:中国气象局资产管理事务中心。

本标准主要起草人:李峰、冷春香、陈超、陆楠、齐小夏、顾青峰、朱川海、陈昭艳。

气象工程项目建议书编制规范

1 范围

本标准规定了气象工程项目建议书编制的基本规则、内容和格式。

本标准适用于各类气象工程项目建议书的编制。

2 术语和定义

下列术语和定义适用于本文件。

2.1

气象工程项目 meteorological engineering projects

用于综合气象观测、气象预报预测、气象服务和气象信息网络等系统建设的工程项目。

3 基本规则

3.1 命名

项目建议书应统一命名为:“××××项目建议书”(××××为项目名称)。

3.2 组成

项目建议书应由前引部分、正文部分和补充部分组成,包括以下内容:

a) 前引部分应包括以下内容:
   1) 封面;
   2) 编制单位资质;
   3) 编制人员名单;
   4) 目录。
b) 正文部分应按下列顺序和内容编写:
   1) 总论;
   2) 背景分析、建设依据与必要性分析;
   3) 项目建设方案初步设想;
   4) 组织机构、人力资源配置与实施进度;
   5) 投资估算与资金筹措;
   6) 效益分析。
c) 补充部分可包括以下内容:
   1) 附录;
   2) 附件。

项目建议书大纲参见附录 A。

3.3 编制深度

项目建议书的编制深度应达到如下要求:

a）应充分论证项目建设的必要性；

b）应对项目主要建设内容、拟建地点、拟建规模、投资估算、资金筹措以及社会效益和经济效益等进行初步分析；

c）投资估算误差率应在±20％之内。

3.4 其他

3.4.1 项目建议书中的词语应使用汉语词语，必要时可在汉语词语后加注相应的外文词语并放在圆括号内。在确需使用无相应汉语词语的外文词语时，应在第一次出现时加以说明。若使用的外文词语较多，应集中汇集为词汇表。

3.4.2 项目建议书中使用缩略词语或简称时，应在第一次出现的地方在圆括号内注明非缩略词语或全称。

4 内容

4.1 前引部分

4.1.1 封面

封面内容应包括项目建议书名称、编制单位和编制日期，需要时应按规定标注相应的密级。

如果项目建议书由多个单位合作完成，应在封面中依次列出编制单位的全称。

4.1.2 编制单位资质

编制单位资质应使用该单位工程咨询相关资质证书的复印件，有多个编制单位时，应按封面中编制单位的顺序依次给出各单位相关资质证书复印件。

4.1.3 编制人员名单

应依次列出编制人员名单，列出顺序为：审定、审核、校核、编写人员、参编人员。

4.1.4 目录

目录按项目建议书的内容顺序编排，包括：前言（有前言时）、正文部分、补充部分（有补充部分时）。正文部分的目录应包括章、节编号和完整的标题，根据项目建议书的框架结构，给出至二级或三级标题的目录。补充部分的目录应包括附录、附件的编号和标题。

4.2 正文部分

4.2.1 总论

综述项目概况，包括项目名称、承办单位概况、建设内容、总投资及效益情况，以及主要结论。

4.2.2 背景分析、建设依据与必要性分析

应按下列顺序和内容编写：

a）背景分析：应从经济社会发展要求出发，简述与项目相关的实际业务情况，分析项目建设的有利或限制条件、现有系统的缺陷或不足。

b）建设依据：应从科学理论、实践情况以及相关法律、法规、政策、发展规划和批复文件等方面提出项目建设的依据。

c) 必要性分析:应从国家经济社会发展需求、气象事业发展需求、存在差距、需解决的主要问题及紧迫性、能够满足需求的程度等方面阐述项目建设的必要性。

4.2.3 项目建设方案初步设想

应按下列顺序和内容编写:

a) 建设目标:按照国家政策和总体效益优化原则,根据需要和可能,提出和确定项目建设的目标。
b) 建设原则:依据国家相关法律和规范以及项目本身的特点,确定项目的建设原则。
c) 系统功能:描述整个系统建成后能实现的各种功能与效用。
d) 建设内容与规模:根据项目建设目标,分析研究应用部门对项目建设的需求,结合项目建设条件,提出项目建设任务;综合分析需求等各种因素,提出建设规模。
e) 建设地点的初步设想:根据建设条件,选取若干个备选的建设地点,并对各备选建设地点进行分析介绍。
f) 建设条件状况:根据项目建设内容和技术方案,初步提出需要的软硬件环境和其他资源,包括自然环境、人文环境、安全环境、基础技术环境等;说明与已经具备的资源之间的衔接利用情况;说明为满足项目主体要求需要的土建工程及其他配套工程情况。

4.2.4 组织机构、人力资源配置与实施进度

应按下列顺序和内容编写:

a) 组织机构:提出项目建设管理组织机构方案,明确项目实施和管理的分工和责任。
b) 人力资源配置:提出项目建设和运行维护的技术力量及人员配置计划等。
c) 实施进度:根据项目建设需要,初步提出工期进度要求及安排。

4.2.5 投资估算与资金筹措

应按下列顺序和内容编写:

a) 投资估算:列明项目的建筑与安装工程费、设备购置费、应用软件开发费、工程建设其他费和预备费等费用细目,估算项目总费用,当分项表格较多时,宜作为项目建议书的附录或附件。
b) 资金筹措:说明项目投资的资金来源和落实情况,包括中央投资、地方投资以及自筹资金等。

4.2.6 效益分析

应按下列顺序和内容编写:

a) 社会效益:根据气象工程项目作为公益性项目的特点,重点分析项目建成以后的社会效益,对不能量化的效益进行定性分析,对可量化的效益说明估算方法及结果。
b) 经济效益:预测项目建成以后可能产生的各种收益,结合项目的经济投入对项目进行经济效益分析。
c) 生态效益:分析项目建成以后对生态环境的影响。

4.3 补充部分

4.3.1 附录、附件主要内容包括所需要的其他资质证明、相关的文件和材料及特殊技术说明等。

4.3.2 相对独立的文件可作为附件,附件包括封面、目录、正文及附件的附录等,其封面除增加附件编号和附件标题外,其余与正文封面相同。

5 格式

编排格式要求参见附录 B，封面格式参见附录 C，编制人员名单格式参见附录 D，目录格式参见附录 E，正文格式参见附录 F，附录（附件）封面格式参见附录 G。

附　录　A
(资料性附录)
编制大纲示例

1　总论
　1.1　项目名称
　1.2　承办单位概况
　1.3　建设内容
　1.4　项目总投资及效益情况
　1.5　结论
2　背景分析、建设依据与必要性分析
　2.1　背景分析
　2.2　建设依据
　2.3　必要性分析
3　项目建设方案初步设想
　3.1　建设目标
　3.2　建设原则
　3.3　系统功能
　3.4　建设内容与规模
　3.5　建设地点的初步设想
　3.6　建设条件状况
4　组织机构、人力资源配置与实施进度
　4.1　组织机构
　4.2　人力资源配置
　4.3　实施进度
5　投资估算与资金筹措
　5.1　投资估算
　5.2　资金筹措
6　效益分析
　6.1　社会效益
　6.2　经济效益
　6.3　生态效益
附录 X
附件 X

注:各节可进一步细化。

附　录　B
（资料性附录）
编排格式

B.1　封面及编制人员名单

B.1.1　项目建议书封面中的密级宜用五号黑体，项目建议书名称宜用一号或小一号黑体，编制单位和编制日期宜用三号宋体加粗。
B.1.2　附录和附件封面中密级、项目名称、编制单位和编制日期的字体字号与封面相同，附录和附件的编号、名称宜用小二号黑体。
B.1.3　项目建议书编制人员名单页中的“审定”、“审核”、“校核”、“编写人员”、“参编人员”及其后的冒号“：”等宜用三号宋体加粗，人员姓名宜用三号宋体。

B.2　目录

项目建议书的目录层次宜设置为2至3层；“目录”两字宜用四号黑体并居中，“目”与“录”两字中间空两个汉字的间隔。目录中的文字宜用小四号宋体，与页码之间用“……”连接并两端对齐，页码不加括号。

目录页单独编排页码，宜用五号正体大写罗马数字，单数页排在页面右下侧，双数页排在页面左下侧。

B.3　正文部分

B.3.1　项目建议书章、节采用阿拉伯数字分级编号，章的标题从阿拉伯数字1开始编号，一直连续到附录之前，节是章的细分，可分为第一级节（例如5.1,5.2等）、第二级节（例如5.1.1,5.1.2等）、第三级节（例如5.1.1.1,5.1.1.2等）。如果需要进一步细分，则使用带圆括弧的阿拉伯数字序号（例如（1）、（2）等）、以及带圆括弧的小写英文字母序号（例如（a）、（b）等）。
B.3.2　章、节的编号与标题之间空一个汉字的间隙；章的标题左对齐，宜用三号黑体；第一级节的标题空一个汉字起排，宜用四号黑体；其余标题及正文均空两个汉字起排，宜用四号宋体。正文行间距为1.5倍行距。
B.3.3　正文每页应有页眉。页眉居中位置为项目建议书名称，宜用五号宋体。正文页单独编排页码，宜用五号宋体阿拉伯数字，单数页排在页面右下侧，双数页排在页面左下侧。

B.4　附表和附图

B.4.1　每个附表、附图均应有编号和名称。附图的编号形式为“图A-B”，附表为“表A-B”，其中A为所在章的编号，B为该章中图或表的顺序号。如第四章的第一个图或表，即表示为“图4-1”、或“表4-1”。附图、附表的名称紧接在附图、附表的编号后空一个汉字，其中附图名位于图下方居中，附表名位于表上方居中。
B.4.2　附表、附图一般排在正文部分相应位置，若附表、附图数量较多，可视情况作为附录或附件。

B.5 附录和附件

附录和附件应按其在正文部分出现的先后次序编排。

附录按“附录1、附录2、附录3……”等顺序编号，编排在正文之后。

附件按“附件1、附件2、附件3……”等顺序编号，编排在附录之后，也可单独印装成册。

B.6 印刷

项目建议书的印刷纸张采用A4(210 mm×297 mm)幅面，左侧装订。个别图、表可采用A3(297 mm×420 mm)幅面。页面采用纵向排版，部分图、表可采用横向排版。同时，应制作项目建议书的电子版本。

附　录　C
(资料性附录)
封面格式

图 C.1 给出了项目建议书的封面格式。

<table>
<tr><td>

密级：

××××

项目建议书

编制单位：×××
×××

×××年××月

</td></tr>
</table>

图 C.1　封面格式

附　录　D
（资料性附录）
编制人员名单格式

图 D.1 给出了编制人员名单的格式。

审　　定：×××

审　　核：×××　×××

校　　核：×××　×××

编写人员：×××　×××　×××

×××　×××　×××

参编人员：×××　×××　×××

×××　×××　×××

图 D.1　编制人员名单格式

附 录 E
(资料性附录)
目录格式示例

目 录

附　录　F
（资料性附录）
正文格式示例

1　总论

1.1　项目名称

1.2　项目承办单位概况

1.3　建设内容

1.4　项目总投资及效益情况

1.5　结论

2　背景分析、建设依据与必要性分析

2.1　背景分析

2.2　建设依据

2.3　必要性分析

3　项目建设方案初步设想

3.1　建设目标

3.2　建设原则

3.3　系统功能

3.4　建设内容与规模

3.4.1　××××××

3.4.1.1　××××××

(1)×××××××××××××××××××××××××

(a)×××××××××××××××××××××××××

表 3-1　×××××××××

×××	××××	×××	××	×××××
××××××				
××××				
×××				
×××××××				

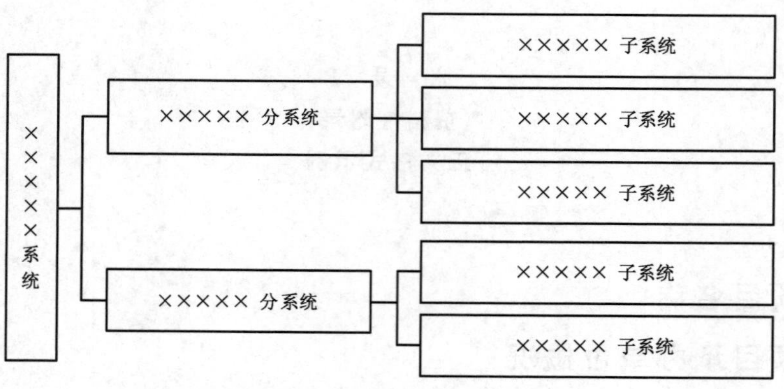

图 3-1 ×××××××××

(b)××

(2)××

…………

附　录　G
（资料性附录）
附录（附件）封面格式

图 G.1 给出了项目建议书的附录（附件）封面格式。

密级：

××××

项目建议书

附录（附件）×：×××

编制单位：×××
×××

×××年××月

图 G.1　附录（附件）封面格式

ICS 07.060
A 47
备案号：50960—2015

中华人民共和国气象行业标准

QX/T 276—2015

气象工程项目初步设计报告编制规范

Specification for compiling preliminary design report of meteorological engineering projects

2015-07-28 发布　　2015-12-01 实施

中国气象局　发布

前　言

本标准按照 GB/T 1.1—2009 给出的规则起草。

本标准由全国气象防灾减灾标准化技术委员会(SAC/TC 345)提出并归口。

本标准起草单位:中国气象局资产管理事务中心。

本标准主要起草人:朱川海、顾青峰、齐小夏、陈超、陆楠、冷春香、王胜杰、翟薇。

气象工程项目初步设计报告编制规范

1 范围

本标准规定了气象工程项目初步设计报告编制的基本规则、内容和格式。

本标准适用于各类气象工程项目初步设计报告的编制。

2 术语和定义

下列术语和定义适用于本文件。

2.1

气象工程项目 meteorological engineering projects

用于综合气象观测、气象预报预测、气象服务和气象信息网络等系统建设的工程项目。

3 基本规则

3.1 命名

初步设计报告应统一命名为:"××××初步设计报告"(××××为项目名称)。项目名称应与批准的可行性研究报告一致。

3.2 组成

初步设计报告应由前引部分、正文部分和补充部分组成,包括以下内容:

a) 前引部分应包括以下内容:
   1) 封面;
   2) 编制单位资质;
   3) 编制人员名单;
   4) 目录;
   5) 前言(可选)。

b) 正文部分应按下列顺序和内容编写:
   1) 总体设计;
   2) 分系统设计;
   3) 项目实施进度与管理;
   4) 技术培训;
   5) 初步设计概算;
   6) 有关问题说明。

c) 补充部分可包括以下内容:
   1) 附录;
   2) 附件。

初步设计报告大纲参见附录A。

3.3 编制深度

初步设计报告的编制深度应达到如下要求：

a） 应能满足招标文件的编制、主要设备和材料的订货、技术设计（实施方案）文件的编制的需要；
b） 重大技术、设备等方案应有两个以上方案的比选；
c） 建设场地应明确具体的地点，涉及土地征用时应确定征用范围；
d） 设备配置应细化到可单独采购的设备或配件，应用软件设计应细化到功能模块；
e） 应附有与项目建设相关的批复文件。

3.4 其他

3.4.1 初步设计报告应依据批准的可行性研究报告进行编制。

3.4.2 初步设计报告编制时使用的基本术语应参照有关国家标准、行业标准、国际标准以及国际、国内的惯用术语。对理解报告有重要影响的术语，应做出必要的定义，并汇集为术语清单，必要时可作为附录置于补充部分中。

3.4.3 初步设计报告中的词语应使用汉语词语，必要时可在汉语词语后加注相应的外文词语并放在圆括号内（在确需使用无相应汉语词语的外文词语时，应在第一次出现时加以说明）。若使用的外文词语较多，宜集中汇集为外文词语清单，必要时可作为附录置于补充部分中。

3.4.4 初步设计报告中使用缩略词语或简称时，应在第一次出现的地方在圆括号内注明非缩略词语或全称。

4 内容

4.1 前引部分

4.1.1 封面

封面内容应包括：报告名称、编制单位和编制日期，需要时应按规定标注相应的密级。

如果初步设计报告由多个单位合作完成，应在封面中依次列出编制单位的全称。

4.1.2 编制单位资质

编制单位资质应使用该单位相关资质证书的复印件，有多个编制单位时，应按封面中编制单位的顺序依次给出各单位的资质证书复印件。

4.1.3 编制人员名单

应依次列出编制人员名单，顺序为：审定、审核、校核、编写人员、参编人员。

4.1.4 目录

目录按初步设计报告的内容顺序编排，包括：前言（报告有前言时）、正文部分、补充部分（报告有补充部分时）。正文部分的目录应包括章、节编号和完整的标题，根据报告的框架结构，给出至二级或三级标题的目录。补充部分的目录应包括附录、附件的编号和标题。

4.1.5 前言

前言为可选部分，简述初步设计报告编制的背景、过程及报告的主要内容。报告的主要内容包括：项目主要建设内容和规模、项目建设地点、项目总投资、项目主要效益等。

4.2 正文部分

4.2.1 总体设计

4.2.1.1 概述应按下列顺序和内容编写：

a) 建设背景：简述项目名称、承办单位概况、项目提出的理由、可行性研究概要；
b) 前期准备工作：从准备工作情况和大型设备选址情况来说明项目建设前的准备工作；
c) 设计范围：确定初步设计报告包含的专业范围；
d) 设计概要：介绍项目设计的主要内容以及报告的框架结构；
e) 术语和词语：对于初步设计报告中有必要定义或说明的术语和外文词语，应在此给出相关定义或说明，汇集为术语清单和外文词语清单。术语和外文词语的数量较多时，可编排为附录，并在章节下注明"见附录 X"(X 为附录编号)。

4.2.1.2 设计依据：列出项目建议书、可行性研究报告和相应的批复文件及相关规划，引用的国家标准、行业标准、地方标准、国际标准和气象主管部门所颁布的业务技术文件等。必要时应汇集批复文件的复印件，作为附录置于补充部分中，并在章节下注明"见附录 X"(X 为附录编号)。

4.2.1.3 设计原则：从应用、技术、建设、运行维护、经济等方面确定设计的基本准则。

4.2.1.4 现状与需求分析应按下列顺序和内容编写(当初步设计之前已编制有分析报告时，可直接引述该报告的结论)：

a) 现状分析：从业务系统装备、应用水平、气象产品、管理、人员等方面描述项目建设的现有状况和基础条件，分析项目可利用的业务资源情况；
b) 需求分析：从气象产品、服务形式、信息量、业务系统性能等方面归纳、分析需要解决的重点问题，形成项目建设的需求说明。

4.2.1.5 建设目标与任务应按下列顺序和内容编写：

a) 建设目标：根据设计范围、现状与需求分析，确定项目建设所要达到的业务水平，说明在相关规划和本级气象业务中的作用，提出量化指标；
b) 建设任务：从建设目标出发，描述项目的建设范围、建设内容与规模、建设周期。

4.2.1.6 总体功能：根据现状与需求分析、建设目标与任务，进行功能划分，描述项目建成后的总体功能和分项功能。

4.2.1.7 总体结构：根据现状与需求分析、建设目标与任务、总体功能，结合项目技术特点，进行项目分解和总体结构设计，描述项目的组成、层级、逻辑和物理结构。根据需要可将项目划分为若干个相对独立的分系统，并确定各分系统的主要功能。

4.2.1.8 总体布局：根据总体结构提出布局原则，描述项目在全国范围或局部地区的地理分布情况。

4.2.1.9 信息总流程：根据总体功能、总体结构和总体布局，分析描述项目的主要信息流程。

4.2.1.10 关联与接口设计：根据总体功能、总体结构、总体布局和信息总流程，设计项目与现有业务系统之间、各分系统之间的关联与信息接口。

4.2.1.11 总体技术路线：阐述为实现建设目标而准备采取的主要技术手段及解决关键性问题的方法。

4.2.2 分系统设计

4.2.2.1 对多个分系统逐一进行设计，每个分系统设计按下列顺序和内容编写：

a) 功能设计：确定分系统所具有的功能与效用；
b) 结构设计：确定分系统的逻辑、物理和层次结构等；
c) 布局设计：根据功能和结构设计及分系统技术特点，设计分系统建设布局；
d) 信息流程：根据分系统功能、结构和布局设计，分析描述信息流程；

e) 关联与接口设计：设计分系统各组成部分之间的关联与信息接口；
f) 技术性能要求：根据业务需求，确定分系统主要技术性能要求和技术指标等；
g) 设备配置：根据技术性能要求，按照资源共享的原则，简要分析现有资源的可利用前景，提出合理的设备配置方案和部署方案，编制设备材料清单。设备应包括硬件设备和商业软件，对于重大设备的资料性介绍，可编为附录，置于补充部分中，在章节下注明“见附录 X”(X 为附录编号)；
h) 安装工艺和场地建设：描述建设场地的环境状况及重要设备安装对环境的要求，设备在建设场地的布设位置，设备安装的工艺流程和工作量，配套的防雷、供电等设施建设；
i) 应用软件设计：根据分系统功能、结构设计和信息流程，分析需求，提出应用软件的架构、功能、流程、接口和部署方案，确定应用软件运行对硬件设备的技术性能要求。分解软件并模块化，设计模块的层次结构、功能、数据流、访问方法和关联程度。编制应用软件清单。根据项目特点，应用软件也可作为一个独立的分系统进行设计。

4.2.2.2 根据分系统的复杂程度，可在分系统下继续划分为若干个相对独立的单项工程，每个单项工程设计可参照 4.2.2.1 规定的顺序和内容编写。

4.2.3 项目实施进度与管理

4.2.3.1 项目实施进度：从项目工期、阶段划分以及各阶段的主要工作等方面来说明项目实施进度。
4.2.3.2 项目管理按下列顺序和内容编写：
a) 建设管理：提出项目建设管理机构、项目法人(组建法人单位时)组建方案，明确其职责。制定项目建设风险、资金、质量、进度控制及合同等文档资料管理的初步方案；
b) 工程招标：描述项目招标范围、招标方式和招标组织形式；
c) 工程建设监理：根据项目的实际情况，选取具有相应资质的工程监理单位。

4.2.3.3 运行管理按下列顺序和内容编写：
a) 业务运行：明确项目业务运行管理机构和人员组成，确定业务运行管理模式，制定业务运行操作程序和规章制度；
b) 技术保障：确定项目业务运行的技术保障体系，明确各级技术保障机构的职责，制定维护维修和计量检定的工作程序；
c) 业务运行经费：参见 4.2.5.6。

4.2.4 技术培训

4.2.4.1 概述：描述项目业务运行所需工作人员的数量以及需要具备的上岗标准等。
4.2.4.2 培训目标：根据项目业务运行对工作人员的要求以及上岗标准等制定培训目标。
4.2.4.3 培训内容和规模：根据项目业务运行所需工作人员的数量以及技术专业情况，结合培训目标，确定培训的内容和规模。
4.2.4.4 培训组织和管理：根据培训的内容和规模，结合项目实施进度，安排培训的时间和地点，确定培训的组织和管理形式。
4.2.4.5 培训经费：根据培训内容和规模、培训时间和地点，计算培训所需的经费。

4.2.5 初步设计概算

4.2.5.1 投资概算依据：列出所有投资概算依据的细目。
4.2.5.2 投资概算项目及标准：根据国家有关规定，列出所有取费标准的细目。
4.2.5.3 投资总概算：汇总分系统设备材料清单和应用软件清单，根据设备、应用软件及安装工艺和场地建设方案，进行分系统投资概算，并综合出项目的投资总概算，编制投资概算表。投资概算表的格式与内容应符合国家相关标准、政策法规的规定。当概算分项表格较多时，宜将投资概算抽出作为附件，并在初步设计报告中作概要介绍，在章节下注明“见附件X”(X为附件编号)。

4.2.5.4 资金筹措：说明项目建设资金的组成及来源。

4.2.5.5 分年度投资计划：根据项目实施进度，确定项目分年度投资计划，并编制分年度投资计划表。

4.2.5.6 业务运行经费：根据项目实际情况进行业务运行经费估算，明确经费来源等。

4.2.6 有关问题说明

4.2.6.1 相对可行性研究报告批复的调整情况：初步设计报告与批准的可行性研究报告比较，在技术方案、主要设备和应用软件、建设规模、投资概算上有调整时，应对调整情况予以说明。

4.2.6.2 其他需要说明的问题：解释4.2.6.1中描述不够清楚或者容易引起异议的问题。如果没有需要说明的问题，则报告中不编写此节。

4.3 补充部分

4.3.1 附录

当初步设计报告的术语、外文词语数量较多，及需要汇集批复文件复印件、重大设备介绍材料等时，可编制成独立的文档，作为初步设计报告的附录。附录的顺序应按其在正文部分出现的先后次序编排。

4.3.2 附件

当初步设计报告篇幅较长时，可将分系统设计、投资概算或图、表等部分抽出编制独立的文档，作为初步设计报告的附件。附件的顺序应按其在正文部分出现的先后次序编排。

5 格式

编排格式要求参见附录B，封面格式参见附录C，编制人员名单格式参见附录D，目录格式参见附录E，正文格式参见附录F，附录(附件)封面格式参见附录G。

附　录　A
（资料性附录）
初步设计报告大纲示例

1　总体设计
　1.1　概述
　　1.1.1　建设背景
　　1.1.2　前期准备工作
　　1.1.3　设计范围
　　1.1.4　设计概要
　　1.1.5　术语和词语
　1.2　设计依据
　1.3　设计原则
　1.4　现状与需求分析
　　1.4.1　现状分析
　　1.4.2　需求分析
　1.5　建设目标与任务
　　1.5.1　建设目标
　　1.5.2　建设任务
　1.6　总体功能
　1.7　总体结构
　1.8　总体布局
　1.9　信息总流程
　1.10　关联与接口设计
　1.11　总体技术路线
2　分系统设计
　2.1　分系统1设计
　　2.1.1　功能设计
　　2.1.2　结构设计
　　2.1.3　布局设计
　　2.1.4　信息流程
　　2.1.5　关联与接口设计
　　2.1.6　技术性能要求
　　2.1.7　设备配置
　　2.1.8　安装工艺和场地建设
　　2.1.9　应用软件设计
　2.2　分系统2设计(同2.1)
　……
3　项目实施进度与管理
　3.1　项目实施进度
　3.2　项目管理
　　3.2.1　建设管理

3.2.2 工程招标

3.2.3 工程建设监理

3.3 运行管理

3.3.1 业务运行

3.3.2 技术保障

3.3.3 业务运行经费

4 技术培训

4.1 概述

4.2 培训目标

4.3 培训内容和规模

4.4 培训组织和管理

4.5 培训经费

5 初步设计概算

5.1 投资概算依据

5.2 投资概算项目及标准

5.3 投资总概算

5.4 资金筹措

5.5 分年度投资计划

5.6 业务运行经费

6 有关问题说明

6.1 相对可行性研究报告批复的调整情况

6.2 其他需要说明的问题

附录 X

附件 X

注 1:各节可进一步细化。

注 2:分系统 2 设计的编写顺序和内容同分系统 1 设计,如果还有其他分系统,可以顺次增加新的节。

注 3:分系统较多时,可将分系统 1 设计、分系统 2 设计等编为第 2 章、第 3 章等,项目实施进度与管理及以后各章顺次编号。

附　录　B
(资料性附录)
编排格式

B.1　封面及编制人员名单

B.1.1　初步设计报告封面中的密级宜用五号黑体，报告名称宜用一号或小一号黑体，编制单位和编制日期宜用三号宋体加粗。

B.1.2　附录和附件封面中密级、项目名称、编制单位和编制日期的字体字号与封面相同，附录和附件的编号、名称宜用小二号黑体。

B.1.3　初步设计报告编制人员名单页中的“审定”、“审核”、“校核”、“编写人员”、“参编人员”及其后的冒号“:”等宜用三号宋体加粗，人员姓名宜用三号宋体。

B.2　目录

初步设计报告的目录层次宜设置为2至3层；“目录”两字宜用四号黑体并居中，“目”与“录”两字中间空两个汉字的间隔。目录中的文字宜用小四号宋体，与页码之间用“……”连接并两端对齐，页码不加括号。

目录页单独编排页码，宜用五号正体大写罗马数字，单数页排在页面右下侧，双数页排在页面左下侧。

B.3　正文部分

B.3.1　初步设计报告章、节采用阿拉伯数字分级编号，章的标题从阿拉伯数字1开始编号，一直连续到附录之前，节是章的细分，可分为第一级节(例如5.1,5.2等)、第二级节(例如5.1.1,5.1.2等)、第三级节(例如5.1.1.1,5.1.1.2等)。如果需要进一步细分，则使用带圆括弧的阿拉伯数字序号(例如(1)、(2)等)、以及带圆括弧的小写英文字母序号(例如(a)、(b)等)。

B.3.2　章、节的编号与标题之间空一个汉字的间隙；章的标题左对齐，宜用三号黑体；第一级节的标题空一个汉字起排，宜用四号黑体；其余标题及正文均空两个汉字起排，宜用四号宋体。正文行间距为1.5倍行距。

B.3.3　正文每页应有页眉。页眉居中位置为报告名称，宜用五号宋体。正文页单独编排页码，宜用五号宋体阿拉伯数字，单数页排在页面右下侧，双数页排在页面左下侧。

B.4　附表和附图

B.4.1　每个附表、附图均应有编号和名称。附图的编号形式为“图A-B”，附表为“表A-B”，其中A为所在章的编号，B为该章中图或表的顺序号。如第四章的第一个图或表，即表示为“图4-1”、或“表4-1”。附图、附表的名称紧接在附图、附表的编号后空一个汉字，其中附图名位于图下方居中，附表名位于表上方居中。

B.4.2　附表、附图一般排在正文部分相应位置，若附表、附图数量较多，可视情况作为附录或附件。

B.5 附录和附件

附录和附件应按其在正文部分出现的先后次序编排。

附录按“附录 1、附录 2、附录 3……”顺序编号，编排在正文之后。

附件按“附件 1、附件 2、附件 3……”顺序编号，编排在附录之后，也可单独印装成册。

B.6 印刷

初步设计报告的印刷纸张采用 A4(210 mm×297 mm)幅面，左侧装订。个别图、表可采用 A3(297 mm×420 mm)幅面。页面采用纵向排版，部分图、表可采用横向排版。同时，应制作初步设计报告的电子版本。

附　录　C
（资料性附录）
封面格式

图 C.1 给出了初步设计报告的封面格式。

密级：
×××× 初步设计报告
编制单位：××× ××× ×××年××月

图 C.1　封面格式

附　录　D
（资料性附录）
编制人员名单格式

图 D.1 给出了编制人员名单的格式。

审　　定：×××

审　　核：×××　×××

校　　核：×××　×××

编写人员：×××　×××　×××

　　　　　×××　×××　×××

参编人员：×××　×××　×××

　　　　　×××　×××　×××

图 D.1　编制人员名单格式

附　录　E
（资料性附录）
目录格式示例

目　　录

附　录　F

(资料性附录)

正文格式示例

1　总体设计

1.1　概述

1.1.1　建设背景

×××××××××××××××××××××××××××××××
×××××××××。

×××××××××××××××××××××××××××××××
×××××××××××××××××××××××××××××××××
××××××××××××××××××。

1.5.2　建设任务

1.5.2.1　××××

×××××××××××××××××××××××××××××××
×××××××××××××××××××××××。

×××××××××××××××××××××××××××××××
×××××××××××××××××。

(1)××××

(a)××××××××

×××××××××××××××××××××××××××××××
×××××××××××××××××××××××××××××××××
×××××××××××××××××××××××××。

表 1-1　××××××××

×××	××××	×××	××	×××××
××××××				
××××				
×××				
×××××××				

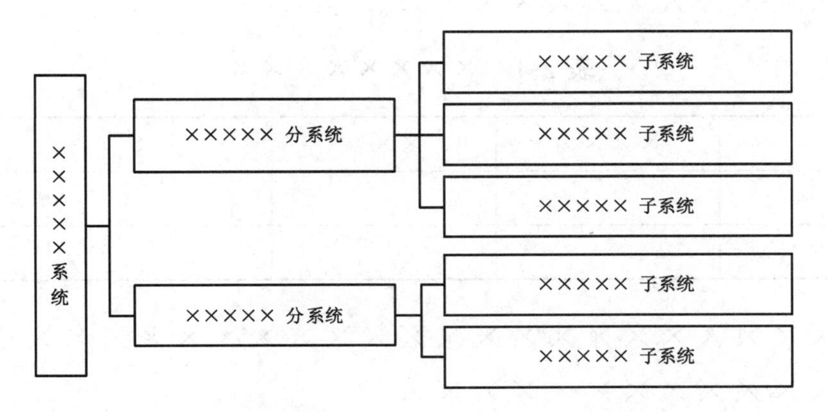

图 1-1　××××××××

(b)××××

××。

×××。

(2)××××

××××××××××××××××××××××××。

表 1-2　××××××××

×××	××××	×××	××	×××××
××××××				
×××××××				

(3)××××

×××。

2　分系统设计

2.1　××××

2.1.1　功能设计

××。

××××××××××××××××××××××××××××××

×××××××××××××××××。

表 2-1　×××××××××

×××	××××	×××	××	×××××
××××××				
×××××××				

×××××××××××××××××××××××××××××××
×××××××××××××××××。

附　录　G
（资料性附录）
附录（附件）封面格式

图 G.1 给出了初步设计报告的附录（附件）封面格式。

密级：

××××

初步设计报告
附录（附件）×：×××

编制单位：×××
×××

×××年××月

图 G.1　附录（附件）封面格式

参 考 文 献

[1] 中华人民共和国国家发展和改革委员会.《国家电子政务工程建设项目管理暂行办法》(2007年第55号令)

[2] 中国气象局.《关于印发气象重点工程项目建议书、可行性研究报告和初步设计编制规范的通知》(气办发〔2010〕56号)

ICS 07.060
A 47
备案号：50961—2015

中华人民共和国气象行业标准

QX/T 277—2015

气象工程项目可行性研究报告编制规范

Specification for compiling feasibility study report of meteorological engineering projects

2015-07-28 发布　　2015-12-01 实施

中国气象局　发布

前　言

本标准按照 GB/T 1.1—2009 给出的规则起草。

本标准由全国气象防灾减灾标准化技术委员会(SAC/TC 345)提出并归口。

本标准起草单位:中国气象局资产管理事务中心。

本标准主要起草人:陆楠、李峰、顾青峰、冷春香、朱川海、齐小夏、陈超、王胜杰、彭勇刚。

气象工程项目可行性研究报告编制规范

1 范围

本标准规定了气象工程项目可行性研究报告编制的基本规则、内容和格式。

本标准适用于各类气象工程项目可行性研究报告的编制。

2 术语和定义

下列术语和定义适用于本文件。

2.1

气象工程项目 meteorological engineering projects

用于综合气象观测、气象预报预测、气象服务和气象信息网络等系统建设的工程项目。

3 基本规则

3.1 命名

可行性研究报告应统一命名为:“××××可行性研究报告”(××××为项目名称)。项目名称应与批准的项目建议书一致。

3.2 组成

可行性研究报告应由前引部分、正文部分和补充部分组成,包括以下内容。

a) 前引部分应包括以下内容:
   1) 封面;
   2) 编制单位资质;
   3) 编制人员名单;
   4) 目录。
b) 正文部分应按下列顺序和内容编写:
   1) 总论;
   2) 现状、需求与建设必要性分析;
   3) 建设目标、原则、内容与规模;
   4) 总体设计方案;
   5) 分系统设计方案;
   6) 节能分析;
   7) 环境影响分析;
   8) 劳动安全卫生与消防;
   9) 组织机构、人力资源配置与招标投标;
   10) 项目实施进度;
   11) 投资估算与资金筹措;
   12) 效益分析;

13） 风险分析；

14） 结论与建议。

c） 补充部分可包括以下内容：

1） 附录；

2） 附件。

可行性研究报告大纲参见附录A。

3.3 编制深度

可行性研究报告的编制深度应达到如下要求：

a） 应能充分反映项目可行性研究工作的成果，内容齐全，结论明确，数据准确，论据充分，满足项目方案决策和投资决策的要求；

b） 选用主要设备的规格、参数应能满足预订货的要求；

c） 重大技术、设备等方案应有两个以上方案的比选；

d） 确定的主要工程技术数据，应能满足编制项目初步设计报告的要求；

e） 投资估算误差率应在±10%之内；

f） 应附有评估、决策（审批）所必需的政府批件、合同、协议、意向书等。

3.4 其他

3.4.1 可行性研究报告应依据相关发展规划、项目建议书等进行编制。

3.4.2 工程项目涉及土建或其他行业建设内容的部分，应按照相关国家或行业标准的要求编制。

3.4.3 可行性研究报告编制时使用的基本术语应参照有关国家标准、行业标准、国际标准以及国际、国内的惯用术语。对理解报告有重要影响的术语，应做出必要的定义。

3.4.4 可行性研究报告中的词语应使用汉语词语，必要时可在汉语词语后加注相应的外文词语并放在圆括号内（在确需使用无相应汉语词语的外文词语时，应在第一次出现时加以说明）。若使用的外文词语较多，宜集中汇集为外文词语清单，必要时可作为附录置于补充部分中。

3.4.5 可行性研究报告中使用缩略词语或简称时，应在第一次出现的地方在圆括号内注明非缩略词语或全称。

4 内容

4.1 前引部分

4.1.1 封面

封面内容应包括可行性研究报告名称、编制单位和编制日期，需要时应按规定标注相应的密级。

如果可行性研究报告由多个单位合作完成，应在封面中依次列出编制单位的全称。

4.1.2 编制单位资质

编制单位资质应使用该单位工程咨询资质证书的复印件，有多个编制单位时，应按封面中编制单位的顺序依次给出各单位的工程咨询资质证书复印件。

4.1.3 编制人员名单

应依次列出编制人员名单，顺序为：审定、审核、校核、编写人员、参编人员。

4.1.4 目录

目录按可行性研究报告的内容顺序编排，包括：前言（报告有前言时）、正文部分、补充部分（报告有补充部分时）。正文部分的目录应包括章、节编号和完整的标题，根据报告的框架结构，给出至二级或三级标题的目录。补充部分的目录应包括附录、附件的编号和标题。

4.2 正文部分

4.2.1 总论

综述项目概况，包括项目的名称、承办单位概况、可行性研究报告编制依据、项目提出的理由与过程，项目建设目标、内容与规模、拟建地点、项目建设周期、主要建设条件、项目总投资及效益情况等，以及可行性研究的主要结论概要和存在的问题与建议。

4.2.2 现状、需求与建设必要性分析

应按下列顺序和内容编写：

a） 现状分析：分析项目相关的所在区域自然地理条件、社会经济发展情况、气象灾害情况和气候资源条件等；阐述项目相关的实际业务开展情况，相关气象设备、基础设施、数据产品和服务能力的现状；简要描述国内外已建同类项目建设现状，同类业务的现状与发展趋势；分析归纳存在的主要问题等；

b） 需求分析：需求分析包括外部需求分析与内部需求分析。外部需求分析包括：分析来自政府、社会公众、行业等对项目建设的相关具体需求；内部需求分析包括：分析为满足外部需求要达成的气象业务能力，分析项目的系统功能、性能等需求，分析业务系统对配套基础设施建设的需求等；

c） 建设必要性分析：从经济社会发展需求、业务发展需求、存在差距、需解决的主要问题及紧迫性等方面，论述项目建设的必要性。

4.2.3 建设目标、原则、内容与规模

应按下列顺序和内容编写：

a） 建设目标：在项目现状与需求分析的基础上，根据需要和可能，明确项目建设的目标；

b） 建设原则：依据国家相关法规标准以及项目本身特点，确定项目建设原则；

c） 建设内容与规模：依据项目目标、建设条件，经过技术经济分析后，确定项目建设内容与规模。

4.2.4 总体设计方案

应按下列顺序和内容编写：

a） 总体功能：依据现状与需求分析、建设目标，明确并描述项目建成后的总体功能和分项功能；

b） 总体结构：根据总体功能，按系统划分项目各组成部分，明确其逻辑、物理和层次结构；

c） 总体布局：根据总体功能与结构，考虑自然、社会、环境和经济等状况，提出布局原则，阐述项目总体布局；

d） 总体流程：根据总体结构，描述项目的总体信息流程；

e） 主要技术性能指标：根据总体功能、结构和流程，描述项目主要技术性能指标；

f） 阐述项目与现有相关业务系统和工程的关系。

4.2.5 分系统设计方案

项目若含有多个分系统时，应分别说明各分系统的设计方案，每个分系统按下列顺序和内容编写：

a) 功能：阐述该分系统所要实现的功能与效用；
b) 结构：阐述该分系统的逻辑、物理和层次结构等；
c) 布局：说明该分系统的部署情况，包括地点、占地面积等信息；
d) 信息流程：阐述该分系统的信息流程；
e) 软硬件配置：根据现有设备资源的利旧，以及系统构成和技术方案，初步确定该分系统硬件设备的类型、数量、主要技术指标要求。对信息系统软硬件，根据能力需求初步确定硬件设备的参考型号、数量、主要技术指标要求等；确定相关购置软件的主要功能要求以及参考购置软件；初步确定开发应用软件的主要模块及功能，估算开发所需人月数；
f) 配套基础设施建设：阐述分系统需要建设的相关运行环境、配套基础设施和其他资源等。

4.2.6 节能分析

分析本项目的水、电、气等各种资源消耗情况，提出项目节能措施和解决方案，并说明节能效果以及所能达到的水平。

4.2.7 环境影响分析

分析项目建设和运行过程中产生的电磁、光、声等污染对自然生态、社会、名胜古迹等环境的正面和负面影响，识别分析影响环境的因素，提出治理和保护环境的措施和方案。

4.2.8 劳动安全卫生与消防

分析职业安全和卫生隐患，给出职业安全、卫生措施以及解决方案。分析消防安全隐患，提出消防措施和解决方案。

4.2.9 组织机构、人力资源配置与招标投标

给出项目建设管理组织机构方案，明确项目实施和管理的分工和责任；初步确定项目运行维护的措施、技术力量和人员配置，提出人员培训计划和费用估算等；初步确定项目招标范围、招标方式和组织形式。

4.2.10 项目实施进度

给出项目建设期和建设各阶段的划分。描述项目实施进度安排，绘制项目实施进度表。

4.2.11 投资估算与资金筹措

应按下列顺序和内容编写：
a) 说明投资估算的原则、依据和取费标准等；
b) 投资估算表包括建筑工程费、安装工程费、设备及工器具购置费、应用软件开发费、工程建设其他费用等表格，以及总投资估算表；
c) 业务运行费估算要结合系统运行方案，对系统建成后的年运行经费进行估算；
d) 资金筹措应说明项目投资的资金来源和落实情况，包括：中央、地方投资，以及自筹资金等，列出项目资金来源、金额比例结构、落实情况等；
e) 提出分年度资金使用计划。

4.2.12 效益分析

分析项目对国民经济和社会发展产生的社会效益；分析项目的主要经济效益（尽可能用量化指标）；分析项目对生态系统的影响，评价项目的生态效益。

4.2.13 风险分析

识别和分析项目在建设和运行中潜在的主要风险因素，揭示风险来源，判断风险程度，提出规避风险对策和风险管理措施。重大工程项目还应按要求设独立篇章，进行社会稳定风险分析。

4.2.14 结论与建议

给出可行性研究的结论，对可行性研究中存在的主要争议和未解决的主要问题提出解决办法或建议。

4.3 补充部分

4.3.1 附录、附件主要内容包括所需要的相关文件和材料等。

4.3.2 附件包括封面、目录、正文及附录等，其封面除增加附件编号和附件标题外，其余与正文封面相同。

5 格式

编排格式要求参见附录 B，封面格式参见附录 C，编制人员名单格式参见附录 D，目录格式参见附录 E，正文格式参见附录 F，附录(附件)封面格式参见附录 G。

附 录 A
（资料性附录）
编制大纲示例

1 总论
 1.1 项目背景
  1.1.1 项目名称
  1.1.2 承办单位概况
  1.1.3 可行性研究报告编制依据
  1.1.4 项目提出的理由与过程
 1.2 项目概况
  1.2.1 建设目标
  1.2.2 建设内容与规模
  1.2.3 拟建地点
  1.2.4 项目建设周期
  1.2.5 主要建设条件
  1.2.6 项目总投资及效益情况
 1.3 结论与建议
2 现状、需求与建设必要性分析
 2.1 现状分析
 2.2 需求分析
 2.3 建设必要性分析
3 建设目标、原则、内容与规模
 3.1 建设目标
 3.2 建设原则
 3.3 建设内容与规模
4 总体设计方案
 4.1 总体功能
 4.2 总体结构
 4.3 总体布局
 4.4 总体流程
 4.5 主要技术性能指标
 4.6 与相关业务系统和工程的关系
5 分系统设计方案
 5.1 分系统1设计方案
  5.1.1 建设内容
  5.1.2 功能
  5.1.3 结构
  5.1.4 布局
  5.1.5 信息流程
  5.1.6 软硬件配置
  5.1.7 配套基础设施建设

5.2 分系统2设计方案(同5.1)

……

6 节能分析

6.1 能耗指标分析

6.2 节能措施

7 环境影响分析

7.1 项目建设和运行对环境的影响

7.2 环境影响分析

8 劳动安全卫生与消防

8.1 劳动安全卫生措施方案

8.2 消防措施方案

9 组织机构、人力资源配置与招标投标

9.1 组织机构

9.2 人力资源配置

9.3 技术培训

9.4 招标投标

10 项目实施进度

10.1 项目建设期

10.2 实施进度计划

11 投资估算与资金筹措

11.1 投资估算依据

11.2 建设投资估算

11.3 业务运行费估算

11.4 资金筹措

11.5 分年度投资计划

12 效益分析

12.1 社会效益

12.2 经济效益

12.3 生态效益

13 风险分析

13.1 风险识别和分析

13.2 风险对策和管理

14 结论与建议

14.1 结论

14.2 建议

附录X

附件X

注:各节可进一步细化。

附　录　B
（资料性附录）
编排格式

B.1　封面及编制人员名单

B.1.1　可行性研究报告封面中的密级宜用五号黑体，报告名称宜用一号或小一号黑体，编制单位和编制日期宜用三号宋体加粗。

B.1.2　附录和附件封面中密级、项目名称、编制单位和编制日期的字体字号与封面相同，附录和附件的编号、名称宜用小二号黑体。

B.1.3　可行性研究报告编制人员名单页中的“审定”、“审核”、“校核”、“编写人员”、“参编人员”及其后的冒号“：”等宜用三号宋体加粗，人员姓名宜用三号宋体。

B.2　目录

可行性研究报告的目录层次宜设置为2至3层；“目录”两字宜用四号黑体并居中，“目”与“录”两字中间空两个汉字的间隔。目录中的文字宜用小四号宋体，与页码之间用“……”连接并两端对齐，页码不加括号。

目录页单独编排页码，宜用五号正体大写罗马数字，单数页排在页面右下侧，双数页排在页面左下侧。

B.3　正文部分

B.3.1　可行性研究报告章、节采用阿拉伯数字分级编号，章的标题从阿拉伯数字1开始编号，一直连续到附录之前，节是章的细分，可分为第一级节（例如5.1，5.2等）、第二级节（例如5.1.1，5.1.2等）、第三级节（例如5.1.1.1，5.1.1.2等）。如果需要进一步细分，则使用带圆括弧的阿拉伯数字序号（例如(1)、(2)等）、以及带圆括弧的小写英文字母序号（例如(a)、(b)等）。

B.3.2　章、节的编号与标题之间空一个汉字的间隙；章的标题左对齐，宜用三号黑体；第一级节的标题空一个汉字起排，宜用四号黑体；其余标题及正文均空两个汉字起排，宜用四号宋体。正文行间距为1.5倍行距。

B.3.3　正文每页应有页眉。页眉居中位置为报告名称，宜用五号宋体。正文页单独编排页码，宜用五号宋体阿拉伯数字，单数页排在页面右下侧，双数页排在页面左下侧。

B.4　附表和附图

B.4.1　每个附表、附图均应有编号和名称。附图的编号形式为“图A-B”，附表为“表A-B”，其中A为所在章的编号，B为该章中图或表的顺序号。如第四章的第一个图或表，即表示为“图4-1”、或“表4-1”。附图、附表的名称紧接在附图、附表的编号后空一个汉字，其中附图名位于图下方居中，附表名位于表上方居中。

B.4.2　附表、附图一般排在正文部分相应位置，若附表、附图数量较多，可视情况作为附录或附件。

B.5　附录和附件

附录和附件应按其在正文部分出现的先后次序编排。

附录按“附录 1、附录 2、附录 3……”等顺序编号，编排在正文之后。

附件按“附件 1、附件 2、附件 3……”等顺序编号，编排在附录之后，也可单独印装成册。

B.6　印刷

可行性研究报告的印刷纸张采用 A4(210 mm×297 mm)幅面，左侧装订。个别图、表可采用 A3(297 mm×420 mm)幅面。页面采用纵向排版，部分图、表可采用横向排版。同时，应制作可行性研究报告的电子版本

附 录 C
(资料性附录)
封面格式

图 C.1 给出了可行性研究报告的封面格式。

密级:

××××

可行性研究报告

编制单位:×××
×××

×××年××月

图 C.1 封面格式

附　录　D
（资料性附录）
编制人员名单格式

图 D.1 给出了编制人员名单的格式。

审　　定：×××

审　　核：×××　×××

校　　核：×××　×××

编写人员：×××　×××　×××

　　　　　×××　×××　×××

参编人员：×××　×××　×××

　　　　　×××　×××　×××

图 D.1　编制人员名单格式

附 录 E
（资料性附录）
目录格式示例

目 录

附 录 F
(资料性附录)
正文格式示例

1 总论

1.1 项目背景

1.1.1 项目名称

……

2 现状、需求与建设必要性分析

……

4 总体设计方案

4.1 总体功能

4.1.1 ××××

4.1.1.1 ××××

(1)××××××××××××××××××××××××××

(a)××××××××××××××××××××××××××

表 4-1 ×××××××××

×××	××××	×××	××	×××××
××××××				
××××				
×××				
×××××××				

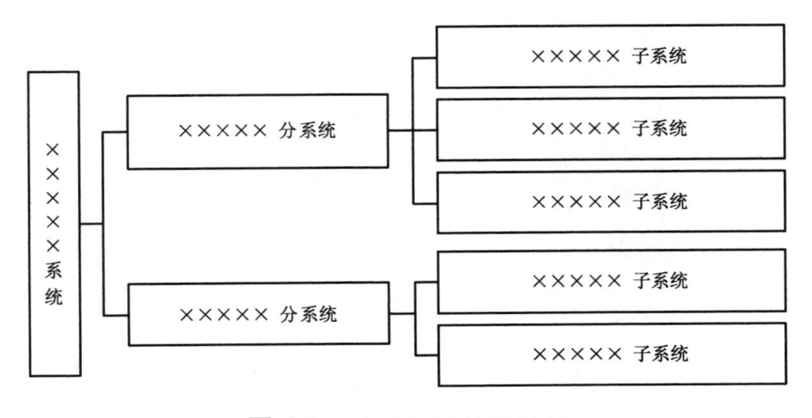

图 4-1 ×××××××××

(b)××

(2)××

…………

5 分系统设计方案

…………

附　录　G
（资料性附录）
附录（附件）封面格式

图 G.1 给出了可行性研究报告的附录（附件）封面格式。

图 G.1　附录（附件）封面格式

参考文献

[1] 《投资项目可行性研究指南》编写组. 投资项目可行性研究指南(试用版)[M]. 北京:中国电力出版社. 2002

ICS 07.060
A 47
备案号：50962—2015

中华人民共和国气象行业标准

QX/T 278—2015

中国气象频道安全播出规范

Specifications for safety broadcast of china weather TV

2015-07-28 发布　　2015-12-01 实施

中 国 气 象 局　发 布

前　言

本标准按照 GB/T 1.1—2009 给出的规则起草。

本标准由全国气象防灾减灾标准化技术委员会气象影视分技术委员会(SAC/TC 345/SC 1)提出并归口。

本标准负责起草单位:中国气象局公共气象服务中心。

本标准主要起草人:杨玉真、司志超、张洁。

中国气象频道安全播出规范

1 范围

本标准规定了中国气象频道安全播出的技术指标、播前管理和运行维护要求。

本标准适用于中国气象频道安全播出的基础建设及业务运行管理。

2 规范性引用文件

下列文件对于本文件的应用是必不可少的。凡是注日期的引用文件，仅注日期的版本适用于本文件。凡是不注日期的引用文件，其最新版本(包括所有的修改单)适用于本文件。

GB/T 17953 4:2:2数字分量图像信号的接口

GB 50174—2008 电子信息系统机房设计规范

GA 586—2005 广播电影电视系统重点单位重要部位的风险等级和安全防护级别

GY/T 157 演播室高清晰度电视数字视频信号接口

GY/T 164—2000 演播室串行数字光纤传输系统

GY/T 165 电视中心播控系统数字播出通路技术指标和测量方法

GY/T 212 标准清晰度数字电视编码器、解码器技术要求和测量方法

GY/T 223—2007 标准清晰度数字电视节目录像磁带录制规范

3 术语和定义

下列术语和定义适用于本文件。

3.1

本地化节目 local program

运用本地化播出系统，按照规定的时长和相对统一的节目标准和要求，在中国气象频道特定的节目时段内播出的由本地制作的气象节目。

3.2

本地化播出业务中心 local broadcast operation center

承担中国气象频道本地化节目制作播出及本地地面有线信号传送的机构。

3.3

国家级播出业务中心 national broadcast operation center

承担中国气象频道国家级节目制作播出及播出信号上星传送的机构。

4 技术指标要求

4.1 机房环境

4.1.1 机房布局

机房按照系统运行特点及业务具体需要应至少由设备机房及控制机房组成。设备机房及控制机房

应保持空间上的相对独立。设备机房用于播出设备的集中安装摆放，控制机房用于信号监控、人员值守及业务操作。

4.1.2 机房面积

4.1.2.1 设备机房面积可按 GB 50174－2008 中 4.2.2 的规定计算。

4.1.2.2 控制机房面积可按 GB 50174－2008 中 4.2.4 的规定计算。

4.1.3 机房净高度

4.1.3.1 设备机房采用 2.2 m 机架时机房净高度应为 2.8 m～3 m，采用 2.6 m 机架时机房净高度应不低于 3.4 m。

4.1.3.2 控制机房净高应不低于 2.8 m。

4.1.4 机房照度

机房应设置一般照明和备用照明。以距地面高度 0.75 m 的水平面为基准平面测量，机房照度应满足：

——使用一般照明时：设备机房照度大于 300 lx，控制机房照度大于 500 lx；

——使用备用照明时：设备机房照度大于 30 lx，控制机房照度大于 250 lx。

注：备用照明可为一般照明的一部分。

4.1.5 机房供电

机房高、低压供配电应满足下列要求：

——本地化播出业务中心宜接入两路外电，如只有一路外电，应配置自备电源；应设两个以上独立低压回路；主要播出负荷应采用 UPS 供电，UPS 电池组后备时间应满足设计负荷工作 30 分钟以上；主备播出设备、双电源播出设备应分别接入不同的供电回路。

——国家级播出业务中心应接入两路外电，其中至少一路为专线，当一路外电发生故障时，另一路外电不应同时受到损坏；应设对应于不同外电的、互为备用的工艺专用变压器，单母线分段供电并具备自动或手动互投功能；播出负荷供电应设两个以上引自不同工艺专用变压器的独立低压回路；主要播出负荷应采用不间断电源（UPS）供电，UPS 电池组后备时间应满足设计负荷工作 60 分钟以上；应配置自备电源，保证播出负荷、机房空调等相关负荷连续运行；主备播出设备、双电源播出设备应分别接入不同的 UPS 供电回路。

4.1.6 机房消防

4.1.6.1 本地化播出业务中心设备机房及控制机房可不设固定感应式气体灭火系统，但须各设置不少于 2 组移动式洁净气体灭火器。

4.1.6.2 国家级播出业务中心设备机房及控制机房均应设置固定感应式洁净气体灭火系统，并各额外设置不少于 2 组移动式洁净气体灭火器。

4.1.7 机房环境

机房温度、湿度、防尘、静电防护、接地、布线、外部环境应符合 GB 50174 的有关规定。其中，本地化播出业务中心应符合 C 级电子信息系统机房的有关规定，国家级播出业务中心应符合 A 级电子信息系统机房的有关规定。

4.2 播控系统

4.2.1 播出控制机

4.2.1.1 播出控制机应能对视频服务器、切换台、键控器和视频矩阵等设备进行控制，实现按照播出串联单自动播出。

4.2.1.2 应配置主备播出控制机，并能实现主备播出控制机的无缝切换。

4.2.2 数据库服务器

4.2.2.1 本地化播出业务中心所用的数据库服务器应采用双机冷备的方式，主、备数据库间须设置数据同步及发布、订阅策略。

4.2.2.2 国家级播出业务中心所用的数据库服务器应采用双机热备的方式，主、备数据库间须设置数据同步及发布、订阅策略，并宜采用独立设备对数据库做定时备份，数据库完整备份不少于每周一次。

4.2.3 播出切换

4.2.3.1 本地化播出业务中心应配置跳线，并配置具有断电直通功能的专业级播出切换开关、键控器；播出切换开关、键控器应具有手动和自动两种控制方式。

4.2.3.2 国家级播出业务中心在满足 4.2.3.1 要求的基础上，应配置具有双电源的广播级切换设备；应以键控方式进行台标、时钟和字幕的叠加；主、备播出信号应来自于不同的播出切换设备。

4.2.4 播出视频服务器

4.2.4.1 本地化播出业务中心应配置主、备独立的播出视频服务器，视频服务器应配置双电源；存储部分应有存储保护和冗余措施；应配置录像机或独立的视频服务器，实现应急播出功能。

4.2.4.2 国家级播出业务中心在满足 4.2.4.1 要求的基础上，硬盘播出存储应采用分级存储策略，应配置独立的二级存储做素材近线存储。

4.2.5 辅助播出设备

4.2.5.1 本地化播出业务中心应配置具有台标和字幕叠加功能的设备；配置可靠的时钟和同步信号设备；配置标准的视音频测试信号源和应急备播信号通路；应能对全部源信号和播出信号进行实时监看监听。

4.2.5.2 国家级播出业务中心在满足 4.2.5.1 要求的基础上，应有可靠的高精度同步信号，设备采用外同步锁相方式，同步信号不串接；应配置循环播放的备播节目；应设置完整的主、备信号通路，主备通路的设备板卡应安装在不同的机箱内。

4.2.6 网络安全

4.2.6.1 本地化播出业务中心应配置软件防火墙和杀毒软件；交换机应有划分虚拟局域网(VLAN)功能；播出网禁止与外部网络互联；播出网内设备不能接驳移动存储。

4.2.6.2 国家级播出业务中心在满足 4.2.6.1 要求的基础上，节目制作网与播出网之间的传输链路应采取配置硬件防火墙、设置高安全区等安全措施；应配置网络管理系统，实现网络和系统提前预警和实时报警，并实时记录网络和系统运行日志，配置 2 种以上杀毒软件并每周更新补丁。

4.2.6.3 各播出业务中心系统所涉及计算机系统分管理员账户与业务账户，除系统维护外实际业务运行不得使用管理员账户登陆。

4.2.6.4 所有账户密码每半年更换 1 次，采用不少于 12 位包含数字及字符的非简单重复性密码，除机房工作人员外，密码严格保密，不得泄露。

4.2.7 备用播出

4.2.7.1 本地化播出业务中心应在本地有线网络公司设置应急切换设备，一旦本地化播出系统不能正常播出节目，应立即停止本地化播出业务并切换至卫星下行信号进行正常节目播出。

4.2.7.2 国家级播出业务中心采用1＋1方式配置备用播出系统，并配置卫星转播车提供灾备应急播出。

4.2.8 信号监测

4.2.8.1 本地化播出业务中心应能对播出链路上的关键节点以及接收的有线电视播出信号进行视音频监看监听，宜配置信号异态声光报警设备。

4.2.8.2 国家级播出业务中心在满足4.2.8.1要求的基础上，应能对关键节点信号的主要技术指标进行监测，并对节目信号的质量进行记录，并能同时监播卫星下行信号及有线电视网内播出信号；应配置监控网管系统，对播出关键设备、播控软件、网络状况等进行监测，发现异态可触发声光报警。

4.3 信号通路要求

节目制作、播出、接收发射编解码过程两端数字视频信号及声音信号质量应按照GB/T 17953、GY/T 157、GY/T 164－2000、GY/T 165及GY/T 212的规定执行。节目制作及传输过程中涉及信号编码过程的，信号编码的参数参见表1。

表1 信号编码参考参数表

清晰度	分辨率	视频编码格式	视频码率 Mb/s	音频码率 kb/s	音频编码格式
标清	720×576	MPEG-2	4.5～8	256～384	MPEG Layer II
高清	1920×1080(50i)	MPEG-2、AVS＋、H.264	10～20	192～320	MPEG Layer II、Dolby AC-3
注：本表所指音频为编码在数字视频信号中的嵌入音频信号。					

5 播前管理

5.1 播出带及节目播出文件

5.1.1 标准清晰度播出带制作应符合GY/T 223－2007的规定。

5.1.2 视频服务器中的节目播出文件应具有唯一的文件名作为标识，且标准清晰度节目制作质量参照GY/T 223－2007的规定执行。

5.1.3 播出带的带盒及带芯上应标注节目名称、节目时长、起始点时间码和制作人、审核人等信息，并和串联单上的标识一致。

5.2 节目编排

5.2.1 节目串联单的编排管理工作应有专人负责，串联单应经审核确认后下达播出部门。

5.2.2 播出节目编排信息和变更信息等应及时发至相应部门；从编排、下达到接收、输入，应制定分级的确认审核制度，各环节均应有责任人检查、复核并签字。

5.3 节目送播

5.3.1 送播节目应通过内容审查和技术审查，应与节目编排内容相符，并由专人负责送播。节目带一旦送播，任何人不得擅自取走或修改。节目需再次上载时，应经过再审、再送。

5.3.2 非日播节目应至少提前一天完成上载，特别重要的节目应有备份送播手段。

5.3.3 应建立日播节目带及临时送播带专项管理机制，节目带时长小于20分钟的，应至少提前1小时送达播出部门；节目带时长超过20分钟的，应至少提前节目时长3倍的时间送达播出部门。

5.3.4 遇突发紧急事件，节目需应急上载或采用录像机应急手动播出时，应由主管安全播出的相关负责人进行审批，节目可提前大于1倍节目时长送达播出部门，并做好采取应急备播的准备措施。

5.3.5 在文件送播的所有迁移过程中均应有相应的校验机制，且采用开放的接口，使得各环节都能获取校验记录信息。文件送播的截止时间要求同5.3.2及5.3.3的磁带送播截止时间要求。

6 运行维护

6.1 系统运维管理

6.1.1 新建播出系统及本地化播出系统投入使用前，必须通过验收，视音频信号质量需满足GY/T 157、GY/T 164—2000、GY/T 165及GY/T 212之规定，并且试运行时间不得少于1个月。

6.1.2 播出系统中视频服务器和数据库服务器每3个月重启维护1次；工作站每1个月重启维护1次；传输设备每半年重启维护1次。

6.1.3 应每日巡检1次播出系统运行情况及机房配套设施使用情况并记录在案。

6.1.4 应定期清理已播出素材，素材存储不得超过盘阵总存储容量的70%。

6.2 技术文档管理

应建立与安全播出相关的运维与技术文档体系，应包括规章制度、流程、应急预案及系统、运行、维护、管理等技术资料。具体要求见附录A。

6.3 人员岗位管理

6.3.1 中国气象频道安全播出完整业务流程必须包含编单、上载、审核、播出四个岗位。其岗位职责应严格区分、互不交叉。

6.3.2 本地化播出业务中心除6.3.1规定的四岗位外，应设置维护岗位；国家级播出业务中心除6.3.1规定的四岗位外，应增设值班班长及专职技术值班岗位。

6.3.3 播出值班岗位和维护岗位上岗人员应通过政治审查，具有广播电视工程、电子信息技术或计算机技术等相关专业学历，满足岗位要求，并通过岗位培训和考核。

6.3.4 应定期进行安全播出教育，组织安全播出演练，并对技术人员、播出值班人员进行培训、考核，对不合格人员应予以转岗。

6.4 安防

6.4.1 本地化播出业务中心按照GA 586—2005中划分的三级风险单位执行相关的安防规范。

6.4.2 国家级播出业务中心按照GA 586—2005中划分的二级风险单位执行相关的安防规范。

附　录　A
（规范性附录）
运维与技术文档体系

表A.1为应建立的运维与技术文档体系内容。

表A.1　运维与技术文档简表

规章制度	流程	应急预案	技术资料
机房管理制度； 值班及交接班制度； 安全制度； 用配电管理制度； 事故报告制度； 岗位操作制度； 维护检修制度； 技术档案管理制度； 安全播出检查和考核制度。	交接班流程； 设备日常巡检流程； 设备检修操作流程； 播出事故处理流程； 报告流程； 信号切换操作流程； 播出设备操作流程； 直、转播操作流程； 供配电设备操作流程； 网管操作流程。	供配电故障应急预案； 播出主要环节故障应急预案； 非法干扰事件应急预案； 自然灾害应急预案； 重要保障期应急预案； 安全施工应急预案； 直、转播应急预案。	系统资料：图纸、方案、设备档案、重大技改资料、工程竣工文件； 运行资料：机房出入登记表、值班日志、交接班日志、系统巡检日志、系统维护日志、应急操作日志、统计报表； 维护资料：维护计划、维护记录、备件备品档案、仪器仪表档案、维护规程及报表； 管理资料：规章制度、工作流程、应急预案、事故档案、培训档案、技术审批文件、证书、标准、规范等。

参考文献

[1] GB 50200—94 有线电视系统工程技术规范
[2] GY 63—1989 广播电视中心和台、站电气工作安全规程
[3] GY/T 107—1992 电视中心播控系统维护规程
[4] GY/T 134—1998 数字电视图像质量主观评价方法
[5] GY 5060—1995 广播电影电视建筑抗震设防分类标准
[6] GY 5067—2003 广播电视建筑设计防火规范

ICS 07.060
A 47
备案号：50963—2015

中华人民共和国气象行业标准

QX/T 279—2015

电视气象新闻素材交换文件规范

File specification for meteorological TV news material exchange

2015-07-28 发布　　2015-12-01 实施

中 国 气 象 局　发 布

前　言

本标准按照 GB/T 1.1—2009 给出的规则起草。

本标准由全国气象防灾减灾标准化技术委员会气象影视分技术委员会(SAC/TC 345/SC 1)提出并归口。

本标准起草单位:中国气象局公共气象服务中心。

本标准主要起草人:杨玉真、王新、李孟岨。

电视气象新闻素材交换文件规范

1 范围

本标准规定了电视气象新闻素材交换文件的组成、文件命名规则和视音频文件的技术要求、封装格式以及文件元数据描述要求。

本标准适用于电视气象新闻素材文件的交换。

2 术语和定义

下列术语和定义适用于本文件。

2.1

电视气象新闻素材 meteorological TV news material

在气象类电视新闻节目制作和播出中所使用的视音频素材成片和素材片断等。

2.2

XML 文件 extensible markup language file

用于标记电子文件使其具有结构性的标记语言文件，可以用来标记数据、定义数据类型，是一种允许用户对自己的标记语言进行定义的源语言文件。

3 交换文件的组成

电视气象新闻素材的交换文件应包含视音频文件和 XML 文件。视音频文件应符合第 5 章的技术要求，XML 文件为供交换的视音频文件的元数据信息，描述要求见第 6 章。

4 文件命名规则

4.1 结构

电视气象新闻素材的交换文件名由字段及字段分隔符组成。

字段描述文件的基本信息。文件名有三个字段字，第一个为日期，第二个为内容摘要，第三个为扩展名。

字段分隔符用来区分不同字段。用下划线“_”或小数点“.”作为分隔符，其中日期字段与内容摘要字段间用“_”分割，内容摘要字段与扩展名字段用“.”分割。

视音频文件名和 XML 文件名结构应一致。除扩展名字段外，文件名其他字段内容应相同。

4.2 格式

电视气象新闻素材的交换文件名的格式为：日期_内容摘要.扩展名。

日期格式为 yyyymmdd，用数字“0”～“9”表示年月日。年月日的值应是规范的公元纪年取值，用四位数字表示“年”，两位数字表示“月”，两位数字表示日，当“月”、“日”取值不足两位时，高位以数字“0”填充，共 8 位数字，长度固定。

示例：

2014 年 1 月 1 日的日期格式为：20140101。

内容摘要可使用的合法字符有：简体中文、大写字母“A”～“Z”、小写字母“a”～“z”、数字“0”～“9”。

扩展名视文件类型而定，视音频文件扩展名为 mp4，XML 文件扩展名为 xml。扩展名字母宜为小写。

文件名总长度不应超过 128 字节。

5 视音频文件技术要求

5.1 标清视频

标清视音频文件的视频图像分辨率为 720×576 像素，色度格式 4:2:0，扫描格式为 625/50 隔行，压缩编码方式为 H.264，压缩编码率宜为 2.5 Mbit/s。

5.2 高清视频

高清视音频文件的视频图像分辨率为 1920×1080 像素，色度格式 4:2:0，扫描格式为 1125/50 隔行，压缩编码方式为 H.264，压缩编码率宜为 9 Mbit/s。

5.3 音频

标清、高清视音频文件的音频采集编码格式为 AAC(高级音频编码，Advanced Audio Coding)，压缩编码率宜为 384 kbit/s，采样频率为 48 kHz，量化精度为 16 bit 或 20 bit，采集声道数为 2 个。

5.4 视音频封装

用于交换使用的视音频文件应进行格式封装，封装格式为 MP4(MPEG-4 Part 14)。

6 XML 文件要求

用 XML 文件对电视气象新闻素材的元数据信息进行描述，XML 文件中的中文字符为 UTF-8 编码，英文字符、数字等为半角小写。XML 描述项内容和最大字节数见表 1。

XML 文件格式示例参见附录 A。

表 1 XML 文件内容组成定义表

描述项标记	描述项	限制最大字节数
ClipName	素材名称	128
Content	素材内容概述	2048
Provider	素材发送单位	128
Sender	素材发送人员	128
Date	素材拍摄发布时间(yyyy/mm/dd)	16
Log	素材场记	512
Keyword	素材关键字(出现多个关键字时，以逗号隔开)	128
Code	素材类别代码(代码说明见附录 B)	4
FileName	文件名称和扩展名	128
FileTimeLength	素材时长(hh:mm:ss)	16
FileSize	素材文件大小(单位:KB)	16
MD5	素材 MD5 码	32

附 录 A
（资料性附录）
XML 文件格式举例


```
＜?xml version＝"1.0" encoding＝"UTF－8"?＞
＜ImportClip＞
    ＜ClipName＞20130506_湖北龙卷风灾害天气救援现场＜/ClipName＞
    ＜Content＞湖北省公众气象服务中心关于龙卷风灾害天气救援现场的一组画面＜/Content＞
    ＜Provider＞湖北省公众气象服务中心＜/Provider＞
    ＜Sender＞李磊＜/Sender＞
    ＜Date＞2013/05/06＜/Date＞
    ＜Log＞湖北龙卷风现场＜/Log＞
    ＜Keyword＞龙卷风＜/Keyword＞
    ＜Code＞1＜/Code＞
    ＜FileItem＞
        ＜FileName＞20130506_龙卷风灾害天气.mp4＜/FileName＞
        ＜FileTimeLength＞00:23:50＜/FileTimeLength＞
        ＜FileSize＞82794496＜/FileSize＞
    ＜/FileItem＞
    ＜MD5＞902fbdd2b1df0c4f70b4a5d23525e932＜/MD5＞
＜/ImportClip＞
```

附　录　B
（规范性附录）
素材分类

素材分3种类别，每个类别的名称、说明及对应代码见表B.1。

表B.1　素材分类数值代码表

素材类别	数值代码
一般素材[a]	3
加急素材[b]	2
重大突发灾害素材[c]	1

[a] 指普通的或没有特殊业务要求的视音频素材；
[b] 指在短时期内需要及时播出的视音频素材；
[c] 指与国家级或省级气象主管机构启动应急响应相关的视音频素材。

参考文献

［1］ GB 3174－1995 PAL制电视广播技术规范
［2］ GB/T 14857－1993 演播室数字电视编码参数规范
［3］ GY/T 155－2000 高清晰度电视节目制作及交换用视频参数值
［4］ QX/T 129－2011 气象数据传输文件命名

ICS 07.060
A 47
备案号：50964—2015

中华人民共和国气象行业标准

QX/T 280—2015

极端高温监测指标

Monitoring indices of high temperature extremes

2015-07-28 发布　　2015-12-01 实施

中国气象局　发布

前　言

本标准按照 GB/T1.1—2009 给出的规则起草。

本标准由全国气候与气候变化标准化技术委员会(SAC/TC 540)提出并归口。

本标准起草单位:国家气候中心。

本标准主要起草人：高荣、邹旭恺、王遵娅、陈鲜艳。

极端高温监测指标

1 范围

本标准规定了单站极端高温监测指标及其计算方法。

本标准适用于极端高温的监测、评估和服务工作。

2 术语和定义

下列术语和定义适用于本文件。

2.1

气候标准期 climatological standard period

用于计算局地气候状态的最近三个连续整年代。

示例:1981—2010 年为 2011—2020 年所使用的气候标准期。

2.2

百分位数 percentile

将一组数据从小到大排序,并计算相应的累计百分位,某一百分位所对应数据的值即为这一百分位的百分位数。

2.3

极端阈值 extreme threshold value

某统计量达到极端状况的临界值。极端高温采用第 95 百分位数作为极端阈值。

2.4

极值 extremum

某一时间段内统计量或监测指标的最大值或最小值。

2.5

高温 high temperature

日最高气温大于或等于某一限定值的现象,本标准限定值采用 35℃。

2.6

连续高温 consecutive high temperatures

连续多日(≥2 天)日最高气温大于或等于 35℃的现象。

2.7

连续高温日数 consecutive days of high temperature

连续高温持续出现的天数。

2.8

重现期 recurrence interval

统计量的特定值重复出现的时间间隔,以年(a)计。

3 极端高温监测指标

3.1 极端日高温

大于或等于极端阈值的日最高气温。

3.2 极端连续高温日数

大于或等于极端阈值的连续高温日数。

3.3 极端高温重现期

大于或等于极端阈值的极端高温指标的重现期。

4 资料与计算方法

4.1 使用资料

任意单点气象台站最高气温日观测资料(北京时间20—20时)。

4.2 计算方法

4.2.1 极端阈值的确定

采用百分位数确定极端阈值,即取气候标准期(如1981—2010年)内任一高温指标每年的极值和次极值,构建一个包含60个样本的序列;对序列从小到大进行排序,取第95百分位数(即排位第58的数值)作为偏多(大)的极端阈值,大于或等于该阈值的事件为极端偏多(大)事件。

4.2.2 极端高温重现期的计算

采用广义极值分布(GEV)理论概率模型计算各极端高温指标的重现期,见附录A。

附　录　A
（规范性附录）
广义极值分布（GEV）方法

广义极值分布（GEV）模型由 Gumbel、Fréchet 和 Weibull 三种极值分布组成，它的理论分布函数为：

$$F(x)=\begin{cases}\exp\{-[1-k(x-\xi)/a]^{1/k}\},k<0,x>\xi+a/k\\ \exp\{-\exp[-(x-\xi)]\},k=0\\ \exp\{-[1-k(x-\xi)/a]^{1/k}\},k>0,x<\xi+a/k\end{cases}\quad\cdots\cdots(A.1)$$

式中：

ξ——位置参数，表示分布的位置；

a——尺度参数，表示分布曲线的伸展范围；

k——形状参数，表示极端分布的类型。$k=0$ 时服从 Gumbel 分布，$k>0$ 时服从 Weibull 分布，$k<0$ 时服从 Fréchet 分布。

GEV 分布参数采用 L 矩参数估计方法计算：

$$\lambda_1=EX=\int_0^1 x(F)\mathrm{d}F\quad\cdots\cdots(A.2)$$

$$\lambda_2=\frac{1}{2}E(X_{2:2}-X_{1:2})=\int_0^1 x(F)(2F-1)\mathrm{d}F\quad\cdots\cdots(A.3)$$

$$\lambda_3=\frac{1}{3}E(X_{3:3}-2X_{2:3}+X_{1:2})=\int_0^1 x(F)(6F^2-6F+1)\mathrm{d}F\quad\cdots\cdots(A.4)$$

式中：

λ_1——位置参数；

λ_2——尺度参数，代表两个随机变量之间的距离；

λ_3——形状参数，代表左右两边到中心的距离。

L 参数估计：

$$\lambda_1=\xi+(a/k)[1-\Gamma(1+k)]\quad\cdots\cdots(A.5)$$

$$\lambda_2=(a/k)\Gamma(1+k)(1-2^{-k})\quad\cdots\cdots(A.6)$$

$$\lambda_3=(a/k)\Gamma(1+k)(-1+3\times2^{-k}-2\times3^{-k})\quad\cdots\cdots(A.7)$$

GEV 分布参数估计的公式为：

$$k=7.8590+2.9554z^2\quad\cdots\cdots(A.8)$$

$$z=2/(3+\lambda_3/\lambda_2)-\ln2/\ln3\quad\cdots\cdots(A.9)$$

$$a=\lambda_2k/[(1-2^{-k})\Gamma(1+k)]\quad\cdots\cdots(A.10)$$

$$\xi=\lambda_1+\alpha[\Gamma(1+k)-1]/k\quad\cdots\cdots(A.11)$$

GEV 重现期的公式是：

$$X_T=\begin{cases}\hat{\xi}+\hat{\alpha}(1-[-\ln(1-1/T)])^{\hat{k}}/\hat{k},\hat{k}\neq0\\ \hat{\xi}-\hat{\alpha}[-\ln(1-1/T)],\hat{k}=0\end{cases}\quad\cdots\cdots(A.12)$$

式中：

X_T——重现期值；

T——为重现期。

参 考 文 献

[1] QX/T 50－2007 地面气象观测规范 第6部分:空气温度和湿度观测

[2] 丁裕国,江志红.极端气候研究方法导论[M].北京:气象出版社.2009

[3] 史道济.实用极值统计方法[M].天津:天津科学技术出版社.2005

[4] 高荣等.中国极端天气气候事件图集[M].北京:气象出版社.2012

[5] ALEXANDER L V, ZHANG X, PETERSON T C, et al. Global observed changes in daily climatic extremes of temperature and precipitation[J]. Journal of Geophysical Research, 2006, **111**: D05109, doi:10.1020/2005JD006290

[6] JONES P D, HORTON E B, FOLLAND C K, et al. The use of indices to identify changes in climatic extremes[J]. Climatic Change, 1999, **42**:131-149, doi:10.1007/978-94-015-9265-9_10

[7] ZHAI P M, PAN X H. Trends in temperature extremes during 1951－1999 in China[J]. Geophysical Research Letters, 2003, **30**(17):1913, doi:10.1029/2003Gl018004

[8] ZHANG X, ALEXANDER L, HEGERL G C, et al. Indices for monitoring changes in extremes based on daily temperature and precipitation data[J]. WIREs Climate Change, 2011, **2**:851-870, doi: 10.1002/wcc.147

ICS 07.060
B 18
备案号：50965—2015

中华人民共和国气象行业标准

QX/T 281—2015

枇杷冻害等级

Grade of freezing injury to Chinese loquat

2015-07-28 发布　　2015-12-01 实施

中 国 气 象 局　发 布

前　言

本标准按照GB/T 1.1—2009给出的规则起草。

本标准由全国农业气象标准化技术委员会(SAC/TC 539)提出并归口。

本标准起草单位:福建省气象科学研究所、福建省福清市气象局、福建省莆田市农业科学研究所、浙江省气候中心。

本标准主要起草人:陈惠、王加义、杨凯、林晶、陈涛、马治国、李丽纯、金志凤、蔡宗启。

引　言

我国是世界上最主要的枇杷生产国，枇杷产量占世界总产量的2/3以上，主要集中于福建、四川、重庆、浙江、江苏、安徽、台湾等地，地跨中亚热带、南亚热带。

枇杷在秋冬开花，继而坐果，其营养器官可耐－18℃低温，而花、幼果耐寒性弱，易受低温危害，因而枇杷花期和幼果期低温是限制枇杷生产的主要气象因子。为了使枇杷冻害监测、预警、评估规范化、标准化，特制定本标准。

枇杷冻害等级

1 范围

本标准规定了我国枇杷开花期和幼果期的冻害等级划分指标和冻害等级。

本标准适用于枇杷开花期和幼果期冻害的监测、预报和评估等工作。

2 术语和定义

下列术语和定义适用于本文件。

2.1

日最低气温 daily minimum temperature

前一日20时(北京时)至当日20时之间气温的最低值。

注:单位为摄氏度(℃),数据保留一位小数。

2.2

开花期 flowering stage

枇杷花序上第一朵花开放到最后一朵花花瓣脱落之间的时段,包括初花期、盛花期、终花期。

注:单位为天(d)。

2.3

幼果期 young fruit stage

枇杷谢花后坐果到果皮转绿之间的时段,包括果实滞长期、细胞迅速分裂期。

注:单位为天(d)。

2.4

开花期冻害 freezing injury to Chinese loquat during flowering stage

在开花期内,因低温导致花朵枯萎或脱落,造成坐果率减少的现象。

注:枇杷开花期冻害主要发生在11月至翌年1月。

2.5

幼果期冻害 freezing injury to Chinese loquat during young fruit stage

在幼果期内,果实种子或果肉因低温出现褐变,影响果实正常生长或停止生长,造成减产或绝收的现象。

注:枇杷幼果期冻害主要发生在12月至翌年3月。

2.6

花朵冻害率 freezing injury ratio of flowers

在开花期内,花朵因受冻枯萎和脱落数占总花朵数的百分比。

2.7

幼果褐变率 browning ratio of young fruits

在幼果期内,幼果因受冻出现种子或果肉褐变数占总幼果数的百分比。

3 枇杷冻害等级划分

3.1 开花期冻害等级划分

3.1.1 划分指标

在枇杷开花期，以日最低气温作为冻害等级划分指标。

3.1.2 等级划分

枇杷开花期冻害等级分为轻度、中度、重度和极重 4 个等级，具体划分方法见表 1。

表 1 枇杷开花期冻害等级划分及表现症状

等级	日最低气温(T_{min})	花朵冻害率(P_1)
轻度	$-4℃<T_{min}\leqslant-3℃$	$10\%<P_1\leqslant30\%$
中度	$-5℃<T_{min}\leqslant-4℃$	$30\%<P_1\leqslant60\%$
重度	$-6℃<T_{min}\leqslant-5℃$	$60\%<P_1\leqslant90\%$
极重	$T_{min}\leqslant-6℃$	$P_1>90\%$

3.2 幼果期冻害等级划分

3.2.1 划分指标

在枇杷幼果期，以日最低气温及其持续天数作为冻害等级划分指标。

3.2.2 等级划分

枇杷幼果期冻害等级分为轻度、中度、重度和极重 4 个等级，具体划分方法见表 2。

表 2 枇杷幼果期冻害等级划分及表现症状

等级	日最低气温(T_{min})和持续天数(D)	幼果褐变率(P_2)
轻度	$-2.5℃<T_{min}\leqslant-1.0℃$，$D\leqslant3$ d	$10\%<P_2\leqslant30\%$
中度	$-3.5℃<T_{min}\leqslant-2.5℃$，$D\leqslant3$ d 或 $-2.5℃<T_{min}\leqslant-1.0℃$，$D>3$ d	$30\%<P_2\leqslant60\%$
重度	$-4.5℃<T_{min}\leqslant-3.5℃$，$D\leqslant3$ d 或 $-3.5℃<T_{min}\leqslant-2.5℃$，$D>3$ d	$60\%<P_2\leqslant90\%$
极重	$T_{min}\leqslant-4.5℃$，$D\leqslant3$ d 或 $-4.5℃<T_{min}\leqslant-3.5℃$，$D>3$ d	$P_2>90\%$

参考文献

[1] QX/T 198—2012 杨梅冻害等级

[2] 王化坤，邱学林，徐春明，等.2008年低温暴雪对枇杷北缘地区生产造成的影响[J].安徽农业科学，2009,**37**(19):9057-9060

[3] 黄寿波，沈朝栋，李国景.我国枇杷冻害的农业气象指标及其防御技术[J].湖北气象，2000,(4):17-19

[4] 郑国华，张贺英.不同低温胁迫下早钟6号枇杷幼果细胞超微结构的变化[J].福建农林大学学报(自然科学版)，2008，**37**(5):473-476

[5] 郑国华，张贺英.低温胁迫下解放钟枇杷幼果细胞超微结构的变化[J].莆田学院学报，2008，**15**(2):52-56

[6] 郑国华，张贺英.低温胁迫对枇杷幼果细胞超微结构及膜透性和保护酶活性的影响[J].热带作物学报，2008，**29**(6):730-737

[7] 李英，毕方美.枇杷花穗冻害调查及防治[J].西南园艺，2005，**33**(4):43-44

[8] 胡又厘，林顺权.世界枇杷研究与生产[J].世界农业，2002,(1):18-20

[9] 张旭东，王海龙.枇杷优质丰产栽培技术[M].成都：四川科学技术出版社.2006:23-25

ICS 07.060
B 18
备案号：50966—2015

中华人民共和国气象行业标准

QX/T 282—2015

农业气象观测规范　枸杞

Specifications of agrometeorological observation—*Lycium chinense*

2015-07-28 发布　　2015-12-01 实施

中　国　气　象　局　发　布

前　言

本标准按照 GB/T 1.1—2009 给出的规则起草。

本标准由全国农业气象标准化技术委员会(SAC/TC 539)提出并归口。

本标准起草单位:宁夏回族自治区气象科学研究所、宁夏农林科学院植物保护研究所。

本标准主要起草人:刘静、马力文、李润怀、安巍、戴小笠、张晓煜、翟振勇、张玉兰、张学艺。

引　言

枸杞是茄科枸杞属的多分枝灌木植物，果实“枸杞子”可以入药，产区主要集中在宁夏、新疆、青海、内蒙古、甘肃等省区。制定枸杞农业气象观测规范，旨在规范枸杞生物要素和生长环境中物理要素的观测和记载方法，确保枸杞农业气象观测资料具有准确性、代表性、可比性，对开展科学研究和服务有指导意义。

农业气象观测规范　枸杞

1　范围

本标准规定了枸杞农业气象观测的规则，包括观测的原则、地段的选择，发育期、生长状况、生长量观测，产量与品质调查，主要农业气象灾害、病虫害观测，主要田间工作记载、观测簿表填写的要求及生育期间气象条件鉴定的内容等。

本标准适用于开展枸杞相关气象业务、服务和研究的农业气象观测。

2　规范性引用文件

下列文件对于本文件的应用是必不可少的，凡是注日期的引用文件，仅注日期的版本适用于本文件。凡是不注日期的引用文件，其最新版本（包括所有的修改单）适用于本文件。

GB 3100　国际单位制及其应用（ISO 1000）

GB 3101　有关量、单位和符号的一般规则（ISO 31-0）

GB 3102（所有部分）　量和单位[ISO 31（所有部分）]

3　术语和定义

下列术语和定义适用于本文件。

3.1

枸杞　*Lycium chinense*

双子叶植物，茄科，枸杞属。多分枝落叶灌木。茎干细长，丛生，有短刺。叶卵形或卵状菱形，花淡紫色。浆果卵圆形，红色，能入药。

3.2

老眼枝　first fruit bearing shoot

前一年秋季修剪保留的结果枝，其结出的果实叫老眼枝果。

3.3

夏果枝　summer fruit bearing shoot

当年新抽出的结果枝，又名春梢，其结出的果实叫夏果。

3.4

秋果枝　autumn fruit bearing shoot

枸杞在经过夏眠后，于秋季抽出的结果枝，又名秋梢，其结出的果实叫秋果。

3.5

病果　diseased berry

受病菌侵染后，果实粒面病斑面积达 2 mm^2 以上的果粒。

3.6

枸杞炭疽病　*Lycium chinense* anthracnose

由胶孢炭疽菌引起的枸杞真菌病害，主要危害嫩枝、叶蕾、花、果实等，是枸杞主要的病害之一。

3.7

枸杞根腐病　Root rot of *Lycium chinense*

由轮枝菌侵入枸杞根部而引起的病害，发病时破坏皮层疏导组织，使植株失去水分和养分供应而逐渐枯萎，影响枸杞生长发育和产量。

3.8

枸杞蚜虫　*Aphis sp.*

一种药用植物害虫。属同翅目，蚜科。专属寄主植物为枸杞，成虫群集嫩梢、芽叶基部及叶背刺吸汁液，影响枸杞生长发育和产量。

3.9

枸杞红瘿蚊　*Jaapiella sp.*

一种药用植物害虫。属双翅目，瘿蚊科。成虫产卵于花蕾内，幼虫在花蕾和果实内孵化，影响果实的品质。

3.10

枸杞木虱　*Poratrioza sinica yang et li.*

一种药用植物害虫。属同翅目，木虱科。成虫、若虫均以口器刺吸汁液，使叶片早衰，严重时全株枯黄。

4　观测的原则与地段选择

4.1　原则

平行观测。一方面观测枸杞的发育进程、生长状况、产量形成，另一方面观测枸杞生长环境的物理要素(包括气象要素等)。枸杞观测地段的气象条件与气象观测场基本一致的情况下，气象台站的基本气象观测可作为平行观测的气象部分。

点面结合。在相对固定的观测地段进行系统观测，同时，在枸杞生育的关键时期以及在气象灾害、病虫害发生时，根据当地服务需求，进行较大范围的农业气象调查，以增强观测的代表性。

4.2　地段的选择

所选观测地段应能代表当地一般气候、土壤、地形、地势及产量水平。地段一经选定宜保持长期稳定，如确需调整应选择邻近农田，并进行记载。具体见附录 A。

5　发育期观测

5.1　观测内容

芽开放期、展叶期、春梢生长期、老眼枝果实成熟期、夏果枝开花期、夏果成熟期、叶变色期、秋梢生长期、秋梢开花期、秋果成熟期、落叶期。

5.2　观测时间

发育期观测宜采用隔日观测，若规定观测的相邻两个发育期间隔时间很长，在不漏测发育期的前提下，可逢五和旬末观测，临近发育期即恢复隔日观测。具体时段由台站根据历史资料和当年枸杞生长情况确定。

5.3　观测地点

在观测地段 2 个区内，各选有代表性的一个点，作上标记并编号，发育期观测在此进行。

5.3.1 观测植株的选择:在观测地段的2个区内,各选择田中间三至十年生的枸杞树5棵。

5.3.2 观测枝条的选定:每棵树选取当年生枝条2个挂牌,观测枸杞发育期。

5.4 发育期确定

芽开放期:枝条变绿,芽孢伸长0.5 cm以上。

展叶期:展出第1片小叶。

春梢生长期:夏果枝生长长度达到2 cm以上。

老眼枝开花期:老眼枝上有花开放。

老眼枝果实成熟期:老眼枝上的青果迅速膨大,变成鲜红色,有光泽。

夏果枝开花期:夏果枝上有花开放。

夏果成熟期:夏果枝上的青果迅速膨大,变成鲜红色,有光泽。

叶变色期:夏果枝上的叶片变厚,色泽发生退行性改变,触碰容易掉落。

秋梢生长期:秋果枝伸长达到2 cm以上。

秋梢开花期:秋果枝上有花开放。

秋果成熟期:秋果枝上的青果变红。

落叶期:秋冬季枝条上的叶片自然脱落。

当观测枝条上出现某一发育期特征时,即为该个体枝条进入了该发育期。地段枸杞群体进入发育期的时间,以观测的总枝条数中进入发育期的枝条数所占的百分率确定。第一次大于或等于10%时为该发育期的始期,大于或等于50%时为发育普遍期。发育期宜观测到50%为止。

5.5 特殊情况处理

因品种等原因,进入发育期枝条达不到10%或50%时,观测进行到进入该发育期的枝条数连续3次总增长量不超过5%为止。气候原因所造成的上述情况,仍应做观测记载。

如某次观测结果出现发育期百分率有倒退现象,应立即重新观测,检查观测是否有误或观测枝条是否缺乏代表性,以后一次观测结果为准。

因品种、栽培措施等原因,有的发育期未出现或发育期出现异常现象,应予记载。

固定观测枝条如失去代表性,应在测点重新固定枝条观测,当测点内观测枝条有3株或3株以上失去代表性时,应另选测点。

在规定观测时间遇有妨碍进行田间观测的天气或旱地灌溉时可推迟观测,过后补测应及时。如出现进入发育期百分率超过10%或50%,则将本次观测日期作为进入始期或普遍期的时间。

出现以上特殊情况及其处理措施应记入备注栏。

6 生长状况观测与评定

6.1 观测内容

果枝平均长度、果节数。

6.2 观测时间

果枝平均长度观测时间:展叶普期、夏果成熟普期、秋稍开花普期、秋果成熟普期。

果节数观测时间:夏果成熟普期、秋果成熟普期。

6.3 测定方法

在定株挂牌的枝条上进行测定。

果枝平均长度的测定:从所观测的枝条的基部至顶部的平均长度。

果节数的测定:统计从果枝抽生基部到顶部间结果的结位数,不包括抽生的二次结果枝。

6.4 生长状况评定

6.4.1 评定时间和方法

评定时间:在发育普遍期进行。

评定方法:目测评定。以整个观测地段全部枸杞树为对象,综合评定枸杞生长状况的各要素,采用6.4.2给出的评定标准进行生长状况评定。前后两次评定结果出现变化时,应注明原因。

6.4.2 评定标准

生长状况优良:植株健壮,叶色正常,枝条发育良好;没有或仅有轻微病虫害和气象灾害,对生长影响极小;预计可达到丰产年景的水平。

生长状况中等:植株正常,叶色正常,枝条发育尚可;植株遭受病虫害或气象灾害较轻;预计可达到近5年平均产量年景的水平。

生长状况较差:植株发育不良,枝条发育一般;病虫害或气象灾害对其有明显的抑制或产生严重危害;预计产量低,是减产年景。

6.5 大田生育状况观测调查

可根据当地的气象服务需要,安排大田调查,记录存档。

7 生长量观测

7.1 采果批次调查

枸杞全生育期内向观测地段所属农户(或单位)调查每次采摘鲜果的采摘日期,记录采摘时间和相应采果批次。

7.2 鲜果百粒质量测定

7.2.1 测定时间

自夏果成熟之日起至秋果采收结束,大田每批次采收前。

7.2.2 测定方法

从挂牌枝条上随机采收约50粒成熟鲜果称量,按式(1)计算百粒质量。大田每采收一批鲜果前,应测定鲜果百粒质量。

$$W_{hk}=\frac{W_f}{n_f}\times 100 \qquad \cdots\cdots(1)$$

式中:

W_{hk}——百粒质量,单位为克(g);

W_f——果实质量,单位为克(g);

n_f——果实粒数。

7.3 鲜果采果质量调查

自鲜果成熟之日起,向观测地段所属农户(或单位)调查大面积的鲜果采摘量,记录采摘日期、批次、鲜果质量。调查每批次鲜果收获量,待所有批次调查结束后,按照式(2)分别计算每公顷夏果和秋果采摘质量。

$$W_{fa}=\frac{\sum_{i=1}^{n}W_{fp}}{p_a} \qquad \cdots\cdots(2)$$

式中:

W_{fa}——单位面积果实采摘质量,单位为千克每公顷(kg/hm²);

W_{fp}——每批次采摘果实质量,单位为千克(kg);

p_a ——采摘面积,单位为公顷(hm²);

n ——采摘批次。

8 产量及品质调查

8.1 测定和调查内容

干果百粒质量、每批次干果收获量、夏果总产量和秋果总产量、正常果率、病果率、干果含水率。

8.2 测定时间

干果百粒质量、干果产量测定和调查时间为夏果成熟之日起至秋果采收结束。

干果品质测定和调查时间为夏果成熟之日起至夏果采收结束。

8.3 测定和调查方法

8.3.1 干果百粒质量和干果产量

从观测地段所属农户(或单位)采收后晒干或烘干的干果中,随机选取 6 个点,每个点取出 50 粒,将这 6 个点两两混合成 3 组,计算干果百粒质量,方法见公式(1),将结果接近的两组数据平均,得到该批次百粒质量。

调查每批次干果收获量,待所有批次调查结束后,统计其夏果总量和秋果总量,分别除以采摘面积得到每公顷夏果产量和每公顷秋果产量,计算方法见公式(2)。

8.3.2 干果品质

从 8.3.1 取出的 3 组干果中,分别数出其中的正常果数、病果数,计算正常果率、病果率,将结果接近的两组数取平均,得到该批次正常果率、病果率。将干果称量后,置于烘箱 80 ℃烘干 8 h 以上,烘干时间的长短以质量不再变化时为准,按照式(3)给出的方法计算干果含水率。

$$M_c=\frac{M_{bd}-M_{ad}}{M_{ad}}\times 100\% \qquad \cdots\cdots(3)$$

式中:

M_c ——枸杞干果含水率,单位为%;

M_{bd}——枸杞烘干前的质量,单位为克(g);

M_{ad}——枸杞烘干后的质量,单位为克(g)。

9 主要农业气象灾害观测

9.1 观测内容

干旱、干热害、洪涝、连阴雨、冰雹、霜冻、风灾。

9.2 观测时间和地点

观测时间：在灾害发生后及时进行观测。从枸杞受害开始至受害症状不再加重为止。

观测地点：在枸杞观测地段上进行，若灾害大范围发生，还应做好观测地段所属县域范围内的调查。

9.3 记载项目

9.3.1 发生灾害的名称、受害期及受害程度

灾害名称：记录实际发生的灾害名称。

受害期：灾害开始发生、枸杞出现受害症状时记为灾害开始期，灾害解除或受害部位症状不再发展时记为终止期，其中灾害如果重新加重应继续进行记载。

受害症状和程度：记录作物受害后的特征状况，主要描述作物受害的器官（枝条、叶、蕾、花、果实等）、受害部位（上、中、下）及外部形态、颜色的变化等，受害程度的判断见表1。

如出现了灾害性天气，但未发现作物有受害症状，应继续监测两旬，然后按实况作出判断，如判断作物未受害，记载“未受害”并分析原因，记入备注栏。

表1 枸杞受害症状及受害程度

程度	轻	中	重
干旱	树体生长缓慢，叶片下垂，少量（5%以下）叶片脱落，枝条发干；花、蕾变干，少量（5%以下）脱落。	树体生长缓慢，部分（5%～20%）叶片下垂脱落，枝条逐渐枯干；部分（5%～20%）花、蕾变干至脱落。	树体生长缓慢，叶片下垂，大量（20%以上）叶片脱落，枝条逐渐干枯；大量（20%以上）花、蕾变干、脱落。
干热害	少量（5%以下）叶片由绿色变为黄白色；少量（5%以下）叶片凋萎、发脆直至脱落；少量（5%以下）花、蕾凋萎、发脆、脱落。	部分（5%～20%）叶片由绿色变为黄白色；部分（5%～20%）叶片凋萎、发脆、脱落；部分（5%～20%）花、蕾凋萎、发脆、脱落。	大量（20%以上）叶片由绿色变为黄白色；大量（20%以上）叶片凋萎、发脆、脱落；大量（20%以上）花、蕾凋萎、发脆、脱落。
洪涝	洪水冲刷杞园，杞园内积水1天以内，少部分（10%以内）果树受淹，但根系无腐烂现象。	部分（10%～50%）果树受淹，积水在1天～2天排出，部分（10%～20%）果树根系腐烂。	大部分（50%以上）果树受淹，果树根系腐烂严重（20%以上），出现果树植株死亡。
连阴雨	发育期推迟，但根系未腐烂，少量（5%以内）花蕾、花朵、青果脱落，少量（10%以内）成熟果裂果。	发育期推迟10天以上，部分（5%～20%）果树根系腐烂，部分（5%～20%）花蕾、花朵、青果脱落，部分（10%～40%）成熟果裂果。	发育期推迟15天以上，果树根系腐烂严重（20%以上），大量（20%以上）花蕾、花朵、青果脱落，大量（40%以上）成熟果裂果。

表1　枸杞受害症状及受害程度(续)

程度	轻	中	重
冰雹	部分(10%以内)叶子击破,个别(5%以内)枝条折断,部分(10%以内)花、果实脱落。	部分(10%～50%)叶片破碎,部分(5%～20%)枝条折断,部分(10%～50%)花、果实脱落。	大量(50%以上)叶片击碎,大量(20%以上)枝条折断,大量(50%以上)叶片、果实、花蕾脱落严重,甚至造成空枝。
霜冻	少量(10%以内)花蕾受冻。	部分(10%～50%)花蕾受冻变黑、脱落,叶尖受冻。	开花期造成大量(50%以上)花蕾受冻脱落,叶片严重受冻。
风灾	早春造成枝条抽干,程度较轻,部分(5%以下)花蕾脱落。	早春造成枝条抽干,程度较重(5%～20%),开花期造成花蕾脱落较多(5%～20%)。	早春造成枝条抽干严重(20%以上),开花期造成花蕾大量脱落(20%以上)。

9.3.2　受灾期间天气气候情况记载

在灾害开始、增强和结束时记载使作物受害的天气气候情况,主要记载导致灾害发生的前期气象条件、灾害开始至终止期间的气象条件及其变化、使灾害解除的气象条件,见表2。同时还要记载预计对枸杞产量的影响。

表2　枸杞农业气象灾害及期间的天气气候情况

灾害名称	天气气候情况记载内容
干旱	最长连续无降水日数、干旱期间的降水量和天数、逐旬记载观测地段干土层厚度、土壤相对湿度。
干热害	逐日平均气温、最高气温、日最小相对湿度、日平均风速、风向。
洪涝	连续降水日数、过程降水量、日最大降水量及日期。
连阴雨	连续阴雨日数、过程降水量。
冰雹	冰雹出现时间,持续时间,最大冰雹直径。
霜冻	极端最低气温及日期。
风灾	过程平均风速、最大风速及日期。

10　主要病虫害观测

10.1　观测内容

枸杞炭疽病、根腐病、蚜虫、红瘿蚊、木虱。主要病虫害特征参见附录B。

10.2　观测地点和时间

结合生育状况观测,在枸杞观测地段上进行。在病虫害发生时开始观测并记载,应同时记载观测地段周围的病虫害情况,直至病虫害不再蔓延或加重为止。

10.3 记载项目

10.3.1 发生灾害的名称和受害期

发生灾害的名称应记载学名，禁止记各地的俗名。

当发现定株观测的枸杞枝条受病虫危害时，开始观测受害枝率。当发现10%枝条出现病虫害时，记为受害始期；当50%枝条出现受害特征时，记载猖獗期；当连续2次观测枝条病虫害受害枝率不再增加时，记为停止期。

10.3.2 受害程度

记录植株受害的器官及部位，并按表3判断受害程度。

表3 枸杞受害器官、部位及受害程度判别

受害程度	轻	中	重
受害器官及部位	部分枝条、叶、花、果。	一半以上枝条、叶、花、果。	整树的枝条、叶、花、果。

11 主要田间工作记载

11.1 记载要求

田间工作记载应符合以下要求：

——按实际的项目和内容，用通用术语记载项目名称；

——同一项目进行多次观测时，要记明时间、次数；

——数量、质量、规格等计量单位应符合GB 3100、GB 3101、GB 3102(所有部分）的规定。

11.2 记载时间

记载观测地段上实际进行的田间管理项目、起止日期、方法和次数等。若到达田块时，田间操作已经结束，应及时向种植户了解，补记田间记录。

11.3 记载项目和内容

记载的项目和内容包括：

——修剪：观测地段各次修剪的起止日期、修剪方式等；

——中耕除草：各次中耕除草的时间、中耕深度等；

——施肥：各次施肥的时间、施肥种类、数量、施肥方式等；

——灌水：各次灌溉时间、灌溉量估算；

——抹芽修剪：抹芽修剪的时间；

——病虫防治：病虫害名称、防治时间及施用农药的种类与数量；

——其他田间管理措施；

——晾晒或制干：记录晾晒或烘干的时间、采用的表皮脱脂药剂种类和剂量，制干的方式。

12 观测簿和报表填写

所有观测和分析内容应按规定填写农气观测簿和报表，并按规定时间上报主管部门。具体填写方法见附录C。

13 生育期间气象条件鉴定

分析枸杞从萌芽到落叶期间的气候特点，从积温、降水、日照等方面简要评述各时段气象因子对枸杞生长发育、产量形成的作用和贡献，采用与历年和上一年资料对比的方法写出鉴定意见。同时，还应分析农业气象灾害、病虫害等的发生情况及对产量的影响。

附　录　A
（规范性附录）
地段选择

A.1　地段选择要求

地段品种：当地的主栽品种，树龄为三至十年。

地段面积：观测地段宜在 1 hm^2 以上连片种植的枸杞地上选取，面积不小于 0.1 hm^2。

地段位置：地段距林缘、建筑物、道路（公路和铁路）、水塘等应在 20 m 以上。应远离河流、水库等大型水体，减少小气候的影响。

枸杞生育状况调查地点：枸杞生育状况调查地点应选择能反映当地枸杞生长状况和产量水平不同类型的田块，农业气象灾害和病虫害的调查地点应选择能反映不同受灾程度的田块。

A.2　地段分区

将观测地段按其田块形状分成相等的 2 个区，用于定株观测的项目。按顺序编号，2 个区的观测应在同一天内进行。为便于观测工作的进行，可绘制观测地段分区和各类观测的分布示意图。

A.3　地段资料记载

A.3.1　观测地段综合平面示意图

综合平面示意图包括以下内容：

——观测地段的位置、编号；

——气象观测场的位置；

——观测地段的环境条件，如村庄、树林、果园、山坡、河流、渠道、湖泊、水库及铁路、公路和田间大道的位置；

——其他建筑物和障碍物的方位和高度。

A.3.2　观测地段说明

观测地段说明包括以下内容：

——地段编号；

——地段土地使用单位名称或个人姓名；

——地段所在地的地形（山地、丘陵、平原、盆地）、地势（坡地的坡向、坡度等）及面积；

——地段距气候观测场的直线距离、方位和海拔高度差；

——地段环境条件，如房屋、树林、水体、道路等的方位和距离；

——地段的种植制度，包括间作、套种作物；

——地段灌溉条件，包括有无灌溉条件、保证程度及水源和灌溉设施；

——地段地下水位深度，当地下水位大于或等于 2 m 时记“大于 2 m”；当地下水位小于 2 m 时记“小于 2 m”；

——地段土壤状况。包括土壤质地（砂土、壤土、黏土、砂壤土等）、土壤酸碱度（酸、中、碱）和肥力（上、中、下）情况等；

——地段的产量水平，分上、中上、中、中下、下五级记载。约高于当地近5年平均产量（kg/hm^2）的20%为上，高于平均产量10%～20%为中上，相当于平均产量为中，低于平均产量10%～20%为中下，低于平均产量20%为下。

附　录　B
（资料性附录）
枸杞主要病虫害特征

B.1　枸杞炭疽病

嫩枝、叶尖、叶缘染病时产生褐色半圆形病斑，扩大后变黑，湿度大时呈湿腐状，病部表面出现黏滴状橘红色小点，即病原菌的分生孢子盘和分生孢子；叶片染病时出现黑色斑点，严重者叶片褪色或枯萎；青果染病初在果面上生小黑点或不规则褐斑，遇连阴雨病斑不断扩大，直至整个青果变黑，干燥时果实缢缩；成熟红果会出现针尖状凹痕，湿度大时，病果上长出很多橘红色胶状小点，严重者凹痕底部有针尖状黑色霉点，直至整个红色果实变黑、变形。

B.2　枸杞根腐病

主要危害茎基部和根部。发病初期病部呈褐色至黑褐色，逐渐腐烂，后期外皮脱落，只剩下木质部，剖开病茎可见维管束褐变。湿度大时病部长出一层白色至粉红色菌丝状物。地上部叶片发黄或枝条萎缩，严重的枝条或全株枯死。

B.3　枸杞蚜虫

成虫有翅胎生蚜体长 1.9 mm，黄绿色。头部黑色，眼瘤不明显。触角 6 节，黄色，第 1 节、第 2 节两节深褐色，第 6 节端部长于基部，全长较头、胸之和长。前胸狭长与头等宽，中后胸较宽，黑色。足浅黄褐色，腿节和胫节末端及跗节色深。腹部黄褐色，腹管黑色圆筒形，腹末尾片两侧各具 2 根刚毛，无翅胎生蚜体较有翅蚜肥大，色浅黄，尾片亦浅黄色，两侧各具 2～3 根刚毛。受害植株发生幼嫩部分叶片卷曲，叶片有黏稠的蚜虫排泄物，影响果枝生长，使果结数减少。

B.4　枸杞红瘿蚊

成虫体长 2 mm～2.5 mm，黑红色，生有黑色微毛。成虫用较长的产卵管从幼蕾端部插入，产卵于直径为 1.5 mm～2 mm 的幼蕾内，每蕾中可产十余粒，幼虫孵化后，钻蛀到子房基部周围，蛀食正在发育的子房，使花蕾肿胀成虫瘿，并成畸形，花被变厚，撕裂不齐，呈深绿色，不能开花结果，最后枯腐干落。

B.5　枸杞木虱

成虫黑褐色，形如小蝉，卵橙黄色、长椭圆形，有一长丝柄，若虫黄褐色，似介壳虫。成虫在树干老皮缝下或残存枝叶下的土壤中越冬，枸杞发芽时开始活动，展叶后产卵于叶面背部，密集如毛。成虫、若虫均以口器刺吸汁液，使叶片早衰，严重时全株枯黄。

附　录　C
(规范性附录)
观测簿和表填写

C.1　概述

观测簿和表的填写应遵循以下规则：

a)　农气簿-1-1 供填写枸杞生育状况观测原始记录用，应随身携带边观测边记录；

b)　农气表-1 用于填写各项记录的最后统计结果。

C.2　农气簿-1-1 的填写

C.2.1　封面

省、自治区、直辖市和台站名称：填写台站所在的省、自治区、直辖市。台站名称应按上级业务主管部门命名填写。

品种、树龄：按照农业科技部门鉴定的名称填写。

起止日期：第一次使用簿的日期为开始日期；最后一次使用簿的日期为结束日期。

C.2.2　观测地段说明和测点分布图

观测地段说明：按附录 A 规定的内容逐项填入。

地段分区和测点分布图：将地段的形状、分区及发育期等测点标在图上，以便观测。

C.2.3　发育期观测记录

发育期：记载发育期名称，观测时未出现下一发育期记"未"。

观测总枝数：需统计百分率的发育期第一次观测时记载一次，记载 2 个测点观测的总枝数。

进入发育期枝数：分别填写 2 个测点观测枝条中，进入发育期的枝条，并计算总和及百分率。

生长状况评定：按照 6.4 的规定记录。

C.2.3.1　枸杞生长量观测

记载枸杞采果批次、鲜果采果量、鲜果百粒质量的调查或测定值，按照第 6 章的规定逐项填写。

C.2.3.2　枸杞产量品质调查记录

各项记录按照 8.1 逐项填写。

分析计算过程记入分析计算步骤栏，计算最后结果记入分析结果栏。

地段实收面积、总产量：在每批枸杞收获后与土地使用单位或户主联系进行调查，地段实收面积以公顷为单位，其总产量以千克为单位，最后换算出每公顷产量。

C.2.3.3　观测地段农业气象灾害和病虫害观测记录

灾害名称：农业气象灾害按 9.1 的规定和普遍采用的名称进行记载，病虫害按 10.1 的规定和植保部门采用名称进行记载。农业气象灾害和病虫害按出现先后次序记载。如果同时出现两种或以上灾害，按先重后轻记载，如分不清，可综合记载。

受害期：记载农业气象灾害或病虫害发生的开始期、终止期。有的灾害受害过程中有发展也应观测记载，以便确定农业气象灾害严重日期和病虫害猖獗期。突发性灾害天气，以时或分记录。

受害症状与受害程度：按表3的规定填写。

天气气候情况：农业气象灾害期间的天气气候情况按表2内容记载，病虫害不记载此项。

C.2.3.4 主要田间工作记载

按第11章的规定进行。应经常与土地使用单位或种植户主取得联系及时记载，不应漏记。

C.2.3.5 生育期农业气象条件鉴定

分析枸杞从萌芽到落叶期间的气候特点，从积温、降水、日照等方面简要评述各时段气象因子对枸杞生长发育、产量形成的作用和贡献，采用与历年和上一年资料对比的方法写出鉴定意见。同时，还应分析农业气象灾害、病虫害等的发生情况及对产量的影响。

C.3 农气表-1的填写

C.3.1 填写规定

农气表-1应按照以下的规定填写：

——农气表-1的内容抄自农气簿-1-1相应栏。

——地址、北纬、东经、观测场海拔高度抄自台站农气表-1.

——产量调查结束后，立即制作报表、抄录、校对、预审，15日内报出。

——各项记录统计填写最后的结果。

C.3.2 填写说明

C.3.2.1 发育期和生长状况

发育期和生长状况测定抄自农气簿-1-1相应栏。

发育期的填写应按照发育期出现的先后次序填写发育期名称，并填写始期、普遍期的日期。

生长状况评定的各项测定值填入规定测定的发育期相应栏下。

C.3.2.2 产量、生长量调查与测定

抄自农气簿-1-1中观测地段枸杞采果批次、鲜果采果量、鲜果百粒质量等数据。

按时间顺序将各批次干果百粒质量、每批次干果收获量、夏果总量和秋果总量、正常果率、病果率、干果含水率按照时间顺序填写，数值栏抄自农气簿-1-1有关产量调查与测定结果。

C.3.2.3 观测地段农业气象灾害和病虫害

农业气象灾害和病虫害观测记录根据农气簿-1-1相应栏的记录，对同一灾害过程先进行归纳整理，再抄入记录表。先填农业气象灾害，再填病虫害，中间以横线隔开。

受害期，大多数灾害记载开始和终止日期；对于有发展、加重的灾害，农业气象灾害应填写灾害严重的日期，病虫害应填写猖獗期时间。突发性天气灾害应记到小时或分。

C.3.2.4 主要田间工作记载

抄自农气簿-1-1相应栏。若某项田间工作进行多次，且无差异，可归纳在同一栏填写。

C.3.2.5 观测地段说明和生育期农业气象条件鉴定

观测地段说明、生育期农业气象条件鉴定抄自农气簿-1-1 相应栏。

附 录 D
(资料性附录)
枸杞农业气象观测簿和表样式

D.1 图 D.1 给出了农气簿-1-1 的样式

农气簿-1-1

枸杞生育状况观测记录簿

省、自治区、直辖市____________________

台站名称____________________

品种、树龄____________________

开始日期____________________

结束日期____________________

年 月 日 至 年 月 日

印制单位

图 D.1 农气簿-1-1 样式

观测地段说明

1. ____________________

2. ____________________

3. ____________________

4. ____________________

5. ____________________

6. ____________________

7. ____________________

8. ____________________

9. ____________________

10. ____________________

图 D.1 农气薄-1-1 样式(续)

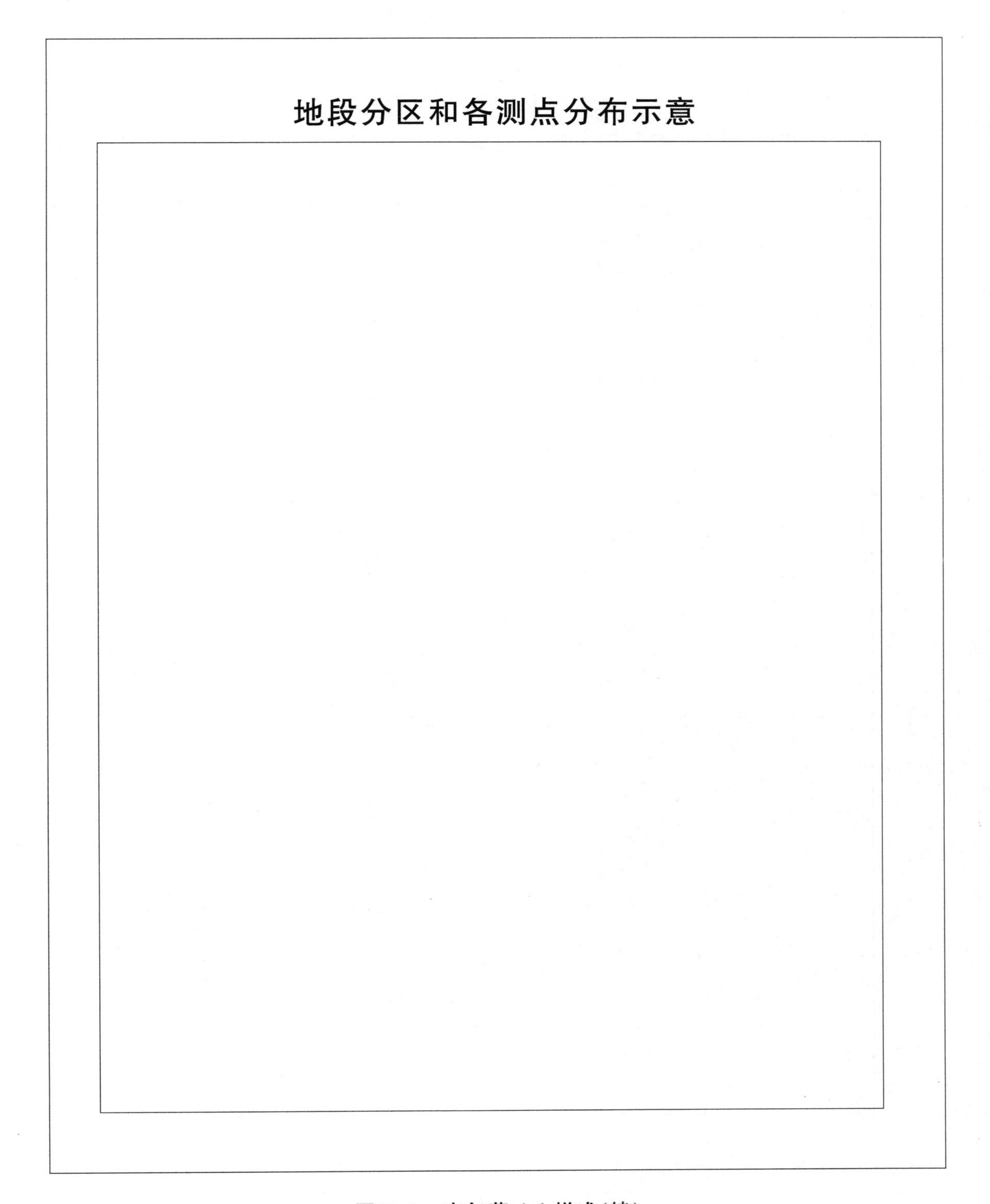

图 D.1　农气薄-1-1 样式(续)

发育期观测记录

观测日期（月/日）	发育期	观测总枝条数	进入发育期株数				生长状况评定（类）	观测员	校对员
			1	2	总和	百分率			
备　注									

图 D.1　农气薄-1-1 样式（续）

果枝平均长度测量记录

测量日期	月/日		测量日期	月/日	
发育期			发育期		
果树号	1	2	果枝号	1	2
1			11		
2			12		
3			13		
4			14		
5			15		
6			16		
7			17		
8			18		
9			19		
10			20		
合计					
总和					
平均					
备注					

观测员 ________ ________

校对员 ________ ________

图 D.1 农气薄-1-1 样式(续)

果节数测量记录

测量日期	月/日		测量日期	月/日	
发育期			发育期		
果树号	1	2	果枝号	1	2
1			11		
2			12		
3			13		
4			14		
5			15		
6			16		
7			17		
8			18		
9			19		
10			20		
合计					
总和					
平均					
备注					

观测员 ________ ________

校对员 ________ ________

图 D.1　农气薄-1-1 样式(续)

枸杞夏果生长量、产量调查记录

日期	采果批次	鲜果百粒质量	鲜果采摘量	干果百粒质量	干果收获量	观测员	校对员
合计	—	—		—			
平均	—		—		—		
鲜果产量：							
干果产量：							

图 D.1　农气薄-1-1 样式(续)

枸杞夏果生长量、产量调查记录

日期	采果批次	鲜果百粒质量	鲜果采摘量	干果百粒质量	干果收获量	观测员	校对员
合计	—	—		—			
平均	—		—		—		
鲜果产量：							
干果产量：							

图 D.1 农气薄-1-1 样式(续)

枸杞夏果品质测定和调查记录

日期	采果批次	正常果率	病果率	观测员	校对员
平均	—				

图 D.1　农气薄-1-1 样式(续)

观测地段农业气象灾害和病虫害观测

观测日期 (月/日)	灾害 名称	受害期	天气气 候情况	受害症状 及程度	预计对 产量的影响
观测员	_____ _____ _____		校对员	_____ _____ _____	

图 D.1　农气薄-1-1 样式(续)

田间工作记载

项目	日期	方法和工具	数量、质量、规格	观测员	校对员

图 D.1 农气薄-1-1 样式(续)

枸杞生育期间农业气象条件鉴定

县平均产量 (kg/hm²)		与上年比 增(减)产 百分率	

观测员________ ________ 校对员________ ________

图 D.1 农气薄-1-1样式(续)

D.2　图 D.2 给出了农气表-1 的样式

农气表-1 档案号

枸杞生育状况观测记录年报表

品种、树龄____________________

年份____________________

省、自治区、直辖市____________________

台站名称____________________

地址____________________

北纬______°______′______　东经______°______′______

海拔高度____________________米

台站长__________　抄录__________

观测__________　校对__________

预审__________　审核__________

寄出日期　　年　月　日

印制单位

图 D.2　农气表-1 样式

<table>
<tr><td rowspan="3">发育期
(月/日)</td><td>名称</td><td></td><td></td><td></td><td></td><td></td><td></td><td></td><td></td><td></td><td></td><td></td><td colspan="4">主要田间工作记载</td></tr>
<tr><td>始期</td><td></td><td></td><td></td><td></td><td></td><td></td><td></td><td></td><td></td><td></td><td></td><td>项目</td><td>起止日期</td><td>方法和工具</td><td>数量、质量、规格</td></tr>
<tr><td>普遍期</td><td></td><td></td><td></td><td></td><td></td><td></td><td></td><td></td><td></td><td></td><td></td><td></td><td></td><td></td><td></td></tr>
<tr><td colspan="2">生长状况测定</td><td></td><td></td><td></td><td></td><td></td><td></td><td></td><td></td><td></td><td></td><td></td><td></td><td></td><td></td><td></td></tr>
<tr><td colspan="2">果枝长度(cm)</td><td></td><td></td><td></td><td></td><td></td><td></td><td></td><td></td><td></td><td></td><td></td><td></td><td></td><td></td><td></td></tr>
<tr><td colspan="2">果节数(个)</td><td></td><td></td><td></td><td></td><td></td><td></td><td></td><td></td><td></td><td></td><td></td><td></td><td></td><td></td><td></td></tr>
<tr><td rowspan="2">生长量
产量
测定</td><td rowspan="2">采果
批次</td><td colspan="2">鲜果
百粒质量</td><td colspan="2">干果
百粒质量</td><td>鲜果
总量</td><td colspan="2">干果
总质量</td><td colspan="2">地段鲜果
产量</td><td colspan="2">地段干果
产量</td><td></td><td></td><td></td><td></td></tr>
<tr><td colspan="2"></td><td colspan="2"></td><td></td><td colspan="2"></td><td colspan="2"></td><td colspan="2"></td><td></td><td></td><td></td><td></td></tr>
<tr><td rowspan="2">品质
测定</td><td rowspan="2"></td><td colspan="4">正常果率</td><td colspan="3">病果率</td><td colspan="4">干果含水率</td><td></td><td></td><td></td><td></td></tr>
<tr><td colspan="4"></td><td colspan="3"></td><td colspan="4"></td><td></td><td></td><td></td><td></td></tr>
<tr><td rowspan="2">观测地段
农业气象
灾害和
病虫害</td><td colspan="3">灾害名称</td><td colspan="3">受害期</td><td colspan="3">天气气候情况</td><td colspan="3">受害症状与程度</td><td colspan="4">对产量的影响</td></tr>
<tr><td colspan="3"></td><td colspan="3"></td><td colspan="3"></td><td colspan="3"></td><td colspan="4"></td></tr>
</table>

图 D.2　农气表-1 样式(续)

参考文献

[1] GB/T 18672—2002 枸杞(枸杞子)

[2] 中国气象局.农业气象观测规范上卷[M].北京:气象出版社.1993:7-60

[3] 冯秀藻,陶炳炎.农业气象学原理[M].北京:科学出版社.1991:34-35

[4] 李润淮.枸杞新品种配套栽培技术[J].新疆农机化,1993(3):34-35

[5] 刘静.宁夏枸杞气象研究[C].北京:气象出版社.2003:59-69

[6] 蒋运志,陈宗行,马新建,等.农业气象观测中需注意的问题[J].现代农业科技,2010(15):338-338

[7] 刘静,张晓煜,杨有林,等.枸杞产量与气象条件的关系[J].中国农业气象,2004,**25**(1):17-24

[8] 陈君,程惠珍,张建文,等.宁夏枸杞害虫及天敌种类的发生规律调查[J].中药材.2003,**26**(6):391-394

[9] 李锋,杨芳,李云翔,等.枸杞蚜虫发育的有效积温和发育起点温度测定[J].宁夏农林科技,2002(3):18-19

[10] 王国珍,鲁占魁.宁夏枸杞根腐病病源研究[J].微生物学通报,1994,**21**(6):330-332

[11] 张宗山,刘静,张立荣,等.宁夏枸杞炭疽病原的生物学特性研究[J].西北农业学报,2005,**14**(6):132-136,140

气象标准汇编

2015

（下）

中国气象局政策法规司 编

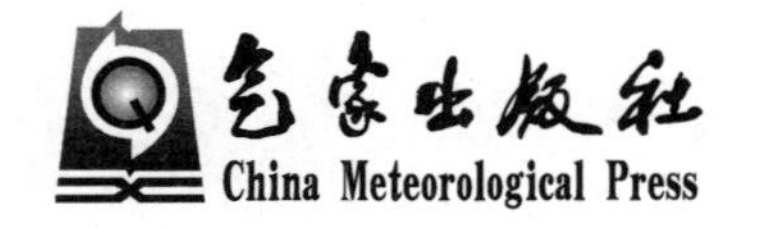

目　　录

下　册

ICS 07.060
B 18
备案号：50967—2015

中华人民共和国气象行业标准

QX/T 283—2015

枸杞炭疽病发生气象等级

Meteorological classification for anthracnose occurrence of *Lycium chinense*

2015-07-28 发布　　2015-12-01 实施

中 国 气 象 局　发 布

前　言

本标准按照 GB/T 1.1—2009 给出的规则起草。

本标准由全国农业气象标准化技术委员会(SAC/TC 539)提出并归口。

本标准起草单位:宁夏回族自治区气象科学研究所、宁夏农林科学院植物保护研究所。

本标准主要起草人:马力文、刘静、张宗山、安巍、黄峰、张玉兰、曹彦龙。

引　言

枸杞(*Lycium chinense*)是茄科枸杞属的多分枝灌木植物,果实"枸杞子"可以入药,产区主要集中在宁夏、新疆、青海、内蒙古、甘肃等省(自治区)。枸杞炭疽病又称黑果病,在国内枸杞种植区都有发生,对枸杞产量和品质影响很大。枸杞炭疽病的发生程度与气象条件关系很大,制定枸杞炭疽病发生气象等级标准,能够为枸杞炭疽病的研究及服务提供重要支撑。

枸杞炭疽病发生气象等级

1 范围

本标准规定了枸杞炭疽病发生的气象等级与指标。

本标准适用于枸杞炭疽病的监测、预报、预警和评估。

2 术语和定义

下列术语和定义适用于本文件。

2.1

枸杞炭疽病 *Lycium chinense* anthracnose

由胶孢炭疽菌(*Colletotrichum gloeosporioides* Penz)引起的枸杞真菌病害，主要危害嫩枝、叶、蕾、花、果实等，是枸杞主要的病害之一。

2.2

发病率 the incidence of anthracnose

发病样本数占调查总样本数的百分率，用以表示发病的普遍程度。

2.3

严重度 severity level of disease

枸杞果实(叶片)发生病变的程度，通过发病症状判断。

2.4

病情指数 disease intensity index

全面考虑发病率与严重度的综合指标，用以表示病害发生的平均水平。

2.5

连续降水时间 continuous precipitation period

降水过程从开始到结束所持续的时间。

3 气象等级与指标

依据枸杞炭疽病发生程度等级(参见附录A)，将枸杞炭疽病发生的气象等级划分为五级，名称分别为不发生、轻度发生、中度发生、偏重发生和重度发生。

枸杞炭疽病发生气象等级的确定指标为日平均气温、日降水量、连续降水时间，确定方法见表1。

表1 枸杞炭疽病发生的气象等级与指标

发生程度气象等级	等级名称	判识指标			判识方法
		日平均气温($T_日$) ℃	日降水量($R_日$) mm	连续降水时间($t_降$) h	
1	不发生	$T_日<16.0$，或 $T_日>30$	$R_日<5.0$	$t_降<6$	三个指标满足一个

表 1 枸杞炭疽病发生的气象等级与指标(续)

<table>
<tr><th rowspan="2">发生程度
气象等级</th><th rowspan="2">等级名称</th><th colspan="3">判识指标</th><th rowspan="2">判识方法</th></tr>
<tr><th>日平均气温($T_{日}$)
℃</th><th>日降水量($R_{日}$)
mm</th><th>连续降水时间($t_{降}$)
h</th></tr>
<tr><td>2</td><td>轻度发生</td><td>$16.0 \leqslant T_{日} \leqslant 30.0$</td><td>$R_{日} \geqslant 5.0$</td><td>$t_{降} \geqslant 6$</td><td rowspan="2">三个指标同时满足</td></tr>
<tr><td>3</td><td>中度发生</td><td>$18.0 \leqslant T_{日} \leqslant 30.0$</td><td>$R_{日} \geqslant 10.0$</td><td>$t_{降} \geqslant 8$</td></tr>
<tr><td>4</td><td>偏重发生</td><td>$20.0 \leqslant T_{日} \leqslant 30.0$</td><td>$R_{日} \geqslant 20.0$</td><td>$t_{降} \geqslant 10$</td><td rowspan="2">三个指标同时满足</td></tr>
<tr><td>5</td><td>重度发生</td><td>$22.0 \leqslant T_{日} \leqslant 30.0$</td><td>$R_{日} \geqslant 40.0$</td><td>$t_{降} \geqslant 12$</td></tr>
<tr><td colspan="6">气象条件同时符合两个或两个以上级别时,应以其中最高级别为准。</td></tr>
</table>

附　录　A
（资料性附录）
枸杞炭疽病发生程度等级判断指标

A.1　枸杞炭疽病发生程度等级

枸杞炭疽病发生的程度等级判断指标见表 A.1。以病情指数为优先指标，无条件获取病情指数时以发病率做参考。病情指数按照式（A.1）的方法计算。发病率依据田间调查结果确定。

表 A.1　枸杞炭疽病发生程度等级判别指标

发生程度等级	发生程度等级描述	病情指数 %	发病率 %
1 级	不发生	≤5	0～9.9
2 级	轻发生	6～19	10～29.9
3 级	中等发生	20～49	30～59.9
4 级	偏重发生	50～79	60～89.9
5 级	重度发生	≥80	≥90

A.2　枸杞炭疽病病情指数调查方法

A.2.1　取样方法

在 1 hm^2 连片种植的枸杞地上，选择不小于 0.1 hm^2 田块作为观测地段，将其按田块形状分成相等的两个区，观测在两个区内同一天进行。

采用定点定株调查方法，在观测地段的 2 个区内，各选择田中间三至十年生的枸杞树 5 棵。每棵树选取 2 个当年生枝条挂牌，每个枝条调查 15 个果实（或叶片），即每区调查 150 个果实（或叶片）。

A.2.2　病情指数的计算

病情指数按照式（A.1）计算：

$$I = \frac{\sum (h_i \times i)}{H \times 9} \times 100 \qquad \cdots\cdots\cdots\cdots\cdots\cdots (A.1)$$

式中：

I ——病情指数；

i ——病情严重度，其值见表 A.2；

h_i ——各级严重度对应病果（叶）样本数；

H ——调查总样本数。

表 A.2 枸杞病情严重度取值

i	叶片发病症状	青果或成熟鲜果发病症状
0	无褐色病斑	无针状凹陷病斑
1	最大褐色病斑直径≤0.4 mm 或病斑面积占整个叶片的 5 %以内	最大凹陷病斑直径≤0.4 mm 或病斑面积占整个果粒 5 %以内
3	最大褐色病斑直径为 0.5 mm～1.5 mm 或病斑面积占整个叶片的 6%～25%	最大凹陷病斑直径为 0.5 mm～1.0 mm 或病斑面积占整个果粒的 6%～25%
5	最大褐色病斑直径为 1.6 mm～3.5 mm 或病斑面积占整个叶片的 26%～50%	最大凹陷病斑直径为 1.1 mm～2.0 mm 或病斑面积占整个果粒的 26%～50%
7	最大褐色病斑直径为 3.6 mm～6.0 mm 或病斑面积占整个叶片的 51%～75%	最大凹陷病斑直径为 2.1 mm～4.0 mm 或病斑面积占整个果粒的 51%～75%
9	最大褐色病斑直径≥6.1 mm 或病斑面积占整个叶片的 76%以上	最大凹陷病斑直径≥4.1 mm 或病斑面积占整个果粒的 76%以上
依据发病症状确定 i 的值。当植株结果时以果实发病症状取值，未结果时以叶片发病症状取值。		

A.3 枸杞炭疽病发病率调查方法

发病率是指发病的普遍程度，用病果(病叶)数占调查总果(叶)数的百分率表示。

参 考 文 献

［1］ 许志刚.普通植物病理学［M］.北京:高等教育出版社,2009:319-327

［2］ 全国农业推广服务中心.主要农作物病虫害测报技术规范应用手册［M］.北京：中国农业出版社，2010:1-292

［3］ 张锦秀,李岩涛,邓振荣,杨宝盛.枸杞炭疽病菌生物学特性研究［J］.华北农学报,1992,**7**(4):112-116

［4］ 刘正坪,胡俊,高翔,周洪友.枸杞炭疽病菌生物学特性研究［J］.北京农学院学报,2005,**20**(3):36-39

［5］ 方仲达.植病研究法［M］.北京,农业出版社,1979:74-75

［6］ 张宗山,刘静,张立荣,张晓煜,沈瑞清.宁夏枸杞炭疽病病原的生物学特性研究［J］.西北农业学报,2005,**14**(6):132-136,140

［7］ 程廉.枸杞炭疽病发生规律及防治研究［J］.西北农学院学报,1983(2):25-27

［8］ 彭秀芝,渠漫江.内蒙古西部地区枸杞的主要病害及防治［J］.内蒙古农业科技,2000(1):32-34

［9］ 李岩涛,张锦秀,邓振荣,杨宝胜.枸杞炭疽病发生规律及防治对策研究［J］.内蒙古农牧学院学报,1992,**13**(3):64-70

［10］赵玉根,孙德军,丁国强,王双运.枸杞炭疽病预测预报研究［J］.内蒙古林业科技,2005(3):28-29

［11］刘静,张宗山,张立荣,沈瑞清.银川枸杞炭疽病发生的气象指标研究［J］.应用气象学报,2008,**19**(3):333-341

［12］张宗山,刘静,张丽荣,张晓煜,沈瑞清.宁夏枸杞炭疽病病原的生物学特性研究［J］.西北农业学报,2005(6):132-136,140

［13］张宗山,张丽荣,刘静,张蓉.枸杞炭疽病对成熟果实侵染过程的显微观察［J］.西北农业学报,2008,**17**(1):92-94

［14］唐慧锋,赵世华,谢施讳,胡忠庆,王少东.枸杞黑果病发生规律初报［J］.山西果树,2004,(1):16-17

ICS 07.060
A 47
备案号：50968—2015

中华人民共和国气象行业标准

QX/T 284—2015

甘蔗长势卫星遥感评估技术规范

Technical specifications for evaluation on sugarcane growth status by satellite remote sensing

2015-07-28 发布　　2015-12-01 实施

中国气象局　发布

前　言

本标准按照 GB/T 1.1—2009 给出的规则起草。

本标准由全国卫星气象与空间天气标准化技术委员会(SAC/TC 347)提出并归口。

本标准起草单位:广西壮族自治区气象减灾研究所。

本标准主要起草人:丁美花、陈燕丽、谭宗琨、张行清、莫伟华、何燕、孙明、李姜宏、李辉、周臣。

引　言

卫星遥感技术具有科学、宏观、动态、客观等优势,已经在甘蔗长势监测等方面得到广泛应用。目前,利用卫星遥感数据进行甘蔗长势监测评估缺乏统一的技术规范,难以提供准确的甘蔗长势定量监测和评估产品。为了规范甘蔗长势卫星遥感评估方法和流程,更好地利用卫星遥感为政府及有关部门和制糖企业等提供服务,特制定本标准。

甘蔗长势卫星遥感评估技术规范

1 范围

本标准规定了甘蔗长势卫星遥感评估的数据要求、指标、方法和流程。

本标准适用于应用卫星遥感技术对大面积、连片种植的甘蔗长势进行评估。

2 术语和定义

下列术语和定义适用于本文件。

2.1

甘蔗长势 sugarcane growth status

甘蔗生长的状况。

2.2

植被指数 vegetation index

对相关波段的卫星数据进行线性或非线性组合以反映植物生长状况的量化信息。

注：改写 QX/T 188—2013，定义 2.3。

2.3

归一化差值植被指数 normalized difference vegetation index；NDVI

用于植被指数计算的近红外波段和可见光波段反射率之差与这两个波段反射率之和的比值。

2.4

植被指数合成 vegetation index composition

按照一定的时间间隔将多天(多时次)的植被指数根据指定原则进行处理。

注1：植被指数合成的目的是减小云以及由太阳—目标—传感器几何角度带来的影响。

注2：改写 QX/T 188—2013，定义 2.4。

2.5

生育期 growth and development stage

从蔗芽萌发至工艺成熟期的时期。

2.6

出苗期 emergence stage

从甘蔗下种至蔗芽萌发出土的芽苗数占最后出土总蔗苗数的10%至80%的时期。

2.7

发株期 seedling stage

从宿根蔗蔸基部萌芽出土的蔗株数占最终总发株数10%至80%的时期。

2.8

分蘖期 tillering stage

新植甘蔗从幼苗基部节上的芽长出分蘖幼苗数占总分蘖苗的10%至分蘖停止的时期。

2.9

茎伸长期 stem elongation stage

从甘蔗长到10张叶片以上，基部蔗茎节间开始明显伸长，平均伸长速率达每旬4 cm以上开始，至蔗茎节间伸长停止，平均伸长速率小于每旬 3 cm 的时期。

2.10

工艺成熟期　process maturity stage

甘蔗蔗茎蔗糖分达到该品种固有的较高水平，蔗茎上下部分节间锤度的比值达 0.9～1.0 的时期。

3　数据要求

3.1　数据源

卫星数据应源自携载有可见光和近红外波段探测仪器的卫星，例如 FY-3A/VIRR，FY-3A/MERSI，NOAA/AVHRR，EOS/MODIS，HJ/CCD 等，应为经过定标、定位处理的 1 级或 2 级数据。

3.2　前期处理

在进行甘蔗植被指数计算前，应对卫星数据按下列要求进行处理：

a)　确认所使用的定标表为最新发布的有效数据；

b)　优先使用星下点附近数据进行地图投影变换和几何精校正；

c)　剔除图像中的有云像元。

4　评估指标

4.1　单时次 NDVI

对单时次卫星数据计算 NDVI 的公式为：

$$I_{NDVI} = \frac{R_{nir} - R_{vis}}{R_{nir} + R_{vis}} \qquad \cdots\cdots(1)$$

式中：

I_{NDVI}——某个甘蔗像元单时次的 NDVI；

R_{nir} ——该像元指定星载仪器中近红外波段的反射率；

R_{vis} ——该像元指定星载仪器中可见光波段的反射率。

注：常用星载仪器的近红外、可见光通道参数参见附录 A。

4.2　植被指数合成

在给定的观测时间间隔（如周、旬、月）内，计算某个甘蔗像元各时次的 NDVI，选取其中的最大值作为该像元多时次合成后的值，计算公式为：

$$I_{NDVI}(i) = \max(I_{NDVI}(i,1), I_{NDVI}(i,2), \cdots, I_{NDVI}(i,p)) \qquad \cdots\cdots(2)$$

式中：

$I_{NDVI}(i)$ ——第 i 个甘蔗像元合成后的 NDVI；

i ——区域内甘蔗像元序号；

$I_{NDVI}(i,p)$——第 i 个甘蔗像元第 P 时次的 NDVI；

p ——给定观测时间间隔内该像元的观测总时次。

4.3　区域 NDVI 均值

区域 NDVI 均值为区域内所有甘蔗像元合成后的 NDVI 的平均值，计算公式为：

$$\bar{I}_{NDVI} = \sum_{i=1}^{m} I_i / m \,,\ i \in r \qquad \cdots\cdots(3)$$

式中：

$\bar{I}_{NDVI}$ ——区域 NDVI 均值；

m ——区域内甘蔗像元总数；

i ——区域内甘蔗像元序号；

I_i ——区域内第 i 个甘蔗像元合成后的 NDVI；

r ——区域代码。

4.4 生育期 NDVI 多年平均值

生育期 NDVI 多年平均值为某区域甘蔗某生育期最近 5 年～10 年 NDVI 平均值，计算公式为：

$$\bar{I}_{NDVI}(r,s) = \frac{1}{N}\sum_{n=1}^{N} I_{NDVI}(r,n,s) \qquad \cdots\cdots(4)$$

式中：

$\bar{I}_{NDVI}(r,s)$ ——区域 r 在生育期 s 的 NDVI 多年平均值；

r ——区域代码；

s ——甘蔗生育期代码；

N ——统计总年份，取值为 5～10；

n ——年份序号；

$I_{NDVI}(r,n,s)$ ——区域 r 在第 n 年生育期 s 的 NDVI。

4.5 生育期 NDVI 偏差

生育期 NDVI 偏差为某区域当年某生育期 NDVI 与某生育期 NDVI 多年平均值的差值，计算公式为：

$$\Delta I_{NDVI}(r,n,s) = I_{NDVI}(r,n,s) - \bar{I}_{NDVI}(r,s) \qquad \cdots\cdots(5)$$

式中：

$\Delta I_{NDVI}(r,n,s)$ ——区域 r 在第 n 年生育期 s 的 NDVI 偏差；

r ——区域代码；

n ——年份序号；

s ——甘蔗生育期代码；

$I_{NDVI}(r,n,s)$ ——区域 r 在第 n 年生育期 s 的 NDVI；

$\bar{I}_{NDVI}(r,s)$ ——区域 r 在生育期 s 的 NDVI 多年平均值。

4.6 茎伸长期 NDVI 偏差大于 0 的累积天数

$$T = D \times \sum_{k=1}^{K} f_k \qquad \cdots\cdots(6)$$

式中：

T ——茎伸长期 NDVI 偏差大于 0 的累积天数，单位为天(d)；

D ——给定的观测时间间隔，即卫星数据合成时段长度，单位为天(d)；

K ——满足茎伸长期 NDVI 偏差大于 0 条件的总时次数；

k ——卫星数据时次序号；

f_k ——示性函数，计算公式为：

$$f_k = \begin{cases} 1, \Delta I_{NDVI}(r,n,k) \geqslant 0 \\ 0, 其他 \end{cases} \qquad \cdots\cdots(7)$$

式中：

$\Delta I_{\mathrm{NDVI}}(r,n,k)$ ——区域 r 第 n 年甘蔗茎伸长期在卫星数据时次 k 的 NDVI 偏差。

4.7 茎伸长期 NDVI 偏差大于 0 的累积天数多年平均值

$$\overline{T}(r) = \frac{1}{N}\sum_{n=1}^{N} T(r,n) \qquad \cdots\cdots(8)$$

式中：

$\overline{T}(r)$ ——区域 r 甘蔗茎伸长期 NDVI 偏差大于 0 的累积天数多年平均值；

r ——区域代码；

N ——统计总年份，取值为 5～10；

n ——年份序号；

$T(r,n)$ ——区域 r 第 n 年甘蔗茎伸长期 NDVI 偏差大于 0 的累积天数。

4.8 茎伸长期 NDVI 偏差大于 0 的累积天数偏差

$$\Delta T(r,n) = T(r,n) - \overline{T}(r) \qquad \cdots\cdots(9)$$

式中：

$\Delta T(r,n)$ ——区域 r 在第 n 年甘蔗茎伸长期 NDVI 偏差大于 0 的累积天数偏差；

r ——区域代码；

n ——年份序号；

$T(r,n)$ ——区域 r 在第 n 年甘蔗茎伸长期 NDVI 偏差大于 0 的累积天数；

$\overline{T}(r)$ ——区域 r 甘蔗茎伸长期 NDVI 偏差大于 0 的累积天数多年平均值。

4.9 标准差

4.9.1 出苗期、发株期、分蘖期和工艺成熟期 NDVI 标准差

$$\sigma = \sqrt{\frac{1}{N-1}\sum_{n=1}^{N} \Delta I_{\mathrm{NDVI}}(r,n,s)^2} \qquad \cdots\cdots(10)$$

式中：

σ ——出苗期、发株期、分蘖期和工艺成熟期 NDVI 标准差；

N ——统计总年份，取值为 5～10；

n ——年份序号；

$\Delta I_{\mathrm{NDVI}}(r,n,s)$ ——区域 r 第 n 年在生育期 s 的 NDVI 偏差。

4.9.2 茎伸长期 NDVI 偏差大于 0 的累积天数标准差

$$\sigma^* = \sqrt{\frac{1}{N-1}\sum_{n=1}^{N} \Delta T(r,n)^2} \qquad \cdots\cdots(11)$$

式中：

σ^* ——茎伸长期 NDVI 偏差大于 0 的累积天数标准差；

N ——统计总年份，取值为 5～10；

n ——年份序号；

$\Delta T(r,n)$ ——区域 r 在第 n 年甘蔗茎伸长期 NDVI 偏差大于 0 的累积天数偏差。

5 评估方法

5.1 出苗期、发株期、分蘖期和工艺成熟期甘蔗长势评估

利用甘蔗出苗期、发株期、分蘖期和工艺成熟期的 NDVI 偏差与标准差综合判定甘蔗长势，将其划分为好、中等、差三个等级，判定条件如下：

a) 若 $\Delta I_{NDVI}(r,n,s) > \sigma$，则判断为长势好；

b) 若 $-\sigma \leqslant \Delta I_{NDVI}(r,n,s) \leqslant \sigma$，则判断为长势中等；

c) 若 $\Delta I_{NDVI}(r,n,s) < -\sigma$，则判断为长势差。

5.2 茎伸长期甘蔗长势评估

利用茎伸长期 NDVI 偏差大于 0 的累积天数偏差与标准差综合判定甘蔗长势，将其划分为好、中等和差三个等级，判定条件如下：

a) 若 $\Delta T(r,n) > \sigma^*$，则判断为长势好；

b) 若 $-\sigma^* \leqslant \Delta T(r,n) \leqslant \sigma^*$，则判断为长势中等；

c) 若 $\Delta T(r,n) < -\sigma^*$，则判断为长势差。

6 评估流程

6.1 出苗期、发株期、分蘖期、工艺成熟期甘蔗长势卫星遥感评估流程如下：

a) 读取按照 3.2 经前期处理后的卫星数据；

b) 按照 4.1 和 4.2 分别进行单时次 NDVI 和植被指数合成计算；

c) 按照 4.3 生成区域 NDVI 均值数据集；

d) 按照 4.4,4.5,4.9.1 分别计算出苗期、发株期、分蘖期、工艺成熟期的生育期 NDVI 多年平均值、生育期 NDVI 偏差及标准差；

e) 按照 5.1 进行出苗期、发株期、分蘖期、工艺成熟期甘蔗长势评估。

6.2 茎伸长期甘蔗长势卫星遥感评估流程如下：

a) 读取按照 3.2 经前期处理后的卫星数据；

b) 按照 4.1 和 4.2 分别进行单时次 NDVI 和植被指数合成计算；

c) 按照 4.3 生成区域 NDVI 均值数据集；

d) 按照 4.4,4.5,4.6,4.7,4.8,4.9.2 分别计算茎伸长期的生育期 NDVI 多年平均值、生育期 NDVI 偏差、茎伸长期 NDVI 偏差大于 0 的累积天数、茎伸长期 NDVI 偏差大于 0 的累积天数多年平均值、茎伸长期 NDVI 偏差大于 0 的累积天数偏差及标准差；

e) 按照 5.2 进行茎伸长期甘蔗长势评估。

6.3 利用 EOS/MODIS 对甘蔗长势进行评估的示例，参见附录 B。

附 录 A
(资料性附录)
常用星载仪器的近红外和可见光通道参数

表 A.1 给出了常用星载仪器的近红外和可见光通道参数。

表 A.1 常用星载仪器的近红外和可见光通道参数

星载仪器	通道	波长 μm	波段	星下点分辨率 m
FY-3A/VIRR	1	0.58～0.68	可见光(visible)	1100
	2	0.84～0.89	近红外(near infrared)	1100
FY-3A/MERSI	3	0.625～0.675	可见光(visible)	250
	4	0.835～0.885	近红外(near infrared)	250
	11	0.640～0.660	可见光(visible)	1000
	14	0.855～0.875	近红外(near infrared)	1000
NOAA/AVHRR	1	0.58～0.68	可见光(visible)	1100
	2	0.7～1.1	近红外(near infrared)	1100
EOS/MODIS	1	0.62～0.67	可见光(visible)	250
	2	0.841～0.876	近红外(near infrared)	250
HJ/CCD	3	0.63～0.69	红(red)	30
	4	0.76～0.90	近红外(near infrared)	30

附 录 B
（资料性附录）
利用 EOS/MODIS 对甘蔗长势进行评估示例

B.1 数据前期处理

B.1.1 数据格式和投影转换

本示例所用的 EOS/MODIS 产品为 NASA 数据中心提供的 2001—2010 年 MODIS 陆地产品系列中的 MOD13Q1，即全球 250 m 分辨率 16 d 合成的 NDVI 产品。利用美国 NASA 数据中心陆地产品组（MODLAND）提供的专门软件 HEG 把 MOD13Q1 数据产品时间相同、空间不同的 HDF 数据包作为输入对象，提取所需的 NDVI 图像。将文件格式由 hdf 格式转换成 tif 格式，将投影方式由 Sinusoidal 方式转换为 WGS84/geographic 系统。

B.1.2 数据质量检验

B.1.2.1 数据质量检验包括计算机自动判识与人工交互检查两个步骤。

B.1.2.2 MODIS 植被指数产品质量状况由文件（Tile）和像元（Pixel）两个层次描述。MODIS-VI 的 Pixel 层次的数据质量分别记录在 2 个波段上，每个波段都由经过压缩的 16-bit 数据组成，分别描述了 8 个单项质量指标和 2 个综合指标。

B.1.2.3 使用 NASA 提供的 LDOPE 软件处理下载数据的第 2 波段、第 3 波段，首先利用 unpack_sds_bits 对压缩的质量信息解码，然后利用 cp_proj_param.exe 把原文件中的地理坐标恢复到已解码文件，再利用 MRT 软件处理成所需要的地图投影和文件格式，最后得到 NDVI 数据在 Pixel 层次上的质量和可用性描述。

B.1.2.4 经过计算机自动判识数据质量后，如果数据质量等级在合格范围内，可以直接使用。在上述质量检验的基础上，再通过人工判识的方法，对每一个 16 d 合成数据进行数据质量检查，对失真数据进行剔除。

B.2 区域 NDVI 均值数据集生成

包括逐年多波段文件合成和研究区域数据子集提取。

B.3 评估指标计算

B.3.1 计算甘蔗出苗期、发株期、分蘖期和工艺成熟期 NDVI 多年平均值、NDVI 偏差及标准差；

B.3.2 计算甘蔗茎伸长期 NDVI 多年平均值、NDVI 偏差大于 0 的累积天数、NDVI 偏差大于 0 的累积天数多年平均值、NDVI 偏差大于 0 的累积天数偏差及标准差。

B.3.3 通过上述计算得到甘蔗出苗期、发株期、分蘖期和工艺成熟期长势等级判定标准（见表 B.1）和茎伸长期长势等级判定标准（见表 B.2）。

表 B.1 出苗期、发株期、分蘖期和工艺成熟期甘蔗长势遥感等级划分(EOS/MDOIS)

甘蔗生育期	长势判定条件	长势等级	对应地面观测苗情描述	NDVI 多年平均值 $\overline{I}_{NDVI}(r,s)$	NDVI 偏差 $\Delta I_{NDVI}(r,n,s)$	NDVI 标准差 σ
出苗期或发株期	$\Delta I_{NDVI}(r,s,n) > \sigma$	好	一类苗	0.34	$I_{NDVI}(r,n,s) - 0.34$	0.03
	$-\sigma \leqslant \Delta I_{NDVI}(r,s,n) \leqslant \sigma$	中等	二类苗			
	$\Delta I_{NDVI}(r,s,n) < -\sigma$	差	三类苗			
分蘖期	$\Delta I_{NDVI}(r,s,n) > \sigma$	好	一类苗	0.50	$I_{NDVI}(r,n,s) - 0.50$	0.04
	$-\sigma \leqslant \Delta I_{NDVI}(r,s,n) \leqslant \sigma$	中等	二类苗			
	$\Delta I_{NDVI}(r,s,n) < -\sigma$	差	三类苗			
工艺成熟期	$\Delta I_{NDVI}(r,s,n) > \sigma$	好	一类苗	0.57	$I_{NDVI}(r,n,s) - 0.57$	0.04
	$-\sigma \leqslant \Delta I_{NDVI}(r,s,n) \leqslant \sigma$	中等	二类苗			
	$\Delta I_{NDVI}(r,s,n) < -\sigma$	差	三类苗			

一类苗:植株生长状况优良。植株健壮,密度均匀,高度整齐,叶色正常,没有或仅有轻微病虫害和气象灾害,预计可达到丰产年景。一类苗对应甘蔗遥感等级为长势好。

二类苗:植株生长状况较好或中等。植株密度不太均匀,高度欠整齐,植株遭受病虫害和气象灾害较轻,预计可达到平均产量年景。二类苗对应甘蔗遥感等级为长势中等。

三类苗:植株生长状况不好或较差。植株密度不太均匀,植株矮小,高度不整齐。病虫害和气象灾害对甘蔗有明显的抑制或产生严重危害。预计产量很低,是减产年景。三类苗对应甘蔗遥感等级为长势差。

注 1:春植蔗的出苗期和宿根蔗的发株期共用一个等级标准。

注 2:甘蔗达到工艺成熟期标准,将进入该生育期第一个合成时段的 NDVI 平均值作为该生育期的多年平均值。

注 3:不同区域同一生育期甘蔗 σ 值存在一定的差异,波动幅度在 10%左右。

表 B.2 茎伸长期甘蔗长势遥感等级划分(EOS/MDOIS)

长势判定条件	长势等级	对应地面观测苗情描述	茎伸长期 NDVI 偏差大于 0 的累积天数多年平均值($\overline{T}(r)$)	茎伸长期 NDVI 偏差大于 0 的累积天数偏差($\Delta T(r,n)$)	茎伸长期 NDVI 偏差大于 0 的累积天数标准差(σ^*)
$\Delta T(r,n) > \sigma^*$	好	一类苗	95 天	$T(r,n) - 95$	25 天
$-\sigma^* \leqslant \Delta T(r,n) \leqslant \sigma^*$	中等	二类苗			
$\Delta T(r,n) < -\sigma^*$	差	三类苗			

B.4 长势评估

按照表 B.1 和表 B.2 分别对出苗期、发株期、分蘖期、工艺成熟期以及茎伸长期进行甘蔗长势等级判定。

参 考 文 献

[1] QX/T 140—2011 卫星遥感洪涝监测技术导则

[2] QX/T 141—2011 卫星遥感沙尘暴天气监测技术导则

[3] QX/T 188—2013 卫星遥感植被监测技术导则

[4] 陈述彭. 遥感大辞典[M]. 北京:科学出版社. 1990

[5] 国家气象局. 农业气象观测规范(上卷)[M]. 北京:气象出版社. 1993

[6] 黄敬峰,谢国辉. 冬小麦气象卫星综合遥感[M]. 北京:气象出版社. 1996

[7] 江东,王乃斌,杨小唤,等. NDVI 曲线与农作物长势的时序互动规律[J]. 生态学报,2002,**22**(2):247-252

[8] 王人潮,黄敬峰. 水稻遥感估产[M]. 北京:中国农业出版社. 2002

ICS 07.060
A 47
备案号：50969—2015

中华人民共和国气象行业标准

QX/T 285—2015

电离层闪烁指数数据格式

The data format of ionospheric scintillation index

2015-07-28 发布 2015-12-01 实施

中 国 气 象 局 发 布

前　言

本标准按照 GB/T 1.1—2009 给出的规则起草。

本标准由全国卫星气象与空间天气标准化技术委员会空间天气监测预警分技术委员会(SAC/TC 347/SC 3)提出并归口。

本标准起草单位:广州气象卫星地面站。

本标准主要起草人:黄江、徐杰、赵文化、曹静、黄锦渊。

引 言

电离层是空间天气监测预警的重要对象之一。电离层闪烁指数数据是空间天气监测预警的重要基础,对卫星通信和导航具有重要意义。制定本标准,是为了保证电离层闪烁指数数据的适用性及可交换性,满足空间天气业务服务的要求,为我国开展电离层预警预报、服务和科研奠定重要基础。

电离层闪烁指数数据格式

1 范围

本标准规定了电离层闪烁指数数据的文件命名、文件结构、文件内容及其记录格式。

本标准适用于电离层观测中电离层闪烁指数数据的收集、存储、传输和处理等。

2 规范性引用文件

下列文件对于本文件的应用是必不可少的。凡是注日期的引用文件,仅注日期的版本适用于本文件。凡是不注日期的引用文件,其最新版本(包括所有的修改单)适用于本文件。

QX/T 129—2011 气象数据传输文件命名。

3 术语和定义

下列术语和定义适用于本文件。

3.1

电离层 ionosphere

地球大气的一个区域,高度范围在60 km～1000 km,存在着大量的自由电子,足以影响无线电波的传播。

[QX/T 130—2011,定义2.1]

3.2

电离层闪烁 ionospheric scintillation

无线电波经过电离层时幅度或相位发生快速起伏的现象。

3.3

电离层闪烁指数 ionospheric scintillation index

用于描述电离层闪烁强度的指数,包括幅度闪烁指数和相位闪烁指数。

3.4

幅度闪烁指数 amplitude scintillation index

穿越电离层的无线电信号在一定时间间隔内幅度变化的指数。

注:通常用$S4$表示,计算公式参见A.1。

3.5

相位闪烁指数 phase scintillation index

穿越电离层的无线电信号在一定时间间隔内载波相位变化的指数。

注:通常用σ_ϕ表示,计算公式参见A.2。

4 文件命名

文件名应符合QX/T 129—2011第3章规定的文件命名规则,格式如下:

Z_SWGO_I_ originator_yyyyMMddhhmmss_P_INST_index.txt

各字段含义如下：

a) Z：固定字符，指示国内接收和处理的各种探测资料和产品；

b) SWGO：固定字符，指示空间天气地基监测数据；

c) I：固定字符，指示 originator 字段按编报台站的区站号进行编码；

d) originator：编报台站的区站号；

e) yyyyMMddhhmmss：文件的生成时间，使用国际协调时（UTC），用年月日时分秒表示，长度固定，中间没有特定取值时，以数字“0”填充；

f) P：固定字符，指示电离层闪烁加工产品；

g) INST：4 个字符电离层闪烁接收机标识代码。IOSD 代表 GPS 卫星单频电离层闪烁接收机；IOSM 代表除 IOSD 之外的 GNSS 电离层闪烁接收机；IOSG 代表静止气象卫星电离层闪烁接收机；IOSP 代表极轨气象卫星电离层闪烁接收机；

h) index：固定字符，指示电离层闪烁指数数据；

i) txt：固定字符，指示文本文件。

5 文件结构

5.1 文件由文件头和数据段两部分组成。文件中每条记录占一行，用回车换行结束。示例参见附录 B。

5.2 文件头用于存放与整个文件有关的基本参数，文件头从第 1 条记录开始，以“END OF HEADER”记录结束。每条记录的第 1 列至第 60 列为内容，第 61 列至第 80 列为标签用于说明。

5.3 数据段在“END OF HEADER”记录后开始，至文件结束，用于存放各类型观测值数据。

6 文件内容及格式

6.1 文件头包括接收机型号、文件名、编报台站的区站号、WGS-84 协议地球参照系下电离层闪烁接收机 XYZ 坐标值、电离层闪烁接收机经纬度高度、文件第一个国际协调时制记录时间、观测数据的时间间隔、观测数据内容和观测数据类型格式。记录格式遵照附录 C 表 C.1 的规定。

6.2 数据段每条记录包括国际协调时制观测时间的年、月、日、时、分、秒，电离层闪烁信标来源，卫星号，卫星仰角，卫星方位角，包含环境噪声幅度闪烁指数，相位闪烁指数，修正幅度闪烁指数，信噪比，共 14 组数据。记录格式遵照附录 C 表 C.2 的规定。

附　录　A
（资料性附录）
电离层闪烁指数计算公式

A.1　幅度闪烁指数计算

包含环境噪声幅度闪烁指数，计算公式如下：

$$S4=\sqrt{\frac{\langle SI^2\rangle-\langle SI\rangle^2}{\langle SI\rangle^2}} \quad \cdots\cdots(A.1)$$

式中：

$S4$ ——包含环境噪声幅度闪烁指数；

SI ——信号强度。

剔除基于噪声产生的影响，得到修正后的幅度闪烁指数，计算公式如下：

$$S4Mod=\sqrt{\frac{\langle SI^2\rangle-\langle SI\rangle^2}{\langle SI\rangle^2}-\frac{100}{SNR}\left(1+\frac{500}{19SNR}\right)} \quad \cdots\cdots(A.2)$$

式中：

$S4Mod$ ——修正幅度闪烁指数；

SI ——信号强度；

SNR ——信噪比。

A.2　相位闪烁指数计算

$$\sigma_\phi=\langle\phi^2\rangle-\langle\phi\rangle^2 \quad \cdots\cdots(A.3)$$

式中：

σ_ϕ ——相位闪烁指数；

ϕ ——瞬时的载波相位。

附　录　B
（资料性附录）
电离层闪烁指数数据文件结构示例

数据结构示例如下：

```
TECMONITOR2.2                                                        RECEIVER VERSION
Z_SWGO_I_59287_20140821000000_P_IOSM_index.txt                              FILE NAME
59287                                                                    STATION CODE
-2324439.0570   5386907.1271   2493498.8817                       APPROX POSITION XYZ
113.3401E 23.1645N 46.5m                                          POSITION LAT LON ALT
20140821000000                                                TIME(YYYYMMDDhhmmss)
60seconds                                                             RECORD INTERVAL
YYYY MM DD hh mm ss Source SatID Elev Azi S4 Pha S4Mod SNR          TYPES OF OBSERV
I4,5I4.2,A7,I4,F7.2,F8.2,3F8.4,F6.1                                 DATA TYPE FORMAT
                                                                        END OF HEADER
2014  08  21  00  00  00  GPSL1  27  70.85  158.27  0.0595  0.2124  0.0440  48.0
2014  08  21  00  00  00  GLOL1  21  26.91   40.52  0.3696  0.2643  0.3463  37.8
2014  08  21  00  00  00  GPSL1  31  30.28   90.62  0.1642  0.2124  0.1433  41.9
2014  08  21  00  00  00  GPSL1  16  54.78  354.46  0.0765  0.2098  0.0594  46.4
2014  08  21  00  00  00  GPSL1  19  39.30  190.93  0.0912  0.2226  0.0531  42.6
2014  08  21  00  00  00  GPSL1  23  49.06  303.36  0.0751  0.2278  0.0500  45.0
2014  08  21  00  01  00  GPSL1  27  71.44  158.56  0.0581  0.2341  0.0421  48.0
2014  08  21  00  01  00  GLOL1  21  26.52   40.09  0.9944  0.3138  0.9846  37.2
2014  08  21  00  01  00  GPSL1  31  29.39   90.79  0.1871  0.2047  0.1608  40.4
2014  08  21  00  01  00  GPSL1  16  53.57  355.41  0.0707  0.1862  0.0534  46.7
2014  08  21  00  01  00  GPSL1  19  40.25  190.35  0.0980  0.1616  0.0691  43.2
2014  08  21  00  01  00  GPSL1  23  49.34  303.36  0.0748  0.1602  0.0496  45.0
2014  08  21  00  01  00  GPSL2  27  71.77  157.48  0.2825  6.7386  0.2507  37.7
2014  08  21  00  02  00  GPSL1  27  71.65  157.49  0.0571  0.1514  0.0409  48.0
2014  08  21  00  02  00  GLOL1  21  26.38   39.74  1.6692  0.2717  1.6630  36.9
2014  08  21  00  02  00  GPSL1  31  29.27   91.53  0.1733  0.1548  0.1474  40.8
2014  08  21  00  02  00  GPSL1  16  53.29  356.80  0.0691  0.1441  0.0504  46.5
2014  08  21  00  02  00  GPSL2  31  29.83   91.63  0.3410  1.7626  0.2299  32.0
2014  08  21  00  02  00  GPSL1  19  40.47  190.39  0.0887  0.1458  0.0540  43.1
2014  08  21  00  02  00  GPSL1  23  49.78  302.19  0.0737  0.1393  0.0516  45.6
2014  08  21  00  02  00  GPSL2  27  71.62  156.87  0.2877  1.7600  0.2554  37.6
```

附 录 C
(规范性附录)
电离层闪烁指数数据内容及格式

C.1 文件头

表 C.1 规定了文件头内容及格式。

表 C.1 文件头内容及格式

行	内容及格式说明 (第1列至第60列,位数不足时,低位补空)	位长/B	文件头标签 (第61列至第80列)
1	接收机型号	60	RECEIVER VERSION
2	文件名; 格式: Z _ SWGO _ I _ originator _ yyyyMMddhhmmss _ P _ INST _ index. txt	60	FILE NAME
3	编报台站的区站号	60	STATION CODE
4	WGS-84 协议地球参照系下电离层闪烁接收机 XYZ 坐标值; 小数点后均保留4位小数,单位为米; 若电离层闪烁接收机位于坐标轴负轴,在数字前记"—"	60	APPROX POSITION XYZ
5	WGS-84 协议地球参照系下电离层闪烁接收机经纬高度; 经纬度以数字和1位大写字母组成,数字为经纬度值,单位为度,保留4位小数; 大写字母为指示码,北纬为英文大写字母"N",南纬为英文大写字母"S",东经为英文大写字母"E",西经为英文大写字母"W"; 海拔高度以数字和1位小写字母组成,数字为高度值,单位为米,保留1位小数,若站点位于海平面以下,在数字前记"—",小写字母"m"为单位指示码; 每两组数据间用1个空格作为分隔符	60	POSITION LON LAT ALT
6	文件第一个国际协调时制记录时间; 格式:YYYYMMDDhhmmss,采用国际协调时制,其中 YYYY 为年,MM 为月,DD 为日,hh 为时,mm 为分,ss 为秒,数值为个位数时,高位补"0"	60	TIME(YYYYMMDDhhmmss)
7	观测数据的时间间隔; 用以说明数据段记录中针对同一卫星,同一信标的电离层闪烁观测数据的最小时间间隔; 单位为秒,以数字和单位指示码"seconds"组成	60	RECORD INTERVAL

表 C.1 文件头内容及格式(续)

行	内容及格式说明 (第1列至第60列,位数不足时,低位补空)	位长/B	文件头标签 (第61列至第80列)
8	观测数据内容; 用以说明数据段观测值每条记录每组数据表示的内容,顺序依次为:YYYY MM DD hh mm ss Source SatID Elev Azi S4 Pha S4Mod SNR; 分别表示国际协调时制年、月、日、时、分、秒,电离层闪烁信标来源,卫星号,卫星仰角,卫星方位角,包含环境噪声幅度闪烁指数,相位闪烁指数,修正幅度闪烁指数,信噪比,共14组数据	60	TYPES OF OBSERV
9	观测数据类型格式; 采用Fortran程序设计语言中的格式描述符; 用以说明数据段每条记录的格式描述符,顺序依次为: I4,5I4.2,A7,I4,F7.2,F8.2,3F8.4,F6.1	60	DATA TYPE FORMAT
10	文件头的最后记录标志	60	END OF HEADER

C.2 数据记录

表C.2规定了数据段内容及格式。

表 C.2 数据段内容及格式

序号	数据组	格式描述符[a]	位长/B	内容及格式说明
1	YYYY	I4	4	观测时间,国际协调时制年
2	MM	I4.2	4	观测时间,国际协调时制的月; 格式:MM,月为个位数时,十位补“0”; 位数不足时,高位补空
3	DD	I4.2	4	观测时间,国际协调时制的日; 格式:DD,日为个位数时,十位补“0”; 位数不足时,高位补空
4	hh	I4.2	4	观测时间,国际协调时制的时; 格式:hh,时为个位数时,十位补“0”; 位数不足时,高位补空
5	mm	I4.2	4	观测时间,国际协调时制的分; 格式:mm,分为个位数时,十位补“0”; 位数不足时,高位补空
6	ss	I4.2	4	观测时间,国际协调时制的秒; 格式:ss,秒为个位数时,十位补“0”; 位数不足时,高位补空

表 C.2　数据段内容及格式(续)

序号	数据组	格式描述符[a]	位长/B	内容及格式说明
7	Source	A7	7	电离层闪烁信标来源； 取值：GPSL1,GPSL2,GLOL1,GLOL2,FY2C,NOAA16,BDSL 等； 位数不足时，高位补空
8	SatID	I4	4	卫星号； 位数不足时，高位补空
9	Elev	F7.2	7	卫星仰角； 保留 2 位小数，单位为度； 位数不足时，高位补空
10	Azi	F8.2	8	卫星方位角； 保留 2 位小数，单位为度； 位数不足时，高位补空
11	S4	F8.4	8	包含环境噪声幅度闪烁指数； 保留 4 位小数； 位数不足时，高位补空
12	Pha	F8.4	8	相位闪烁指数； 保留 4 位小数； 位数不足时，高位补空
13	S4Mod	F8.4	8	修正幅度闪烁指数； 保留 4 位小数； 位数不足时，高位补空
14	SNR	F6.1	6	信噪比； 单位为分贝，保留 1 位小数； 位数不足时，高位补空
数据组缺测或不明时，用“//”记录，高位补空。				
[a]采用 Fortran 程序设计语言中的格式描述符。				

参 考 文 献

［1］ QX/T 129－2011 气象数据传输文件命名

［2］ QX/T 130－2011 电离层突然骚扰分级

［3］ QX/T 139－2011 卫星大气垂直探测资料的格式和文件命名

［4］ W. R. 皮戈特等. 电离图解释与度量手册［M］. 国际无线电科学联盟，中国电波传播研究所译，1979

［5］ 黄劲松等. GPS 测量与数据处理［M］. 武汉：武汉大学出版社. 2005

［6］ 王劲松，吕建永. 空间天气［M］. 北京：气象出版社. 2010

［7］ 熊年禄，唐存琛等. 电离层物理概论［M］. 武汉：武汉大学出版社. 1999

ICS 07.060
A 47
备案号：50970—2015

中华人民共和国气象行业标准

QX/T 286—2015

15个时段年最大降水量数据文件格式

Data file format of annual maximum precipitation in 15 time intervals

2015-07-28 发布

2015-12-01 实施

中 国 气 象 局 发布

前　　言

本标准按照 GB/T 1.1—2009 给出的规则起草。

本标准由全国气象基本信息标准化技术委员会(SAC/TC 346)提出并归口。

本标准起草单位:浙江省气象局、国家气象信息中心、江西省气象局。

本标准主要起草人:封秀燕、张强、黄少平、吴书成、陈春晓。

15 个时段年最大降水量数据文件格式

1 范围

本标准规定了 15 个时段年最大降水量数据文件格式。

本标准适用于 15 个时段年最大降水量数据的存储与应用。

2 术语和定义

下列术语和定义适用于本文件。

2.1

15 个时段 15 time intervals

为计算最大降水量划分的持续时间段，共 15 个，分别为 5 分钟、10 分钟、15 分钟、20 分钟、30 分钟、45 分钟、60 分钟、90 分钟、120 分钟、180 分钟、240 分钟、360 分钟、540 分钟、720 分钟和 1440 分钟。

2.2

年 year

以气象日界计，北京时上一年 12 月 31 日 20 时起至当年 12 月 31 日 20 时结束为一年。

2.3

最大降水量 maximum precipitation

某一时段内累计降水量的最大值。

3 文件格式

3.1 文件名

15 个时段年最大降水量数据文件为文本文件，文件名为“SURF_CLI_MAX_PRE_YER_IIiii_$Y_1Y_1Y_1Y_1Y_2Y_2Y_2Y_2$.TXT”，文件名中字符含义见表 1。

表 1 文件名中各字符含义

字符	含义
SURF	固定字符，气象资料大类分类代码，表示地面气象资料。
CLI	固定字符，地面气象资料内容属性分类代码，表示地面气候资料。
MAX	固定字符，表示最大值。
PRE	固定字符，要素属性代码，表示降水。
YER	固定字符，时间属性代码，表示年的数据。
IIiii	区站号。
$Y_1Y_1Y_1Y_1Y_2Y_2Y_2Y_2$	起止年，$Y_1Y_1Y_1Y_1$ 为开始年，$Y_2Y_2Y_2Y_2$ 为终止年，分别由 4 位数字组成。
TXT	固定字符，表示文件为文本格式。

3.2 文件结构

文件由每年的15个时段最大降水量数据记录构成。每一个时段一行记录，每一行记录由区站号、年、纬度、经度、观测站海拔高度、时段、时段内最大降水量、开始北京时间（月、日、时、分）等11组数据构成。具体文件结构参见附录A。

3.3 文件组成

3.3.1 区站号（IIiii）

由5位字符组成。

3.3.2 年（YYYY）

由4位数字组成，为资料年份。

3.3.3 纬度（QQQQQQQ）

由7位字符组成，前6位为纬度，其中1—2位为度，3—4位为分，5—6位为秒，位数不足，高位补“0”。最后一位为“S”或“N”，分别表示南纬、北纬。

3.3.4 经度（LLLLLLLL）

由8位字符组成，前7位为经度，其中1—3位为度，4—5位为分，6—7位为秒，位数不足，高位补“0”。最后一位为“E”或“W”，分别表示东经、西经。

3.3.5 观测站海拔高度（HHHHHH）

由6位字符组成，第1位为海拔高度参数，“0”表示海拔高度为实测值，“1”表示海拔高度为约测值；后5位为海拔高度，单位为“米（m）”，取小数一位（扩大10倍取整）。若观测站位于海平面以下，第二位用“-”表示，其他位数不足，高位补“0”。

3.3.6 时段（DDDD）

由4位数字组成，单位为“分钟”，共15个时段，分别为：5，10，15，20，30，45，60，90，120，180，240，360，540，720，1440，位数不足，高位补“0”。

3.3.7 时段内最大降水量（XXXXX）

由5位数字组成，单位为“毫米（mm）”，取小数一位（扩大10倍取整），位数不足，高位补“0”。

3.3.8 开始时间（MM DD HH MI）

“MM DD HH MI”分别表示15个时段最大降水量开始的月、日、时、分时间（北京时），各由2位数字组成，用“空格”作为间隔符，位数不足，高位补“0”。

3.4 基本规定

3.4.1 数据组之间用“空格”作为间隔符。

3.4.2 如某一条记录或某一组数据缺测，所缺数据按规定格式和位数用“/”表示，记录长度不变。

3.4.3 每一个时段一行记录，一年中15个时段必须按时段长短次序由短到长依次逐行排列。

3.4.4 全年1440分钟最大降水量不足10.0毫米时，降水量和开始时间按规定格式和位数用‘.’表示，记录长度不变。

3.4.5　各时段年最大降水量出现两次或两次以上相同时，按开始时间先后次序分别记录。

附 录 A
(资料性附录)
15 个时段年最大降水量数据文件结构示意图

图 A.1 是 15 个时段年最大降水量数据文件结构示意图。

```
IIiii YYYY QQQQQQQ LLLLLLLL HHHHHH 0005 XXXXX MM DD HH MI <CR> a
IIiii YYYY QQQQQQQ LLLLLLLL HHHHHH 0010 XXXXX MM DD HH MI <CR> b
⋮
IIiii YYYY QQQQQQQ LLLLLLLL HHHHHH 1440 XXXXX MM DD HH MI <CR> c
IIiii YYYY QQQQQQQ LLLLLLLL HHHHHH 0005 XXXXX MM DD HH MI <CR> d
IIiii YYYY QQQQQQQ LLLLLLLL HHHHHH 0010 XXXXX MM DD HH MI <CR> e
IIiii YYYY QQQQQQQ LLLLLLLL HHHHHH 0010 XXXXX MM DD HH MI <CR> f
⋮
IIiii YYYY QQQQQQQ LLLLLLLL HHHHHH 1440 XXXXX MM DD HH MI <CR> g
⋮
IIiii YYYY QQQQQQQ LLLLLLLL HHHHHH 0005 XXXXX MM DD HH MI <CR> h
IIiii YYYY QQQQQQQ LLLLLLLL HHHHHH 0010 XXXXX MM DD HH MI <CR> i
⋮
IIiii YYYY QQQQQQQ LLLLLLLL HHHHHH 1440 XXXXX MM DD HH MI <CR> j
```

[a] 第 1 年 5 分钟年最大降水量数据。

[b] 第 1 年 10 分钟年最大降水量数据。

[c] 第 1 年 1440 分钟年最大降水量数据。

[d] 第 2 年 5 分钟年最大降水量数据。

[e] 第 2 年 10 分钟年最大降水量数据。该年 10 分钟年降水量出现相同两次，这是第一次记录。

[f] 第 2 年 10 分钟年最大降水量数据。该年 10 分钟年降水量出现相同两次，这是第二次记录，与第一次开始时间不同，其余相同。

[g] 第 2 年 1440 分钟年最大降水量数据。

[h] 第 n 年 5 分钟年最大降水量数据。

[i] 第 n 年 10 分钟年最大降水量数据。

[j] 第 n 年 1440 分钟年最大降水量数据。

图 A.1　15 个时段年最大降水量数据文件结构示意图

参 考 文 献

[1] QX/T 64—2007 地面气象观测规范 第20部分:年地面气象资料处理和报表编制
[2] QX/T 102-2009 气象资料分类与编码
[3] QX/T 119—2010 气象数据归档格式 地面
[4] 中国气象局.地面气象观测数据文件和记录簿表格式.北京:气象出版社.2005

ICS 07.060
A 47
备案号：50971—2015

中华人民共和国气象行业标准

QX/T 287—2015

家用太阳热水系统防雷技术规范

Technical specifications for lightning protection of domestic solar water heating system

2015-07-28 发布　　2015-12-01 实施

中 国 气 象 局　发 布

前　言

本标准按照 GB/T 1.1—2009 给出的规则起草。

本标准由全国雷电灾害防御行业标准化技术委员会提出并归口。

本标准起草单位:江苏省防雷中心、扬州市气象局、江苏太阳雨太阳能有限公司、北京四季沐歌太阳能技术有限公司、南通桑夏太阳能有限公司、南京尚志电子科技有限公司、扬州华扬太阳能有限公司、扬州日利达太阳能有限公司、扬州超越太阳能制品有限公司。

本标准主要起草人:游志远、顾承华、焦雪、张洁茹、刘聪、冯民学、王尧钧、沙维茹、李加恩、秦栋、周金芳、姜长稷、江志祥、肖红升、黄永伟、缪春燕、夏在良、陆宜荣。

家用太阳热水系统防雷技术规范

1 范围

本标准规定了家用太阳热水系统防雷的设计、施工、质量验收和维护管理要求。

本标准适用于新建、改建和扩建的民用建筑中使用贮水箱有效容积在 0.6 m^3 及以下的家用太阳热水系统。

2 规范性引用文件

下列文件对于本文件的应用是必不可少的。凡是注日期的引用文件，仅注日期的版本适用于本文件。凡是不注日期的引用文件，其最新版本（包括所有的修改单）适用于本文件。

GB 50057—2010 建筑物防雷设计规范

GB 50343—2012 建筑物电子信息系统防雷技术规范

GB 50601—2010 建筑物防雷工程施工与质量验收规范

02D501-2 国家建筑标准设计图集：等电位联结安装

3 术语和定义

下列术语和定义适用于本文件。

3.1

家用太阳热水系统 domestic solar water heating system

民用建筑中安装的可将太阳能转化成热能以加热水的装置。通常由太阳集热器、贮水箱、管道、电加热器及控制器等组成。

3.2

防雷装置 lightning protection system;LPS

用于减少闪击击于建（构）筑物上或建（构）筑物附近造成的物质性损害和人身伤亡，由外部防雷装置和内部防雷装置组成。

[GB 50057—2010，定义 2.0.5]

3.3

接闪器 air-termination system

由拦截闪击的接闪杆、接闪带、接闪线、接闪网以及金属屋面、金属构件等组成。

[GB 50057—2010，定义 2.0.8]

3.4

接地装置 earth-termination system

接地体和接地线的总合，用于传导雷电流并将其流散入大地。

[GB 50057—2010，定义 2.0.10]

3.5

防雷等电位连接 lightning equipotential bonding;LEB

将分开的诸金属物体直接用连接导体或经电涌保护器连接到防雷装置上以减小雷电流引发的电

位差。

［GB 50057—2010，定义 2.0.19］

3.6

等电位连接带　bonding bar

将金属装置、外来导电物、电力线路、电信线路及其他线路连于其上以能与防雷装置做等电位连接的金属带。

［GB 50057—2010，定义 2.0.20］

3.7

自然接地体　natural earthing electrode

兼有接地功能、但不是为此目的而专门设置的与大地有良好接触的各种金属构件、金属井管、混凝土中的钢筋等的统称。

［GB 50343—2012，定义 2.0.7］

3.8

接地端子　earthing terminal

将保护导体、等电位连接导体和工作接地导体与接地装置连接的端子或接地排。

［GB 50343—2012，定义 2.0.8］

3.9

电涌保护器　surge protective device;SPD

用于限制瞬态过电压和分泄电涌电流的器件。它至少含有一个非线性元件。

［GB 50057—2010，定义 2.0.29］

3.10

外部防雷装置　external lighting protection system

由接闪器、引下线和接地装置组成。

［GB 50057—2010，定义 2.0.6］

4　基本规定

4.1　防雷装置设计前，应分析下列条件：

a）　所在地的气象条件（如雷暴日）和地质条件（如土壤电阻率）；

b）　家用太阳热水系统的结构；

c）　家用太阳热水系统所处建筑物的特点以及建筑物低压配电系统的接地形式等。

4.2　家用太阳热水系统的防雷装置宜与建筑功能和建筑造型相协调。

4.3　家用太阳热水系统防雷装置应满足安全、适用、经济、美观的需要，便于安装、维护和局部更换。

5　防雷设计

5.1　直击雷防护

5.1.1　家用太阳热水系统屋面部分设备的直击雷防护，应按下列要求设计：

a）　建筑物为钢筋混凝土框架结构，屋面为平顶或坡顶且有直击雷防护装置时，应使太阳集热器、贮水箱置于直击雷防护装置保护范围内；如达不到要求，可单独设立接闪杆，与集热器、贮水箱之间的安全距离大于 1 m，参见图 A.1；如无条件设立单独接闪杆，接闪杆可直接安装在贮水箱的支架上，参见图 A.2，支架应与建筑物屋面的接地端子就近连接；

b) 建筑物为钢筋混凝土框架结构,屋面为平顶或坡顶且无直击雷防护装置时,应利用建筑物外墙四角的结构柱子钢筋作为引下线,按 GB 50057—2010 中 4.2、4.3 或 4.4 的要求,安装建筑物屋面接闪器,然后按 a)的方法对家用太阳热水系统屋面部分设备采取直击雷防护措施,参见图 A.3;

c) 建筑物为非钢筋混凝土框架结构,屋面为平顶或坡顶,且没有直击雷防护装置时,应设立独立接闪杆,与集热器、贮热水箱之间的安全距离大于 1 m,参见图 A.4;如无条件设立单独接闪杆,接闪杆可直接安装在贮水箱的支架上,参见图 A.5,贮水箱的支架应与接闪杆的专用引下线就近连接;

d) 接闪杆的高度应满足 GB 50057—2010 中附录 D 的要求。

5.1.2 突出屋面的金属物体应与接地端子就近连接,等电位连接带在拐弯处大于 90 度角。

5.2 屏蔽布线

5.2.1 电加热、水位水温传感线路,宜采用屏蔽电缆,屏蔽电缆两端的屏蔽层应可靠接地。

5.2.2 电加热、水位水温传感线路,采用非屏蔽电缆时,宜敷设在金属管道内,金属管两端应可靠接地。

5.3 电气电子系统防护

5.3.1 安装家用太阳热水系统的建筑物的低压配电线路进线处,应安装Ⅱ级试验的电涌保护器(SPD),其标称放电电流值不小于 20 kA。

5.3.2 加热管、测控仪的配电板上宜选用Ⅱ级试验的 SPD,其标称放电电流值不小于 5 kA。

5.3.3 测控仪的信号线路宜安装相适配的 SPD,其参数应符合 GB 50343—2012 中 5.4.4 的要求。

5.4 等电位连接

5.4.1 家用太阳热水系统的支架、贮水箱内胆、金属水管和室外线路屏蔽层,应连接到接地端子上。

5.4.2 室内线路屏蔽层和 SPD 的保护地线(PE 端)及室内各种导体,应进行防雷等电位连接,参见图 A.6。

5.5 接地装置

接地装置应优先利用所在建筑物的自然接地体。当自然接地体的冲击接地电阻值大于 10 Ω 时,应增加人工接地体。

6 防雷施工

6.1 一般规定

6.1.1 电工、焊工和电气调试人员,应持证上岗。

6.1.2 测试仪器,应经检定合格,并在检定有效期内使用。

6.1.3 防雷施工所采用的材料及规格,应符合 GB 50057—2010 中表 5.1.1、表 5.1.2、表 5.2.1 及表 5.4.1的要求。

6.2 防雷装置连接

6.2.1 防雷装置使用的材料为钢材时,其连接应采用焊接,搭接长度及焊接方法应符合 GB 50601—2010 中表 4.1.2 的要求。

6.2.2 扁钢或圆钢与钢管或角钢互相焊接时,应在接触部位两侧施焊,并增加圆钢搭接件。

6.2.3　贮水箱支架与等电位连接导体之间的连接宜使用焊接，或采用搪锡后螺栓连接。

6.3　等电位连接

6.3.1　等电位连接宜采用焊接、熔接或压接。连接导体与接地端子之间宜采用螺栓连接，连接处采用热搪锡处理。

6.3.2　等电位连接导线宜使用具有黄绿相间色标的铜质绝缘导线，绝缘层应无老化龟裂现象。

6.3.3　暗敷的等电位连接线及其连接处应做标记，并在竣工图上注明其实际部位走向。

6.3.4　等电位连接带应连接牢靠，表面光滑平整。

6.4　SPD的安装

6.4.1　SPD的线路连接应符合GB 50601—2010中10.1.2的要求。

6.4.2　带有接线端子的低压配电线路的SPD的连接应采用压接；带有接线柱的SPD宜采用线鼻子与接线柱连接。

7　质量验收和维护管理

7.1　质量验收

7.1.1　家用太阳热水系统防雷装置竣工后，应及时申请当地防雷主管机构验收。

7.1.2　防雷装置验收不合格的，应及时整改。

7.2　维护管理

7.2.1　每年雷雨季节到来之前，家用太阳热水系统的所有者或使用者应对其防雷装置进行维护检查，发现问题及时整改。检查内容如下：

a）　检查外部防雷装置的电气连续性，若发现有脱焊、松动和锈蚀等，应进行相应的处理；在等电位连接端子排处，应进行电气连续性测量；

b）　检查各类SPD的运行情况，应无接触不良、漏电流过大、发热现象，绝缘良好、无积尘。

7.2.2　发生雷暴时，人体应避免接触家用太阳热水系统。

7.2.3　发生雷击事故后，家用太阳热水系统的所有者或使用者应及时向当地防雷主管机构报告，并配合查找、分析雷击事故原因，落实改进雷电防护措施。

附　录　A
（资料性附录）
家用太阳热水系统防雷设计样图

图 A.1 至图 A.5 给出了家用太阳热水系统防雷装置的设计示意图；图 A.6 给出了室内局部等电位连接示意图。

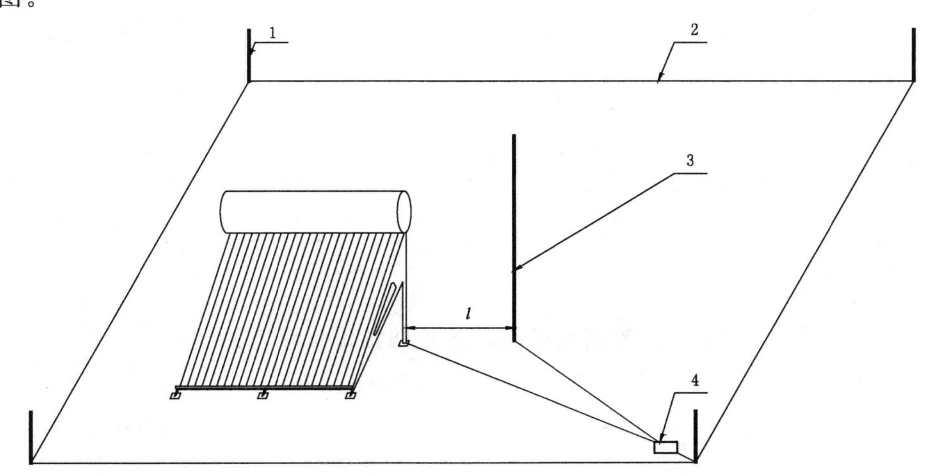

说明：

1——短接闪杆；

2——屋面接闪带；

3——接闪杆；

4——接地端子。

l 大于 1 m。

图 A.1　家用太阳热水系统防雷设计示意图 1

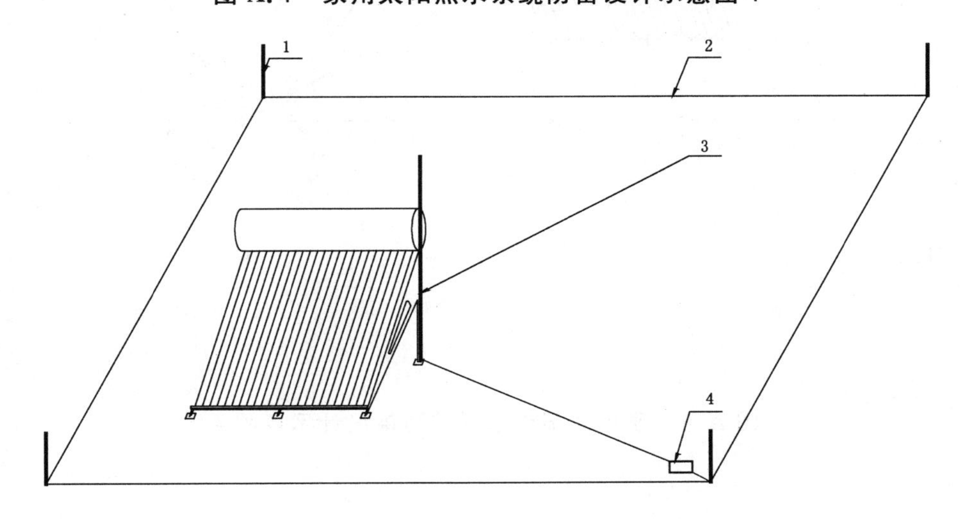

说明：

1——短接闪杆；

2——屋面接闪带；

3——接闪杆；

4——接地端子。

图 A.2　家用太阳热水系统防雷设计示意图 2

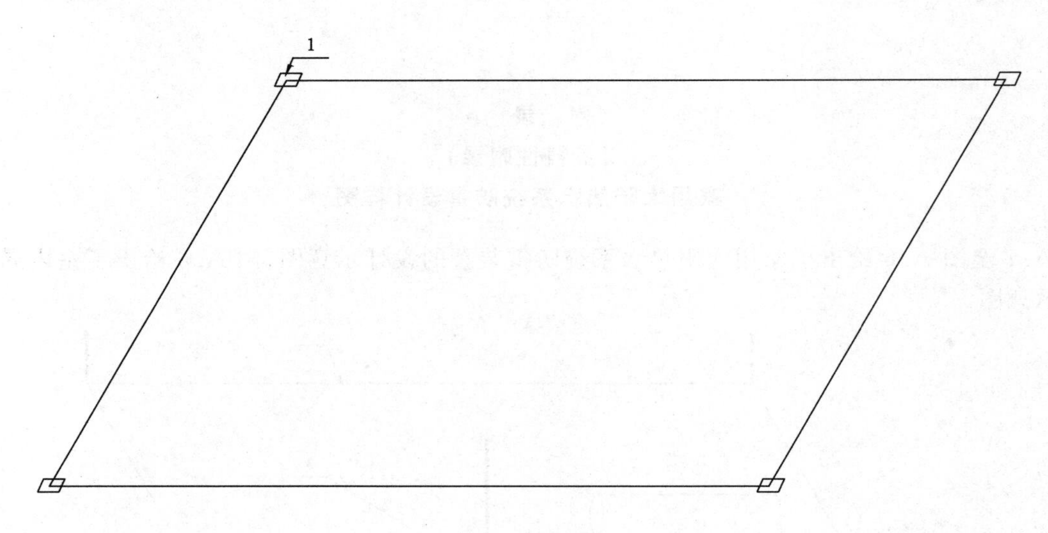

说明：
1——结构柱。

图 A.3　家用太阳热水系统防雷设计示意图 3

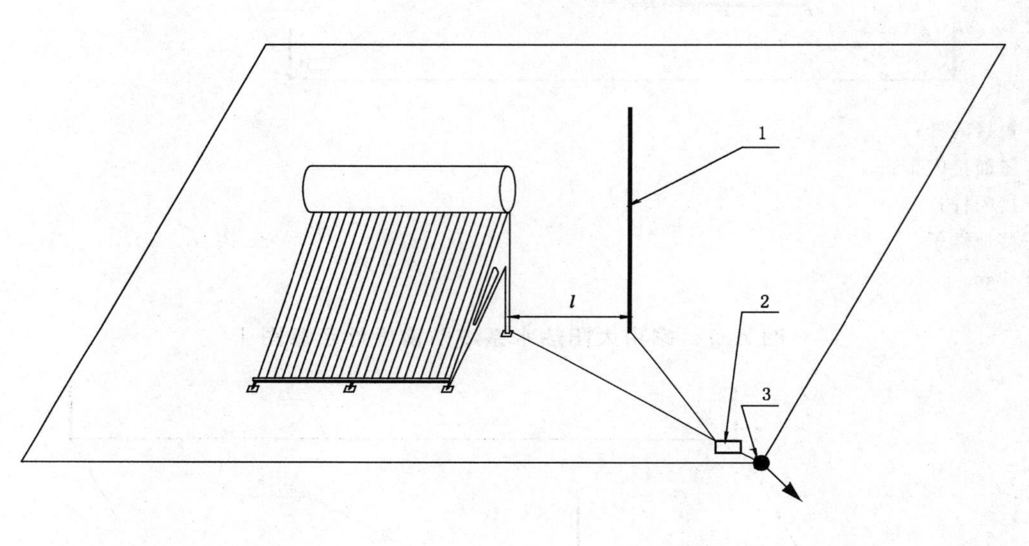

说明：
1——接闪杆；
2——接地端子；
3——专设引下线。
l 大于 1 m。

图 A.4　家用太阳热水系统防雷设计示意图 4

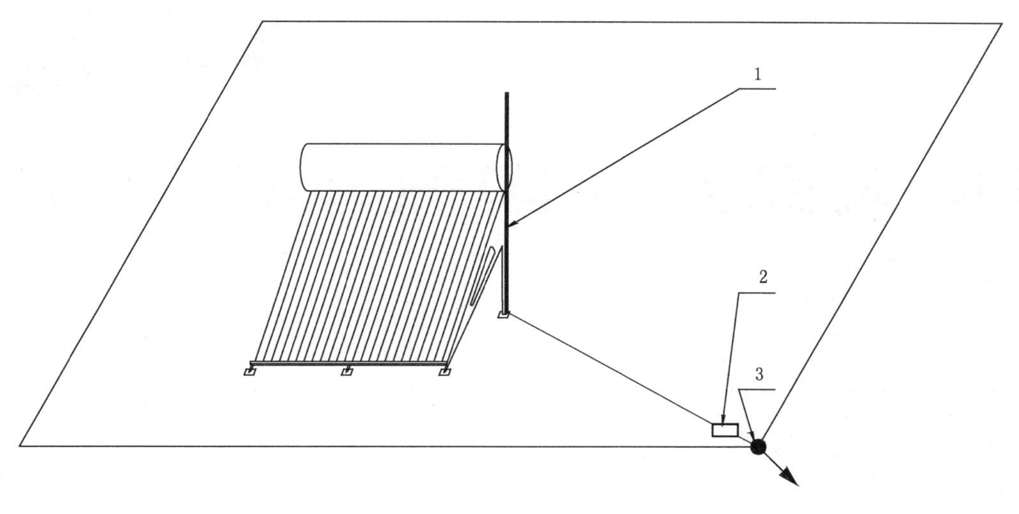

说明：
1——接闪杆；
2——接地端子；
3——专设引下线。

图 A.5 家用太阳热水系统防雷设计示意图 5

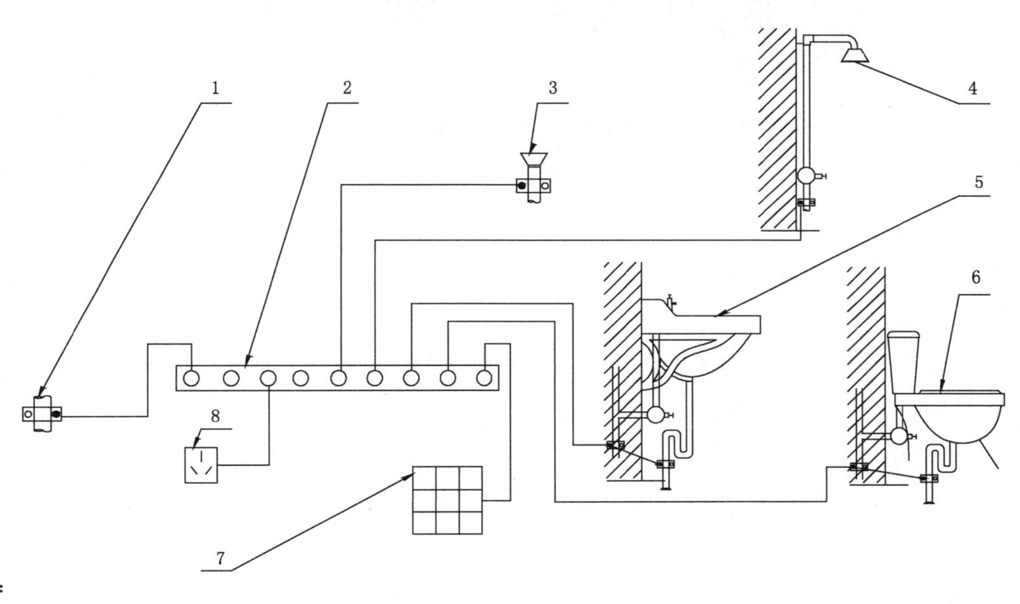

说明：
1——热水管；
2——LEB 端子板；
3——金属地漏；
4——淋浴喷头；
5——洗脸盆；
6——马桶；
7——建筑物钢筋网；
8——插座。
等电位连接导线与浴盆、金属地漏、下水管等的连接见 02D501-2 的图 41 和图 42。

图 A.6 室内局部等电位连接示意图

ICS 07.060
A 47

中华人民共和国气象行业标准

QX/T 288—2015

翻斗式自动雨量站

Automatic tipping bucket rainfall station

2015-12-11 发布 2016-04-01 实施

中 国 气 象 局 发 布

前　言

本标准按照 GB/T 1.1—2009 给出的规则起草。

本标准由全国气象仪器和观测方法标准化技术委员会(SAC/TC 507)提出并归口。

本标准起草单位:中国气象局气象探测中心、江苏省无线电科学研究所有限公司。

本标准主要起草人:莫月琴、张明、花卫东、陈瑶、王柏林、陈阳、阳艳红。

翻斗式自动雨量站

1 范围

本标准规定了翻斗式自动雨量站的组成、技术要求、试验方法、检验规则、标志、包装、运输等内容。

本标准适用于翻斗式自动雨量站的设计、生产、检验及验收。

2 规范性引用文件

下列文件对于本文件的应用是必不可少的。凡是注日期的引用文件，仅注日期的版本适用于本文件。凡是不注日期的引用文件，其最新版本(包括所有的修改单)适用于本文件。

GB 191 包装储运图示标志

GB/T 2423.1—2008 电工电子产品环境试验 第2部分:试验方法 试验A:低温

GB/T 2423.2—2008 电工电子产品环境试验 第2部分:试验方法 试验B:高温

GB/T 2423.4 电工电子产品环境试验 第2部分:试验方法 试验Db:交变湿热(12 h+12 h循环)

GB 4793.1—2007 测量、控制和实验室用电气设备的安全要求 第1部分:通用要求

GB/T 6587—2012 电子测量仪器通用规范

GB/T 17626.2—2006 电磁兼容 试验和测量技术 静电放电抗扰度试验

GB/T 17626.4—2008 电磁兼容 试验和测量技术 电快速瞬变脉冲群抗扰度试验

GB/T 17626.5—2008 电磁兼容 试验和测量技术 浪涌(冲击)抗扰度试验

GJB 6556.5—2008 军用气象装备定型试验方法 第5部分:可靠性和维修性

JJG(气象)005—2015 自动气象站翻斗式雨量传感器检定规程

3 组成

翻斗式自动雨量站由下列部分组成:

a) 传感器:由承水器、翻斗、翻转感应装置等组成;

b) 采集器:由中央处理器、时钟电路、数据存储器、接口、控制电路及采集软件等组成;

c) 外围组件:由供电、通信和安装结构件等组成。

4 技术要求

4.1 功能

翻斗式自动雨量站应具备以下功能:

a) 能对雨量进行采样、处理、存储、传输和质量控制;

b) 实时采集雨量信号，最小时间间隔为1 min，可累加处理;

c) 存储不少于30 d的雨量数据;

d) 设置发送模式，选择发送条件及发送时间间隔;

e) 提供自动雨量站的状态信息;

f） 能进行有线及无线方式的数据传输。

4.2 结构与外观

结构与外观应符合下列要求：

a） 传感器承水口内径：$200_{0}^{+0.6}$ mm 或 $159_{0}^{+0.6}$ mm；

b） 传感器承水口缘为内直外斜的刀刃型，角度：40°～45°；

c） 外观整洁，无损伤和形变。金属件无锈蚀。表面棱角光滑，涂层无气泡、开裂、脱落等现象。标志和字符完整、清晰、醒目；

d） 机箱内所有部件、连接器及其针脚应有编号或标志，编号或标志应清晰、易读且不易脱落；

e） 除用耐腐蚀材料制造的各零件外，其余表面应有涂、敷、镀等防腐防霉工艺措施。

4.3 测量性能

分辨力为 0.1 mm 的传感器的最大允许误差应符合以下要求：

a） ±0.4 mm（雨量小于或等于 10 mm，雨强小于或等于 4 mm/min）；

b） ±4%（雨量大于 10 mm，雨强小于或等于 4 mm/min）。

4.4 电源适应性

4.4.1 电源电压和频率

在下列任何电压和频率组合情况下，仪器性能应不受影响：

a） 电压允许范围：220×(1±10%)V；

b） 频率允许范围：50×(1±5%)Hz。

4.4.2 蓄电池

在无外部供电情况下，维持正常运行至少 15 d。蓄电池应具备充放电保护功能。

4.4.3 功耗

功耗小于 0.5 W。

4.5 时钟误差

每 30 d 时钟误差不大于 15 s。

4.6 可靠性

平均故障间隔时间(MTBF)大于或等于 4000 h。

4.7 环境条件

4.7.1 气候条件

应适用于如下气候条件：

a） 工作温度：0 ℃～+60 ℃；

b） 储存温度：−40 ℃～60 ℃；

c） 相对湿度：0%～100%。

4.7.2 电磁抗扰度

4.7.2.1 静电放电

静电放电抗扰度水平应达到 GB/T 17626.2—2006 的试验等级 3 要求。

4.7.2.2 电快速瞬变脉冲群

电快速瞬变脉冲群抗扰度水平应达到 GB/T 17626.4—2008 的试验等级 3 要求。

4.7.2.3 浪涌(冲击)

浪涌(冲击)抗扰度水平应达到 GB/T 17626.5—2008 的试验等级 3 要求。

5 试验方法

试验项目见表 1。

表 1 试验项目表

序号	技术要求条款	试验内容	试验方法
1	4.1	功能	(1)翻斗式自动雨量站通电后应能进入正常工作状态,采用向雨量传感器注入清水的方法试验其功能,检查结果应符合 4.1 a) 的要求。 (2)翻斗式自动雨量站连续运行 30 d 后,应符合 4.1b),c),e)的要求。 (3)将发送模式设置为"有雨时,每分钟发送"。用标准器以一定的降水强度向雨量传感器注入清水,每分钟能收到雨量数据。将发送模式改为"定时发送",能在正点收到雨量数据。应符合 4.1d)。 (4)分别用有线及无线方式传输数据,应符合 4.1 f)的要求。
2	4.2	结构与外观	使用分度值为 0.05 mm 的游标卡尺,检查结果应符合 4.2a)的要求,使用分度值为 0.1°的量角器,检查结果应符合 4.2b)的要求,目视检查,应符合 4.2 c),d),e)的要求。
3	4.3	测量性能	按照 JJG(气象)005—2015 第 7 章有关规定进行,测试结果应符合 4.3 的要求。
4	4.4.1	电源电压和频率	按照 GB/T 6587—2012 的有关规定进行,应符合 4.4.1 要求。
5	4.4.2	蓄电池	将翻斗式自动雨量站的蓄电池充满电后脱离充电装置运行,在每分钟发送模式下,维持正常运行的天数应符合 4.4.2 要求。
6	4.4.3	功耗	在每分钟发送模式下,测量其一小时内的平均功率,应符合 4.4.3 要求。
7	4.5	时钟误差	以国家授时中心网,标准时间为准,验证时钟误差,应符合 4.5 的要求。
8	4.6	可靠性	按照 GJB 6556.5—2008 的有关规定进行,应符合 4.6 要求。

表1 试验项目表(续)

序号	技术要求条款	试验内容	试验方法
9	4.7.1	气候条件	(1)按照GB/T 2423.1—2008中的“试验Ad温度渐变”进行，试验样品温度稳定后持续时间2 h，温度变化速率不大于1℃/min。试验样品不通电或加电负载。 (2)按照GB/T 2423.2—2008中的“试验Bd温度渐变”进行，试验样品温度稳定后持续时间2 h，温度变化速率不大于1℃/min。试验样品通电或加电负载。 (3)按照GB/T 2423.4进行。 试验结果应符合4.7.1要求。
10	4.7.2.2	静电放电	按照GB/T 17626.2—2006中试验等级3的方法进行，试验结果应符合4.7.2.1要求。
11	4.7.2.3	电快速瞬变脉冲群	按照GB/T 17626.4—2008中供电电源端口试验等级3规定的方法进行，试验结果应符合4.7.2.2要求。
12	4.7.2.4	浪涌(冲击)	按照GB/T 17626.5—2008中试验等级3规定的方法进行，结果应符合4.7.2.3要求。

6 检验规则

6.1 检验分类

检验分为：

a) 定型检验；

b) 出厂检验。

6.2 检验项目

检验项目应包括第4章的每一项要求，见表2。

表2 检验项目表

序号	检验项目 技术要求章条号	定型检验	出厂检验
1	4.1 功能	●	●
2	4.2 结构与外观	●	●
3	4.3 测量性能	●	●
4	4.4.1 电源电压和频率	●	●
5	4.4.2 蓄电池	●	●
6	4.4.3 功耗	●	●

表2　检验项目表(续)

序号	检验项目 技术要求章条号	定型检验	出厂检验
7	4.5　时钟误差	●	●
8	4.6　可靠性	●	○
9	4.7.1　气候条件	●	○
10	4.7.2.1　静电放电	●	○
11	4.7.2.2　电快速瞬变脉冲群	●	○
12	4.7.2.3　浪涌(冲击)	●	○
注： ●表示必须进行检验的项目。 ○表示需要时进行检验的项目。			

7　标志、包装、运输

7.1　标志

7.1.1　安全标志

应有以下安全标志：

a)　危险标志。翻斗式自动雨量站在接入交流电的机箱上，应标出“当心电击危险”的安全标志符号。
b)　危险带电端子标志。正常使用条件下危险带电的，应标出其带电电压。
c)　接地标志。紧靠机箱接地螺钉的地方，应标出“保护导体端子”的接地标志符号。
d)　电源系统标志，要求如下：
    1)　应标出翻斗式自动雨量站的额定功率，或交流额定功率，或直流额定功率；
    2)　低压配电系统浮充电的蓄电池，应标出交流电电压的额定值及允许交流电电压波动的范围；
    3)　应在蓄电池附近标示出蓄电池型号和名称、额定电压、额定容量、参考重量、设计浮充寿命、使用环境温度等；
    4)　用“+”、“−”表示蓄电池极性；
    5)　对任何能由操作者更换的熔断器，应标明熔断器的型号和电流的额定值；
    6)　应有电源指示灯指示电源的运行情况；
    7)　应用符号“|”、“○”或文字“通”、“断”表明开关的位置。
e)　警告标志。当需要标志的内容较多时，应在合适的位置标示出一个警告符号(即警告标志)，其警告说明和解释在用户手册中提供。
f)　图形符号应符合 GB 4793.1—2007 中“表1　符号”的规定。

7.1.2　产品标志

应有以下产品标志：

a)　型号和名称；

b） 制造厂名称和(或)注册商标；
c） 出厂编号；
d） 生产日期。

7.1.3 包装标志

包装箱外表上应有以下标志：
a） 产品名称和型号；
b） 包装箱编号；
c） 外形尺寸；
d） 毛重；
e） 包装储运图示标志符合 GB 191 的规定；
f） 其他表明产品主要特征的标志。

7.2 包装

应符合：
a） 包装箱应牢固,内有防潮、防振措施；
b） 包装材料宜用木质或纸质,外购件有包装的,允许用原包装；
c） 在包装运输前活动部件应加装锁定装置；
d） 每个包装箱内都有装箱清单。

7.3 运输

应符合：
a） 包装后的产品应适合各种运输工具运输；
b） 如果有必要,制造厂可对运输的特殊要求临时做出规定：
   1） 运输方式,指明运输工具等；
   2） 运输条件,指明运输时的要求,例如遮篷、密封等；
   3） 运输中的注意事项,指明装、卸、运方面的特殊要求。

ICS 07.060
A 47

中华人民共和国气象行业标准

QX/T 289—2015

国家基准气候站选址技术要求

Technical requirements on siting of national reference climatological station

2015-12-11 发布 2016-04-01 实施

中 国 气 象 局 发布

前　言

本标准按照 GB/T 1.1—2009 给出的规则起草。

本标准由全国气象仪器与观测方法标准化技术委员会(SAC/TC 507)提出并归口。

本标准起草单位:中国气象局气象探测中心、安徽省气象局、浙江省气象局、四川省气象局、河南省气象局、云南省气象局。

本标准主要起草人:郭建侠、陈挺、张建磊、冯冬霞、桑瑞星、祁生秀、汪腊宝、沈雪峰、曹铁、李莉。

国家基准气候站选址技术要求

1 范围

本标准规定了国家基准气候站选址时的站址要求，站址勘察、选址文档等技术要求。

本标准适用于国家基准气候站的新建选址和迁移选址。

2 术语和定义

下列术语和定义适用于本文件。

2.1

国家基准气候站 national reference climatological station

根据国家气候区划，以及全球气候观测系统的要求，为获取具有充分代表性的长期、连续资料而设置的地面气象观测站。

[GB 31221—2014，定义 2.3]

2.2

探测环境 environ for meteorological observation

为避开各种干扰保证气象探测设施准确获得气象探测信息所必需的最小距离构成的环境空间。

[GB 31221—2014，定义 2.2]

2.3

站址 station site

气象观测站的观测场所在的地理位置。

2.4

站址代表性 site representativeness

站址所在地的地形地貌、地表覆盖类型等反映周边一定范围内主体状况的程度。

2.5

站址稳定性 site stableness

站址位置及周边环境保持相对恒定的程度。

2.6

人为障碍物 man-made object

站址周边人工建设或架设的建筑物、构筑物，或人工种植的树木、作物等植物。

2.7

影响源 influencing source

对气象要素代表性或气象仪器测量性能有影响的各类源体。

[GB 31221—2014，定义 2.13]

注：主要包括热辐射源、电磁辐射源、污染源、振动源、强光源等各类源体。

3 站址要求

3.1 站址稳定性技术要求

3.1.1 规避以下人类活动对站址稳定性的影响：

——未来20年以上城镇、交通规划的建设区域；

——未来20年以上矿产、工业等规划开发区域。

3.1.2 规避以下对站址稳定性影响的区域：

——易遭受滑坡、山洪、泥石流、地震等自然灾害及河流改道影响的地区；

——易遭受龙卷风、台风等极端天气直接影响的区域；

——易因地形诱发产生局地气象条件的地区；

——对观测仪器有危害的动物经常出没、迁徙通道等区域。

3.2 站址代表性技术要求

3.2.1 拟选站址周围应开阔，地势平坦。

3.2.2 站址所处位置的地表覆盖类型应与50 km范围内主要地表覆盖类型一致。

3.2.3 站址最多风向上风方10 km范围内无大中型工矿区、小型露天矿、多粉尘烟雾排放的加工单位，并规避集中居住人口大于2万人的城镇、居住区等。

3.2.4 站址周围2 km范围内人工建造物占地面积比例小于5%，5 km范围内人工建造物占地面积比例小于10%；无人基准气候站5 km周围的人工建造物占地面积比例小于1%，10 km范围内人工建造物占地面积比例小于10%。

3.2.5 站址应远离河海或其他大型水体2 km以上，以海洋气候观测为目的的国家基准气候站不受此限制。

3.2.6 拟建观测场内的土壤应与周围500 m范围内土壤类型保持一致。

3.3 站址气象探测环境技术要求

3.3.1 拟建观测场边缘500 m范围内地形坡度小于19°。

3.3.2 拟建观测场边缘100 m范围内无建筑物、构筑物、水体。

3.3.3 拟建观测场边缘100 m以外无遮挡仰角大于2.86°的人为障碍物(距高比大于20)。无人基准气候站100 m以外无遮挡仰角大于1.90°的人为障碍物(距高比大于30)。

3.3.4 拟建观测场边缘2 km范围内自然山体最高点的遮挡仰角不大于2.86°(距高比大于20)，山区站2 km范围内自然山体最高点的遮挡仰角不大于5°。

3.3.5 当太阳高度角大于3°时，拟建观测场内无遮荫，山区站不受此限制。

3.3.6 拟建观测场应远离铁路、城市轨道、高速公路、国道、垃圾场、排污口、电磁干扰等影响源1 km以上，远离省道及以下等级公路200 m以上。

4 站址勘察

4.1 勘察内容和方法

4.1.1 拟选站址周围大地形走势，站址所在位置坡度。

采用地形图和数字高程模型，结合卫星影像确定站址大地形的走势(具体方法参见表A.1)。

对测量站址周围360°范围内8个方位500 m处进行地形坡度勘察(具体方法参见表A.1)。

4.1.2 拟选站址周围 50 km 范围内地表覆盖类型。

可用下列方法之一勘察：

——利用空间分辨率不大于 50 m 的遥感影像和不大于 1 km 的卫星反演地表覆盖类型产品(具体方法参见表 A.1)；

——实地勘察记录。

4.1.3 拟选站址周围 10 km 范围内城镇分布方位、面积和比例。

可用下列方法之一勘察：

——利用空间分辨率不大于 1 km 的卫星反演地表覆盖类型产品(具体方法参见表 A.1)；

——利用空间分辨率不大于 50 m 的遥感影像(具体方法参见表 A.1)。

4.1.4 拟选站址周围 2 km 范围内自然山体遮挡仰角和水体。

利用测量仪器和实地调查(具体方法参见表 A.1)。

4.1.5 拟选站址周围 1 km 范围内公路、轨道交通及其他影响源。

实地并结合卫星影像遥感图进行调查，将调查的结果逐一登记影响源体名称、归属单位、方位(具体方法参见表 A.1)。

4.1.6 拟选站址周围 500 m 范围内建筑物、构筑物、土壤类型。

可利用遥感影像勘察或实地勘察、也可利用测绘图进行建筑物、构筑物、植物的勘察(具体方法参见表 A.1)。500 m 范围内的土壤类型，分为砂土、壤土、黏土等。

4.1.7 拟选站址周围的遮蔽情况。

以拟选站址观测场为中心，测量 1.5 m 高度处，每间隔 2°范围内的地形、植物和建筑物的遮挡面积及 16 方位照片(具体方法参见表 A.1)。

4.1.8 拟选站址土地使用规划及使用成本情况。

调查拟建站址周围土地使用规划或最近城镇建设最新总体规划，了解规划年限。了解土地征用等手续与成本情况。

4.1.9 拟选站址附近 10 km 范围的城镇规模、人口、经济发展情况。

查阅相关政府部门提供的拟选站址附近 10 km 范围内城镇的人口和经济发展有关资料，获取最近 10 年的人均国内生产总值(GDP)、人口数量统计结果，注明数据出处。

4.1.10 拟选站址周边主要自然灾害和附近站点的气候背景条件。

调查拟选站址附近 10 km 范围内，历史上特别是近 10 年来的主要自然灾害种类、发生时间、影响程度，了解其发生的可能性。

调查拟选站址最近的气象站点近 30 年气候整编资料。10 km 范围内没有气象观测站的，可以采取新建自动气象站的方式收集 1 整年的资料予以分析。

4.1.11 拟选站址周边可能影响观测场或观测设备的野生动物种类、习性。

无人基准气候站拟选站址应调查当地常见大型野生动物及可能影响观测场或观测设备的其他野生动物种类、习性，定性描述野生动物种类和生活习性。

4.1.12 拟选站址交通、通信、供水、供电及运维成本情况。

调查拟选站址交通、通信、供水、供电等情况，初步估算建站及运维成本。

4.2 勘察设备

4.2.1 经纬度测量设备

GPS 测量误差小于 10 m。

4.2.2 海拔高度测量设备

测量误差不大于±20 m。

4.2.3 拍摄照片设备

彩色数码照片有效像素不小于500万。广角端小于或等于24 mm(约折合人眼84度)。

4.2.4 坡度测量设备

测量误差不大于±0.1°。

4.2.5 距离测量设备

测量误差不大于±0.01 m。

4.2.6 测量仰角、方位角设备

其中：
——仰角测量范围为0～90°；
——方位角测量范围为0～360°；
——测量误差不大于±0.01°。

5 选址文档

5.1 图片

5.1.1 总体要求

选址文档的总体要求如下：
——图片文档分为数码照片、绘图电子文件和遥感影像图三种，数码照片不小于300 kB，遥感影像以经纬度投影方式；
——图片内容清晰，能准确反映所勘察的实际场景；
——图片文档以JPEG格式存储。

5.1.2 360°全景照片

应能够清晰反映出观测场四周的建筑物、自然山体、树木等。

照片左侧边缘以正北0°起，右侧边缘以360°止，纵向宽度不小于200像素，横向宽度不小于2000像素。

5.1.3 站址及四周情况平面图

应以拟建观测场为中心，并在图中绘制方框标注拟建观测站范围，标注东西南北方向各500 m范围内的所有建筑物、构筑物、道路情况，建筑物、构筑物还应标注其高度。

若是测绘单位出具的图，比例尺1:500，原始图纸幅面不小于24 cm×17 cm。

若是遥感或航拍影像图片，影像分辨率小于3 m，截屏单幅图片分辨率大于1024像素×768像素。

5.1.4 站址所在地规划图

图中包含规划的名称、有效时间、编制单位、批准单位、图例等，原始画纸不小于24 cm×17 cm。其中，选址之日起规划的有效时间大于20年。

5.1.5 站址1 km,2 km,5 km,10 km,20 km,50 km遥感影像图

以站址为中心，单幅图大于1024像素×768像素，并在图中标出要求的范围。

5.2 选址勘察报告

《国家基准气候站选址勘察报告》应包括拟选站址基本信息、本站或邻近站资料序列情况、观测业务预期维持能力、站址勘察情况。《国家基准气候站选址勘察报告》格式、内容样例参见附录B。

5.3 勘察材料

5.3.1 每项勘察内容具有完整的勘察材料，注明勘察人姓名、勘察时间、勘察仪器、勘察方法。

5.3.2 勘察材料应包含勘察单位对勘察结果的认同意见和建议。

附 录 A
(资料性附录)
勘察方法说明

表 A.1 勘察项目及勘察方法

勘察项目	勘察范围	勘察方法	样例
大地形走势	20 km	以拟选站址为中心,利用地形图和数字高程模型,结合卫星影像进行站址周边20 km范围内的地形勘察,勘察出该区域地形走向,站址所在位置处于峰、谷、坡及坡向等的结论描述。	
站址周围坡度勘察	站址四周	以站址中心点为圆点,用经纬仪从正北开始测量北、东北、东、东南、南、西南、西、西北等八个方位500 m处的地形坡度,测量出每个方位的最大坡度仰角。地形坡度以"度"为单位,保留1位小数。站址处于山峰上则不测量该项。	
50 km范围内地表覆盖类型	半经0.5 km,1 km,2 km,5 km,10 km,20 km,50 km	(1)利用空间分辨率不大于50 m的遥感影像勘察。分别截取以拟选观测场为中心,半径0.5 km,1 km,2 km,5 km,10 km,20 km,50 km的遥感影像图,将遥感影像图以对角线划分,并画出相应半径的内切圆。用铅笔逐块标记内切圆与对角线之间地表覆盖类型及其目测比例。 (2)利用空间分辨率不大于1 km的卫星反演地表覆盖类型产品勘察。分别计算以观测站为中心,周围0.5 km,1 km,2 km,5 km,10 km,20 km,50 km范围内各方位各种地表覆盖类型的像元数比例,标记所在方位和比例数。 (3)实地勘察记录。	1 km 2 km 5 km 10 km 20 km 25 km
10 km范围内城镇分布方位、面积和比例	10 km	(1)利用空间分辨率不大于1 km的卫星反演地表覆盖类型产品勘察。分别计算以观测站为中心,周围2 km,5 km,10 km范围内的城镇类型像元数比例,计算最近城镇像源距离观测场像源的距离并标记方位。 (2)利用空间分辨率不大于50 m的遥感影像勘察。截取以拟选观测场为中心,半径分别为2 km,5 km,10 km的遥感影像图,将遥感影像图的边长10等分,划分成10×10个正方形区域,逐块标记建筑物比例不小于50%的正方形区域(建筑物比例不足50%的忽略不计),统计标记为建筑物的区域所占的比例。并做出半径10 km的内切圆,测量最近城镇相对于测量点的方位和距离。	

表 A.1 勘察项目及勘察方法(续)

勘察项目	勘察范围	勘察方法	样例
周围 2 km 范围内自然山体遮挡仰角和水体	2 km	(1)使用经纬仪,以拟选站址为中心,测量直线距离 2 km 范围内各自然山体的仰角。 (2)调查拟选站址周围直线距离 2 km 范围内是否存在较大水体。	
1 km 范围内公路、铁路(轨道交通)、影响源体	1 km	(1)实地或查阅卫星影像遥感图调查 1 km区域内的公路、铁路、垃圾场、排污口、电磁干扰等影响源,测量上述源体到拟建观测场围栏的最近距离和其所在方位。铁路和公路还应了解其等级、估算平均日流量。 (2)逐一登记影响源体名称、归属单位、方位。	
建筑物、构筑物、植物和土壤类型	500 m	(1)利用空间分辨率不大于 1 m 的遥感影像图,截取以观测点为中心,半径 500 m 的矩形图,标记矩形内显示的建筑物、构筑物、高于 1 m 的植物(群),测量其长度和宽度,记录距离方位等有关信息。对于形状相近的建筑群,标记其中 1 栋建筑物的高度、长度、宽度、楼间距等,同时标记整个建筑群的面积。标记植物高度。 (2)实地勘察。调查 500 m 范围内建筑物、构筑物、植物,测量所调查的建筑物、构筑物、植物起止方位,长度、宽度、高度、距离。画出所调查建筑物、构筑物、植物等分布示意图。 (3)测绘图调查。从当地测绘部门获取拟选站址观测场周边 500 m 范围测绘图,包含所有建筑物、构筑物的测绘成果,标记每个建筑物的高度,长度、宽度、距离等。对形状相近的建筑群,标记其中 1 栋建筑物的高度、长度、宽度、楼间距等,同时标记整个建筑群的面积。	
遮挡情况	360°	(1)在拟选站址观测场中心点 1.5 m 高度处,从正北方向 359°开始顺时针方向,每隔 2°度依次测量该 2°范围内的地形、植物和建筑物的仰角,并记录所在方位遮挡角,依据测量结果分别绘制三类遮蔽物的仰角图。仰角以“°”为单位,保留一位小数。 (2)在拟建观测场中心 1.5 m 高度处,水平架设彩色数码照相机,以镜头正北为零度开始连续拍摄一周(不能连续拍摄的相机至少每 45°拍摄一张照片)。用计算机软件将照片拼接成图,标注 16 方位。	

附　录　B
（资料性附录）
《国家基准气候站选址勘察报告》式样及填写说明

B.1　《国家基准气候站选址勘察报告》式样

《国家基准气候站选址勘察报告》式样见图B.1。

<table>
<tr><td>拟选站名</td><td colspan="2"></td><td>所处气候区</td><td></td><td>选址类型</td><td></td></tr>
<tr><td>站址所在地
地形特征</td><td colspan="2"></td><td>拟选站址
最多风向</td><td></td><td>拟选站址
次多风向</td><td></td></tr>
<tr><td>经度</td><td colspan="2">°　′　″E</td><td>纬度</td><td>°　′　″N</td><td>海拔高度</td><td>米</td></tr>
<tr><td>站址所在地
土壤类型</td><td colspan="2"></td><td>详细地址</td><td colspan="3"></td></tr>
<tr><td>拟选站址
土地情况</td><td colspan="2"></td><td>历史观测</td><td colspan="3"></td></tr>
<tr><td rowspan="2">拟选站址
主要自然灾害
气候背景条件</td><td colspan="6"></td></tr>
<tr><td>本项评价：</td><td colspan="5"></td></tr>
<tr><td rowspan="2">拟选站址
大地形走势
四周地形坡度</td><td colspan="6"></td></tr>
<tr><td>本项评价：</td><td colspan="5"></td></tr>
<tr><td>拟选站址
土地使用规划
使用成本</td><td colspan="6"></td></tr>
</table>

图B.1　《国家基准气候站选址勘察报告》式样

<table>
<tr><td rowspan="4">拟选站址
周边城镇
与人类活动</td><td colspan="2">说明：</td></tr>
<tr><td colspan="2">拟选站址 10 km 范围内城镇的规模、人口和经济发展情况：</td></tr>
<tr><td colspan="2">拟选站址周围 10 km 范围内城镇分布方位、面积和比例图

图例说明表
<table><tr><th>名称</th><th>方位</th><th>面积</th><th>比例</th><th>说明</th></tr><tr><td></td><td></td><td></td><td></td><td></td></tr><tr><td></td><td></td><td></td><td></td><td></td></tr><tr><td></td><td></td><td></td><td></td><td></td></tr></table></td></tr>
<tr><td>本项评价：</td><td></td></tr>
</table>

图 B.1 《国家基准气候站选址勘察报告》式样（续）

观测场周边
自然条件
人为障碍物
干扰源体

说明：

障碍物、干扰源、水体统计表(水体勘察 2 km，其余勘察 1 km)

名称	类型	距离	所在方位	归属	是否符合要求	措施

2 km 范围内自然山体遮挡仰角

名称	距离	所在方位	最高点仰角	是否符合要求

站址周围 500 m 范围内平面示意图

对示意图的说明：

本项评价：

图 B.1 《国家基准气候站选址勘察报告》式样(续)

<table>
<tr><td colspan="2">调查 1：
站址周围半径 50 km 范围内土地使用情况调查图</td></tr>
<tr><td colspan="2">

对示意图的说明：</td></tr>
<tr><td colspan="2">说明：</td></tr>
<tr><td>本项评价：</td><td></td></tr>
</table>

图 B.1 《国家基准气候站选址勘察报告》式样(续)

<table>
<tr><td colspan="2">调查 2：
站址周围半径 1 km，2 km，10 km，50 km 卫星遥感图</td></tr>
<tr><td>1 km</td><td>2 km</td></tr>
<tr><td>10 km</td><td>50 km</td></tr>
<tr><td colspan="2">填写对以上 4 张图片需要说明的问题：</td></tr>
</table>

图 B.1 《国家基准气候站选址勘察报告》式样(续)

调查 3： 最新城市总体规划图(标明站点位置)
填写对上图片需要说明的问题：

图 B.1 《国家基准气候站选址勘察报告》式样(续)

<table>
<tr><td colspan="2">调查 4：
拟建观测场周边地形、植物、建筑物仰角遮蔽图和 360°全景照片对比图</td></tr>
<tr><td colspan="2">拟建观测场地形、植物、建筑物仰角遮蔽图</td></tr>
<tr><td colspan="2">拟建观测场 360°全景照片</td></tr>
<tr><td>拟选站址
交通、通信
供水、供电
成本情况</td><td></td></tr>
<tr><td>其他调查</td><td></td></tr>
</table>

图 B.1 《国家基准气候站选址勘察报告》式样（续）

勘察意见 成员签名 （如需）	勘察组长：________________ 勘察日期：________________
主管单位 意见 盖章 （如需）	单位：________________ 日期：________________
主管部门 意见 盖章 （如需）	单位：________________ 日期：________________

图 B.1 《国家基准气候站选址勘察报告》式样（续）

B.2 《国家基准气候站选址勘察报告》填写说明

B.2.1 拟选站名

填写某某国家基准气候站，或某某无人国家基准气候站。

B.2.2 所处气候区

填写拟选站址所在地的气候区划，填写规范参见 GB/T 17297－1998，例如填写：中温带极干旱型气候大区、暖温带湿润型气候大区等。

B.2.3 选址类型

填写“新建选址”或“迁移选址”。

B.2.4 站址所在地形特征

填写如平原、高原、盆地、丘陵、山地、海滨、海岛。

B.2.5 拟选站址最多风向

填写如 N，NNE，NE，ENE，E，ESE，SE，SSE，S，SSW，SW，WSW，W，WNW，NW，NNW，C。

B.2.6 拟选站址次多风向

填法同 B.2.5。

B.2.7 经度

填写拟选站址中心点的经度，格式如：110°20′44″E。

B.2.8 纬度

填写拟选站址中心点的经度，格式形同 B.2.7。

B.2.9 海拔高度

填写使用阿拉伯数字，以“米”为单位，例如 155 米。

B.2.10 站址所在地土壤类型

填写如沙壤土、壤土、沙土、黏土、砾石、岩石。

B.2.11 详细地址

填写拟选站址所在地的详细地址，包括邮编、县乡镇、村组等。

B.2.12 拟选站址土地情况

填写拟选站址面积大小，如，东西 100 米、南北 50 米，约 7.5 亩；填写拟选站址的土地产权情况，如，拟选站址为村有建设土地，征地后可以办理产权。

B.2.13 历史观测

填写拟选站址是否有观测记录，如有则需要填写观测记录的起讫时间，并进行简要说明，如，本站原为某某国家一般气象站，现拟选址升级为国家基准气候站。

B.2.14　拟选站址主要自然灾害、气候背景条件

依次填写：

a)　拟选站址是否处于易遭受滑坡、山洪、泥石流、地震等自然灾害及河流改道影响的地区；

b)　所选站址是否能够规避易遭受龙卷风、台风等极端天气直接影响的区域；

c)　所选站址是否能够规避因地形诱发产生局地气象条件的地区；

d)　对拟选站址的气候背景条件，以及其他需要说明的问题也进行简要说明。

上述各内容调查完成后，还需要在“本项评价”栏中，填写各技术参数全部或部分符合要求，如不符合是否有可改进的措施。

B.2.15　拟选站址大地形走势、四周地形坡度

依次填写：

a)　拟选站址周围是否开阔，是否地形平坦；

b)　结合卫星影像调查站址周边 20 km 范围填写该地区地形走向的具体情况；

c)　做出对拟选站址所在位置的结论描述，如，站址处于峰、谷或坡及坡向等；

d)　填写拟选站址 8 方位 500 m 处地形坡度表，表格填写参见示例 1。

示例 1：

北向坡度：×.×度	东北向坡度：×.×度	东向坡度：×.×度	东南向坡度：×.×度
南向坡度：×.×度	西南向坡度：×.×度	西向坡度：×.×度	西北向坡度：×.×度

上述各内容调查完成后，还需要在“本项评价”栏中，填写各技术参数全部或部分符合要求，如不符合是否有可改进的措施。

B.2.16　拟选站址土地使用规划、使用成本

填写拟选站址所处区域土地规划情况和使用成本情况，如填写，拟选站址规划为城市近郊风景带，位于风景带中心区，地势较为平坦。拟通过政府征地形式获得土地使用，使用成本 3 万元/亩。

B.2.17　拟选站址周边城镇与人类活动

第一栏，说明栏中依次填写：

a)　拟选站址是否在未来城镇、交通规划区(20 年及以上规划)；

b)　拟选站址是否在未来矿产、工业等规划开发区域；

c)　拟选站址位于最近城镇或工矿区的具体方向和距离；

d)　站址最多风向上风方 10 km 范围内是否有城镇分布，该城镇人口是否大于 2 万；

e)　站址周围 2 km 范围内人工建造物占地面积是否小于总面积的 5%；

f)　站址周围 5 km 范围内人工建造物占地面积是否小于总面积的 10%；

g)　拟选无人基准气候站周围 5 km 范围内人工建造物占地面积是否小于总面积的 1%；

h)　拟选无人基准气候站周围 10 km 范围内人工建造物占地面积是否小于总面积的 10%。

第二栏，拟选站址 10 km 范围内城镇的规模、人口和经济发展情况栏，填写对拟选站址周围城镇、人口等情况的调查结果，以数据说明为主，如填写，某某市，距离拟选站址×千米。2000 年，该市总人口×××万人，其中城区常住人口×××万人，2010 年总人口×××万人，城区常住人口×××万人，近十年全市人口增长率约为××%，城区常住人口增长率××%。主导产业包括农业、旅游业。本县 GDP2000 年为××××万元，2010 年为××××万元，GDP 增速为××%。

第三栏，拟选站址周围 10 km 范围内城镇分布方位、面积和比例图及图例说明表，以插图及对应说明表的形式填写。填写参见示例 2。

示例 2：

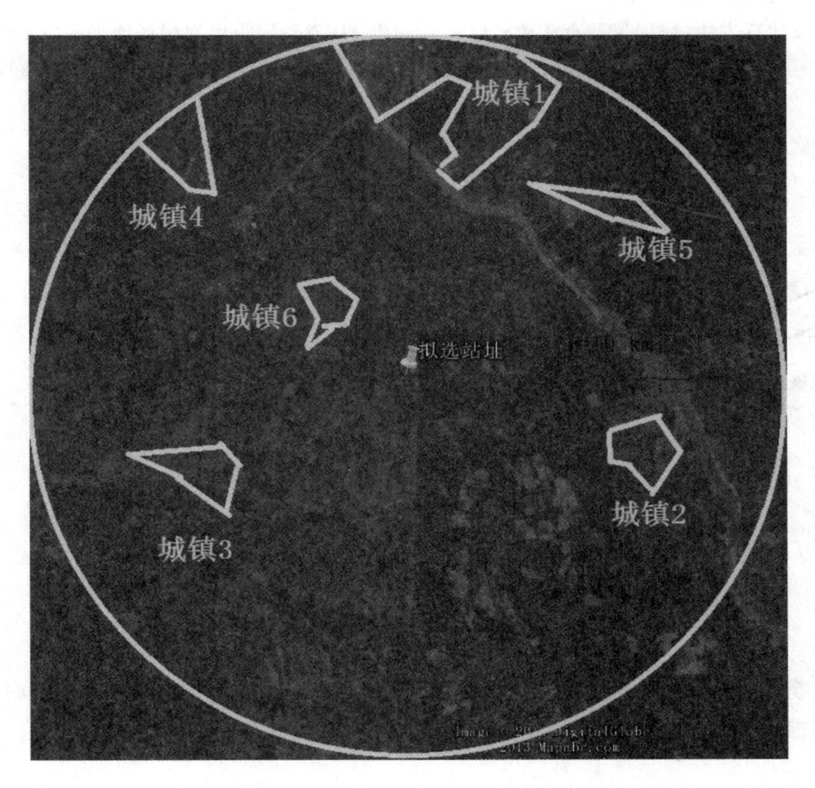

名称	方位	面积(km²)	比例	说明
城镇 1，××县	北	31.5	10.0％	主城区，常住人口 100 万
城镇 2，××镇	东南	11.5	3.66％	镇，常住 1 万人
城镇 3，××镇	西南	略	略	略
城镇 4，××镇	西北	略	略	略
城镇 5，××镇	东北	略	略	略
城镇 6，××镇	西北	略	略	略

上述各内容调查完成后，还需要在“本项评价”栏中，填写各技术参数全部或部分符合要求，如不符合是否有可改进的措施。

B.2.18　观测场周边自然条件、人为障碍物、干扰源体

第一栏，说明栏依次填写：

a）　拟建观测场边缘 500 m 范围内地形坡度是否小于 19°；

b）　拟建观测场边缘 100 m 范围内是否有建筑物、构筑物、水体；

c）　拟建观测场边缘 100 m 以外是否有距高比大于 20 的人为障碍物，如拟建无人自动气候站则勘察是否有距高比大于 30 的人为障碍物，是否有遮挡仰角大于 5°树木植物等；

d）　拟建观测场边缘 2000 m 范围内自然山体最高点的遮挡仰角为多少度，测量距离为多少米，是否满足不超过 2.86°的要求（如为山区站，则遮挡仰角不大于 5°）；

e）　当太阳高度角为 3°时，拟建观测场内是否有遮荫（山区站不考虑遮荫）；

f) 拟建观测场是否距离铁路、高速公路、国道、垃圾场、排污口、电磁干扰等影响源 1000 m 以上，远离省道及以下等级公路 200 m 以上；

g) 拟建观测场是否远离大型水体 2 km 以上(海洋气候观测站不受本条限制)。

注：距高比测量和计算方法：使用仪器直接测量障碍物高度 H(障碍物距离观测场地平面以上的高度)和围栏至该点垂线的水平距离 D(围栏距离障碍物最近点与测量点垂线的水平距离)，直接计算障碍物距高比，见图 B.2。

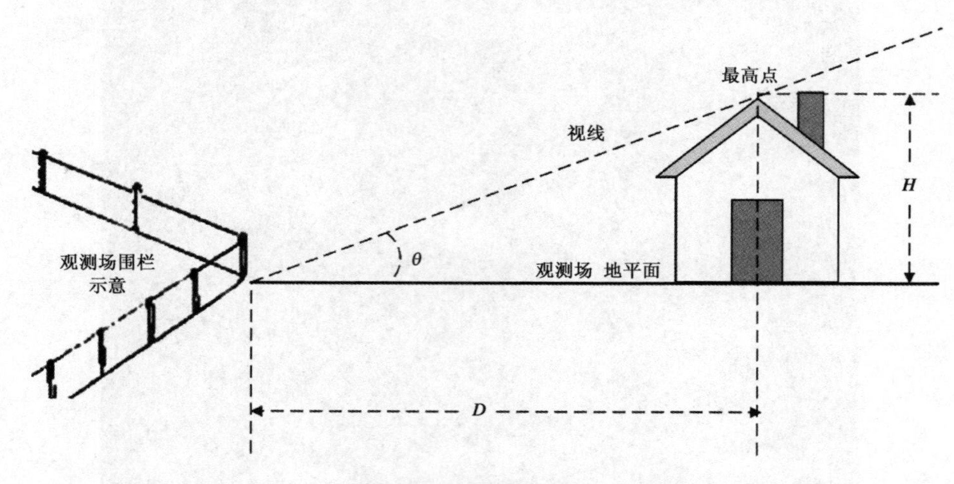

图 B.2 距高比测量和计算方法示意图

第二栏，障碍物、干扰源、水体统计表，填写对周边 2 km 范围内水体、1 km 范围内障碍物和干扰源的勘察情况，填写参见示例 3。

示例 3：

名称	类型	距离	所在方位	归属	是否符合要求	措施
4 平方米柴棚	构筑物	56 m	273°	个人	不符合	可拆除
200 平方米水塘	水体	90 m	114°	无	不符合	可填平
2 万平方米淡水湖	水体	1.5 km	65°至 82°	市属	符合	无
6 米高墙	人为障碍物	110 m	108°	某某村	不符合	废弃，可拆
12 米高杨树	树木	102 m	148°	某某村	不符合	可移栽
大秦铁路	铁路	985 m	108°至 182°	铁道公司	不符合	无
杨庄填埋场	垃圾场	965 m	148°	市属	不符合	填埋
S-1156 公路	省道	340 m	65°至 82°	市属	符合	无

第三栏，2 km 范围内自然山体遮挡仰角，填写对 2 km 范围内自然山体的勘察情况，填写参见示例 4。

示例 4：

名称	距离	所在方位	最高点仰角	是否符合要求
王顺山	1654 m	188°	2.10°	符合
平塔山	1300 m	213°	2.97°	不符合

第四栏，站址周围 500 m 范围内平面示意图，绘图填写拟选站址周围 500 m 范围内俯视图，进行必要标注，示例如下：

示例 5：

上述各内容调查完成后，还需要在“本项评价”栏中，填写各技术参数全部或部分符合要求，如不符合是否有可改进的措施。

B.2.19 调查 1

站址周围半径 50 km 范围内土地使用情况调查图，第一栏，图片栏，填入绘制好的土地使用情况调查图。填写参见示例 6。

示例 6：

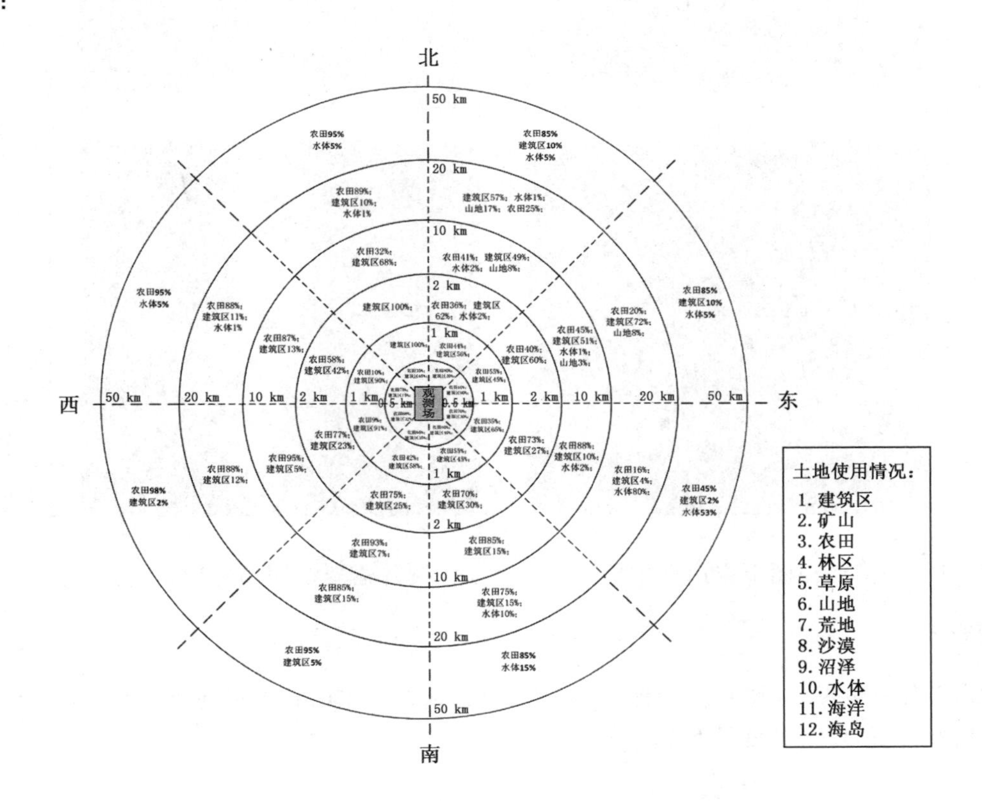

第二栏，说明栏，依次填写：

a） 拟建观测场周边土地类型的总体情况；

b） 站址所处位置的地表覆盖类型具体是什么，站址周围 50 km 范围内的主要地表覆盖类型是什么，两者是否一致；

c） 拟建观测场内的土壤类型具体是什么，站址周围 500 m 范围内的主要地表覆盖类型是什么，两者是否一致；

d） 其他问题的说明。

上述各内容调查完成后，还需要在“本项评价”栏中，填写各技术参数全部或部分符合要求，如不符合，是否有可改进的措施。

B.2.20 调查 2

站址周围半径 1 km、2 km、10 km、50 km 卫星遥感图，在 4 个图片框位置，分别填入拟选站址周围半径 1 km、2 km、10 km、50 km 四张卫星遥感图，示例如下：

示例 7：

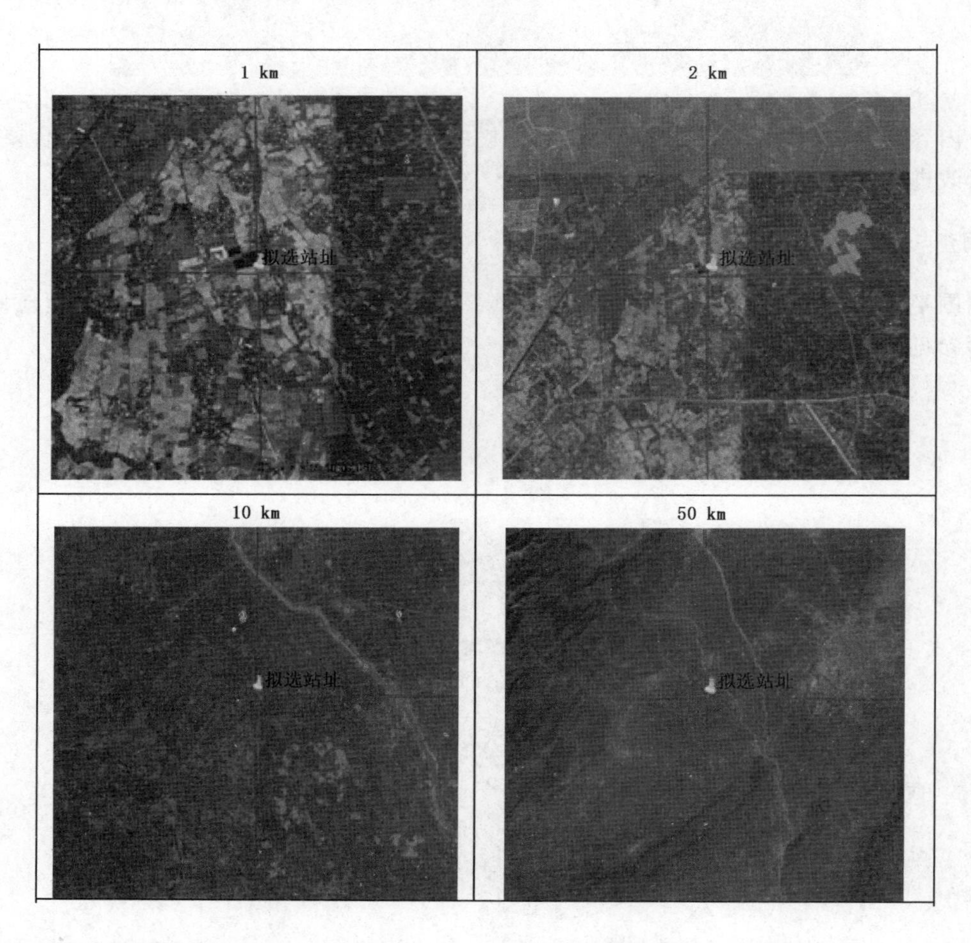

图片填入后，还需要在图下空白框中填写对以上 4 张图片需要说明的问题。

B.2.21 调查 3

最新城市总体规划图，在图片框位置，填入拟选站址所在城市的总体规划图，图中用文字、图例或图标标出站点所在位置，填写参见示例 8。

示例 8：

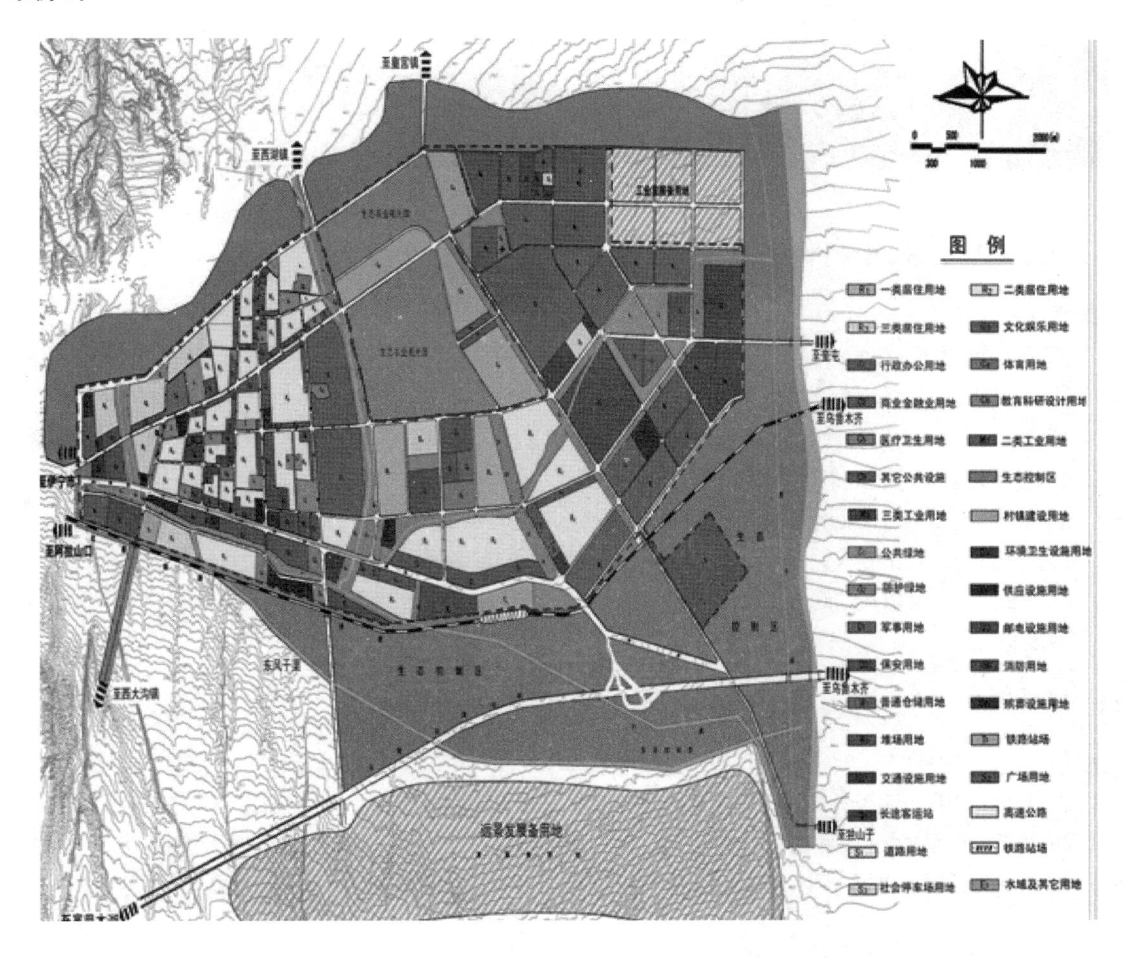

图片填入后，还需要在图下空白框中填写对以上图片需要说明的问题。

B.2.22 调查 4

拟建观测场周边地形、植物、建筑物仰角遮蔽图和 360°全景照片对比图，在上下两个图片栏中，上栏填入测量、计算并生成图片的遮蔽图，下栏填入全景照片，应注意两张图片从 0°到 360°的对应关系。填写参见示例 9。

示例 9：

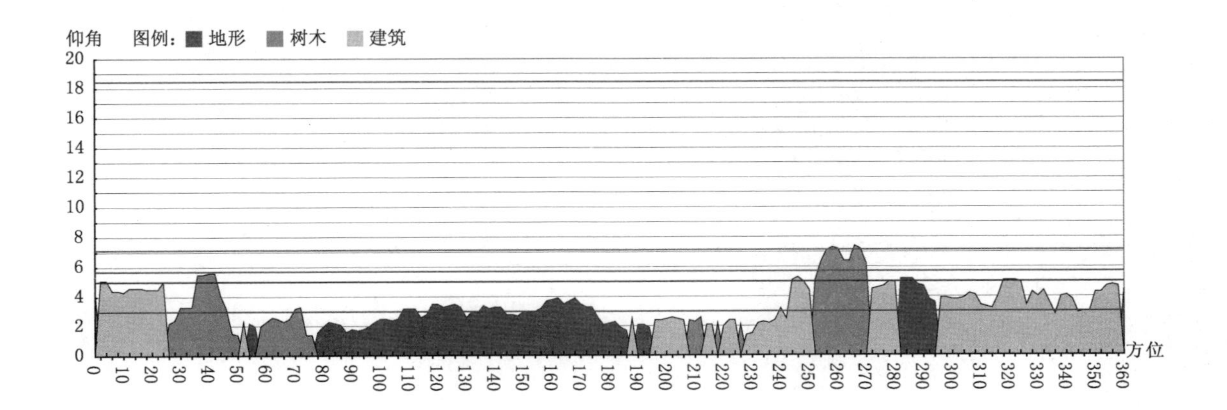

B.2.23 拟选站址交通、通信、供水、供电成本情况

依次填写：

a) 拟选站址是否交通可达，具体情况如何，例如，拟选站址交通可达，可铺设专用道路与乡道连接，1.2 km 后可连接省道；

b) 拟选站址通信情况，例如，拟选站址目前能够被移动、联通、电信的通信和宽带网络覆盖，建站后还可以接入有线宽带网；

c) 拟选站址供水情况，例如，本站可通过打井的方式供水；

d) 拟选站址供电情况，例如，本站可接入城镇电网，同时购置汽油发电机组作为备用电源；

e) 拟选站址其他情况，例如，本站冬季寒冷，需要通过电锅炉供暖。本站需建设视频监控系统提供安防。

B.2.24 其他调查

依次填写：

a) 拟选站址周边是否生存有能够影响观测场或观测设备的野生动物，是否有规避措施；如有，例如，本场地夏季有放牧牛羊，有可能损坏观测场围栏，可通过对牧民进行宣传等方式避免。

b) 拟选站址其他情况，例如，拟选站址周围种植小麦，作物高度随季节变化。

B.2.25 勘察意见、成员签名

勘察单位填写意见。

B.2.26 主管单位意见、盖章

由管辖基准气候站的市级气象主管单位填写意见。

B.2.27 主管部门意见、盖章

由管辖基准气候站的省级气象主管部门填写意见。

参 考 文 献

[1] GB/T 17297—1998 中国气候区划名称与代码 气候带和气候大区
[2] ISO/DIS 19289 Meteorology—Siting classifications for surface observing stations on land
[3] WMO. No. 8 Guide to Meteorological Instruments and Methods of Observation. 2008
[4] WMO. No. 488 Guide to the Global Observing System. 2007
[5] WMO. No. 544 Manual on the Global Observing System. 2003
[6] WMO-TD/No. 1523. GCOS Climate Monitoring Principles, GCOS-138. 2010

ICS 07.060
A 47

中华人民共和国气象行业标准

QX/T 290—2015

太阳辐射计量实验室技术要求

Technical requirements for metrology laboratory of solar radiation

2015-12-11 发布 2016-04-01 实施

中 国 气 象 局 发 布

前　言

本标准按照 GB/T 1.1—2009 给出的规则起草。

本标准由全国气象仪器与观测方法标准化技术委员会(SAC/TC 507)提出并归口。

本标准起草单位:中国气象局气象探测中心、云南省大气探测技术保障中心、四川省大气探测技术中心。

本标准主要起草人:杨云、丁蕾、权继梅、莫月琴、贺晓雷、王云昆、胡梅、张虎。

太阳辐射计量实验室技术要求

1 范围

本标准规定了太阳辐射计量实验室基础设施、环境条件、计量标准及其环境测量仪器的技术要求。

本标准适用于太阳辐射计量实验室(以下简称“实验室”)的建设。

2 规范性引用文件

下列文件对于本文件的应用是必不可少的。凡是注日期的引用文件,仅注日期的版本适用于本文件。凡是不注日期的引用文件,其最新版本(包括所有的修改单)适用于本文件。

GB/T 6495.9—2006 光伏器件 第9部分:太阳模拟器性能要求

GB 50073 洁净厂房设计规范

3 术语和定义

下列术语和定义适用于本文件。

3.1

太阳模拟器 solar simulator

用于模拟太阳光照射的设备。

3.2

有效辐照面 effective radiation area

在整个辐照面内,辐照度均匀分布且达到规定要求的部分。

3.3

辐照不稳定度 radiation instability

在规定的时间间隔内,有效辐照面任意给定位置上的辐照度随时间变化的最大相对偏差。

4 基础设施和环境条件

4.1 总体要求

4.1.1 实验室组成

太阳辐射计量实验室由工作室、暗室和室外计量平台三部分组成。其中,暗室主要用于辐射仪器性能指标的测试;室外计量平台主要用于仪器灵敏度的检定或校准。

4.1.2 供电

实验室供电装置应符合下列要求:

——实验室应同时具备220 V与380 V交流电电源。环境设备、照明设备电源应与实验设备电源隔离。

——实验室供电电压允许偏差为标称电压的±7%。

——实验室供电电压频率应在(50±1)Hz 范围内。

4.1.3 环境温度

实验室温度应满足(20±5)℃要求。

4.1.4 环境湿度

实验室相对湿度在 80%以下。

4.1.5 静电

实验室内工作台应以并联的方式接入安全可靠的防静电接地母线。

4.1.6 电磁环境

电磁环境应满足以下要求：

——电磁干扰应不引起辐射标准器和被检仪器示值变化；

——实验室应设置单独的接地系统，接地电阻应小于 4 Ω。

——落地设备及台式设备应直接与电气保护地线连接；

——信号电缆应采用铜芯、绝缘、编织屏蔽、双绞电缆，20℃时每千米导体电阻应小于 92.3 Ω。

4.2 工作室

4.2.1 位置

工作室应与不相容活动的相邻区域进行有效隔离。

4.2.2 面积

工作室使用面积应大于 30 m^2。

4.2.3 照明

工作室照明照度应达到 500 lx。

4.3 暗室

4.3.1 面积

暗室面积应不小于 50 m^2。

4.3.2 光照

暗室应避免阳光直射。四周墙壁及顶部天花板应使用不反光且不易起尘的黑色涂料涂刷，暗室中的设备表面及地面应做不反光处理；

4.3.3 洁净度

洁净度应满足 GB 50073 中空气洁净度 5 级的要求。

4.3.4 仪器布局

暗室仪器布局应符合下列要求：

——设备与四周墙壁保持 1.5 m 以上距离；

——对于风冷型多功能室内检测设备，应对通风设备进行隔离。

4.3.5 静电

工作人员进入暗室前应换上具有防静电功能的洁净工作服和工作鞋。

4.4 室外计量平台

4.4.1 位置

辐射仪器室外计量平台可以建在地面或楼顶，应满足以下要求：

——四周空旷，一年内日出、日落方位障碍物高度角不超过5°，其他方位障碍物高度角不超过10°；

——仪器摆放位置应不受障碍物遮挡；

——应避免天线和细长物体，其宽度应小于1°，且在计量期间没有遮挡；

——工作室与平台的距离应在100 m范围内；

——直接辐射与总辐射仪器平台相互之间距离大于10 m。

4.4.2 防雷

室外计量平台应设置在避雷有效区内，并可靠接地。

4.4.3 其他要求

室外计量平台还应满足以下要求：

——平台应稳固、不能倾斜、变形，表面不反光；

——平台为东西向长条形，高度应方便检测人员操作。

——下垫面应均匀、不存水。

5 计量标准

5.1 标准器

标准器分为标准直接辐射表和标准总辐射表，不确定度应不大于表1的规定。

表1 标准器的不确定度

	一等标准	二等标准	工作级标准
直接辐射表	0.25%	0.5%	1%
总辐射表	—	1%	2%

太阳辐射标准器的不确定度应不大于被检辐射表不确定度的1/2。

注：k为包含因子，$k=2$。

5.2 主要配套设备

主要配套设备及技术要求：

——数字多用表或辐射数据采集器，测量范围±30 mV、分辨力1 μV、最大允许误差±10 μV；

——太阳跟踪器，跟踪误差±0.15°；

——散射辐射表遮光装置，遮光板（球）到总辐射表感应面中心所形成的视场角，应与所用型号的直接辐射表的视场角相同；
——多功能室内检测设备，性能指标见附录A的A.1；
——温度试验箱，性能指标见附录A的A.2。

5.3 计量标准贮存

计量标准应贮存在干燥、清洁、无腐蚀性气体的室内。

6 环境测量仪器

6.1 温度仪器

应符合以下技术指标要求：
——测量范围：0℃～50℃；
——最大允许误差：±0.5℃。

6.2 湿度仪器

应符合以下技术指标要求：
——相对湿度测量范围：≤90％；
——相对湿度最大允许误差：±5％。

6.3 风速仪器

应符合以下技术指标要求：
——测量范围：1 m/s～10 m/s；
——测量误差：±0.5 m/s。

附 录 A
(规范性附录)
配套设备性能指标

A.1 多功能室内检测设备

A.1.1 概述

多功能室内检测设备由太阳模拟器、多维旋转检测工作台和计算机控制与数据处理系统三部分组成。应具备测量太阳辐射仪器的响应时间、方向响应(余弦和方位)、非线性、倾斜响应等功能,与温度实验箱配合应能测量辐射仪器的温度特性。

A.1.2 太阳模拟器

技术指标要求:

——有效辐照面直径大于或等于 100 mm;

——辐照度在(100～1100)W/m^2 范围内连续可调;

——在直径小于或等于 60 mm 的有效辐照面范围内,辐照不均匀度在 ±1% 以内;在直径大于 60 mm的有效辐照面范围内,辐照不均匀度在 ±2% 以内;

——辐照不稳定度(2 小时):±1%;

——光束准直角误差:±1°;

——光谱辐照度分布按 GB/T 6495.9—2006 A 级标准光谱辐照度分布匹配。

A.1.3 多维旋转检测工作台

多维检测工作台主要由旋转工作台、升降机构、俯仰机构、转臂机构和底座构成,与太阳模拟器配合用于对太阳辐射仪器进行室内性能测试。

技术指标要求:

——旋转工作台转动范围:0°～360°;

——俯仰机构转动范围:－90°～90°;

——转臂机构转动范围:0°～360°;

——升降机构移动误差:±0.1 mm;

——工作转台转动角度(高度角和方位角)误差:±0.1°。

A.2 温度实验箱

技术指标要求:

——温度范围－40℃～60℃;

——温度波动度:±0.25℃;

——温度场均匀性:0.5℃。

参 考 文 献

[1] GB/T 12325—2008 电能质量 供电电压偏差

[2] GB/T 18039.3—2003 电磁兼容 环境 公用低压供电系统低频传导骚扰及信号传输的兼容水平

[3] GB 50034—2004 建筑照明设计标准

[4] GB 50169—2006 电气装置安装工程接地装置施工及验收规范

[5] JB/T 8734.5—2012 额定电压450/750V及以下聚氯乙烯绝缘电缆电线和软线 第5部分:屏蔽电线

[6] JJF 1001—2011 通用计量术语及定义

[7] JJF 1059.1—2012 测量不确定度评定与表示

[8] JJG 456—1992 直接辐射表检定规程

[10] JJG 458—1996 总辐射表检定规程

[11] ISO 9060—1990 Solar energy—Specification and classification of instruments for measuring hemispherical solar and direct solar radiation

[12] WMO CIMO. Guide to Meteorological Instruments and Methods of Observation (WMO-No.7)

[13] WMO WCRP. Baseline Surface Radiation Network (BSRN) Operations Manual (Version 2.1)

ICS 07.060
A 47

中华人民共和国气象行业标准

QX/T 291—2015

自动气象站数据采集器现场校准方法

Field-calibration method for data logger of automatic weather station

2015-12-11 发布　　2016-04-01 实施

中　国　气　象　局　发布

前　　言

本标准按照GB/T 1.1—2009给出的规则起草。

本标准由全国气象仪器与观测方法标准化技术委员会(SAC/TC 507)提出并归口。

本标准起草单位:山东省气象局大气探测技术保障中心。

本标准主要起草人:孙嫣、房岩松、韩广鲁、任燕、郭瑞宝、王锡芳、徐伟。

自动气象站数据采集器现场校准方法

1 范围

本标准规定了自动气象站数据采集器现场校准的标准器、校准环境条件、校准点、校准项目及流程、示值误差计算方法和校准结果的处理。

本标准适用于自动气象站数据采集器的现场校准。

2 术语和定义

下列术语和定义适用于本文件。

2.1

[自动气象站]数据采集器 data logger of automatic weather station

对自动气象站传感器输出信号进行采集、处理、存储、传输的装置。

注：按照组成结构划分，与若干被测气象要素传感器连接的数据采集器称为集中式数据采集器；由一个主数据采集器和若干分数据采集器(含变送器)及传感器连接的数据采集器，称为分布式数据采集器。

2.2

[自动气象站]信号发生器 automatic weather station signal generator

能模拟自动气象站传感器输出信号，可用于校准数据采集器的装置。

3 标准器

应选择符合表1要求的信号发生器作为标准器。

表1 信号发生器技术要求

气象要素	电参量	输出范围	分辨力	最大允许误差
气压	电压	500 hPa～1100 hPa (0 V～5 V)	0.01 hPa (0.08 mV)	±0.04 hPa (±0.33 mV)
		500 hPa～1100 hPa (0 V～2.5 V)	0.01 hPa (0.04 mV)	±0.04 hPa (±0.17 mV)
	数字信号(RS232)	500 hPa～1100 hPa	字符串输出	—
	数字脉冲	500 hPa～1100 hPa (5000～11000)	0.1 hPa (1)	0 hPa (0)
温度	电阻	−50 ℃～80 ℃ (80.31 Ω～130.90 Ω)	0.003 ℃ (1 mΩ)	±0.03 ℃ (±12 mΩ)
湿度	电压	0～100% (0 V～1 V)	0.01% (0.1 mV)	±0.3% (±3 mV)

表1 信号发生器技术要求(续)

气象要素	电参量	输出范围	分辨力	最大允许误差
风速	频率	0 m/s～150 m/s (0 Hz～1500 Hz)	0.01 m/s (0.1 Hz)	±0.1 m/s (±1 Hz)
风向	六位格雷码	0 °～360 ° (000000～111111)	5.6 ° (1)	0 ° (0)
	七位格雷码	0 °～360 ° (0000000～1111111)	2.8 ° (1)	0 ° (0)
	电压	0 °～360 ° (0 V～2.5 V)	0.015 ° (0.1 mV)	±0.4 ° (±3 mV)
雨量	脉冲	0 mm/min～10 mm/min (0 min^{-1}～100 min^{-1})	0.1 mm/min (1 min^{-1})	0 mm/h (0 h^{-1})
蒸发	电流	0 mm～100 mm (4 mA～20 mA)	0.006 mm (0.1 μA)	±0.017 mm (±2.7 μA)
辐射	电压	0 W/m^2～1400 W/m^2 (0 mV～20 mV)	0.14 W/m^2 (1 μV)	±1.4 W/m^2 (±10 μV)

注1:温度以特定值的形式输出,特定值分别是:-50 ℃(80.31 Ω),-30 ℃(88.22 Ω),-10 ℃(96.09 Ω),0.00 ℃(100.00 Ω),10.0 ℃(103.90 Ω),30.0 ℃(111.67 Ω),50.0 ℃(119.40 Ω),80.0 ℃(130.90 Ω)。

注2:数字信号(RS232)形式的气压以字符串输出,不存在分辨力;脉冲形式的气压为频率5 kHz、占空比50%、TTL电平的方波。

4 校准环境条件

应满足下列要求:

——气温:10 ℃～30 ℃;

——相对湿度:≤80%。

5 校准点

校准点的选择满足下列要求之一:

a) 根据数据采集器各通道技术指标选择校准点,宜为上限点、中间点、下限点3个,各校准点参考值见表2,数字通道可只选择1个校准点;

b) 根据所处的地理位置、海拔高度或气象要素年绝对极值等条件选择相应的校准点。

表2 采集器各通道校准点参考值

通道类型	上限点	中间点	下限点
气压(hPa)	1050.0	800.0	500.0
气温(℃)	50.0	0.0	-30.0

表 2 采集器各通道校准点参考值(续)

通道类型	上限点	中间点	下限点
地温(℃)	50.0	0.0	−30.0
相对湿度(%)	98	60	10
风速(m/s)	50.0	25.0	0.5
风向(格雷码)(°)	239	121	0
风向(电压)(°)	359	180	0
雨量(mm/min)	4.0	2.0	1.0
蒸发(mm/min)	100.0	50.0	1.0
辐射(W/m^2)	1000.0	500.0	50.0

6 校准项目及流程

6.1 外观检查

6.1.1 可采用目测法检查数据采集器外观。

6.1.2 外观检查包括下列内容:

a) 型号、出厂编号、制造商等标志应清晰可辨;

b) 金属件无锈蚀及其他机械损伤;

c) 各通道传感器连接线、通信线、电源线接插件连接可靠。

6.1.3 外观检查结果填写在数据记录表外观描述中,数据记录表格式参见附录 A。

6.2 示值误差校准

6.2.1 集中式数据采集器,直接对各通道校准。分布式数据采集器,经主数据采集器直接采集的要素通道单独校准;经分数据采集器采集的要素通道将分数据采集器与主数据采集器组合校准。

6.2.2 校准前应做好下列准备工作:

a) 将信号发生器、数据采集器与现场校准用终端微机共地;

b) 分别将信号发生器和数据采集器通信线与现场校准用终端微机连接;

c) 在信号发生器控制软件中新建被校准数据采集器信息,设置通信参数,实现信号发生器与控制软件、数据采集器与数据监控软件之间的通信连接;

d) 信号发生器应提前预热或稳定以保证其输出信号满足技术要求;

e) 使用内部电池供电的信号发生器应保持电量充足。

6.2.3 校准正在使用中的数据采集器,还应做好下列准备:

a) 选择校准时段应避开整点、日极值可能出现时间和剧烈天气变化等情况;

b) 在校准期间应停止自动观测,并在观测记录中做好备注;

c) 校准过程中产生的数据不得作为观测数据上传。

6.2.4 示值误差校准应按照下列步骤进行:

a) 关闭数据采集器和传感器电源,拆下传感器信号线,将信号发生器信号输出线与数据采集器对应的输入端子连接,依次打开数据采集器和信号发生器电源;

b) 在信号发生器的控制软件中选择相应通道,根据第 5 章的要求选择校准点,发送命令,向数据采集器输入标准信号；

c) 每个校准点的稳定时间不少于 3 min，稳定后读取数据，记录在数据记录表（参见附录 A）中；

d) 每个校准点连续读取 3 次数据，读数时间间隔不小于 1 min；

e) 校准完成后，依次关闭信号模拟器和数据采集器电源，断开数据采集器、信号发生器与现场校准用终端微机的通信线和地线，恢复传感器信号线、观测用通信线的连接，打开数据采集器电源，通知业务人员检查运行情况。

6.2.5 特殊情况时采取下列措施：

a) 当信号发生器不同通道同时输出产生相互干扰时，应逐一校准单项要素通道；

b) 当使用单项、部分要素或没有配套控制软件的信号发生器时，应根据其使用方法设定校准点，稳定后再读取通道示值。

7 示值误差计算方法

数据采集器各通道在某一校准点的示值误差计算公式如式（1）：

$$\Delta X = \overline{X} - (\overline{X_s} + x_s) \qquad \cdots\cdots(1)$$

式中：

ΔX ——各通道在某一校准点的示值误差；

$\overline{X}$ ——各通道在某一校准点 3 次校准示值的算术平均值；

$\overline{X_s}$ ——信号发生器相应通道在该校准点 3 次标准示值的算术平均值；

x_s ——信号发生器相应通道在该校准点的修正值。

8 校准结果处理

8.1 取各通道各校准点示值误差作为该通道校准结果。

8.2 校准完成后出具校准证书，证书内页格式参见附录 B，采集器通道的参考技术指标参见附录 C。

8.3 校准证书中应包括校准使用的标准器信息、环境条件、校准结果和测量不确定度等内容，测量不确定度评定示例参见附录 D。

附　录　A
（资料性附录）
数据采集器现场校准数据记录表

表 A.1 给出了数据采集器现场校准记录表的内容和格式。

表 A.1　数据采集器现场校准数据记录表

证书编号：　　　　　　　　　　　　　　　记录编号：

<table>
<tr><td>环境条件</td><td colspan="3">温度(℃)</td><td colspan="3"></td><td colspan="3">相对湿度(%)</td><td></td></tr>
<tr><td rowspan="2">设备信息</td><td colspan="6">标准器</td><td colspan="4">采集器</td></tr>
<tr><td colspan="6">名称：
规格/型号：
出厂编号：
制造商：
检定/校准日期：
检定/校准单位：
证书编号：</td><td colspan="4">委托单位：
采集器名称：
规格/型号：
出厂编号：
制造商：
自动站型号：
区站号：</td></tr>
<tr><td>采集器
外观描述</td><td colspan="10"></td></tr>
<tr><td rowspan="2">示值校准</td><td rowspan="2">校准点</td><td rowspan="2">标准器
电参量</td><td colspan="4">标准器气象参量</td><td colspan="4">采集器气象参量</td></tr>
<tr><td>示值 1</td><td>示值 2</td><td>示值 3</td><td>修正值</td><td>示值 1</td><td>示值 2</td><td>示值 3</td><td>示值误差</td></tr>
<tr><td rowspan="3">气压
(hPa)</td><td></td><td></td><td></td><td></td><td></td><td></td><td></td><td></td><td></td><td></td></tr>
<tr><td></td><td></td><td></td><td></td><td></td><td></td><td></td><td></td><td></td><td></td></tr>
<tr><td></td><td></td><td></td><td></td><td></td><td></td><td></td><td></td><td></td><td></td></tr>
<tr><td rowspan="3">气温
(℃)</td><td></td><td></td><td></td><td></td><td></td><td></td><td></td><td></td><td></td><td></td></tr>
<tr><td></td><td></td><td></td><td></td><td></td><td></td><td></td><td></td><td></td><td></td></tr>
<tr><td></td><td></td><td></td><td></td><td></td><td></td><td></td><td></td><td></td><td></td></tr>
<tr><td rowspan="3">草温
(℃)</td><td></td><td></td><td></td><td></td><td></td><td></td><td></td><td></td><td></td><td></td></tr>
<tr><td></td><td></td><td></td><td></td><td></td><td></td><td></td><td></td><td></td><td></td></tr>
<tr><td></td><td></td><td></td><td></td><td></td><td></td><td></td><td></td><td></td><td></td></tr>
<tr><td rowspan="3">0 cm
地温
(℃)</td><td></td><td></td><td></td><td></td><td></td><td></td><td></td><td></td><td></td><td></td></tr>
<tr><td></td><td></td><td></td><td></td><td></td><td></td><td></td><td></td><td></td><td></td></tr>
<tr><td></td><td></td><td></td><td></td><td></td><td></td><td></td><td></td><td></td><td></td></tr>
<tr><td rowspan="3">5 cm
地温
(℃)</td><td></td><td></td><td></td><td></td><td></td><td></td><td></td><td></td><td></td><td></td></tr>
<tr><td></td><td></td><td></td><td></td><td></td><td></td><td></td><td></td><td></td><td></td></tr>
<tr><td></td><td></td><td></td><td></td><td></td><td></td><td></td><td></td><td></td><td></td></tr>
<tr><td rowspan="3">10 cm
地温
(℃)</td><td></td><td></td><td></td><td></td><td></td><td></td><td></td><td></td><td></td><td></td></tr>
<tr><td></td><td></td><td></td><td></td><td></td><td></td><td></td><td></td><td></td><td></td></tr>
<tr><td></td><td></td><td></td><td></td><td></td><td></td><td></td><td></td><td></td><td></td></tr>
<tr><td rowspan="3">15 cm
地温
(℃)</td><td></td><td></td><td></td><td></td><td></td><td></td><td></td><td></td><td></td><td></td></tr>
<tr><td></td><td></td><td></td><td></td><td></td><td></td><td></td><td></td><td></td><td></td></tr>
<tr><td></td><td></td><td></td><td></td><td></td><td></td><td></td><td></td><td></td><td></td></tr>
</table>

表 A.1 数据采集器现场校准数据记录表(续)

20 cm 地温 (℃)										
40 cm 地温 (℃)										
80 cm 地温 (℃)										
160 cm 地温 (℃)										
320 cm 地温 (℃)										
相对湿度 (%)										
风速 (m/s)										
风向 (°)										
雨量 (mm/min)										
蒸发 (mm/min)										
辐射 (W/m^2)										
校准依据										

校准：　　　　　　　　　　核验：　　　　　　　　　　校准时间：　　　年　　月　　日

附 录 B
(资料性附录)
数据采集器现场校准证书内页格式

证书编号：
Certificate No.

计量标准考核证书编号：
Examination of Measurement Standard Certificate No.
计量标准考核证书有效期：
Date of Expiry
计量标准器：
Measurement Standard

名 称	不确定度/准确度等级/最大允许误差	检定/校准证书编号	有效期至

校准地点：
Calibration Location
环境气温： ℃； 环境湿度： %
Air Temperature Relative Humidity

校 准 结 果
Calibration Results

通道类型	校准点	示值误差	扩展不确定度($k=2$)
气压(hPa)			
气温(℃)			
草温(℃)			
0 cm 地温 (℃)			
5 cm 地温 (℃)			

通道类型	校准点	示值误差	扩展不确定度(k=2)
10 cm 地温(℃)			
15 cm 地温(℃)			
20 cm 地温(℃)			
40 cm 地温(℃)			
80 cm 地温(℃)			
160 cm 地温(℃)			
320 cm 地温(℃)			
相对湿度(%)			
风速(m/s)			
风向(°)			
雨量(mm/min)			
蒸发(mm/min)			
辐射(W/m^2)			

注:根据实际业务需求和校准方法要求,建议校准周期不超过 2 年。

以下空白

附 录 C
(资料性附录)
数据采集器通道参考技术指标

表 C.1 给出了自动气象站数据采集器的参考技术指标。

表 C.1 自动气象站数据采集器参考技术指标

通道类型		测量范围		最大允许误差	
		气象参量	电参量	气象参量	电参量
气压	电压	500.0 hPa～1100.0 hPa	0 V～2.5 V	±0.1 hPa	0.2 mV
	数字信号		RS-232	0.0 hPa	0
气温、地温		−50.0 ℃～80.0 ℃	80.31Ω～130.90 Ω	±0.1 ℃	38.5 mΩ
相对湿度		1%～100%	0 V～1 V	±1%	10 mV
风速		0 m/s～150.0 m/s	0 Hz～1500 Hz	0.1 m/s	1 Hz
风向	六位格雷码	0 °～360 °	000000～111111	0 °	0
	七位格雷码		0000000～1111111	0 °	0
	电压		0 V～2.5 V	±1 °	7 mV
雨量		0.1 mm/min～10.0 mm/min	0～100	0 mm/min	0
蒸发		0.1 mm/min～100.0 mm/min	4 mA～20 mA	±0.05 mm	8 μA
辐射		0.1 W/m² ～1400.0 W/m²	0 mV～20 mV	±8 W/m²	56 μV

注：风速气象学指标与电学指标对应关系由传感器线性方程确定，本表以公式 $V=0.1f$ 为例换算；辐射最大允许误差的电学指标以灵敏度值 7 $\mu V/(W \cdot m^{-2})$ 换算。

附　录　D
（资料性附录）
现场校准数据采集器温度通道测量不确定度评定示例

D.1　概述

本示例根据 JJF 1059.1 的要求评定。使用 JJQ1 型自动气象站信号模拟器（编号 JJQ1-11.0007，已溯源）作为标准器，校准 DZZ4 型自动气象站数据采集器气温通道（主采编号 SCBH-1302.0099，温湿度分采编号 SCBH-1307.0111 * ）－30 ℃、0 ℃和 50 ℃三个校准点的通道误差。

校准时信号模拟器由内部电池供电，使用信号模拟器管理软件控制信号输出，使用串口调试软件读取通道校准示值，根据数据采集器现场校准规范中的要求分别校准各点。

在－30 ℃校准点，校准结果为 $\Delta T = -0.02$ ℃；在 0 ℃校准点，校准结果为 $\Delta T = -0.05$ ℃；在 50 ℃校准点，校准结果为 $\Delta T = -0.06$ ℃。

校准时环境气温为 23 ℃，相对湿度为 30%；校准地点：自动站观测场。

D.2　数学模型

被校准数据采集器的读数值与标准器读数值之差为通道示值误差。该数据采集器气温通道的误差计算公式如式（D.1）：

$$\Delta T = \overline{T} - T_s \qquad \cdots\cdots(D.1)$$

式中：

ΔT ——气温通道在某一校准点的误差；

$\overline{T}$ ——气温通道在某一校准点 3 次校准结果的算术平均值；

T_s ——信号模拟器温度通道在该校准点的标准值。

D.3　不确定度来源和不确定度分量评定

D.3.1　测量重复性引入标准不确定度 u_A

由测量重复性引入的标准不确定度，采用 A 类评定方法评定。

将信号模拟器温度通道的输出信号设置为－30 ℃，对数据采集器气温通道进行 3 次重复校准，得到一组数据，同样方法得到该通道 0 ℃和 50 ℃校准点的重复性测量结果，结果见表 D.1。

表 D.1　气温通道各校准点重复性测量结果

单位为℃

校准点	标准值	被校准采集器示值			极差
－30	－29.973	－29.98	－30.00	－29.99	0.02
0	0.053	0.01	－0.01	0.01	0.02
50	50.073	50.03	50.01	50.01	0.02

由于只测量了 3 次被校准采集器示值，次数较少，故采用式（D.2）所示的极差法计算其标准不确

定度：

$$u_A = R/C\sqrt{n} \qquad \cdots\cdots\cdots\cdots\cdots\cdots(D.2)$$

式中：

u_A ——测量重复性引入的不确定度；

R ——极差；

C ——极差系数；

n ——重复读数次数。

依据上式计算，则：

当校准点为−30 ℃时，测量重复性引入的标准不确定度为：$u_A = 0.02/(1.69\times\sqrt{3}) = 0.0069$ ℃；

当校准点为 0 ℃时，测量重复性引入的标准不确定度为：$u_A = 0.02/(1.69\times\sqrt{3}) = 0.0069$ ℃；

当校准点为 50 ℃时，测量重复性引入的标准不确定度为：$u_A = 0.02/(1.69\times\sqrt{3}) = 0.0069$ ℃。

D.3.2 标准不确定度 $u(\overline{T})$

由被校准数据采集器引入的标准不确定度 $u(\overline{T})$ 主要是由数据采集器读数修约和数据采集器受环境温度的影响引入，均采用 B 类方法评定。

根据测量结果数据，数据采集器温度通道读数修约到 0.01 ℃，半宽为 0.005 ℃，服从均匀分布，$k=\sqrt{3}$，则标准不确定度 $u_1(\overline{T})$ 为：

$$u_1(\overline{T}) = 0.005/\sqrt{3} = 0.0029\ ℃$$

根据 DT50 数据采集器的试验结果可知，将 DT50 数据采集器分别放在 0 ℃和 30 ℃的恒温箱内，使用同一温度信号对其校准，测得在−30 ℃、0 ℃和 50 ℃三个校准点上，两种环境温度中的校准结果最大偏差 0.07 ℃。引用该数据，其半宽为 0.035 ℃，假设服从均匀分布，$k=\sqrt{3}$，则标准不确定度 $u_2(\overline{T})$ 为：

$$u_2(\overline{T}) = 0.035/\sqrt{3} = 0.0203\ ℃$$

而数据采集器的数据修约与其受温度影响不相关，则由数据采集器引入的标准不确定度 $u(\overline{T})$ 为：

$$u(\overline{T}) = \sqrt{u_1^2(\overline{T}) + u_2^2(\overline{T})} = \sqrt{0.0029^2 + 0.0203^2} = 0.0206\ ℃$$

D.3.3 标准不确定度 $u(\Delta T_s)$

该项不确定度是由信号模拟器传递的不确定度引起的，包括信号模拟器的允许误差、分辨力、校准环境温度变化。

信号模拟器的允许误差引入的标准不确定度 $u_1(\Delta T_s)$，采用 B 类方法评定。根据 JJQ1 型信号模拟器使用说明书可知，其温度通道的最大允许误差为±0.03 ℃，则其区间半宽为 0.03 ℃，假设其服从均匀分布，$k=\sqrt{3}$，则标准不确定度为：$u_1(\Delta T_s) = 0.03/\sqrt{3} = 0.0174$ ℃。

信号模拟器的分辨力引入的标准不确定度 $u_2(\Delta T_s)$，采用 B 类方法评定。根据 JJQ1 型信号模拟器使用说明书可知，其温度通道的分辨力为 0.01 ℃，则其区间半宽为 0.005 ℃，其服从均匀分布，$k=\sqrt{3}$，则标准不确定度为：$u_2(\Delta T_s) = 0.005/\sqrt{3} = 0.0029$ ℃。

由于环境温度变化影响引入的标准不确定度为 $u_3(\Delta T_s)$。根据信号模拟器的设计生产要求，由于温度变化对信号模拟器温度输出值的影响应符合信号模拟器的技术要求，因此该项不确定度包含在信号模拟器的允许误差引入的标准不确定度 $u_1(\Delta T_s)$ 中。

而信号模拟器的允许误差与其分辨力不相关，由信号模拟器传递引起的标准不确定度 $u(\Delta T_s)$ 为：

$$u(\Delta T_s) = \sqrt{u_1^2(\Delta T_s) + u_2^2(\Delta T_s)} = \sqrt{0.0174^2 + 0.0029^2} = 0.0177\ ℃。$$

D.4 合成标准不确定度

合成标准不确定度 u_c 用式(D.3)计算：

$$u_c = \sqrt{u_A^2 + u^2(\overline{T}) + u^2(\Delta T_s)} \quad \cdots\cdots\cdots\cdots\cdots\cdots (D.3)$$

式中：

u_c ——合成标准不确定度；

u_A ——测量重复性引入的标准不确定度；

$u(\overline{T})$ ——被校准数据采集器引入的标准不确定度；

$u(\Delta T_s)$ ——信号模拟器传递的不确定度引入的标准不确定度。

依据上式计算，当校准点为－30 ℃、0 ℃和 50 ℃时，合成标准不确定度均为：

$$u_c = \sqrt{0.0069^2 + 0.0206^2 + 0.0177^2} = 0.029\ ℃$$

D.5 扩展不确定度

合成相对标准不确定度一般服从正态分布，取包含因子 $k=2$，用式(D.4)计算扩展不确定度 U：

$$U = k \times u_c \quad \cdots\cdots\cdots\cdots\cdots\cdots (D.4)$$

式中：

U ——扩展不确定度；

k ——包含因子；

u_c ——合成标准不确定度。

依据上式计算，当校准点为－30 ℃、0 ℃或 50 ℃时，其扩展不确定度均为：$U=0.058\approx0.06$ ℃，$k=2$。

D.6 测量不确定度报告

在环境气温为 23 ℃、相对湿度为 30%时，使用 JJQ1 型自动气象站信号模拟器（编号 JJQ1-11.0007）作为标准器，校准 DZZ4 型自动气象站数据采集器温度通道（主采编号 SCBH-1302.0099，温湿度分采编号 SCBH-1307.0111 *）各校准点的通道误差。

在－30 ℃校准点，校准结果为 $\Delta T=-0.02$ ℃，扩展不确定度 $U=0.06$ ℃，$k=2$。

在 0 ℃校准点，校准结果为 $\Delta T=-0.05$ ℃，扩展不确定度 $U=0.06$ ℃，$k=2$。

在 50 ℃校准点，校准结果为 $\Delta T=-0.06$ ℃，扩展不确定度 $U=0.06$ ℃，$k=2$。

参 考 文 献

[1] JJF 1048 数据采集系统校准规范
[2] 李黄.自动气象站实用手册.北京:气象出版社.2007
[3] 吕文华等.自动气象站技术与应用.北京:中国标准出版社.2013

ICS 07.060
B 18

中华人民共和国气象行业标准

QX/T 292—2015

农业气象观测资料传输文件格式

File format for agrometeorological observation data transmission

2015-12-11 发布　　2016-04-01 实施

中国气象局　发布

前　言

本标准按照 GB/T 1.1—2009 给出的规则起草。

本标准由全国气象基本信息标准化技术委员会(SAC/TC 346)提出并归口。

本标准起草单位:国家气象中心、山东省日照市气象局。

本标准主要起草人:庄立伟、成兆金、吴门新、李轩。

农业气象观测资料传输文件格式

1 范围

本标准规定了作物、土壤水分、自然物候、畜牧气象和农业气象灾害观测资料传输文件的命名、结构和内容。

本标准适用于农业气象观测站(含试验站)和地面气象观测站的上述人工观测资料的传输。

2 规范性引用文件

下列文件对于本文件的应用是必不可少的。凡是注日期的引用文件,仅注日期的版本适用于本文件。凡是不注日期的引用文件,其最新版本(包括所有的修改单)适用于本文件。

QX/T 102－2009　气象资料分类与编码

QX/T 129－2011　气象数据传输文件命名

3 术语和定义

下列术语和定义适用于本文件。

3.1

作物　crop

农业上栽培的各种植物。

3.2

土壤水分　soil moisture

保存在土壤中的水分,通常用土壤含水量占田间持水量的百分数表示。

3.3

自然物候　natural phenology

自然界中不受人为活动影响的各种物候现象。

3.4

畜牧气象　animal husbandry meteorology

畜牧业生产与气象条件相关的科学。

3.5

农业气象灾害　agrometeorological disaster

不利气象条件给农业造成的灾害。

4 文件格式

4.1 文件命名

农业气象观测资料传输文件命名格式应符合 QX/T 129－2011 中 3.2 的规定。单站的农业气象观测资料传输文件名为“Z_AGME_I_IIiii_yyyyMMddhhmmss_O_PPPP[－CC*x*]. txt”,多站农业气象观测资料传输文件名为“Z_AGME_C_CCCC_yyyyMMddhhmmss_O_PPPP. txt”。文件名中各字段的含义如下：

Z ——固定字符，表示文件为国内交换的资料。

AGME ——固定字符，农业气象观测资料指示码。

I ——固定字符，指示其后字段代码为台站区站号。

IIiii ——台站区站号。

yyyyMMddhhmmss ——文件生成时间，使用国际协调时(UTC)，用年月日时分秒表示，中间没有特定取值时，以数字“0”填充。

O ——固定字符，气象观测资料指示码。

PPPP ——农业气象观测资料分类标识符，应按照 QX/T 102－2009 中 5.7 的要求取值，分类标识符见表 1。

CCx ——资料更正标识，可选标志，仅在单站资料文件名中使用。CC 为固定字符；x 取值为英文大写字母“A”～“X”，取值顺可按英文字母序顺序选取，x＝A 表示对该站某次观测的第一次更正；x＝B 表示对该站某次观测的第二次更正，依次类推，直至 x＝X。

txt ——固定字符，文件的扩展名，表示文件为文本格式。

C ——固定字符，指示其后字段编码为编报中心代码。

CCCC ——编报中心代码，应按照 QX/T 129－2011 附录 A 中表 A.13 取值。

带有方括号“[]”的字段为可选字段，可选字段与其他字段用减号“－”分隔；其他字段为必选字段。除文件扩展名字段用小数点“.”分隔外，其他非可选字段用下划线“_”分隔。

表 1 农业气象观测资料分类标识符(PPPP)表

资料分类名称	PPPP	说明
作物数据	CROP	包括生长发育、干物质与叶面积、灌浆速度、产量因素、产量结构、关键农事活动、县产量水平要素
土壤水分数据	SOIL	包括土壤水文物理特性、土壤相对湿度、土壤水分总贮存量、土壤有效水分贮存量、土壤冻结与解冻、干土层及降水渗透地下水位要素
自然物候数据	SEAS	包括木本植物物候期、草本植物物候期、气象水文现象、动物物候期要素
畜牧气象数据	PAST	包括牧草发育期、牧草生长高度、牧草产量、牧草覆盖度及草层采食度、灌木半灌木密度、家畜膘情等级调查要素
农业气象灾害数据	DISA	包括农业气象灾害观测、农业气象灾害调查、牧草灾害、家畜灾害要素

4.2 文件结构与内容

4.2.1 文件组成

农业气象观测资料传输文件包括作物、土壤水分、自然物候、畜牧气象和农业气象灾害五类观测数据文件，每类数据文件由基本参数、观测数据和结束标志三部分组成，文件采取 ASCII 编码。

4.2.2 基本参数

基本参数由区站号、纬度、经度、观测场海拔高度、气压传感器海拔高度和所含观测要素的数目 6 组组成，占一行记录，每组之间用 1 个英文逗号分隔，以“@”及回车换行结束一行记录，基本参数内容与格式见附录 A 的 A.1。

4.2.3 观测数据

观测数据由若干个观测要素的数据段组成，即每个要素部分构成一个数据段，由数据段开始标志、观测数据记录和数据段结束标志三部分组成。各数据段组成如下：

数据段开始标识 ——由要素关键字引导开始的段，即以“要素关键字，m@”为数据段开始标志，占一行记录。关键字占1项，“m”为段内观测数据记录条数(变长)，占1项，以“@”及回车换行结束一行记录。

观测数据记录 ——数据的记录部分，由m条记录组成，每条记录为同一天观测的若干数据项，数据项之间用1个英文逗号分隔，字符型加用英文双引号，以“@”及回车换行结束每行记录。

数据段结束标志 ——由要素关键字和“@”标识结束的段，即以“END_要素关键字@”为数据段结束标志，占一行记录，以“@”及回车换行结束一行记录。“END_”为固定符号。

观测数据位数不足高位补“0”，出现负数的以英文减号(-)开头编报，占规定位数的一位，资料缺测以“9”填满相应位数。

观测数据中要素关键字应按附录A的A.2给出的要求取值。作物、土壤水分、自然物候、畜牧气象和农业气象灾害观测资料的传输内容参见附录B的B.1，内容编码参见附录B的B.2。

4.2.4 结束标志

单站同一天观测记录结束填写“=”，独占一行记录，以回车换行结束；单站或多站所有观测记录全部结束填写“NNNN”，独占一行记录，以回车换行结束。

4.3 文件示例

单站和多站的农业气象观测资料传输文件格式示例参见附录C。

附　录　A
（规范性附录）
传输文件基本参数、观测要素关键字说明

A.1　基本参数

表 A.1　传输文件基本参数内容与格式

参数项	长度（字符数）	单位	说明
区站号	5		5位数字或第1位为字母、第2～5位为数字
纬度	6	度分秒	按度分秒记录，均为2位，台站纬度未精确到秒时，秒固定记录00
经度	7	度分秒	按度分秒记录，度为3位，分秒为2位，台站经度未精确到秒时，秒固定记录00
观测场海拔高度	5	米	保留1位小数，扩大10倍记录取整
气压传感器海拔高度	5	米	保留1位小数，扩大10倍记录取整；无气压传感器时，固定记录99999
观测要素个数	2		长度可取1或2位

A.2　观测要素关键字

表 A.2　作物观测要素关键字

要素名称	关键字	项目数
作物生长发育	CROP-01	8
叶面积指数	CROP-02	3
灌浆速度	CROP-03	5
产量因素	CROP-04	5
产量结构	CROP-05	4
关键农事活动	CROP-06	6
县产量水平	CROP-07	5
植株分器官干物质	CROP-08	10
大田基本情况调查	CROP-09	5
大田生育状况调查	CROP-10	13

表 A.3 土壤水分观测要素关键字

要素名称	关键字	项目数
土壤水文物理特性	SOIL-01	6
土壤相对湿度	SOIL-02	14
水分总储存量	SOIL-03	14
有效水分储存量	SOIL-04	14
土壤冻结与解冻	SOIL-05	5
干土层及降水渗透地下水位	SOIL-06	7

表 A.4 自然物候观测要素关键字

要素名称	关键字	项目数
木本植物物候期	SEAS-01	3
草本植物物候期	SEAS-02	3
气象水文现象	SEAS-03	2
动物物候期	SEAS-04	3

表 A.5 畜牧气象观测要素关键字

要素名称	关键字	项目数
牧草发育期	PAST-01	4
牧草生长高度	PAST-02	3
牧草产量	PAST-03	5
覆盖度及草层采食度	PAST-04	5
灌木及半灌木密度	PAST-05	4
家畜膘情等级调查	PAST-06	4
家畜羯羊重调查	PAST-07	7
畜群基本情况调查	PAST-08	16
牧事活动调查	PAST-09	4
草层高度测量	PAST-10	4
灌木及半灌木覆盖度	PAST-11	2

表 A.6 农业气象灾害观测要素关键字

要素名称	关键字	项目数
农业气象灾害观测	DISA-01	7
农业气象灾害调查	DISA-02	8
牧草灾害	DISA-03	6
家畜灾害	DISA-04	6
植物灾害	DISA-05	7

附　录　B
(资料性附录)
农业气象观测资料传输内容与编码

B.1　观测资料传输内容

B.1.1　作物观测资料传输内容

包括作物生长发育、叶面积指数、灌浆速度、产量因素、产量结构、关键农事活动、县产量水平、植株分器官干物质、大田基本情况调查和大田生育状况调查十个要素,见表B.1～表B.10。

表B.1　作物生长发育要素传输内容

数据组	长度(字符数)	单位	说明
作物名称	6		编码,参见表B.37
发育期	2		编码,参见表B.49
发育时间	14		年月日时分秒(世界时,yyyyMMddhhmmss);若观测精度未到时、分、秒,则相应部位编0
发育期距平	4	天	取整
发育期百分率	4	%	取整
生长状况	1		代码,1为一类苗;2为二类苗;3为三类苗
植株高度	4	厘米	取整
植株密度	8	0.01株(茎)数/平方米	观测值扩大100倍取整

表B.2　叶面积指数要素传输内容

数据组	长度(字符数)	单位	说明
测定时间	14		年月日时分秒(世界时,yyyyMMddhhmmss);若观测精度未到时、分、秒,则相应部位编0
作物名称	6		编码,参见表B.37
叶面积指数	6		观测值扩大10倍取整

表B.3　灌浆速度要素传输内容

数据组	长度(字符数)	单位	说明
测定时间	14		年月日时分秒(世界时,yyyyMMddhhmmss);若观测精度未到时、分、秒,则相应部位编0
作物名称	6		编码,参见表B.37

表 B.3　灌浆速度要素传输内容(续)

数据组	长度(字符数)	单位	说明
子粒含水率	6	0.01%	观测值扩大 100 倍取整
千粒重	6	0.01 克	观测值扩大 100 倍取整
灌浆速度	6	0.01 克/(千粒·日)	观测值扩大 100 倍取整

表 B.4　产量因素要素传输内容

数据组	长度(字符数)	单位	说明
测定时间	14		年月日时分秒(世界时,yyyyMMddhhmmss);若观测精度未到时、分、秒,则相应部位编 0
作物名称	6		编码,参见表 B.37
发育期	2		编码,参见表 B.49
产量因素名称	2		编码,参见表 B.46
测定值	8		观测值扩大 100 倍取整,单位由产量因素项目而定,参照《农业气象观测规范》

表 B.5　产量结构要素传输内容

数据组	长度(小数位)	单位	说明
测定时间	14		年月日时分秒(世界时,yyyyMMddhhmmss);若观测精度未到时、分、秒,则相应部位编 0
作物名称	6		编码,参见表 B.37
产量结构名称	2		编码,参见表 B.47
测定值	8		观测值扩大 100 倍取整,单位由产量因素项目而定,参照《农业气象观测规范》

表 B.6　关键农事活动要素传输内容

数据组	长度(字符数)	单位	说明
起始时间	14		年月日时分秒(世界时,yyyyMMddhhmmss);若观测精度未到时、分、秒,则相应部位编 0
结束时间	14		年月日时分秒(世界时,yyyyMMddhhmmss);若观测精度未到时、分、秒,则相应部位编 0
作物名称	6		编码,参见表 B.37
农事活动名称	2		编码,参见表 B.48
质量	1		代码,1 为较差;2 为中等;3 为优良
方法和工具	100		字符型,最多 100 个字符的描述

表 B.7　县产量水平要素传输内容

数据组	长度(字符数)	单位	说明
年度	4		年(yyyy)
作物名称	6		编码,参见表 B.37
测站产量水平	6	0.1 千克/公顷	观测值扩大 10 倍取整
县平均单产	6	0.1 千克/公顷	观测值扩大 10 倍取整
县产量增减产百分率	6	0.1%	观测值扩大 10 倍取整

表 B.8　植株分器官干物要素传输内容

数据组	长度(字符数)	单位	说明
测定时间	14		年月日时分秒(世界时,yyyyMMddhhmmss);若观测精度未到时、分、秒,则相应部位编 0
作物名称	6		编码,参见表 B.37
发育期	2		编码,参见表 B.49
器官名称	1		代码,0 为整株;1 为叶片;2 为叶鞘(叶柄);3 为茎(分枝);4 为果实;5 为根,6～8 保留
分器官鲜重	6	0.01 克	观测值扩大 100 倍取整
分器官干重	6	0.01 克	观测值扩大 100 倍取整
分器官平方米鲜重	8	0.01 克	观测值扩大 100 倍取整
分器官平方米干重	8	0.01 克	观测值扩大 100 倍取整
分器官生长率	6	0.01 克/(平方米·日)	观测值扩大 100 倍取整
分器官含水率	6	0.01%	观测值扩大 100 倍取整

表 B.9　大田基本情况调查要素传输内容

数据组	长度(字符数)	单位	说明
大田水平	1		代码,0 为上;1 为中;2 为下
作物名称	6		编码,参见表 B.37
播种时间	14		年月日时分秒(世界时,yyyyMMddhhmmss);若观测精度未到时、分、秒,则相应部位编 0
收获时间	14		年月日时分秒(世界时,yyyyMMddhhmmss);若观测精度未到时、分、秒,则相应部位编 0
单产	6	0.1 千克/公顷	观测值扩大 10 倍取整

表 B.10 大田生育状况调查要素传输内容

数据组	长度(字符数)	单位	说明
观测日期	14		年月日时分秒(世界时,yyyyMMddhhmmss);若观测精度未到时、分、秒,则相应部位编 0
大田水平	1		代码,0 为上;1 为中;2 为下
作物名称	6		编码,参见表 B.37
发育期	2		编码,参见表 B.49
植株高度	4	厘米	取整
植株密度	8	0.01 株(茎)数/平方米	观测值扩大 100 倍取整
生长状况	1		代码,1 为一类苗;2 为二类苗;3 为三类苗
产量因素名称 1	2		编码,参见表 B.46
产量因素测量值 1	4		观测值扩大 10 倍取整
产量因素名称 2	2		编码,参见表 B.46
产量因素测量值 2	4		观测值扩大 10 倍取整
产量因素名称 3	2		编码,参见表 B.46
产量因素测量值 3	4		观测值扩大 10 倍取整
注:产量因素测量最多三组,项目单位参照《农业气象观测规范》(上卷)。			

B.1.2 土壤水分观测传输内容

包括土壤水文物理特性、土壤相对湿度、土壤水分总贮存量、土壤有效水分贮存量、土壤冻结与解冻、干土层及降水渗透地下水位六个要素,见表 B.11～表 B.16。

表 B.11 土壤水文物理特性要素传输内容

数据组	长度(字符数)	单位	说明
测定时间	14		年月日时分秒(世界时,yyyyMMddhhmmss);若观测精度未到时、分、秒,则相应部位编 0
地段类型	1		代码,0 为作物观测地段;1 为固定观测地段;2 为加密观测地段;3 为其他观测地段
土层深度	3	厘米	以实际土层深度表示
田间持水量	4	0.1%	观测值扩大 10 倍取整
土壤容重	4	0.01 克/立方厘米	观测值扩大 100 倍取整
凋萎湿度	4	0.1%	观测值扩大 10 倍取整

表 B.12 土壤相对湿度要素传输内容

数据组	长度(字符数)	单位	说明
测定时间	14		年月日时分秒(世界时,yyyyMMddhhmmss);若观测精度未到时、分、秒,则相应部位编 0
地段类型	1		代码,0 为作物观测地段;1 为固定观测地段;2 为加密观测地段;3 为其他观测地段
作物名称	6		编码,参见表 B.37
发育期	2		编码,参见表 B.49
10 厘米土壤相对湿度	4	%	0 厘米~10 厘米土层土壤相对湿度测量值
20 厘米土壤相对湿度	4	%	10 厘米~20 厘米土层土壤相对湿度测量值
30 厘米土壤相对湿度	4	%	20 厘米~30 厘米土层土壤相对湿度测量值
40 厘米土壤相对湿度	4	%	30 厘米~40 厘米土层土壤相对湿度测量值
50 厘米土壤相对湿度	4	%	40 厘米~50 厘米土层土壤相对湿度测量值
60 厘米土壤相对湿度	4	%	50 厘米~60 厘米土层土壤相对湿度测量值
70 厘米土壤相对湿度	4	%	60 厘米~70 厘米土层土壤相对湿度测量值
80 厘米土壤相对湿度	4	%	70 厘米~80 厘米土层土壤相对湿度测量值
90 厘米土壤相对湿度	4	%	90 厘米~90 厘米土层土壤相对湿度测量值
100 厘米土壤相对湿度	4	%	90 厘米~100 厘米土层土壤相对湿度测量值

表 B.13 水分总贮存量要素传输内容

数据组	长度(字符数)	单位	说明
测定时间	14		年月日时分秒(世界时,yyyyMMddhhmmss);若观测精度未到时、分、秒,则相应部位编 0
地段类型	1		代码,0 为作物观测地段;1 为固定观测地段;2 为加密观测地段;3 为其他观测地段
作物名称	6		编码,参见表 B.37
发育期	2		编码,参见表 B.49
10 厘米水分总贮存量	4	毫米	0 厘米~10 厘米深度的土壤中总的含水量
20 厘米水分总贮存量	4	毫米	10 厘米~20 厘米深度的土壤中总的含水量
30 厘米水分总贮存量	4	毫米	20 厘米~30 厘米深度的土壤中总的含水量
40 厘米水分总贮存量	4	毫米	30 厘米~40 厘米深度的土壤中总的含水量
50 厘米水分总贮存量	4	毫米	40 厘米~50 厘米深度的土壤中总的含水量
60 厘米水分总贮存量	4	毫米	50 厘米~60 厘米深度的土壤中总的含水量
70 厘米水分总贮存量	4	毫米	60 厘米~70 厘米深度的土壤中总的含水量

表 B.13　水分总贮存量要素传输内容(续)

数据组	长度(字符数)	单位	说明
80 厘米水分总贮存量	4	毫米	70 厘米～80 厘米深度的土壤中总的含水量
90 厘米水分总贮存量	4	毫米	80 厘米～90 厘米深度的土壤中总的含水量
100 厘米水分总贮存量	4	毫米	90 厘米～100 厘米深度的土壤中总的含水量

表 B.14　有效水分贮存量要素传输内容

数据组	长度(字符数)	单位	说明
测定时间	14		年月日时分秒(世界时,yyyyMMddhhmmss);若观测精度未到时、分、秒,则相应部位编 0
地段类型	1		代码,0 为作物观测地段;1 为固定观测地段;2 为加密观测地段;3 为其他观测地段
作物名称	6		编码,参见表 B.37
发育期	2		编码,参见表 B.49
10 厘米有效水分贮存量	4	毫米	0 厘米～10 厘米深度的土壤中有效水分贮存量
20 厘米有效水分贮存量	4	毫米	10 厘米～20 厘米深度的土壤中有效水分贮存量
30 厘米有效水分贮存量	4	毫米	20 厘米～30 厘米深度的土壤中有效水分贮存量
40 厘米有效水分贮存量	4	毫米	30 厘米～40 厘米深度的土壤中有效水分贮存量
50 厘米有效水分贮存量	4	毫米	40 厘米～50 厘米深度的土壤中有效水分贮存量
60 厘米有效水分贮存量	4	毫米	50 厘米～60 厘米深度的土壤中有效水分贮存量
70 厘米有效水分贮存量	4	毫米	60 厘米～70 厘米深度的土壤中有效水分贮存量
80 厘米有效水分贮存量	4	毫米	70 厘米～80 厘米深度的土壤中有效水分贮存量
90 厘米有效水分贮存量	4	毫米	80 厘米～90 厘米深度的土壤中有效水分贮存量
100 厘米有效水分贮存量	4	毫米	90 厘米～100 厘米深度的土壤中有效水分贮存量

表 B.15　土壤冻结与解冻要素传输内容

数据组	长度(字符数)	单位	说明
出现时间	14		年月日时分秒(世界时,yyyyMMddhhmmss);若观测精度未到时、分、秒,则相应部位编 0
地段类型	1		代码,0 为作物观测地段;1 为固定观测地段;2 为加密观测地段;3 为其他观测地段
作物名称	6		编码,参见表 B.37
土层深度	1		代码,0 为表层;1 为 10 厘米;2 为 20 厘米
土层状态	1		代码,0 为冻结;1 为解冻

表 B.16　干土层及降水渗透地下水位要素传输内容

数据组	长度(字符数)	单位	说明
测定时间	14		年月日时分秒(世界时,yyyyMMddhhmmss);若观测精度未到时、分、秒,则相应部位编0
地段类型	1		代码,0为作物观测地段;1为固定观测地段;2为加密观测地段;3为其他观测地段
作物名称	6		编码,参见表B.37
发育期	2		编码,参见表B.49
干土层厚度	4	厘米	取整
降水渗透深度	4	厘米	取整
地下水位深度	4	0.1米	观测值扩大10倍取整

B.1.3　自然物候观测传输内容

包括木本植物物候期、草本植物物候期、气象水文现象、动物物候期四个要素,见表B.17～表B.20。

表 B.17　木本植物物候期要素传输内容

数据组	长度(字符数)	单位	说明
出现时间	14		年月日时分秒(世界时,yyyyMMddhhmmss);若观测精度未到时、分、秒,则相应部位编0
植物名称	8		编码,参见表B.40
物候期名称	2		编码,参见表B.50

表 B.18　草本植物物候期要素

数据组	长度(字符数)	单位	说明
出现时间	14		年月日时分秒(世界时,yyyyMMddhhmmss);若观测精度未到时、分、秒,则相应部位编0
植物名称	8		编码,参见表B.39
物候期名称	2		编码,参见表B.50

表 B.19　气象水文现象要素传输内容

数据组	长度(字符数)	单位	说明
出现时间	14		年月日时分秒(世界时,yyyyMMddhhmmss);若观测精度未到时、分、秒,则相应部位编0
气象水文现象名称	4		编码,参见表B.45

表 B.20　动物物候期要素传输内容

数据组	长度(字符数)	单位	说明
出现时间	14		年月日时分秒(世界时,yyyyMMddhhmmss);若观测精度未到时、分、秒,则相应部位编0
动物名称	8		编码,参见表B.41
物候期名称	2		编码,参见表B.50

B.1.4　畜牧气象观测传输内容

包括牧草发育期、牧草生长高度、牧草产量、牧草覆盖度及草层采食度、灌木及半灌木密度、家畜膘情等级调查、家畜羯羊重调查、畜群基本情况调查、牧事活动调查、草层高度测量、灌木及半灌木覆盖度十一个要素,见表B.21～表B.31。

表 B.21　牧草发育期要素传输内容

数据组	长度(字符数)	单位	说明
观测时间	14		年月日时分秒(世界时,yyyyMMddhhmmss);若观测精度未到时、分、秒,则相应部位编0
牧草名称	8		编码,参见表B.38
发育期	2		编码,参见表B.49
发育期百分率	4	%	取整

表 B.22　牧草生长高度要素传输内容

数据组	长度(字符数)	单位	说明
观测时间	14		年月日时分秒(世界时,yyyyMMddhhmmss);若观测精度未到时、分、秒,则相应部位编0
牧草名称	8		编码,参见表B.38
生长高度	4	厘米	取整

表 B.23　牧草产量要素传输内容

数据组	长度(字符数)	单位	说明
测定时间	14		年月日时分秒(世界时,yyyyMMddhhmmss);若观测精度未到时、分、秒,则相应部位编0
牧草名称	8		编码,参见表B.38
干重	6	0.1千克/公顷	观测值扩大10倍取整
鲜重	6	0.1千克/公顷	观测值扩大10倍取整
干鲜比	4	%	取整

表 B.24 牧草覆盖度及草层采食度要素传输内容

数据组	长度(字符数)	单位	说明
测定时间	14		年月日时分秒(世界时,yyyyMMddhhmmss);若观测精度未到时、分、秒,则相应部位编0)
覆盖度	4	%	取整,灌木、半灌木的覆盖地面比例
草层状况评价	1		代码,1为优;2为良;3为中;4为差;5为很差
采食度	1		代码,1为轻微;2为轻;3为中;4为重;5为很重
采食率	4	%	取整

表 B.25 灌木及半灌木密度要素传输内容

数据组	长度(字符数)	单位	说明
测定时间	14		年月日时分秒(世界时,yyyyMMddhhmmss);若观测精度未到时、分、秒,则相应部位编0
牧草名称	8		编码,参见表B.38
每公顷株丛数	6	株/公顷	取整
每公顷总株丛数	6	株/公顷	取整

表 B.26 家畜膘情等级调查要素传输内容

数据组	长度(字符数)	单位	说明
调查时间	14		年月日时分秒(世界时,yyyyMMddhhmmss);若观测精度未到时、分、秒,则相应部位编0
膘情等级	1		代码,1为上;2为中;3为下;4为很差
成畜头数	4	头	取整
幼畜头数	4	头	取整

表 B.27 家畜羯羊重调查要素传输内容

数据组	长度(字符数)	单位	说明
调查时间	14		年月日时分秒(世界时,yyyyMMddhhmmss);若观测精度未到时、分、秒,则相应部位编0
羯羊_1体重	4	0.1千克	观测值扩大10倍取整

表 B.27 家畜羯羊重调查要素传输内容(续)

数据组	长度(字符数)	单位	说明
羯羊_2 体重	4	0.1 千克	观测值扩大 10 倍取整
羯羊_3 体重	4	0.1 千克	观测值扩大 10 倍取整
羯羊_4 体重	4	0.1 千克	观测值扩大 10 倍取整
羯羊_5 体重	4	0.1 千克	观测值扩大 10 倍取整
平均	4	0.1 千克	观测值扩大 10 倍取整

表 B.28 畜群基本情况调查要素传输内容

数据组	长度(字符数)	单位	说明
调查时间	14		年月日时分秒(世界时,yyyyMMddhhmmss);若观测精度未到时、分、秒,则相应部位编 0
春季日平均放牧时数	2	时	代码,1 为上;2 为中;3 为下;4 为很差
夏季日平均放牧时数	2	时	取整
秋季日平均放牧时数	2	时	取整
冬季日平均放牧时数	2	时	取整
有无棚舍	1		代码,0 为无棚舍;1 为有棚舍
棚舍数量	4	个	取整
棚舍长	4	0.1 米	测量值扩大 10 倍取整
棚舍宽	4	0.1 米	测量值扩大 10 倍取整
棚舍高	4	0.1 米	测量值扩大 10 倍取整
棚舍结构	20		字符型,最多 20 个字符的描述
棚舍型式	20		字符型,最多 20 个字符的描述
棚舍门窗开向	10		字符型,最多 10 个字符的描述
畜群家畜名称	20		字符型,最多 20 个字符的描述
家畜品种	20		字符型,最多 20 个字符的描述
畜群所属单位	100		字符型,最多 100 个字符的描述

表 B.29 牧事活动调查要素传输内容

数据组	长度(字符数)	单位	说明
调查起始时间	14		年月日时分秒(世界时,yyyyMMddhhmmss);若观测精度未到时、分、秒,则相应部位编 0
调查终止时间	14		年月日时分秒(世界时,yyyyMMddhhmmss);若观测精度未到时、分、秒,则相应部位编 0
牧事活动名称	2	头	编码,参见表 B.51
生产性能	200	头	字符型,最多 200 个字符的描述

表 B.30　草层高度测量要素传输内容

数据组	长度(字符数)	单位	说明
观测时间	14		年月日时分秒(世界时,yyyyMMddhhmmss);若观测精度未到时、分、秒,则相应部位编0
草层类型	1		代码,0为高草层;1为低草层
场地类型	1		代码,0为观测地段;1为放牧场
生长高度	4	厘米	取整

表 B.31　灌木及半灌木覆盖度要素传输内容

数据组	长度(字符数)	单位	说明
测定时间	14	无	年月日时分秒(世界时,yyyyMMddhhmmss);若观测精度未到时、分、秒,则相应部位编0
植株覆盖度	4	%	

B.1.5　农业气象灾害观测传输内容

包括农业气象灾害观测、农业气象灾害调查、牧草灾害、家畜灾害和植物灾害五个要素,见表B.32～表B.36。

表 B.32　农业气象灾害要素传输内容

数据组	长度(字符数)	单位	说明
观测时间	14		年月日时分秒(世界时,yyyyMMddhhmmss);若观测精度未到时、分、秒,则相应部位编0
灾害名称	4		编码,参见表B.42、表B.43、表B.44
受灾作物	6		编码,参见表B.37
器官受害程度	4	%	反映植株受灾的严重性
预计对产量的影响	1		代码,0为无;1为轻微;2为轻;3为中;4为重
减产成数	2	成	取整
受害征状	100		字符型,最多100个字符的描述

表 B.33 农业气象灾害调查要素传输内容

数据组	长度(字符数)	单位	说明
调查时间	14		年月日时分秒(世界时,yyyyMMddhhmmss);若观测精度未到时、分、秒,则相应部位编0
灾害名称	4		编码,参见表B.42、表B.43、表B.44
受灾作物	6		编码,参见表B.37
器官受害程度	4	%	取整
成灾面积	6	0.1公顷	观测值扩大10倍取整
成灾比例	4	0.1%	观测值扩大10倍取整
减产趋势估计	2	成	取整
受害征状	100		字符型,最多100个字符的描述

表 B.34 牧草灾害要素传输内容

数据组	长度(字符数)	单位	说明
观测时间	14		年月日时分秒(世界时,yyyyMMddhhmmss);若观测精度未到时、分、秒,则相应部位编0
受灾起始时间	14		年月日时分秒(世界时,yyyyMMddhhmmss);若观测精度未到时、分、秒,则相应部位编0
受灾终止时间	14		年月日时分秒(世界时,yyyyMMddhhmmss);若观测精度未到时、分、秒,则相应部位编0
灾害名称	4		编码,参见表B.42、表B.43
受害等级	1		代码,1为轻;2为中;3为重;4为很重
受害征状	100		字符型,最多100个字符的描述

表 B.35 家畜灾害要素传输内容

数据组	长度(字符数)	单位	说明
观测时间	14		年月日时分秒(世界时,yyyyMMddhhmmss);若观测精度未到时、分、秒,则相应部位编0
受灾起始时间	14		年月日时分秒(世界时,yyyyMMddhhmmss);若观测精度未到时、分、秒,则相应部位编0

表 B.35　家畜灾害要素传输内容(续)

数据组	长度(字符数)	单位	说明
受灾终止时间	14		年月日时分秒(世界时,yyyyMMddhhmmss);若观测精度未到时、分、秒,则相应部位编0)
灾害名称	4		编码,参见表B.43
受害等级	1		代码,1为轻;2为中;3为重;4为很重
受害征状	100		字符型,最多100个字符的描述

表 B.36　植物灾害要素传输内容

数据组	长度(字符数)	单位	说明
观测时间	14		年月日时分秒(世界时,yyyyMMddhhmmss);若观测精度未到时、分、秒,则相应部位编0
受灾起始时间	14		年月日时分秒(世界时,yyyyMMddhhmmss);若观测精度未到时、分、秒,则相应部位编0
受灾终止时间	14		年月日时分秒(世界时,yyyyMMddhhmmss);若观测精度未到时、分、秒,则相应部位编0)
受灾植物名称	8		编码,参见表B.39、表B.40
灾害名称	4		编码,参见表B.42
受害程度	4	%	取整
影响情况	50		字符型,最多50个字符的描述

B.2　观测资料内容编码

B.2.1　作物名称编码

作物名称采用6位编码方式(B1B1B2B2B3B3)。B1B1为作物指示码,固定编码01;B2B2为作物类别编码(00—10);B3B3作物品种、熟性编码(01—09)。见表B.37。

表 B.37　作物名称编码

作物类别	编码(B2B2/B3B3)	01	02	03	04	05	06	07	08	09
常规籼稻	00	双季早稻早熟	双季早稻中熟	双季早稻晚熟	一季稻早熟	一季稻中熟	一季稻晚熟	双季晚稻早熟	双季晚稻中熟	双季晚稻晚熟
常规粳稻	01	双季早稻早熟	双季早稻中熟	双季早稻晚熟	一季稻早熟	一季稻中熟	一季稻晚熟	双季晚稻早熟	双季晚稻中熟	双季晚稻晚熟

表 B.37 作物名称编码(续)

作物类别	编码(B2B2/B3B3)	01	02	03	04	05	06	07	08	09
杂交稻	02	双季早稻早熟	双季早稻中熟	双季早稻晚熟	一季稻早熟	一季稻中熟	一季稻晚熟	双季晚稻早熟	双季晚稻中熟	双季晚稻晚熟
麦类	03	冬小麦冬性	冬小麦半冬性	冬小麦春性	春小麦	大麦	元麦	青稞	莜麦	燕麦
玉米	04	春玉米早熟	春玉米中熟	春玉米晚熟	夏玉米早熟	夏玉米中熟	夏玉米晚熟	套玉米早熟	套玉米中熟	套玉米晚熟
棉花	05	普通棉早熟	普通棉中熟	普通棉晚熟	长绒棉早熟	长绒棉中熟	长绒棉晚熟			
油类	06	油菜芥菜型	油菜白菜型	油菜甘蓝型	大豆蔓生型	大豆直立型	大豆半直立型	花生	芝麻	向日葵
糖类	07	新植蔗	宿根蔗	甜菜						
畜牧	08	豆科	禾本科	莎草科	杂类草	羊	马	牛	骆驼	
其他	09	白地	高粱	谷子	糯稻	甘薯	马铃薯	蚕豆	烟草	其他
麻类	10	苎麻(宿根)	苎麻(种子)	黄麻	红麻	亚麻				
注:编码 B3B3“10”以上值为预留作物品种、熟性的扩展码。										

B.2.2 牧草名称编码(表 B.38)

表 B.38 牧草名称编码

编码	牧草名称	编码	牧草名称
02010001	白三叶	02020017	狼尾草
02010002	红三叶	02020018	糙隐子草
02010003	紫花苜蓿	02020019	克氏针茅
02010004	箭舌豌豆	02020020	委陵菜
02010005	豌豆	02020021	黄蒿
02010006	黄花羽扇豆	02020022	阿尔泰狗娃花
02010007	短花百脉根	02020023	艾蒿
02010008	百脉根	02020024	赖草
02010009	高粱	02020025	碱茅
02010010	波斯三叶草	02020026	斜茎黄芪
02010011	亚历山大三叶草	02020027	羊草
02010012	绛车轴草	02020028	垂穗披碱草

表 B.38 牧草名称编码(续)

编码	牧草名称	编码	牧草名称
02010013	地三叶草	02020029	星星草
02010014	猫头刺	02020030	戈壁针茅
02010015	红刺	02020031	无芒隐子草
02019999	其他豆科	02029999	其他禾本科
02020001	多年生黑麦草	02030001	矮嵩草
02020002	杂交黑麦草	02030002	高山嵩草
02020003	意大利黑麦草	02030003	二柱头藨草
02020004	多花黑麦草	02039999	其他莎草科
02020005	高羊茅	02040001	冷嵩
02020006	羊茅黑麦草	02040002	矮葱
02020007	匍匐紫羊茅	02040003	细叶葱
02020008	鸡脚草	02040004	木地肤
02020009	猫尾草	02049999	其他杂类草
02020010	草地羊茅	02050001	再生草
02020011	冰草	02050002	混合草
02020012	草地早熟禾	02050003	灌丛
02020013	无芒雀麦	02050004	杂草
02020014	藺草	02060001	霸王
02020015	非洲虎尾草	02060002	白刺
02020016	狗牙根	02070001	红砂

B.2.3 植物动物名称编码

包含草本、木本植物和动物(昆虫)名称编码表。见表 B.39～表 B.41。

表 B.39 草本植物名称编码

编码	草本植物名称	编码	草本植物名称
03010101	马蔺	03010501	莲
03010201	蒲公英	03010601	芦苇
03010202	野菊花	03010701	藜
03010203	苍耳	03010702	垂穗披碱
03010301	车前	03010703	高山龙旦
03010401	芍药	03019999	其他草本植物

表 B.40 木本植物名称编码

编码	木本植物名称	编码	木本植物名称
03020101	松柏	03021504	桃
03020102	侧柏	03021505	山桃
03020201	油桐	03021601	桑树
03020202	木油桐	03021602	构树
03020203	乌柏	03021603	无花果
03020301	刺槐	03021701	油茶
03020302	槐树	03021801	板栗
03020303	合欢	03021901	水杉
03020304	紫穗槐	03022001	枣
03020305	皂荚	03022101	栾树
03020401	核桃	03022201	梧桐
03020501	枫香	03022301	橙
03020601	木槿	03022302	柑
03020701	楝树	03022401	泡桐
03020801	栓皮栎	03022501	悬铃木
03020901	牡丹	03022601	旱柳
03021001	木棉	03022602	垂柳(杨)
03021101	玉兰	03022603	毛白杨
03021201	紫丁香	03022604	小叶杨
03021202	桂花	03022605	加拿大杨(♂、♀)
03021203	白蜡	03022606	中东杨
03021301	葡萄	03022607	红柳
03021401	紫薇	03022701	银杏
03021501	梨(白梨)	03022801	榆树
03021502	苹果	03022901	沙枣
03021503	杏	03029999	其他木本植物

表 B.41 动物(昆虫)名称编码

编码	动物(昆虫)名称	编码	动物(昆虫)名称
03030101	蚱蝉	03030601	蟋蟀
03030201	大杜鹃	03030701	豆雁
03030202	四声杜鹃	03030801	楼燕
03030301	黄鹂	03030802	家燕
03030401	蜜蜂	03030803	金腰燕
03030501	蛙	03039999	其他动物

B.2.4 灾害名称编码

包含天气灾害、农业气象灾害、畜牧灾害和病虫害名称编码表。见表B.42～表B.44。

表B.42 天气、农业气象灾害名称编码

编码	灾害名称	编码	灾害名称
0101	干旱	0201	低温冷害
0102	洪涝	0202	冻害
0103	暴雨	0203	霜冻
0104	热带气旋	0204	寒露风
0105	大风	0205	渍害
0106	龙卷风	0206	连阴雨
0107	冰雹	0207	高温热害
0108	雷暴	0208	干热风
0109	霾	0209	风灾
0110	雾	0210	雪灾
0111	沙尘暴	0299	其他农业气象灾害
0112	浮尘	0199	其他天气灾害

表B.43 畜牧灾害编码

编码	灾害名称	编码	灾害名称
0301	黑雪	0304	暴风雪
0302	白灾	0305	风沙
0303	冷雨	0309	其他畜牧灾害

表B.44 病虫害名称编码

编码	病虫害名称	编码	病虫害名称
0401	稻瘟病	0501	稻飞虱
0402	条锈病	0502	螟虫
0403	白粉病	0503	黏虫
0404	赤霉病	0504	蚜虫
0405	黄枯病	0505	蝗虫
0406	枯萎病	0506	吸浆虫
0407	黑粉病	0507	红铃虫
0408	菌核病	0508	棉铃虫
0409	白锈病	0509	麦蜘蛛

表 B.44 病虫害名称编码(续)

编码	病虫害名称	编码	病虫害名称
0410	紫斑病	0510	红蜘蛛
0411	花叶病	0511	食心虫
0412	纹枯病	0512	杂食性害虫
0413	叶斑病	0513	纵卷叶螟
0499	其他病害	0599	其他虫害

B.2.5 气象水文现象名称编码

气象水文现象采用4位编码方式 H1H1H2H2。H1H1 为气象水文代码，H2H2 为现象代码。见表 B.45。

表 B.45 气象水文现象编码

名称	编码	00	01	02	03	04	05	06
霜	01	出现	终霜	初霜				
雪	02	出现	终雪	开始融化	完全融化	初雪	初次积雪	
雷声	03	出现	初雷	终雷				
闪电	04	出现	初见	终见				
虹	05	出现	初见	终见				
严寒开始	06		开始结冰					
土壤表面	07		开始解冻	开始冻结				
池塘	08		开始解冻	完全解冻	开始冻结	完全冻结		
湖泊	09		开始解冻	完全解冻	开始冻结	完全冻结		
河流	10		开始解冻	完全解冻	开始冻结	开始流冰	流冰终止	完全冻结

B.2.6 作物产量因素编码(表 B.46)

表 B.46 作物产量因素编码

编码	01	02	03	04	05	99
稻类	一次枝梗数	结实粒数				其他
麦类	分蘖数	大蘖数	小穗数	结实粒数	越冬死亡率	其他
玉米	茎粗	果穗长	果穗粗	秃尖长	双穗率	其他
棉花	伏前桃数	伏桃数	秋桃数	单铃重	果枝数	其他
油菜	一次分枝数	荚果数				其他
大豆	一次分枝数	荚果数				其他
蚕豆	一次分枝数	荚果数				其他

B.2.7　作物产量结构编码(表 B.47)

表 B.47　作物产量结构编码

编码	11	12	21	22	23	31	32	41	42	43	44	51	52	53	54	55	56	99
稻类	理论产量		穗粒数	株成穗数	穗结实粒数				千粒重	茎秆重		子粒与茎秆比	空壳率	秕谷率		成穗率		其他
麦类	理论产量		穗粒数	株成穗数	小穗数				千粒重	茎秆重		子粒与茎秆比	不孕小穗率			成穗率		其他
玉米	理论产量					果穗长	果穗粗	株子粒重	百粒重	茎秆重		子粒与茎秆比	秃尖比					其他
棉花	子棉理论产量		株铃数			纤维长		株子棉重		棉秆重		子棉与棉秆比	僵烂铃率	未成熟铃率	蕾铃脱落率	霜前花率	衣分	其他
油菜	理论产量		株荚果数					株子粒重	千粒重	茎秆重		子粒与茎秆比						其他
大豆	理论产量		株荚数		株结实粒数			株子粒重	百粒重	茎秆重		子粒与茎秆比	空秕荚率					其他
花生	荚果理论产量		株荚果数					株荚果重	百粒重	茎秆重		荚果与茎秆比	空秕荚率			出仁率		其他
芝麻	理论产量		株蒴果数					株子粒重	千粒重	茎秆重		子粒与茎秆比						其他
向日葵	理论产量					花盘直径		株子粒重	千粒重	茎秆重		子粒与茎秆比	空秕率					其他

表 B.47　作物产量结构编码(续)

编码	11	12	21	22	23	31	32	41	42	43	44	51	52	53	54	55	56	99
甘蔗	理论产量					茎长	茎粗		锤度	茎鲜重								其他
甜菜	理论产量							株块根重	锤度									其他
高粱	理论产量							穗粒重	千粒重	茎秆重		子粒与茎秆比						其他
谷子	理论产量							穗粒重	千粒重	茎秆重		子粒与茎秆比	空秕率					其他
甘薯	理论产量							株薯块重		鲜蔓重		薯与茎比	屑薯率			出干率		其他
马铃薯	理论产量							株薯块重		鲜茎重		薯与茎比	屑薯率					其他
烟草	理论产量							株脚叶重	株腰叶重	株顶叶重	株叶片重							其他
苎麻	纤维理论产量					工艺长度		株纤维重								出麻率		其他
黄麻	纤维理论产量					工艺长度		株纤维重								出麻率		其他
红麻	纤维理论产量					工艺长度		株纤维重								出麻率		其他

表 B.47 作物产量结构编码(续)

编码	11	12	21	22	23	31	32	41	42	43	44	51	52	53	54	55	56	99
亚麻	纤维理论产量	子粒理论产量	株蒴果数			工艺长度		株子粒重	千粒重	株纤维重						出麻率		其他
蚕豆	理论产量		株荚数		株结实粒(率)数			株子粒重	百粒重	茎秆重		子粒与茎秆比	空秕荚率(数)					其他

B.2.8 农事活动名称编码(表 B.48)

表 B.48 农事活动名称编码

编码	农事活动名称	编码	农事活动名称
0101	耕地	0318	治虫
0102	镇压	0319	防病
0103	耙地	0320	治病
0104	开沟整畦	0321	防治病
0199	其他整地	0322	防治虫
0201	种子处理	0323	整田
0202	播种、大田播种	0324	耙田
0203	育秧	0325	建棚
0204	移栽	0326	建育苗池
0205	补播	0327	补苗
0206	间套种作物播种	0328	泡种
0299	其他播种移栽活动	0328	浸种
0301	间苗	0329	收割
0302	定苗	0330	浇水
0303	中耕(除草、培土)	0331	打塘
0304	整枝摘心	0332	拔杆
0305	施肥	0333	拔秧
0306	灌溉	0334	剪枝
0307	排水	0335	剪叶
0308	晒田	0336	打脚叶
0309	防治病虫害	0337	剥叶

表 B.48 农事活动名称编码(续)

编码	农事活动名称	编码	农事活动名称
0310	灾害天气防御	0338	盖膜
0311	灾害天气补救措施	0339	揭膜
0312	人工授粉	0340	耕田
0313	去杂	0341	耥田
0314	去劣	0342	催芽
0315	去雄	0399	其他田间管理
0316	割叶	0401	收获
0317	防虫		

B.2.9 作物发育期编码(表 B.49)

表 B.49 作物发育期编码

编码	01	11	21	22	31	32	33	41	51	52	61	62	71	72	73	81	82	91	92
稻类	未	播种	出苗	三叶	移栽			返青	分蘖	拔节	孕穗		抽穗			乳熟		成熟	
麦类	未	播种	出苗	三叶	分蘖			越冬开始	返青	起身	拔节	孕穗	抽穗	开花		乳熟		成熟	
玉米	未	播种	出苗		三叶	移栽		七叶			拔节		抽雄	开花	吐丝	乳熟		成熟	
棉花	未	播种	出苗		三真叶			五真叶			现蕾		开花			裂铃	吐絮	停止生长	
油菜	未	播种	出苗		五真叶			移栽	成活		现蕾		抽薹			开花	绿熟	成熟	
大豆	未	播种	出苗		三真叶				分枝				开花			结荚	鼓粒	成熟	
花生	未	播种	出苗		三真叶				分枝							开花	下针	成熟	
芝麻	未	播种	出苗	分枝	现蕾			开花	蒴果形成									成熟	
向日葵	未	播种	出苗	二对真叶	花序形成			开花										成熟	
新植蔗	未	播种	出苗					分蘖	茎伸长									工艺成熟	

表 B.49 作物发育期编码(续)

编码	01	11	21	22	31	32	33	41	51	52	61	62	71	72	73	81	82	91	92
宿根蔗	未		发芽		发株				茎伸长									工艺成熟	
甜菜	未	播种	出苗		三对真叶				块根膨大									工艺成熟	
高粱	未	播种	出苗		三叶			七叶			拔节		抽穗	开花		乳熟		成熟	
谷子	未	播种	出苗		三叶			分蘖			拔节		抽穗			乳熟		成熟	
甘薯	未				移栽	成活		薯蔓伸长	薯块形成									可收	
马铃薯	未	播种	出苗						分枝		花序形成		开花					可收	
烟草	未	播种	出苗		二真叶	四真叶	七真叶	移栽	成活	团棵	现蕾							工艺成熟	
苎麻(种子)	未	播种	出苗	二对真叶	五对真叶			移栽	成活	伸长								工艺成熟	
苎麻(宿根)	未	发芽	茎叶	伸长														工艺成熟	
黄麻	未	播种	出苗	三真叶							现蕾			开花				工艺成熟	
红麻	未	播种	出苗	三裂掌状叶							现蕾			开花				工艺成熟	
亚麻	未	播种	出苗	二对真叶							现蕾	枞形		开花		工艺成熟		种子成熟	
牧草	未		出苗	返青	分蘖	展叶		分枝形成	新枝形成	抽穗	花序形成		开花			果实成熟		种子成熟	黄枯
蚕豆	未	播种	出苗	二对真叶					分枝				开花			结荚	鼓粒	成熟	

B.2.10　植物动物(昆虫)物候期编码(表 B.50)

表 B.50　植物动物(昆虫)物候期编码

编码	木本植物		草本植物		动物(昆虫)
	物候期	物候子期	物候期	物候子期	
11	芽膨大期	花芽	萌芽期		始见
12	芽膨大期	叶芽			绝见
13	芽开放期	花芽			始鸣
14	芽开放期	叶芽			终鸣
21	展叶期	始期	展叶期	始期	
22	展叶期	盛期	展叶期	盛期	
31	花蕾或花序出现期				
41	开花期	始期	开花期	始期	
42	开花期	盛期	开花期	盛期	
43	开花期	末期	开花期	末期	
51	第二次开花期				
61	果实或种子成熟期		果实或种子成熟期	始期	
62			果实或种子成熟期	完全成熟期	
71	果实或种子脱落期	始期	果实脱落或种子散落期		
72	果实或种子脱落期	末期			
81	叶变色期	始期	叶变色期		
82	叶变色期	完全变色期			
91	落叶期	始期	黄枯期	始期	
92			黄枯期	普遍期	
93	落叶期	末期	黄枯期	末期	

B.2.11　牧事活动名称编码(表 B.51)

表 B.51　牧事活动名称编码

编码	活动名称	编码	活动名称
01	剪毛	07	产仔
02	抓绒	08	分群
03	挤奶	09	去势
04	配种	10	断尾
05	驱虫药浴	11	转场
06	打草	98	其他

附 录 C
（资料性附录）
农业气象观测资料传输文件格式样例

C.1 单站传输文件格式样例

示例 1:Z_AGME_I_54849_20130510043400_O_CROP. TXT(作物观测资料传输文件内容与格式)

54849,361300,1200200,00844,99999,2@
CROP-01,1@
010302,71,20130510000000,0006,0058,2,9999,00056399@
END_CROP-01@
CROP-04,1@
20130510000000,010302,71,03,00001660@
END_CROP-04@
=
NNNN

示例 2:Z_AGME_I_54012_20130513092700_O_SOIL. TXT(土壤水分观测资料传输文件内容与格式)

54012,443700,1174700,11400,99999,1@
SOIL-01,5@
20120909000000,1,0010,0129,1180,0038@
20120909000000,1,0020,0152,1260,0041@
20120909000000,1,0030,0163,1300,0037@
20120909000000,1,0040,0156,1330,0036@
20120909000000,1,0050,0169,1330,0039@
END_SOIL-01@
=
54012,443700,1174700,11400,99999,3@
SOIL-02,1@
20130513000000,2,010901,99,0089,0097,0096,0092,0070,9999,9999,9999,9999,9999@
END_SOIL-02@
SOIL-03,1@
20130513000000,2,010901,99,0136,0186,0203,0190,0158,9999,9999,9999,9999,9999@
END_SOIL-03@
SOIL-04,1@
20130513000000,2,010901,99,0091,0135,0155,0142,0106,9999,9999,9999,9999,9999@
END_SOIL-04@
=
NNNN

示例 3:Z_AGME_I_59632_20130529080000_O_DISA. TXT(农业气象灾害观测资料传输文件内容与格式)

59632,215700,1083700,00048,00058,1@
DISA-01,1@
20130529000000,0513,010202,0005,9,00,"叶片纵卷,出现白色条斑。"@
END_DISA-01@

=

NNNN

示例 4:Z_AGME_I_52943_20130511010000_O_PAST.TXT(畜牧气象观测资料传输文件内容与格式)

52943,353500,0995900,33243,33240,2@

PAST-01,3@

20130510000000,02020011,01,9999@

20130510000000,02020024,01,9999@

END_PAST-01@

PAST-02,3@

20130510000000,02020011,0004@

20130510000000,02020024,0011@

END_PAST-02@

=

NNNN

C.2 多站传输文件格式样例

示例 1:Z_AGME_C_BCUQ_20130513013002_O_SEAS.TXT(自然物候观测资料传输文件内容与格式)

51777,390200,0881000,08877,99999,1@

SEAS-01,1@

20130512000000,03029999,43@

END_SEAS-01@

=

51581,425100,0901400,03986,04003,1@

SEAS-01,1@

20130507000000,03021601,71@

END_SEAS-01@

=

51436,432700,0831800,09282,99999,1@

SEAS-01,3@

20130506000000,03022801,72@

20130506000000,03029999,72@

20130506000000,03022601,72@

END_SEAS－01@

=

NNNN

参 考 文 献

[1] QX/T 102－2009 气象资料分类与编码
[2] QX/T 129－2011 气象数据传输文件命名
[3] 中国气象局.农业气象观测规范.北京:气象出版社.1993
[4] 中国气象局.农业气象观测站上传数据文件内容与传输规范(试行).2010

ICS 07.060
B 18

中华人民共和国气象行业标准

QX/T 293—2015

农业气象观测资料质量控制　作物

Quality control of agrometeorological observation data—Crop

2015-12-11 发布　　2016-04-01 实施

中国气象局　发布

前　言

本标准按照 GB/T 1.1—2009 给出的规则起草。

本标准由全国气象基本信息标准化技术委员会(SAC/TC 346)提出并归口。

本标准起草单位:四川省气象局、国家气象中心。

本标准主要起草人:蔡元刚、王明田、庄立伟、彭树彬、陈东东、张玉芳。

农业气象观测资料质量控制　作物

1　范围

本标准规定了农业气象观测中主要作物观测资料质量控制步骤和内容。

本标准适用于农业气象观测中主要作物观测资料质量控制。

2　规范性引用文件

下列文件对于本文件的应用是必不可少的。凡是注日期的引用文件，仅注日期的版本适用于本文件。凡是不注日期的引用文件，其最新版本(包括所有的修改单)适用于本文件。

QX/T 21—2015　农业气象观测记录年报数据文件格式

QX/T 292—2015　农业气象观测资料传输文件格式

3　术语和定义

QX/T 118—2010 中界定的以及下列术语和定义适用于本文件。

3.1

作物观测资料　crop observation data

粮食和经济作物的观测地段、发育期、生长高度、植株密度、生长状况、产量因素、大田生育状况、生长量、产量结构、主要农业气象灾害、主要病虫害、田间工作的观测资料和分析数据。

4　质量控制步骤和内容

4.1　格式检查

分别按照 QX/T 292—2015、QX/T 21—2015 对作物观测资料传输文件格式和作物年报数据文件格式进行检查，格式不正确的数据记为可疑数据。

4.2　完整性检查

按照以下规定对作物观测的有关内容进行完整性检查，要素无相应观测值、调查值或记载值的为缺测数据：

a)　作物观测基础数据，应包括：
- 农业气象观测台站所属的省(自治区、直辖市)名称；
- 农业气象观测台站名称；
- 农业气象观测台站号；
- 观测作物名称；
- 观测作物品种名称；
- 观测作物品种类型；
- 观测作物品种熟性；
- 观测作物栽培方式；

- 观测作物成熟年份。

b） 作物观测地段说明（见附录A）。

c） 作物观测的发育期及观测要求（主要作物观测的发育期及观测要求见表B.1）。

d） 作物生长高度观测时期（主要作物高度观测时期见表C.1）。

e） 作物密度观测时期及项目（主要作物密度观测时期及项目见表C.2）。

f） 作物产量因素观测时期及项目（主要作物产量因素观测时期及项目见表C.3）。

g） 大田生育状况调查时期及项目（主要作物大田生育状况调查时期及项目见表C.4）。

h） 作物叶面积和干物质质量观测时期（主要作物叶面积和干物质质量观测时期见表C.5）。

i） 作物产量结构分析项目（主要作物产量结构分析项目见表C.6）。

j） 主要农业气象灾害和病虫害观测记载的项目，应包括：

- 农业气象灾害名称或病虫害名称；
- 作物受害时期；
- 天气气候情况（主要农业气象灾害观测中天气气候情况记载内容见表C.7）；
- 作物受害症状；
- 作物受害程度；
- 灾前和灾后采取的主要措施；
- 预计灾害对作物产量的影响程度；
- 观测地段代表的全县范围内受灾程度类型；
- 地段所在乡镇和全县范围内作物受灾面积和比例。

4.3 数据小数位数检查

按照表D.1的规定对主要作物观测要素值的小数位数进行检查，小数位数不正确的数据为可疑数据。

4.4 值域检查

作物观测要素值应进行值域范围检查，判断其是否错误或可疑：

a） 属于下列值域范围的数据为错误数据：

- 作物各发育普遍期生长高度值大于其上限值（主要作物各发育期生长高度最大值及上限值见表E.1）；
- 作物各发育普遍期密度值大于其上限值（主要作物各发育期密度最大值及上限值见表F.1）；
- 作物发育期观测、密度订正、产量因素测定、生长量测定以及产量结构分析的有关要素值不在其值域范围内（主要作物有关要素的值域范围见表G.1）；
- 作物生长状况评定记录不为“一类”、“二类”、“三类”；
- 观测地段所在地的地形类型记录不为“山地”、“丘陵”、“平原”、“盆地”；
- 坡地坡向记录不为“阳坡”、“半阳坡”、“半阴坡”、“阴坡”；
- 坡地坡度记录不在0°～90°范围内；
- 土壤酸碱度记录不为“酸性”、“中性”、“碱性”；
- 观测地段地下水位深度记录不为“大于2米”、“小于或等于2米”；
- 观测地段产量水平记录不为“上”、“中上”、“中”、“中下”、“下”；
- 农业气象灾害对作物产量影响记录不为“无影响”、“轻微”、“轻”、“中”、“重”；
- 农业气象灾情记录不为“轻”、“中”、“重”；
- 田间工作质量记录不为“优良”、“中等”、“较差”。

b） 属于下列值域范围的数据为可疑数据：

- 作物各发育普遍期生长高度值大于其最大值而小于其上限值(主要作物各发育期生长高度最大值及上限值见表 E.1);
- 作物各发育普遍期密度值大于其最大观测值而小于其上限值(主要作物密度最大值及上限值见表 F.1)。

除 a)、b)所列要素之外的其他要素暂不做值域检查。

4.5 观测时间检查

主要作物观测或调查的时间不符合以下规定的时间范围或时间点的数据为可疑数据:

a) 发育期观测时间:
   - 作物各发育期观测从进入发育期至发育普遍期,其中棉花开花期、吐絮期和油菜开花期观测至盛期,稻类作物分蘖期观测至有效分蘖终止期;
   - 作物进入发育期后,隔日观测一次,旬末巡视;
   - 禾本科作物抽穗(抽雄)、开花期,每日观测一次;
   - 相邻两个发育期间隔时间较长,逢 5 和旬末巡视;
   - 冬季停止生长的冬小麦,越冬开始期至春季日平均气温达到 0℃之前每月末巡视。

b) 生长状况观测时间:
   - 主要作物生长高度观测时间为表 C.1 规定的时间;
   - 主要作物密度观测时间为表 C.2 规定的时间;
   - 主要作物产量因素观测时间为表 C.3 规定的时间;
   - 冬季不停止生长的冬小麦,越冬开始期高度、密度及产量因素观测时间为 1 月 8 日—1 月 10 日;
   - 定苗作物第一次密度观测时间为定苗日。

c) 生长状况评定时间为作物各发育普遍期。

d) 主要作物大田生育状况调查时间为表 C.4 规定的时间。

e) 主要作物叶面积和干物质质量观测时间为表 C.5 规定的时间。

f) 主要农业气象灾害观测时间为作物受害开始(开始期)至受害症状不再加重(终止期)为止。

g) 主要作物病虫害观测时间为病虫害开始发生(发生期)至不再发展(停止期)为止。

4.6 内部一致性检查

作物观测要素值未通过以下一致性检查时,相应数据为可疑数据:

a) 前一发育期观测日期在后一发育期观测日期之前;

b) 前一发育期植株生长高度小于或等于后一发育期植株生长高度;

c) 植株器官干重小于植株器官鲜重;

d) 有效茎数小于或等于总茎数;

e) 大蘖数小于或等于分蘖数;

f) 不孕小穗数小于或等于总小穗数;

g) 实际产量小于或等于理论产量;

h) 空粒数小于或等于总粒数;

i) 秕粒数小于或等于总粒数。

4.7 作物发育期时间一致性检查

不符合观测要素时间变化规律的数据为可疑数据,作物发育期出现时间检查可采用平均间隔法和积温法进行检查,检查方法参见附录 H。

4.8 质量控制综合分析

对上述检查后的可疑资料进行综合分析，辨别其正确与否。对检查为错误的资料进行原因分析，便于错误资料的纠正及今后数据质量的提高(见 QX/T 118—2010 的 3.2.8)。

4.9 质量控制标识

质量控制后的数据应进行质量标识。表示资料质量的标识有：正确、可疑、错误、订正数据、修改数据、缺测、未做质量控制。资料质量标识用质量控制码表示。质量控制码及其含义见表 1(见 QX/T 118—2010 的 3.2.9)。

表 1 质量控制码及其含义

质量控制码	含义
0	正确
1	可疑
2	错误
3	订正数据
4	修改数据
5	预留
6	预留
7	预留
8	缺测
9	未做质量控制

附 录 A
（规范性附录）
作物观测地段说明

作物观测地段说明包括：
——地段编号；
——地段土地使用单位名称或农户姓名；
——地段所在地的地形；
——地段所在地的地势，坡地应填写坡向和坡度；
——地段面积；
——地段距气候观测场的直线距离、方位和海拔高度差；
——地段环境条件，填写地段与房屋、树林、水体、道路等的距离和方位；
——地段种植制度及前茬作物名称；
——地段灌溉条件；
——地段地下水位深度；
——地段土壤状况，包括土壤质地、土壤酸碱度和肥力状况；
——地段产量水平。

附　录　B
（规范性附录）
主要作物观测的发育期及观测要求

表B.1规定了主要作物观测的发育期及观测要求。

表B.1　主要作物观测的发育期及观测要求

作物	发育期名称
稻类	播种、出苗*、三叶、移栽、返青*、分蘖、拔节、孕穗、抽穗、乳熟*、成熟*
麦类	播种、出苗*、三叶、分蘖、越冬开始*、返青*、起身*、拔节、孕穗、抽穗、开花、乳熟*、成熟*
玉米	播种、出苗*、三叶、七叶、拔节、抽雄、开花、吐丝、乳熟*、成熟*
高粱	播种、出苗*、三叶、七叶、拔节、抽穗、开花、乳熟*、成熟*
谷子	播种、出苗*、三叶、分蘖、拔节、抽穗、乳熟*、成熟*
甘薯	移栽、成活*、蔓伸长、薯块形成*、可收*
马铃薯	播种、出苗*、分枝、花序形成、开花、可收*
棉花	播种、出苗*、三真叶、五真叶、现蕾、开花、裂铃、吐絮、停止生长*
大豆	播种、出苗*、三真叶、分枝、开花、结荚、鼓粒*、成熟*
花生	播种、出苗*、三真叶、分枝、开花、下针、成熟*
油菜	播种、出苗*、五真叶、移栽、成活*、现蕾、抽薹、开花、绿熟*、成熟*
芝麻	播种、出苗*、分枝、现蕾、开花、蒴果形成、成熟*
向日葵	播种、出苗*、二对真叶、花序形成、开花、成熟*
甘蔗(新植)	播种、出苗*、分蘖、茎伸长*、工艺成熟*
甘蔗(宿根)	发株、茎伸长*、工艺成熟*
甜菜	播种、出苗*、三对真叶、块根膨大、工艺成熟*
烟草	播种、出苗*、二真叶、四真叶、七真叶、移栽、成活*、团棵*、现蕾、工艺成熟*
苎麻(种子)	播种、出苗*、二对真叶、五对真叶、移栽、成活*、伸长、工艺成熟*
苎麻(宿根)	发芽*、茎叶*、伸长、工艺成熟*
黄麻	播种、出苗*、三真叶、现蕾、开花、工艺成熟*
红麻	播种、出苗*、三裂掌状叶*、现蕾、开花、工艺成熟*
亚麻	播种、出苗*、二对真叶、枞形*、现蕾、开花、工艺成熟*、种子成熟*
带*号的发育期为目测项目，无进入发育期株(茎)数观测数据；不带*号的发育期均应有进入发育期株(茎)数观测数据。表中有移栽期的作物未进行移栽，备注栏中应有未移栽原因记载。 注：播种、移栽期为该农事活动的日期。	

附　录　C
（规范性附录）
主要作物生育状况观测时期及有关项目和内容

表C.1和表C.5分别规定了主要作物生长高度的观测时期以及叶面积和干物质质量的观测时期，表C.2～表C.4分别规定了主要作物密度观测、产量因素观测和大田生育状况调查时期及项目，表C.6规定了主要作物产量结构分析的项目，表C.7规定了主要农业气象灾害观测中天气气候情况记载的内容。

表C.1　主要作物生长高度观测时期

作物	观测时期
稻类	移栽(前3天内)、拔节普遍期、乳熟普遍期
麦类	越冬开始期、拔节普遍期、乳熟普遍期
玉米	拔节普遍期、乳熟普遍期
高粱	拔节普遍期、乳熟普遍期
谷子	拔节普遍期、乳熟普遍期
马铃薯	出现分枝、可收普遍期
棉花	开花普遍期、吐絮普遍期
大豆	三真叶普遍期(定苗)、开花普遍期、鼓粒普遍期
花生	三真叶普遍期、成熟普遍期
油菜	抽薹普遍期、绿熟普遍期
芝麻	开花普遍期、成熟普遍期
向日葵	花序形成普遍期、成熟普遍期
甘蔗	茎伸长至工艺成熟每旬测定
烟草	成活(定苗)至打顶每旬测定
苎麻	伸长期至工艺成熟每旬测定
黄麻	三叶至工艺成熟每旬测定
红麻	三裂掌状叶至工艺成熟每旬测定
油用亚麻	枞形普遍期、种子成熟普遍期
纤维用亚麻	枞形至工艺成熟每旬测定

表C.2　主要作物密度观测时期及项目

作物	观测时期	观测项目
稻类	移栽(前3天内)	株数
	返青普遍期、拔节普遍期	茎数
	抽穗普遍期	有效茎数
	乳熟普遍期	总茎数、有效茎数

表 C.2 主要作物密度观测时期及项目(续)

作物	观测时期	观测项目
麦类	三叶普遍期	株数
	越冬开始期、返青普遍期、拔节普遍期	茎数
	抽穗普遍期	有效茎数
	乳熟普遍期	总茎数、有效茎数
玉米	七叶普遍期(定苗)	株数
	乳熟普遍期	总株数、有效株数
高粱	七叶普遍期(定苗)	株数
	乳熟普遍期	总株数、有效株数
谷子	三叶普遍期(定苗)	株数
	拔节普遍期	茎数
	抽穗普遍期	有效茎数
	乳熟普遍期	总茎数、有效茎数
甘薯	薯块形成普遍期、可收普遍期	株数
马铃薯	出现分枝、可收普遍期	株数
棉花	五真叶普遍期(定苗)、吐絮普遍期、停止生长	株数
大豆	三真叶普遍期(定苗)、鼓粒普遍期	株数
花生	三真叶普遍期、成熟普遍期	株数
油菜	成活(定苗)、绿熟普遍期	株数
芝麻	开花普遍期、成熟普遍期	株数
向日葵	花序形成普遍期、成熟普遍期	株数
甘蔗	茎伸长普遍期	茎数
	工艺成熟普遍期	总茎数、有效茎数
甜菜	三对真叶普遍期(定苗)、工艺成熟普遍期	株数
烟草	成活(定苗)、工艺成熟普遍期	株数
苎麻	伸长普遍期、工艺成熟普遍期	株数
黄麻	三真叶普遍期、工艺成熟普遍期	株数
红麻	三裂掌状叶普遍期、工艺成熟普遍期	株数
油用亚麻	枞形普遍期、种子成熟普遍期	株数
纤维用亚麻	枞形普遍期、工艺成熟普遍期	株数

表 C.3 主要作物产量因素观测时期及项目

作物	观测时期	观测项目
稻类	抽穗普遍期	一次枝梗数
	乳熟普遍期	结实粒数

表 C.3　主要作物产量因素观测时期及项目(续)

作物	观测时期	观测项目
麦类	越冬开始期	分蘖数、大蘖数
	返青普遍期	分蘖数、大蘖数、越冬死亡率
	抽穗普遍期	小穗数
	乳熟普遍期	结实粒数
玉米	抽穗普遍期	茎粗
	乳熟普遍期	茎粗、果穗长、果穗粗、双穗率
棉花	7 月 15 日	伏前桃数
	8 月 15 日	伏桃数
	9 月 10 日	秋桃数
	吐絮盛期	单铃重、果枝数
大豆	鼓粒普遍期	一次分枝数、荚果数
油菜	绿熟普遍期	一次分枝数、荚果数

表 C.4　主要作物大田生育状况调查时期及项目

作物	调查时期	调查项目
水稻	拔节普遍期	发育期、高度、密度(茎数)
	抽穗普遍期	发育期、高度、密度(有效茎数)、产量因素(一次枝梗数)
小麦	越冬开始期	发育期、高度、密度(茎数)、产量因素(分蘖数、大蘖数)
	返青普遍期	发育期、密度(茎数)、产量因素(分蘖数、大蘖数)
	抽穗普遍期	发育期、高度、密度(有效茎数)、产量因素(小穗数)
玉米	拔节普遍期	发育期、高度、密度(株数)
	乳熟普遍期	发育期、高度、产量因素(茎粗、果穗长、果穗粗)
棉花	7 月 16 日	产量因素(伏前桃数)
	8 月 16 日	产量因素(伏桃数)
	9 月 11 日	产量因素(秋桃数)
	吐絮普遍期	发育期、密度(株数)、产量因素(果枝数)
大豆	鼓粒普遍期	发育期、密度(株数)、产量因素(一次分枝数、荚果数)
油菜	抽薹普遍期	发育期、高度、密度(株数)
	绿熟普遍期	发育期、高度、产量因素(一次分枝数、荚果数)
注 1:表中含有“普遍期”的大田调查时间为观测地段作物进入该发育普遍期的后 3 天。 **注 2**:冬季不停止生长的小麦越冬开始期调查时间为 1 月 8 日至 1 月 10 日。		

表 C.5 主要作物叶面积和干物质质量观测时期

作物	观测时期
水稻	三叶普遍期、移栽前3天内、本田分蘖普遍期、拔节普遍期、抽穗普遍期、乳熟普遍期、成熟普遍期
冬小麦	三叶普遍期、分蘖普遍期(或三叶后20天)、越冬开始期、返青普遍期、拔节普遍期、抽穗普遍期、乳熟普遍期、成熟普遍期
春小麦	三叶普遍期、分蘖普遍期(或三叶后20天)、拔节普遍期、抽穗普遍期、乳熟普遍期、成熟普遍期
玉米	三叶普遍期、七叶普遍期、拔节普遍期、抽雄普遍期、乳熟普遍期、成熟普遍期
棉花	五真叶普遍期、现蕾普遍期、开花普遍期、开花盛期、裂铃普遍期、吐絮普遍期、吐絮盛期、停止生长
大豆	三真叶普遍期、分枝普遍期(或三真叶后20天)、开花普遍期、鼓粒普遍期、成熟普遍期
油菜	五真叶普遍期、移栽前3天内、现蕾普遍期、抽薹普遍期、开花普遍期、绿熟普遍期、成熟普遍期

表 C.6 主要作物产量结构分析项目

作物	分析项目
稻类	穗粒数、穗结实粒数、空壳率、秕谷率、千粒重、理论产量、株成穗数、成穗率、茎秆重、子粒与茎秆比
麦类	小穗数、不孕小穗数、穗粒数、千粒重、理论产量、株成穗数、成穗率、茎秆重、子粒与茎秆比
玉米	果穗长、果穗粗、秃尖比、株子粒重、百粒重、理论产量、茎秆重、子粒与茎秆比
高粱	穗粒重、千粒重、理论产量、茎秆重、子粒与茎秆比
谷子	空秕率、穗粒重、千粒重、理论产量、茎秆重、子粒与茎秆比
甘薯	株薯块重、屑薯率、出干率、理论产量、鲜蔓重、薯与蔓比
马铃薯	株薯块重、屑薯率、理论产量、鲜茎重、薯与茎比
棉花	株铃数、僵烂铃率、未成熟铃率、蕾铃脱落率、株子棉重、霜前花率、纤维长、衣分、子棉理论产量、棉秆重、子棉与棉秆比
大豆	株荚数、空秕荚率、株结实粒数、株子粒重、百粒重、理论产量、茎秆重、子粒与茎秆比
花生	株荚果数、空秕荚率、株荚果重、百粒重、出仁率、荚果理论产量、茎秆重、荚果与茎秆比
油菜	株荚果数、株子粒重、千粒重、理论产量、茎秆重、子粒与茎秆比
芝麻	株蒴果数、株子粒重、千粒重、理论产量、茎秆重、子粒与茎秆比
向日葵	花盘直径、空秕率、株子粒重、千粒重、理论产量、茎秆重、子粒与茎秆比
甘蔗	茎长、茎粗、茎鲜重、理论产量、锤度
甜菜	株块根重、理论产量、锤度
烟草	株脚叶重、株腰叶重、株顶叶重、株叶片重、理论产量
苎麻	工艺长度、株纤维重、纤维理论产量、出麻率
黄麻	工艺长度、株纤维重、纤维理论产量、出麻率
红麻	工艺长度、株纤维重、纤维理论产量、出麻率
油用亚麻	株蒴果数、株子粒重、千粒重、子粒理论产量
纤维用亚麻	工艺长度、株纤维重、纤维理论产量、出麻率

表 C.7 主要农业气象灾害观测中天气气候情况记载内容

灾害名称	记载内容
干旱	最长连续无降水日数、干旱期间的降水量和降水日数、旱作物地段干土层厚度、土壤相对湿度
洪涝	连续降水日数、过程降水量、日最大降水量及日期
渍害	过程降水量、连续降水日数、土壤相对湿度
连阴雨	连续阴雨日数、过程降水量
风灾	过程平均风速、最大风速及日期
冰雹	最大冰雹直径、冰雹密度或积雹厚度
低温冷害	不利温度持续日数、过程日平均气温、极端最低气温及日期
霜冻	过程气温小于和等于0℃持续时间、极端最低气温及日期
冻害	持续日数、过程平均最低气温、极端最低气温及日期
雪灾	过程降雪日数、降雪量、平均最低气温
高温热害	持续日数、过程平均最高气温、极端最高气温及日期
干热风	持续日数、过程日平均气温、过程平均最高气温、平均风速、14时平均相对湿度

附 录 D
(规范性附录)
主要作物观测要素单位及保留小数位数

表 D.1 规定了主要作物观测要素的单位及保留的小数位数。

表 D.1 主要作物观测要素单位及保留小数位数

作物观测要素	单位	保留小数位数
观测地段面积	公顷	2
样本	株、茎、个、粒	
样本平均值	株、茎、个、粒	1
样本分析计算百分率	%	
生长高度及其平均值	厘米	
密度测定的长度	米	2
密度测定的宽度	米	2
密度测定的 1 米内行数	行	2
密度测定的 1 米内株(茎)数	株、茎	2
密度测定的 1 平方米株(茎)数	株、茎	2
订正(校正)系数	—	2
产量因素测定的棉花单铃重及其平均值	克	1
产量因素测定的玉米茎粗及其平均值	毫米	
产量因素测定的玉米果穗长、果穗粗	厘米	
产量因素测定的玉米果穗长、果穗粗平均值	厘米	1
产量因素测定的玉米双穗率	%	1
叶面积测定的叶片长度	厘米	1
叶面积测定的叶片宽度	厘米	1
叶面积测定的叶面积	平方厘米	1
叶面积测定的叶面积指数	—	1
干物质质量测定的分器官鲜重、干重及其合计值	克	2
干物质质量测定的株(茎)重	克	1
干物质质量测定的 1 平方米鲜重、干重	克	1
干物质质量测定的含水率	%	1
干物质质量测定的生长率	克/(平方米·日)	1
谷类作物灌浆速度测定的含水率	%	2
谷类作物灌浆速度测定的千粒重	克	2
谷类作物灌浆速度测定的灌浆速度	克/(千粒·日)	2

表 D.1 主要作物观测要素单位及保留小数位数(续)

作物观测要素	单位	保留小数位数
产量结构分析的样本质量及其平均值	克	2
产量结构分析的样本长度[a]	厘米、毫米	
产量结构分析的样本长度平均值	厘米	1
产量结构分析的样本长度平均值	毫米	
产量结构分析的比值	—	2
最大冰雹直径	毫米	
冰雹密度	个/平方米	2
积雹厚度	厘米	
田间工作记载数量、规格	公斤、立方米、米	

保留小数位数栏为空的项目均取整数。

注: 样本为作物发育期、生长高度、密度、产量因素、生长量、病虫害和农业气象灾害观测以及作物产量结构分析所取的样本。

[a] 包括玉米果穗长(厘米)、玉米果穗粗(厘米)、棉花纤维长(毫米)、向日葵花盘直径(厘米)、甘蔗茎长(厘米)、甘蔗茎粗(毫米)、麻类工艺长度(厘米)。

附　录　E
（规范性附录）
主要作物各发育期生长高度最大值及上限值

表 E.1 规定了主要作物各发育期生长高度最大值及上限值。

表 E.1　主要作物各发育期生长高度最大值及上限值

单位为厘米

作物	发育期	最大值	上限值
稻类	移栽(前 3 天)	79	90
	拔节普遍期	120	135
	乳熟普遍期	146	160
麦类	越冬开始期	54	60
	拔节普遍期	70	80
	乳熟普遍期	139	155
玉米	拔节普遍期	216	245
	乳熟普遍期	384	420
高粱	拔节普遍期	130	150
	乳熟普遍期	259	290
谷子	拔节普遍期	79	90
	乳熟普遍期	182	205
马铃薯	分枝普遍期	42	50
	可收普遍期	136	160
棉花	开花普遍期	109	125
	吐絮普遍期	161	185
大豆	三真叶普遍期(定苗)	20	25
	开花普遍期	109	130
花生	三真叶普遍期	17	20
	成熟普遍期	84	100
油菜	抽薹普遍期	65	75
	绿熟普遍期	234	265
芝麻	开花普遍期	49	60
	成熟普遍期	134	165
向日葵	花序形成普遍期	238	285
	成熟普遍期	321	375
苎麻	伸长普遍期	75	105
	工艺成熟普遍期	142	160
注:上限值为生长高度最大值加 1 倍标准差。			

附　录　F
（规范性附录）
主要作物各发育期密度最大值及上限值

表 F.1 规定了主要作物各发育期密度最大值及上限值。

表 F.1　主要作物各发育期 1 平方米株(茎)数最大值及上限值

作物	发育期	测定项目	最大值	上限值
稻类	移栽(前 3 天)	株数	19825	22770
	返青普遍期	茎数	705	840
	拔节普遍期	茎数	1088	1120
	抽穗普遍期	有效茎数	1039	1170
	乳熟普遍期	总茎数	1005	1140
麦类	三叶普遍期	株数	1745	1960
	越冬开始期	茎数	3231	3700
	返青普遍期	茎数	2810	3290
	拔节普遍期	茎数	2617	3080
	抽穗普遍期	有效茎数	2000	2270
	乳熟普遍期	总茎数	1711	1980
玉米	七叶普遍期(定苗)	株数	22	25
	乳熟普遍期	总株数	15	20
高粱	七叶普遍期(定苗)	株数	12	15
	乳熟普遍期	总株数	12	15
谷子	三叶普遍期(定苗)	株数	45	55
	拔节普遍期	茎数	62	75
	抽穗普遍期	有效茎数	48	60
	乳熟普遍期	总茎数	61	70
甘薯	薯块形成普遍期	株数	12	15
	可收普遍期	株数	12	15
马铃薯	分枝普遍期	株数	14	20
	可收普遍期	株数	14	20
棉花	五真叶普遍期(定苗)	株数	29	35
	吐絮普遍期	株数	29	35
	停止生长	株数	29	35
大豆	三真叶普遍期(定苗)	株数	146	165
	鼓粒普遍期	株数	144	160

表 F.1 主要作物各发育期 1 平方米株(茎)数最大值及上限值(续)

作物	发育期	测定项目	最大值	上限值
花生	三真叶普遍期	株数	99	115
	成熟普遍期	株数	99	115
油菜	成活普遍期(定苗)	株数	70	80
	绿熟普遍期(甘蓝型)	株数	70	80
	绿熟普遍期(白菜型)	株数	664	785
芝麻	开花普遍期	株数	32	45
	成熟普遍期	株数	32	45
向日葵	花序形成普遍期	株数	10	15
	成熟普遍期	株数	10	15
甘蔗	茎伸长普遍期	茎数	35	45
	工艺成熟	有效茎数	29	35
甜菜	三对真叶普遍期(定苗)	株数	11	15
	工艺成熟普遍期	株数	11	15
烟草	成活普遍期(定苗)	株数	2	5
	工艺成熟普遍期	株数	2	5
苎麻	伸长普遍期	株数	33	35
	工艺成熟普遍期	株数	33	35

注:上限值为密度最大值加 1 倍标准差。

附　录　G
（规范性附录）
主要作物有关要素单位及值域范围

表G.1规定了主要作物有关要素的单位及其值域范围。

表G.1　主要作物有关要素单位及值域范围

要素名称	单位	值域范围
撒播作物密度订正系数,作物叶面积校正系数,玉米秃尖比	—	0～1
油菜千粒重,谷子千粒重,芝麻千粒重	克	0～10
发育期百分率,小麦越冬死亡率,作物含水率,植株受害百分率,植株死亡百分率,水稻空壳率,水稻秕粒率,水稻成穗率,谷子空秕率,麦类不孕小穗率,薯类屑薯率,薯类出干率,棉花僵烂铃率,棉花蕾铃脱落率,棉花霜前花率,棉花衣分,大豆空秕荚率,花生出仁率,麻类出麻率	%	0～100
稻类千粒重,麦类千粒重,玉米百粒重,大豆百粒重	克	0～100
花生百粒重	克	0～200
分蘖百分率	%	0～1000

附 录 H
(资料性附录)
作物发育期检查方法

H.1 平均间隔法

$$D = D_0 + n$$

式中：

D ——某发育期出现日期；

D_0 ——该发育期的前一发育期出现日期；

n ——两发育期多年平均间隔日数。

H.2 有效积温法

$$D = D_0 + \frac{A}{T - B}$$

式中：

A ——完成该发育阶段所需要的有效积温；

T ——该发育阶段的日平均温度；

B ——该发育阶段的生物学下限温度。

H.3 可疑数据判断

当某发育期出现日期与该发育期的前一发育期出现日期差值的绝对值大于历年这两个发育期出现日期差值的标准差的2倍时，该发育期出现日期为可疑数据。

参 考 文 献

[1] QX/T 118—2010 地面气象观测资料质量控制
[2] 国家气象局.农业气象观测规范[M].北京:气象出版社.1993
[3] 中国农业科学院.中国农业气象学[M].北京:中国农业出版社.1999

ICS 07.060
A 47

中华人民共和国气象行业标准

QX/T 294—2015

太阳射电流量观测规范

Specifications for solar radio flux observation

2015-12-11 发布　　2016-04-01 实施

中国气象局　发布

前　言

本标准按照 GB/T 1.1—2009 给出的规则起草。

本标准由全国卫星气象与空间天气标准化技术委员会空间天气监测预警分技术委员会(SAC/TC 347/SC 3)提出并归口。

本标准起草单位:国家卫星气象中心(国家空间天气监测预警中心)。

本标准主要起草人:敦金平、闫小娟、赵海娟、陈安芹、赵兴友。

引　言

太阳射电流量是表征太阳活动水平的重要参数，是空间天气监测预警的重要内容之一。太阳射电观测的方法有多种，其中太阳射电流量观测是通过接收来自固定波段的太阳电磁辐射信号，得到相应波段太阳射电流量。为对太阳射电流量的观测设备、环境、站址、观测业务要求以及巡查维护等加以规范，特制定本标准。

太阳射电流量观测规范

1 范围

本标准规定了太阳射电流量的观测设备、环境、站址、观测业务要求以及巡查维护要求等。

本标准适用于在固定台站对太阳射电流量的观测。

2 术语和定义

下列术语和定义适用于本文件。

2.1

太阳射电流量 solar radio flux

单位时间、单位面积内接收的某一波段的太阳无线电波能量。

2.2

太阳射电望远镜 solar radio telescope

接收和测量太阳射电流量的观测设备。

3 观测设备、工作环境和站址要求

3.1 观测设备指标

太阳射电流量观测宜采用满足表1指标要求的太阳射电望远镜。

表1 太阳射电望远镜的指标

性能名称	指标
观测波长	10.7 cm、6.6 cm和3.3 cm等固定波长
带宽	10 MHz
时间分辨率	≤0.1 s
动态范围	≥30 dB
灵敏度	≤1 sfu(太阳流量单位)
最大增益起伏	≤1%(8 h内)
跟踪精度	1/10～1/15 波束宽度
跟踪方式	程控/手动
跟踪速度	地球自转速度/快动(≥30°/min)
抗风能力	风速≤20 m/s正常工作,风速≤32 m/s天线不产生永久变形
防护性	具有防潮、防霉、防盐雾、防沙尘、防雷击能力
可靠性	平均无故障工作时间MTBF≥2000 h
可维修性	平均修复时间MTTR≤0.5 h

3.2 工作环境要求

太阳射电流量观测的工作环境应满足表2的要求。

表2 太阳射电流量观测的工作环境要求

类别	要求
供电电源	AC220 V(+10%,−15%),50 Hz±3 Hz
不间断电源	在线式1 kVA/ h的UPS电源
室外单元工作温度	−30 ℃～+60 ℃
室外单元待机温度	−40 ℃～+80 ℃
室内单元工作温度	0 ℃～30 ℃
室外单元工作相对湿度	≤100% RH
室内单元工作相对湿度	≤70% RH
通信方式	有线/无线
通信速率	≥1200 bps
通信误码率	$\leqslant 1\times10^{-6}$

3.3 站址要求

太阳射电流量观测的站址应满足：

a) 在观测站日出、日落方向上，障碍物遮挡仰角≤3°，在观测站南向，障碍物遮挡仰角≤5°。

b) 在10.7 cm、6.6 cm和3.3 cm等波段带内不应有强的电磁干扰。

c) 在观测站东、西、北向，与高速公路直线距离大于500 m，在观测站南向，与高速公路距离大于1 km。

d) 观测场地(室外单元)面积大于5 m×5 m，观测机房大于20 m^2。

3.4 观测站的标识和坐标

太阳射电望远镜观测站按照世界气象组织和国务院气象主管机构规定确定区站号，用于国内探测数据传输和归档。接收天线基座坐标为观测站的经度、纬度，数值精确到1′，接收天线基座海拔高度为观测站的海拔高度，精确到0.1 m。

4 观测业务要求

4.1 仪器定标

由国家级空间天气业务部门定期组织仪器标定，具体定标方法和内容按仪器操作手册进行。

4.2 观测时段和模式

4.2.1 时制、日界和时界

太阳射电流量观测采用北京时工作，每日从日出观测到日落，日界为北京时24时。

连续记录的每小时分钟数据从上一时次后的00分开始，至本时次59分结束。

4.2.2 观测模式

根据观测频次的需求，分为普通模式和加密模式两类，普通模式为每秒钟积分记录一次太阳射电流量，加密模式为每 0.1 s 积分记录一次太阳射电流量。

日常业务观测选择普通模式，加密模式需由国家级空间天气业务管理部门下达加密观测指令。

4.3 操作规程

需根据太阳射电望远镜厂家提供的操作手册制定详细的业务操作规程，由国家级业务管理部门批准实施。规程一般应包含以下内容：

a） 仪器配置文件设置：太阳射电望远镜通过修改操作软件中相关配置文件，确定仪器工作信息，包括站点信息、观测频率、观测内容、观测模式等；

b） 开机工作：开启机器电源仪器进行观测前自检程序，如无故障报警将自动进入观测状态；

c） 获取和传输观测数据：仪器正常工作状态下自动获取并存储观测数据，并按预定要求自动传输有关数据；非正常工作状态下，需人工干预。

d） 运行监控：仪器自动运行过程中，仪器管理人员应注意监视设备运行状况、射电流量图质量以及数据传输情况。

4.4 数据传送与管理

数据传送与管理应满足如下要求：

a） 数据应向国家级业务机构上传；

b） 在原始观测数据生成后 10 min 内必须完成上传；

c） 观测站如需向国内外其他单位传送数据，应报上级主管职能部门批准。

4.5 资料存储和整编

资料是指射电望远镜积分记录的原始数据和相关的观测环境数据，资料存储和整编应满足如下要求：

a） 资料以文件形式存档，每年需进行整编；

b） 文件整编以时间序列为线索，统计起止时间、种类及个数等；

c） 整编后的资料按规定归档到国家级气象档案部门，观测站应备份；

d） 由国家级业务部门对灾害性空间天气事件等典型个例资料进行整编。

4.6 资料质量控制

资料质量控制应满足如下要求：

a） 整编后的资料必须经过人工检查。

b） 国家级空间天气业务部门应定期对观测站传送的文件内容进行抽查。

5 日常巡查和维护

日常巡查和维护应满足如下要求：

a） 应对设备及工作环境进行日巡查和设备的月、年维护；

b） 日巡查应检查仪器电源，空调运行状况。检查天线外观是否正常，网络通信，观测仪器流量图质量，检查前一日观测数据完整性；

c） 月维护检查仪器采集和通信计算机性能、存储空间，检查防雷设施；

d) 年维护重点按厂家要求检查设备各项工作参数，检测防雷设施和系统的接地电阻并向国家级业务管理部门提交观测站年度维护工作报告；
e) 年检由国家级业务部门组织观测站进行设备软硬件全面检查，进行设备定标和观测环境检查；
f) 所有日常巡查和定期维护情况均应记入值班日记和设备维护记录表中，格式见附录A。

附　录　A
（规范性附录）
日常巡查和定期维护表

A.1　值班日记表（表 A.1）

表 A.1　值班日记表

年　　月　　日

工作时段		接班时间		值班员	
太阳射电望远镜工作模式			太阳射电望远镜工作模式调整记录		
太阳射电望远镜配置文件修改记录					
观测开始时间					
观测结束时间					
缺失数据时间					
缺失数据原因					
总观测文件数					
成功上传文件数					
未上传文件数					
未上传原因					
其他工作记录					

A.2 日巡查记录表(表 A.2)

表 A.2 太阳射电望远镜观测站日巡查记录表

巡查人：　　　　　　　　　　　　　　　　　　　　　　　　　　　　年　　月　　日

日维护内容		维护结果		故障情况备注
观测计算机检查	操作系统	正常	不正常	
	病毒自动检查情况	无病毒	有病毒	
	应用软件运行	正常	不正常	
	磁盘存储空间	满足	不满足	
	计算机对时(北京标准时)	不超过 10 秒	超过 10 秒	
	前一天观测数据完整性	正常	不正常	
	网络连接	正常	不正常	
	数据通信	正常	不正常	
供电检查	市电检查	正常	不正常	
	稳压电源检查	正常	不正常	
太阳射电望远镜检查	太阳射电望远镜外观检查	正常	不正常	
	通过太阳射电望远镜控制计算机查看工作状态	正常	不正常	
	通过应用软件查看工作	正常	不正常	
工作环境检查	机房空调	温度合适	温度不合适	
	机房保洁	清理	未清理	

表 A.2 太阳射电望远镜观测站日巡查记录表(续)

日维护内容		维护结果		故障情况备注
防雷检查	室外天线接地	正常	不正常	
	室内设备接地	正常	不正常	

A.3 太阳射电望远镜设备维护详情列表(表 A.3)

表 A.3 太阳射电望远镜设备维护详情列表

维护时间	
维护部位	
维护方法	
维护效果	
维护人	

A.4 太阳射电望远镜设备故障处理详情列表(表 A.4)

表 A.4 太阳射电望远镜故障处理详情列表

故障仪器名称	
故障时间	
故障原因	
处理方法	
处理结果	
维修人	

参 考 文 献

［1］ 李竞，许邦信. 英汉天文学名词. 上海：上海科技教育出版社. 2000
［2］ 天文学名称审定委员会. 天文学名词. 北京：科学出版社. 2001
［3］ 李东明，金文敬，夏一飞. 天体测量方法. 北京：中国科学技术出版社. 2006

ICS 07.060
A 47

中华人民共和国气象行业标准

QX/T 295—2015

空间天气短期预报检验方法

Verification methods for short-term space weather forecast

2015-12-11 发布 2016-04-01 实施

中 国 气 象 局 发 布

前　言

本标准按照 GB/T 1.1—2009 给出的规则起草。

本标准由全国卫星气象与空间天气标准化技术委员会空间天气监测预警分技术委员会(SAC/TC 347/SC 3)提出并归口。

本标准起草单位:国家卫星气象中心(国家空间天气监测预警中心)。

本标准主要起草人:薛炳森、赵海娟、郭建广、唐伟。

空间天气短期预报检验方法

1　范围

本标准规定了空间天气短期预报检验的对象、指标及计算方法。

本标准适用于空间天气短期预报业务、服务和研究。

2　术语和定义

下列术语和定义适用于本文件。

2.1

空间天气短期预报　short-term space weather forecast

对未来1～3天空间天气参数和事件发生可能性的预报。

2.2

概率预报　probability forecast

以百分率形式对事件出现的可能性做出的描述。

2.3

K_p 指数　K_p index

时间间隔为3 h的全球地磁活动性指数。

注1:K_p 指数由位于地磁纬度47°和63°之间的13个地磁台站的 K 指数平均而得。

注2:K_p 指数共分为28级:0_0,0_+,1_-,1_0,1_+,2_-,2_0,2_+,…,8_-,8_0,8_+,9_-,9_0。

[GB/T 31160—2014,定义2.9]

2.4

Ap 指数　Ap index

行星性等效日幅度

全球的全日地磁扰动强度的指数。

注:业务上以美国大气海洋局空间天气预报中心(SWPC,NOAA,USA)发布的Ap指数观测值为准。

2.5

地磁暴　geomagnetic storm

磁暴

全球范围内地磁场的剧烈扰动。

注:扰动持续的时间长度在几小时到几天,地磁水平分量的扰动幅度通常在几十纳特(用nT表示)到几百纳特之间,极端情况下可超过一千纳特。

[GB/T 31160—2014,定义2.3]

2.6

太阳软X射线耀斑强度　intensity of solar soft X-ray flare

F_X

在地球大气层外,距太阳1个天文单位处,太阳软X射线耀斑在 1×10^{-10} m～8×10^{-10} m 波段范围内电磁辐射流量的峰值。

注1:单位为 $J/(m^2 \cdot s)$。

注2:1个天文单位=149 598 000 km。

[GB/T 31157—2014,定义 2.3]

2.7

太阳质子事件 solar proton event

太阳活动导致地球静止轨道处,能量大于 10 MeV 的质子流强度连续 15 min 达到或超过 10 pfu 的事件。

注:质子流强度用 I_p 表示,单位为 pfu,1 pfu=1 proton/(cm^2·sr·s)。

[GB/T 31161—2014,定义 2.2]

2.8

太阳 10.7 厘米射电流量指数 index of 10.7cm solar radio flux

$F_{10.7}$

每日地方时 12 时,在频率为 2800 MHz 测量并订正到距离太阳为 1 个天文单位处的太阳射电的流量密度。

注:单位为 sfu。1 sfu=10^{-22} W/(m^2·Hz)。国际上以加拿大不列颠哥伦比亚省彭蒂克顿射电天文台(Dominnion Radio Astronomical Observatory, Penticton, B. C., Canada)的测量为准。

[QX/T 135—2011,定义 2.2]

3 短期预报的检验对象

3.1 参数预报

目前空间天气业务中,参数指的是 $F_{10.7}$ 或 Ap 指数,即未来 1~3 天内逐日的 $F_{10.7}$ 和 Ap 指数的预报。以预报发布时刻所在的自然日(UTC)作为第 1 日,第 2 日、第 3 日为后续两个自然日。

3.2 事件预报

未来 1~3 天内逐日的事件发生的概率预报。以预报发布时刻所在的自然日(UTC)作为第 1 日,第 2 日、第 3 日为后续两个自然日。

事件包括:M 级耀斑、X 级耀斑、小地磁暴、大地磁暴和太阳质子事件。

注 1:M 级耀斑为 F_x 在 1.00×10^{-5} J/(m^2·s)与 1.00×10^{-4} J/(m^2·s)之间,X 级耀斑为 F_x 不小于 1.00×10^{-4} J/(m^2·s),参见 GB/T 31157—2014。

注 2:小地磁暴为 K_p 等于 5,大地磁暴为 K_p 不小于 6。

4 参数预报检验方法

对某一个空间天气参数的预报结果,采用相对误差进行检验,计算方法见式(1):

$$R_{ER}=\frac{F_{Pr}-F_{Ob}}{F_{Ob}}\times100\% \quad \cdots\cdots(1)$$

式中:

R_{ER}——相对误差;

F_{Pr}——参数预报值($F_{10.7}$ 或 Ap 指数);

F_{Ob}——参数实测值($F_{10.7}$ 或 Ap 指数,其中对于 Ap 指数,$F_{Ob}<5$,则取:$F_{Ob}=5$)。

5 事件预报检验方法

5.1 概述

事件预报检验中，对单日预报采用BS评分检验，对多日的预报采用TS评分检验。对特定事件预报，当预报概率大于设定阈值时，即为预报该日事件会发生。不同的事件所对应的预报概率阈值如表1所示。

表1 事件所对应的预报概率阈值

事件	M级耀斑	X级耀斑	小地磁暴	大地磁暴	太阳质子事件
阈值	35%	20%	35%	20%	20%

5.2 BS评分检验

检验公式见式(2)：

$$BS = |P_{\mathrm{Ob}} - P_{\mathrm{Fc}}| \qquad \cdots\cdots(2)$$

式中：

BS——单日预报BS评分；

P_{Ob}——事件实况发生率，发生，$P_{\mathrm{Ob}}=100\%$；未发生，$P_{\mathrm{Ob}}=0$；

P_{Fc}——事件预报概率。

5.3 TS评分检验

5.3.1 检验指标

在指定时间段内，对每日事件预报的准确性进行统计检验，检验指标包括TS评分、空报率和漏报率。

5.3.2 计算方法

TS评分的计算见式(3)：

$$TS = \frac{N_h}{N_h + N_m + N_f} \qquad \cdots\cdots(3)$$

式中：

TS——指定时间段内每日事件预报的TS评分值；

N_h——准报次数；

N_m——空报次数；

N_f——漏报次数。

空报率的计算见式(4)：

$$FAR = \frac{N_m}{N_h + N_m} \qquad \cdots\cdots(4)$$

式中：

FAR——空报率。

漏报率的计算见式(5)：

$$PO = \frac{N_f}{N_h + N_f} \qquad \cdots\cdots(5)$$

式中：

PO ——漏报率。

参 考 文 献

[1] GB/T 31157—2014 太阳软X射线耀斑强度分级
[2] GB/T 31160—2014 地磁暴强度等级
[3] GB/T 31161—2014 太阳质子事件强度分级
[4] QX/T 135—2011 太阳活动水平分级
[5] 王劲松,吕建永.现代气象业务丛书——空间天气.北京:气象出版社.2010

ICS 07.060
A 47

中华人民共和国气象行业标准

QX/T 296—2015

风云卫星地面应用系统工程项目转业务运行流程

Procedures for FENGYUN ground segment from project phase to operation

2015-12-11 发布　　2016-04-01 实施

中 国 气 象 局　发 布

前　言

本标准按照 GB/T 1.1—2009 给出的规则起草。

本标准由全国卫星气象与空间天气标准化技术委员会(SAC/TC 347)提出并归口。

本标准起草单位:国家卫星气象中心。

本标准主要起草人:张甲珅、孙安来、赵现纲、林曼筠、李福良、吕擎擎、唐云秋。

引　言

为规范风云卫星地面应用系统工程项目转业务运行的流程，保障风云卫星地面应用系统运行质量，特制定本标准。

风云卫星地面应用系统工程项目转业务运行流程

1 范围

本标准规定了风云卫星地面应用系统工程项目转业务运行的流程及要求。

本标准适用于风云卫星地面应用系统工程项目转业务运行的管理。

2 术语和定义

下列术语和定义适用于本文件。

2.1

风云卫星　FENGYUN;FY

根据中国的气象卫星发展计划，为中国和全球的天气预报和气象科学研究提供大气和地球表层观测资料研制的卫星。中国气象卫星以风云系列命名。

[QX/T 205—2013，定义 3.1]

2.2

地面应用系统　ground segment

用于卫星管理与卫星观测数据接收、传输、处理、存档、分发和应用服务的信息系统及保障系统。

[QX/T 205—2013，定义 2.9]

2.2

[地面应用系统]工程项目　ground segment project

在地面应用系统工程建设阶段对研制部门规定的独立任务，一般以技术系统为单位，可由一个或多个合同组成。

3 阶段划分

风云卫星地面应用系统由工程项目转向业务运行，应经过以下 4 个阶段：

——业务试运行阶段；

——业务试运行评估阶段；

——验收阶段；

——正式业务运行移交阶段。

工程项目转业务的流程及流程中各阶段的要求见 4。

4 流程及要求

4.1 业务试运行阶段

4.1.1 阶段时间

完成工程项目测试并提交测试报告后，进入业务试运行阶段，试运行时间应不低于 3 个月。

4.1.2 阶段目标

确认工程项目是否具备业务运行条件：

a） 系统功能和性能达到设计要求；

b） 系统具备自动运行、可监视、可维护等。

4.1.3 阶段任务

业务试运行阶段应包括下列任务：

a） 检查工程项目任务完成情况；

b） 验证系统运行稳定性和健壮性；

c） 验证系统容错处理能力和处理结果正确性；

d） 验证产品质量和应用目标；

e） 业务维护人员培训；

f） 及时解决出现的问题；

g） 编写试运行报告。

4.1.4 责任单位

工程建设部门。

4.1.5 参与单位

业务管理部门、业务运行部门、工程技术部门、项目承建单位。

4.1.6 阶段报告

试运行报告中应包含运行过程记录、各种产品运行成功率统计、用户的培训情况和试运行结论，对试运行期间发现问题及处理结果应有明确说明或解决措施。

4.2 业务试运行评估阶段

4.2.1 阶段时间

业务试运行结束后，进入试运行评估阶段，评估工作应在1个月内完成。

4.2.2 阶段目标

确认工程项目试运行结果是否满足业务运行要求。

4.2.3 阶段任务

业务试运行评估阶段应包括下列任务：

a） 评估工程项目建设是否满足业务运行要求；

b） 评估工程项目试运行报告，确认系统运行稳定性和健壮性；

c） 确认系统容错处理能力和处理结果正确性；

d） 确认产品质量和验证应用目标；

e） 确认工程项目的目标系统是否可监视、可维护；

f） 确认业务维护人员培训完成情况。

4.2.4 责任单位

业务管理部门。

4.2.5 参与单位

工程建设管理部门、业务运行部门、工程技术部门、项目承建单位。

4.2.6 阶段报告

业务试运行评估结束后，应提交评估报告，并根据评估情况提出业务运行系统的软硬件要求、环境要求、产品功能性、维护保养的组织和规范的建议报告，明确是否具备业务运行条件。如评估结果没有通过，则应继续进行试运行并对存在问题进行限期整改，整改时限不宜超过1个月，整改完成后再次进行评估。

4.3 验收阶段

4.3.1 阶段时间

试运行评估后，进入验收阶段。

4.3.2 阶段目标

全面确认工程项目是否满足合同要求，系统的功能和性能是否满足业务运行要求。

4.3.3 阶段任务

验收阶段应确认以下内容：

a) 文档是否齐套：
   1) 项目合同清单(注明合同名称、乙方名称、合同总额及支付方式、合同签订日期、签订年限)；
   2) 工程各阶段报告(初步设计、任务书、需求分析、概要设计、详细设计、系统测试、验收测试文档)；
   3) 项目业务流程图表及说明，项目软硬件部署图及说明；
   4) 维护保养服务等相关文档(含维护保养服务合同或维护保养服务要求文档，系统运行操作手册，系统维护与故障处理指南等)；
   5) 项目试运行报告；
   6) 项目培训相关文档；
   7) 产品表，模板见附录A。
b) 软(硬)件设备是否齐全：
   1) 软件清单、源代码及可执行程序，技术支持联系人；
   2) 系统设备清单(设备名称、数量、状态、负责人、厂家或研制单位联系信息、购置日期等)。
c) 培训工作达到如下要求并提交了用户手册：
   1) 系统安装、维护管理等方面的现场技术培训；
   2) 系统基本作业流程；
   3) 各项任务的指令操作；
   4) 系统生成的各项产品简介；

5） 系统运行质量监测手段及方法；

6） 常见故障分析、判断及补救措施等。

d） 工程项目试运行评估报告，内容主要包括是否满足业务运行要求及试运行期间相关问题的解决材料。

e） 工程项目测试报告。

4.3.4 责任单位

业务管理部门。

4.3.5 参与单位

工程建设管理部门、业务运行部门、工程技术部门、项目承建单位。

4.3.6 验收

验收时，业务管理部门组织成立工程项目验收专家小组对工程建设内容进行验收，验收通过后应提交验收意见。若验收不通过，则应返回试运行阶段。

4.4 正式业务运行移交阶段

4.4.1 阶段时间

工程项目在通过验收后，工程建设管理部门向业务管理部门移交试运行相关材料，业务运行部门正式接管，项目转入正式业务运行。

4.4.2 阶段目标

移交过程应保证系统运行平稳，维护系统稳定运行的材料齐全，能满足达到业务运行考核指标需要。

4.4.3 阶段任务

正式业务运行移交应包括下列任务：

a） 确认向业务运行部门移交的材料完整；

b） 保证移交过程中系统的平稳运行。

c） 确认系统满足业务运行要求

4.4.4 责任单位

业务管理部门。

4.4.5 参与单位

业务运行部门、工程建设管理部门、工程技术部门、项目承建单位。

附　录　A
(规范性附录)
产品表

表 A.1 给出了验收阶段的产品表。

表 A.1　产品表

序号	产品名	主要用途	主要用户	责任单位	责任人	责任人联系方式

ICS 07.060
A 47

中华人民共和国气象行业标准

QX/T 297—2015

地面人工影响天气作业安全管理要求

Safety management requirements for ground weather modification operation

2015-12-11 发布　　2016-04-01 实施

中 国 气 象 局　发布

前　言

本标准按照 GB/T 1.1—2009 给出的规则起草。

本标准由全国人工影响天气标准化技术委员会(SAC/TC 538)提出并归口。

本标准起草单位:四川省气象局。

本标准主要起草人:郝克俊、王维佳、陈碧辉、田泽彬、刘晓璐、刘东升、郭守峰、郝竞扬、徐精忠、邹勇、耿蔚、林丹、李慧晶、郑键、余芳、任富建、韦巍、刘鹏。

地面人工影响天气作业安全管理要求

1 范围

本标准规定了地面人工影响天气作业安全管理涉及的作业点管理、作业装备管理、空域安全使用、作业人员管理、作业实施、作业安全检查和安全事故处置。

本标准适用于使用高炮、火箭作业系统、地面发生器进行人工影响天气作业的安全管理。

2 规范性引用文件

下列文件对于本文件的应用是必不可少的。凡是注日期的引用文件，仅注日期的版本适用于本文件。凡是不注日期的引用文件，其最新版本(包括所有的修改单)适用于本文件。

QX/T 151 人工影响天气作业术语

3 术语和定义

QX/T 151 界定的术语和定义适用于本文件。

4 作业点管理

4.1 基本要求

各级气象主管机构应对涉及人工影响天气作业安全的场地的设置、建设、作业人员、作业行为等进行管理。

4.2 场地设置

4.2.1 场地选址

4.2.1.1 通用要求：

a) 应根据当地气候特点及作业需求进行作业点选址，宜选在交通方便、通信畅通的地点；

b) 高炮、火箭作业点应选在作业影响区上风方，分别距居民区不小于 500 m、100 m；

c) 作业点应满足安全射界或安全作业的要求。

4.2.1.2 高炮和火箭固定作业点应满足下列条件：

a) 建有实体围墙、值班室、休息室、装备库、弹药库和作业平台；

b) 设有防雷、消防、安防和通信设施；

c) 值班室内张贴常用制度、作业流程和安全射界图等；

d) 作业平台平整硬化，禁射标志醒目。

4.2.1.3 高炮和火箭流动作业点应按照 4.2.1.2 d)的要求选择作业场地。

4.2.1.4 高炮和火箭临时作业点应参考 4.2.1.2 d)的要求选择作业场地。

4.2.1.5 地面发生器作业点应远离易燃易爆物，并设有防雷、安防和通信设施。

4.2.2 选址审查

4.2.2.1 新增或变动作业点应报省级气象主管机构审查。

4.2.2.2 上报材料应包括作业点的地名、编号、经纬度、海拔高度、装备类型、选址原因等。

4.3 场地管理

4.3.1 基本要求

4.3.1.1 每个作业点应指定专人负责本作业点的安全管理工作。

4.3.1.2 规章制度、作业手册和应急处置程序应规范完备。

4.3.1.3 应加强对作业装备的维护保养和安全防护。

4.3.2 固定作业点

4.3.2.1 工作环境整洁，物品分类定置，标识明显。

4.3.2.2 宜安装视频监控设施，掌握作业点内的环境安全状况、作业过程等。

4.3.2.3 应定期调查作业区内环境变化，调整安全射界图。

4.3.3 流动作业点

应定期巡视作业区内环境变化，当不符合作业要求时，应及时进行调整。

5 作业装备管理

5.1 基本要求

5.1.1 作业装备管理包括用于人工影响天气作业的高炮、火箭作业系统、地面发生器及弹药器材等。

5.1.2 作业装备应分类存放，具体要求参见附录 A。

5.1.3 高炮的炮闩、火箭的发射控制器应指定专人单独保管。

5.1.4 弹药库应安装防盗门、安防监控、防盗报警等装置。

5.1.5 宜建立作业装备信息管理系统。

5.2 高炮与火箭发射系统

5.2.1 运输时应符合国家相关安全要求。

5.2.2 应按照行业或生产单位提出的技术规范进行年检，检测合格后，方可参加作业。

5.2.3 作业后应及时保养。

5.2.4 维修后应做记录。

5.2.5 作业期结束后，应进行检修、保养、封存，入库保管。

5.2.6 报废、调拨时，应将装备编号、日期、原因、履历书等材料上报备案。

5.3 炮弹与火箭弹

5.3.1 装卸应遵循下列要求：

a） 禁止携带手机等移动式电子设备；

b） 禁止携带易燃易爆物品；

c） 关闭汽车发动机；

d） 释放人体和车辆静电；

e) 稳拿轻放，防止摔碰、跌落和倒置。

5.3.2 如炮弹从高于 3 m 处意外跌落，现场人员应立即撤离，等待 30 s，经确认安全后方可继续装卸。

5.3.3 作业人员应熟悉炮弹与火箭弹的构造、性能等，检查其有无结构松动、表面破损、是否过期。

5.3.4 作业后应清理、登记弹药用量，作业期结束后将剩余弹药和弹壳上交。

5.3.5 实施动态管理，合理调配弹药。实弹、训练弹、故障弹、过期弹应分开存放，并设置明显标志。

5.3.6 过期、破损和故障弹药应就地封存，按规定进行销毁。

5.3.7 报废和销毁后，应将型号、批次、原因、生产日期、生产单位等信息上报备案。

5.4 地面发生器

安装后应设置安全隔离护栏和警示标志，宜采用视频监控。

5.5 储存管理

5.5.1 作业装备应储存于符合相关规范要求的专用库房内。

5.5.2 无专用库房的流动作业点或临时作业点所用弹药应储存于专用保险柜内。

5.5.3 库房应指定专人负责，并建立完善的库房值班、出入库管理、安全防护、应急处置等规章制度。

5.5.4 弹药储存量不应超过专用库房和保险柜的规定安全容量。

5.5.5 弹药入库堆码时，箱底应垫放枕木，箱底离地 20 cm～30 cm，箱侧离墙大于 20 cm，箱体堆码不应超过 5 层。

5.5.6 弹药出入库时至少应有 2 人在场。

5.5.7 地面发生器烟条宜参照弹药储存要求进行管理。

5.6 作业装备故障处置

5.6.1 作业装备出现故障时，应立即停止使用，并及时上报，操作人员不允许擅自排除故障。

5.6.2 故障应由专业人员排除，并经作业装备专职管理责任人确认合格后，方可继续使用。

6 空域安全使用

6.1 高炮、火箭作业前，应按相关规定提出空域使用申请，获得批准后，方可按批准事项实施作业。

6.2 作业时，应确保通信畅通，且应有备用通信手段。

6.3 收到停止作业指令或作业装备发生故障，应立即停止作业，并报告作业实施情况。

6.4 通信中断时，应立即停止作业，并尽快报告作业实施情况。

6.5 作业结束后，申请单位应立即向航空管制部门报告作业完毕，并及时记录、上报作业实施情况。

7 作业人员管理

7.1 作业人员配备：每门高炮应不少于 4 人，每套火箭作业系统应不少于 2 人。

7.2 作业人员应经专业培训合格后上岗。

7.3 作业期前，应完成作业人员岗前培训、操作演练、信息注册，并报当地公安部门备案。

7.4 作业时，作业人员应按要求穿着、佩戴安全防护装具。

8 作业实施

8.1 检测作业装备

作业前，应按有关技术标准对作业装备进行下列检查，合格后方可参加作业：

a) 检查弹药、烟条储备是否充足，有无过期、松动、破损等现象；

b) 检查移动式车载火箭的车辆是否符合安全要求；

c) 检查电台、对讲机、卫星电话、电池、电源及备用、应急设备等。

8.2 发布作业公告

8.2.1 公告方式

实施作业15天前，作业单位应通过张贴公告、广播等方式，或使用网络、手机短信等传播媒介，提前向社会公众公告人工影响天气作业事项。

8.2.2 公告内容

8.2.2.1 实施作业的安全影响区域、起止时间，作业火箭或高炮及其弹药等；

8.2.2.2 安全注意事项和可能影响、发现故障弹的处理方式、事故处理措施和方法；

8.2.2.3 公告有关单位、联系人姓名、联系方式。

8.2.3 发布范围

公告发布范围应至少覆盖作业点周边15 km～20 km区域。

9 作业安全检查

9.1 检查内容

作业安全检查的内容应包括：

a) 规章制度和安全措施的建立与落实情况；

b) 作业装备及其存储和运输情况；

c) 安全射界图设置和执行情况；

d) 作业前公告情况；

e) 作业人员配备数量、教育培训、上岗资质及注册备案情况；

f) 作业记录情况；

g) 防雷装置、安全警示标志的设置；

h) 固定作业点标准化建设情况；

i) 检查项目、检查内容和评分，评分标准参见附录B和附录C。

9.2 检查要求

9.2.1 省、市、县级气象主管机构每年应检查（抽查）当地人工影响天气工作安全管理状况。

9.2.2 检查工作应按下列要求进行：

a) 制定明确的检查提纲；

b) 查阅有关法规、标准、文件、制度、规范、预案、报表、记录、操作流程等资料；

c) 检查应急处置预案的适用性、有效性；

d) 查看设备运行、安全标志、维修保养等规章制度；

e) 听取人工影响天气业务安全管理工作报告；

f) 检查作业人员对作业装备操作技能和应知应会内容的掌握情况；

g) 检验作业人员执行应急处置预案的准确性和熟练性；

h) 对检查中发现的问题，及时提出整改意见，书面送达，限期整改，直至复查合格；

i) 检查完毕后应形成安全检查报告。

10 安全事故处置

10.1 处置原则

10.1.1 在当地人民政府统一领导下，组织开展事故应急救援工作。

10.1.2 根据事故大小、危害程度，各级气象主管机构按职责分级响应，开展应急救援。

10.1.3 根据事故性质，力求科学、规范地进行调查和处理。

10.2 信息报送

10.2.1 事故发生后，事故现场有关人员应立即向本单位负责人报告；单位负责人接到报告后，应于2 h内向事故发生地县级或以上气象主管机构报告。

10.2.2 市级或省级气象主管机构应在获知信息的2 h内简要报告、6 h内详细报告上级气象主管机构，并详细记录事故基本信息。根据工作进展，及时上报后续情况。如出现新的情况，应及时补报。

10.2.3 报告内容包括：事故发生单位概况；事故发生的时间、地点、简要经过、现场处置与救援情况、原因初步判断；事故已经或可能造成的人员伤亡和财产损失；已经采取的措施；其他应当报告的情况。

10.3 应急处置

10.3.1 做好保护现场、救治人员、保护财产等工作，观察现场有无未爆弹药等险情。

10.3.2 有关单位应启动应急响应，相关人员应立即进入应急工作状态。

10.3.3 视需要成立事故调查组。调查组成员宜携带照(摄)像与录音设备、清理工具、勘察箱等。

10.3.4 省级气象主管机构视需要通知装备生产单位、验收单位、保险公司等参加事故调查处理。

10.4 事故调查

10.4.1 用照(摄)像、绘图等方式记录事故现场信息，测定有关数据。

10.4.2 详细了解事故原因、发生、发展过程及人员伤亡、财产损失、天气状况和其他影响因素等。

10.4.3 调查作业装备的安全状况、作业人员的操作过程、身心健康、安全培训等信息。

10.4.4 了解安全操作规范和安全规章制度的执行状况，查看安全防护措施的落实情况。

10.4.5 分析事故原因、性质和责任，总结经验教训，提出整改措施和处理建议，及时上报调查报告。

附 录 A
(资料性附录)
作业装备分类存放表样式

表 A.1 给出了作业装备分类存放表的样式。

表 A.1 作业装备分类存放表样式

装备	高炮	火箭发射架	地面发生器	炮弹	火箭弹	烟条
高炮	○	○	○	×	×	×
火箭发射架	○	○	○	×	×	○
地面发生器	○	○	○	×	×	○
炮弹	×	×	×	○	×	×
火箭弹	×	×	×	×	○	×
烟条	×	○	○	×	×	○
注:“○”表示可同库存放,“×”表示不应同库存放。						

附 录 B
(资料性附录)
省、市、县级人工影响天气业务安全检查表样式

B.1 省级人工影响天气业务安全检查表样式

表B.1给出了省(自治区、直辖市)人工影响天气业务安全检查表的样式。

表B.1 省(自治区、直辖市)人工影响天气业务安全检查表样式

检查人员(签名):＿＿＿＿、＿＿＿＿、＿＿＿＿ 检查日期:20＿＿年＿＿月＿＿日

	评分标准	检查内容	分值	得分	简要说明
规章制度14分	1.有相应的规章制度并符合要求得满分; 2.有制度但不符合要求减半得分; 3.无制度得零分。	有作业单位资格审查、作业点审批制度。	2		
		作业人员培训考核备案制度。	1		
		有作业装备年检和统一采购、调配、报废制度和弹药储运。	4		
		有作业公告、有空域申请、作业信息报告制度。	3		
		建立省、市、县三级安全责任制度;有安全责任追究处理制度。	2		
		有重大安全事故报告制度、处理程序及应急预案。	2		
安全管理14分	1.有安全管理措施且严格执行得满分; 2.有安全管理措施但无行动减半得分; 3.无安全管理措施得零分。	制订年度人工影响天气工作计划,并对安全工作进行部署。	2		
		本年度组织开展人工影响天气安全检查并落实整改措施。	2		
		严格审批作业单位资格;审批作业点,并进行年度登记、备案。	4		
		按制度统一采购、配发、登记、调拨、维护和报废作业装备。	2		
		有专用(或部队、民爆)弹药库或自建弹药库符合有关规定(省级无弹药存储任务的按缺项处理),按规定组织销毁废旧、破损、过期弹药。	1		
		严格执行行业技术规范,完成作业装备年检。	2		
		严格执行作业人员培训、考核、备案制度。	1		
业务运行12分	1.有相应业务流程,执行得满分;部分不符合要求减半得分; 2.无相应业务流程得零分。	人工影响天气组织机构健全。	2		
		有专门人工影响天气管理机构和专职管理人员。	2		
		有省级人工影响天气业务系统,且运行正常。	3		
		有省级人工影响天气业务指导产品,且发布及时。	3		
		高炮身管备份达到中国气象局的要求,每低10%扣1分。	2		
市级60分	地市平均得分×60%。	根据检查方案,对市级人工影响天气工作检查后计算得分。	60		
总 得 分					
问题建议					

B.2　市级人工影响天气业务安全检查表样式

表B.2给出了市级人工影响天气业务安全检查表的样式。

表B.2　市(地、州、盟)人工影响天气业务安全检查表样式

检查人员(签名):＿＿＿＿＿＿、＿＿＿＿＿＿、＿＿＿＿＿＿检查日期:20＿＿年＿月＿日

<table>
<tr><th>项目</th><th>评分标准</th><th>检查内容及评分标准</th><th>分值</th><th>得分</th><th>简要说明</th></tr>
<tr><td rowspan="2">规章制度10分</td><td rowspan="2">1.有相应的规章制度并符合要求得满分;
2.有制度但不符合要求减半得分;
3.无制度得零分。</td><td>有人工影响天气作业人员、装备档案管理制度。</td><td>5</td><td></td><td></td></tr>
<tr><td>有重大安全事故报告制度、处理程序及应急预案。</td><td>5</td><td></td><td></td></tr>
<tr><td rowspan="3">安全管理15分</td><td rowspan="3">1.有安全管理措施且严格执行得满分;
2.有安全管理措施但无行动减半得分;
3.无安全管理措施得零分。</td><td>制订了年度人工影响天气工作计划。</td><td>5</td><td></td><td></td></tr>
<tr><td>组织开展人工影响天气安全检查,落实整改措施。</td><td>5</td><td></td><td></td></tr>
<tr><td>按规定对作业人员进行年度培训、考核、注册。</td><td>5</td><td></td><td></td></tr>
<tr><td rowspan="3">业务运行15分</td><td rowspan="3">1.有相应业务流程且严格执行得满分;
2.有相应业务流程但部分不符合要求减半得分;
3.无相应业务流程得零分。</td><td>组织机构健全,有专门管理机构和专职管理人员。</td><td>5</td><td></td><td></td></tr>
<tr><td>有人工影响天气业务系统,运行稳定,预警及时。</td><td>5</td><td></td><td></td></tr>
<tr><td>按规定及时汇总、上报人工影响天气作业信息。</td><td>6</td><td></td><td></td></tr>
<tr><td>县级60分</td><td>县级平均得分×60%。</td><td>根据方案,完成县级人工影响天气工作检查后计算得分。</td><td>60</td><td></td><td></td></tr>
<tr><td colspan="3">总　得　分</td><td colspan="3"></td></tr>
<tr><td>问题建议</td><td colspan="5"></td></tr>
</table>

B.3　县级人工影响天气业务安全检查表样式

表B.3给出了县级人工影响天气业务安全检查表的样式。

表 B.3　县(区、市、旗)人工影响天气业务安全检查表样式

检查人员(签名)：＿＿＿＿＿＿、＿＿＿＿＿＿、＿＿＿＿＿　填表日期：20＿＿年＿月＿日

项目	评分标准	检查内容及评分标准	分值	得分	简要说明
规章制度10分	1.有相应的规章制度且符合要求得满分；2.有制度但不符合要求减半得分；3.无制度得零分。	制订了年度人工影响天气工作计划。	3		
		开展了人工影响天气安全检查，整改合格。	3		
		有人工影响天气作业人员、装备档案管理制度。	2		
		为作业人员购买了人身保险。	2		
安全管理20分	1.有安全管理措施并严格执行得满分；2.有安全管理措施但无行动减半得分；3.无安全管理措施得零分。	制订年度人工影响天气工作计划并部署安全工作。	4		
		开展人工影响天气安全年度检查，落实整改措施。	4		
		作业人员完成了年度培训、考核、注册。	3		
		作业前发布了作业公告(以证明材料为准)。	3		
		有事故处理救助预案。	3		
		专用弹药库或自建弹药库符合有关规定。作业期结束后按规定将弹药集中存放。	3		
业务运行10分	1.有相应的业务流程且执行得满分；2.有相应的业务流程但部分不符合要求减半得分；3.无相应业务流程得零分。	组织机构健全，有专门管理机构和专职管理人员。	2		
		有人工影响天气业务系统，运行稳定，预警及时。	2		
		严格执行空域申请相关规定，申报审批记录完整。	3		
		按规定及时汇总、上报人工影响天气作业信息。	3		
作业点60分	作业点平均得分×60%。	按“附录C人工影响天气作业点安全检查表”完成检查，以其平均得分情况来计算。	60		
总　得　分					
问题建议					

附 录 C
(资料性附录)
人工影响天气作业点安全检查表样式

表 C.1 给出了人工影响天气作业点安全检查表的样式。

表 C.1 人工影响天气作业点安全检查表样式

________省(自治区、直辖市)____市(地、州、盟)____县(区、市、旗)____(火箭/高炮)作业点

检查人员(签名):__________、__________、__________检查日期:20____年__月__日

项目	评分标准	检查内容及评分标准	分值	得分	简要说明
人员情况 10 分	1. 作业人数,作业人员年龄、学历符合要求,有完整的培训、审核、注册档案得满分; 2. 作业人数不符合要求减半得分; 3. 作业人数不符合要求,又无完整的人员培训、审核、注册档案得零分。	作业人数符合安全规定。	2		
		作业人员通过有关部门审查、备案;新上岗作业人员培训达到中国气象局有关要求,有培训记录;所有作业人员每年参加培训,档案记录完整。	2		
		作业人员有年度注册记录。	2		
		作业人员年龄符合中国气象局要求。	1		
		作业人员达到初中以上文化程度。	1		
		作业人员有防护帽、雨衣、雨鞋,防护服等劳动保护装备。	2		
作业点标准化建设情况 34 分	1.“两库两室一平台”作业点建设符合相关要求,有有效通信、防雷设施,有完好的炮衣、箭衣得满分; 2.“两库两室一平台”作业点建设基本符合要求,有有效通信设施减半得分; 3. 无“两库两室一平台”作业点得零分; 4.“两库两室一平台”面积在±20%为达标,不达标酌情扣分。	作业点设置避开航路、航线、城镇、油库、重要电力设施、国道和重点文物保护单位,且在有关单位备案。	2		值班室与休息室在一起可合并计分
		作业点视野开阔,出炮口弹道上无电杆、电线、树木、建筑物等障碍物。	2		
		作业点周围设立警戒标志和允许射击方位标志。	2		
		作业点距离居民区 500 m 以上。	2		
		作业点通信设施有效。	2		
		防雷设施符合有关规范要求。	2		
		炮(箭)衣完好。	2		
		高炮库房宜采用框架结构,建筑面积不小于 20 m^2。	4		
		弹药库房宜采用框架结构,建筑面积不小于 10 m^2。	4		
		值班室宜采用砖混结构,建筑面积不小于 15 m^2。	4		
		休息室宜采用砖混结构,建筑面积不小于 20 m^2。	4		
		作业平台平整夯实。	4		

表 C.1 人工影响天气作业点安全检查表样式(续)

________省(自治区、直辖市)____市(地、州、盟)____县(区、市、旗)____(火箭/高炮)作业点

检查人员(签名):________、________、________检查日期:20____年__月__日

项目	评分标准	检查内容及评分标准	分值	得分	简要说明
安全管理56分	1. 有安全管理措施且严格执行得满分; 2. 有安全管理措施但无行动或无相关证明材料减半得分; 3. 无安全管理措施得零分。	作业资格完成了年度注册。	4		
		作业前发布作业公告(有证明材料)。	4		
		作业点有警戒标志。	4		
		按规定运输、存储弹药,作业装备有定期维护保养记录。	4		
		按行业规范完成高炮、火箭作业系统年检,有年检证等材料。	4		
		有事故处理救助预案,作业事故、设备故障按要求上报。	4		
		为作业人员购买了人身保险。	4		
		安全射界图半径达 10 km 范围,1 km 画 1 圈,标注重要目标物。	4		
		高炮、火箭发射架前方视野开阔,弹道无阻挡物。	4		
		作业点有《人工影响天气管理条例》、《高炮人工防雹增雨作业业务规范》、《人工影响天气安全管理规定》以及中国气象局编写的《人工影响天气安全事故案例》等学习材料,张贴相关规章制度。	4		
		检查、询问作业人员对有关安全制度、作业程序、应急处理及安全技能的掌握情况,按好、中、差分别得 4 分、3 分、2 分。	4		
		作业点值班室、休息室、弹药库、炮(箭)库分离。	3		
		有作业平台、炮(箭)库,弹药库有防盗设施。	3		
		作业期间,弹药库房 24 h 有人值班;作业期结束后,弹药上缴集中存放。	3		
		弹药存放做到箱底垫枕木,上、左、右、前、后面不靠,用零存整、用旧存新。	3		
总得分					
问题建议					

参 考 文 献

[1] GA 837—2009 民用爆炸物品储存库治安防范要求
[2] GA 838—2009 小型民用爆炸物品储存库安全规范
[3] 马官起.王洪恩.王金民.三七高炮实用教材[M].北京:气象出版社.2005

ICS 07.060
B 18

中华人民共和国气象行业标准

QX/T 298—2015

农业气象观测规范　柑橘

Specifications of agrometeorological observation—Citrus

2015-12-11 发布　　2016-04-01 实施

中　国　气　象　局　发布

前　言

本标准按照 GB/T 1.1—2009 给出的规则起草。

本标准由全国农业气象标准化技术委员会(SAC/TC 539)提出并归口。

本标准起草单位：浙江省气候中心、浙江省台州市椒江区气象局。

本标准主要起草人：金志凤、姚益平、陈聪、李仁忠。

农业气象观测规范　柑橘

1　范围

本标准规定了柑橘农业气象观测的基本要求、观测地段和植株的选择、物候期观测、生长状况评定、生育状况普查、生长量观测、产量要素和品质构成要素分析、主要气象灾害观测、主要病虫害观测等农业气象观测和田间工作记载方式。

本标准适用于柑橘气象业务、服务和相关研究的农业气象观测。

2　术语和定义

下列术语和定义适用于本文件。

2.1

物候期　citrus phenophase

橘树各器官受一年内季节气候条件影响而有规律地进行萌芽、抽梢、开花、结果以及根、茎、叶、果等一系列相应的动态变化。

2.2

落花落果率　the percentage of blossom drop and fruit drop

果树自身生理、灾害性天气或病虫害等原因引起的花(蕾)或果实脱落数占开花始期蕾、花总数的百分率。

注:保留一位小数。

2.3

坐果率　the percentage of bear fruit

果树实际结果数占开花始期蕾、花总数的百分率。

注:保留一位小数。

2.4

可溶性固形物　soluble solid

果实中所有溶解于水的化合物的总称。包括糖、酸、维生素、矿物质等。

3　观测原则

平行观测。一方面观测柑橘生长环境的物理要素(包括气象要素等),另一方面观测柑橘的物候期进程、生长状况、产量的形成,气象台站的基本气候观测,作为平行观测的气象观测部分。

点与面结合。既要有相对固定的观测地段进行系统观测,又要在柑橘主要物候期和重大气象灾害、病虫害发生时,对大面积橘园进行普查。

4　观测地段和植株的选择

应选择能代表当地一般情况下气候、土壤、地形、地势、栽培管理和产量水平的地段作为观测地段。地段一旦选定宜保持长期稳定,确需调整时应备注说明。

观测植株分区观测。每区各选连续的5株，观测地段和观测植株应保持长期稳定，如确需调整的，另选时应备注说明。

新枝生长量、落花落果率、坐果率等观测应选择固定的观测枝或观测果，如出现观测枝或观测果非自然折损或脱落，应重新选取相似枝条或果实代替观测，并备注说明。

地段和植株选择的具体要求见附录A。

5 物候期观测

5.1 柑橘观测的物候期

根据柑橘生物学特性，确定柑橘主要观测和记载的物候期。柑橘应观测的物候期包括：萌芽期、新梢生长期、停梢期、现蕾期、开花期、第一次生理落果期、第二次生理落果期、果实膨大期、果实着色期和成熟期。

5.2 观测时间

观测时间根据柑橘观测物候期出现的规律开展，临近物候期一般隔日进行巡测。旬末，应巡视观测；开花期应每日进行观测；物候期间隔时间很长，可逢5和旬末进行观测，临近物候期再恢复隔日观测。在规定的观测时间内，遇妨碍观测的天气，应在其结束后及时补测，并在备注栏内注明原因。

5.3 物候期的确定

萌芽期：芽裂开约0.2厘米。

新梢生长期：新梢出现，茎体长0.5厘米。分春（立春至立夏）梢、夏（立夏至立秋）梢、秋（立秋至立冬）梢、冬（立冬至立春）梢进行记载。若存在夏梢需进行抹芽，秋梢出现少，或不能成为第二年的结果母枝，冬梢极少出现等现象的，可不作相应物候期的观测记载，但需备注说明。

停梢期：新梢长到一定时期后先端停止生长，数日后芽顶端发生自行断裂脱落（顶芽自枯）。结合新枝生长量动态定枝观测。

现蕾期：植株在个别枝条上出现花蕾。

开花期：花瓣展开，能窥见雌雄蕊。选定枝条进行定花量观测（可与落花落果观测在同一枝条上进行）。

第一次生理落果期：凋花后子房已经膨大，果实带果柄一起脱落。

第二次生理落果期：开花约一个月后的幼果，从蜜盘处脱落（不带果柄）。

果实膨大期：果实快速增重增大，横向生长明显比纵向生长加快，海绵层（或称白皮层）变薄，砂囊迅速增大，彼此分离，含水量迅速增加，故又称上水期。种子内容物已充实硬化，果实大小因品种而异。如温州蜜柑直径一般约为3厘米。

果实着色期：果实绿色减退，因品种不同出现黄、橙黄或橙红等颜色。

成熟期：半数果实达到该品种的典型大小、色泽和风味。

除开花期观测外，柑橘其他物候期通过目测确定。

6 生长状况评定

生长状况评定在柑橘的萌芽、春梢生长、现蕾、开花、第一生理落果、第二生理落果、果实膨大、果实着色和成熟的各个物候盛期进行。柑橘生长状况评定标准见表1。评定方法目测。

表1　柑橘生长状况评定标准

类别	评定标准	说明
1类	果树生长状况好	植株健壮，芽梢、叶色正常，花序发育良好，果实发育正常，坐果率高。没有或仅有轻微的病虫害和气象灾害，对生长影响极小。预计可达到丰产年景的水平。
2类	果树生长状况中等	花序发育正常，坐果率正常。果树遭受病虫影响或气象灾害较轻。预计可达到平均产量年景的水平。
3类	果树生长状况不好或较差	叶色不正常，花序发育不良，花质偏差，花量较少，落花落果量较大。果树遭受明显的病虫害和气象灾害影响。预计产量较低，是减产年景。

7　生育状况调查

7.1　调查原则

根据当地的气象决策服务或农业生产需要，在柑橘生长的开花期、果实膨大期和成熟期，选择不同生产水平的橘园进行柑橘生育状况的调查。

7.2　调查地点

在当地县（市、区）境内，选择柑橘高、中、低产量水平的三类有代表性的地块（以观测地段代表一种产量水平，另选两种产量水平地块）。可结合农业部门资料调查或分片设点进行。

7.3　调查时间和调查内容

在柑橘开花始见后3天内定花（蕾）基数，在果实膨大盛期后3天内进行落花落果率调查，在成熟期进行坐果率、果径和果实可溶性固形物含量测定。

8　生长量观测

8.1　观测项目

新枝长度、落花落果率、坐果率、可溶性固形物含量。

8.2　观测时间和方法

落花落果率观测应在开花始期时，选定观测枝，确定观测基数，坐果率观测基数沿用落花落果率观测基数和观测枝。果实膨大盛期当旬末观测坐果率，可不测落花落果率。可溶性固形物含量观测，各小区分别固定2株观测植株，每株每次取样1个代表性果实。柑橘生长量观测项目和物候时段见表2。具体观测方法见附录C。

表2　柑橘生长量观测

观测项目	物候时段
新枝长度	春梢生长盛期—停梢期
落花落果量	第一次生理落果期—果实膨大盛期

表 2　柑橘生长量观测(续)

观测项目	物候时段
坐果数	果实膨大盛期—成熟期
果实膨大量	果实膨大始期—成熟期
可溶性固形物含量	果实膨大始期—成熟期

9　产量要素与品质构成要素分析

9.1　产量要素

单果重、单株果实重。

9.2　品质构成要素

果实纵径、果实横径、果实可食率、果皮厚度、果实可溶性固形物含量等。

9.3　测定时间

柑橘成熟期 3 天内,并在采摘当天完成产量测定和分析。

9.4　测定和分析方法

每个观测植株应进行单独采收,及时进行质量和品质分析。具体方法见附录 D。

10　主要农业气象灾害观测

10.1　观测内容

冻害、涝灾、干旱、冰雹、风灾等。

10.2　观测时间和地点

观测时间:在灾害发生后及时进行观测。从柑橘受害开始至受害症状不再加重为止。
观测地点:在柑橘观测地段上进行。若灾害大范围发生,还应做好全县(市、区)范围内的调查。

10.3　观测和记载项目

10.3.1　发生灾害的名称、受害期及受害程度

10.3.1.1　灾害名称

记录实际发生的灾害名称。

10.3.1.2　受害期

灾害开始发生,橘树出现受害症状时记为灾害开始期,灾害解除或橘树受害部位症状不再发展时记为终止期。

10.3.1.3　受害程度

根据植株和器官的受害症状、受害百分率以及预计灾害对未来产量的影响,综合评定受害程度,分

轻、中、重记载，见表3。灾害发生后对抗灾采取的技术措施和灾害的恢复情况也应详细记载。有的灾害发生后受害特征不能很快表现出来，增加了观测的困难，因此要在易受灾害性天气危害时期加强观测。

受害部位及症状：整个植株的某些器官受害，如根、枝条、叶、花蕾、花、果实、种子等。受害症状有叶卷缩或脱落，树杆、枝条折断，花蕾和果实脱落，整株死亡等。具体如下：

a) 植株：植株倒伏及其程度，以约估15度、45度、60度、90度等记载，被水淹没程度（下部、一半、全部等）。
b) 根：被水淹没或部分外露，全部外露或翻蔸。
c) 树干和枝：梢受害，上部或基部，某节位受害。枝条变色，干枯，折断及部位。
d) 叶：叶子边缘或植株上部，下部叶子完全变色，卷缩凋萎，干枯，脱落，腐烂。
e) 花序、花蕾、花：植株上部或下部花蕾、花变色、脱落。
f) 果实或种子：未正常成熟干瘪脱落、腐烂。

植株受害百分率用受害植株占总株数的百分率表示；器官受害百分率用目测估计，如叶片受害，则估计受害叶片占总叶片数的百分率。

表3　柑橘受害症状及受害程度

程度	轻	中	重
冻害	树干、叶片受冻	萌生的新芽受冻死亡	全株受害，植株死亡
涝灾	植株部分被淹，叶片萎蔫	1/2植株被淹，少量落叶	树冠被淹，全部叶片脱落
干旱	旱象露头。果实膨大受阻	旱象发展。叶片卷曲	旱情严重。植株死亡
冰雹	叶片击破，脱落	枝条折断，少量花或果实击落	大量花、果实击落，树体损伤严重
风灾	植株倒伏15度以内	植株倒伏16度～45度	植株倒伏46度以上

10.3.2　受灾期间天气气候情况分析

灾害发生后，记载实际出现使柑橘受害的天气气候情况，在灾害开始、增强和灾害结束时记载分析。主要分析导致灾害发生的前期气象条件，灾害开始至终止期间的气象条件，以及气象条件发生的变化，使灾害解除的气象条件，对柑橘产量、品质的影响等。发生不同灾害时天气气候情况记载的内容见表4。

表4　柑橘农业气象灾害及期间的天气气候情况

灾害名称	天气气候情况记载内容
冻害	持续日数、极端最低气温及日期
涝灾	过程降水量及日期
干旱	最长连续无降水日数、干旱期间的降水量和天数、地段干土层厚度（厘米）、土壤相对湿度（%）
冰雹	最大冰雹直径（毫米）、积雹厚度（厘米）
风灾	过程平均风速、最大风速及日期
雪灾	过程降雪日数、降雪量

11 主要病虫害观测

11.1 观测内容

日灼病、天牛、黄龙病、花蕾蛆、疮痂病、红蜘蛛、潜叶蛾、锈壁虱、炭疽病等。主要病虫害受害症状见附录E。

11.2 观测时间和地点

在病虫害发生时开始观测并记载，直至病虫害不再蔓延或加重为止。观测地点一般选在柑橘观测地段。

11.3 观测和记载项目

11.3.1 发生灾害的名称

记载学名，禁止记各地的俗名。

11.3.2 受害期

当发现柑橘受病虫为害时，记为发生期；病虫发生率高，记为猖獗期；病虫害不再发展时记为停止期。

11.3.3 受害程度

记录柑橘受害的器官及部位，并根据表5判断受害程度。

表5 柑橘受害部位及受害程度

程度	轻	中	重
受害部位	树干、叶片受害	花、果实受害	全株受害，植株死亡

12 主要田间工作记载

12.1 记载要求

农事活动记载应遵守以下原则：

a) 按实际的项目和内容，用通用术语记载项目名称。
b) 同一项目进行多次观测时，要记明时间、次数。
c) 数量、质量、规格等计量单位用法定计量单位记录。

12.2 记载时间

在物候期观测的同时，记载观测地段上实际进行的项目起止日期、方法和工具等。若项目已经结束，应及时向果农了解，补记田间记录。

12.3 记载项目和内容

主要记载施肥、病虫害防治、疏花疏果、灌溉、采收等。

13 农气簿/表填写

所有观测和分析内容均应按规定填写农气观测簿/表，并按规定时间上报主管部门。具体填写方法见附录F，簿/表样式参见附录G。

14 生育期间农业气象条件鉴定

总结分析柑橘越冬期至成熟期间(前一年12月至当年11月)的气象条件，主要从积温、降水、日照条件等方面，分析气象条件对柑橘生长发育、产量和品质形成的利弊影响。同时，还应分析气象灾害、病虫害等的发生情况及对产量和品质的影响。

附　录　A
（规范性附录）
地段和植株选择

A.1　观测地段选择要求

柑橘观测地段选择有如下要求：

a）　地段品种：当地的主栽品种。

b）　地段面积：一般为1公顷，应不小于0.5公顷。

c）　地段位置：距建筑物、道路（公路和铁路）等应在20米以上，不宜选择在橘园的边缘。

A.2　观测地段分区

将观测地段按果园形状分成相等的4个区，作为4个重复，按顺序编号，各项观测在4个区内进行。绘制观测地段各区和各观测点的分布示意图。

A.3　观测植株选择要求

选择品种相同、树龄相近、生长状况基本一致的植株。观测植株一经确定，要进行编号。

A.4　观测枝（果）选择要求

每区选择1株有代表性的观测植株，在其冠层中间附近的东、南、西、北不同方位各选一个生长健壮、无病虫害的枝（新枝生长量开始观测时为梢）或果作为观测枝或观测果。观测枝和观测果一经确定，要挂牌编号。

A.5　观测地段和观测植株说明

A.5.1　观测地段综合平面示意图

观测地段综合平面示意图包括以下内容：

a）　观测地段的位置、编号；

b）　气象观测场的位置；

c）　观测地段的环境条件，如村庄、树林、果园、山坡、河流、渠道、湖泊、水库及铁路、公路和田间大道的位置；

d）　其他建筑物和障碍物的方位和高度。

A.5.2　观测地段和观测植株说明内容

观测地段需要说明的内容包括：

a）　地段编号；

b）　地段土地使用单位名称或个人姓名；

c）　地段所在地的地形（山地、丘陵、平原、盆地）、地势（坡地的坡向、坡度等）及面积（公顷）；

d) 地段距气候观测场的直线距离、方位和海拔高度差；
e) 地段环境条件，如房屋、树林、水体、道路等的方位和距离；
f) 植株品种名称、树龄、树势（旺、中、弱）、树形（椭圆形、圆形、塔形、不规则形等）、冠幅、定植时间、每公顷株数、园内共生植物；
g) 地段灌溉条件，包括有无灌溉条件、保证程度及水源和灌溉设施；
h) 地段地下水位深度，记“大于 2 米”或“小于 2 米”；
i) 地段土壤状况。包括土壤质地（砂土、壤土、黏土、砂壤土等）、土壤酸碱度（酸、中、碱）和肥力（上、中、下）情况等；
j) 地段的生产管理水平（上、中、下）。

附 录 B
(规范性附录)
柑橘物候期观测

B.1 萌芽期

始期:不小于10%植株上有个别枝条上的芽开放。

盛期:不小于50%植株上有半数以上枝条上的芽开放。

萌芽特征图见图B.1。

图B.1 萌芽

B.2 新梢生长期

始期:不小于10%植株上有个别枝条抽出茎体长0.5厘米的新梢。

盛期:不小于50%植株上有半数以上枝条抽出新梢。

新梢特征图见图B.2。

图B.2 新梢

B.3 停梢期

始期：不小于10%植株10%以上枝条上的新梢出现顶芽自剪现象。
盛期：不小于50%植株半数以上的枝条上出现顶芽自剪现象。
顶芽自剪见图B.3。

图 B.3 顶芽自剪

B.4 现蕾期

始期：不小于10%植株上有个别枝条出现花蕾。
盛期：不小于50%植株上有半数以上枝条出现花蕾。
现蕾期花蕾图见图B.4。

图 B.4 花蕾

B.5 开花期

始期:枝条上第一批(不小于5%)花朵的花瓣外层展开,能窥见雌雄蕊。
盛期:枝条多数(不小于75%)以上的花朵开放。
末期:枝条上的花朵凋谢脱落(≥95%),留有极少数的花。
开花期特征图见图B.5。

图B.5 开花

B.6 第一次生理落果期

不小于10%植株出现第一批前期带果柄一起脱落的果实。
第一次生理落果见图B.6。

图B.6 第一次生理落果

B.7　第二次生理落果期

不小于10％植株出现第一批不带果柄脱落的果实。

第二次生理落果见图B.7。

图B.7　第二次生理落果

B.8　果实膨大期

始期：不小于10％植株上有达到膨大标准的果实。

盛期：不小于50％植株上有半数以上果实达到膨大标准。

达到膨大标准的果实见图B.8。

图B.8　达到膨大标准的果实

B.9 果实着色期

始期：不小于10%植株上有开始着色的果实。
盛期：不小于50%植株上有半数以上果实开始着色。
开始着色的果实见图B.9。

图B.9 开始着色的果实

B.10 成熟期

半数果实达到该品种的典型大小、色泽和风味。
成熟的果实见图B.10。

图B.10 成熟的果实

附　录　C
（规范性附录）
柑橘生长量观测

C.1　观测仪器和工具

游标卡尺：精度0.02毫米。
糖量计：手持糖量计或数显糖量计。

C.2　新枝长度测定

固定观测枝条（新梢），用游标卡尺测量其长度，以厘米为单位，保留一位小数。

C.3　落花落果率和坐果率观测

观测枝上凋落的花蕾及果实数，统计落花落果百分率，见式（C.1）；观测枝上存留的果实数，统计坐果率，见式（C.2）。计算结果保留一位小数。

$$P_d = \frac{A - A_1}{A} \times 100\% \qquad \cdots\cdots\cdots\cdots(C.1)$$

式中：
P_d ——落花落果百分率；
A ——开花始期蕾、花总数；
A_1 ——当次观测蕾、花、果总数。

$$P_b = \frac{A_2}{A} \times 100\% \qquad \cdots\cdots\cdots\cdots(C.2)$$

式中：
P_b ——落花落果百分率；
A_2 ——当次观测果实总数。

C.4　果实膨大量观测

测量观测果的纵径、横径，以毫米为单位，保留一位小数。确定果实膨大盛期（横径增长最大的一次），记入备注栏。

C.5　果实可溶性固形物含量观测

随机取样果，用糖量计测定可溶性固形物含量，保留一位小数。

附　录　D
（规范性附录）
柑橘产量要素观测

D.1　单株果实重

单株果实重：通过农户采摘，及时称量每一观测株的果实产量，取其平均值，并记载。以千克每公顷表示，保留一位小数。

D.2　仪器与用具

天平：感量 0.1 克，载重 1000 克和感量为(0.5～1)克，载重(5～10)千克的天平各一台；
游标卡尺：同附录 C 的 C.1；
糖量计：同附录 C 的 C.1。

D.3　产量和品质结构分析精度

果实重测量值以克为单位，果实纵径、横径测量值以毫米为单位，可溶性固形物含量以百分率表示，果皮厚度测量值以毫米为单位，可食率以百分比表示。所有数值，最后保留一位小数。

D.4　产量结构分析

D.4.1　取样要求

在观测橘园内每株选 1 或 2 个有代表性的枝，求取单果重；选取有代表性的样果 40 个，测定果实的纵径和横径；选取其中 10 个样果，测定可溶性固形物含量、可食率、果皮厚度等。

D.4.2　分析步骤和方法

果实取样后，应在当天完成分析，可按照下列步骤和方法进行分析：

a)　平均单果重(克)：统计果实总数，并称量，求取单果平均质量。
b)　果实纵径、横径：使用游标卡尺测量样果的纵径和横径。
c)　可溶性固形物含量：使用糖量计测定。
d)　果皮厚：使用游标卡尺，取样果果皮的最厚处和最薄处测量，取其平均值。
e)　可食率：分别称量样果质量和果实质量，计算果肉重占单果重的百分比。

附 录 E
（资料性附录）
柑橘病虫害观测

E.1 星天牛

成虫啃食枝条嫩皮；幼虫蛀食树干和主根，常有粪屑被排出，于皮下蛀食环绕树干后常整株枯死。此害识别方法图见图E.1。

图 E.1 幼虫蛀害枝干而排出的粪屑

E.2 花蕾蛆

以幼虫为害花器，使其关闭，不能开花结实。此害识别方法见图E.2。

图 E.2 花蕾蛆影响后花蕾外观状，上为健花结实状

E.3 红蜘蛛

以成螨、幼螨、若螨群集叶片、嫩梢、果皮上吸汁危害，引致落叶、落果，尤以叶片受害为重，被害叶面密生灰白色针头大小点，甚者全叶灰白，失去光泽，终致脱落。此害识别方法见图 E.3。

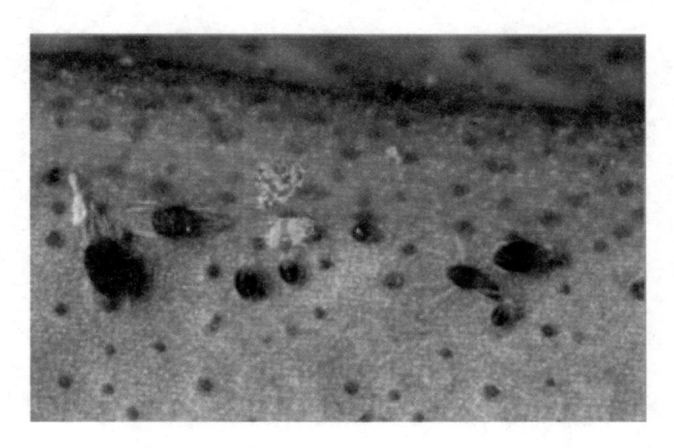

图 E.3 红蜘蛛

E.4 潜叶蛾

以幼虫潜食幼嫩梢叶，形成银白色不规则隧道，致叶片卷曲硬脆，新梢生长不充实。此害识别方法见图 E.4。

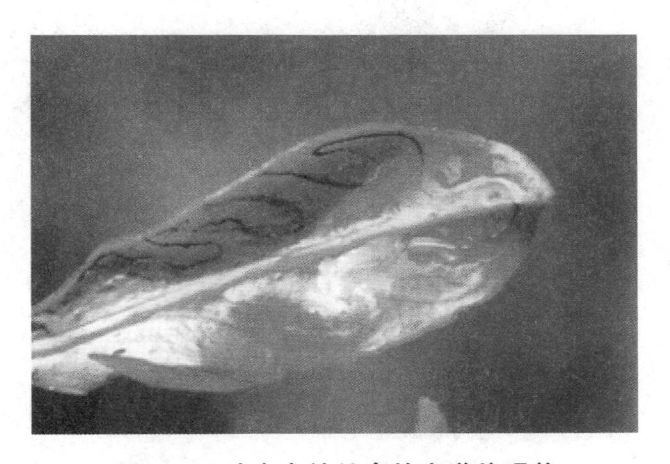

图 E.4 叶肉内被蛀食的虫道外观状

E.5 锈壁虱

以若螨、成螨为害叶片、嫩梢、果实，在果面、叶面背面刺入吸食汁液，叶片被害后其背面初呈黄褐色网状纹，后变黑褐色，重者变为黑色。果实被害初期呈灰绿色，失去光泽，以后变红色或黑褐色，果皮粗糙。此害识别方法见图 E.5。

图 E.5　果实被害状

E.6　日灼病

果皮在高温下受烈日直接暴晒引起的生理性病害。灼伤部位果皮坚硬粗糙、果皮呈黄色或棕黄色，果实畸形、囊瓣枯缩、果汁少、果味差、品质劣。主要危害叶片、果实和树皮。此害识别方法见图 E.6。

图 E.6　日灼病

E.7 疮痂病

叶片、新梢和果实均可受害，造成病树落叶、落果，病斑后期木栓化，瘤状突起呈疮痂状。此害识别方法见图 E.7。

图 E.7 疮痂病

E.8 黄龙病

病叶均匀黄化和褪绿，叶小无光泽。树冠稀疏，枝条短弱，落叶、枝枯。此害识别方法见图 E.8。

图 E.8 黄龙病

E.9 炭疽病

叶片病斑浅灰色，边绿褐色，稍凹陷；病梢黄褐色至灰白色枯死；幼果发病呈现腐烂；成熟果实在干燥条件下呈现黄褐色稍凹陷的干斑。此害识别方法见图 E.9～图 E.11。

图 E.9 叶片受害状

图 E.10 幼果受害状

图 E.11 成熟果实受害状

附　录　F
（规范性附录）
观测簿/表填写

F.1　概述

观测簿/表的填写应遵循以下规则：

a）　农气簿-1-1 供填写柑橘生育状况观测原始记录用，应随身携带边观测边记录；

b）　农气表-1 用于填写各项记录的最后统计结果。

F.2　农气簿-1-1 的填写

F.2.1　封面

观测簿/表封面的填写应遵循以下规则：

a）　省、自治区、直辖市和台站名称：填写基本气象台站所在的省、自治区、直辖市。台站名称应按上级业务主管部门命名填写。

b）　柑橘品种名称、品种类型、熟性：按照农业科技部门鉴定的名称填写。

c）　栽培方式：栽植。

d）　起止日期：第一次使用簿的日期为开始日期；最后一次使用簿的日期为结束日期。

F.2.2　观测地段说明和测点分布图

观测地段说明和测点分布图的填写应遵循以下规则：

a）　观测地段说明：按附录 A 规定的观测地段说明内容逐项填入。

b）　地段分区和测点分布图：将地段的形状、分区及物候期、植株高度、密度、产量因素等测点标在图上，以便观测。

F.2.3　物候期观测记录

物候期观测结果的填写应遵循以下规则：

a）　物候期：记载物候期名称，观测时未出现下一物候期记“未”。

b）　观测总株数：记载 4 个测点观测的总株数。

c）　进入物候期株数：分别填写 4 个测点观测植株中进入物候期的株数，统计总和，计算百分率。

d）　生长状况评定：按照 6 的规定记录。

F.2.4　生长量观测记录

按照 8.2 和附录 C 的规定观测和记录。

F.2.5　产量结构分析记录

柑橘产量结构分析应遵循以下规则：

a）　各项分析记录按照 9.1 和 9.2 分析项目的先后次序逐项填写。

b）　分析计算过程记入分析计算步骤栏，计算结果记入分析结果栏。

c）　地段实收面积、总产量：在柑橘成熟后与土地使用单位或户主联系进行单收，地段实收面积以公顷为单位，其总产量以千克为单位，最后计算出每公顷产量，以千克为单位。

F.2.6 观测地段农业气象灾害和病虫害观测记录

观测地段农业气象灾害和病虫害观测记录应遵循以下规则：

a) 灾害名称：柑橘气象灾害按 10.1 规定和普遍采用的名称进行记载，病虫害按 11.1 规定和植保部门的名称进行记载。不得采用俗名。农业气象灾害和病虫害按出现先后次序记载。如果同时出现两种或以上灾害，按先重后轻记载，如分不清，可综合记载。
b) 受害期：记载柑橘气象灾害或病虫害发生的开始期、终止期。有的灾害受害过程中有发展也应观测记载，以便确定气象灾害严重日期和病虫害猖獗期。突发性灾害天气，以时或分的精确时分记录。
c) 受害症状与受害程度：按 10.3.1.3 规定填写。
d) 天气气候情况：农业气象灾害按表 4 内容记载，病虫害可不记载此项。

F.2.7 主要田间工作记载

按第 12 章的有关规定记载。

F.2.8 生育期农业气象条件鉴定

总结分析柑橘萌芽至果实成熟期间的气象条件，主要对积温、降水、日照等气象要素，分析气象条件对柑橘生长发育和产量、品质形成的利弊影响，以及气象灾害、病虫害等的发生情况及其对柑橘产量的影响。

F.3 农气表-1 的填写

F.3.1 填写规定

农气表-1 的填写应遵循以下规定：

a) 农气表-1 的内容抄自农气簿-1-1 相应栏。
b) 地址、北纬、东经、观测场海拔高度以地面气象观测站所在位置记录。

F.3.2 填写说明

F.3.2.1 物候期

按照物候期出现的先后次序填写物候期名称，并填写始期、普遍期、末期的日期。

萌芽期到成熟天数，从萌芽期的第二天算起至成熟期的当天的天数。

F.3.2.2 产量品质结构

项目栏按 9.1 和 9.2 规定项目顺序填入，并注明单位。

F.3.2.3 观测地段农业气象灾害和病虫害

农业气象灾害和病虫害观测记录根据农气簿-1-1 相应栏的记录，对同一灾害过程先进行归纳整理，再抄入记录表。先填农业气象灾害，再填病虫害，中间以横线隔开。

F.3.2.4 主要田间工作记载

逐项抄自农气簿-1-1 相应栏。若某项田间工作进行多次，且无差异，可归纳在同一栏填写。

F.3.2.5 生长量测定

逐项抄自农气簿-1-1相应栏。

F.3.2.6 观测地段说明、生育期农业气象条件鉴定

抄自农气簿-1-1。

附 录 G
（资料性附录）
柑橘农业气象观测簿/表格式

G.1 图G.1给出了农气簿-1-1的样式

农气簿-1-1

柑橘生育状况观测记录薄

省、自治区、直辖市__________________

台站名称__________________

品种、树龄__________________

开始日期__________________

结束日期__________________

年 月 日至 年 月 日

印制单位

图G.1 农气簿-1-1样式

观测地段说明

1. ______________________________

2. ______________________________

3. ______________________________

4. ______________________________

5. ______________________________

6. ______________________________

7. ______________________________

8. ______________________________

9. ______________________________

10. ______________________________

图 G.1　农气簿-1-1 样式(续)

地段分区和各测点分布示意

图 G.1 农气簿-1-1样式(续)

物候期观测记录

观测日期（月/日）	物候期	观测总株数	进入物候期株数						生长状况（评定类）	观测员	校对员
			1	2	3	4	总和	百分率			
备注											

图 G.1　农气簿-1-1 样式（续）

物候期观测记录

观测日期（月/日）	物候期	观测总株数	进入物候期株(茎)数						生长状况（评定类）	观测员	校对员
			1	2	3	4	总和	百分率			
备注											

图 G.1　农气簿-1-1 样式（续）

落花落果率观测记录

观测日期（月/日）	落花落果率						观测员	校对员
	1	2	3	4	合计	百分率		
备注								

图 G.1 农气簿-1-1 样式（续）

坐果率观测记录

观测日期（月/日）	坐果率						观测员	校对员
	1	2	3	4	合计	百分率		
备注								

图 G.1　农气簿-1-1 样式（续）

果实膨大量的测量(毫米)

果实号		月/日		月/日		月/日		月/日	
		纵径	横径	纵径	横径	纵径	横径	纵径	横径
第1株	1								
	2								
	3								
第2株	4								
	5								
	6								
第3株	7								
	8								
	9								
第4株	10								
	11								
	12								
合 计									
平 均									
备注									

观测员__________ __________ __________ __________

校对员__________ __________ __________ __________

图 G.1 农气簿-1-1 样式(续)

柑橘果实品质测定记录(百分率)

测定日期(月/日)	观测区折光可溶性固形物含量测定				合计	平均	观测员	校对员
	1	2	3	4				
备注								

图 G.1 农气簿-1-1 样式(续)

新枝条长度测量(厘米)

日期	月/日				月/日			
株号	1	2	3	4	1	2	3	4
1								
2								
3								
4								
5								
6								
7								
8								
9								
10								
11								
12								
合　计								
平　均								
备注								

观测员__________　__________

校对员__________　__________

图 G.1　农气簿-1-1 样式(续)

柑橘生育状况观测调查记录

地点____________________

当地生产水平____________________

柑橘树品种名称____________________

种植日期__________ 收获单产(千克每公顷)__________

日期	观测调查项目				
(月/日)	物候期	项目	单位	数值	生长状况评定(类)
备注					

观测员__________ __________ __________ __________

__________ __________ __________ __________

校对员__________ __________ __________ __________

__________ __________ __________ __________

图 G.1 农气簿-1-1 样式(续)

产量结构分析单项记录

项目			项目			项目		
单位			单位			单位		
合计			合计			合计		
平均			平均			平均		
备注								

分析日期________年______月______日至______月______日

分析员____________ ____________ ____________

校对员____________ ____________ ____________

图 G.1 农气簿-1-1 样式(续)

产量结构分析记录

项目	单位	分析计算步骤	分析结果

地段实收面积（平方米）		地段总产量（千克）		1平方米产量（千克）	

分析员__________ __________ __________

校对员__________ __________ __________

图 G.1　农气簿-1-1样式（续）

观测地段农业气象灾害和病虫害观测

观测日期（月/日）	灾害名称	受害期	天气气候情况	受害症状及程度	预计对产量的影响

分析员________ ________ ________ ________ ________ ________ ________

校对员________ ________ ________ ________ ________ ________ ________

图 G.1　农气簿-1-1 样式(续)

田间工作记载

项目	日期	方法和工具	数量、质量和规格	观测员	校对员

图 G.1 农气簿-1-1 样式(续)

柑橘生育期间农业气象条件鉴定

县平均产量 （千克每公顷）		与上年比增 减产百分率	

观测员__________ __________

校对员__________ __________

图 G.1　农气簿-1-1 样式（续）

G.2　图 G.2 给出了农气表-1 的样式

农气表-1
档案号

柑橘生育状况观测记录年报表

品种、树龄＿＿＿＿＿＿＿＿＿＿＿＿＿＿＿＿

年份＿＿＿＿＿＿＿＿＿＿＿＿＿＿＿＿

省、自治区、直辖市＿＿＿＿＿＿＿＿＿＿＿＿＿＿＿＿

台站名称＿＿＿＿＿＿＿＿＿＿＿＿＿＿＿＿

地址＿＿＿＿＿＿＿＿＿＿＿＿＿＿＿＿

北纬＿＿＿°＿＿＿′　东经＿＿＿°＿＿＿′

海拔高度＿＿＿＿＿＿＿＿＿＿＿＿＿＿＿＿米

台站长＿＿＿＿＿＿＿＿　抄录＿＿＿＿＿＿＿＿

观测＿＿＿＿＿＿＿＿　校对＿＿＿＿＿＿＿＿

预审＿＿＿＿＿＿＿＿　审核＿＿＿＿＿＿＿＿

寄出日期　　年　月　日

印制单位

图 G.2　农气表-1 样式

<table>
<tr><td rowspan="3">物候期
（月/日）</td><td>名称</td><td></td><td></td><td></td><td></td><td></td><td></td><td></td><td></td><td></td><td></td><td></td><td colspan="4">主要田间工作记载</td></tr>
<tr><td>始期</td><td></td><td></td><td></td><td></td><td></td><td></td><td></td><td></td><td></td><td></td><td></td><td>项目</td><td>起止日期</td><td>方法和工具</td><td>数量、质量和规格</td></tr>
<tr><td>普遍期</td><td></td><td></td><td></td><td></td><td></td><td></td><td></td><td></td><td></td><td></td><td></td><td></td><td></td><td></td><td></td></tr>
<tr><td colspan="2">生长状况评定</td><td></td><td></td><td></td><td></td><td></td><td></td><td></td><td></td><td></td><td></td><td></td><td></td><td></td><td></td><td></td></tr>
<tr><td rowspan="10">生长量测定</td><td rowspan="2">新枝长度</td><td colspan="2">日期（月/日）</td><td></td><td></td><td></td><td></td><td></td><td></td><td></td><td></td><td></td><td></td><td></td><td></td><td></td></tr>
<tr><td colspan="2">长度（厘米）</td><td></td><td></td><td></td><td></td><td></td><td></td><td></td><td></td><td></td><td></td><td></td><td></td><td></td></tr>
<tr><td rowspan="2">落花落果率</td><td colspan="2">日期（月/日）</td><td></td><td></td><td></td><td></td><td></td><td></td><td></td><td></td><td></td><td></td><td></td><td></td><td></td></tr>
<tr><td colspan="2">百分率</td><td></td><td></td><td></td><td></td><td></td><td></td><td></td><td></td><td></td><td></td><td></td><td></td><td></td></tr>
<tr><td rowspan="2">坐果率</td><td colspan="2">日期（月/日）</td><td></td><td></td><td></td><td></td><td></td><td></td><td></td><td></td><td></td><td></td><td></td><td></td><td></td></tr>
<tr><td colspan="2">百分率</td><td></td><td></td><td></td><td></td><td></td><td></td><td></td><td></td><td></td><td></td><td></td><td></td><td></td></tr>
<tr><td rowspan="3">果实膨大</td><td colspan="2">日期（月/日）</td><td></td><td></td><td></td><td></td><td></td><td></td><td></td><td></td><td></td><td></td><td></td><td></td><td></td></tr>
<tr><td colspan="2">纵径（毫米）</td><td></td><td></td><td></td><td></td><td></td><td></td><td></td><td></td><td></td><td></td><td></td><td></td><td></td></tr>
<tr><td colspan="2">横径（毫米）</td><td></td><td></td><td></td><td></td><td></td><td></td><td></td><td></td><td></td><td></td><td></td><td></td><td></td></tr>
<tr><td rowspan="2">可溶性固形物含量</td><td colspan="2">日期（月/日）</td><td></td><td></td><td></td><td></td><td></td><td></td><td></td><td></td><td></td><td></td><td></td><td></td><td></td></tr>
<tr><td colspan="2">百分率</td><td></td><td></td><td></td><td></td><td></td><td></td><td></td><td></td><td></td><td></td><td></td><td></td><td></td></tr>
<tr><td colspan="2" rowspan="2">产量测定</td><td colspan="2">单果质量
（克）</td><td colspan="2">单株质量
（克）</td><td colspan="2">地段总产量
（千克）</td><td colspan="2">地段单产
（千克每公顷）</td><td></td><td></td><td></td><td></td><td></td><td></td><td></td></tr>
<tr><td colspan="2"></td><td colspan="2"></td><td colspan="2"></td><td colspan="2"></td><td></td><td></td><td></td><td></td><td></td><td></td><td></td></tr>
<tr><td colspan="2" rowspan="2">成熟果实品质测定</td><td colspan="2">果实横径
（毫米）</td><td colspan="2">果实纵径
（毫米）</td><td colspan="2">可食率
（百分率）</td><td colspan="2">果皮厚度
（毫米）</td><td colspan="2">可溶性固形物含量
（百分率）</td><td rowspan="2"></td><td></td><td></td><td></td><td></td></tr>
<tr><td colspan="2"></td><td colspan="2"></td><td colspan="2"></td><td colspan="2"></td><td colspan="2"></td><td></td><td></td><td></td><td></td></tr>
<tr><td colspan="2" rowspan="2">观测地段农业气象灾害和病虫害</td><td colspan="2">灾害名称</td><td colspan="4">受害期</td><td colspan="4">天气气候情况</td><td colspan="4">受害症状</td><td>对产量的影响</td></tr>
<tr><td colspan="2"></td><td colspan="4"></td><td colspan="4"></td><td colspan="4"></td><td></td></tr>
<tr><td colspan="4" rowspan="4">观测地段说明</td><td colspan="4" rowspan="4"></td><td colspan="4">县（市）平均产量（千克/公顷）</td><td colspan="5" rowspan="4">生育期间农业气象条件鉴定</td></tr>
<tr><td colspan="4"></td></tr>
<tr><td colspan="4">与上年比增减产百分比</td></tr>
<tr><td colspan="4"></td></tr>
</table>

图 G.2　农气表-1 样式（续）

参 考 文 献

[1] 国家气象局.农业气象观测规范(下卷).北京:气象出版社.1993
[2] 何天富.柑橘学.北京:中国农业出版社.1999
[3] 胡正月.柑橘优质丰产栽培300问.北京:金盾出版社.2008
[4] 王国平等.果树病虫害诊断与防治.北京:金盾出版社.2002
[5] 中国农业科学院柑橘研究所等.中国果树栽培.北京:中国农业出版社.1987

ICS 07.060
B 18

中华人民共和国气象行业标准

QX/T 299—2015

农业气象观测规范　冬小麦

Specifications of agrometeorological observation—winter wheat

2015-12-11 发布　　　　2016-04-01 实施

中 国 气 象 局　发 布

前　　言

本标准按照 GB/T 1.1—2009 给出的规则起草。

本标准由全国农业气象标准化技术委员会(SAC/TC 539)提出并归口。

本标准起草单位:中国气象科学研究院。

本标准主要起草人:谭凯炎、刘玲、马青荣、李德、夏福华、姚晓红、黄永平、任三学、张志红。

农业气象观测规范　冬小麦

1　范围

本标准规定了冬小麦农业气象观测原则，冬小麦发育期、生长状况、生长量、产量结构及品质、麦田环境要素、主要农业气象灾害、主要病虫害等项目的观测内容，及其观测时次、形态特征指标、观测方法和观测结果的记载记录格式等。

本标准适用于冬小麦农业气象观测。

2　规范性引用文件

下列文件对于本文件的应用是必不可少的。凡是注日期的引用文件，仅注日期的版本适用于本文件。凡是不注日期的引用文件，其最新版本(包括所有的修改单)适用于本文件。

GB 1351　小麦

GB/T 5506　小麦和小麦粉　面筋含量

GB/T 20524　农林小气候观测仪

GB/T 24899　小麦粗蛋白质含量测定　近红外法

QX/T 61　地面气象观测规范　第17部分:自动气象观测系统

QX/T 82　小麦干热风灾害等级

QX/T 88　作物霜冻害等级

3　术语和定义

下列术语和定义适用于本文件。

3.1

平行观测　Parallel observation

观测作物生育进程、生长状况和产量构成要素的同时，观测作物生长环境的物理要素。

3.2

观测地段　Observation plot

定期进行作物生育状况观测的相对固定的田间样地。

3.3

品种春化特性　Vernalization characteristics

冬小麦必须经过一定时期持续的低温刺激，生殖器官才能开始分化和生长的特性。按照所需低温强度和持续时间的不同，冬小麦品种分为强冬性、冬性、弱冬性、春性等类型。

3.4

植株密度　Plant density

单位土地面积上植株的数量。对冬小麦而言，分蘖前指单位面积的株数，分蘖后指单位面积的茎(或穗)数。

3.5

冠层气温　canopy air temperature

作物群体内平均冠层顶部离地面高度三分之二处的空气温度。

3.6

植株含水率　Plant water content

作物植株所含水分占其鲜重的百分数。

3.7

越冬死亡率　overwinter mortality

越冬期间单位面积内因冻害或干旱等原因死亡的植株茎数占越冬始期总茎数的比例，用百分数表示。

3.8

次生根　Secondary root

在分蘖节或茎节上发生的根。

3.9

不孕小穗　infertility spikelet

未能完成授粉和结实，有颖无籽粒的小穗。

3.10

有效穗　effective panicles

结实籽粒数大于或等于5粒的麦穗。

3.11

无效穗　non-productive panicles

穗形态已形成但未形成籽粒或籽粒数少于5粒的麦穗。

3.12

灌浆速率　filling rate

灌浆期间每日千粒干重的增加值。

4　观测原则和地段选择

4.1　观测原则

4.1.1　平行观测原则

冬小麦农业气象观测遵从平行观测的原则。当地气象台站的气象观测，一般可作为平行观测的气象部分，因此，冬小麦观测地段的气象条件应与气象观测场保持基本一致。冬小麦田间小气候条件的观测应在观测地段的农田中进行。

4.1.2　点与面结合原则

在相对固定的观测地段进行系统观测，在冬小麦生育的关键时期以及在气象灾害、病虫害发生时，应进行较大范围的农业气象调查，以弥补观测地段的局限和增强观测的代表性。

4.2　观测地段

4.2.1　观测地段选择要求

4.2.1.1　观测地段必须代表当地气候、土壤、地形、地势、主要耕作制度、种植管理方式及产量水平。地段要保持相对稳定，如确需调整应选择与原来观测地段条件较为一致的农田。

4.2.1.2 观测品种应为当地的主栽品种。

4.2.1.3 观测地段面积一般应有1公顷，至少不小于0.1公顷。确有困难可选择在同一种作物成片种植的较小地块上。通常应选择在大面积的种植区域内观测。

4.2.1.4 地段距树林、建筑物、道路(公路和铁路)、水塘等应在20米以上。应远离河流、水库等大型水体，尽量减少小气候的影响，避开灌溉机井。

4.2.1.5 生育状况调查应选择能反映当地冬小麦生长状况和产量水平的不同类型的田块，也可与农业部门苗情调查点相结合。农业气象灾害和病虫害的调查应在能反映不同受灾程度的田块上进行，不限于观测地段的冬小麦品种。

4.2.2 观测地段分区

将观测地段按其田块形状分成相等的4个区，按顺序编号，各项观测在4个区内分别进行；为便于观测工作的进行，要绘制观测地段分区和各类观测的分布示意图。

4.2.3 观测地段资料

4.2.3.1 在观测地段综合平面示意图中标明地段分布和距周围景物的距离，观测地段的位置、气象站的位置、周围环境条件、其他建筑物和障碍物。

4.2.3.2 观测地段说明内容包括观测地段土地使用单位名称或个人姓名，地段所在地的地形、地势及面积，地段距气象观测场的直线距离、方位和海拔高度差，地段环境条件，地段的种植制度及前茬作物，地段灌溉条件，地段地下水位深度，地段土壤状况，地段所在田块近五年平均产量水平。

4.2.3.3 观测地段综合平面示意图和地段情况说明，按照台站基本档案的有关规定存档。观测地段如重新选定，应编制相应的地段资料。

5 发育期观测

5.1 观测的发育期

播种期、出苗期、三叶期、分蘖期、越冬始期、返青期、起身期、拔节期、孕穗期、抽穗期、开花期、乳熟期、成熟期。冬小麦冬季不停止生长的地区不观测越冬始期、返青期和起身期。

5.2 各发育期的形态特征

各发育期相应的形态特征见表1。

表1 冬小麦各发育期的形态特征

序号	发育期	形态特征
1	出苗期	第一片绿色小叶露出地面长约2.0厘米，条播竖看显行。
2	三叶期	第三叶长出，叶长约为第二叶的一半。
3	分蘖期	叶鞘中露出第一分蘖的叶尖约0.5厘米～1.0厘米。
4	越冬始期	植株基本停止生长，分蘖不再增加或增长缓慢(可以第一次5日平均气温降到0℃的最后一天为准)。有些地区冬季气温经常在0℃左右波动，遇此情况应根据植株高度变化情况而定，当植株高度基本不变，叶片停止伸长，即进入越冬始期。

表1　冬小麦各发育期的形态特征(续)

序号	发育期	形态特征
5	返青期	麦苗恢复生长,心叶长出 1.0 厘米～2.0 厘米,或冬前未展开老叶未冻枯部分继续伸长 1.0 厘米～2.0 厘米,呈嫩绿色。
6	起身期	麦苗由匍匐转向直立。
7	拔节期	茎基部节间伸长,露出地面约 1.5 厘米～2.0 厘米。
8	孕穗期	旗叶全部抽出叶鞘。
9	抽穗期	从旗叶叶鞘中露出穗的顶端,有的穗于叶鞘侧弯曲露出。
10	开花期	穗中部小穗花朵颖壳张开,露出花药,散出花粉。如遇阴雨天气外颖不张开,剥开颖壳后,花药已达到正常大小并散发出花粉。
11	乳熟期	穗中部籽粒达到正常大小,呈黄绿色。内含物中出现白色块状物,并充满乳状浆液。
12	成熟期	80%以上籽粒变黄,颖壳和茎秆变黄,仅上部第一节、第二节叶鞘仍呈微绿色。

5.3　观测要求

5.3.1　观测点位置

在观测地段 4 个区内,各选有代表性的一个点进行发育期观测,作上标记并编号。观测点之间应保持一定距离,使之不在同一行上,测点距田地边缘的最近距离大于 2 米,尽量避免边际影响。切勿将测点选在田头、道路旁和入水口、排水口处。

5.3.2　观测点面积

条播密植:宽 3 行、长 2 米;

撒播:(1×1)平方米。

5.3.3　观测时间

从播种当日开始到成熟期结束。一般隔日观测,旬末必须进行巡视观测,抽穗与开花期每日观测。若规定观测的相邻两个发育期间隔时间较长,在不漏测发育期的前提下,可逢 5 和旬末巡视观测,临近发育期时立即恢复隔日观测。一般发育期在下午观测,开花期在上午观测。非目测确定的发育期观测到普遍期为止。

注 1:普遍期的定义见 5.4 c)。

5.3.4　观测植株选择

在发育期测点内,每个测点连续观测 25 株(茎),4 个点共取 100 株(茎)。拔节期每个测点取 10 个大茎进行观测。

注 2:大茎是指有 3 片或以上完整叶片,生长健壮的茎。

5.4　发育期的确定

各发育期分别按下述方法确定:

a)　播种期以实际播种日期记载;

b)　出苗期、越冬始期、返青期、起身期、乳熟期、成熟期根据表 1 中的形态特征目测确定;对于冬前因气温反复而造成麦苗忽停忽长的情况，越冬始期记为冬前最后一次停止生长的日期；

c) 其他发育期以进入发育期的百分率确定。当观测植株上出现某一发育期特征时，即为该个体进入了某一发育期。地段冬小麦群体进入发育期，以观测的总株（茎）数中进入发育期的株（茎）数所占的百分率确定。第一次大于或等于10%时为该发育期的始期，大于或等于50%时为发育普遍期。

5.5 特殊情况处理

如遇下述特殊情况分别处理，并记入备注栏：

a) 冬小麦因品种等原因，进入某发育期的植株比例达不到10%或50%时，如果连续3次观测进入该发育期的植株数总增长量不超过5%则停止观测，因天气原因所造成的上述情况，仍应观测记载；

b) 如某次观测结果出现发育期百分率有倒退现象，应立即重新观测，检查观测是否有误或观测植株是否缺乏代表性或是否受灾，以后一次观测结果为准；

c) 因品种、栽培措施、灾害等原因，有的发育期未出现或发育期出现异常现象，应予记载；

d) 在规定观测时间遇有妨碍田间观测的天气或旱地灌溉时可推迟观测，过后应及时进行补测。

5.6 发育期观测手段

冬小麦发育期的观测宜采用人工观测。

6 生长状况观测

6.1 观测项目

生长状况的观测项目包括植株高度及冠层高度、植株密度、次生根数、分蘖数、大蘖数、越冬死亡率、每穗小穗数和每穗结实粒数。

6.2 观测时间

各项目的观测时间及相关规定如下：

a) 在三叶期、越冬始期、返青期、拔节期、抽穗期、乳熟期进行植株密度（单位面积株数、茎数）观测；

b) 在越冬始期、拔节期、乳熟期进行植株高度和冠层高度观测；

c) 在越冬始期和返青期观测单株分蘖数、大蘖数、次生根数；返青期测定越冬死亡率；

d) 在抽穗期观测每穗小穗数；

e) 在乳熟期观测每穗结实粒数；

f) 冬季不停止生长的地区，需在越冬始期测定的项目在1月7—10日内进行，返青期观测项目不进行测定。

6.3 观测方法

冬小麦生长状况的观测宜采用人工观测。

6.4 植株高度与冠层高度的测量

6.4.1 一般规定

高度测量值以厘米为单位，小数四舍五入，取整数记载。

6.4.2 植株高度的测量

在观测地段 4 个区中各选择距田地边缘 2 米以上、植株生长高度具有代表性的 1 个测点，每个测点随机取 10 株(茎)，共 40 株(茎)，拔节期及其以前，从地面量至植株叶片伸直后的最高叶尖，拔节期以后，量至最上部一片展开叶片的基部叶枕，抽穗后量至穗顶(不包括芒长)。

6.4.3 冠层高度的测量

在观测地段 4 个区中各选择距田地边缘 2 米以上、有代表性的 10 个测点，将标尺垂直地面，平视冠层自然状态的高度(不包括芒长)读取冠层高度读数，对突出的少量叶或穗不予考虑。

6.5 植株密度的测定

6.5.1 一般规定

冬小麦分蘖及以前测定每平方米株数，分蘖后测定每平方米茎数，密度测定运算过程及计算结果均取二位小数。

6.5.2 条播冬小麦密度测定

6.5.2.1 测点选择

第一次密度测定时在每个发育期测点附近，各选有代表性的一个测点，做上标志(标记)，以后每次密度测定都在此进行。测点距田地边缘需在 2 米以上。如果测点失去代表性时，应另选测点，并注明原因。

6.5.2.2 1 米内行数

平作地段每个测点量出 10 个行距(1～11 行)的宽度；畦作地段应量出 3 个畦的宽度，然后数出其中的行距数；间套作量取包括两个组合以上的总宽度，数出冬小麦行距数；宽度以米为单位，4 个测点总行距数除以所量总宽度，即为平均 1 米内行数。

6.5.2.3 1 米内株(茎)数

每个测点在相邻的两行各取 0.5 米长错开的一段，数其中的株(茎)数，各测点内株(茎)数之和除以 4，求得平均 1 米内株(茎)数。密度不均匀地段，测量长度应增加一倍(两行相加为 2 米)，然后求出平均 1 米内的株(茎)数。乳熟期在观测地段内加选 4 个测点测定茎数和有效穗数，由 8 个测点求得平均 1 米内总茎数和有效穗数。

6.5.2.4 1 平方米株(茎)数

平均 1 米内行数乘以平均 1 米内株(茎)数。

6.5.3 撒播小麦密度测定

在每个发育期观测点附近选择 1 个测点，每个测点取 0.25 平方米(0.5 米×0.5 米)，数其中株(茎)数，由 4 个测点之和计算 1 平方米内株(茎)数。

6.6 次生根数的观测

在观测地段 4 个区中各选择有代表性的 1 个点，每个点连续取 10 株共取 40 株，连根挖取，保持根部的完整，在水中小心将泥土清洗干净，数出每株植株次生根的根数，分株记录，平均值取一位小数。

6.7 产量因素测定

6.7.1 取样地点和取样数量

在观测地段4个发育期观测点附近，每个测点连续取有代表性的10株（茎）。

6.7.2 分蘖数和大蘖数的测定

对40株样品分别计数每株分蘖数（不包括主茎）和分蘖中具有三片或以上完整叶的大蘖数，计算平均单株分蘖数（个）和大蘖数（个），取一位小数。

6.7.3 越冬死亡率的计算

越冬死亡率的计算见式（1），结果取一位小数，返青期茎数多于越冬始期茎数时，越冬死亡率记为0：

$$OM = \frac{PD_5 - PD_6}{PD_5} \times 100\% \qquad \cdots\cdots(1)$$

式中：

OM —— 越冬死亡率（%）；

PD_5 —— 越冬始期植株密度（茎/米^2）；

PD_6 —— 返青期植株密度（茎/米^2）。

6.7.4 小穗数的测定

数出所有样品穗轴节片着生的小穗（含不孕小穗 ）数，计算平均每穗小穗数（个），取一位小数。

6.7.5 结实粒数的测定

数出所有样品每穗上的正常灌浆籽粒数，计算平均每穗结实粒数，取一位小数。

6.8 生长状况评定

6.8.1 评定时间和方法

评定时间：生长状况评定在各个发育普遍期进行。

评定方法：目测评定。以整个观测地段全部冬小麦为对象，与全县（市）范围对比，当年与历年对比，综合评定冬小麦生长状况，按照以下苗情评定标准进行评定。前后两次评定结果出现变化时，要注明原因。

6.8.2 评定标准

冬小麦苗情分为以下四种类型：

a） 一类：生长状况优良。植株健壮，密度均匀适中，高度整齐，叶色正常，花序发育良好，穗大粒多，结实饱满；没有或仅有轻微病虫害和气象灾害，对生长影响极小；预计可达到丰产年景的水平；

b） 二类：生长状况较好或中等。植株密度不太均匀，有少量缺苗断垄现象，茎数稍偏低，生长高度欠整齐，穗数稍偏小，穗粒较少；植株遭受病虫害或气象灾害较轻；预计可达到近5年平均产量年景的水平；

c） 三类：生长状况不好或较差。植株密度不均匀，茎数偏低，植株矮小，高度不整齐，缺苗断垄严重；穗数明显不足，穗粒少、籽粒不饱满；病虫害或气象灾害对其有明显的抑制或产生严重危害；预计产量很低，是减产年景；

d) 四类：生长过于旺盛。由于播种早或密度大，群体过大，发育期超前，冬前主茎叶多于 7 片，拔节后田间郁蔽，光照不良；抗逆性差，易受冻害、倒伏，易感病害；通常称为疯长、旺长和假旺长；其产量水平取决于田间管理措施和后期气象条件。

6.9 大田生长状况观测调查

6.9.1 观测调查地点

在县级范围内，作物高、中、低产量水平的地区选择三类有代表性的地块(以观测地段代表一种产量水平，另选两种产量水平地块)。可结合农业部门苗情调查分片设点进行。

6.9.2 观测调查时间和项目

在观测地段作物进入某发育普遍期后 3 天内进行，越冬始期调查高度、单位面积茎数、单株分蘖数和大蘖数；返青期调查单位面积茎数、单株分蘖数和大蘖数；抽穗期调查高度、单位面积有效茎数和单穗小穗数。

6.9.3 调查方法

各项目的观测调查方法按 6.4,6.5,6.7 的规定。

7 生长量观测

7.1 观测项目

叶面积、地上生物量和灌浆速率。

7.2 观测时间

各项目的观测时间及相关规定如下：

a) 叶面积观测在三叶期、分蘖期、越冬始期、返青期、拔节期、抽穗期、乳熟期、成熟期进行；
b) 地上生物量观测在三叶期、分蘖期、越冬始期、返青期、拔节期、抽穗期、乳熟期进行；
c) 灌浆速率观测从开花后 10 天开始，每 5 日(间隔 4 天)一次，至成熟为止；
d) 冬季不停止生长的地区，需在越冬始期测定的项目在 1 月 7—10 日内进行，返青期观测项目不进行测定；
e) 取样时间为上午 6—12 时。

7.3 观测仪器和工具

恒温干燥箱、电子天平(规格：感量 0.01 克、载重 100 克～3000 克)、叶面积仪、直尺、铲、剪刀、样品袋、标签。

7.4 取样方法及数量

在观测地段上，每区在发育期测点附近有代表性的一行中连续取 10 株(茎)，共 40 株(茎)，沿茎基部剪下，装入样品袋内包好，取样后半小时内运回，及时分析处理。从 40 株(茎)总样本中任取 20 株(茎)当天测定其叶面积，然后将叶片放回样本中进行生物量的测定。

7.5 叶面积测定

7.5.1 面积系数法

7.5.1.1 叶面积校正系数

当观测地段更换品种时，需要进行叶面积校正系数的测定。在冬小麦拔节至开花期间，在地段中间连续取5茎，取其所有展开的绿色完整叶片，用直尺量取每片叶的长度和叶片最宽处的宽度，求出各叶片长宽乘积之和，再用坐标纸法、求积仪法或扫描法测定所有叶片的叶面积。所有叶片叶面积之和除以叶片长宽乘积之和即为叶面积校正系数，取二位小数。在没有实际测算叶面积校正系数的情况下，可以采用上一年品种的校正系数或相邻农气站的校正系数值。

7.5.1.2 叶面积测量与计算

将20株(茎)样本绿色叶片剪下，分别测量长度和宽度，将所有叶片长度和宽度乘积累加之和乘以校正系数。长宽单位取厘米，结果均取一位小数。

7.5.2 叶面积仪测定法

将20株(茎)样本绿色叶片剪下，用叶面积仪扫描测量累计所有叶片面积；或采用便携式叶面积仪不离体扫描测量。以平方厘米为单位，取一位小数。

7.5.3 叶面积指数的计算

叶面积指数按式(2)计算：

$$LAI = \frac{LA_{20} \times PD}{20 \times 10000} \qquad \cdots\cdots(2)$$

式中：

LAI —— 叶面积指数；

LA_{20} —— 取样20株(茎)的叶面积(厘米^2)；

PD —— 植株密度(株(茎)/米^2)。

7.6 地上生物量测定

7.6.1 测定方法

7.6.1.1 分器官测量鲜重

将取样植株按绿叶、黄叶、茎、叶鞘、穗各器官进行分类，分别放入挂上标签经过称重的样品袋内称重，其重量减去样品袋重即为器官样本鲜重。每个样本袋标签上记明品种名称、器官、袋重。如一个器官有几个袋应加以注明。

7.6.1.2 分器官烘干、称重

将样本袋放入恒温干燥箱内加温，在105℃杀青30分钟，以后维持在70℃～80℃，6小时～12小时后进行第一次称重，以后每小时称重一次，当样本前后两次重量差小于或等于5‰时，该样本不再烘烤。以最后一次重量减去样品袋重为器官样本干重。

7.6.2 计算

7.6.2.1 株(茎)器官鲜、干重

器官样本鲜、干重除以取样株(茎)数为株(茎)器官鲜、干重(克)。

7.6.2.2 株(茎)鲜、干重

株(茎)器官鲜重合计为株(茎)鲜重(克),株(茎)器官干重合计为株(茎)干重(克)。

7.6.2.3 1平方米植株地上生物重

株(茎)鲜、干重乘以1平方米株(茎)数为1平方米植株地上鲜、干生物重(克/米^2)。

7.6.2.4 植株含水率

植株含水率分器官含水率和植株地上部含水率,计算公式分别见式(3)、式(4):

$$OWC = \frac{FWO - DWO}{FWO} \times 100\% \quad \cdots\cdots(3)$$

式中:

OWC —— 器官含水率(%);

FWO —— 株(茎)器官鲜重(克);

DWO —— 株(茎)器官干重(克)。

$$PWC = \frac{FWP - DWP}{FWP} \times 100\% \quad \cdots\cdots(4)$$

式中:

PWC —— 植株地上部含水率(%);

FWP —— 株(茎)鲜重(克);

DWP —— 株(茎)干重(克)。

7.6.2.5 生长率

生长率以1平方米土地上每日植株地上干生物增长量表示,计算公式见式(5):

$$GR_i = \frac{DW_i - DW_{i-1}}{DN} \quad \cdots\cdots(5)$$

式中:

GR_i —— 第i次测定时的生长率(克/(米^2·天));

DW_i —— 第i次测定的1平方米植株地上干生物重(克);

DW_{i-1} —— 第$i-1$次测定的1平方米植株地上干生物重(克);

DN —— 第$i-1$次至第i次测定的间隔日数(天)。

7.6.3 精度要求

分器官鲜、干重的称量和合计值均取二位小数;株(茎)鲜、干重,1平方米植株地上鲜、干生物重、含水率、生长率计算值取一位小数。

7.7 灌浆速率观测

7.7.1 取样观测方法

7.7.1.1 定穗

开花期在观测地段 4 个区的发育期观测点附近选定同日开花，穗大小相仿的 200 穗，挂牌定穗、注明日期。

7.7.1.2 取样

开花后 10 天开始取样(比如 3 日为开花普遍期，第一次取样时间应是 13 日)。每次从所定穗中取 20 穗(每区 5 穗)。

7.7.1.3 籽粒烘干称重

取下籽粒后，数其总粒数，然后放入样品袋称其鲜重，在恒温干燥箱内烘烤。烘烤温度、时间及称重按 7.6.1.2 的规定。

7.7.2 计算

7.7.2.1 含水率

每次取样都计算籽粒含水率，按式(6)计算，结果取二位小数：

$$GWC = \frac{FWG - DWG}{FWG} \times 100\% \qquad \cdots\cdots(6)$$

式中：

GWC —— 籽粒含水率(%)；

FWG —— 取样籽粒鲜重(克)；

DWG —— 取样籽粒干重(克)。

7.7.2.2 灌浆速率

从第二次取样开始计算灌浆速率，计算方法见式(7)，结果取二位小数：

$$FR_i = \frac{DWG_i/GN_i - DWG_{i-1}/GN_{i-1}}{DN} \times 1000 \qquad \cdots\cdots(7)$$

式中：

FR_i ——第 i 次测定时的灌浆速率(克/(千粒·天))；

DWG_i ——第 i 次取样籽粒干重(克)；

GN_i ——第 i 次取样样本籽粒数(粒)；

DWG_{i-1} ——第 $i-1$ 次取样籽粒干重(克)；

GN_{i-1} ——第 $i-1$ 次取样样本籽粒数(粒)；

DN ——第 $i-1$ 次至第 i 次测定的间隔日数(天)。

8 产量结构及品质分析(考种)

8.1 一般规定

8.1.1 分析项目

产量结构分析项目包括每穗小穗数、不孕小穗率、穗粒数和千粒重,计算单株成穗数、成穗率、籽粒茎秆比、收获指数及理论产量,并调查地段实产。品质分析包括籽粒粗蛋白质含量和面筋含量分析。

8.1.2 取样时间、数量和方法

在冬小麦成熟后,在乳熟期的8个密度测点中,每个测点连续取50茎,共400茎,沿茎基部剪下取回。从中取有代表性的50个完整穗测定每穗小穗数、不孕小穗数和穗粒数,然后与其他样品合并晾晒、脱粒用于其他项目分析。从晾晒干燥的籽粒中取500克用于品质分析。要十分注意观测样本的保管,及时进行各项分析。

8.1.3 仪器和用具

感量0.01克,载重3000克天平一台。收获、脱粒、晾晒等加工必需的工具。

8.1.4 理论产量和地段实产

理论产量为根据产量构成要素计算的产量,以千克/公顷表示,取一位小数。

地段实产是通过农户调查获得的观测地段平均实际单产,以千克/公顷表示,取一位小数。

8.2 分析方法与计算

8.2.1 每穗小穗数

对选取的50穗逐穗数出样本小穗数(含不孕小穗数)、不孕小穗数,求出平均每穗小穗数(个),取一位小数。

8.2.2 不孕小穗率

样本不孕小穗总数除以样本小穗总数后乘以100为不孕小穗率(%),取整数。

8.2.3 穗粒数

对选取的50穗先数出样本脱落粒数,然后脱粒,数其总粒数(含脱落粒数),求出平均穗粒数(粒/穗),取一位小数。

8.2.4 千粒重

样本籽粒晾晒达到GB 1351的干谷含水率要求后,于其中不加选择的取二组1000粒,分别称重。两组重量相差不大于平均值的3%时,平均重即为千粒重。如差值超过3%,再取1000粒称重,用最为接近的两组重量平均作为千粒重(克/千粒),取二位小数。

8.2.5 株成穗数、成穗率

由乳熟期的单位面积有效穗数除以三叶期单位面积株数,求出单株成穗数(个),取二位小数;由乳熟期的单位面积有效穗数除以拔节期测定的总茎数,求算成穗率(%),取整数。

8.2.6 理论产量

理论产量由考种分析测定的穗粒数、千粒重和乳熟期测定的单位面积有效穗数计算得出，按式(8)计算：

$$TY = \frac{SGN \times TGW \times EP}{100} \quad \cdots\cdots\cdots\cdots(8)$$

式中：

TY —— 理论产量(千克/公顷)；

SGN —— 取样平均穗粒数(粒/穗)；

TGW —— 千粒重(克/千粒)；

EP —— 乳熟期单位面积有效穗数(穗/米^2)。

8.2.7 地段实产

由观测地段实际收获籽粒产量除以地段面积得出地段实收单产(千克/公顷)。

8.2.8 籽粒茎秆比和收获指数

由400茎样品籽粒干重与样品茎秆干重和样品总干重分别按式(9)和式(10)计算籽粒茎秆比和收获指数，取二位小数：

$$GSR = \frac{DWG}{DWS} \quad \cdots\cdots\cdots\cdots(9)$$

式中：

GSR ——籽粒茎秆比；

DWG ——取样400茎籽粒干重(克)；

DWS ——取样400茎茎秆干重(克)。

$$HI = \frac{DWG}{TDW} \quad \cdots\cdots\cdots\cdots(10)$$

式中：

HI —— 收获指数；

DWG —— 取样400茎籽粒干重(克)；

TDW —— 取样400茎总干重(克)。

8.2.9 籽粒品质的分析

籽粒粗蛋白质含量、籽粒面筋含量分析方法：

粗蛋白质含量分析按GB/T 24899的规定进行；

面筋含量分析按GB/T 5506的规定进行。

9 主要田间工作记载

9.1 观测记载时间

在发育期观测的同时，进行观测地段上的田间工作记载。观测人员到达观测地段时，如果田间操作已经结束，应立即向操作人员详细了解，并结合观测地段内作物状况的变化及时补记。

9.2 记载项目和内容

田间工作记载按表2的记载项目和内容进行记载，同一项目进行多次的，分别记载，混合喷施按主要目的记载。

表2　冬小麦田间工作记载项目和内容

记载项目	整地	播种	镇压	施肥	灌溉	喷药	排水	收获
记载内容	日期、深度（厘米）、方式、是否均匀	开始与结束日期，播种量（公斤/公顷）、播种深度（厘米），播种方式（撒播或条播，机播或人工播）	日期、次数	日期、数量（千克/公顷）、肥料名称、施肥方式（底肥或追肥、撒或喷）、当日天气	日期、方式（漫灌、喷灌、滴灌）、灌溉量（毫米）	日期、目的（防病、治虫、除草、生长调节剂）、浓度与数量、当日天气	日期、方式	日期、收割方式（机收、人收）、收割质量、是否粉碎秸秆还田、当日天气

10　麦田小气候观测

10.1　观测要素

根据不同的研究和服务目的选择观测要素。一般包括短波总辐射、短波反射辐射、净全辐射、光合有效辐射、空气温度、空气湿度、土壤温度、土壤湿度、风速、二氧化碳浓度。

10.2　观测地点

麦田小气候观测应在观测地段的麦田中进行，观测地点必须处于四周空旷平坦，能代表当地一般地形、地势、土壤的农田中央区域，面积应不小于2500平方米（50米×50米），各边距林带、建筑物等障碍物的距离，至少是该障碍物高度的10倍以上，距道路、河流、水库等至少在200米以上。观测地段上的冬小麦生长高度、密度、发育期等一致。

为保证观测记录的准确性、代表性和比较性，观测地点的选择要能反映所研究的小气候环境；并注意保持其自然状态，尽量减少人为影响。

10.3　观测高度（深度）

辐射传感器安装高度为距地面1.5米；空气温湿度和风速传感器安装高度为距地面0.2米、0.5米、1.5米；土壤温度传感器安装深度分别为5厘米、10厘米、20厘米、40厘米，土壤湿度传感器安装深度分别为10厘米、20厘米、30厘米、40厘米、50厘米；二氧化碳浓度传感器安装高度为距地面0.5米。根据农业气象服务和研究的需要，也可以增加其他观测高度（或深度）。

10.4　观测仪器及其安装维护和观测记录方法

采用的自动观测仪器应符合GB/T 20524的要求，仪器的安装维护参照QX/T 61的相关规定；观测数据按照《地面气象观测数据文件和记录簿表格式》形成统一的数据文件。

11 主要农业气象灾害、病虫害的观测和调查

11.1 主要农业气象灾害观测

11.1.1 观测种类

重点观测对冬小麦危害大、涉及范围广、发生频率高的主要农业气象灾害，包括：干旱灾害、越冬冻害、霜冻害、干热风、湿渍害、连阴雨、风灾、雹灾。

11.1.2 观测地点和时间

地点：在作物观测地段进行；
时间：灾害发生后及时进行，至受害症状不再加重为止，隔天观测一次。

11.1.3 观测记载项目

发生灾害的名称、灾害的开始日期和终止日期、受害症状（植株形态特征）、受害程度（危害等级）、受灾期间天气情况。

11.1.4 观测和记载方法

见附录A。

11.2 主要冬小麦病虫害观测

11.2.1 一般要求

病虫害观测主要以冬小麦是否受害为依据。病害观测发病情况，虫害则主要观测危害情况，不宜作病虫繁殖过程的追踪观测。

11.2.2 观测种类

对发生范围广，危害严重的主要病虫害进行观测：赤霉病、白粉病、锈病、纹枯病、蚜虫、吸浆虫、麦蜘蛛。

11.2.3 观测地点和时间

在作物观测地段上，结合生育状况观测进行。如有病虫害发生应当立即进行观测记载，直至该病虫害不再蔓延或加重为止，同时记载地段周围情况。

11.2.4 观测方法

观测地段目测到有病虫害发生时，在4个区内每区随机选择25株（或茎）观测小麦的病情虫害。计算受病虫危害的株（茎）百分率。

11.2.5 记载内容

11.2.5.1 受害的发育期及病虫害名称

记载病虫害发生时的作物所处发育期，病虫害名称记载中文学名，不应记录成当地的俗名。

11.2.5.2 受害症状

记载受害器官（分根、茎、叶、花、穗、籽粒等）及受害特征。各种病虫害的危害特点和作物受害特征

应以文字简单描述。

11.2.5.3 受害程度

记载地段受害株(茎)百分率;如果地段受害不均匀,还应估计和记载受害、死亡面积占整个地段面积的比例。

11.2.5.4 防治措施

记载灾前灾后采取的主要措施。

11.3 农业气象灾害和病虫害调查

11.3.1 一般要求

当在县级行政区域内发生对冬小麦生产影响大、范围广的气象灾害及与气象条件关系密切的主要病虫害时应开展农业气象灾害和病虫害调查。

11.3.2 调查项目

11.3.2.1 调查点受灾情况

灾害名称、受害期、代表灾情类型、受害症状、受害程度、成灾面积和比例、灾前灾后采取的主要措施、预计对产量的影响、成灾的其他原因、减产趋势估计、调查地块实产等。

11.3.2.2 县级行政区域内受灾情况

县级行政区域内灾情类型、受灾主要乡镇、成灾面积和比例、并发的主要灾害、造成的其他损失、资料来源。

11.3.2.3 调查点及调查作物的基本情况

调查日期、地点、位于气象站的方向和距离、地形、地势、前茬作物、冬小麦品种类型、所处发育期、生产水平等。

11.3.3 调查方法

采用实地调查和访问相结合的方法。在灾害发生后选择能反映本次灾害的不同灾情类型(轻、中、重)的自然村进行实地调查(如观测地段代表某一灾情等级,则只需另选两种调查点)。调查在灾情有代表性的田块上进行。受害症状和受害程度参见11.1和11.2中的规定。调查时间以不漏测所应调查的内容,并能满足情报服务需要为原则,根据不同季节、不同灾害由台站自行掌握,宜在灾害发生的当天(或第二天)及受害症状不再变化时各进行一次。

12 观测簿表填写及各发育期观测项目

所有观测和分析内容均应按规定填写农气观测薄和表,并按规定时间上报主管部门。具体填写方法见附录B。各发育期观测项目参见附录C。薄表样式参见附录D。

附 录 A
(规范性附录)
主要农业气象灾害记载方法和内容

A.1 受害起止日期

A.1.1 干旱、湿渍害以作物出现受害症状时记为灾害开始期,受害部位症状消失或不再发展时记为终止日期,其中灾害如有加重应进行记载。

A.1.2 连阴雨、风灾、雹灾以灾害发生日期记为灾害开始日期,以灾害现象停止日期记为终止日期。

A.1.3 霜冻、干热风以气象条件达到各地灾害指标首日记为灾害发生开始日期,以气象条件回到各地灾害指标以外的首日记为终止日期。霜冻、干热风灾害指标见 QX/T 88 和 QX/T 82。

A.1.4 越冬冻害不做受害期记载。

A.1.5 风灾、雹灾等除记载作物受害的开始和终止日期外,还应记载天气过程开始和终止时间(以时或分计)。以台站气象观测记录为准。

A.2 受害症状和受害程度

A.2.1 干旱灾害

记录冬小麦受害的器官(根、茎、叶、花、穗等)外部形态、颜色的变化,生长动态的变化,并参照表 A.1 判断受害程度。

表 A.1 冬小麦干旱灾害受害等级和症状

受害程度	受害症状
轻	播种—出苗期:出苗时间有所推迟且稍欠整齐。 起身—拔节期:起身和拔节稍迟,春季分蘖较少,下部叶片枯黄,株高略偏矮。 抽穗—开花期:少数植株中午叶片轻度萎蔫,但很快恢复正常;下部部分叶片叶尖黄化。 灌浆期:中午少数植株上部叶片萎蔫,但很快恢复正常。
中	播种—出苗期:播后镇压或深播部分种子可吸水发芽,出苗不整齐,有缺苗断垄,幼苗生长缓慢。 起身—拔节期:起身和拔节推迟,春季分蘖偏少,冬前分蘖退化,中下部叶片枯黄,株高偏矮。 抽穗—开花期:部分植株中午叶片萎蔫卷缩,失去光泽,傍晚可基本恢复正常;下部叶片黄化,中部叶片叶尖枯黄;部分穗上部或中上部小穗不孕。 灌浆期:中午部分叶片萎蔫,但晚间可恢复正常;植株中下部叶片提前枯黄,灌浆期缩短;部分籽粒退化;结实籽粒的粒重有所下降。
重	播种—出苗期:不能适时播种,即使深播也难以发芽,出苗率很低,幼苗生长很慢。 起身—拔节期:起身和拔节明显推迟,春季分蘖很少或没有分蘖,冬前分蘖明显退化,大部叶片枯黄,株高明显偏矮,部分植株死亡。 抽穗—开花期:大部分植株中午至晚间叶片明显萎蔫,卷缩;中下部叶片枯黄,上部叶片叶尖 1/3 枯黄,严重时,出现植株干枯死亡;抽穗期显著推迟,穗下部和上部小穗不孕。 灌浆期:中午至晚间叶片萎蔫;植株大部叶片过早枯黄,灌浆期明显缩短;结实率和粒重明显下降,有早衰逼熟现象,严重时,植株提前枯死或出现炸芒死熟;将造成大幅减产。

A.2.2 越冬冻害

记录冬小麦受害的器官(根、茎、叶等)外部形态、颜色的变化和观测的越冬死亡率等,并参照表 A.2 判断受害程度。

表 A.2 冬小麦冻害受害等级和症状

受害程度	受害症状
轻	全田 1/5～1/2 的叶片受害,先呈褐色、天晴回暖后干枯;叶鞘有皱缩现象;越冬死亡率在 10%以下。
中	全田 1/2～3/4 的叶片受害,先呈褐色、天晴回暖后干枯;叶鞘明显皱缩;越冬死亡率在 10%～30%。
重	全田 3/4 以上的叶片干枯,叶鞘明显皱缩;幼穗普遍冻伤;地下部根茎明显皱缩或枯萎,越冬死亡率在 30%以上。

A.2.3 霜冻害

记录冬小麦受害的器官(茎、叶、穗等)外部形态、颜色的变化等,并参照表 A.3 判断受害程度。

表 A.3 冬小麦霜冻受害等级和症状

受害程度	受害症状
轻	起身到拔节初期:10%以下的茎秆上部叶尖或叶片上部受冻,呈水渍状,天晴回暖后,受害部位逐渐呈褐色,后呈白色或灰白色。 拔节中后期:除茎叶轻度受冻外,幼穗冻死率在 5%以下。 孕穗期:少量花粉败育,导致 5%以下的穗子出现小穗空壳不育现象,但叶片未受害。
中	起身到拔节初期:植株上部叶片受冻率在 10%～20%,呈水渍状,天晴回暖后,由枯白渐转黄褐并枯萎,冻伤可扩展到叶片下部、叶鞘和部分节间;冻伤较重的主茎和大蘖部分被冻伤,数日后成为空心蘖,仅少部分在抽穗后形成“大头穗”。 拔节中后期:除茎叶受冻外,幼穗冻死率在 5%～15%。 孕穗期:造成花粉败育和缺粒现象,5%～10%的穗子出现小穗空壳不育现象,叶片有轻度受冻症状。
重	起身到拔节初期:全田 20%以上叶片受冻,呈水渍状,数日后干枯,20%以上叶片基部和叶鞘以及部分茎节受冻,受冻部位干缩,呈褐色,后在其部位折断。 拔节中后期:除茎叶受冻外,幼穗冻死率在 15%～30%以上,受冻幼穗发育严重受阻,后期表现出多种畸形穗。 孕穗期:全田 30%以上最上部的叶片受害,天晴回暖后,干枯衰亡;同时花粉大量败育,畸形穗或残穗增多,且严重缺粒,全田内多空心穗或空穗、大头穗、哑铃穗等。

A.2.4 干热风

记录冬小麦受害的器官(茎、叶、穗等)外部形态、颜色的变化等,并参照表 A.4 判断受害程度。

表 A.4 冬小麦干热风受害等级和症状

受害程度	受害症状
轻	叶片由黄绿色变为黄白色或黄褐色;茎秆呈灰白色;穗部由黄绿色变为黄白色或黄褐色。
中	叶片凋萎、发脆;茎秆变脆,呈灰白色,穗子颖壳变白、张开,出现“炸芒”、芒尖干枯。
重	叶片卷曲呈绳状;茎秆变脆;穗子顶端小穗枯死。

A.2.5 连阴雨

记录冬小麦受害的器官(茎、叶、花、穗等)外部形态、颜色及生长动态的变化,并参照表 A.5 判断受害程度。

表 A.5 冬小麦连阴雨受害等级和症状

受害程度	受害症状
轻	开花至灌浆期,花粉脱落、影响授粉,灌浆缓慢,千粒重下降,植株下部约有 1/2 的叶片叶色灰黄。
中	开花至灌浆期,麦穗顶部不孕小穗增多,千粒重明显下降,叶片颜色灰黄。
重	开花至灌浆期,花粉败育增多,植株早衰青枯,麦穗顶部不孕小穗增多,籽粒发芽或霉变,千粒重严重下降。

A.2.6 风灾

记录冬小麦倒伏情况,并参照表 A.6 判断受害程度。

表 A.6 冬小麦风灾受害等级和症状

受害程度	受害症状
轻	小麦出现轻微倒伏,植株倾斜角度为 0 度~20 度,受害面积占全田面积小于 10%。
中	小麦出现倒伏。植株倾斜角度为 21 度~50 度,受害面积占全田面积小于 30%。
重	小麦倒伏,植株倾斜角度大于 45 度,直至全部平铺,受害面积占全田面积的 30%以上。

A.2.7 雹灾

记录冬小麦穗叶受损情况,并参照表 A.7 判断受害程度。

表 A.7 冬小麦雹灾受害等级和症状

受害程度	受害症状
轻	部分叶片被击破、撕裂成条;部分麦穗被砸伤、少数麦穗被砸掉。
中	大部分叶片打成条,部分被打落;有较多的小穗或籽粒被打落,少数麦穗被砸掉。
重	叶片几乎被全部打落;灌浆初、中期绝大部分植株被砸断,或麦穗被砸掉;灌浆后期大部分小穗或籽粒被打落,少数麦穗被砸掉。

A.2.8 湿渍害

记录田间积水情况及冬小麦受害的器官(根、茎、叶、穗等)外部形态、颜色及生长动态的变化,并参照表A.8判断受害程度。

表A.8 冬小麦湿渍害受害等级和症状

受害程度	水分状况和受害症状
轻	田间有积水3天～5天。拔节期前:麦苗发僵,叶尖发黄,返青和拔节稍迟,春季分蘖较少;孕穗—抽穗期:上部功能叶尖发黄,叶片变短,植株变矮,根部呈灰褐色,根毛少。
中	田间有积水5天～10天。拔节期前:中下部叶片失绿,次生根中黄根和黑根数多,返青和拔节推迟,春季分蘖偏少,冬前分蘖退化;孕穗—抽穗期:部分叶片发黄,叶片变短,植株变矮,单株绿叶片减少1片～2片,单株次生根减少3条～4条,出现分蘖死亡,出现缩颈穗(出颈短)。
重	田间有明显积水10天以上。拔节期前:返青和拔节明显推迟,春季分蘖很少或没有分蘖,高度偏矮8厘米～10厘米;下层根系出现黑根、烂根,大部叶片枯黄,部分植株死亡;孕穗—抽穗期:中下部叶片枯黄,上部叶片叶尖1/3枯黄,抽穗期显著推迟。

A.3 受灾期间天气气候情况

灾害发生后,记载实际出现使冬小麦受害的天气和土壤情况,过程持续时间和特征量。各种灾害的记载内容见表A.9。

表A.9 冬小麦农业气象灾害期间的天气气候情况

灾害名称	天气气候情况记载内容
干旱	最长连续无降水日数、干旱期间的降水量和天数、地段最大干土层厚度(厘米)、平均土壤相对湿度(%)
越冬冻害	过程平均最低气温、极端最低气温及日期、持续日数,积雪记录
霜冻害	极端最低气温及日期
干热风	达到干热风日标准的日期、持续日数、过程平均最高气温、平均风速、14时平均相对湿度
连阴雨	连续阴雨日数、过程降水量
风灾	过程平均风速、最大风速及日期
冰雹	最大冰雹直径(毫米)、冰雹密度(个/米^2)或积雹厚度(厘米)
渍害	过程降水量、连续降水日数、田间积水日数

A.4 灾害调查记载方法

如本次灾害进行了县级范围受灾数据的调查,则记载县级范围受灾情况。记载内容参照"气象灾情收集上报调查和评估规定(气预函〔2008〕67号)"根据调查实际情况记载,以文字和数字的方式记录调查获取到的详细资料。如面上数据资料来自其他部门,应注明资料来源。

附　录　B
（规范性附录）
农气观测簿表的填写

B.1　农气簿-1-1 的填写

B.1.1　总则

农气簿-1-1 供填写冬小麦生育状况观测原始记录用，要随身携带边观测边记录。

B.1.2　封面

封面按下述规定填写：

a）省、自治区、直辖市和台站名称：填写台站所在的省、自治区、直辖市。台站名称应按上级业务主管部门命名填写；

b）品种名称：按照农业科技部门鉴定的名称填写；

c）品种春化特性：填写冬小麦（强冬性、冬性、弱冬性、春性）；

d）栽培方式：按当地实际栽培方式填写“条播、平作或条播、套作”、“撒播、平作或撒播、套作”四种栽培方式任意一种。如为间套作，记载间套作作物名称，如麦、棉套作；

e）起止日期：第一次使用簿的日期为开始日期；最后一次使用簿的日期为结束日期。

B.1.3　观测地段说明和测点分布图

观测地段填写规定如下：

a）观测地段说明：按照 4.2.3 规定的观测地段资料内容逐项填入；

b）地段分区和测点分布图：将地段的形状、分区及发育期、植株高度、密度、产量因素等测点标在图上，以便观测。

B.1.4　发育期观测记录

发育期观测记录规定如下：

a）发育期：记载发育期名称，观测时未出现下一发育期记“未”；

b）观测总株（茎）数：需统计百分率的发育期记载 4 个测点观测的总株（茎）数；

c）进入发育期株（茎）数：分别填写 4 个测点观测植株中，进入发育期的株（茎）数，并计算总和及百分率；

d）生长状况评定：按照 6.8 的规定记录。

B.1.5　植株高度和冠层高度测量记录

高度测量记录规定如下：

a）记录高度测量时所处的发育期；

b）分 4 个区按序逐株（茎）测量植株高度，记入植株高度记录栏相应序号下，并计算合计及平均；

c）分 4 个区按序逐测点测量群体冠层高度，记入冠层高度记录栏相应序号下，并计算合计及平均。

B.1.6 植株密度测定记录

密度测定记录规定如下：

a) 记录密度测定时所处的发育期；
b) 测定过程项目按如下要求记录：
   1) 条播：填写测定1米内行数的“所含行距数”和“量取宽度”，中间用斜线分开，换行填写测定1米内株（茎）数的“所含株（茎）数”或“所含有效茎数”和“量取长度”中间用斜线分开；
   2) 测点下各列分别填写各测点相应测值；
   3) 撒播：填写“所含株（茎）数”或“所含有效茎数”和“测定面积”，中间用斜线分开；
   4) 乳熟期每区增加1个测点，每个项目分两行记录，1平方米的总茎数和有效茎数均为8个测点平均值。
c) 1米内行数、株（茎）数：相应行内填写计算的1米内行数和1米内株（茎）数。

B.1.7 次生根数测定记录

次生根数：分测点分株填写次生根数，求总和及平均。

B.1.8 产量因素测定记录

产量因素测定记录规定如下：

a) 项目：记载产量因素测定项目名称；
b) 单株（茎）测定值：规定需分株（茎）测定的项目则分株（茎）记载，不需分株（茎）测定的项目可分区记载。

B.1.9 大田生育状况观测调查记录

大田生育状况观测调查记录规定如下：

a) 地点：填写观测调查所在乡、村、组及田地所在单位或个人名称；
b) 田地生产水平：按照上、中、下三级填写；
c) 播种、收获日期、单产：填写田地所在单位或个人调查记录资料；
d) 日期：实际观测调查日期；
e) 发育期：目测记载观测调查田地作物所处发育期，以未进入某发育期、始期、普遍期、发育期已过等记载；
f) 高度、密度（株、茎、有效茎）和产量因素：测定项目，分别记于植株高度、密度和产量因素测定记录页，备注栏注明为大田生育状况观测调查记录。测定结果抄入大田生育状况观测调查页内。备注栏应注明品种类型、熟性、栽培方式；
g) 生长状况评定：记载观测调查田地生长状况评定结果。

B.1.10 产量结构及品质分析记录

产量结构及品质分析记录规定如下：

a) 小穗数和不孕小穗数进行逐茎计数后填入产量结构分析单项记录表内；
b) 各项分析记录按照8.1.1分析项目的先后次序逐项填入产量结构及品质分析记录表；
c) 分析计算过程记入分析计算步骤栏，计算最后结果记入分析结果栏；
d) 地段实收面积、总产量：地段实收面积以公顷为单位，其总产量以千克为单位；
e) 籽粒品质分析结果记录分析项目名称、单位、分析方法和结果。

B.1.11 主要田间工作记载

按9.2的规定进行。

B.1.12 观测地段农业气象灾害和病虫害观测记录

观测地段农业气象灾害和病虫害观测记录规定如下：

a) 灾害名称：农业气象灾害按11.1规定和普遍采用的名称进行记载，病虫害按11.2规定和植保部门的名称进行记载。不得采用俗名。农业气象灾害和病虫害按出现先后次序记载。如果同时出现两种或以上灾害，按先重后轻记载，或分不清，可综合记载；
b) 受害起止日期：记载农业气象灾害或病虫害发生的开始期、终止期。有的灾害受害过程中有发展也应观测记载，以便确定农业气象灾害严重日期和病虫害猖獗期。突发性灾害天气，以时或分记录；
c) 天气气候情况：农业气象灾害按表A.9中规定内容记载，病虫害不记载此项。

B.1.13 农业气象灾害和病虫害调查记录

农业气象灾害和病虫害调查记录规定如下：

a) 按“农业气象灾害和病虫害调查记录”表格的要求，参照观测地段灾害填写有关规定，逐项记载。未包括的但对造成灾害有影响的内容，在成灾的其他原因栏中进行分析记载；
b) 灾害在县级行政区域内的分布，分别记载各种灾害不同为害等级的区乡镇名；
c) 成灾面积和比例，统计记录县级行政区域成灾面积和比例，受害未成灾则不统计；
d) 并发自然灾害，记录由于某种灾害发生而引发的其他灾害。

B.2 农气簿-1-2的填写

B.2.1 植株叶面积测定记录

叶面积测定记录规定如下：

a) 测定时期：填写测定时的发育期；
b) 校正系数：根据测定结果填写；
c) 株(茎)号：填写样本序号；
d) 长、宽、面积：采用面积系数法测定时，填写长、宽和叶面积；
e) 合计：填写单株各叶片面积之和；
f) 1平方米株(茎)数填写同发育期密度观测值；单株(茎)叶面积和叶面积指数：当所有样本株(茎)测定结束后，统计记载；
g) 计算叶面积校正系数的测定记录，记入植株叶面积测定记录页，在备注栏中注明。

B.2.2 植株干鲜生物量测定记录

干鲜生物量测定记录规定如下：

a) 样本数：填写测定的样本株(茎)数；
b) 袋重：填写装分器官样本的空袋重量，若某器官样本量大、采用多个袋装时，填写各袋总重量；
c) 样本总重：填写分器官的总鲜重和总干重，其合计为样本总鲜重和总干重。干重称量多次，依次填入，最后一次为干重记录，并计算合计；
d) 株(茎)重：填写分器官重除以样本株(茎)数所得值，其合计为株(茎)鲜重、干重；

e) 1平方米株(茎)重:填写株(茎)分器官鲜重、干重分别乘1平方米株(茎)数的积,其合计为1平方米株(茎)鲜、干重;

f) 植株地上部含水率:以样本分器官总鲜重、干重计算分器官含水率记入相应栏,以样本总鲜重、干重计算株(茎)含水率并记入合计栏;

g) 生长率:以1平方米分器官干重计算分器官生长率并记入相应栏,以1平方米植株干重计算植株生长率,并记入合计栏。

B.2.3 灌浆速率测定记录

灌浆速率测定记录规定如下:

a) 测定穗数:填写测定样本数;

b) 总粒数:每穗粒数按测定先后计入各穗粒数栏,合计填入总粒数栏;

c) 鲜重、干重:记入籽粒鲜重和干重,干重多次称重是按次记入,以最后一次称重作为干重记录;

d) 含水率、千粒重、灌浆速率:按7.7.2计算结果填写。

B.3 农气表-1的填写

填写规定如下:

a) 一般规定:

  1) 农气表-1的内容抄自农气簿-1-1和农气簿-1-2相应栏;

  2) 地址、北纬、东经、观测场海拔高度抄自台站气表-1;

  3) 各项记录统计填写最后的结果。

b) 发育期:

  1) 按照发育期出现的先后次序填写发育期名称,并填写始期、普遍期的日期;

  2) 播种到成熟天数,从播种的第二天算起至成熟期的当天的天数。

c) 植株高度、冠层高度、密度、生长状况抄自农气簿-1-1观测地段植株高度和冠层高度测量、密度测定、生长状况评定记录页。各项测定值填入规定测定的发育期相应栏下。

d) 产量因素:发育期栏填写产量因素测定时所处的发育期名称,项目栏按6.7规定填入测定项目和单位,数值栏抄自农气簿-1-1有关产量因素的测定结果。

e) 产量结构:项目栏按8.1.1规定项目顺序填入并注明单位。测定值栏抄自农气簿-1-1分析结果栏的数值。地段实产抄自农气簿-1-1相应栏。

f) 观测地段农业气象灾害和病虫害:

  1) 农业气象灾害和病虫害观测记录根据农气簿-1-1相应栏的记录,对同一灾害过程先进行归纳整理,再抄入记录表。先填农业气象灾害,再填病虫害,中间以横线隔开;

  2) 受害起止日期,大多数灾害记载开始和终止日期,有的灾害有发展、加重,农业气象灾害填写灾害严重的日期,病虫害填写猖獗期。突发性天气灾害应记到小时或分。

g) 主要田间工作记载逐项抄自农气簿-1-1相应栏。若某项田间工作进行多次,且无差异,可归纳在同一栏填写。

h) 生长量测定抄自农气簿-1-2相应栏。植株或器官鲜重、干重记入同一栏内,上面为鲜重,下面为干重,中间以斜线分开。

i) 农业气象灾害和病虫害调查:

  1) 按照农气表-1的格式内容,将农气簿-1-1同一过程的农业气象灾害或病虫害各点调查内容综合整理填写在一个日期内;

  2) 调查日期,各点如不是同一天调查,则记录调查起止日期;

3） 灾害在县级行政区域内的分布应分别注明此次灾害受害轻、中、重的区乡镇的名称；
4） 灾情综合评定，就县级范围内本次灾情与历年比较及其对产量的影响，按轻、中、重记载；
5） 资料来源，注明提供县级范围调查资料的单位名称。

j） 观测地段说明抄自农气簿-1-1。

附 录 C
（资料性附录）
各发育期观测项目

表C.1给出了各发育期观测项目。

表C.1 各发育期观测项目

序号	发育期	观测记录项目
1	播种	播种日期
2	出苗期	发育期、生长状况评定
3	三叶期	发育期、生长状况评定、植株密度、叶面积、地上生物量
4	分蘖期	发育期、生长状况评定、叶面积、地上生物量
5	越冬始期	发育期、生长状况评定、植株密度、植株高度、冠层高度、单株分蘖数、大蘖数、次生根数、大田生长状况调查、叶面积、地上生物量
6	返青期	发育期、生长状况评定、植株密度、越冬死亡率、单株分蘖数、大蘖数、次生根数、大田生长状况调查、叶面积、地上生物量
7	起身期	发育期、生长状况评定
8	拔节期	发育期、生长状况评定、植株密度、植株高度、冠层高度、叶面积、地上生物量
9	孕穗期	发育期、生长状况评定
10	抽穗期	发育期、生长状况评定、植株密度、每穗小穗数、大田生长状况调查、叶面积、地上生物量
11	开花期	发育期、生长状况评定、灌浆速率
12	乳熟期	发育期、生长状况评定、植株密度、植株高度、冠层高度、每穗结实粒数、叶面积、地上生物量、灌浆速率
13	成熟期	发育期、生长状况评定、叶面积、灌浆速率
14	收获期	产量结构及品质分析、地段实产调查
注：农业气象灾害和病虫害在出现后进行地段观测和大田调查；在观测发育期的同时作田间工作记载。		

附　录　D
（资料性附录）
冬小麦农业气象观测簿及报表格式

D.1　图 D.1 给出了农气簿-1-1 的格式

农气簿-1-1

作物生育状况观测记录簿

省、自治区、直辖市＿＿＿＿＿＿＿＿

台站名称＿＿＿＿＿＿＿＿

作物名称＿＿＿＿＿＿＿＿

品种名称＿＿＿＿＿＿＿＿

品种春化特性＿＿＿＿＿＿＿＿

栽培方式＿＿＿＿＿＿＿＿

开始日期＿＿＿＿＿＿＿＿

结束日期＿＿＿＿＿＿＿＿

年　月　日至　　年　月　日

印制单位

图 D.1　农气簿-1-1 格式

观测地段说明

1. ____________________

2. ____________________

3. ____________________

4. ____________________

5. ____________________

6. ____________________

7. ____________________

8. ____________________

9. ____________________

10. ____________________

图 D.1　农气簿-1-1 格式(续)

图 D.1　农气簿-1-1格式(续)

发育期观测记录

观测日期（月.日）	发育期	观测总株（茎）数	进入发育期株（茎）数						生长状况评定（类）	观测	校对
			1	2	3	4	总和	（%）			
备注											

图 D.1　农气簿-1-1 格式（续）

植株高度与冠层高度测量记录

测量日期	月　　日				月　　日			
发育期								
观测项目	植株高度(厘米)		冠层高度(厘米)		植株高度(厘米)		冠层高度(厘米)	
测点与株(茎)号	1	2	1	2	1	2	1	2
1								
2								
3								
4								
5								
6								
7								
8								
9								
10								
合计								
测点与株(茎)号	3	4	3	4	3	4	3	4
1								
2								
3								
4								
5								
6								
7								
8								
9								
10								
合计								
总和								
平均								
备注								

观测员 ________ ________

校对员 ________ ________

图 D.1　农气簿-1-1 格式(续)

植株密度测定记录

测定日期 (月.日)	发育期	测定过程项目	测　点				总　和	1米内行、 株(茎)数	1平方米 株(茎)数
			1	2	3	4			
备注									

观测员 ________ ________ ________ ________ ________

校对员 ________ ________ ________ ________ ________

图 D.1　农气簿-1-1 格式(续)

次生根数量观测记录

观测日期	月　　日				月　　日			
发育期								
株序号	测点 1	测点 2	测点 3	测点 4	测点 1	测点 2	测点 3	测点 4
1								
2								
3								
4								
5								
6								
7								
8								
9								
10								
合计								
总和								
平均								
备注								

观测员 ________ ________

校对员 ________ ________

图 D.1　农气簿-1-1 格式(续)

冬小麦产量因素测定记录

日期 月/日	项目 (单位)	测 点	单株(茎)测定值									
		1										
		2										
		3										
		4										
		合 计						平 均				
		1										
		2										
		3										
		4										
		合 计						平 均				
苗情 评定	发育期							越冬死亡率(%)				
	分 类											
备注												

观测员 ________ ________

校对员 ________ ________

图 D.1 农气簿-1-1格式(续)

大田生育状况观测调查记录

地点________________

田地生产水平________________

作物品种名称________________

播种日期________________收获日期________________

收获单产（千克/公顷）________________

日　期（月/日）	观　测　调　查　项　目									生长状况评定（类）
	发育期	高度（厘米）	密度（株（茎）/米^2）	产　量　因　素						
				项目（单位）	数　值	项目（单位）	数值	项目（单位）	数值	
备注										

观测员 ________ ________ ________

校对员 ________ ________ ________

图 D.1　农气簿-1-1 格式（续）

产量结构分析单项记录

项目			项目			项目		
单位			单位			单位		
合计			合计			合计		
平均			平均			平均		
备注								

分析日期＿＿＿＿＿年＿＿＿月＿＿＿日至＿＿＿月＿＿＿日

分析 ＿＿＿＿ ＿＿＿＿ ＿＿＿＿

校对 ＿＿＿＿ ＿＿＿＿ ＿＿＿＿

产量结构及品质分析记录

项目	单位	分析计算步骤	分析结果

地段实收面积(公顷)		地段总产量(千克)		地段实收单产(千克/公顷)	

分析 ＿＿＿＿ ＿＿＿＿ ＿＿＿＿

校对 ＿＿＿＿ ＿＿＿＿ ＿＿＿＿

图 D.1 农气簿-1-1 格式(续)

田间工作记载

项目	日期	方法和工具	数量、质量和效果	观测	校对

图 D.1　农气簿-1-1 格式(续)

观测地段农业气象灾害和病虫害观测记录

观测日期（月.日）	灾害名称	受害起止日期	天气气候情况	受害症状	受害程度 受害、死亡株（茎）数/总株（茎）数					器官受害程度（%）	灾前灾后采取的主要措施	预计对产量的影响	地段代表灾情类型	此种灾情类型在县级范围内分布及灾害的主要区乡镇名称、数量，受灾面积及比例
					1	2	3	4	平均					

观测 ________ ________ ________ 校对 ________ ________ ________

图 D.1 农气簿-1-1 格式（续）

农业气象灾害和病虫害调查记录

调查日期(月.日)			县级行政区域内成灾面积和比例(单作物和多种作物)		
灾害名称			并发的自然灾害		
受害起止日期			造成的其他损失		
调查点灾情类型(轻、中、重)			资料来源		
受灾症状			调查点名称(乡、村),位于气象站的方向、距离(千米)		
受害程度(植株、器官)			地形、地势		
成灾面积和比例			作物品种名称		
灾前、灾后采取的主要措施			播种期及前茬作物		
对减产趋势估计(%)			所处发育期		
成灾的其他原因			土壤状况(质地、酸碱度)		
实产(户主姓名)			产量水平(上、中、下)		
此种灾害类型在县级行政区域内分布及受灾害的主要区、乡名称、数量			品种冬春性、栽培方式		
			备注		

图 D.1 农气簿-1-1 格式(续)

D.2 图 D.2 给出了农气簿-1-2 的样式

农气簿-1-2

植株叶面积测定记录

测定日期________________ 测定时期________________ 校正系数__________

株(茎)号											
长	宽	面积	长	宽	面积	长	宽	面积	长	宽	面积
合计			合　计			合计			合计		
单株(茎)叶面积(厘米^2)					1 平方米株(茎)数			叶面积指数			
备　注											

观测 ________ ________

校对 ________ ________

图 D.2 农气簿-1-2 样式

植株地上生物量测定记录

测定日期__________ 样本数__________ 重量单位:克

测定项目	分器官		绿叶	黄叶	茎	叶鞘	穗	合计
样本总重	袋重							
	鲜重							
	干重	1次						
		2次						
		3次						
株(茎)重	鲜重							
	干重							
1平方米植株重	鲜重							
	干重							
含水率(%)								
生长率(克/(米^2·天))								

观测 ________ ________ 校对 ________ ________

灌浆速率测定记录

测定日期(月.日)	测定穗数	总粒数	鲜重(克)	干重(克)			含水率(%)	千粒重(克)	灌浆速率[克/(千粒·天)]	观测	校对
				1	2	3					
每穗粒数											
备注											

观测 ________ ________ 校对 ________ ________

图 D.2 农气簿-1-2 样式(续)

D.3　图 D.3 给出了农气表-1 的格式

农气表-1
区站号
档案号

作物生育状况观测记录报表

作物名称________________　品种名称________________

品种春化特性、栽培方式________________________

________年

省、自治区、直辖市________________________

台站名称________________________

地　　址________________________

北　　纬______°______′东　　经______°______′

海拔高度________________________米

台 站 长____________　抄　　录____________

观　　测____________　校　　对____________

预　　审____________　审　　核____________

寄出时间　　　　　　年　　　月　　　日

图 D.3　农气表-1 格式

<table>
<tr><td rowspan="4">发育期
(月.日)</td><td>名称</td><td></td><td></td><td></td><td></td><td></td><td></td><td></td><td></td><td></td><td></td><td></td><td rowspan="2">播种到成熟天数</td><td colspan="4">主要田间工作记录</td></tr>
<tr><td>始期</td><td></td><td></td><td></td><td></td><td></td><td></td><td></td><td></td><td></td><td></td><td></td><td>项目</td><td></td><td>方法和工具</td><td>数量、质量、效果</td></tr>
<tr><td>普遍期</td><td></td><td></td><td></td><td></td><td></td><td></td><td></td><td></td><td></td><td></td><td></td><td rowspan="2"></td><td></td><td></td><td></td><td></td></tr>
<tr><td>末期</td><td></td><td></td><td></td><td></td><td></td><td></td><td></td><td></td><td></td><td></td><td></td><td></td><td></td><td></td><td></td></tr>
<tr><td colspan="2">生长状况(类)</td><td></td><td></td><td></td><td></td><td></td><td></td><td></td><td></td><td></td><td></td><td></td><td></td><td></td><td></td><td></td><td></td></tr>
<tr><td colspan="2">植株高度(厘米)</td><td></td><td></td><td></td><td></td><td></td><td></td><td></td><td></td><td></td><td></td><td></td><td></td><td></td><td></td><td></td><td></td></tr>
<tr><td colspan="2">冠层高度(厘米)</td><td></td><td></td><td></td><td></td><td></td><td></td><td></td><td></td><td></td><td></td><td></td><td></td><td></td><td></td><td></td><td></td></tr>
<tr><td colspan="2">密度(株(茎)/米^2)</td><td></td><td></td><td></td><td></td><td></td><td></td><td></td><td></td><td></td><td></td><td></td><td></td><td></td><td></td><td></td><td></td></tr>
<tr><td rowspan="3">产量
因素</td><td>发育期</td><td></td><td></td><td></td><td></td><td></td><td></td><td></td><td></td><td></td><td></td><td></td><td></td><td colspan="4">次生根数</td></tr>
<tr><td>项目
(单位)</td><td></td><td></td><td></td><td></td><td></td><td></td><td></td><td></td><td></td><td></td><td></td><td></td><td rowspan="2"></td><td rowspan="2"></td><td rowspan="2"></td><td rowspan="2"></td></tr>
<tr><td>数值</td><td></td><td></td><td></td><td></td><td></td><td></td><td></td><td></td><td></td><td></td><td></td><td></td></tr>
<tr><td rowspan="2">产量
结构</td><td>项目
(单位)</td><td></td><td></td><td></td><td></td><td></td><td></td><td></td><td></td><td></td><td></td><td></td><td></td><td colspan="3">地段实收面积
(公顷)</td><td></td></tr>
<tr><td>数值</td><td></td><td></td><td></td><td></td><td></td><td></td><td></td><td></td><td></td><td></td><td></td><td></td><td colspan="3">地段实收单产
(千克/公顷)</td><td></td></tr>
<tr><td rowspan="2">观测地段农业气象灾害和病虫害</td><td>观测日期
(月.日)</td><td>灾害名称</td><td>受害起止日期</td><td colspan="4">天气气候情况</td><td colspan="2">受害症状</td><td colspan="2">受害程度</td><td colspan="2">灾前灾后采取的主要措施</td><td colspan="2">对产量的影响情况</td><td colspan="2"></td></tr>
<tr><td></td><td></td><td></td><td colspan="4"></td><td colspan="2"></td><td colspan="2"></td><td colspan="2"></td><td colspan="2"></td><td colspan="2"></td></tr>
</table>

图 D.3 农气表-1 格式(续)

农业气象灾害和病虫害调查						观测地段说明
调查日期(月.日)						
灾害名称						
受害起止日期						
灾害分布在县级行政区域内哪些主要区、乡						
本县级行政区域成灾面积及其面积比例(单项和各种作物)						
作物受害症状						
受害程度						
灾前灾后采取的主要措施						
灾情综合评定						
减产情况						
其他损失						纪要
成灾其他原因分析						
资料来源						

图 D.3 农气表-1格式(续)

生长量测定													
测定日期（月/日）	叶面积（厘米^2）		植株鲜/干重（克）								县级行政区域平均产量（千克/公顷）		
	单株（茎）	叶面积指数	绿叶	黄叶	茎	叶鞘	穗	株（茎）（合计）	1平方米	含水率（%）	生长率（克/（米^2·天）	
												与上年比增减产百分比
观测地段说明 1. 2. 3.				生育期间农业气象条件鉴定								

图 D.3　农气表-1格式（续）

参 考 文 献

［1］ QX/T 81－2007　小麦干旱灾害等级

［2］ QX/T 82－2007　小麦干热风灾害等级

［3］ QX/T 88－2008　作物霜冻害等级

［4］ NY/T 2283－2012　冬小麦灾害田间调查及分级技术规范

［5］ 中国气象局.农业气象观测规范[M].北京:气象出版社.1993

［6］ 郑大玮,郑大琼,刘虎城.农业减灾实用技术手册.杭州:浙江科学技术出版社.2005

［7］ 闻瑞鑫，胡新民，凌炳镛，等.渍害对小麦的影响及受渍临界指标的探讨.中国农村水利水电,1997,(4):9-11

［8］ 肖跃成,许生国,耿书林.渍害对小麦生长发育的影响及其预防措.上海农业科技,2000,(2):39-40

［9］ 王绍中,田云峰,郭天财等.河南小麦栽培学(新编).北京:中国农业科学技术出版社.2010

［10］ 韩湘玲.作物生态学[M].北京:气象出版社.1991

［11］ 黄义德,姚维传.作物栽培学[M].北京:中国农业出版社.2002

［12］ 霍治国,王石立.农业和生物气象灾害[M].北京:气象出版社.2009

ICS 07.060
B 18

中华人民共和国气象行业标准

QX/T 300—2015

农业气象观测规范　马铃薯

Specifications for agrometeorological observation —Potato

2015-12-11 发布　　2016-04-01 实施

中 国 气 象 局　发 布

前　言

本标准按照 GB/T 1.1—2009 给出的规则起草。

本标准由全国农业气象标准化技术委员会(SAC/TC 539)提出并归口。

本标准起草单位:四川省气象局、重庆市气象局、四川省凉山彝族自治州气象局、四川省雅安市气象局。

本标准主要起草人:王明田、曹艳秋、陈东东、何永坤、张玉芳、李茂君、罗孳孳、房鹏、蔡元刚。

农业气象观测规范　马铃薯

1　范围

本标准规定了马铃薯农业气象观测的规则，包括观测原则和地段选择，发育期、生长状况、产量要素、主要农业气象灾害和病虫害、田间工作等的观测时次、项目、标准和计算方法，观测结果的记载记录格式等内容。

本标准适用于马铃薯农业气象观测的业务、服务和研究。

2　术语和定义

下列术语和定义适用于本文件。

2.1

发育期　development stages

马铃薯植株从播种到收获各出现外部形态变化的日期。

2.2

植株高度　plant height

土壤表面到马铃薯主茎顶端的长度。

2.3

植株密度　plant density

单位土地面积上马铃薯植株的数量。

注：单位以株数每平方米表示。

2.4

净作　single cropping

在同一块田地上、同一生长季内只种植马铃薯的方式。

2.5

间作　intercropping

在同一块田地上、同一生长季内有马铃薯和其他生育季节相近的作物成行或成带（多行）间隔种植的方式。

2.6

套作　relay intercropping

在前季作物生长后期的株、行或畦间种植马铃薯的方式。

2.7

屑薯率　chip potato rate

单薯重不大于 25 g 的薯块占称量样本总重的百分比。

2.8

鲜蔓重　fresh mass of vine

可收期 40 株鲜蔓的平均质量，乘以每平方米的株数，以克每平方米表示。

2.9

薯蔓比　ratio of potato mass and fresh vine mass

样本薯块总重和样本鲜蔓总重的比值。

3 观测原则和地段选择

3.1 观测原则

3.1.1 平行观测

应同时观测马铃薯生长环境的物理要素(包括气象、土壤等要素)及其生育进程、生长状况、产量与品质形成。

马铃薯观测地段的气象条件与气象观测场基本一致时,气象台站的基本气象观测可作为平行观测中的气象要素部分。

3.1.2 点面结合

应在相对固定的观测地段进行系统观测,同时在马铃薯生育的关键时期和气象灾害、病虫害发生时开展较大范围的农业气象调查。

3.2 地段选择

应选择能代表当地一般情况下气候、土壤、地形、地势、耕作制度及产量水平的地段作为观测地段。地段一旦选定宜保持长期稳定,确需调整时应选择该地段邻近的农田,并对调整情况进行记载。地段选择的具体要求见附录 A。

4 发育期观测

4.1 一般要求

4.1.1 观测品种及播种期

观测品种应是当地主栽品种,播期应是当地适宜或普遍播种时期。

4.1.2 观测次数及时间

要求如下:

a) 发育期一般两天观测一次,隔日或双日进行,但旬末应进行巡视观测;
b) 规定观测的相邻两个发育期间隔时间较长,在不漏测发育期的前提下,可逢 5 和旬末巡视观测,临近发育期恢复隔日观测;
c) 观测时间一般定为下午,开花期宜在上午观测;
d) 开花期应观测到发育末期,其他发育期观测到发育普遍期为止。

4.2 观测地点的选定

4.2.1 测点选定

马铃薯出苗后,分枝前,选择观测地段 4 个区内,各一个测点,做上标记,作为发育期观测点。各区测点样株位置两行交错排列,测点距田地边缘的最近距离大于 2 米。避免选在地头、道路旁和入、排水口处。

4.2.2 测点面积

宽为2行～3行，每行包括15穴～20穴。

4.2.3 观测植株选择

每个测点连续固定10穴，分两行交错排列。

4.3 发育期的确定

4.3.1 发育期及其特征

发育期的划分如下：

——播种期：马铃薯播种的日期；

——出苗期：幼苗露出土壤表面约1.0厘米；

——分枝期：基部叶腋间生出侧芽，长约1.0厘米；

——花序形成期：在主茎顶部叶腋间开始出现第一轮花序，花蕾长约2.0毫米；

——开花期：主茎顶部的花开放；

——可收期：茎叶开始凋萎，植株基部叶子干枯，变为褐色。

4.3.2 始期、普遍期、末期规定

进入某一发育期的株数第一次大于或等于10%为发育始期，大于或等于50%为发育普遍期，大于或等于80%为发育末期。

4.3.3 发育期百分率计算

$$f = \frac{n}{p} \times 100\%$$

式中：

f ——发育期百分率；

n ——进入发育期的株数；

p ——观测总株数。

4.3.4 特殊情况处理

出现下列情况时应观测记载：

——因品种等原因，进入发育期的植株达不到10%或50%时，观测到该发育期的植株数连续观测3次总增长量不超过5%为止，但气候原因所造成的上述情况，应继续观测记载。

——如某次观测结果出现发育期百分率有倒退现象，应立即重新观测，检查观测是否有误或观测植株是否缺乏代表性，以后一次观测结果为准，并分析记载原因。

——发育期未出现或发育期出现异常现象，应予记载现象及原因。

——固定观测植株失去代表性，应在观测点内重新固定植株观测；当测点内植株有3株或以上失去代表性时，应另选测点并记入备注栏。

——在规定观测时间遇到有妨碍进行田间观测的天气或灌溉可推迟观测，过后应及时进行补测。如出现进入发育期百分率超过10%、50%或80%，则将本次观测日期相应作为进入始期、普遍期或末期的日期。

5 生长状况观测与评定

5.1 测定时间、地点和项目

在分枝期和可收期，测点附近测定高度和密度。

5.2 植株高度的测定

5.2.1 测定地点

在发育期观测点附近，选择植株生长高度具有代表性的地方进行。

5.2.2 植株选择

每个测点连续取10株，4个测点共40株。个别植株折断或死亡时，应补选。测点中有3株或3株以上失去代表性时，则该测点植株应全部另选，并在备注栏注明。

5.2.3 测定方法

不同生长阶段植株高度的测量方法如下：

——培土前：从土壤表面量至主茎顶端(包括花序)；

——培土后：从培土高度的一半量至主茎顶端(包括花序)。

高度测量以厘米为单位，小数四舍五入，取整数记载。

5.3 植株密度测定

5.3.1 净作

单位面积的株数测算：

a) 1米内行数：每个测点连续量出10个行距(1～11行)的宽度，以米为单位取二位小数(即厘米)，4个测点总行距数除以所量总宽度，即为平均1米内行数，简称1米内行数；

b) 1米内株数：每个测定连续量出10个穴距(1～11穴)的长度，以米为单位取二位小数(即厘米)，4个测点总株数除以所量总长度，即为平均1米内株数，简称1米内株数；

c) 1平方米的株数：等于平均1米内行数乘以平均1米内株数，简称1平方米的株数。

5.3.2 间套种

单位面积的株数测算：

a) 1米内行数：量取2个间套作组合带以上的总宽度，以米为单位取二位小数(即厘米)，数出其中马铃薯的行数，用行数除以总宽度，即为平均1米内行数，简称1米内行数；

b) 1米内株数：按不同的种植方式，测定记录1米内马铃薯株数。规则或不规则的株间间作，取样长度应包括10个组合以上(根据实际种植形式和比例而定)，计算平均1米内株数，简称1米内株数；

c) 1平方米的株数：同5.3.1 c)，简称1平方米的株数。

5.4 生长状况评定

5.4.1 评定时间和方法

以整个观测地段全部马铃薯为对象，与较大范围对比、历年与当年对比，综合评定马铃薯生长状况的各要素，采用5.4.2划分苗类的方法进行评定。前后两次评定结果有改变时，应注明原因。

5.4.2 评定标准

苗类划分标准：

——一类：生长状况优良。植株健壮，密度均匀，高度整齐，叶色正常，花序发育良好；没有或仅有轻微的病虫害和气象灾害，对生长影响极小；预计可达到丰产年景的水平。

——二类：生长状况较好或中等。植株密度不太均匀，有少量缺苗断垄现象；生长高度欠整齐；植株遭受病虫害或气象灾害较轻；预计可达到平均产量年景的水平。

——三类：生长状况不好或较差。植株密度不均匀，植株矮小，高度不整齐；缺苗断垄严重；病虫害或气象灾害对植株有明显的抑制或产生严重危害；预计产量很低，是减产年景。

5.5 大田生育状况观测调查

5.5.1 观测调查地点

在所属区域（县、市、区）内，马铃薯高、中、低产量水平的地区选择三类有代表性的地块。

5.5.2 观测调查时间和项目

在马铃薯分枝和可收普遍期后3天内，调查植株高度和密度，按5.4开展生长状况评定。

5.5.3 调查方法

调查方法如下：

——马铃薯发育期按“未进入某发育期”、“发育始期”、“普遍期”、“发育期已过”目测记载。每个调查点取两个重复。

——播种期、收获期、产量等项可直接向土地使用单位或个人调查补记。

6 产量要素分析

6.1 一般规定

6.1.1 分析时间

可收期。

6.1.2 分析项目

包括：

——株薯块重；

——屑薯率；

——理论产量；

——鲜蔓重；

——薯蔓比。

6.1.3 观测地段理论产量和实产

规定如下：

——理论产量以克每平方米（g/m^2）表示，取二位小数；

——实产为观测地段单独收获产量，或取100平方米(每区25平方米)单收、称量，计算每平方米产量。以克每平方米(g/m^2)为单位，取二位小数。

6.1.4 分析精度

规定如下：

——样本数量统计取整数，平均值取一位小数；

——样本称量和各项计算，平均值取一位小数；

——比值取二位小数，以百分率(%)表示时取整数。

6.2 产量结构分析

6.2.1 取样

收获前在观测地段4个区取样，每区连续取10株，共40株。

6.2.2 分析步骤和方法

依次计算株薯块重、屑薯率、理论产量、鲜蔓重和薯蔓比。相关计算公式如下：

a) 株薯块重

$$m = \frac{M}{N}$$

式中：

m——株薯块重，单位为克每株(克/株)；

M——样本薯块总重，单位为克(g)；

N——样本株数。

b) 屑薯率

$$w = \frac{L}{M} \times 100\%$$

式中：

w——屑薯率；

L——屑薯重，单位为克(g)；

M_1——样本薯块总重，单位为克(g)。

c) 理论产量

$$M_1 = m \times N_1$$

式中：

M_1——理论产量，单位为克每平方米(g/m^2)；

m——株薯块重，单位为克每株(克/株)；

N_1——每平方米株数，单位为株每平方米(株/平方米)。

d) 鲜蔓重

将40株鲜蔓重求其平均，乘以可收期测定的每平方米株数，单位为克每平方米(g/m^2)。

e) 薯蔓比

$$k = \frac{M}{U}$$

式中：

k——薯蔓比；

M——样本薯块总重，单位为克(克)；

U ——样本鲜蔓总重，单位为克(克)。

7 主要农业气象灾害、病虫害的观测和调查

7.1 主要气象灾害

7.1.1 观测范围

主要包括农业干旱、洪涝、渍害、雹灾、连阴雨、霜冻、冻害、风灾，其受害症状见表 B.1。

7.1.2 观测时间和地点

规定如下：

——观测时间：从受害开始至受害症状不再加重为止。

——观测地点：在生育状况观测地段进行；重大灾害发生时，应做好全县(市、区)范围内调查。

7.1.3 观测和记载项目

包括：

——灾害名称、受害期；

——天气、气候情况；

——受害症状(以上各项见附录 B)、受害程度；

——预计对产量的影响。

7.1.4 受害程度

分群体和器官受害，其中：

——群体受害：在受害程度有代表性的 4 个地方，分别数出不少于 25 株，统计其中受害、死亡百分率。

——器官受害：目测器官受害百分率。

7.1.5 预计对产量的影响

按无影响、受灾、成灾、绝收划分，其中减产 1 成～2 成为受灾，3 成～7 成为成灾，8 成及 8 成以上为绝收。

7.2 主要病虫害

7.2.1 观测范围

主要包括马铃薯晚疫病、早疫病、青枯病、环腐病、黑胫病；马铃薯块茎蛾、蚜虫、二十八星瓢虫。

7.2.2 观测时间和地点

规定如下：

——观测时间：从发生至不再发展或加重为止；

——观测地点：在观测地段上进行。

7.2.3 观测和记载项目

包括：

——病虫害名称，受害期；

——受害症状,受害程度;
——预计对产量的影响,见 C.2.8.2。

8 主要田间工作记载

8.1 记载时间

在发育期观测的同时,应记载观测地段上的栽培管理项目、起止日期、方法和工具、数量、质量及效果。

8.2 记载项目和内容

8.2.1 整地

按照不同的耕作方式分为:
——耕地:地段本季首次耕犁记“耕地”,再次翻耕记“第二次耕地”,以此类推,记载各次耕地的起止日期、耕地深度、使用农具型号;
——镇压、耙地:耕犁后压碎、压平,耙细、耙平,记载次数、日期和农具型号;
——开沟整畦(起垄):记载畦播和垄作的作畦方法、日期、畦(垄)高、畦(垄)宽、沟宽、沟深等。

8.2.2 播种、移栽

主要有以下几种方式:
——种薯处理:种薯切块、催芽的时间及方法,种薯消毒用药名称、比例、数量及操作方法。
——大田播种:播种日期、播种量、深度、方式、株行距或穴距;使用农具的名称或人工播种。
——育苗:播种日期,播种数量,育苗方式,播后采取的措施等。
——移栽、补播:移栽日期,株行距或穴距,移栽前的幼苗处理,移栽时的高度,移栽方式、方法,缺苗补播日期。
——间套种播种:间套种作物品种名称、间套种日期、规格、数量,间套方式、方法。

8.2.3 田间管理

主要包括:
——中耕:日期、方法、次数、培土高度、中耕深度;
——除草:时间和方法;
——整枝摘心:摘心、摘花的日期、次数、方式;
——施肥:日期、方法、肥料名称、数量;
——灌溉:时间、方式、次数、灌溉量;
——病虫防治:时间和方式;
——灾害天气的防御或补救措施:时间和方式。

8.2.4 收获

收获日期、方式。

8.3 质量和效果评定

按“优良”、“中等”、“较差”三级评定记载。

9 观测簿/表的填写

所有观测和分析内容均需按规定填写农气观测簿(简称农气簿)和农气观测表(简称农气表),并按规定时间上报主管部门。具体填写方法见附录C,农气簿样式参见图D.1,农气表样式参见图D.2。

10 生育期间气象条件鉴定

主要从积温、降水、日照条件等方面总结分析马铃薯播种至成熟期间的气象条件,分析气象条件对马铃薯生长发育和产量形成的利弊影响。同时,还应分析气象灾害、病虫害等的发生情况及对产量的影响。

附　录　A
（规范性附录）
地段选择

A.1　概述

一般情况下：

a）地段应代表当地一般地形、地势、气候、土壤和产量水平及主要耕作制度，与地面气象观测场直线距离在5000米以内，海拔高度差在50米以内，并保持相对稳定；

b）可根据当地的耕作制度选定多个观测地段并进行编号；

c）观测地段距林缘、建筑物、道路（公路、铁路）、水塘等应在20米以上，应远离河流、水库等大型水体。

A.2　地段面积

一般为1公顷，不小于0.1公顷。

A.3　调查点的选择

调查点选择遵循如下规定：

a）大田生育状况调查点地段：应选择能反映全区域马铃薯生长状况和产量水平的不同类型地块，并保持相对稳定；

b）农业气象灾害和病虫害的调查地段：应在能反映不同受灾程度的地块上进行。

A.4　分区要求

分区要求如下：

a）将观测地段按其地块形状分成大致相等的4个区，作为4个重复，按顺序编号，各项观测在4个区内进行；

b）绘制观测地段分区和发育期、植株高度、密度、产量因素等各类观测点的分布示意图。

A.5　观测地段资料

A.5.1　观测地段综合平面示意图

示意图中包括：

——马铃薯观测地段的位置、编号；

——气象观测场的位置；

——气象观测场和观测地段的环境条件，如村庄、树林、果园、山坡、河流、渠道、湖泊、水库及铁路、公路和田间大道的位置；

——其他建筑物和障碍物位置。

A.5.2 观测地段说明

对所选定的观测地段应逐一编制地段情况说明，包括：

a) 地段编号。

b) 地段土地使用单位名称或个人姓名。

c) 地段所在地的地形（山地、丘陵、平原、盆地）、地势（坡地的坡向、坡度）及面积（公顷）。

d) 地段距气候观测场的直线距离、方位和海拔高度差。

e) 地段环境条件。与房屋、树林、水体、道路等的方位和距离。

f) 地段的种植制度。包括熟制、前茬作物和间套作物名称等。

g) 地段灌溉条件。包括有无灌溉条件、保证程度及水源和灌溉设施。

h) 地段地下水位深度。记“＞2 米”或“＜2 米”。

i) 地段土壤状况。包括土壤质地（砂土、壤土、黏土）、土壤酸碱度（酸、中、碱）和肥力（上、中、下）情况。

j) 地段的产量水平。分上、中上、中、中下、下五级记载，高于当地近 5 年平均产量的 20％为上、高于平均产量 10％～20％为中上、相当于平均产量为中、低于平均产量 10％～20％为中下、低于平均产量 20％为下。

A.5.3 观测地段资料存档

观测地段综合平面示意图和地段情况说明应按照台站基本档案存档；观测地段如重新选定，应编制相应的地段资料。

附　录　B
（规范性附录）
马铃薯气象灾害情况

表B.1给出了马铃薯气象灾害情况。

表B.1　马铃薯气象灾害情况

<table>
<tr><th>灾害名称</th><th>天气气候记载</th><th>受害症状</th></tr>
<tr><td>农业干旱</td><td>最长连续无降水日数、干旱期间的降水量和降水日数、地段干土层厚度（厘米），土壤相对湿度（%）</td><td>不能播种、出苗；出苗缓慢不齐；缺苗、断垄；叶子上部卷起；叶子颜色变黄或变褐；叶子变软、白天萎蔫下垂，夜间可恢复或不能恢复；叶子干缩、脱落；已发育好的花序、花朵变干脱落。</td></tr>
<tr><td>洪涝</td><td>连续降水日数、过程降水量、日最大降水量及日期</td><td rowspan="2">冲刷地块，地内积水（日数和深度）；植株被淹没（深度）；叶、茎、块茎变色枯萎霉烂。</td></tr>
<tr><td>渍害</td><td>过程降水量、连续降水日数、土壤相对湿度（%）</td></tr>
<tr><td>雹灾</td><td>最大冰雹直径（毫米）、冰雹密度（个数每平方米）或积雹厚度（厘米）</td><td>叶子被击破、打落；茎秆被折断、植株倒伏、死亡；冰雹堆积植株遭受冻害；保护地设施被毁。</td></tr>
<tr><td>连阴雨</td><td>连续阴雨日数、过程降水量</td><td>影响播种、出苗，块茎形成、膨大及淀粉的积累和收获，诱发晚疫病等病害的发生发展。</td></tr>
<tr><td>霜冻</td><td>过程气温不大于0℃的持续时间，极端最低气温及日期</td><td rowspan="2">叶片呈水浸状，叶子凋萎、变褐、变黑，边缘、上部、中部叶子受害，受害部分呈黄白色；茎秆呈水浸状、软化；茎和分枝变黑；上部、一半、基部干枯；花凋萎、变褐、脱落；整株马铃薯冻死。</td></tr>
<tr><td>冻害</td><td>持续日数、过程平均最低气温、极端最低气温及日期</td></tr>
<tr><td>风灾</td><td>过程平均风速、最大风速及日期</td><td>叶子撕破，茎秆折断，植株倒伏，植株被吹走；表土被风吹走，露出植株根部；植株被风沙掩盖；农业保护地设施等被风吹毁。</td></tr>
</table>

附　录　C
（规范性附录）
观测簿/表填写

C.1　概述

观测簿/表的填写应遵循以下规则：

a)　农气簿-1-1 供填写马铃薯生育状况观测原始记录用，应随身携带边观测边记录；

b)　农气表-1 用于填写各项记录的最后统计结果。

C.2　农气簿-1-1 的填写

C.2.1　封面

观测簿/表封面的填写应遵循以下规则：

a)　省、自治区、直辖市和台站名称：填写台站所在的省、自治区、直辖市；台站名称应按上级业务主管部门命名填写。

b)　品种名称：按照经农业科技部门鉴定的马铃薯品种名称填写。

c)　品种类型、熟性：例如早熟、中熟、中晚熟或晚熟。

d)　栽培方式：净作、套作或间作，条播或穴播。如为间套作，要记载间套作作物名称。

e)　起止日期：第一次使用簿的日期为起始日期；最后一次使用簿的日期为终止日期。

C.2.2　观测地段说明和测点分布图

观测地段说明和测点分布图的填写应遵循以下规则：

a)　观测地段说明：按 A.5.2 规定的内容逐项填入；

b)　地段分区和测点分布图：将地段的形状、分区及发育期、植株高度、密度、产量因素等测点标在图上，以便观测。

C.2.3　发育期观测记录

发育期观测结果的填写应遵循以下规则：

a)　发育期：记载发育期名称，观测时未出现下一发育期记“未”。

b)　观测总株数：需统计百分率的发育期第一次观测时记载一次，记载 4 个测点观测的总株数。穴播马铃薯为各穴株总数。

c)　进入发育期株数：分别填写 4 个测点观测植株中，进入发育期的株数，并计算总和及占观测总株数的百分率。

d)　生长状况评定：按照 5.4 的规定记录评定级别。

e)　备注：记录 4.3.4 中出现的特殊情况。

C.2.4　植株生长高度测量记录

植株生长高度测量结果的填写应遵循以下规则：

a)　记录马铃薯高度测量时所处的发育期；

b)　4 个测点按顺序逐株测量，并计算每个测点合计、总和及平均。

C.2.5 植株密度测定记录

分为净作和间套作两种,具体方法见5.3。

C.2.6 马铃薯产量要素测定记录

记载马铃薯可收期单株测定值。

C.2.7 马铃薯产量结构分析记录

马铃薯产量结构的分析应遵循以下规则:

a) 各项分析记录按照6.2分析项目的先后次序逐项填写;

b) 分析计算过程记入分析计算步骤栏,计算最后结果记入分析结果栏;

c) 地段实收面积、总产量:在马铃薯成熟后与土地使用单位或户主联系进行单收,地段实收面积以平方米为单位,其总产量以千克(kg)为单位,最后换算出每平方米产量,以克为单位。

C.2.8 观测地段农业气象灾害和病虫害观测记录

C.2.8.1 农业气象灾害

在灾害开始、增强和终止时期,应载以下项目:

——灾害名称、受害期,其中受害期是指灾害开始和终止时期;

——天气、气候情况;

——受害症状、受害程度,其中受害程度填写见7.1.4;

——预计对产量的影响,具体填写见7.1.5;

C.2.8.2 病虫害

在灾害开始、增强和终止时期,应记载以下项目:

——病虫害名称:记载中文名,可同时记当地俗名。

——受害期:病虫开始出现时,记为发生期;发生率高,病害记为盛发期、虫害记为猖獗期;病虫不再发生时记为停止期。

——受害症状:记载受害部位和器官的受害特征。部位分上、中、下,器官分根、茎、叶、花、块茎。

——受害程度:同C.2.8.1。

——预计对产量影响:同C.2.8.1。

C.2.9 主要田间工作记载

按第8章规定记载。由于不是每天进行观测,为不漏记,应经常与所在单位或个人取得联系及时记载。

C.2.10 生育期农业气象条件鉴定

总结分析马铃薯播种至成熟期间的气象条件,主要从积温、降水、日照条件等方面,分析气象条件对马铃薯生长发育和产量形成的利弊影响。采用与历年和上一年资料对比的方法写出鉴定意见。

C.3 农气表-1的填写

C.3.1 填写规定

农气表-1的填写应遵循以下规定：

a) 农气表-1的内容抄自农气簿-1-1相应栏；

b) 地址、北纬、东经、观测场海拔高度以地面气象观测站所在位置记录；

c) 产量结构分析结束后，立即制作报表、抄录、校对、预审，半月内报出；

d) 各项记录统计填写最后的结果。

C.3.2 填写说明

C.3.2.1 发育期

发育期的填写包括：

a) 按照发育期出现的先后次序填写发育期名称，并填写始期、普遍期的日期；

b) 播种到成熟天数，从播种的第二天算起至成熟期的当天的天数。

C.3.2.2 生长状况、生长高度、密度

抄自农气簿-1-1观测地段植株高度测量、密度测定、生长状况评定记录页。各项测定值填入规定测定的发育期相应栏下。

C.3.2.3 产量因素

发育期栏填写产量因素测定时马铃薯所处的发育期名称，项目栏按6.1.2规定填入测定项目和单位，数值栏抄自农气簿-1-1有关产量因素的测定结果。

C.3.2.4 产量结构

项目栏按6.2规定项目顺序填入并注明单位。测定值栏抄自农气簿-1-1分析结果栏的数值。地段实产抄自农气簿-1-1相应栏。

C.3.2.5 主要田间工作记载

逐项抄自农气簿-1-1相应栏。若某项田间工作进行多次，且无差异，可归纳在同一栏填写。

C.3.2.6 观测地段农业气象灾害和病虫害

观测地段农业气象灾害和病虫害的记录包括：

a) 农业气象灾害和病虫害观测记录根据农气簿-1-1相应栏的记录，对同一灾害过程先进行归纳整理，再抄入记录表。先填农业气象灾害，再填病虫害，中间以横线隔开；

b) 受害期，大多数灾害记载开始和终止日期，有的灾害有发展、加重，农业气象灾害填写灾害严重的日期，病虫害填写猖獗期。突发性天气灾害应记到小时或分。

C.3.2.7 观测地段说明、生育期农业气象条件鉴定

抄自农气簿-1-1。

附 录 D
（资料性附录）
马铃薯农业气象观测簿/表样式

D.1 图 D.1 给出了农气簿-1-1的样式

农气簿-1-1

马铃薯生育状况观测记录簿

省、自治区、直辖市＿＿＿＿＿＿＿＿

台站名称＿＿＿＿＿＿＿＿

作物名称＿＿＿＿＿＿＿＿

品种名称＿＿＿＿＿＿＿＿

品种类型、熟性＿＿＿＿＿＿＿＿

栽培方式＿＿＿＿＿＿＿＿

年 月 日至 年 月 日

印制单位

图 D.1 农气簿-1-1样式

观测地段说明

1. ________________

2. ________________

3. ________________

4. ________________

5. ________________

6. ________________

7. ________________

8. ________________

9. ________________

10. ________________

图 D.1 农气簿-1-1样式(续)

图 D.1 农气簿-1-1 样式(续)

发育期观测记录

观测日期（月/日）	发育期	观测总株数	进入发育期株数						生长状况评定(类)	观测员	校对员
			1	2	3	4	总和	发育期百分率(%)			
备注：											

图 D.1 农气簿-1-1 样式(续)

植株生长高度测量记录

测量日期	月/日				月/日			
发育期								
株号	1	2	3	4	1	2	3	4
1								
2								
3								
4								
5								
6								
7								
8								
9								
10								
合计								
总和								
平均								
备注								

观测员________ ________

校对员________ ________

图 D.1 农气簿-1-1 样式(续)

植株密度测定记录

测定日期（月/日）	发育期	测定过程项目	测点				总和	1米内行数	1米内株数	1平方米的株数	订正后1平方米的株数
			1	2	3	4					
		宽度									
		行距数									
		长度									
		宽度									
		行距数									
		长度									
		宽度									
		行距数									
		长度									
备注											

观测员__________ __________

校对员__________ __________

图 D.1　农气簿-1-1 样式（续）

产量要素测定记录

日期（月/日）	项目	测点	单株测定值									
		1										
		2										
		3										
		4										
		合计					平均					
		1										
		2										
		3										
		4										
		合计					平均					
备注												
观测员					校对员							

产量结构分析单项记录

分析开始日期				分析结束日期				
项目			项目			项目		
单位			单位			单位		
合计			合计			合计		
平均			平均			平均		
备注								
分析				校对				

图 D.1　农气簿-1-1 样式（续）

产量结构分析记录

<table>
<tr><td>项目</td><td>单位</td><td colspan="3">分析计算步骤</td><td>分析结果</td></tr>
<tr><td></td><td></td><td colspan="3"></td><td></td></tr>
<tr><td></td><td></td><td colspan="3"></td><td></td></tr>
<tr><td></td><td></td><td colspan="3"></td><td></td></tr>
<tr><td></td><td></td><td colspan="3"></td><td></td></tr>
<tr><td></td><td></td><td colspan="3"></td><td></td></tr>
<tr><td>地段实收面积
（平方米）</td><td></td><td>地段总产量
（千克）</td><td></td><td>每平方米产量
（克）</td><td></td></tr>
<tr><td>观测员</td><td colspan="2"></td><td>校对员</td><td colspan="2"></td></tr>
</table>

观测地段农业气象灾害和病虫害观测

<table>
<tr><td colspan="2">观测日期(月/日)</td><td>灾害名称</td><td>受害期</td><td>天气气候情况</td><td>受害症状及程度</td><td>预计对产量的影响</td></tr>
<tr><td colspan="2"></td><td></td><td></td><td></td><td></td><td></td></tr>
<tr><td colspan="2"></td><td></td><td></td><td></td><td></td><td></td></tr>
<tr><td colspan="2"></td><td></td><td></td><td></td><td></td><td></td></tr>
<tr><td colspan="2"></td><td></td><td></td><td></td><td></td><td></td></tr>
<tr><td colspan="2"></td><td></td><td></td><td></td><td></td><td></td></tr>
<tr><td colspan="2"></td><td></td><td></td><td></td><td></td><td></td></tr>
<tr><td colspan="2"></td><td></td><td></td><td></td><td></td><td></td></tr>
<tr><td>观测员</td><td colspan="3"></td><td>校对员</td><td colspan="2"></td></tr>
</table>

图 D.1　农气簿-1-1 样式（续）

田间工作记载

项目	日期	方法和工具	数量、质量和效果	观测	校对

马铃薯生育期间农业气象条件鉴定

县(市)平均产量 (千克/公顷)		与上年比增减产百分率	

图 D.1 农气簿-1-1 样式(续)

大田生育状况观测调查

<table>
<tr><td colspan="6">生产水平</td><td colspan="4"></td></tr>
<tr><td colspan="6">观测调查地点</td><td colspan="4"></td></tr>
<tr><td colspan="2">作物品种名称</td><td colspan="2"></td><td>播种日期</td><td></td><td colspan="2"></td><td>播种日期</td><td></td></tr>
<tr><td colspan="2">产量(千克/公顷)</td><td></td><td></td><td>收获日期</td><td></td><td colspan="2"></td><td>收获日期</td><td></td></tr>
<tr><td colspan="2">观测调查日期</td><td></td><td></td><td></td><td></td><td></td><td></td><td></td><td></td></tr>
<tr><td colspan="2">发育期</td><td></td><td></td><td></td><td></td><td></td><td></td><td></td><td></td></tr>
<tr><td colspan="2">高度(厘米)</td><td></td><td></td><td></td><td></td><td></td><td></td><td></td><td></td></tr>
<tr><td colspan="2">密度(株/平方米)</td><td></td><td></td><td></td><td></td><td></td><td></td><td></td><td></td></tr>
<tr><td colspan="2">生长状况(类)</td><td></td><td></td><td></td><td></td><td></td><td></td><td></td><td></td></tr>
<tr><td rowspan="6">产量因素</td><td>项目(单位)</td><td></td><td></td><td></td><td></td><td></td><td></td><td></td><td></td></tr>
<tr><td>数值</td><td></td><td></td><td></td><td></td><td></td><td></td><td></td><td></td></tr>
<tr><td>项目(单位)</td><td></td><td></td><td></td><td></td><td></td><td></td><td></td><td></td></tr>
<tr><td>数值</td><td></td><td></td><td></td><td></td><td></td><td></td><td></td><td></td></tr>
<tr><td>项目(单位)</td><td></td><td></td><td></td><td></td><td></td><td></td><td></td><td></td></tr>
<tr><td>数值</td><td></td><td></td><td></td><td></td><td></td><td></td><td></td><td></td></tr>
<tr><td colspan="2" rowspan="2">生育期间农业
气象条鉴定</td><td colspan="4" rowspan="2"></td><td colspan="3">县(市)平均产量
(千克/公顷)</td><td rowspan="2"></td></tr>
<tr><td colspan="3">与上年比增减产百分率</td></tr>
</table>

图 D.1　农气簿-1-1 样式(续)

D.2　图 D.2 给出了农气表-1 的样式

农气表-1
档案号

马铃薯生育状况观测记录年报表

品种名称＿＿＿＿＿＿＿＿＿＿
品种类型、熟性＿＿＿＿＿＿＿＿
栽培方式＿＿＿＿＿＿＿＿＿＿
年份＿＿＿＿＿＿＿＿＿＿＿＿
省、自治区、直辖市＿＿＿＿＿＿
台站名称＿＿＿＿＿＿＿＿＿＿
地址＿＿＿＿＿＿＿＿＿＿＿＿
北纬＿＿°＿＿′　东经＿＿°＿＿′
海拔高度＿＿＿＿＿＿＿＿＿＿米
台站长＿＿＿＿　抄录＿＿＿＿
观测＿＿＿＿　校对＿＿＿＿
预审＿＿＿＿　审核＿＿＿＿

寄出日期　　年　月　日
印制单位

图 D.2　农气表-1 样式

发育期(月/日)	名称	播种								
	始期									
	普遍期									
生长状况(类)										
生长高度(厘米)										
密度(株/平方米)										
产量要素	发育期									
	项目(单位)									
	数值									
产量结构	项目(单位)									
	数值									

播种到成熟天数	
地段实产	
实收面积(平方米)	
总产(千克)	
每平方米产量(千克)	

主要田间工作记载			
项目	起止日期	方法和工具	数量、质量、效果

观测地段农业气象灾害和病虫害	灾害名称	受害期	天气气候情况	受害症状与程度	预计对产量的影响

观测地段说明		县(市)平均产量(千克/公顷)	生育期间农业气象条件鉴定
		与上年比增减产百分比	

图 D.2 农气表-1 样式(续)

参 考 文 献

[1] 国家气象局.农业气象观测规范[M].北京:气象出版社.1993
[2] 董钻,沈秀瑛.作物栽培学总论[M].北京:中国农业出版社.2000
[3] 于振文.作物栽培学各论[M].北京:中国农业出版社.2007
[4] 武晶,武晓慧.马铃薯常见病虫害及防治[J].现代农业科技,2007,(13):106

ICS 07.060
A 47

中华人民共和国气象行业标准

QX/T 301.4—2015

林业气象观测规范 第4部分：森林地被可燃物含水量观测

Specification for forestry meteorological observation—Part4:observation of forest ground fuel water content

2015-12-11 发布　　2016-04-01 实施

中国气象局　发布

前　言

QX/T 301《林业气象观测规范》分为为五个部分：

——第1部分：总则；

——第2部分：林木物候期观测；

——第3部分：林木生长状况观测；

——第4部分：森林地被可燃物含水量观测；

——第5部分：林木自然灾害生长状况调查。

本部分为QX/T 301的第4部分。

本部分按照GB/T 1.1—2009给出的规则起草。

本部分由全国农业气象标准化技术委员会(SAC/TC 539)提出并归口。

本部分起草单位：黑龙江省气象局、南京信息工程大学。

本部分主要起草人：姚俊英、于宏敏、南极月、王国贵、景元书、赵大勇。

林业气象观测规范
第4部分:森林地被可燃物含水量观测

1 范围

本部分规定森林地被可燃物含水量的定义、观测方法和计算方法。

本部分适用于森林地被可燃物含水量观测及有关工作。

2 术语和定义

下列术语和定义适用于本部分。

2.1

森林地被物 forest floor

林下地表残叶和杂草表面至草根的细小的枯枝、落叶、杂草、蕨类、苔藓、地衣等,不包含泥沙和粗大的树枝。

2.2

森林腐殖物 forest humic substances

森林中树木的枯枝残叶经过长时间腐烂发酵后而形成的介于地被物与土层之间的物质。

2.3

森林地被可燃物 forest ground fuel

森林地被物和森林腐殖物的统称。

2.4

森林地被可燃物含水率 forest ground fuel water content

单位森林地被可燃物干物重中所含水分的质量,用百分率表示。

3 观测时间

3.1 常规观测

应在当地进入森林防火期前一个月开始,至森林防火期结束后一个月的每旬旬末的北京时间14时进行。

3.2 加密观测

森林高火险期的月份可在每旬逢五的北京时间14时增加一次观测。

也可根据需要随时增加观测。

4 观测用具

4.1 烘箱

不少于1个,工作室尺寸(毫米)高×宽×深应不小于550×550×450。

4.2 电子天平

不少于1个,称量范围(克)不小于2000,可读性(克)为0.1。

4.3 铝盒

不少于16个,规格尺寸(毫米)应不小于200×120×50。

4.4 直尺

1个,测量范围不小于300毫米。

4.5 其他用具

剪刀1把,小铲子1把,皮尺1个,铁锹1把。

5 观测地的选取

在远离城区的森林内选取有代表性的地段(100米×100米)作为固定样地,取样时在样地内随机选取4个点作为取样点,两个取样点之间的距离应不小于5米。

6 取样方法

6.1 分层取样

先取地被物层,再取腐殖层。每个取样点不小于30厘米×30厘米,自上至下垂直收取。

地被物:从残叶和杂草表面收取,杂草要用剪刀剪断根部取地上部分(在有雪时,拨开雪取地被物),充分混合后装盒。

腐殖物:从腐殖层表面开始收取,最多取至20厘米深,充分混合后装盒。

6.2 装盒

取样前,样品盒要进行编号,每个点取样以每层装满1铝盒为准。

6.3 回填

取样后将取样剩余的地被可燃物回填于取样坑中,恢复原样。

6.4 补测

如遇取样当天有降水,可以顺延到降水停止进行补测,当顺延日期超过取样日3天时,则不再补测。取样后当天有降水或因降水顺延观测或缺测,均应在备注栏内注明。

7 测定方法

7.1 烘干

样本取回立即称量,以克为单位,精确到小数点后1位,每个取样点分别记载样本质量。铝盒盖打开,盒盖套在盒底,放入烘箱内烘烤12小时(根据取样的湿度适当调整烘烤时间),烘烤温度宜在100℃。烘烤后取出称量一次,再放回烘箱内烘烤4个小时,复称一次。如前后两次质量差小于或等于

0.2克，即取最后一次的称量值作为最后结果，记载称量后的样本质量。否则按上述方法继续烘烤，直到相邻两次的重量差小于或等于0.2克为止。

7.2 计算

森林地被可燃物含水率计算公式如下：

$$R = \frac{w_1 - w_2}{w_2} \times 100\% \qquad \cdots\cdots(1)$$

式中：

R ——森林地被可燃物含水率，用百分率表示；

w_1——烘烤前可燃物的质量，单位为克(g)；

w_2——烘烤后可燃物的质量，单位为克(g)。

分层计算每个取样点的森林地被可燃物含水量，再求出各层4个取样点的平均值，计算结果保留一位小数。

参 考 文 献

［1］ 胡海清，刘菲.30种树叶的点燃含水率与蔓延含水率.林业科学，2006，**42**(11)

［2］ 单延龙，关山，廖光煊.长白山林区主要可燃物类型地表可燃物载量分析.东北林业大学学报，2006，**34**(6)

［3］ 高宝嘉，张桂娟，周国娜等.承德县人工针叶林地表枯死可燃物参数估测及潜在地表火行为评价.林业科学，2009，**45**(10)

［4］ 刘自强，王丽俊，王剑辉等.大兴安岭森林可燃物含水率、燃点、灰分的测定及其对易燃性和燃烧性的影响.森林防火，1993，(39)

［5］ 李华，杜军，田晓瑞.黑龙江大兴安岭林区森林草类可燃物潜在能量研究.火灾科学，2002，**11**(1)

［6］ 国家气象局.农业气象观测规范.北京：气象出版社.1993

ICS 07.060
A 47

中华人民共和国气象行业标准

QX/T 302—2015

极端低温监测指标

Monitoring indices of low temperature extremes

2015-12-11 发布 2016-04-01 实施

中国气象局 发布

前　　言

本标准按照 GB/T 1.1－2009 给出的规则起草。

本标准由全国气候与气候变化标准化技术委员会(SAC/TC 540)提出并归口。

本标准起草单位:国家气候中心。

本标准主要起草人:王遵娅、邹旭恺、高荣。

极端低温监测指标

1 范围

本标准规定了单站极端低温监测指标及其计算方法。

本标准适用于极端低温的监测、评估和服务工作。

2 术语和定义

下列术语和定义适用于本文件。

2.1

气候标准期 climatological standard period

用于计算局地气候状态的最近三个连续整年代。

示例:如1981—2010年为2011—2020年所使用的气候标准期。

2.2

百分位数 percentile

将一组数据从小到大排序,并计算相应的累计百分位,某一百分位所对应数据的值即为这一百分位的百分位数。

2.3

极端阈值 extreme threshold value

某统计量达到极端状况的临界值。

2.4

极值 extremum

某一时间段内统计量或监测指标的最大值或最小值。

2.5

日降温 daily temperature drop

当日最低气温不高于前一日的现象。

注:按QX/T 52—2007和GB/T 21987—2008规定:日最低气温为一天中气温的最低值,是观测前一日14:00(北京时间,下同)至当日14:00之间的气温最低值。

2.6

日降温幅度 amplitude of daily temperature drop

当日最低气温低于前一日最低气温的数值。

2.7

连续降温 consecutive daily temperature drop

连续出现日降温的现象。

2.8

连续降温幅度 amplitude of consecutive daily temperature drop

连续降温时段内,日降温幅度之和。

2.9

重现期　recurrence interval

统计量的特定值重复出现的统计时间间隔,以年计。

3　监测指标

3.1　极端低温

小于或等于极端低温阈值的日最低气温。

3.2　极端日降温

大于或等于极端日降温阈值的日降温幅度。

3.3　极端连续降温

大于或等于极端连续降温阈值的连续降温幅度。

3.4　极端低温重现期

日最低气温小于或等于极端低温阈值,日降温幅度和连续降温幅度大于或等于极端日降温阈值和极端连续降温阈值的重现期。

4　资料与计算方法

4.1　使用资料

逐日最低气温观测资料。

4.2　计算方法

4.2.1　极端阈值的确定

采用百分位数确定极端阈值,方法如下:

a)　极端低温阈值:取气候标准期(如1981—2010年)内日最低气温每年的极小值和次小值,构建一个包含60个样本的集合,对其从小到大进行排序,取第5个百分位数作为偏低的极端阈值,小于或等于该阈值的事件为极端偏低事件。

b)　极端日降温和极端连续降温阈值:取同一气候标准期内日降温和连续降温每年的极大值和次大值,构建一个包含60个样本的集合,对其从小到大进行排序,取第95个百分位数作为偏大的极端阈值,大于或等于该阈值的事件为极端偏大事件。

4.2.2　极端低温重现期的计算

采用广义极值分布(GEV)理论概率模型计算各极端低温指标的重现期,方法见附录A。

附　录　A
（规范性附录）
利用广义极值分布(GEV)计算重现期方法

A.1　广义极值分布

在气象概率统计中常用Gumbel、Fréchet和Weibull三种极值分布函数对气候要素的极值进行拟合，这三种分布模型可写成一个通式，即具有三参数的极值分布函数，称为广义极值分布(GEV)，它的理论分布函数为：

$$\begin{cases} F(x) = \exp[-(1-ky)^{\frac{1}{k}}] & k \neq 0 \\ F(x) - \exp[-\exp(-y)] & k = 0 \end{cases} \qquad \cdots\cdots\cdots\cdots\cdots\cdots (A.1)$$

其中，

$$y = \frac{x-\beta}{\alpha} \qquad \cdots\cdots\cdots\cdots\cdots\cdots (A.2)$$

式中：

x ——随机变量；

α ——尺度参数；

β ——位置参数；

k ——形状参数。

当 $k \neq 0$ 时，GEV分布函数即为

$$F(x) = \exp\left[-(1-k\frac{x-\beta}{\alpha})^{\frac{1}{k}}\right] \qquad \cdots\cdots\cdots\cdots\cdots\cdots (A.3)$$

其中，当 $k<0$ 时服从Fréchet分布，而 $k>0$ 时服从Weibull分布。

当 $k=0$ 时服从Gumbel分布，即

$$F(x) = \exp[-\exp(-\frac{x-\beta}{\alpha})] \qquad \cdots\cdots\cdots\cdots\cdots\cdots (A.4)$$

A.2　利用广义极值分布函数计算重现期

对于重现期 T 的分位数 x_T，有分布函数：

$$F(x_T) = 1 - \frac{1}{T} \qquad \cdots\cdots\cdots\cdots\cdots\cdots (A.5)$$

由此可解得相应的分位数 x_T 为

$$\begin{cases} x_T = \beta + \frac{\alpha}{k}\left[1-(-\ln(1-\frac{1}{T}))^k\right] & k \neq 0 \\ x_T = \beta - \alpha\ln\left[-\ln(1-\frac{1}{T})\right] & k = 0 \end{cases} \qquad \cdots\cdots\cdots\cdots\cdots\cdots (A.6)$$

式中：

T——重现期。

参 考 文 献

［1］ 丁裕国,江志红. 极端气候研究方法导论. 北京:气象出版社. 2009

［2］ 史道济. 实用极值统计方法. 天津: 天津科学技术出版社. 2005

［3］ 高荣等. 中国极端天气气候事件图集. 北京:气象出版社. 2012

［4］ ALEXANDER L V, ZHANG X, PETERSON T C, et al. Global observed changes in daily climatic extremes of temperature and precipitation. Journal of Geophysical Research, 2006, **111**: D05109, doi:10.1020/2005JD006290

［5］ JONES P D, HORTON E B, FOLLAND C K, et al. The use of indices to identify changes in climatic extremes. Climatic Change, 1999, 42:131-149, doi:10.1007/978-94-015-9265-9_10

［6］ ZHAI P M and PAN X H. Trends in temperature extremes during 1951－1999 in China. Geophysical Research Letters, 2003, **30**(17), 1913, doi:10.1029/2003Gl018004

［7］ ZHANG X, ALEXANDER L, HEGERL G C, et al. Indices for monitoring changes in extremes based on daily temperature and precipitation data. WIREs Climate Change, 2011, **2**: 851-870, doi: 10.1002/wcc.147

ICS 07.060
A 47

中华人民共和国气象行业标准

QX/T 303—2015

极端降水监测指标

Monitoring indices of precipitation extremes

2015-12-11 发布　　2016-04-01 实施

中 国 气 象 局　发 布

前　　言

本标准按照 GB/T 1.1—2009 给出的规则起草。

本标准由全国气候与气候变化标准化技术委员会(SAC/TC 540)提出并归口。

本标准起草单位:国家气候中心。

本标准主要起草人:邹旭恺、高荣、王遵娅、陈鲜艳。

极端降水监测指标

1 范围

本标准规定了单站极端降水监测指标及其计算方法。

本标准适用于极端降水监测、评估和服务工作。

2 术语和定义

下列术语和定义适用于本文件。

2.1

气候标准期 climatological standard period

用于计算局地气候状态的最近三个连续整年代。

示例：

如1981—2010年为2011—2020年所使用的气候标准期。

2.2

百分位数 percentile

将一组数据从小到大排序，并计算相应的累计百分位，某一百分位所对应数据的值即为这一百分位的百分位数。

2.3

极端阈值 extreme threshold value

某统计量达到极端状况的临界值。极端降水采用第95百分位数作为极端阈值。

2.4

极值 extremum

某一时间段内统计量或监测指标的最大值或最小值。

2.5

连续降水 consecutive precipitation

连续多日(大于或等于2天)日降水量大于或等于0.1毫米的现象。

2.6

连续降水日数 consecutive days of precipitation

日降水量大于或等于0.1毫米的连续降水总日数。

2.7

连续降水量 consecutive precipitation amounts

连续降水日数内的累计降水量。

2.8

重现期 recurrence interval

统计量的特定值重复出现的时间间隔，以年计。

3 监测指标

3.1 极端日降水量

大于或等于极端日降水量阈值的日降水量。

3.2 极端连续降水日数

大于或等于极端连续降水日数阈值的连续降水日数。

3.3 极端连续降水量

大于或等于极端连续降水量阈值的连续降水总量。

3.4 极端降水重现期

大于或等于极端降水重现期阈值的极端降水指标的重现期。

4 资料与计算方法

4.1 使用资料

日降水量观测资料(北京时间20—20时或08—08时)。

4.2 计算方法

4.2.1 极端降水阈值的确定

采用百分位数确定极端降水阈值,即取气候标准期(如1981—2010年)内某降水指标每年的极值和次极值,构建一个包含60个样本的序列;对序列从小到大进行排序,取第95百分位数(即排位第58的数值)作为偏多(大)的极端降水阈值,大于或等于该阈值的事件为极端偏多(大)事件。

4.2.2 极端降水重现期的计算方法

采用广义极值分布(GEV)理论概率模型计算各极端降水指标的重现期,方法见附录A。

附 录 A
(规范性附录)
利用广义极值分布(GEV)计算重现期方法

A.1 广义极值分布

在气象概率统计中常用Gumbel、Fréchet和Weibull三种极值分布函数对气候要素的极值进行拟合,这三种分布模型可写成一个通式,即具有三参数的极值分布函数,称为广义极值分布(GEV),它的理论分布函数为:

$$\begin{cases} F(x) = \exp[-(1-ky)^{\frac{1}{k}}] & k \neq 0 \\ F(x) - \exp[-\exp(-y)] & k = 0 \end{cases} \qquad \cdots\cdots(A.1)$$

其中,

$$y = \frac{x-\beta}{\alpha} \qquad \cdots\cdots(A.2)$$

式中:

x——随机变量;

α——尺度参数;

β——位置参数;

k——形状参数。

当$k \neq 0$时,GEV分布函数为:

$$F(x) = \exp\left[-(1-k\frac{x-\beta}{\alpha})^{\frac{1}{k}}\right] \qquad \cdots\cdots(A.3)$$

其中,当$k<0$时服从Fréchet分布,而$k>0$时服从Weibull分布。

当$k=0$时服从Gumbel分布,即:

$$F(x) = \exp[-\exp(-\frac{x-\beta}{\alpha})] \qquad \cdots\cdots(A.4)$$

A.2 利用广义极值分布函数计算重现期

对于重现期T的分位数x_T,有分布函数:

$$F(x_T) = 1-\frac{1}{T} \qquad \cdots\cdots(A.5)$$

由此可解得相应的分位数x_T为

$$\begin{cases} x_T = \beta + \frac{\alpha}{k}\left[1-(-\ln(1-\frac{1}{T}))^k\right] & k \neq 0 \\ x_T = \beta - \alpha\ln[-\ln(1-\frac{1}{T})] & k = 0 \end{cases} \qquad \cdots\cdots(A.6)$$

式中:

T——重现期。

参 考 文 献

［1］ GB/T 28592－2012 降水量等级

［2］ QX/T 52－2007 地面气象观测规范 第8部分:降水观测

［3］ 丁裕国,江志红.极端气候研究方法导论.北京:气象出版社.2009

［4］ 史道济.实用极值统计方法.天津:天津科学技术出版社.2005

［5］ 高荣,邹旭恺,王遵娅,张强等.中国极端天气气候事件图集.北京:气象出版社.2012

［6］ Alexander L V et al. Global observed changes in daily climatic extremes of temperature and precipitation. J Geophys Res,2006,**111**:D05109. doi:10.1020/2005JD006290

［7］ Jones P D, Horton E B, Folland C K, et al. The use of indices to identify changes in climatic extremes. Climatic Change, 1999,**42**:131-149

［8］ Zhai P, Zhang X, Wan H, Pan X. Trends in Total Precipitation and Frequency of Daily Precipitation Extremes over China. J. Climate, 2005, **18**(7):1096-1108

［9］ Zhang X, Alexander L, Hegerl G C,et al. Indices for monitoring changes in extremes based on daily temperature and precipitation data. WIREs Climate Change, 2011, **2**: 851-870. doi: 10.1002/wcc.147

ICS 07.060
A 47

中华人民共和国气象行业标准

QX/T 304—2015

西北太平洋副热带高压监测指标

Monitoring indices of northwest Pacific subtropical high

2015-12-11 发布　　2016-04-01 实施

中 国 气 象 局　发 布

前　言

本标准按照 GB/T 1.1—2009 给出的规则起草。

本标准由全国气象防灾减灾标准化技术委员会(SAC/TC 345)提出。

本标准由全国气候与气候变化标准化技术委员会(SAC/TC 540)归口。

本标准起草单位:国家气候中心。

本标准主要起草人:艾婉秀、孙林海、宋文玲、刘芸芸、王东阡。

西北太平洋副热带高压监测指标

1 范围

本标准规定了西北太平洋副热带高压监测的面积指数、强度指数、脊线指数、北界指数和西伸脊点指数及计算方法。

本标准适用于北半球500 hPa天气图上西北太平洋副热带高压的监测和研究。

2 术语和定义

下列术语和定义适用于本文件。

2.1

副热带高压 subtropical high

位于副热带地区的暖性高压系统。

2.2

西北太平洋副热带高压 northwest Pacific subtropical high

主体位于西北太平洋上的副热带高压，以500 hPa天气图上588 dagpm等值线所包围的区域来定义。

3 资料

采用500 hPa位势高度场(精确到0.01 dagpm)和纬向风场(精确到0.1 m/s)格点资料，分辨率单位为度。

4 监测指标及计算方法

4.1 西北太平洋副热带高压面积指数

表征西北太平洋副热带高压范围大小的指标。以500 hPa天气图上，在10°N以北的110°—180°E范围内588 dagpm等值线所包围区域的相对面积来表示。西北太平洋副热带高压面积指数GM的计算公式见式(1)：

$$GM = \mathrm{d}x \times \mathrm{d}y \times \sum_i \sum_j (n_{ij} \times \cos\varphi_j) \qquad \cdots\cdots(1)$$

$$n_{ij} = \begin{cases} 1, H_{ij} \geqslant 588 \\ 0, H_{ij} < 588 \end{cases} \qquad \cdots\cdots(2)$$

式中：

$\mathrm{d}x$ ——纬向格距数值；

$\mathrm{d}y$ ——经向格距数值；

i ——格点纬向序号，$i=1,2,\cdots,Nx$，Nx为监测范围内的纬向格点总数，由西向东增加；

j ——格点经向序号，$j=1,2,\cdots,Ny$，Ny为监测范围内的经向格点总数，由南向北增加；

$H_{i,j}$ ——500 hPa位势高度场上某个格点的位势高度值；

φ_j ——格点所在的纬度值。

4.2 西北太平洋副热带高压强度指数

表征西北太平洋副热带高压强弱的指标。以 500 hPa 天气图上，在 10°N 以北的 110°—180°E 范围内位势高度大于 588 dagpm 等高度面为底的副热带高压体的相对体积来表示。西北太平洋副热带高压强度指数 GQ 的计算公式见式(3)：

$$GQ = \mathrm{d}x \times \mathrm{d}y \times \sum_i \sum_j (n_{ij} \times (H_{ij} - 587.0) \times \cos\varphi_j) \qquad \cdots\cdots(3)$$

4.3 西北太平洋副热带高压脊线指数

表征西北太平洋副热带高压体南北位置的指标。以 500 hPa 天气图上，在 10°N 以北的 110°—150°E 范围内位势高度大于 588 dagpm 等值线的西北太平洋副热带高压体内纬向风切变线(即 $u=0, \partial u/\partial y>0$)的纬度平均值来表示。若不存在 588 dagpm 等值线，则定义 584 dagpm 等值线内的纬向风切变线的纬度平均值来表示。

4.4 西北太平洋副热带高压北界指数

表征西北太平洋副热带高压北部边缘位置的指标。以 500 hPa 天气图上，在 10°N 以北的 110°—150°E 范围内西北太平洋副热带高压脊线以北位势高度为 588 dagpm 等值线的纬度平均值来表示。

4.5 西北太平洋副热带高压西伸脊点指数

表征西北太平洋副热带高压最西点位置的指标。以 500 hPa 天气图上，在 10°N 以北的 90°—180°E 范围内以西北太平洋副热带高压西侧位势高度为 588 dagpm 的最西点经度值来表示。

4.6 特殊情况处理

当西太平洋区域 588 dagpm 等值线不存在时，西太平洋副热带高压的北界指数和西伸脊点指数均按缺测值处理，当 588 dagpm 和 584 dagpm 等值线均不存在时，西太平洋副热带高压的脊线指数按缺测值处理。

当西北太平洋副热带高压西伸超过 90°E 以西时，按 90°E 处理。

参 考 文 献

[1] 陈兴芳.副热带高压的研究和长期预报[J].气象科技,1984,(1):8-13

[2] 陈兴芳,晁淑懿.副热带高压的气候异常和监测//大气科学研究论文集[C].南京:南京大学出版社.1993.381-389

[3] 赵振国.中国夏季旱涝及环境场[M].北京:气象出版社.1999

[4] 刘芸芸,李维京,艾孑兑秀,等.月时间尺度西太平洋副热带高压指数的重建及应用[J].应用气象学报,2012,**23**(4)

ICS 07.060
A 47

中华人民共和国气象行业标准

QX/T 305—2015

直径47 mm大气气溶胶滤膜称量技术规范

Technical specifications for weighing 47 mm atmospheric aerosol filters

2015-12-11发布

2016-04-01实施

中国气象局 发布

前　　言

本标准按照GB/T 1.1—2009给出的规则起草。

本标准由全国气候与气候变化标准化技术委员会大气成分观测预报预警服务分技术委员会(SAC/TC 540/SC 1)提出并归口。

本标准起草单位:中国气象科学研究院。

本标准主要起草人:张养梅、孙俊英、杨筠。

直径 47 mm 大气气溶胶滤膜称量技术规范

1 范围

本标准规定了直径 47 mm 大气气溶胶滤膜的称量条件要求、称量设备要求和称量过程要求。

本标准适用于最小称量为 0.001 mg 的微量天平称量直径为 47 mm 大气气溶胶滤膜，其他精密度微量天平和其他类型气溶胶滤膜的称量也可参照使用。

2 规范性引用文件

下列文件对于本文件的应用是必不可少的。凡是注日期的引用文件，仅注日期的版本适用于本文件。凡是不注日期的引用文件，其最新版本(包括所有的修改单)适用于本文件。

GB 50073—2013　洁净厂房设计规范

3 术语和定义

下列术语和定义适用于本文件。

3.1

滤膜　filter

用于采集大气气溶胶的多孔膜或纤维膜。

3.2

稳定性　stability

天平在指定环境下，按照相同操作规程称量相同物体时，其示值保持不变的程度。

3.3

最小秤量　minimum capacity

称量结果可能会产生过大相对误差的最小载荷值。

3.4

最大秤量　maximum capacity

不计皮重时的最大称量能力。

3.5

量程范围　weighing range

最小秤量和最大秤量之间的范围。

3.6

检测限　detect limit;D. L.

在规定的实验条件下所能检出测量对象的最低量。

4 称量条件和称量设备要求

4.1 称量条件要求

4.1.1 天平室设施

天平室设施应符合如下要求：

——天平室应避开主要通道，拥有专用空间，面积应不小于 2 m×2 m；

——天平室应避免阳光直射，不应安装窗户；

——天平室应采用推拉门，不得使用平开门，开关过程中不应产生震动；

——天平室应密封性良好；

——天平室应安装无震动天平操作台，天平称重部件应直接接地；

——天平室应配备温度监测采集系统，温度传感器最大允许误差应小于±0.1 ℃，量程范围应在 0 ℃～50 ℃，响应时间应小于 1 min，数据采集系统时间分辨率应不小于 1 min；

——天平室应配备湿度监测采集系统，湿度传感器最大允许误差应小于±2 %，量程范围应在 10%～80%，响应时间应小于 1 min，数据采集系统时间分辨率应不小于 1 min；

——天平室的电源应具备稳压功能，电压波动范围应小于±3%。

4.1.2 辅助装置和器具

天平室内应配备除静电装置、滤膜放置支架、E-2 级标准砝码、平头镊子、无粉末防静电手套、干燥剂、蒸发皿、直径 47 mm 托盘、天平专用毛刷等装置和器具。

4.1.3 环境条件

天平室内的环境应符合如下要求：

——温度应控制在 20 ℃～23 ℃，24 h 内温度变化范围应不超过±2 ℃；

——相对湿度应控制在 30%～40%，24 h 内相对湿度变化应不超过±5%；

——工作洁净度应达到 1000 级。

气压在空气净化后宜保持微正压。洁净度检验应按照 GB 50073—2013 的 A.3.5 给出的方法操作，当不具有 GB 50073—2013 中 A.3.5 提到的光学粒子计数器时，应按照附录 A 给出的方法操作。

4.2 称量设备要求

称量用的微量天平最小称量应小于或等于 1 μg，最大称量不低于 5 g。微量天平应配备直径 47 mm 托盘，天平托盘应配备防气流干扰装置。

5 称量过程要求

5.1 称量前准备

5.1.1 天平检查和清洁

打开天平电源开关，检查天平显示信息是否正常。天平正常情况下，打开天平托盘防气流干扰装置罩门，用天平专用毛刷将天平托盘及周边清扫干净，清洁后关闭罩门，进行置零操作。

在天平接通电源预热 24 h 后，应进行天平稳定性检验。连续开机情况下，应每月进行一次天平稳定性检验。称量一批滤膜过程中，应在称量开始前和称量结束后，分别进行一次天平稳定性检验。

天平稳定性检验应按照附录 B 的图 B.1 连续称量 7 次，记录称量数值。同时根据温度监测采集系统、湿度监测采集系统连续记录的数据，计算天平室内环境温度和相对湿度的平均值、标准偏差。按照附录 C 计算 E-2 级标准砝码的称量误差、平均值、标准偏差、检测限和整体检测限。将结果记录到微量天平稳定性检验结果表中，表格式样参见附录 D 的图 D.1，若 7 次称量平均值的标准偏差在 3 μg 以内，整体检测限小于 5 μg,天平在 30 s 内可以获得稳定示值,说明天平稳定性达到要求,可以正常使用。否则,说明天平系统或者实验室环境影响天平的稳定性,应进行相应的改善。

5.1.2 滤膜检查与平衡

当天平室环境温度、环境相对湿度满足要求后,取出一批待称量的滤膜,应逐一检查滤膜的外观是否完好,一旦滤膜通过检查,则不准许该滤膜与除称量专用镊子、直径 47 mm 托盘、滤膜盒以外的物品接触。将通过检查的滤膜连同滤膜盒放入天平室滤膜放置支架上,用膜盒盖盖住膜盒 3/4 部分,使滤膜在指定环境条件下平衡至少 24 h。

5.1.3 滤膜平衡稳定性检验

从平衡 24 h 后待称量的滤膜中随机抽取 10%且不少于 3 张滤膜进行滤膜平衡稳定性检验。对随机抽取的滤膜每小时称量一次,连续称量 7 次,记录称量数值。同时,利用温度监测采集系统、湿度监测采集系统连续记录数据,计算天平室内环境温度和相对湿度的平均值、标准偏差。按照附录 C 计算每张滤膜的称量误差、平均值,7 次称量数值的标准偏差、检测限、整体检测限。将上述结果记录到滤膜平衡稳定性检验结果表中,表格式样参见附录 E 的图 E.1。若整体检测限小于 5 μg,每张滤膜的称量误差均小于 15 μg 时,说明滤膜平衡稳定性好,满足称量条件,可以进行这批滤膜的称量。否则,再平衡 24 h 后,重新进行滤膜平衡稳定性检验。若第二次检验仍未通过,则再平衡 24 h,进行第三次检验。若 3 次均未通过检验,则需对滤膜、滤膜平衡条件以及天平稳定性进行进一步检查。

5.2 滤膜夹取

操作者在处理滤膜时应佩戴无粉末防静电手套,着实验室规定服装。戴上手套后,用手背在良性电传导体上触摸一下,将静电放掉。

使用清洁的平头镊子夹取滤膜,应将滤膜专用镊子与标准砝码专用镊子分别标记使用,不得混用。

夹取滤膜时应夹取滤膜的边缘部分,不应夹取滤膜的中间位置。一旦不小心将镊子碰到了采样滤膜上的沉积物,应使用实验室一次性纱布或一次性无碎屑纸清洁镊子,以避免滤膜之间交叉污染。如果滤膜不小心被外来物质污染,则应对该滤膜进行标记。

镊子使用完毕后,应将其放入塑料袋中密封保存。

5.3 滤膜称量

滤膜在满足 5.1.3 条件后可进行称量。滤膜称量应按照附录 F 的图 F.1 进行。

每次称量时,先连续称量 15 张滤膜,然后重新称量第 1 张滤膜,如果第 1 张滤膜的称量误差在 15 μg以内,则进行另外 15 张滤膜的称量,否则,分别在称量过的滤膜膜盒上标记"FLD"的字样,重新平衡 24 h 后,与其他滤膜一同称量。一批滤膜第一次称量完成后,应平衡至少 24 h,再进行第二次称量,再过至少 24 h,进行第三次称量。将称量结果记录到滤膜称量结果表中,表格式样参见附录 G 的图 G.1,同时根据温度监测采集系统、湿度监测采集系统的数据,将每一次称量过程中温度和相对湿度的平均值与标准偏差填写到表格相应位置上。

5.4 称量数据记录

记录标准砝码质量数据应保留小数点后三位数字。记录温度数据,应保留小数点后一位,湿度数据保留至个位。滤膜称量数据应保留小数点后三位数字。

附　录　A
（规范性附录）
洁净度检验方法

清洁度检验分四步进行：

a） 取实验室空白滤膜 3 张，称量 3 次，计算示值平均值；

b） 将空白滤膜放置于满足环境要求条件的天平室内 24 h；

c） 称量放置后的空白滤膜 3 次，计算示值平均值；

d） 计算放置前和放置后的空白滤膜平均值。

放置前和放置后的空白滤膜平均值误差小于 15 μg 则为符合清洁条件的要求。

附　录　B
（规范性附录）
微量天平稳定性检验操作流程

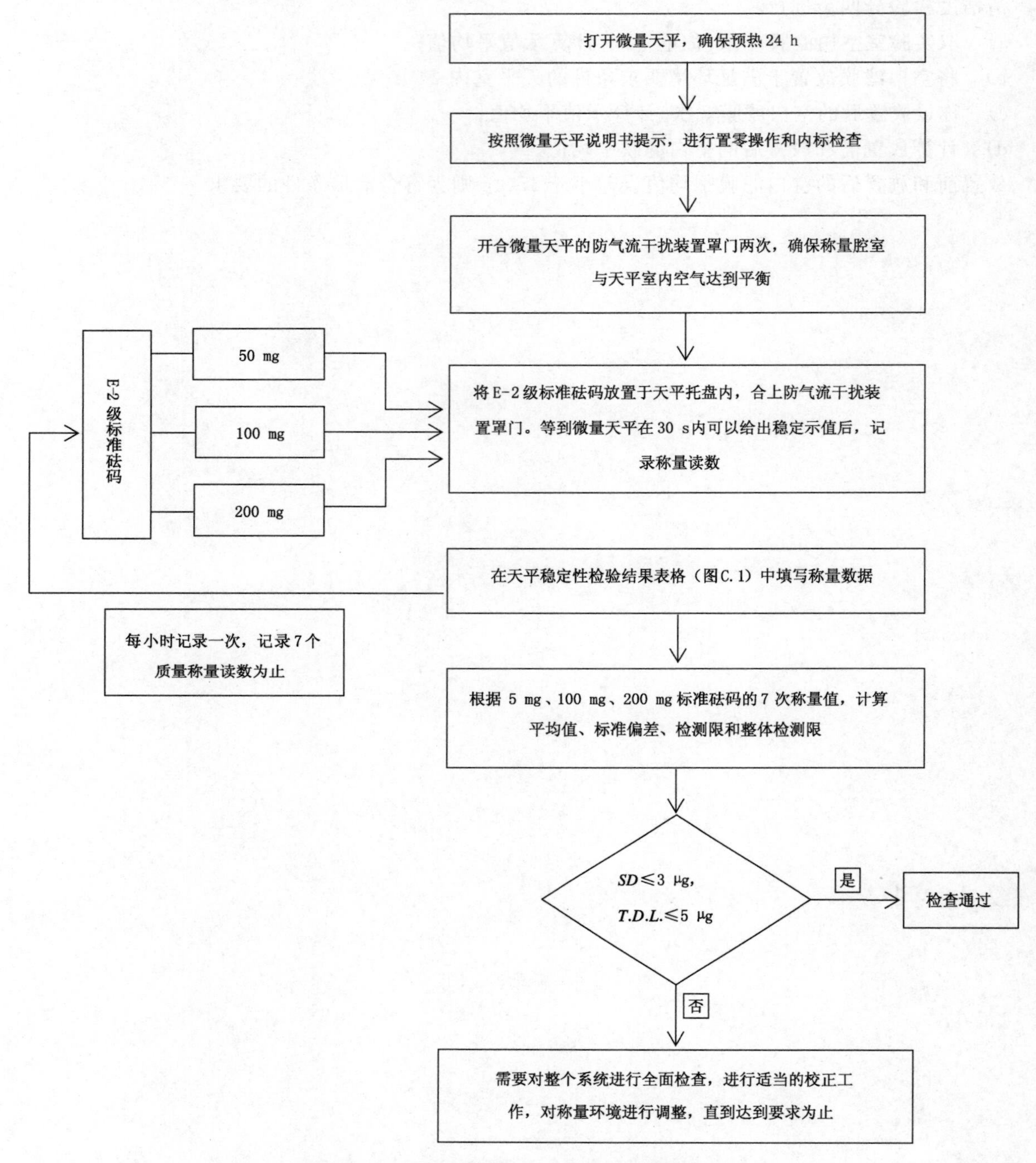

图 B.1　微量天平稳定性检验操作流程

附　录　C
（规范性附录）
天平稳定性和滤膜平衡稳定性检验参数计算方法

C.1　误差

误差为两次标准质量测量示值差值的绝对值，如公式(C.1)所示。

$$d_i = |X_i - X_0| \quad \cdots\cdots(C.1)$$

式中：

d_i ——误差；

X_i ——标准质量的第 i 次测量示值；

X_0 ——标准质量的初始示值。

C.2　平均值

平均值为标准质量几次测量示值的算数平均值，如公式(C.2)所示。

$$d_z = \frac{x_1 + x_2 + x_3 + \cdots + x_n}{n} \quad \cdots\cdots(C.2)$$

式中：

d_z ——平均值；

x_n ——标准质量的第 n 次测量示值；

n ——标准质量的测量次数。

C.3　标准偏差

标准偏差的计算公式，如公式(C.3)所示。

$$SD = \sqrt{\frac{\sum (x_i - d_z)^2}{n-1}} \quad \cdots\cdots(C.3)$$

式中：

SD ——标准偏差；

x_i ——标准质量的第 i 次测量示值；

d_z ——平均值；

n ——标准质量的测量次数。

C.4　检测限

用来检验测量结果的可信度，如公式(C.4)所示。

$$D.L. = SD \cdot 3 \quad \cdots\cdots(C.4)$$

式中：

$D.L.$ ——检测限；

SD ——标准偏差。

C.5 整体检测限

几次检测限的算术平均值，如公式(C.5)所示。

$$T.D.L = \frac{\sum D.L._i}{n} \qquad \cdots\cdots(C.5)$$

式中：

$T.D.L.$ ——整体检测限；

$D.L._i$ ——第 i 次检测的检测限；

n ——标准质量个数。

附　录　D
（资料性附录）
微量天平稳定性检验结果表式样

<table>
<tr><td>日期：</td><td colspan="2">环境温度（平均值±标准偏差）：</td><td colspan="2">环境相对湿度（平均值±标准偏差）：</td><td colspan="2">操作者：</td></tr>
<tr><td>序号</td><td>5 mg 标准砝码（mg）</td><td>差值 $X_{i+1}-X_i$（μg）</td><td>100 mg 标准砝码（mg）</td><td>差值 $X_{i+1}-X_i$（μg）</td><td>200 mg 标准砝码（mg）</td><td>差值 $X_{i+1}-X_i$（μg）</td></tr>
<tr><td>1</td><td></td><td></td><td></td><td></td><td></td><td></td></tr>
<tr><td>2</td><td></td><td></td><td></td><td></td><td></td><td></td></tr>
<tr><td>3</td><td></td><td></td><td></td><td></td><td></td><td></td></tr>
<tr><td>4</td><td></td><td></td><td></td><td></td><td></td><td></td></tr>
<tr><td>5</td><td></td><td></td><td></td><td></td><td></td><td></td></tr>
<tr><td>6</td><td></td><td></td><td></td><td></td><td></td><td></td></tr>
<tr><td>7</td><td></td><td></td><td></td><td></td><td></td><td></td></tr>
<tr><td>平均值（mg）</td><td colspan="2"></td><td colspan="2"></td><td colspan="2"></td></tr>
<tr><td>标准偏差（μg）</td><td colspan="2"></td><td colspan="2"></td><td colspan="2"></td></tr>
<tr><td>检测限 D. L.（μg）</td><td colspan="2"></td><td colspan="2"></td><td colspan="2"></td></tr>
<tr><td>整体检测限 T. D. L.（μg）</td><td colspan="6"></td></tr>
<tr><td colspan="7">**注**：X_i 表示滤膜第 i 次称量质量示值，$1 \leqslant i \leqslant 7$。</td></tr>
</table>

图 D.1　微量天平稳定性检验结果表式样

附 录 E
(资料性附录)
滤膜平衡稳定性检验结果表式样

<table>
<tr><td>日期：</td><td colspan="2">环境温度(平均值±标准偏差)：</td><td colspan="2">环境相对湿度(平均值±标准偏差)：</td><td colspan="2">操作者：</td></tr>
<tr><td rowspan="2">序号</td><td colspan="2">滤膜编号：</td><td colspan="2">滤膜编号：</td><td colspan="2">滤膜编号：</td></tr>
<tr><td>称量示值(mg)</td><td>差值 $X_{i+1}-X_i$ (μg)</td><td>称量示值(mg)</td><td>差值 $X_{i+1}-X_i$ (μg)</td><td>称量示值(mg)</td><td>差值 $X_{i+1}-X_i$ (μg)</td></tr>
<tr><td>1</td><td></td><td></td><td></td><td></td><td></td><td></td></tr>
<tr><td>2</td><td></td><td></td><td></td><td></td><td></td><td></td></tr>
<tr><td>3</td><td></td><td></td><td></td><td></td><td></td><td></td></tr>
<tr><td>4</td><td></td><td></td><td></td><td></td><td></td><td></td></tr>
<tr><td>5</td><td></td><td></td><td></td><td></td><td></td><td></td></tr>
<tr><td>6</td><td></td><td></td><td></td><td></td><td></td><td></td></tr>
<tr><td>7</td><td></td><td></td><td></td><td></td><td></td><td></td></tr>
<tr><td>平均值(mg)</td><td colspan="2"></td><td colspan="2"></td><td colspan="2"></td></tr>
<tr><td>标准偏差(μg)</td><td colspan="2"></td><td colspan="2"></td><td colspan="2"></td></tr>
<tr><td>检测限 D.L.(μg)</td><td colspan="2"></td><td colspan="2"></td><td colspan="2"></td></tr>
<tr><td>整体检测限 T.D.L.(μg)</td><td colspan="6"></td></tr>
<tr><td colspan="7">**注**：X_i 表示滤膜第 i 次称量质量示值，$1 \leqslant i \leqslant 7$。</td></tr>
</table>

图 E.1 滤膜平衡稳定性检验结果表式样

附 录 F
（规范性附录）
滤膜称量流程

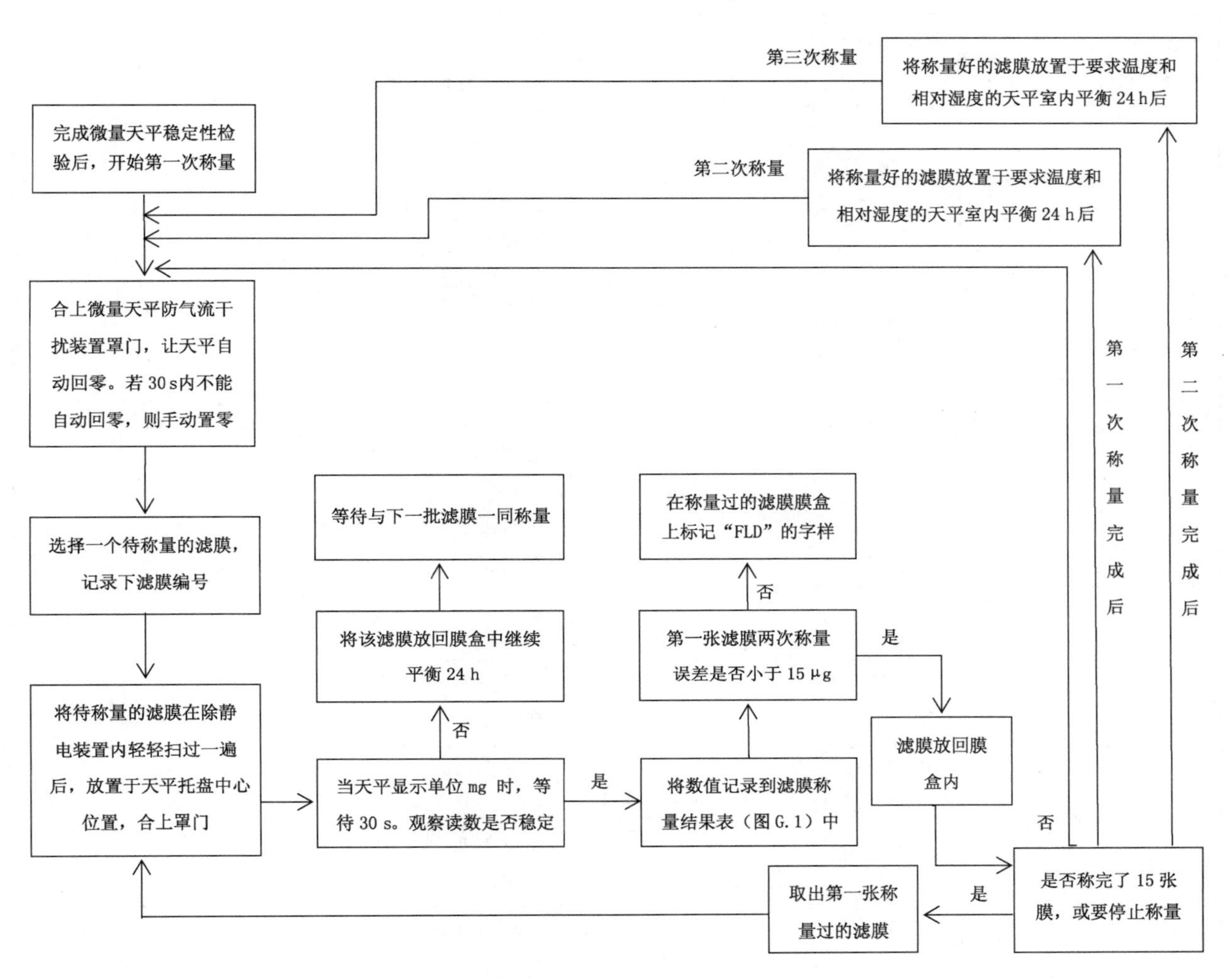

图 F.1 滤膜称量流程

附 录 G
（资料性附录）
滤膜称量结果表式样

<table>
<tr><td>称量地点：</td><td colspan="2">滤膜批次：</td><td>天平型号：</td><td>操作者：</td></tr>
<tr><td colspan="2">称量条件</td><td>称量时间</td><td>环境条件</td><td>滤膜编号</td></tr>
<tr><td rowspan="3">采样前</td><td>第一次称量</td><td>____年____月____日____时____分～____时____分</td><td>温度(平均值±标准偏差)：________
相对湿度(平均值±标准偏差)：________</td><td></td></tr>
<tr><td>第二次称量</td><td>____年____月____日____时____分～____时____分</td><td>温度(平均值±标准偏差)：________
相对湿度(平均值±标准偏差)：________</td><td></td></tr>
<tr><td>第三次称量</td><td>____年____月____日____时____分～____时____分</td><td>温度(平均值±标准偏差)：________
相对湿度(平均值±标准偏差)：________</td><td></td></tr>
<tr><td rowspan="3">采样后</td><td>第一次称量</td><td>____年____月____日____时____分～____时____分</td><td>温度(平均值±标准偏差)：________
相对湿度(平均值±标准偏差)：________</td><td></td></tr>
<tr><td>第二次称量</td><td>____年____月____日____时____分～____时____分</td><td>温度(平均值±标准偏差)：________
相对湿度(平均值±标准偏差)：________</td><td></td></tr>
<tr><td>第三次称量</td><td>____年____月____日____时____分～____时____分</td><td>温度(平均值±标准偏差)：________
相对湿度(平均值±标准偏差)：________</td><td></td></tr>
</table>

<table>
<tr><td rowspan="2">编号</td><td rowspan="2">滤膜编号</td><td colspan="4">采样前</td><td colspan="4">采样后</td><td rowspan="2">称量结果是否合格</td><td rowspan="2">净重
(mg)</td></tr>
<tr><td>第一次称量
(mg)</td><td>第二次称量
(mg)</td><td>第三次称量
(mg)</td><td>平均值
(mg)</td><td>第一次称量
(mg)</td><td>第二次称量
(mg)</td><td>第三次称量
(mg)</td><td>平均值
(mg)</td></tr>
<tr><td></td><td></td><td></td><td></td><td></td><td></td><td></td><td></td><td></td><td></td><td></td><td></td></tr>
<tr><td></td><td></td><td></td><td></td><td></td><td></td><td></td><td></td><td></td><td></td><td></td><td></td></tr>
<tr><td></td><td></td><td></td><td></td><td></td><td></td><td></td><td></td><td></td><td></td><td></td><td></td></tr>
<tr><td></td><td></td><td></td><td></td><td></td><td></td><td></td><td></td><td></td><td></td><td></td><td></td></tr>
<tr><td></td><td></td><td></td><td></td><td></td><td></td><td></td><td></td><td></td><td></td><td></td><td></td></tr>
</table>

图 G.1 滤膜称量结果表式样

参考文献

[1] ISO 14644-1-1999 Cleanrooms and associated controlled environments—Part 1：Classification of air cleanliness

[2] Sartorius. Operaing Instructions Sartorius ME and SE Series. Sartorius AG，Goettingen，Germany，March 2005

[3] FRM PEP laboratory. Quality Assurance Guidance Document-Method Compendium. $PM_{2.5}$ Mass Weighing Laboratory Standard Operating Procedures for the Performance Evaluation Program. United States Environment Protection Agency，NC，1998

ICS 07.060
A 47

中华人民共和国气象行业标准

QX/T 306—2015

大气气溶胶散射系数观测　积分浊度法

Observation method of atmospheric aerosol scattering coefficient—Integrating nephelometer

2015-12-11 发布　　　　2016-04-01 实施

中　国　气　象　局　发布

前　言

本标准按照 GB/T 1.1—2009 给出的规则起草。

本标准由全国气候与气候变化标准化技术委员会大气成分观测预报预警服务分技术委员会(SAC/TC 540 /SC 1)提出并归口。

本标准起草单位:中国气象科学研究院、中国气象局气象探测中心。

本标准主要起草人:孙俊英、张晓春、颜鹏、王亚强、张养梅、沈小静。

引　言

大气气溶胶可以散射、吸收太阳辐射，直接影响地球的辐射平衡，进而影响全球气候。大气气溶胶散射系数是反映大气中颗粒物对光的散射而引起的辐射能量减弱的一种量度，是气候变化和大气环境研究涉及的重要参数。

积分浊度法是测量大气气溶胶散射系数的一种有效方法，为规范利用积分浊度法对气溶胶散射系数的测量，特制定本标准。

大气气溶胶散射系数观测　积分浊度法

1　范围

本标准规定了积分浊度法连续测量大气气溶胶散射系数的技术指标、安装要求、检查、维护和标校、数据记录和处理等内容。

本标准适用于积分浊度法对大气气溶胶散射系数的测定。

2　术语和定义

下列术语和定义适用于本文件。

2.1

气溶胶散射系数　aerosol scattering coefficient

表征大气气溶胶散射造成辐射能量衰减程度的物理量。

注：数值上等于单位体积中所有气溶胶粒子散射截面之和，单位一般用 m^{-1}、km^{-1}、Mm^{-1} 等。

[GB/T 31159—2014，4.9]

2.2

气溶胶吸收系数　aerosol absorption coefficient

表征大气气溶胶吸收造成辐射能量衰减程度的物理量。

注：数值上等于单位体积中所有气溶胶粒子吸收截面之和，单位一般用 m^{-1}、km^{-1}、Mm^{-1} 等。

[GB/T 31159—2014，4.8]

2.3

气溶胶消光系数　aerosol extinction coefficient

表征大气气溶胶造成辐射能量衰减程度的物理量。

注：数值上等于大气气溶胶散射系数和大气气溶胶吸收系数之和，单位一般用 m^{-1}、km^{-1}、Mm^{-1} 等。

[GB/T 31159—2014，4.10]

3　测量原理

平行光在大气中传播，与大气中的气溶胶和气体分子等相互作用，其强度会随之衰减，这种衰减遵循比尔－朗伯定律：

$$I = I_0 e^{-\sigma_{ext} x}$$

式中：

I ——光经过 x 距离后的光强。

I_0 ——光源的光强；

σ_{ext} ——消光系数；

x ——光的传播距离；

注：消光系数是散射系数和吸收系数之和，包括气体分子和大气气溶胶的散射系数和吸收系数。

积分浊度仪是以比尔－朗伯定律为基本原理，利用特殊的仪器几何构造和光学照明设计进行大气气溶胶散射系数观测的设备。仪器光源满足朗伯光源的特性。仪器结构的特殊设计使得检测器的响应值与所有散射角上的散射光的积分值成正比。

当环境中相对湿度较高时，大气气溶胶吸湿增长，气溶胶粒子的粒径增大，散射作用增强。相对湿度和大气气溶胶散射系数的经验关系可参见附录A。

4 仪器和标校检查设施

4.1 观测仪器和配套系统

主要由采样管路和仪器主机构成。其中，采样管路由切割器、不锈钢管路、加热管等构成；仪器主机由光源及控制电路模块、仪器内置的温湿度传感器、光学腔室、光电倍增管检测器、模拟或数字输出部分(确保信号正比于散射光的强度)和采样泵等构成。技术指标见表1。

表1 观测仪器技术指标

名称	技术指标
测量范围	$< 2000\ Mm^{-1}$
最低检测限	$<0.3\ Mm^{-1}$(60 s平均)
测量波长	可见光范围内，如450 nm、525 nm、550 nm、700 nm等
测量波长的半峰高宽度	<50 nm
积分角度范围	至少10°～170°
响应时间	<10 s
工作环境	环境温度5 ℃～40 ℃，环境相对湿度0%～90%，无凝结
输出要素	测量时间、记录种类、仪器状态码、大气气溶胶散射系数、腔室温度，样气相对湿度、环境气温、环境气压、系统背景值等
电源	100 V～250 V，50/60 Hz

4.2 标校检查设施

4.2.1 标准气体

使用已知散射系数的气体作为标准气体(参见附录B)，标准气体纯度应高于99.99%。可使用二氧化碳(CO_2)、七氟丙烷(FM-200)、四氟乙烷(R-134a)、六氟化硫(SF_6)等。综合考虑各种标准气体的环境效应，宜使用高纯二氧化碳作为标准气体。

4.2.2 参考温度计

可量值溯源的温度计，用来标校仪器的温度传感器，不确定度0.5℃。

4.2.3 参考气压计

可量值溯源的气压计，用来标校仪器的气压传感器，不确定度1 hPa。

4.2.4 参考相对湿度传感器

可量值溯源的相对湿度传感器，不确定度应不大于3%，用来标校仪器的相对湿度传感器。

4.2.5 高效过滤器

高效过滤器对于粒径大于 0.3 μm 的颗粒物的过滤效率大于 99.9%，用于滤除环境空气或标准气体中的颗粒物，获得不含颗粒物的零空气和标准气体。

5 安装要求

5.1 室内环境

要求如下：

——应干燥、清洁、整齐，避免震动、强电磁环境、阳光直射和较大的气流；

——具有防雷设施，接地电阻应小于 4 Ω；

——温度应保持相对稳定，昼夜温度变动幅度不大于 5 ℃，避免出现管路水汽冷凝；

——供电电源的波动范围应在 220 V±10 V 内，超出此范围时，应配备稳压电源，宜有不间断电源。

5.2 室外环境

要求如下：

——采样口天顶方向净空角应大于 120°；

——采样口周围水平面应保证 270°以上的自由气流空间；

——从采样口到附近最高障碍物之间的水平距离，应大于该障碍物与采样口高度差的 2 倍。

5.3 采样管路

要求如下：

——进气口处应安装切割器(或者防雨罩)、防虫网；

——应采用导电的金属管路，采样管线(路)应该尽可能短，总长度不宜大于 5.0 m，如果变向，避免直弯。

5.4 性能检查

安装仪器并进行检验，确保仪器采样管线(路)不漏气，仪器正常运行。

6 检查、维护和标校

6.1 检查

6.1.1 日常检查

要求如下：

——每日至少查看一次系统的软、硬件运行情况，填写日常检查记录表(式样参见附录 C)，发现异常应及时采取措施；

——零点检查：零点检查设定为仪器自动控制执行，环境空气经过高效过滤器过滤后对浊度仪的零点进行查验，宜每日一次(或多次)，至少一周一次。应查看零点检查数值是否在±2 Mm^{-1} 范围内，超出此范围，表明仪器漏气或者仪器内部需要清理。

——跨点检查：宜每周一次，至少每两周一次。使用散射系数已知的标准气体来进行一次跨点检查，测量值应在所用标准气体散射值的 100%±5%范围内，超出此范围，应全标校。

6.1.2 漏气检查

在安装仪器后，进行检验，确保仪器采样管线、仪器内部不漏气。具体方法如下：

——首先进行零点检查，记录零点检查值；

——将高效过滤器安装在样气进气口，让仪器运行 1 h，仪器的测量读数应逐渐接近于零。在此期间内，读数的变化应不大于 2 Mm^{-1}。如超过，表明腔室或气路可能存在泄漏。检查所有可能漏气的接头处，并再次进行检漏。

6.2 维护

要求如下：

——至少每 3 个月应对采样管、切割器（或者防雨罩）、防虫网等进行一次清洁；

——至少每 6 个月应对光学测量腔室、采样泵等进行一次检查和清洁维护；

——至少每 6 个月应对内部的高效过滤器进行检查和更换；

——至少每 6 个月应对系统进行一次漏气检查；

6.3 标校

6.3.1 标校周期

应每 1 年进行一次大气压、温度、相对湿度等传感器的标校。浊度仪在安装、移动、清洗、维护后应进行全标校。

6.3.2 标校内容

6.3.2.1 大气压标校

仪器测量的当前环境大气压读数与利用参考气压计测量的当前环境气压差值应在±10 hPa 范围内，超出此范围，应对大气压传感器进行标校或更换。

6.3.2.2 温度标校

使用参考温度计与浊度仪同时对观测环境温度进行测量，比较两者测量结果的差值是否在±2 ℃范围内，超出此范围，应对温度传感器进行标校或更换。

6.3.2.3 相对湿度标校

使用参考相对湿度传感器与浊度仪同时对观测环境空气相对湿度进行测量，比较两者测量结果的差值是否在±3%范围内，超出此范围，应对传感器进行标校或更换。

6.3.2.4 全标校

要求如下：

——仪器至少稳定运行 1 h 后，使用经高效过滤器过滤后的空气进行仪器的零点标校，使用散射系数已知的标准气体进行仪器的跨点标校；

——标准气瓶应配装一个具有加热功能的减压调节阀和流量计，并连接至少 2 m 的铜管作为温度平衡管，这样保证标准气体进入浊度仪之前平衡到室温；

——确保腔室充满标准气体；

——标校过程中，应将仪器排出的废气引到室外，且远离采样口。

7　数据记录和处理

7.1　数据记录

应至少每 5 min 形成一条大气气溶胶散射系数的数据记录。

每条原始数据记录应至少包含测量时间,记录种类,仪器状态码、大气气溶胶散射系数、腔室温度,样气相对湿度、环境气温、环境气压、系统背景值等要素。

7.2　数据处理

根据台站记录、仪器的运行状态、天气现象等对所获取的数据进行甄别、标记,形成有效的观测数据。

采用算数平均值方法对质量控制后的有效数据进行统计。

计算小时平均浓度,标准偏差,以及当前小时内有效的 5 min 的数据个数。

计算日平均浓度,标准偏差,以及当日内有效的小时平均浓度的数据个数。

7.3　数据有效性

每小时至少有 45 min 的有效数据时,则该小时平均值有效。

每日至少有 18 个有效小时平均值时,则该日平均值有效。

附 录 A
(资料性附录)
相对湿度和大气气溶胶散射系数的经验关系

大气气溶胶散射系数测量不确定性的一个主要来源是相对湿度的影响。Kasten (1969) 假定大气气溶胶的粒径谱符合容格分布,且满足大气气溶胶的吸湿增长曲线的平均指数为 4 的前提下,给出了估算相对湿度对大气气溶胶散射系数影响的一个简单方法,具体如下:

$$\frac{\sigma}{\sigma_0} = \left[\frac{(1-f)}{(1-f_0)}\right]^{-0.5}$$

式中:

σ ——相对湿度 f 下的大气气溶胶散射系数;

σ_0 ——相对湿度 f_0 下的大气气溶胶散射系数;

f ——较高的相对湿度;

f_0 ——较低的相对湿度。

由此可知,在 60%相对湿度下,大气气溶胶散射系数比在 10%相对湿度下的值高 50%。相对湿度降至 40%时散射系数仍然比 10%相对湿度下高 22%。因此,进入积分浊度仪的样气的相对湿度保持干燥是非常必要的,不然很难区分是由于大气气溶胶本身还是大气气溶胶吸湿增长造成的散射系数的变化。

实际大气气溶胶散射系数的吸湿增长受其相对湿度、化学组成、粒径大小、混合状态等因素的影响。

附　录　B
（资料性附录）
标准气体在不同波长(λ)下的散射系数(标准状况下)

气体分子的散射系数正比于λ^{-4}，也正比于气压与温度的比值。在298.15 K，1013.25 hPa，测量波长为470 nm的情况下，如果波长增加13 nm，或者温度增加30 ℃，或者高度增加1000 m，气体散射系数将比此前状态的散射系数降低10%左右。因此，散射系数是测量波长以及温度和压力的函数。实际测量时，腔室内标准气体的温度受室温、当地大气压、光源辐射热的影响。表B.1给出了多种标准气体在标准状态(273.15 K，1013.25 hPa)和不同测量波长下的散射系数。

表B.1　不同标准气体(纯度99.99%以上)在不同波长下的散射系数

波长 nm	散射系数 M/m				
	不含颗粒物空气	CO_2	FM-200	R-134a	SF_6
450	27.89	72.79	426.72	203.60	187.98
525	14.77	38.55	225.98	107.82	99.55
550	12.26	32.00	187.58	89.50	82.63
700	4.61	12.02	70.46	33.62	31.04
相对于不含颗粒物空气的倍数	1	2.61	15.3	7.3	6.74

附 录 C
(资料性附录)
观测仪器和配套系统日常检查记录表(式样)

观测仪器和配套系统日常检查记录表式样见图C.1。

站名： 站号： 仪器型号： 仪器序列号：

时间检查	标准时间	
	观测仪器时间	
仪器检查	仪器检查时间	
	观测员	
	记录种类	
	仪器状态码	
	大气气溶胶散射系数	
	腔室温度	
	样气相对湿度	
	环境气温	
	环境气压	
	系统背景值	
	零点检查测量值	
	跨点检查测量值	

图C.1 观测仪器和配套系统日常检查记录表(式样)

参 考 文 献

[1] GB 3102.6—1993 光及有关电磁辐射的量和单位

[2] GB/T 31159—2014 大气气溶胶观测术语

[3] QX/T 69—2007 大气浑浊度观测 太阳光度计方法

[4] AS/NZS3580.12.1:2001,Determination of light scattering-Integrating nephelometer method

[5] 中国气象局监测网络司.全球大气监测观测指南.北京:气象出版社.2003

[6] 《大气科学辞典》编委会.大气科学辞典.北京:气象出版社.1994

[7] 全国科学技术名词审定委员会.大气科学名词(第三版).北京:科学出版社.2009

[8] 盛裴轩,毛节泰,李建国等.大气物理学.北京:北京大学出版社.2003

[9] 中国气象局.地面气象观测规范.北京:气象出版社.2003

[10] World Meteorological Organization. Global Atmosphere Watch (GAW) Strategic Plan: 2008－2015.2008

[11] Paul A Baron, Klaus Willeke. Aerosol Measurement Principles, Techniques, and Application (second Edition). John Wiley & Sons, Inc., 2001

[12] Kasten F. Visibility forecast in the phase of pre-condensation. Tellus, 1969, **21**(5):631-635

ICS 07.060
A 47

中华人民共和国气象行业标准

QX/T 307—2015

大气气溶胶质量浓度观测 锥管振荡微天平法

Observation method of atmospheric aerosol mass concentration—Tapered element oscillating microbalance

2015-12-11 发布

2016-04-01 实施

中 国 气 象 局 发 布

前　言

本标准按照 GB/T 1.1—2009 给出的规则起草。

本标准由全国气候与气候变化标准化技术委员会大气成分观测预报预警服务分技术委员会(SAC/TC 540 /SC 1)提出并归口。

本标准起草单位:中国气象科学研究院、中国气象局气象探测中心。

本标准主要起草人:孙俊英、张晓春、张养梅、王亚强、沈小静。

引　言

大气气溶胶的质量浓度是衡量空气质量的重要指标之一。世界气象组织全球大气观测(WMO/GAW)网中的全球本底站和许多区域本底站,以及许多国家的大气成分、空气质量相关观测站都将气溶胶质量浓度观测作为日常观测项目。因此,为规范利用锥管振荡微天平法测量大气气溶胶质量浓度的在线观测,特制定本标准。

大气气溶胶质量浓度观测　锥管振荡微天平法

1　范围

本标准规定了锥管振荡微天平法连续测量大气气溶胶质量浓度的技术指标、安装要求、检查、维护与标校、数据记录和处理等内容。

本标准适用于锥管振荡微天平法对大气气溶胶质量浓度的观测、资料分析和应用。

2　术语和定义

下列术语和定义适用于本文件。

2.1

气溶胶质量浓度　aerosol mass concentration

单位体积空气中气溶胶粒子的总质量。

注：常用单位为 mg/m^3、$\mu g/m^3$。

[GB/T 31159—2014,4.1]

2.2

撞击式切割器　impact separator

基于惯性撞击的原理，按粒径选择性分离气溶胶粒子的装置。

[GB/T 31159—2014,6.5]

2.3

旋风式切割器　cyclone

利用离心分离原理，按粒径选择性分离气溶胶粒子的装置。

[GB/T 31159—2014,6.6]

3　测量原理

利用弹性振荡体系(由空心锥管和采样膜构成)振荡频率和系统质量存在定量关系的原理，连续测量大气气溶胶质量浓度，质量与振荡频率关系如下：

$$f = (K/M)^{1/2}$$

式中：

f ——振荡频率；

K ——弹性系数；

M ——总质量。

4　仪器和标校检查设施

4.1　观测仪器和配套系统

主要由气溶胶撞击式切割器或旋风式切割器(以下简称“切割器”)、进气管路、控制单元、传感单元(锥管振荡微天平)、采样泵、数据采集处理和显示单元等构成，结构示意框图参见附录A，技术指标见表1。

表 1 观测仪器技术指标

名称	技术指标
测量范围	<10000 μg/m^3
质量分辨率	0.1 μg/m^3
测量精度	±1.5 μg/m^3(1 h 质量浓度平均值)、±0.05 μg/m^3(24 h 质量浓度平均值)
数据输出频率	10 s～3600 s 可调
主路流量范围	0.5 L/min ～4.5 L/min
辅路流量范围	2.0 L/min ～18.0 L/min
工作环境	环境温度 5℃ ～40℃,环境相对湿度 0%～90%,无凝结
输出要素	测量时间、仪器状态码、大气气溶胶质量浓度、主路流量、辅路流量、噪声、频率、总质量、环境温度、环境大气压等
电源	100 V～250 V,50/60 Hz

4.2 标校检查设施

4.2.1 参考流量计

可量值溯源的流量计,不确定度应在测量值的 2%范围内,用来标校仪器的流量。

4.2.2 参考温度计

可量值溯源的温度计,用来标校仪器的温度传感器,不确定度 0.5 ℃

4.2.3 参考气压计

可量值溯源的气压计,用来标校仪器的气压传感器,不确定度 1 hPa。

4.3 高效过滤器

高效过滤器对于粒径大于 0.3 μm 的颗粒物的过滤效率应大于 99.9%,用于滤除环境空气中的颗粒物,获得不含颗粒物的零空气。

4.4 标准膜

与采样膜同型号且已知质量的滤膜,用于质量传感器校准常数(K_0 值)的验证。

5 安装要求

5.1 室内环境

要求如下:

——应干燥、清洁、整齐,避免震动、强电磁环境、阳光直射和较大的气流;

——具有防雷设施,接地电阻应小于 4 Ω;

——温度应保持相对稳定,昼夜温差变化不大于 5℃,避免管路出现水汽冷凝;

——供电电源的波动范围应在 220 V±10 V 内,超出此范围时,应配备稳压电源,宜有不间断电源。

5.2 室外环境

要求如下：

——采样口天顶方向净空角应大于120°；

——采样口周围水平面应保证270°以上的自由气流空间；

——从采样口到附近最高障碍物之间的水平距离，应大于该障碍物与采样口高度差的2倍；

5.3 采样管路

要求如下：

——进气口处应安装切割器(或者防雨罩)、防虫网；

——应采用导电的金属管路，采样管线(路)应该尽可能短，总长度不宜大于5.0 m，如果变向，避免直弯。

5.4 性能检查

安装仪器并进行检验，确保仪器采样管线(路)不漏气，仪器正常运行。

6 检查、维护和标校

6.1 检查

6.1.1 日常检查

要求如下：

——检查系统的软、硬件运行状况，填写日常检查记录表(式样参见附录B)，发现异常应及时采取措施。

——检查仪器控制单元时间、计算机时间与标准时间是否一致，相差大于30 s，应及时调整。

——检查主路流量、辅路流量是否稳定，不稳定应检查是否需要更换气水分离器滤芯或辅路过滤器，或者检查仪器是否有其他故障。

——检查采样膜的负载率，必要时应按照6.2.1更换采样膜。

——检查面板显示的质量浓度值是否在正常范围内，如数值过大，或出现数值较大的负值，应查找原因并记录。

6.1.2 CPU电池电压检查

宜每6个月检查一次CPU电池的电压，电压小于2.75 V(直流)时，应进行更换。

6.1.3 采样泵状态检查

宜每6个月检查一次采样泵是否处于良好的工作状态。采样泵不能提供足够的动力时，应更换采样泵或者更换泵部件。

6.1.4 漏气检查

宜每6个月进行一次漏气检查，每次对气路进行维护后也应进行漏气检查，当主路流量为1 L/min，辅路流量为15.67 L/min时，主路泄漏量应小于0.1 L/min，而辅路泄漏量则应小于0.5 L/min。

6.2 维护

6.2.1 采样膜更换

采样膜的更换周期取决于环境空气质量以及主路和辅路流量设置。宜至少每月更换一次。当主路流量为 1 L/min 采样膜负载率大于 30 %时,应及时更换;当观测结果出现负值或大幅振荡、噪声增加等现象时,也应及时更换。

6.2.2 切割器清洗

切割器的清洗时间间隔取决于当地环境中大气气溶胶的浓度水平。清洁地区应每 6 个月清洗一次,其他地区应每 3 个月清洗一次。清洗切割器时要求将切割器各部件拆开,先用水进行清洗,再用去离子水冲洗,晾干。如果没有安装切割器,则应对防雨罩、防虫网按同样原则进行清洗。

6.2.3 辅路过滤器和气水分离器滤芯的更换

宜每 6 个月更换一次辅路过滤器和气水分离器滤芯,或者当安装新的锥管振荡微天平采样膜后,采样膜的负载率大于 10 %时,更换辅路过滤器。

6.2.4 进气管路清洗

宜每 1 年进行一次管路清洗,可使用脱脂棉蘸取少量酒精进行清洗,注意保护锥管振荡微天平的暴露部分,防止异物落下毁坏微振荡天平。

6.3 标校

6.3.1 标校周期

应每 1 年进行一次质量传感器 K_0 值的验证以及流量、大气压、温度等传感器的标校。

6.3.2 标校内容

6.3.2.1 质量传感器 K_0 值的验证

利用标准膜,进行质量传感器 K_0 的验证,仪器计算出的 K_0 值与质量传感器标签上的 K_0 的变化幅度应小于±2.5%。

6.3.2.2 流量标校

利用参考流量计分别测量主路流量、辅路流量和总流量,可接受的流量范围分别为(1.0±0.1) L/min,(15.7±0.5) L/min 和(16.7±0.5) L/min。超出此范围,应对主路、辅路的质量流量控制器进行标校或更换。

6.3.2.3 大气压标校

仪器测量的当前环境大气压读数与利用参考气压计测量的当前环境气压差值应在±10 hPa 范围内。超出此范围,应对大气压传感器进行标校或更换。

6.3.2.4 温度标校

使用参考温度计与大气气溶胶质量浓度观测仪器同时对环境温度进行测量,比较两者测量结果的差值应在± 2℃范围内。超出此范围,应对温度传感器进行标校或更换。

7 数据记录和处理

7.1 数据记录

应至少每5 min形成一条大气气溶胶质量浓度的数据记录。

每条原始数据记录应至少包含测量时间、仪器状态码、大气气溶胶质量浓度、主路流量、辅路流量、噪声、频率、总质量、环境温度、环境大气压等要素。

7.2 数据处理

根据台站记录、仪器的运行状态、天气现象等对所获取的数据进行甄别、标记,形成有效的观测数据。

采用算数平均值方法对质量控制后的有效数据进行统计。

计算小时平均浓度、标准偏差,以及当前小时内有效的5 min的数据个数。

计算日平均浓度、标准偏差,以及当日内有效的小时平均的数据个数。

7.3 数据有效性

每小时至少有45 min的有效数据时,则该小时平均值有效。

每日至少有18个有效小时平均值时,则该日平均值有效。

附 录 A
(资料性附录)
观测仪器和配套系统结构示意图

观测仪器和配套系统结构示意图见图 A.1。

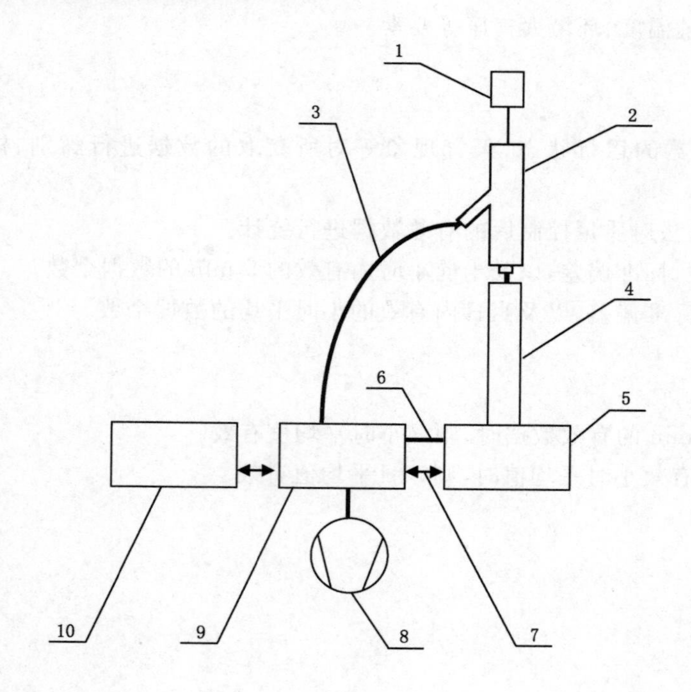

说明:1——切割器;
2——分流器;
3——辅路管线(路);
4——加热进气管;
5——传感单元;
6——主路管线(路);
7——数据线;
8——采样泵;
9——控制单元;
10——数据采集处理和显示单元。

图 A.1 观测仪器和配套系统结构示意图

附 录 B
（资料性附录）
观测仪器和配套系统日常检查记录表（式样）

观测仪器和配套系统日常检查记录表式样见图 B.1。

站名：　　　　　　站号：　　　　　　仪器型号：　　　　　　仪器序列号：

时间检查	标准时间	
	计算机时间	
	控制单元时间	
仪器检查	仪器检查时间	
	观测员	
	仪器状态码	
	滤膜负载率（%）	
	5 min 质量浓度	
	30 min 质量浓度平均值	
	1 h 质量浓度平均值	
	8 h 质量浓度平均值	
	总质量	
	质量传感器温度	
	样气温度	
	主路流量	
	辅路流量	
	噪声	
	频率	
备件更换	更换辅路过滤器时间	
	更换气水分离器滤芯时间	
	更换采样膜时间	

图 B.1　观测仪器和配套系统日常检查记录表

参 考 文 献

[1] GB 3095—2012 环境空气质量标准

[2] GB/T 31159—2014 大气气溶胶观测术语

[3] HJ 492—2009 空气质量词汇

[4] HJ 655—2013 环境空气颗粒物(PM_{10}和$PM_{2.5}$)连续自动监测系统安装和验收技术规范

[5] QX/T 173—2012 Grimm 180 测量PM_{10}、$PM_{2.5}$和PM_1的方法

[6] 《大气科学辞典》编委会.大气科学辞典.北京:气象出版社.1994

[7] 中国气象局监测网络司.全球大气监测观测指南.北京:气象出版社.2003

[8] 中国气象局.地面气象观测规范.北京:气象出版社.2003

[9] 全国科学技术名词审定委员会.大气科学名词(第三版).北京:科学出版社.2009

[10] World Meteorological Organization. Global Atmosphere Watch (GAW) Strategic Plan: 2008—2015.2008

[11] Paul A Baron, Klaus Willeke. Aerosol Measurement Principles, Techniques, and Application (second Edition). John Wiley & Sons, Inc., 2001

ICS 07.060
A 47

中华人民共和国气象行业标准

QX/T 308—2015

分散式风力发电风能资源评估技术导则

Technical guidelines on wind energy resource assessment of distributed wind power generation

2015-12-11 发布　　2016-04-01 实施

中国气象局　发布

前　言

本标准按照 GB/T 1.1—2009 给定的规则起草。

本标准由全国气候与气候变化标准化技术委员会风能太阳能资源分技术委员会(SAC/TC 540/SC 2)提出并归口。

本标准主要起草单位:中国气象局公共气象服务中心。

本标准起草人:周荣卫、宋丽莉、杨振斌。

分散式风力发电风能资源评估技术导则

1 范围

本标准规定了分散式风力发电的项目选址或规划的基于大气数值模拟(简称“数值模拟”)的风能资源评估技术要求。

本标准适用于分散式风力发电的项目风资源评估和区域发展规划编制。

2 规范性引用文件

下列文件对于本文件的应用是必不可少的。凡是注日期的引用文件,仅注日期的版本适用于本文件。凡是不注日期的引用文件,其最新版本(包括所有的修改单)适用于本文件。

GB/T 18710—2002 风电场风能资源评估方法

GB/T 18709—2002 风电场风能资源测量方法

QX/T 51—2007 地面气象观测规范 第7部分:风向和风速观测

QX/T 74—2007 风电场气象观测及资料审核、订正技术规范

3 术语和定义

GB/T 18710—2002、GB/T 18709—2002、QX/T 51—2007、QX/T 74—2007 界定的以及下列术语和定义适用于本文件。

3.1

分散式风力发电 distributed wind power generation

风力发电机组位于用电负荷中心附近,不以大规模远距离输送电力为目的,所产生的电力就近接入电网并在当地消纳的发电方式。

3.2

有效观测数据 effective observation data

经过数据检验和质量控制后的原始观测数据。

3.3

评估区域 assessed region

拟进行分散式风力发电项目开发的区域。

3.4

大气数值模拟 atmosphere numerical simulation

用合适的大气模式作时间积分,以模拟大气运动发展和演变的数值试验。

3.5

模拟区域 model region

数值模式水平方向覆盖的范围。

3.6

检验点 verified dot

模拟区域内的有较好代表性的气象站和测风塔。

3.7

风能资源理论储量　theoretical capacity of wind energy resource

在评估区域内某高度上的理论计算风能资源总量。

3.8

风能资源技术开发量　technical capacity of wind energy resource

在理论储量的基础上，考虑了限制风能资源开发的地形坡度、水体、森林、生态自然保护区、历史遗迹等自然地理因素，以及现阶段主要的开发技术和政策制约因素后，估算出的风能资源总量。

4　基本资料要求

4.1　应具备的基本资料

4.1.1　气象观测资料

模拟区域内或区域附近国家级气象站近20年以上的历史地面和高空气象观测资料；模拟区域内三个以上气象站至少3年的气象观测资料，如不具备，应补充至少1年的短期观测；如果模拟区域坡度10%以上，区域气象站则应至少有3年以上的观测资料。

4.1.2　测风塔资料

模拟区域内至少应有一个70 m以上高度测风塔满1年的有效观测数据；若模拟区域坡度10 %以上，则应在具有代表性的地形高度上加设测风塔。

4.1.3　地形和下垫面植被类型资料

应采用最新地形和下垫面植被类型资料，资料水平网格间距小于或等于数值模式最小网格间距。

4.2　资料收集和处理

需对测风塔资料进行代表性和可靠性判别，测风塔位置应能够较好地反映评估区域下垫面的主要特征和当地的风气候特征。

按照GB/T 18710—2002、QX/T 74—2007的要求，对测风塔数据进行质量检验，并对缺测数据进行插补订正和参数计算。

5　模式选择和设置

5.1　数值模式选择

应采用中尺度数值天气预报模式和小尺度模式相结合的技术方案。

中尺度数值天气预报模式宜采用Weather Research and Forecasting (WRF)、Mesoscale Model version 5 (MM5)、Regional Atmospheric Modeling System (RAMS)，Advanced Regional Prediction System (ARPS)等。

小尺度数值模式宜采用Calmet、计算流体力学模式等。

5.2　数值模式设置

5.2.1　模拟范围

中尺度数值天气预报模式最外层网格模拟区域的东西向大于或等于2600 km、南北向大于或等于

1800 km；最内层网格模拟区域视评估区域而定，应至少比评估区域外扩 5 km。小尺度模式模拟区域与中尺度数值天气预报模式最内层模拟区域相同。

5.2.2 分辨率

数值模式分辨率包括水平或垂直分辨率，即数值模式网格的水平或垂直距离间隔。中尺度数值天气预报模式最内层的水平网格距为 1 km～3 km；垂直分辨率设置为离地面 200 m 的范围内至少应有 9 层。小尺度模式最内层的水平网格距小于或等于 200 m，模拟区域坡度 10 %以上的水平网格距小于或等于 100 m；垂直分辨率设置为离地面 200 m 的范围内垂直网格距小于或等于 20 m。

5.2.3 模拟时间段

模拟时间为测风塔同期 1 年的短期模拟以及最近 20 年以上的长期模拟，长期模拟采取挑选典型日进行模拟的方法。具体典型日选取方法见附录 A。

数值模式结果输出时间间隔小于或等于 1 h，输出水平风速、风向、气温、气压、湿度等参数。

5.2.4 参数化方案

中尺度气象模式应选的物理过程参数化方案有湿微物理过程参数化方案、边界层物理过程参数化方案、辐射过程参数化方案、近地层物理过程参数化方案和陆面过程参数化方案，其中边界层物理过程参数化方案宜使用一阶半以上的湍流闭合方案或非局地湍流闭合方案。水平网格距小于或等于 10 km×10 km 时，应选积云对流参数化方案；水平分辨率小于 10 km×10 km 的网格时，不选积云对流参数化方案。

6 数值模拟的检验和订正

6.1 检验点模拟值的提取

选出离测风塔或气象站最近的周边 4 个模式网格点，通过双线性内插、样条插值、距离反平方等方法将这 4 个点上的模拟结果插值到测风点上，作为检验点上的模拟值。

6.2 模拟值检验

采用检验点 1 年的风速和风向观测资料和同期模拟值进行对比分析。分析各观测高度层上平均风速的绝对误差、相对误差、均方根误差和相关系数，对比各观测高度层上风向频率、风能方向频率、风速频率和风能频率，对比测风塔处风速垂直切变指数等。

检验点处实测年平均风速的相对误差大于 20%时，宜作为奇异点进行分析，包括对测风塔代表性和实测数据可靠性的进一步分析和确认。

6.3 模拟结果订正

根据检验点同期的观测和模拟数据的检验结果，对模拟区域内近 20 年以上的模拟结果进行统计订正，得出评估区域长期风能资源数值模拟结果。具体统计订正方法见附录 B。

6.4 订正结果误差分析

模拟结果订正的误差分析采用交叉检验法获取，即依次剔除一个检验点，采用其余检验点的模拟误差对模拟结果进行订正，剔除点的相对误差，即该点附近区域订正后可能出现的最大相对误差。

7 数值模拟评估参数及其分辨率

7.1 数值模拟评估参数

应给出评估区域内长期平均风速、风功率密度、风速和风能频率分布、风向频率及风能密度方向频率分布、垂直廓线指数、Weibull 分布参数。

7.2 评估参数垂直分辨率

评估参数输出至少应给出离地面 50 m～120 m 的各高度层参数，每层间隔小于或等于 10 m。

8 分析评估成果

8.1 评估区域开发量参数

应给出评估区域内 100 W/m^2～400 W/m^2 间隔 50 W/m^2 的风能资源理论储量、技术开发量和技术开发面积，具体计算方法见附录 C。在评估区域内的选定高度上，所有网格内的装机容量总和即为该高度上的风能资源理论储量，所有单位面积装机容量大于或等于 1.5 MW/km^2 的网格内的装机容量总和即为该高度上的风能资源技术开发量，单位面积上装机容量大于或等于 1.5 MW/m^2 的网格面积总和即为技术开发面积。

风能资源开发利用与风能资源等级有关，且受自然地理、土地资源、交通、电网以及国家或地方发展规划等因素制约。采用 Geographic Information System (GIS)空间分析技术，以所选高度的平均风功率密度数值模拟分布图为基础，结合地形、土地利用等各种地理信息数据，剔除不宜进行风能资源开发区域，确定风能资源可开发区域的位置、面积和技术开发量。不宜风能资源开发的区域包括：水体、湿地、沼泽地、自然保护区、历史遗迹、矿产、基本农田、铁路、公路、城市及城市周围 3 km 的环形区域。地表植被为草地、森林、灌木丛等的区域，其利用率取值如下：草地 80 %，森林 20%，灌木丛 65 %。

8.2 评估区域风能资源及误差分析图表编制

将 6.2 中平均风速的绝对误差、相对误差、均方根误差、相关系数、测风塔处垂直切变指数对比、风向频率、风能方向频率、风速频率和风能频率对比制成相应图表，参见附录 D。

将 7.1 中数值模拟评估参数制成图形，见附录 D 图 D.1。

将 8.1 中风能资源理论储量、技术开发量和技术开发面积制作成表格，参见附录 D。

将 8.1 中评估区域内风能资源可开发区域分布制作成图。

附 录 A
（规范性附录）
典型日选取方法

根据气象台站常规观测资料，采用天气型分类法选取能够代表最近30年天气背景类型的典型日。

A.1 天气型分类

以最近30年的气象台站常规地面、探空资料为基础，计算逐日14时的混合层高度（计算方法见GB/T 3840—1991），选取逐日北京时间08时850 hPa的风速、风向，按照表A.1划分各要素变化区段，共组合出256类天气型。建立各类天气型出现日期的天气型历史信息库，并统计各类天气型出现的频次。

表A.1 天气型的基本要素变化区段划分方法

基本要素	区段数量	要素变化区段划分方法
每日08:00 850 hPa风向（w_d） °	8	$0\leqslant w_d<45$；$45\leqslant w_d<90$；$90\leqslant w_d<135$；$135\leqslant w_d<180$； $180\leqslant w_d<225$；$225\leqslant w_d<270$；$270\leqslant w_d<315$；$315\leqslant w_d<360$。
每日08:00 850 hPa风速（w_s） m/s	8	$0\leqslant w_s<2$；$2\leqslant w_s<5$；$5\leqslant w_s<10$；$10\leqslant w_s<15$；$15\leqslant w_s<20$； $20\leqslant w_s<25$；$25\leqslant w_s<30$；$30\leqslant w_s$。
每日14:00 混合层厚度（h_m） m	4	$0\leqslant h_m<150$；$150\leqslant h_m<500$；$500\leqslant h_m<800$；$800\leqslant h_m$。

A.2 典型日筛选

在天气型历史信息库中，从每个天气型出现的历史日期中随机抽取大于或等于5%的天数作为典型日。抽取时考虑典型日各月分布的均匀性；如果某一天气型出现天数的5%小于2天，则抽取2个典型日；如果某一天气型出现天数只有1天，则将该天作为典型日。

A.3 典型日出现频率

典型日出现频率为其所属天气型出现频次与该天气型包含的典型日总天数的商。

附 录 B
(规范性附录)
数值模拟结果订正方法

中小尺度数值模式模拟得到高分辨率的平均风场分布，利用测风塔实测资料进行对比检验，对数值模拟结果进行订正，获得较为精确的风能资源分布结果。

年平均风速结果订正：计算检验点平均风速的数值模拟结果与实测结果间的相对误差，采用距离反平方插值法(式(B.1))将相对误差插值到模拟区域的模拟格点上，根据格点上的相对误差值对模拟结果进行订正。

年平均风功率密度结果订正：

a) 检验点具有风功率密度实测资料，采用年平均风速结果订正方法进行订正；

b) 检验点不具有实测风功率密度资料，根据平均风速结果订正时格点上的相对误差关系对平均风功率密度进行订正。

$$E = \sum_{i=1}^{n} \frac{E_i}{s_i^2} \Big/ \sum_{i=1}^{n} \frac{1}{s_i^2} \qquad \cdots\cdots\cdots\cdots\cdots\cdots \text{(B.1)}$$

式中：

E ——某个模式网格处的相对误差；

n ——检验点个数；

E_i——第 i 个检验点处的相对误差；

s_i ——第 i 个检验点距离某个模式网格的距离。

附 录 C
（规范性附录）
评估区域开发量参数计算方法

C.1 单位面积装机容量计算

在不受地形和地貌影响的条件下，单位面积装机容量只与风能资源等级有关，年平均风功率密度与单位面积装机容量（P）的对应关系见表C.1。考虑地形条件后，GIS坡度α（见附录E）与单位面积装机容量P的关系见表C.2。

表C.1 年平均风功率密度与单位面积装机容量的对应关系

年平均风功率密度（D_{wp}） W/m²	单位面积装机容量（P） MW/km²
$250 \leqslant D_{wp} < 300$	4.3
$300 \leqslant D_{wp} < 350$	5.1
$350 \leqslant D_{wp} < 400$	6.0
$400 \leqslant D_{wp} < 450$	6.7

表C.2 考虑地形的单位面积装机容量与地形参数的对应关系

地形资料水平分辨率	GIS坡度α %	考虑地形的单位面积装机容量 MW/km²
100 m×100 m	$0 \leqslant \alpha < 1.5$	P
	$1.5 \leqslant \alpha < 3$	$0.5 \times P$
	$3 \leqslant \alpha < 5$	$0.2 \times P$
	$\alpha \geqslant 5$	0

每个网格内的单位面积装机容量应采用GIS分析方法得到：

a) 不受任何开发条件限制且地形GIS坡度小于1.5%的地区的单位面积装机容量按照表C.1选取；
b) 在现有技术条件下暂时不能进行风能资源开发的地区，如水体、湿地、沼泽地、自然保护区、历史遗迹、矿产、基本农田、铁路、公路、城市及城市周围3 km宽的缓冲区，其单位面积上的装机容量为零；
c) 地形GIS坡度大于或等于1.5%的地区的单位面积装机容量根据表C.2取值；
d) 草地、森林、灌木地区在根据地形GIS坡度确定的单位面积装机容量基础上再分别乘以80%、20%和65%。

C.2 区域风能资源理论储量、技术开发量计算

估算某一区域内选定高度上的理论储量和技术开发量计算方法见式（C.1）和式（C.2）：

$$P_{wr} = \sum_{j=1}^{m} P_{dj} \cdot A \qquad \cdots\cdots (C.1)$$

$$P_{wk} = \sum_{j=1}^{n} P_{dj} \cdot A \qquad \cdots\cdots (C.2)$$

式中：

P_{wr} ——k 高度上的风能资源理论储量；

P_{wk} ——k 高度上的风能资源技术开发量；

m ——网格总数；

n ——区域内单位面积装机容量大于或等于 1.5 MW/km^2 的网格总数；

P_{dj} ——区域内第 j 个网格内单位面积装机容量；

A ——单个网格的面积。

附　录　D
（资料性附录）
评估区域风能资源模拟误差及风能资源储量分析图表

D.1　1年同期数值模拟结果误差分析

表 D.1　风速数值模拟结果误差分析表

检验点	高度 m	观测平均风速 m/s	模拟平均风速 m/s	绝对误差 m/s	相对误差 %	均方根误差 m/s	相关系数
检验点 1	50						
检验点 1	70						
检验点 1	100						

表 D.2　风速垂直切变指数数值模拟结果误差分析表

检验点	观测指数	模拟指数
检验点 1		
检验点 2		
检验点 3		

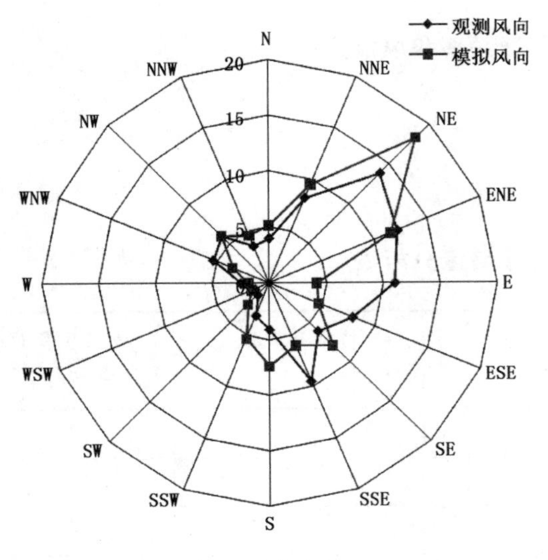

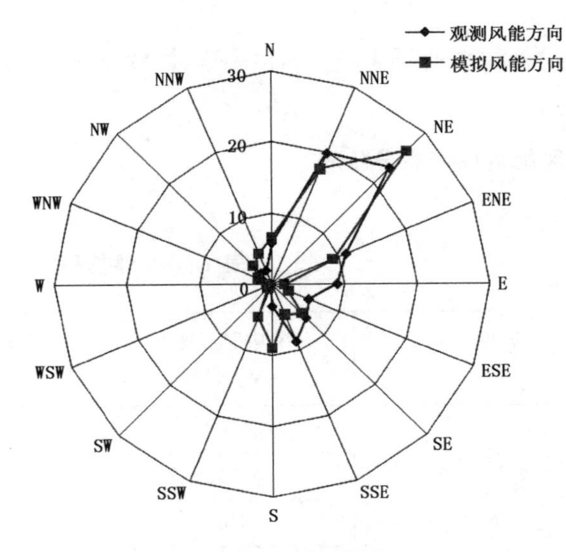

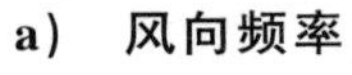
a)　风向频率

b)　风能方向频率

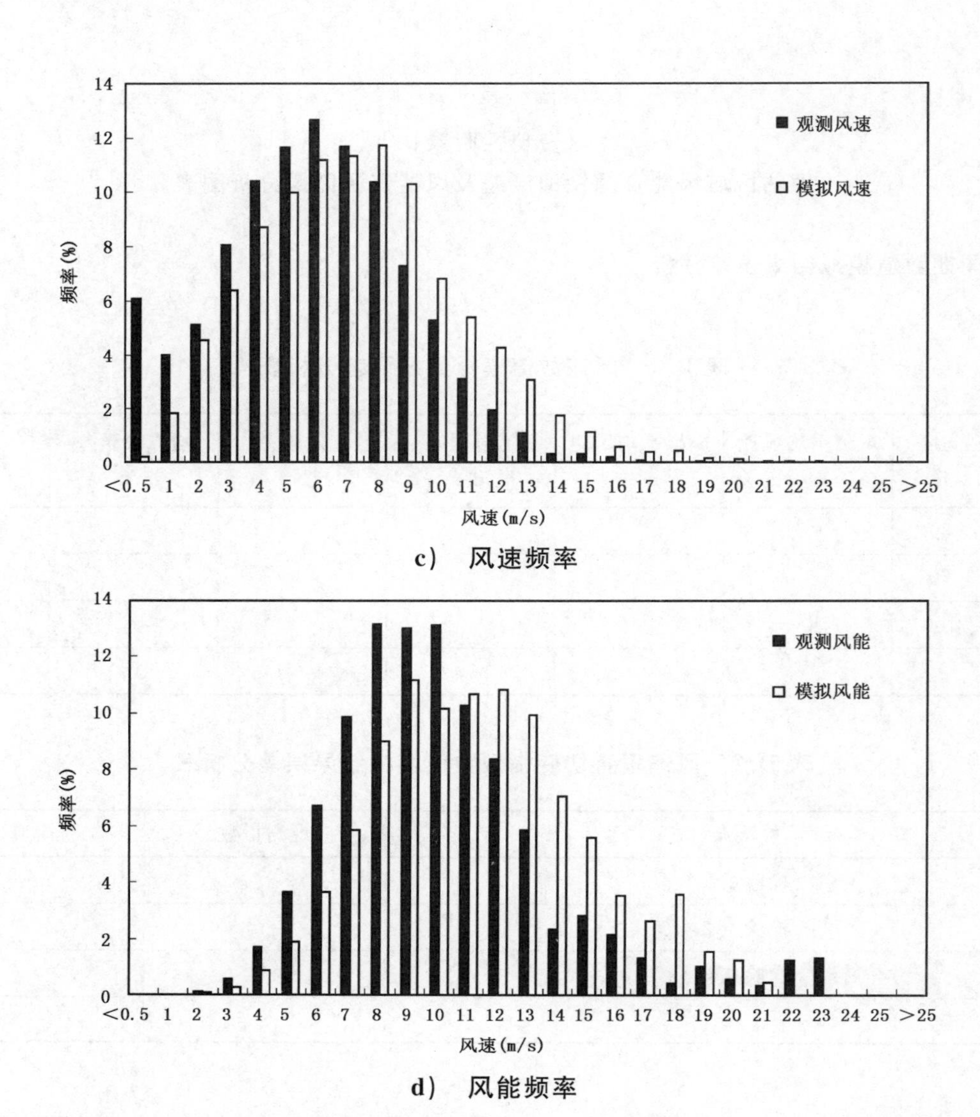

c） 风速频率

d） 风能频率

图 D.1 风向频率、风能方向频率、风速频率和风能频率误差分析

D.2 风能资源储量分析表

表 D.3 评估区风能资源储量分析表

高度 m	风功率密度 W/m²	理论储量 MW	技术开发量 MW	技术开发面积 km²
50	≥100			
	≥150			
	≥200			
	≥250			
	≥300			

表 D.3 评估区风能资源储量分析表(续)

高度 m	风功率密度 W/m²	理论储量 MW	技术开发量 MW	技术开发面积 km²
60	≥100			
	≥150			
	≥200			
	≥250			
	≥300			

附　录　E
（资料性附录）
地理信息系统中坡度的定义及算法

地理信息系统 GIS 中坡度 α 反映了某一网格在垂直方向的最大变率，如图 E.1 所示。

a	b	c
d	e	f
g	h	i

图 E.1　网格 e 的坡度计算示意图

假设网格 a，b，c，d，e，f，g，h，i 的地形高度分别为 H_a，H_b，H_c，H_d，H_e，H_f，H_g，H_h，H_i，DS 为网格距，则网格 e 在 x 和 y 方向上的高度变率分别为：

$$\frac{dz}{dx}=\frac{(H_c+2H_f+H_i)-(H_a+2H_d+H_g)}{8\cdot DS} \qquad \cdots\cdots(E.1)$$

$$\frac{dz}{dy}=\frac{(H_g+2H_h+H_i)-(H_a+2H_b+H_c)}{8\cdot DS} \qquad \cdots\cdots(E.2)$$

网格 e 的坡度 α 可由式(E.3)计算：

$$\alpha=100\times\sqrt{(\frac{dz}{dx})^2+(\frac{dz}{dy})^2} \qquad \cdots\cdots(E.3)$$

参考文献

[1] GB/T 3840—1991 制定地方大气污染物排放标准的技术方法

ICS 07.060
A 47

中华人民共和国气象行业标准

QX/T 309—2015

防雷安全管理规范

Specifications for lightning protection safety management

2015-12-11 发布　　2016-04-01 实施

中 国 气 象 局　发 布

前　言

本标准按照 GB/T 1.1—2009 给出的规则起草。

本标准由全国雷电灾害防御行业标准化技术委员会提出并归口。

本标准起草单位:重庆市防雷中心、安徽省防雷中心。

本标准主要起草人:李良福、覃彬全、程向阳、李家启、任艳、王业斌、杨磊、陈宏、刘飞、冯萍、余晓红、刘俊、林涛、刘青松、糜翔、王凯、林巧。

防雷安全管理规范

1 范围

本标准规定了防雷安全管理的原则、基本要求、具体管理措施以及雷电灾害应急处置措施等。

本标准适用于雷电灾害防御的安全管理。

2 规范性引用文件

下列文件对于本文件的应用是必不可少的。凡是注日期的引用文件，仅注日期的版本适用于本文件。凡是不注日期的引用文件，其最新版本(包括所有的修改单)适用于本文件。

GB 18802.1 低压电涌保护器(SPD) 第1部分：低压配电系统的电涌保护器性能要求和试验方法

GB/T 18802.21 低压电涌保护器 第21部分：电信和信号网络的电涌保护器(SPD)——性能要求和试验方法

GB/T 21431 建筑物防雷装置检测技术规范

GB/T 21698 复合接地体技术条件

GB/T 21714.1 雷电防护 第1部分：总则(IEC 62305-1,IDT)

GB/T 21714.2 雷电防护 第2部分：风险管理(IEC 62305-2,IDT)

GB/T 21714.3 雷电防护 第3部分：建筑物的物理损坏和生命危险(IEC 62305-3,IDT)

GB/T 21714.4 雷电防护 第4部分：建筑物内电气和电子系统(IEC 62305-4,IDT)

GB 50057 建筑物防雷设计规范

GB 50303 建筑电气工程施工质量验收规范

GB 50601 建筑物防雷工程施工与质量验收规范

QX/T 85 雷电灾害风险评估技术规范

QX/T 104 接地降阻剂

QX/T 106 防雷装置设计技术评价规范

QX/T 245 雷电灾害应急处置规范

3 术语和定义

下列术语和定义适用于本文件。

3.1

雷电灾害敏感单位 sensitive organization of lightning disaster

根据单位地理、地质、土壤、气象、环境等条件和单位的重要性及其工作特性分析，在遭遇雷电天气时，易发生雷电灾害的单位。

3.2

雷电灾害应急预案 lightning disaster emergency plan

针对可能发生的雷电灾害而采取的防灾减灾计划或方案。

3.3

雷电灾害风险评估　evaluation of lightning disaster risk

根据雷电及其灾害特征进行分析，对可能导致的人员伤亡、财产损失程度与危害范围等方面的综合风险计算，为项目选址和功能分区布局、防雷类别（等级）与防雷措施确定等提出建设性意见的一种评价方法。

[QX/T 85—2007，定义 3.1]

3.4

防雷工程　lightning protection project

通过勘察设计和安装防雷装置形成的雷电灾害防御工程实体。

3.5

工程性防雷措施　engineering measure for lightning protection

为防御雷电灾害而采取的雷电灾害风险评估，防雷工程设计、施工和防雷装置检测等措施。

3.6

非工程性防雷措施　non engineering measure for lightning protection

为防御雷电灾害而采取的雷电监测、预警预报、预警信息发布与接收，雷电灾害应急处置、雷电灾害事故调查，防雷科普宣传与技术培训以及相关的雷电灾害防御的法律法规、标准、制度建设等措施。

4　防雷安全管理原则

4.1　分级分类管理原则

防雷安全管理应实行按类分级、分类指导、分级监管。

4.2　属地管理原则

防雷安全应按照行政区域进行管理。

4.3　动态管理原则

防雷安全管理应根据雷电天气的特性，适时排查雷电灾害隐患，发现问题及时消除。

4.4　系统管理原则

防雷安全管理应按照“系统管理”的理念，实行全过程、全方位管理。

4.5　超前管理原则

防雷安全管理应具有前瞻性，分析雷电灾害风险，采取相应的预防措施。

4.6　精细管理原则

防雷安全管理应细分防护对象、岗位职责及每一项具体工作并落实。

5　防雷安全管理基本要求

5.1　总则

5.1.1　防雷安全管理应按照“政府主导、部门联动、社会参与”的防灾减灾机制，建立健全雷电灾害隐患排查治理体系和预防控制体系。

5.1.2　防雷安全管理工作应按照“党政同责、一岗双责、属地责任、综合监管责任、直接监管责任”的安全生产管理要求，落实雷电灾害敏感单位防御雷电灾害的主体责任。

5.1.3　防雷安全管理应依据当地雷电灾害普查资料建立雷电灾害数据库，开展雷电灾害风险评估，并根据雷电活动规律，雷电灾害分布情况和雷电灾害风险评估结果，划定雷电灾害风险区域。

5.1.4　防雷安全管理应根据当地气象灾害防御规划和气象灾害应急预案，结合雷电灾害风险区划，编制雷电灾害防御规划和雷电灾害应急预案。

5.1.5　防雷安全管理应按照当地雷电灾害防御规划和雷电灾害应急预案，加强雷电灾害防御设施建设，强化建设项目雷电灾害源头控制，开展雷电灾害敏感单位雷电灾害隐患排查，消除雷电灾害隐患。

5.2　地方气象主管机构防雷安全管理基本要求

5.2.1　省级气象主管机构应组织建设本行政区域内的雷电监测系统，实时监测本行政区域内的雷电活动。

5.2.2　各级气象主管机构应组织建设本行政区域内的雷电预警预报系统、雷电预警预报信息共享平台，以及手机、电子显示屏、计算机网络、电视、广播等雷电预警预报信息发布系统和雷电灾害资料收集处理系统。

5.2.3　县级以上地方气象主管机构负责防雷装置设计审核和竣工验收，指导防雷装置安全检测，并组织开展雷电灾害风险评估、防雷装置设计技术评价、雷电灾害调查等防雷技术服务工作。

5.2.4　县级以上地方气象主管机构应定期组织开展有关防雷安全保障技术培训。

5.2.5　各级气象主管机构应定期组织开展雷电灾害防御的科普宣传，普及防雷科普知识和避险自救技能。

5.3　雷电灾害敏感单位防雷安全管理基本要求

5.3.1　雷电灾害敏感单位是雷电灾害防御的责任主体，应接受气象主管机构按照有关法律法规和技术标准进行的监督管理和技术指导，完善相应的防雷安全措施。

5.3.2　雷电灾害敏感单位应将雷电灾害防御工作纳入本单位安全生产考评体系，建立本单位防雷安全工作制度，明确防雷安全工作的管理部门和人员。

5.3.3　雷电灾害敏感单位应成立负责雷电灾害防御工作的领导机构，明确相关负责人分管雷电灾害防御工作，并成立负责防雷安全保障的工作机构，配备工作人员。

5.4　防雷工程专业设计、施工资质资格要求

5.4.1　防雷工程专业设计或施工单位应具有相应的资质，在资质等级许可的范围内从事防雷工程专业设计或施工。

5.4.2　从事防雷工程专业设计人员和施工人员应具有相应的资格证书。

5.4.3　各级气象主管机构应加强对资质、资格证书的管理。

6　防雷安全管理具体措施

6.1　总则

防雷安全管理包括防雷安全风险分析、雷电灾害风险评估、防雷安全风险控制等内容，其管理流程参见附录A。

6.2 防雷安全风险分析

6.2.1 一般规定

雷电灾害敏感单位应在当地气象主管机构的指导下，组织相关专家对其防雷安全风险进行分析。

6.2.2 雷电灾害敏感单位的雷电天气风险分析

6.2.2.1 雷电灾害敏感单位的大气雷电环境特征分析

依据雷电灾害敏感单位所在地近十年的雷暴天气卫星云图、雷暴天气大气环流形势、雷暴天气雷达回波、雷电观测（含闪电定位系统、大气电场观测系统等）等气象观测资料，分析雷电天气的时间分布特征，分析雷电灾害敏感单位遭受雷击的可能性。

6.2.2.2 雷电天气对雷电灾害敏感单位影响分析

根据雷电对雷电灾害敏感单位的危害机理和方式，分析雷电天气对雷电灾害敏感单位的各种影响。

6.2.2.3 雷电灾害敏感单位雷电天气风险识别分析

结合雷电灾害敏感单位所在地的地理、地质、气象、环境等条件和单位的重要性及其工作特性，分析雷电天气可能引发的风险事件以及主要的影响对象和影响方式等，雷电天气风险识别表参见附录 B。

6.2.3 雷电灾害敏感单位防雷安全措施分析

根据雷电灾害敏感单位提供的相关资料对雷电灾害敏感单位采取的雷电防护措施进行分析，包含：

a） 非工程性防雷措施分析：
   1） 是否有明确的雷电灾害防御组织机构和人员；
   2） 是否建立雷电灾害防御工作责任制度；
   3） 是否建立雷电预警信息接收制度和应急处置预案；
   4） 是否开展防雷科普宣传和参加气象主管机构组织的防雷技术培训；
   5） 是否建立雷电灾害防御工作的档案管理制度。

b） 工程性防雷措施分析：
   1） 是否安装符合设计要求和 GB 50057、GB/T 21714.1、GB/T 21714.3、GB/T 21714.4 等有关技术规范的防雷装置；
   2） 防雷装置是否通过防雷检测机构检测，是否根据检测结果采取相应的处置措施。

6.2.4 雷电天气可能引发雷电灾害敏感单位事故后果分析

分析雷电灾害敏感单位遭受雷击后，可能引起人员伤亡、财产损失的程度以及可能造成的社会影响及其后果。

6.3 雷电灾害风险评估

6.3.1 属于大型建设工程、重点工程、爆炸和火灾危险环境、人员密集场所等项目的，雷电灾害敏感单位应根据本单位防雷安全风险分析结论，委托雷电灾害风险评估专业机构开展雷电灾害风险评估，并根据雷电灾害风险评估结论采取相应的防雷安全措施。

6.3.2 雷电灾害风险评估应满足 GB/T 21714.2、QX/T 85 及气象主管机构的要求。

6.4 防雷安全风险控制措施

6.4.1 非工程性防雷措施

雷电灾害敏感单位应采取以下措施：

a) 建立防雷装置定期检测及保养制度，委托有检测资质的单位实施防雷装置安全检测，并安排专人对防雷装置进行维护保养；
b) 每年开展雷电灾害防御的科普宣传，普及防雷减灾知识和避险自救技能；
c) 建立手机、电子显示屏、计算机网络、电视、广播等雷电监测预警预报信息接收终端，在接收雷电灾害预警信息后，根据预警信息，及时采取有效措施。雷电预警信号分级及防御指南见附录C；
d) 每年组织防雷安全行政值班人员参加防雷安全保障技术培训；
e) 根据需要建立防雷安全保障工作人员24小时值班制度；
f) 制定雷电灾害应急预案，组建应急队伍，并按照应急预案要求定期演练，分析总结演练的经验和不足，不断完善应急预案。雷电灾害应急预案范本参见QX/T 245；
g) 建立雷电灾害防御工作定期检查制度；
h) 建立雷电灾害防御工作档案。

6.4.2 工程性防雷措施

6.4.2.1 一般规定

雷电灾害敏感单位可根据需要编制防雷工程可行性研究报告，组织专家评审，进行立项报批和招投标。

6.4.2.2 防雷工程设计

雷电灾害敏感单位建设防雷工程时，应委托具有资质的防雷工程设计机构进行设计，设计内容应满足GB 50057等标准及气象主管机构的要求，设计方案包括设计文本和设计图。防雷工程初步设计和施工图设计深度要求见附录D。

6.4.2.3 防雷装置设计技术评价

负责防雷装置设计审核的气象主管机构应委托其认可的防雷专业技术机构开展防雷装置设计技术评价。防雷装置设计技术评价应满足QX/T 106的要求。

6.4.2.4 防雷工程施工

防雷工程施工单位应按照当地气象主管机构审核同意的防雷设计方案进行施工。防雷工程的施工应符合施工安全的规定，施工工序交接应符合GB 50303的要求，施工质量控制实行分项验收制度，并应满足GB 50601的要求。

6.4.2.5 防雷装置检测

对于新、改、扩建设项目防雷工程，应根据施工进度开展防雷装置检测；防雷工程投入使用后，雷电灾害敏感单位应委托防雷装置检测机构每年对防雷装置进行检测，对爆炸和火灾危险场所的防雷装置应每半年检测一次。当防雷装置检测结论存在不合格项时，雷电灾害敏感单位应及时组织整改，直至符合要求。

防雷装置检测应符合GB/T 21431的规定。

防雷装置检测机构应取得省级气象主管机构颁发的检测资质，并接受当地气象主管机构的监督管理。

6.4.2.6 防雷装置设计审核和竣工验收

建设防雷工程时，雷电灾害敏感单位应向当地气象主管机构申请设计审核和竣工验收。

6.4.2.7 防雷工程产品使用要求

防雷工程使用的防雷产品应：

a) 符合 GB 18802.1、GB/T 18802.21、GB/T 21698、QX/T 104 等有关规范的要求；

b) 检测机构测试合格；

c) 接受当地气象主管机构的监督检查。

7 雷电灾害应急处置措施

7.1 总则

雷电灾害应急处置应依据“管行业必须管安全、管业务必须管安全、管生产经营必须管安全”原则，按照当地雷电灾害应急预案的要求和 QX/T 245 的有关规定采取相应的雷电灾害应急处置措施。

7.2 雷电灾害敏感单位雷电灾害应急处置措施

7.2.1 发生雷电灾害事故时，应立即启动雷电灾害应急预案，保护现场，采取措施控制灾情，严格执行应急人员出入事发现场的有关规定，并向雷电灾害应急处置相关部门报告。

7.2.2 雷电灾害事故现场如有伤亡、火灾、爆炸时，应迅速通知就近消防、医疗等相关机构，并组织抢救人员和财产。

7.2.3 雷电灾害事故引发其他衍生事故，对周围群众人身安全造成影响时，应实施危险区人员撤离，并迅速疏散与事故抢险救援无关的人员。

7.2.4 雷电灾害敏感单位应按照应急、民政、安监、气象等部门的有关规定采取相应的善后处置措施。

附　录　A
（资料性附录）
防雷安全管理流程

防雷安全管理流程图见图 A.1。

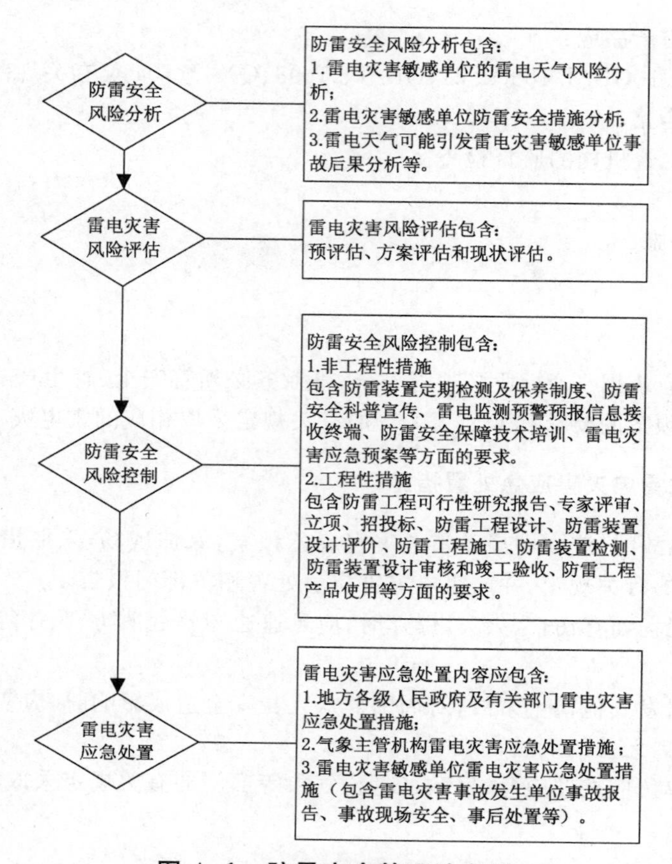

图 A.1　防雷安全管理流程图

附　录　B
（资料性附录）
雷电天气风险识别表

雷电天气风险识别表见表 B.1。

表 B.1　雷电天气风险识别表

<table>
<tr><td rowspan="3">事　件</td><td colspan="3">描　　述</td></tr>
<tr><td rowspan="2">雷电天气可能引发雷电灾害敏感单位的安全事故（风险原因及事件描述）</td><td colspan="2">后果描述</td></tr>
<tr><td>影响形式（直接/间接）</td><td>主要影响对象</td></tr>
<tr><td rowspan="5">雷电天气</td><td></td><td></td><td></td></tr>
<tr><td></td><td></td><td></td></tr>
<tr><td></td><td></td><td></td></tr>
<tr><td></td><td></td><td></td></tr>
<tr><td></td><td></td><td></td></tr>
</table>

附 录 C
(规范性附录)
雷电预警信号分级及防御指南

C.1 雷电预警信号分级

雷电预警信号分为三级，分别以黄色、橙色、红色表示。

C.2 雷电黄色预警信号

C.2.1 图标

雷电黄色预警信号图标见图 C.1。

图 C.1 雷电黄色预警信号图标

C.2.2 分级标准

6 小时内可能发生雷电活动，可能会造成雷电灾害事故。

C.2.3 防御指南

C.2.3.1 政府及相关部门按照职责做好防雷工作。
C.2.3.2 人员应密切关注天气，尽量避免户外活动。

C.3 雷电橙色预警信号

C.3.1 图标

雷电橙色预警信号图标见图 C.2。

图 C.2 雷电橙色预警信号图标

C.3.2 分级标准

2 小时内发生雷电活动的可能性很大，或者已经受雷电活动影响，且可能持续，出现雷电灾害事故的可能性比较大。

C.3.3 防御指南

C.3.3.1 政府及相关部门按照职责落实防雷应急措施。
C.3.3.2 人员应当留在室内，并关好门窗。
C.3.3.3 户外人员应当躲入有防雷设施的建筑物或者汽车内。
C.3.3.4 切断危险电源，不要在树下、电杆下、塔吊下避雨。
C.3.3.5 在空旷场地不要打伞，不要把农具、羽毛球拍、高尔夫球杆等扛在肩上。

C.4 雷电红色预警信号

C.4.1 图标

雷电红色预警信号图标见图C.3。

图C.3 雷电红色预警信号图标

C.4.2 分级标准

2小时内发生雷电活动的可能性非常大，或者已经有强烈的雷电活动发生，且可能持续，出现雷电灾害事故的可能性非常大。

C.4.3 防御指南

C.4.3.1 政府及相关部门按照职责做好防雷应急抢险工作。
C.4.3.2 人员应当尽量躲入有防雷设施的建筑物或者汽车内，并关好门窗。
C.4.3.3 切勿接触天线、水管、铁丝网、金属门窗、建筑物外墙，远离电线等带电设备和其他类似金属装置。
C.4.3.4 尽量不要使用无防雷装置或者防雷装置不完备的电视、电话等电器。
C.4.3.5 密切注意雷电预警信息的发布。

附 录 D
（规范性附录）
防雷工程初步设计和施工图设计深度要求

D.1 防雷工程初步设计深度要求

D.1.1 初步设计说明书应包含：

——地理、地质、土壤、气象、环境等条件；

——防雷类别、等级和接闪杆保护范围；

——直击雷防护措施、侧击雷防护措施、雷击电磁脉冲防护措施、等电位设置措施；

——各系统接地种类和接地电阻要求；

——防雷产品选型及SPD保护级数设置；

——高、低压进出线路的敷设方式和防雷保护措施等；

——需要进行雷电灾害风险评估的单位应包含雷电灾害风险评估结论。

D.1.2 对于重要建筑物，应包含接地平面图、接闪器布置平面图。

D.1.3 对于重要建筑物和超过100 m的高层建筑物，应包含相关特殊防雷措施的说明等。

D.2 防雷工程施工图设计深度要求

D.2.1 施工图设计说明书应包含：

——防雷类别，接闪器形式和材型规格及敷设方式，接地装置型式和材型规格，接地电阻值要求；

——均压环设置和防侧击雷措施；

——除防雷接地外的其他电气系统的工作或安全接地的要求（包含电源接地型式，直流接地，局部等电位连接、楼层等电位连接、总等电位连接、电磁屏蔽地、防静电接地、设备接地等）；

——SPD安装数量与级数等；

D.2.2 施工图应包含：

——接闪器布置平面图（包含主要轴线号、尺寸、标高，并标注接闪杆、接闪带、引下线及其测试点位置）；

——接地平面图（绘制引下线、接地线、接地极、测试点、断接卡等的平面位置，并标明所用材料型号、规格、相对尺寸等涉及的标准图编号、页次，图纸应标注比例）等。

D.2.3 施工图设计还应根据防雷工程的工程性质、结构形式等，绘制其他相关防雷工程施工图，包含：幕墙、钢结构等的防雷设计系统图；等电位连接图；SPD配置图（与配电系统图配置）等。

ICS 07.060
A 47

中华人民共和国气象行业标准

QX/T 310—2015

煤化工装置防雷设计规范

Design specifications for lightning protection of coal chemical plant

2015-12-11 发布 2016-04-01 实施

中 国 气 象 局 发 布

前　言

本标准按照 GB/T 1.1—2009 给出的规则起草。

本标准由全国雷电灾害防御行业标准化技术委员会提出并归口。

本标准起草单位：宁夏回族自治区气象局、神华宁煤集团煤炭化学分公司、江苏省防雷中心、山西省雷电灾害防御中心。

本标准主要起草人：刘春泉、厚军学、刘凯、郭建兴、李涛、冯民学、孙振夏、牛勇前、高永红、杨世刚、杜鑫、李建军、李翠莲。

煤化工装置防雷设计规范

1 范围

本标准规定了煤化工装置防雷设计的一般要求、防雷措施和防雷装置的要求。

本标准适用于煤化工装置新(改、扩)建项目的防雷设计。

2 规范性引用文件

下列文件对于本文件的应用是必不可少的。凡是注日期的引用文件,仅注日期的版本适用于本文件。凡是不注日期的引用文件,其最新版本(包括所有的修改单)适用于本文件。

GB 50057—2010 建筑物防雷设计规范

GB 50058 爆炸和火灾危险环境电力装置设计规范

SH/T 3164—2012 石油化工仪表系统防雷设计规范

3 术语和定义

下列术语和定义适用于本文件。

3.1

煤化工装置 coal chemical plant

以煤为主要原料、经加工使煤转化为气体、液体和固体燃料以及化学品的生产设施。

3.2

装置区 process plant area

由一个或一个以上的独立生产装置或联合装置组成的区域。

3.3

直击雷 direct lightning flash

闪击直接击于建(构)筑物、其他物体、大地或外部防雷装置上,产生电效应、热效应和机械力者。

[GB 50057—2010,定义 2.0.13]

3.4

防雷装置 lightning protection system;LPS

用于减少闪击击于建(构)筑物上或建(构)筑物附近造成的物质性损害和人身伤亡,由外部防雷装置和内部防雷装置组成。

[GB 50057—2010,定义 2.0.5]

3.5

外部防雷装置 external lightning protection system

由接闪器、引下线和接地装置组成。

[GB 50057—2010,定义 2.0.6]

3.6

接闪器 air-termination system

由拦截闪击的接闪杆、接闪带、接闪线、接闪网以及金属屋面、金属构件等组成。

[GB 50057—2010,定义 2.0.8]

3.7

引下线　down-conductor system

用于将雷电流从接闪器传导至接地装置的导体。

[GB 50057—2010,定义 2.0.9]

3.8

接地装置　earth-termination system

接地体和接地线的总合,用于传导雷电流并将其流散入大地。

[GB 50057—2010,定义 2.0.10]

3.9

接地体　earthing electrode

埋入土壤中或混凝土基础中作散流用的导体。

[GB 50057—2010,定义 2.0.11]

3.10

接地线　earthing conductor

从引下线断接卡或换线处至接地体的连接导体;或从接地端子、等电位连接带至接地体的连接导体。

[GB 50057—2010,定义 2.0.12]

3.11

电子系统　electronic system

由敏感电子组合部件构成的系统。

[GB 50057—2010,定义 2.0.27]

3.12

电涌保护器　surge protective device;SPD

用于限制瞬态过电压和分泄电涌电流的器件。它至少含有一个非线性元件。

[GB 50057—2010,定义 2.0.29]

4　一般要求

4.1　制氢站、制氧站及存储或使用易燃易爆催化物的建(构)筑物宜按照第一类防雷建筑物进行设计;粉煤间、气柜、油泵房、具有2区或22区爆炸危险环境的煤制中间产品及其衍生品储罐、建(构)筑物及具有爆炸危险的露天钢质封闭油、气罐宜按照第二类防雷建筑物进行设计;运煤、输煤、储煤建(构)筑物宜按照第三类防雷建筑物进行防雷设计。其中,第一类、第二类、第三类防雷建筑物的防雷装置的设计要求见GB 50057—2010的要求;爆炸危险环境按照GB 50058的规定分区。

4.2　煤化工装置安装的防雷接闪器的保护范围计算应符合GB 50057—2010的规定。

4.3　煤化工装置区的所有金属设备、框架、管道、电缆金属保护层等均应接地或实施等电位连接。

5　防雷措施

5.1　炉体

5.1.1　对于金属框架支撑的炉体,金属框架应用连接件与接地装置相连。

5.1.2　对于混凝土框架支撑的炉体,在炉体的加强板(筋)类附件上焊接接地连接件,引下线应采用沿柱明敷的金属导体或直径不小于 10 mm 的柱内主钢筋。

5.1.3 对于直接置于地面上的小型炉体，在炉体的加强板(筋)上焊接接地连接件与接地装置相连。

5.1.4 炉体上接地连接件安装在框架柱子上的高度应不小于 450 mm。

5.1.5 每台炉体应至少设两个接地点，且接地点平均间距不应大于 18 m。

5.1.6 炉体上的金属构件均应与炉体的框架作等电位连接。

5.2 塔体

5.2.1 安装在塔顶和外侧上部有管帽的放空管的防护，应符合表 1 的规定。

表 1 有管帽的管口外处于接闪器保护范围内的空间

装置内的气体压力与周围空气压力的压力差 kPa	排放物对比于空气	管帽以上的垂直高度 m	距管口处的水平距离 m
<5	重于空气	≥1	≥2
5～25	重于空气	≥2.5	≥5
≤25	轻于空气	≥2.5	≥5
>25	重或轻于空气	≥5	≥5

5.2.2 冷却塔应利用建筑物柱内钢筋作为自然引下线。当无法利用时，应沿柱面敷设圆钢或扁钢作为专设的引下线。

5.2.3 用于安装塔体的混凝土框架，每层平台金属栏杆应进行电气连接，并与塔体的接地装置相连。利用柱内主钢筋作为引下线时，柱内主钢筋应采用通长焊接或箍筋连接，并在每层柱面预埋钢板不小于 100 mm×100 mm×6 mm 作为引下线引出点，与金属栏杆或接地装置相连。

5.2.4 冷却塔防雷设计应符合下列规定：

a) 自然通风开放式冷却塔和机械鼓风逆流式冷却塔应将塔顶平台四周金属栏杆进行电气连接。在塔顶平面属于 GB 50058 规定的爆炸危险环境 2 区应敷设尺寸不大于 10 m×10 m 或 12 m×8 m 的接闪网格，属于非爆炸危险区域应敷设尺寸不大于 20 m×20 m 或 24 m×16 m 的接闪网格；

b) 自然通风风筒式冷却塔应在塔檐上装设接闪器，宜采用接闪带和接闪杆混合组成的接闪器；

c) 机械抽风逆流式或横流式冷却塔应在风筒檐口装设接闪带，并与塔顶平台金属栏杆进行电气连接，每个风筒连至两侧金属栏杆的引下线不少于 2 根；

d) 建筑物顶部附属的小型机械抽风逆流式冷却塔，如不在建筑物的防雷保护范围之内时，应增设直击雷防护装置。

5.2.5 对于划分为属于 GB 50058 规定的爆炸危险环境 2 区的冷却塔，每根引下线连接的接地体的冲击接地电阻不应大于 10 Ω。对于非爆炸危险环境的冷却塔，每根引下线连接的接地体的冲击接地电阻不应大于 30 Ω。接地装置宜围绕冷却塔建(构)筑物敷设成环形接地体。接地装置工频接地电阻的计算应符合本标准附录 A 的规定。

5.2.6 冷却塔钢楼梯、进(出)水钢管应与冷却塔接地装置相连。

5.3 罐体

5.3.1 金属罐体应作防雷接地，接地点不应少于两处，并应沿罐体周边均匀布置。

5.3.2 储存可燃物质的储罐，其防雷设计应符合下列规定：

a) 钢制储罐的罐壁厚度大于或等于 4 mm，罐顶的呼吸阀带有阻火器时，可利用罐体本身作为接闪器；
b) 钢制储罐的罐壁厚度大于或等于 4 mm，罐顶的呼吸阀无阻火器时，应在罐顶装设接闪器，接闪器及其保护范围与呼吸阀的距离应满足表 1 的要求；
c) 钢制储罐的罐壁厚度小于 4 mm 时，应增设独立接闪器，使储罐处于直击雷保护范围内。罐顶呼吸阀无阻火器时，接闪器的保护边界与呼吸阀的距离应满足表 1 的要求；
d) 非金属储罐应装设独立接闪器，使储罐和呼吸阀等均处于直击雷保护范围内，接闪器及其保护范围与呼吸阀的距离应满足表 1 的要求；
e) 覆土储罐顶部覆土厚度大于或等于 0.5 m 时，可不考虑直击雷防护。呼吸阀露出地面的储罐，应采用独立接闪杆，接闪器的保护边界与呼吸阀的距离应满足表 1 的要求；
f) 金属储罐的顶板厚度大于或等于表 2 中的厚度时，应利用罐体本身作为接闪器；当小于表 2 中的厚度时，应装设独立接闪器，使整个储罐处于直击雷保护范围内。

表 2 金属板或金属管道的最小厚度

材料	防止击(熔)穿的厚度 mm
不锈钢、镀锌钢	4
钛	4
铜	5
铝	7

5.3.3 浮顶储罐或内浮顶储罐不应装设独立接闪器，但应将浮顶与罐体用 2 根导线做电气连接。浮顶储罐连接导线应选用截面积不小于 25 mm^2 的软铜复绞线；对于内浮顶储罐，钢质浮盘储罐连接导线应选用截面积不小于 16 mm^2 的软铜复绞线；铝质浮盘储罐连接导线应选用直径不小于 1.8 mm 的不锈钢钢丝绳。

5.4 可燃液体装卸站

5.4.1 露天装卸作业场所，可不装设独立接闪器，金属构架应就近与其他接地装置相连，连接点不应少于两处。
5.4.2 在棚内进行装卸作业的场所，应装设独立接闪器，并使棚面处于接闪器保护范围内。
5.4.3 进入装卸站台的可燃液体输送金属管道应就近与其他接地装置相连，连接点不应少于两处。

5.5 粉(粒)料桶仓

5.5.1 独立安装或成组安装在混凝土框架上的金属粉(粒)料桶仓，当其壁厚满足表 2 中的厚度的要求时，应利用桶仓作为接闪器，并应做良好接地。
5.5.2 独立安装或成组安装在混凝土框架上的非金属粉(粒)料桶仓，应设置独立接闪器，使桶仓、放散管和仪表等处于接闪器保护范围内，并应就近与其他接地装置相连，连接点不应少于两处。

5.6 框架、管架和管线

5.6.1 钢框架、管架应通过立柱就近与接地装置相连，混凝土框架、管架上的爬梯、电缆支架、栏杆等钢制构件，应就近与接地装置相连，接地点平均间距不应大于 18 m。
5.6.2 管线的防雷设计应符合下列规定：

a) 每根金属管线均应与管架进行良好的电气连接；
b) 平行敷设的金属管道，其间净距小于 100 mm 时应每隔 30 m 进行金属跨接。管道交叉点净距小于 100 mm 时，其交叉点应采取金属线跨接；
c) 管架上敷设的金属管道，在始端、末端、分支处以及直线段每隔 200 m～300 m 处，均应设置防雷电感应的接地装置；
d) 进、出生产装置区的金属管道，在进、出处应就近与接地装置相连；
e) 平行敷设的管道、管架和电缆金属外皮等长金属物的弯头、阀门、法兰盘等连接处的过渡电阻大于 0.03 Ω 时，连接处应用金属线跨接。对有不少于 5 根螺栓连接的法兰盘，在非腐蚀环境下，可不跨接。

5.7 电气和电子系统

5.7.1 电气和电子系统低压配电应采用 TN-S 或 TN-C-S 系统。

5.7.2 电气和电子系统的防闪电电涌侵入措施应符合 GB 50057—2010 的 4.3.8、4.4.7 的规定。

5.7.3 电气和电子系统防雷接地、防静电接地、工作接地、保护接地等接地，宜共用接地装置，其接地电阻应按其中最小值确定。接地装置应优先利用建(构)筑物的基础钢筋网做自然接地装置。当自然接地装置的接地电阻达不到要求时，应增设辅助人工接地装置，并与自然接地体连接。

5.7.4 电气和电子系统应采用铠装电缆、金属桥架或穿金属管配线。配线电缆金属外皮两端、金属桥架和保护金属管两端均应接地。光缆的所有金属接头、金属挡潮层、金属加强芯等，应在其入户处接地。

5.7.5 电气和电子系统安装的 SPD 应符合 GB 50057—2010 的 6.4 的规定。

5.7.6 电气和电子系统信号传输线路首、末端与其他电子器件连接时，应装设与电子器件耐压水平相适应的 SPD。

5.7.7 安装在爆炸和火灾危险环境的 SPD 应符合爆炸和火灾危险环境的电气安全要求。

5.7.8 电子系统的所有外露导电物应与建筑物的等电位连接网络做等电位连接。

5.7.9 安装在装置区内煤化工设备塔顶层平台上的照明灯、现场操作箱、航空障碍灯及其他用电设备，应采取相应的防止闪电电涌侵入的措施；配电线路应穿镀锌钢管，镀锌钢管的一端应与用电设备的外壳、保护罩相连，另一端应与配电盘外壳相连，镀锌钢管应就近与钢平台或金属栏杆相连，并连接到接地装置上。无金属外壳或保护网罩的用电设备应处于接闪器的保护范围内。

5.7.10 电子系统应符合 GB 50058 和 SH/T 3164—2012 等相关标准的规定。

5.8 其他设施

5.8.1 钢筋混凝土烟囱，宜在烟囱上装设接闪杆或接闪环保护。多支接闪杆应连接在闭合环上。

5.8.2 当非金属烟囱无法采用单支或双支接闪杆保护时，应在烟囱口装设环形接闪带，并应对称布置三支高出烟囱口不低于 0.5 m 的接闪杆。

5.8.3 钢筋混凝土烟囱的钢筋应在其顶部和底部与引下线和贯通连接的金属爬梯相连。宜利用钢筋作为引下线和接地体，可不另设专用引下线。

5.8.4 高度不超过 40 m 的烟囱，可只设一根引下线，超过 40 m 时应设两根引下线。可利用螺栓连接或焊接的一座金属爬梯作为两根引下线用。

5.8.5 金属烟囱、金属火炬筒体应作为接闪器和引下线。

5.8.6 放散管、呼吸阀、排风管等应采取防直击雷措施，符合以下规定：

a) 排放爆炸危险气体、蒸气或粉尘的放散管、呼吸阀和排风管等，管口外的以下空间应处于接闪器的保护范围内：当有管帽时，接闪器的保护范围应按表 1 确定；当无管帽时，接闪器的保护范围应为管口上方半径 5 m 的半球体。接闪器与雷闪的接触点应设在上述两种情况空间之外；
b) 排放爆炸危险气体、蒸气或粉尘的放散管、呼吸阀和排风管等，当其排放物达不到爆炸浓度、长期点火燃烧、一排放就点火燃烧，以及发生事故时排放物才达到爆炸浓度的排风管、安全阀，接闪器的保护范围应保护到管帽，无管帽时应保护到管口；

c) 排放爆炸危险气体、蒸气或粉尘的放散管和排风管等位于其他接闪器保护范围之内时可不再设置接闪器。

5.8.7 当设置接闪器保护防控口时，放空口外的爆炸危险气体空间应处于接闪器的保护范围内，且接闪器的保护范围应高出放空口顶端不小于 3 m，水平距离应不小于 3 m。应设置接闪器保护放空口的情况包括：

a) 储存闪点(在标准条件下，使液体变成蒸汽的数量能够形成可燃性气体或空气混合物的最低液体温度)低于或等于 45 ℃的易燃液体的设备，在生产紧急停车时连续排放，其排放物达到爆炸危险浓度者；

b) 储存闪点低于或等于 45 ℃的易燃液体的贮罐，其呼吸阀不带防爆阻火器者。

5.8.8 当利用放空管作为接闪器时，放空管的壁厚应大于或等于表 2 的要求，且应将放空管与最近的金属物体进行电气连接。应利用放空管作为接闪器的情况包括：

a) 储存闪点低于或等于 45 ℃的易燃液体的设备，在生产正常时连续排放，其排放物可能短期地或间断地达到爆炸危险浓度者；

b) 储存闪点低于或等于 45 ℃的易燃液体的设备，在生产波动时，设备内部超压引起的自动或手动短时排放，其排放物达到爆炸危险浓度者；

c) 储存闪点低于或等于 45 ℃的易燃液体的设备，在生产停止或进入维修时短期排放者；

d) 储存闪点低于或等于 45 ℃的易燃液体的贮罐，其呼吸阀带有防爆阻火器者；

e) 在空旷地点孤立安装的放空管。

5.8.9 非金属静止设备和壁厚小于 4 mm 的封闭式金属静止设备，当位于直击雷保护范围之外时，应设置独立接闪器加以保护。

5.8.10 安装在静止设备上的放空管等突出物体的防护，应符合表 1 的规定。

5.8.11 金属静止设备作为接闪器时，与接地装置的连接不应少于两处，且应沿静止设备周边均匀布置。金属静止设备的接地装置应就近与其他接地装置相连，连接点不应少于两处。

5.8.12 安装有静止设备的混凝土框架顶层平台金属栏杆与接地装置连接不应少于两处。

5.8.13 其他机器设备和电气设备应置于 GB 50057—2010 的 6.2 规定的 $LPZ0_B$ 或 LPZ1 及其后续防护区内。

5.8.14 当机器设备和电动机安装在同一个金属底板上时，金属底板应就近与接地装置相连，连接点不应少于两处。

6 防雷装置

6.1 接闪器

6.1.1 接闪器可分为接闪杆、接闪带、接闪线、接闪网和金属设备本体。

6.1.2 接闪杆宜采用热镀锌圆钢或钢管、铜包圆钢、不锈钢管制成，其直径不应小于下列数值：

a) 杆长 1 m 以下：圆钢为 12 mm，钢管为 20 mm；

b) 杆长 1 m～2 m：圆钢为 16 mm，钢管为 25 mm；

c) 独立烟囱顶上的杆：圆钢为 20 mm，钢管为 40 mm。

6.1.3 接闪带宜采用热镀锌圆钢或扁钢，圆钢直径应不小于 8 mm，扁钢截面积应不小于 50 mm^2、厚度应不小于 2.5 mm。

6.1.4 架空接闪线和接闪网宜采用截面不应小于 50 mm^2 镀锌钢绞线或铜绞线。

6.1.5 金属设备本体接闪，其壳体厚度应大于或等于表2的要求。

6.2 引下线

6.2.1 引下线宜采用焊接、夹接、卷边压接、螺钉或螺栓等连接，使金属各部件间保持良好的电气连接。
6.2.2 明敷引下线应根据腐蚀环境条件选择，一般宜采用热镀锌圆钢或扁钢，圆钢直径应不小于8 mm，扁钢截面积应不小于50 mm^2、厚度应不小于2.5 mm。
6.2.3 引下线宜在沿框架支柱引下设置，并在地面以上至1.8 m处应采取防止机械损伤的保护措施，并设置明显标志。

6.3 接地装置

6.3.1 接地体的材料、结构和最小尺寸应符合表3的规定。
6.3.2 埋于土壤中的人工垂直接地体宜采用热镀锌角钢、钢管或圆钢；埋于土壤中的人工水平接地体宜采用热镀锌扁钢或圆钢。接地线的截面应与水平接地体的截面相同。
6.3.3 装置区内的接地体采用阴极保护系统时，接地装置宜符合下列规定：

a) 采用加厚锌钢材料(简称锌包钢)作接地体。水平接地体宜采用圆形锌包钢，其直径不应小于10 mm。垂直接地体宜采用圆柱锌包钢，其直径不应小于16 mm。锌层应为高纯锌(锌的含量不小于99.9%)，钢芯与锌层的接触电阻应小于0.5 mΩ。
b) 土壤电阻率在20 Ω·m及以下时，水平接地极锌层厚度不小于3 mm，垂直接地极锌层厚度不小于5 mm。土壤电阻率在20 Ω·m～50 Ω·m时，水平接地极锌层厚度不小于3 mm，垂直接地极锌层厚度不小于3 mm。土壤电阻率大于50 Ω·m时，水平接地极锌层厚度不小于0.1 mm，垂直接地极锌层厚度不小于3 mm。

6.3.4 接地装置埋在土壤中的部分，其连接宜采用放热焊接方式；当采用通常的焊接方法时，焊接处应做防腐处理。

表3 接地体的材料、结构和最小尺寸

材料	结构	最小尺寸			备注
		垂直接地体直径 mm	水平接地体截面积 mm^2	接地板尺寸 mm	
铜、镀锡铜	铜绞线	—	50	—	每股直径1.7 mm
	单根圆铜	15	50	—	—
	单根扁铜	—	50	—	厚度2 mm
	铜管	20	—	—	壁厚2 mm
	整块铜板	—	—	500×500	厚度2 mm
	网格铜板	—	—	600×600	各网格边截面25 mm×2 mm，网格网边总长度不少于4.8 m

表 3　接地体的材料、结构和最小尺寸(续)

材料	结构	最小尺寸			备注
		垂直接地体直径 mm	水平接地体截面积 mm^2	接地板尺寸 mm	
热镀锌钢	圆钢	14	78	—	—
	钢管	20	—	—	壁厚 2 mm
	扁钢	—	90	—	厚度 3 mm
	钢板	—	—	500×500	厚度 3 mm
	网格钢板	—	—	600×600	各网格边截面 30 mm×3 mm,网格网边总长度不少于 4.8 m
	型钢	注 3	—	—	—
裸钢	钢绞线	—	70	—	每股直径 1.7 mm
	圆钢	—	78	—	—
	扁钢	—	75	—	厚度 3 mm
外表面镀铜的钢	圆钢	14	50	—	镀铜厚度至少 250 μm,铜纯度 99.9%
	扁钢	—	90 (厚 3 mm)	—	
不锈钢	圆形导体	15	78	—	—
	扁形导体	—	100	—	厚度 2 mm

注 1:热镀锌钢的镀锌层应光滑连贯、无焊剂斑点,镀锌层圆钢至少 22.7 g/m^2、扁钢至少 32.4 g/m^2。

注 2:热镀锌之前螺纹应先加工好。

注 3:不同截面的型钢,其截面不小于 290 mm^2,最小厚度 3 mm,可采用 50 mm×50 mm×3 mm 角钢。

注 4:当完全埋在混凝土中时才可采用裸钢。

注 5:外表面镀铜的钢,铜应与钢结合良好。

注 6:不锈钢中,铬的含量大于或等于 16%,镍的含量大于或等于 5%,钼大于或等于 2%,碳小于或等于 0.08%。

注 7:截面积允许误差为－3%。

附　录　A
（规范性附录）
冲击接地电阻与工频接地电阻的换算

A.1　接地装置冲击接地电阻与工频接地电阻的换算应按下式确定：

$$R_{\sim} = A \times R_i \qquad \text{(A.1)}$$

式中：

$R_{\sim}$ —— 接地装置的工频接地电阻，单位为欧姆（Ω）；

A —— 换算系数，其数值宜按图 A.1 确定；

R_i —— 所要求的接地装置冲击接地电阻，单位为欧姆（Ω）。

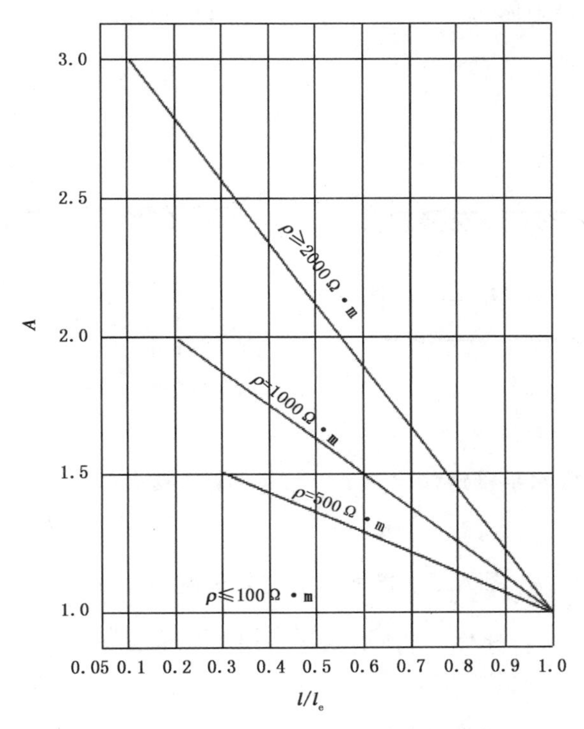

注：l 为接地体最长支线的实际长度，l_e 为接地体的有效长度，其值的确定见 A.2。l 的计量与 l_e 类同，当 l 大于 l_e 时，取其等于 l_e。

图 A.1　换算系数 *A*

A.2　接地体的有效长度应按下式确定：

$$\{l_e\} = 2\sqrt{\{\rho\}} \qquad \text{(A.2)}$$

式中：

l_e ——接地体的有效长度，应按图 A.2 计量，单位为米（m）；

ρ ——敷设接地体处的土壤电阻率，单位为欧米（Ω·m）。

A.3　环绕建筑物的环形接地体应按以下方法确定冲击接地电阻：

a）　当环形接地体周长的一半大于或等于接地体的有效长度 l_e 时，引下线的冲击接地电阻应为从与该引下线的连接点起沿两侧接地体各取 l_e 长度算出的工频接地电阻（换算系数 A 等于 1）。

b）　当环形接地体周长的一半小于 l_e 时，引下线的冲击接地电阻应为以接地体的实际长度算出工

频接地电阻再除以 A 值。

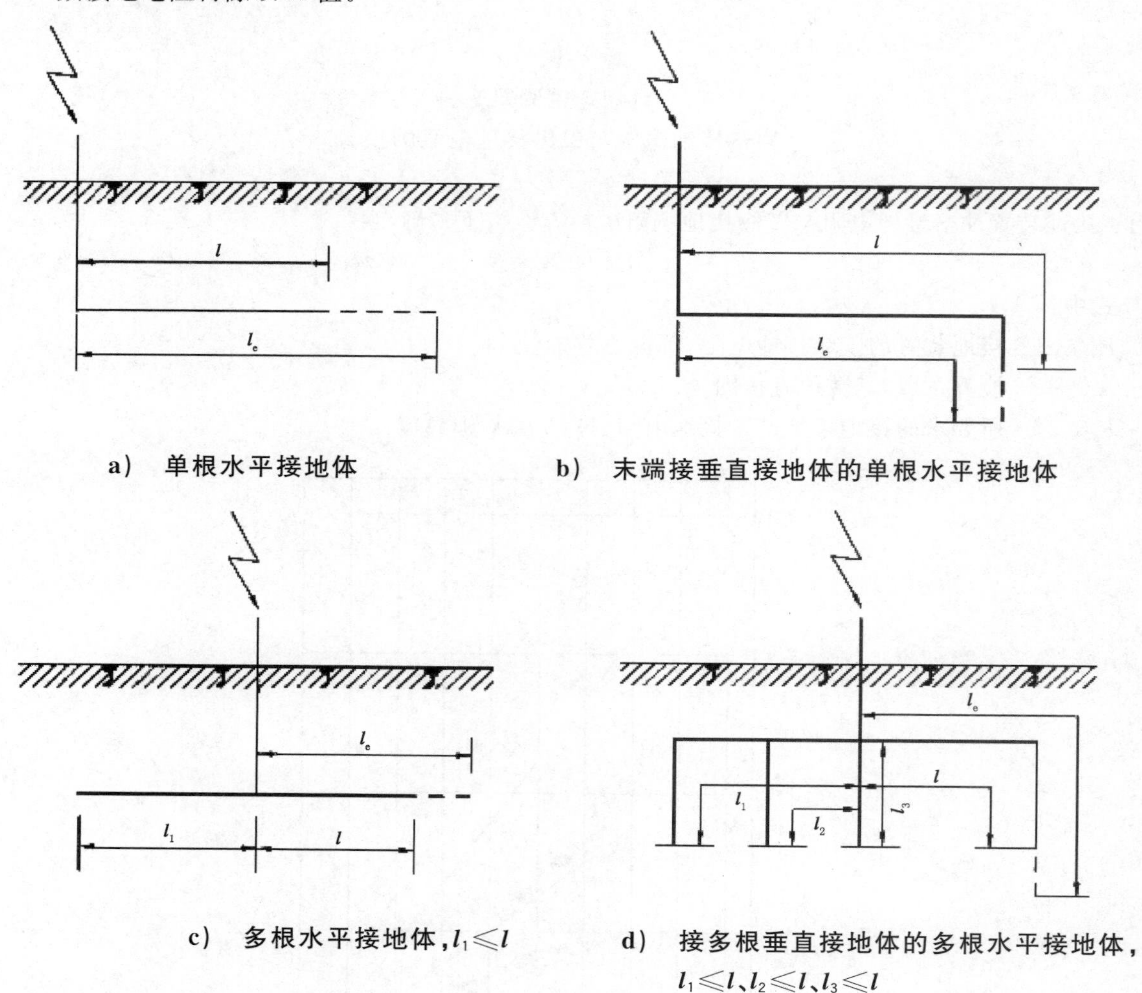

a） 单根水平接地体

b） 末端接垂直接地体的单根水平接地体

c） 多根水平接地体，$l_1 \leqslant l$

d） 接多根垂直接地体的多根水平接地体，$l_1 \leqslant l$、$l_2 \leqslant l$、$l_3 \leqslant l$

图 A.2 接地体的有效长度的计量

A.4 与引下线连接的基础接地体，当其钢筋从与引下线的连接点量起大于 20 m 时，其冲击接地电阻应为以换算系数 A 等于 1 和以该连接点为圆心、20 m 为半径的半球体范围内的钢筋体的工频接地电阻。

ICS 07.060
A 47

中华人民共和国气象行业标准

QX/T 311—2015

大型浮顶油罐防雷装置检测规范

Inspection specification for lightning protection system of large floating roof tanks

2015-12-11 发布　　2016-04-01 实施

中 国 气 象 局　发 布

前　言

本标准按照 GB/T 1.1—2009 给出的规则起草。

本标准由全国雷电灾害防御行业标准化技术委员会提出并归口。

本标准起草单位：江苏省防雷中心、中国石油化工股份有限公司青岛安全工程研究院、重庆市防雷中心、福建省防雷中心。

本标准主要起草人：冯民学、王洪生、焦雪、赵成志、刘全帧、刘宝全、徐如良、程琳、游志远、蒋海琴、李家启、曾金全、赵柏鑫、胡海燕、高鑫。

大型浮顶油罐防雷装置检测规范

1 范围

本标准规定了大型浮顶油罐防雷装置检测的总则、检测项目和技术要求、检测作业、检测周期、检测程序和检测报告等要求。

本标准适用于储存原油、成品油，其油罐容量在 50000 m³ 及以上的浮顶油罐的防雷装置的检测。

2 规范性引用文件

下列文件对于本文件的应用是必不可少的。凡是注日期的引用文件，仅注日期的版本适用于本文件。凡是不注日期的引用文件，其最新版本(包括所有的修改单)适用于本文件。

GB/T 8170—2008 数值修约规则与极限数值的表示和判定

GB/T 17949.1—2000 接地系统的土壤电阻率、接地阻抗和地面电位测量导则 第1部分：常规测量

3 术语和定义

下列术语和定义适用于本文件。

3.1

浮顶油罐 floating roof tanks

顶盖漂浮在油面上的立式圆筒形钢制焊接油罐。

3.2

防雷装置 lightning protection system;LPS

用于减少闪击击于建(构)筑物上或建(构)筑物附近造成的物质性损害和人身伤亡，由外部防雷装置和内部防雷装置组成。

[GB 50057—2010，定义 2.0.5]

3.3

接地装置 earth-termination system

接地体和接地线的总合，用于传导雷电流并将其流散入大地。

[GB 50057—2010，定义 2.0.10]

3.4

接地电阻 earthing resistance

接地导体与大地之间的电阻值，在测试接地导体中电流时，导体增加的电位除以测试电流，其商即为接地电阻值。

3.5

工频接地电阻 power frequency grounding resistance

工频电流流过接地装置，接地体与远方大地之间的电阻。其数值等于接地装置相对远方大地的电压与通过接地体流入地中电流的比值。

3.6

冲击接地电阻　impulsive grounding resistance

雷电流通过接地装置时所呈现的电阻。

3.7

浮顶　flooting roof

随液面变化而上下升降的罐顶，包括外浮顶和内浮顶（在敞口油罐内的浮顶称为外浮顶；在固定顶油罐内的浮顶，称为内浮顶）。敞口隔舱式浮顶和浮筒式浮顶通常只作为内浮顶。不特别指出时，浮顶均指外浮顶。

3.8

油罐区　tank farm

由一个或若干个油罐组构成的区域。

4　总则

4.1　检测作业应符合油罐火灾危险环境的安全要求。

4.2　检测机构应具有国家法定机构确认的防雷装置检测资质。

4.3　检测人员应具有国家法定机构颁发的个人防雷检测资格证。

5　检测项目和技术要求

5.1　油罐接地装置

5.1.1　首次检测时，应查看基础的设计、施工资料，查询接地形式、接地体材质、安装位置及数量、与罐体的电气连接情况。

5.1.2　检查油罐的接地引下线，不应有明显机械损伤、断裂；锈蚀程度不应大于截面积的1/3。

5.1.3　使用接地电阻仪检测罐体与基础每个接地点的接地电阻，测试时应断开断接卡。接地电阻仪测试的电阻为工频接地电阻，测量方法参见附录A。工频接地电阻应换算成冲击接地电阻，换算方法见附录B。换算后的冲击接地电阻值应不大于10 Ω。

5.1.4　使用回路电阻测试仪测试接地引下线与接地体、罐体组成回路的电阻，测试时应接上断接卡。当回路电阻值大于1 Ω时应对接地系统进行检查。

5.1.5　对腐蚀性较强的土壤，宜每6年开挖检查接地装置腐蚀程度。

5.2　罐体及附件

5.2.1　首次检测时，应查看油罐的相关防雷设计、施工资料。

5.2.2　检测输油管、消防管、配线钢管、金属构架等金属构件，其冲击接地电阻应不大于10 Ω。

5.2.3　检测油罐相连的设备、电缆桥架、电缆金属外皮等设施的等电位连接，其过渡电阻值应不大于0.03 Ω。

5.2.4　检测油罐的温度、液位等测量装置的铠装电缆或金属配线管与罐体的电气连接情况，其过渡电阻值应不大于0.03 Ω。

5.2.5　检查油罐电气设备、仪器仪表设置的电涌保护器外观及接地情况。外观应无损坏，接地电阻不大于4 Ω。

5.2.6　检查油罐的保温层金属护板与罐体的电气连接情况，其过渡电阻应不大于0.03 Ω。

5.2.7　检查罐体其他金属设备和管道的等电位连接情况，其过渡电阻应不大于0.03 Ω。

5.2.8 检查浮顶与罐壁之间的导静电连接线及其他等电位连接设施的型式、数量、材质及腐蚀情况。检测其两端的电气连接，其过渡电阻应不大于 0.03 Ω。
5.2.9 检查二次密封上导电片的固定及与罐壁之间的压接情况，应确保其压接良好，过渡电阻应不大于 0.03 Ω。
5.2.10 检查人孔、排液装置、量油孔、自动通气阀等金属构件与浮顶等电位连接情况。其过渡电阻应不大于 0.03 Ω，当连接处过渡电阻大于 0.03 Ω 时，连接处应用金属线跨接。

6 检测作业要求

6.1 现场检测工作应由三名及以上检测人员承担，其中具有工程师及以上技术职务者应不少于一名；上罐检测人员应不少于两人。
6.2 参检人员在作业前应接受受检单位组织的安全培训。作业须在受检单位人员的陪同下进行，并严格遵守受检单位规章制度和安全操作规程。
6.3 参检人员应头戴安全帽、身穿防静电工作服及防静电工作鞋。
6.4 检测前应使用可燃气体报警仪检查周围环境的油汽浓度。
6.5 当检测区域内空气中所含具有爆炸危险气体的浓度高于其爆炸下限的 20%时，应停止检测。
6.6 在检测作业时，应使用防爆型通信工具。
6.7 在浮顶和燃油口处检测作业时，应使用防爆型检测仪表和防爆器具。35℃以上高温时应停止在这些区域作业。
6.8 检测作业宜安排在干燥季节和土壤未冻结时进行，不应在雨、雪后立即进行，雷雨天气应停止作业。
6.9 在油罐基础四周有积水的情况下不应进行接地电阻检测。
6.10 参检人员进入检测现场不得触动与检测无关的任何电器开关和管道阀门。
6.11 在对测点除锈、清理污渍时动作要轻缓，严禁敲打以免产生火花。
6.12 检测数据经确认无误后，填入原始记录表。

7 检测周期

7.1 油罐防雷装置应每半年检测一次，宜在春秋两季。
7.2 对雷电多发区域或发生过雷击事故的罐区，宜增加检测次数。

8 检测程序

8.1 收集资料

检测机构接受受检单位检测申请后，应及时收集油罐区及油罐的以下相关技术资料(参见附录 C)：

a) 油罐所处环境、地理位置、容量；
b) 油罐防雷装置的设计、施工等相关资料；
c) 油罐区雷击事故相关资料；
d) 油罐区雷电资料；
e) 其他相关资料。

8.2 制定检测方案

检测方案内容应包括：

a) 检测时间(应依据天气状况而确定);

b) 检测项目、内容及程序;

c) 检测人员和检测仪器设备。

8.3 检查仪器设备

用于检测的仪器设备应符合以下条件:

a) 检测的仪器设备应通过法定计量机构检定,在检定有效期内,并能正常使用(部分检测仪器设备的主要性能和参数指标参见附录D);

b) 精度应满足检测项目的要求。

8.4 现场防雷装置检查与检测

现场检测时可按基础接地、罐体、浮顶的先后顺序进行,检测设备应符合火灾危险环境使用要求,将检测结果填入安全检测原始记录表(参见附录E)。

8.5 数据记录与整理

数据记录与整理应按下列要求进行:

a) 检测的原始数据,应记在安全检测原始记录表中相应栏目;

b) 检测记录应用钢笔或签字笔填写,字迹工整、清楚;

c) 改错应用两条平行线划在原有数据上,并在其右上方填写正确数据,在正确数字旁签字或盖章;

d) 原始记录必须有检测人员和复核人员签字。

8.6 检测结果的判定

应按GB/T 8170—2008规定的数值修约比较法,将经计算或整理的各项检测结果与相应的技术要求进行比较,判定各检测项目是否合格。

8.7 出具检测报告

检测报告应对所检测项目是否符合本标准及相关标准的规定做出明确的结论。

9 检测报告

9.1 检测报告应符合8.5、8.6的要求。

9.2 检测报告内容应包括:

a) 检测报告编号、委托检测机构、受检单位名称;

b) 检测项目、检测方法和检测依据;

c) 检测天气及环境状况、检测仪器设备及编号;

d) 检测内容、检测结论、整改意见;

e) 检测日期、报告完成日期及建议下次检测时间;

f) 检测、审核和批准人员签名;

g) 加盖检测机构检测专用章。

9.3 检测报告应一式2份。一份提交受检单位,另一份应由检测单位连同原始记录一并存档,存档应有纸质和电子文档两种形式。

附　录　A
（资料性附录）
接地电阻的测量

接地电阻的测量使用接地电阻测试仪，所测得数据为工频接地电阻，接地装置工频接地电阻与冲击接地电阻的换算见附录B。

A.1　接地电阻测试仪测量原理

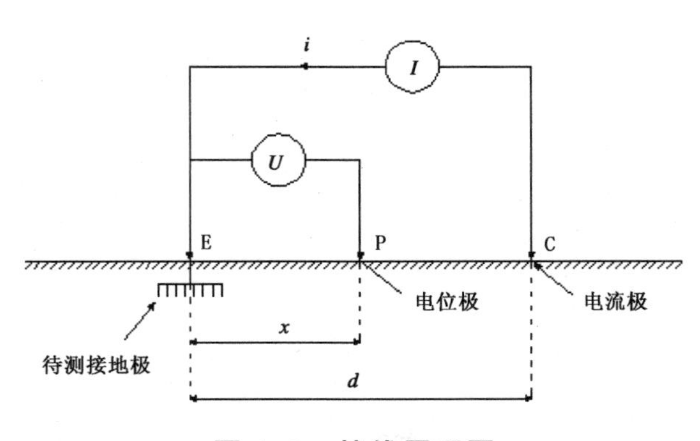

图 A.1　接线原理图

图A.1中三个接线端子E、P、C分别接到接地体、电流探针和电位探针。其中E端子连接待测接地极，P端子连接电位极，C端子连接电流极。测量时，在C端子产生一个恒定电流I，该电流经电流极—大地—接地极—E，形成电流回路。只要x和d足够长，且具有合适的比例关系，通过测量E、P之间的电压U，其电压U和电流I的比值就是接地电阻R，即：

$$R=U/I \qquad \cdots\cdots\cdots\cdots(A.1)$$

A.2　测量中需要注意的问题

A.2.1　C点、P点至E点的距离应符合所选测量仪器的要求。

A.2.2　测量时，要根据现场情况仔细选择C点，E点至C点所在直线的延长线一定要通过地网的中心点G，即CE连线要垂直于地网边缘。

A.2.3　P点要选在C点至地网的中间，若对测量的数据有疑问时，可多选几个P点进行测量，再对数据进行分析，以便得出较准确的测量结果。

A.2.4　测量时，测试线一般要求不要互相缠绕。

A.2.5　测量时要避开地下的金属管道、通信线路等。如对地下情况不了解，可多换几个地点测量，进行比较后得出较准确的数据。

A.2.6　在测量屋面接闪器时，通常要加长E点的测量线，加长的测量线对小地网的测量精度有较大影响，必须减掉加长线的线电阻，该线电阻可通过对比法得出或用电桥测出；如果是加长P点和C点的测量线，此时加长线的线电阻可忽略不计。检测时，加长线不应盘绕在一起。

A.2.7　在防雷检测中常采用两点法测量，其测得的接地电阻是待测接地极与辅助接地极之和，与待测接地极阻值相比，辅助接地极阻值可忽略不计。这种测量要注意的是辅助接地极一般选用的金属自来水管道系统，其管道接头处无绝缘措施；待测接地极其接地电阻较低时不适用。

A.2.8 对大型地网(如发电厂等)和特殊场所(如有严重干扰)接地电阻的测量,测量方法参见 GB/T 17949.1—2000。

附 录 B
（规范性附录）
冲击接地电阻与工频接地电阻的换算

B.1 接地装置冲击接地电阻与工频接地电阻的换算应按下式确定：

$$R_{\sim}=AR_i \qquad \text{(B.1)}$$

式中：

$R_{\sim}$——接地装置各支线的长度取值小于或等于接地体的有效长度 l_e 或者有支线大于 l_e 而取其等于 l_e 时的工频接地电阻（Ω）；

A ——换算系数，其数值宜按图 B.1 确定；

R_i ——所要求的接地装置冲击接地电阻（Ω）。

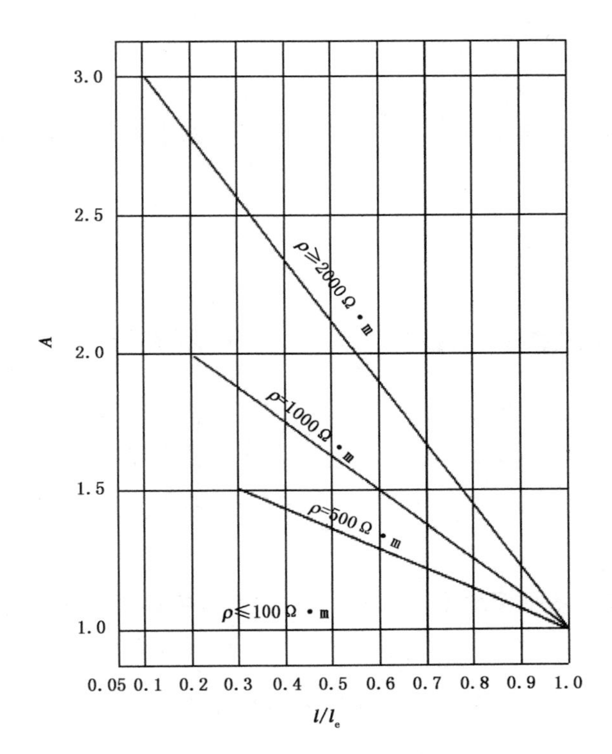

注：l 为接地体最长支线的实际长度，其计量与 l_e 类同。当它大于 l_e 时，取其等于 l_e。

图 B.1 换算系数 A

B.2 接地体的有效长度应按下式确定：

$$l_e=2\sqrt{\rho} \qquad \text{(B.2)}$$

式中：

l_e——接地体的有效长度（见图 B.2）；

ρ——敷设接地体处的土壤电阻率（Ω·m）。

B.3 环绕建筑物的环形接地体应按以下方法确定冲击接地电阻：

a） 当环形接地体周长的一半大于或等于接地体的有效长度 l_e 时，引下线的冲击接地电阻应为从与该引下线的连接点起沿两侧接地体各取 l_e 长度算出的工频接地电阻（换算系数 A 等于 1）。

b） 当环形接地体周长的一半 l 小于 l_e 时，引下线的冲击接地电阻应为以接地体的实际长度算出工频接地电阻再除以 A 值。

B.4 与引下线连接的基础接地体，当其钢筋从与引下线的连接点量起大于 20 m 时，其冲击接地电阻应为以换算系数 A 等于 1 和以该连接点为圆心、20 m 为半径的半球体范围内的钢筋体的工频接地电阻。

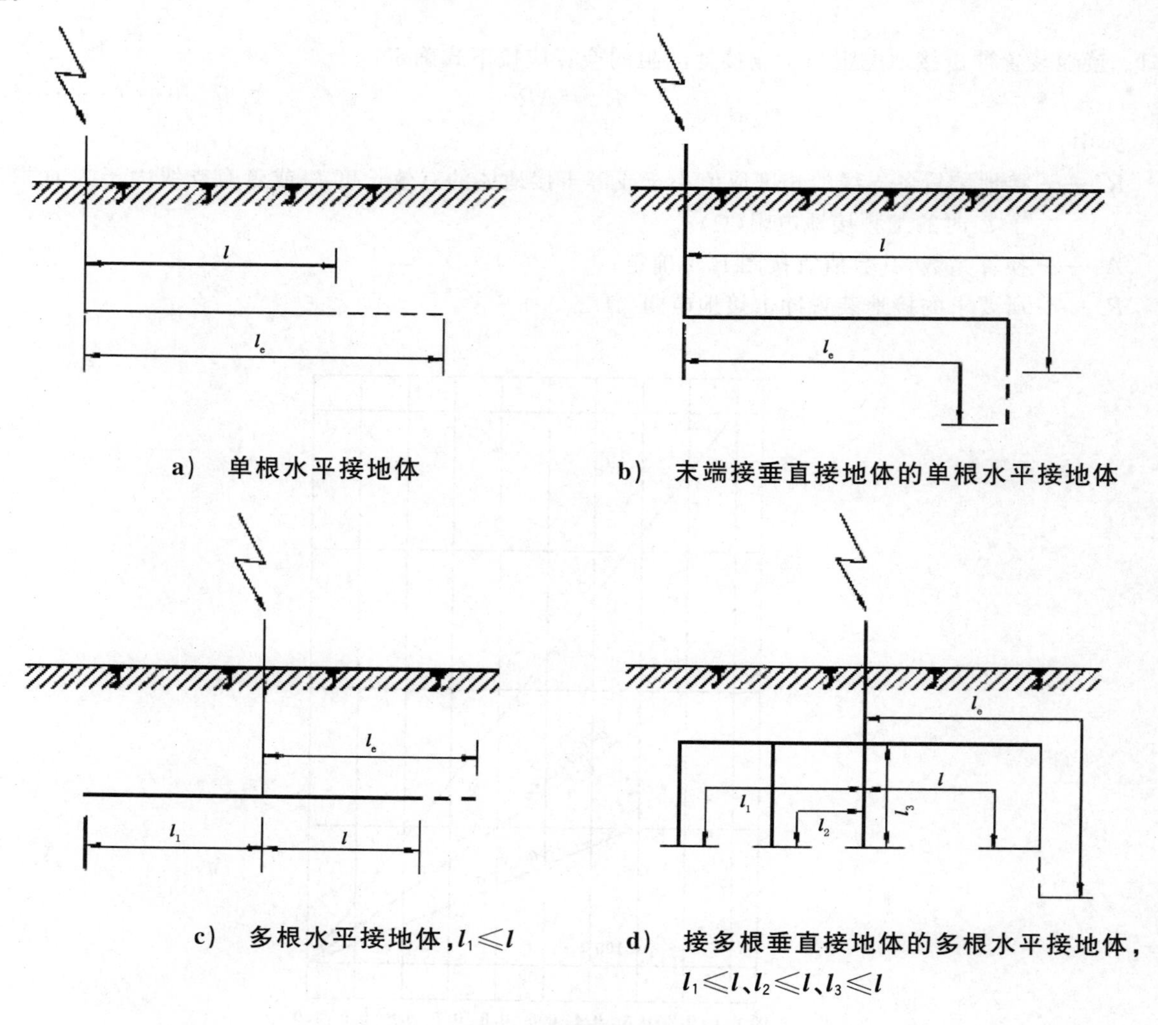

图 B.2 接地体的有效长度

附 录 C
（资料性附录）
大型浮顶油罐防雷检测调查表

大型浮顶油罐防雷检测调查表见表 C.1。

表 C.1 大型浮顶油罐防雷检测调查表

<table>
<tr><td>受检单位名称</td><td colspan="3"></td></tr>
<tr><td>受检单位地址</td><td colspan="3"></td></tr>
<tr><td>联系人</td><td></td><td>联系电话</td><td></td></tr>
<tr><td>经纬度</td><td></td><td>油罐规模</td><td></td></tr>
<tr><td>存储油品性质</td><td colspan="3"></td></tr>
<tr><td>防直击雷措施</td><td>□有 □无 □其他</td><td>接闪器类型</td><td>□针 □带 □线 □网 □其他</td></tr>
<tr><td>接地引下线</td><td>根</td><td>锈蚀程度</td><td>□未 □锈蚀 □严重 □其他</td></tr>
<tr><td>接地形式</td><td colspan="3">□共用 □联合 □独立 □其他</td></tr>
<tr><td>防雷电感应措施</td><td>□有 □无 □其他</td><td>类 型</td><td>□接地 □等电位连接 □其他</td></tr>
<tr><td>防雷电波侵入措施</td><td>□有 □无 □其他</td><td>类 型</td><td>□管线埋地 □电涌保护 □其他</td></tr>
<tr><td>等电位连接</td><td>□有 □无 □其他</td><td>类 型</td><td>□星型 □网型 □混合型 □其他</td></tr>
<tr><td>电涌保护器(SPD)</td><td>□有 □无 □其他</td><td>类 型</td><td>□电源 SPD □信号 SPD □其他</td></tr>
<tr><td>屏蔽及隔离措施</td><td>□有 □无 □其他</td><td>类 型</td><td>□空间屏蔽 □管线屏蔽 □其他</td></tr>
<tr><td>情况说明及雷击史</td><td colspan="3"></td></tr>
<tr><td>调查时间</td><td></td><td>调查人</td><td></td></tr>
</table>

附 录 D
(资料性附录)
主要检测仪器设备及其参数指标

D.1 工具和仪器

温湿度表:用于测量检测现场的温度及湿度,其参数指标见表 D.1。

表 D.1 温湿度表参数指标

测量功能	测量范围	最小分度值
温度	−10 ℃～+60℃	±1 ℃
湿度	20 %～95 %	±8 %

可燃气体报警仪:用于测量检测现场的可燃气体浓度并发出停止作业报警。

D.2 工频接地电阻测试仪

工频接地电阻测试仪参数指标煤见表 D.2。

表 D.2 工频接地电阻测试仪参数指标

测量范围	最小分度值
0 Ω～10 Ω	0.1 Ω
0 Ω～100 Ω	1 Ω

D.3 毫欧表(等电位连接测试仪)

主要用以电气连接过渡电阻的测试,含等电位连接有效性的测试,其主要参数指标见表 D.3。

表 D.3 毫欧表(等电位连接测试仪)参数指标

显示范围	分辨率	精度
0 MΩ～19.9 MΩ	0.01 MΩ	±(0.1%+3d)
20 MΩ～200 MΩ	0.1 MΩ	±(0.1%+2d)

D.4 环路电阻测试仪

环路电阻测试仪主要参数指标见表 D.4。

表 D.4 环路电阻测试仪主要参数指标

显示范围	分辨率	精度
0.00 Ω～19.99 Ω	0.01 Ω	±(2%+3d)
20.00 Ω～199.9 Ω	0.1 Ω	

附 录 E
(资料性附录)
大型浮顶油罐防雷检测原始记录表

资料类记录表见表 E.1。

表 E.1 资料类记录表

记录编号：　　　　　　　　　　　　　　　　　　　　　　　　共　页第　页

受检单位名称		委托单位名称	
受检单位地址			
联系人		联系电话	
检测仪器设备及编号		检测依据	
检测日期		天气情况	
综合评定			
测点平面示意图	N **说明**:图中标有“●”符号的为各检测点标志。		
备注			
注:根据检测场所一处一表。			

油罐基础接地及外观检查原始记录表见表 E.2。

表 E.2　油罐基础接地及外观检查原始记录表

记录编号：　　　　　　　　　　　　　　　　　　　　　　　　　共　页第　页

<table>
<tr><td colspan="4">油罐名称及编号：</td></tr>
<tr><td colspan="2">油罐基础接地</td><td colspan="2">外观检查</td></tr>
<tr><td>接地形式</td><td></td><td rowspan="11">基础检查情况</td><td rowspan="11"></td></tr>
<tr><td>接地材质</td><td></td></tr>
<tr><td>罐体连接情况</td><td>□好　□中　□差</td></tr>
<tr><td>接地锈蚀情况</td><td>□好　□中　□差</td></tr>
<tr><td colspan="2">各连接点工频接地电阻</td></tr>
<tr><td>测点编号</td><td>电阻值(Ω)</td></tr>
<tr><td></td><td></td></tr>
<tr><td></td><td></td></tr>
<tr><td></td><td></td></tr>
<tr><td></td><td></td></tr>
<tr><td></td><td></td></tr>
<tr><td></td><td></td><td rowspan="9">罐体检查情况</td><td rowspan="9"></td></tr>
<tr><td></td><td></td></tr>
<tr><td></td><td></td></tr>
<tr><td></td><td></td></tr>
<tr><td></td><td></td></tr>
<tr><td></td><td></td></tr>
<tr><td></td><td></td></tr>
<tr><td></td><td></td></tr>
<tr><td></td><td></td></tr>
<tr><td></td><td></td><td rowspan="9">浮顶检查评价</td><td rowspan="9"></td></tr>
<tr><td></td><td></td></tr>
<tr><td></td><td></td></tr>
<tr><td></td><td></td></tr>
<tr><td></td><td></td></tr>
<tr><td></td><td></td></tr>
<tr><td></td><td></td></tr>
<tr><td></td><td></td></tr>
<tr><td></td><td></td></tr>
<tr><td></td><td></td><td colspan="2" rowspan="2">备注：外观检查包括外观损伤、断裂情况、锈蚀情况</td></tr>
<tr><td></td><td></td></tr>
</table>

罐体原始记录表见表 E.3。

表 E.3　罐体原始记录表

<table>
<tr><td rowspan="19">罐体
（浮舱人孔、浮顶人孔、自动通气阀、浮球式紧急排水装置、浮顶采样口、浮球式排液装置、量油管、输油管、其他金属设施）</td><td>序号</td><td>连接物名称</td><td>连接方式</td><td>锈蚀情况</td><td>防腐措施</td><td>连接过渡电阻值</td></tr>
<tr><td>1</td><td></td><td></td><td></td><td></td><td></td></tr>
<tr><td>2</td><td></td><td></td><td></td><td></td><td></td></tr>
<tr><td>3</td><td></td><td></td><td></td><td></td><td></td></tr>
<tr><td>4</td><td></td><td></td><td></td><td></td><td></td></tr>
<tr><td>5</td><td></td><td></td><td></td><td></td><td></td></tr>
<tr><td>6</td><td></td><td></td><td></td><td></td><td></td></tr>
<tr><td>7</td><td></td><td></td><td></td><td></td><td></td></tr>
<tr><td>8</td><td></td><td></td><td></td><td></td><td></td></tr>
<tr><td colspan="2" rowspan="3">浮顶与罐壁的软铜复绞线检查</td><td>截面</td><td colspan="3">连接质量</td></tr>
<tr><td>浮顶和罐壁之间的不锈钢带导电片的接触</td><td colspan="3"></td></tr>
<tr><td>伸缩式接地装置（RGA）的连接</td><td colspan="3"></td></tr>
<tr><td colspan="2">环路电阻值的测量</td><td colspan="4"></td></tr>
<tr><td rowspan="2">管体上的消防管</td><td>测点编号</td><td></td><td></td><td></td><td></td></tr>
<tr><td>环路电阻</td><td></td><td></td><td></td><td></td></tr>
<tr><td rowspan="2">供水管</td><td>测点编号</td><td></td><td></td><td></td><td></td></tr>
<tr><td>环路电阻</td><td></td><td></td><td></td><td></td></tr>
<tr><td rowspan="2">外观检查</td><td>保温层金属板保护罩</td><td colspan="4"></td></tr>
<tr><td>边缘板防水设施</td><td colspan="4"></td></tr>
</table>

参 考 文 献

[1] GB/T 21431—2008 建筑物防雷装置检测技术规范
[2] GB 50057—2010 建筑物防雷设计规范
[3] GB 50074—2002 石油库设计规范
[4] GB 50160—2008 石油化工企业设计防火规范
[5] SY/T 0329—2004 大型油罐基础检测方法
[6] DB42/T 512－2008 易燃易爆场所防雷装置及防静电接地装置检测技术规范

ICS 07.060
A 47

中华人民共和国气象行业标准

QX/T 312—2015

风力发电机组防雷装置检测技术规范

Technical specifications for inspection of lightning protection systems in WTGS

2015-12-11 发布　　　　2016-04-01 实施

中国气象局　发布

前 言

本标准按照 GB/T 1.1—2009 给出的规则起草。

本标准由全国雷电灾害防御行业标准化技术委员会提出并归口。

本标准起草单位：福建省防雷中心、新疆维吾尔自治区防雷减灾中心、湖北省防雷中心、福建省福能风力发电有限公司。

本标准主要起草人：肖再励、张烨方、程辉、陈青娇、林立、霍广勇、黄克俭、陈金枫。

风力发电机组防雷装置检测技术规范

1 范围

本标准规定了风力发电机组防雷装置的检测项目、技术要求。

本标准适用于陆地上风电场风力发电机组的防雷装置检测，水上风力发电机组可参照使用。

2 规范性引用文件

下列文件对于本文件的应用是必不可少的。凡是注日期的引用文件，仅注日期的版本适用于本文件。凡是不注日期的引用文件，其最新版本(包括所有的修改单)适用于本文件。

GB/T 17949.1—2000 接地系统的土壤电阻率、接地阻抗和地面电位测量导则 第一部分：常规测量

GB 18802.1—2011 低压电涌保护器(SPD) 第1部分：低压配电系统的电涌保护器性能要求和试验方法(IEC 61643-1:2005,MOD)

GB/T 18802.21—2004 低压电涌保护器 第21部分：电信和信号网络的电涌保护器(SPD)——性能要求和试验方法(IEC 61643-21:2000,IDT)

GB/T 21431—2015 建筑物防雷装置检测技术规范

GB/Z 25427—2010 风力发电机组 雷电防护

GB 50057—2010 建筑物防雷设计规范

GB 50601—2010 建筑物防雷工程施工与质量验收规范

3 术语和定义

下列术语和定义适用于本文件。

3.1

风电场 wind power station

由一批风力发电机组或风力发电机组群组成的电站。

[GB/T 2900.53—2001,定义 2.1.3]

3.2

风力发电机组 wind turbine generator system;WTGS

将风的动能转换为电能的系统。

[GB/T 2900.53—2001,定义 2.1.2]

3.3

电涌保护器 surge protective device;SPD

用于限制瞬态过电压和分泄电涌电流的器件。它至少含有一个非线性元件。

[GB 50057—2010,定义 2.0.29]

3.4

跨步电压 step voltage

地面一步距离的两点间的电位差，此距离取最大电位梯度方向上1 m的长度。

[GB/T 17949.1—2000,定义 4.18]

3.5

接触电压 touch voltage

接地的金属结构和地面上相隔一定距离处一点间的电位差。此距离通常等于最大的水平伸臂距离,约为 1 m。

[GB/T 17949.1—2000,定义 4.17]

4 检测项目

风力发电机组防雷装置检测项目应包含以下内容:

——防雷区的划分;

——接闪器;

——引下线;

——等电位连接;

——电涌保护器;

——接地装置;

——接触电压与跨步电压防护。

5 检测技术要求

5.1 防雷区的划分

5.1.1 首次检测时应根据 GB 50057—2010 的 6.2.1 的规定,结合风力发电机组防雷装置设计图纸、方案、现场勘查情况将防雷击电磁脉冲的环境划分为 $LPZ0_A$,$LPZ0_B$,LPZ1,…,LPZn 区。典型的风力发电机组防雷分区可参考图 1。

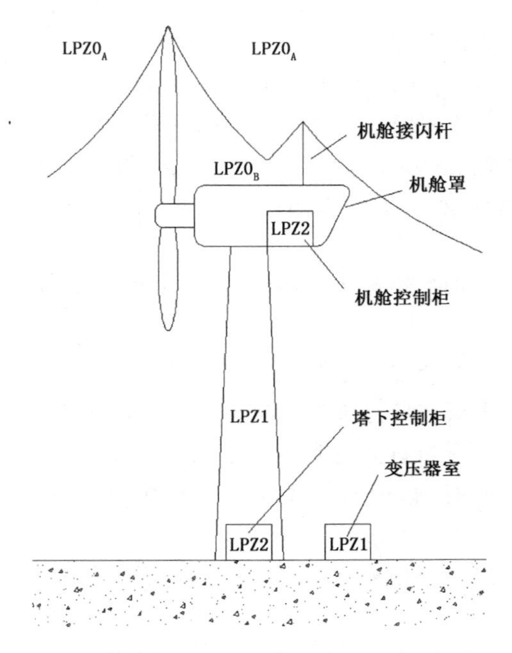

图 1 风力发电机组防雷分区示意图

5.1.2 按照5.1.1的要求，检测以下设备、设施所处的防雷分区，并将检测结果填入原始记录表，表格式样参见附录A的表A.1。

——风轮桨叶，包括风轮轮毂及其内部器件(传感器、调节器等)；
——机舱罩的外部部件；
——无金属罩的机舱内所有设备(发电机、辅助传动装置、电缆、传感器和调节器)，金属开关柜的外部部件，非金属开关柜的内部结构件；
——无屏蔽措施情况下风力发电机组操作间或变压器室土壤中的电缆连接线；
——装有接闪杆或外部防雷装置的测风设备的传感器；
——采取了雷电流导引和屏蔽措施的风轮桨叶的设备；
——具有相应的雷电流导引措施的全金属覆盖的机舱罩内设备；
——金属塔筒或混凝土塔筒的内部设备；
——所有金属包层的内部设备；
——风力发电机组操作间；
——操作间的内部设备。

5.2 接闪器

5.2.1 以目测的方法定期检查接闪器，不应有锈蚀、灼洞和被雷击损坏痕迹等。

5.2.2 风力发电机组的接闪装置应安装稳定、牢固。

5.2.3 风力发电机组的接闪器的材料规格应符合附录B的要求。

5.2.4 风轮桨叶应设置接闪装置，机舱上的风向风速仪应处在$LPZ0_B$区内。

5.2.5 新建过程中，桨叶的接闪金属导体与桨叶根部引下线连接点、机舱上的接闪杆与引下线的直流过渡电阻不应大于0.2 Ω。

5.2.6 接闪器的检测结果(主要包括材料、规格尺寸、外观以及与引下线连接的过渡电阻等)应填入原始记录表，表格式样参见表A.2。

5.3 引下线

5.3.1 引下线的材料规格应符合附录B的要求。

5.3.2 风轮桨叶、接闪杆的引下线应与塔筒、塔杆可靠电气连接。引下线接地端与接地装置连接的直流过渡电阻不大于0.2 Ω，桨叶根部与轮毂的过渡电阻应符合厂家设计要求。

5.3.3 风力发电机组应利用塔筒、塔杆作为防雷引下线，或设置专设的引下线。高度不超过40 m的塔筒、塔杆，可只设一根引下线；超过40 m时应设两根引下线。可利用螺栓或焊接连接的一座金属爬梯作为两根引下线使用。

5.3.4 当风力发电机组的塔筒为钢筋混凝土结构时，风力发电机组应利用钢筋混凝土内的竖直钢筋作为引下线。

5.3.5 风轮桨叶引下线与轮毂的直流过渡电阻不大于0.2 Ω。

5.3.6 机舱上的接闪装置的引下线与接地装置的直流过渡电阻不大于0.2 Ω。

5.3.7 塔筒引下线与接地装置的直流过渡电阻不大于0.2 Ω。

5.3.8 使用金属爬梯作为引下线时，检测金属爬梯的顶端或底端与接地装置的直流过渡电阻不大于0.2 Ω。

5.3.9 引下线检测的数据(主要包括材料、规格尺寸以及引下线各测点工频接地电阻等)应记录在检测原始记录表格中，表格式样参见表A.2。

5.4 等电位连接

5.4.1 风力发电机组等电位连接的材料规格应符合 GB/Z 25427—2010 的表 17、表 18 的要求。

5.4.2 等电位直流过渡电阻值测试应采用空载电压 4 V～24 V，最小电流为 0.2 A 的测试仪器进行检测，直流过渡电阻值不应大于 0.2 Ω。

5.4.3 按照 5.4.2 的要求检测 $LPZ0_A$ 区内金属构件、所有穿过各后续防雷分区界面处的导电物与防雷装置的直流过渡电阻。

5.4.4 按照 5.4.2 的要求检测机舱内发电机、齿轮箱、机械制动器和控制柜等金属结构件与防雷装置的直流过渡电阻。

5.4.5 按照 5.4.2 的要求检测塔筒内所有金属导体与防雷装置的直流过渡电阻。

5.4.6 按照 5.4.2 的要求检测控制柜及塔筒底部金属导体与防雷装置的直流过渡电阻。

5.4.7 等电位连接的连接物名称、连接导体的材料规格以及连接过渡电阻值的检测结果应填入原始记录表，表格式样参见表 A.3。

5.5 电涌保护器(SPD)

5.5.1 风力发电机组安装的电涌保护器应使用经国家认可的检测实验室检测，符合 GB 18802.1—2011、GB/T 18802.21 的要求。

5.5.2 SPD 的表面应平整、光洁，无划伤、裂痕和烧灼痕或变形。SPD 的标志应完整和清晰。

5.5.3 如果 SPD 具有状态指示器，状态指示应与出厂说明相一致。

5.5.4 泄漏电流 I_{ie} 应符合 GB/T 21431—2015 第 5.8.5.1 条对泄漏电流测试的规定。

5.5.5 压敏电压 U_{1mA} 应符合 GB/T 21431—2015 第 5.8.5.2 条对压敏电压 U_{1mA} 的规定。

5.5.6 绝缘电阻应符合 GB/T 21431—2015 第 5.8.5.3 条对绝缘电阻的规定。

5.5.7 当风力发电机组的电源线路处于 LPZ0 区时，应在该电源线路进出风力发电机组处安装 I 级分类试验的 SPD，每一保护模式的冲击电流值应按 GB 50057—2010 中式(4.2.4-6)和式(4.2.4-7)计算，其中雷电流取 150 kA。当 GB 50057—2010 中式(4.2.4-6)和式(4.2.4-7)的其他参数无法确定时，冲击电流应取大于或等于 12.5 kA。

5.5.8 当无电源线路引出塔筒时，风力发电机组内的配电柜应在电源侧装设 II 级试验的 SPD，其电压保护水平不应大于 2.5 kV，标称放电电流值确定可参考 GB/T 21431—2015 中有关电源 SPD 布置的规定。

5.5.9 电源线路上安装多级别 SPD 时，应符合 GB 50601—2010 中 10.1.2 的规定。

5.5.10 电源线路 SPD 两端的连线应符合 GB 50057—2010 表 5.1.2 的规定，SPD 应安装牢固。

5.5.11 电信和信号网络 SPD 的设计与安装应符合 GB/T 21431 第 5.8.3 条有关电信和信号网络 SPD 的布置规定。

5.5.12 各级 SPD 的安装位置、数量、型号、主要性能参数(U_C、I_n、I_{max}、U_p 等)和安装工艺(连接导线截面，连接导线的色标，连接牢固程度等)的检测结果应填入原始记录表，表格式样参见表 A.4。

5.6 接地装置

5.6.1 接地装置检测方法可按照 GB/T 17949.1—2000 的规定执行。

5.6.2 接地装置与其他地网连接时，宜断开连接后再进行检测。

5.6.3 接地装置的材料规格、安装要求及环境应符合 GB 50057—2010 中 5.4 的要求。

5.6.4 接地装置的工频接地电阻应小于 4 Ω。

5.6.5 接地装置与其他风力发电机组地网的直流过渡电阻不应大于 0.2 Ω。

5.6.6 接地装置的结构和安装位置，接地体的埋地间距、深度和安装方法，接地装置的材料、连接方法和防腐处理，相邻接地体在未进行等电位连接时的地中距离等（具体项目依据检测任务要求而定）的检测结果应填入原始记录表，表格式样参见表 A.2。

5.7 接触电压与跨步电压防护

检测风力发电机组防接触、跨步电压的措施应符合下列规定之一：

——风力发电机组外露引下线 3 m 范围内敷设不小于 5 cm 厚的沥青层或不小于 15 cm 厚的砾石层；

——风力发电机组外露引下线距地面 0～2.7 m 的部分采用绝缘层进行隔离；

——风力发电机组外露引下线附近采取护栏、警告牌等；

——采用网状接地装置对地面作均衡电位处理。

附　录　A
（资料性附录）
防雷装置检测原始记录表式样

表A.1至表A.4给出了防雷装置检测原始记录表式样。

表A.1　基本情况表

检测人员：　　　　　　　　　　　　　　　　　　检测日期：

单位名称		地址			
联系部门		联系人			
联系方式		受检风机编号			
LPZ划分			LPZ0	LPZ1	LPZ2
风轮桨叶					
机舱罩的外部部件					
无金属罩的机舱内所有设备（发电机、辅助传动装置、电缆、传感器和调节器）					
金属开关柜的外部部件					
非金属开关柜的内部结构件					
无屏蔽措施情况下风力发电机组操作间或变压器室土壤中的电缆连接线					
装有接闪杆或外部防雷装置的测风设备的传感器					
采取了雷电流导引和屏蔽措施的风轮桨叶的设备					
具有相应的雷电流导引措施的全金属覆盖的机舱罩内设备					
金属塔筒或混凝土塔筒的内部设备					
所有金属包层的内部设备					
操作间的内部设备					
现场情况示意图					

表 A.2　外部防雷装置检测表

<table>
<tr><td rowspan="4">接闪器
(一)</td><td>材料</td><td colspan="4"></td></tr>
<tr><td>规格尺寸</td><td colspan="4"></td></tr>
<tr><td>与引下线连接点过渡电阻(Ω)</td><td colspan="4"></td></tr>
<tr><td>外观</td><td colspan="4"></td></tr>
<tr><td rowspan="4">接闪器
(二)</td><td>材料</td><td colspan="4"></td></tr>
<tr><td>规格尺寸</td><td colspan="4"></td></tr>
<tr><td>与引下线连接点过渡电阻(Ω)</td><td colspan="4"></td></tr>
<tr><td>外观</td><td colspan="4"></td></tr>
<tr><td rowspan="4">接闪器
(三)</td><td>材料</td><td colspan="4"></td></tr>
<tr><td>规格尺寸</td><td colspan="4"></td></tr>
<tr><td>与引下线连接点过渡电阻(Ω)</td><td colspan="4"></td></tr>
<tr><td>外观</td><td colspan="4"></td></tr>
<tr><td rowspan="4">接闪器
(四)</td><td>材料</td><td colspan="4"></td></tr>
<tr><td>规格尺寸</td><td colspan="4"></td></tr>
<tr><td>与引下线连接点过渡电阻(Ω)</td><td colspan="4"></td></tr>
<tr><td>外观</td><td colspan="4"></td></tr>
<tr><td rowspan="8">引下线</td><td>材料</td><td colspan="4"></td></tr>
<tr><td>规格尺寸</td><td colspan="4"></td></tr>
<tr><td rowspan="4">引下线各测点工频接地电阻(Ω)</td><td>测点 1</td><td>测点 2</td><td>测点 3</td><td>测点 4</td></tr>
<tr><td></td><td></td><td></td><td></td></tr>
<tr><td>测点 5</td><td>测点 6</td><td>测点 7</td><td>测点 8</td></tr>
<tr><td></td><td></td><td></td><td></td></tr>
<tr><td>金属爬梯是否作引下线</td><td colspan="4"></td></tr>
<tr><td>金属爬梯与防雷装置的过渡电阻(Ω)</td><td colspan="4"></td></tr>
<tr><td rowspan="9">接地装置</td><td>结构和安装位置</td><td colspan="4"></td></tr>
<tr><td>接地体的埋地间距</td><td colspan="4"></td></tr>
<tr><td>深度</td><td colspan="4"></td></tr>
<tr><td>安装方法</td><td colspan="4"></td></tr>
<tr><td>材料</td><td colspan="4"></td></tr>
<tr><td>连接方法</td><td colspan="4"></td></tr>
<tr><td>防腐处理</td><td colspan="4"></td></tr>
<tr><td>相邻接地体的地中距离</td><td colspan="4"></td></tr>
<tr><td>与地网连接处过渡电阻(Ω)</td><td colspan="4"></td></tr>
<tr><td colspan="6">备注：</td></tr>
<tr><td colspan="3">检测员：</td><td colspan="3">校核人：</td></tr>
<tr><td colspan="3">检测日期：</td><td colspan="3">天气状况：</td></tr>
</table>

表 A.3　等电位连接测试表

	序号	连接物名称	连接导体的材料规格	连接过渡电阻值/Ω
$LPZ0_A$ 区内金属构件、所有穿过各后续防雷分区界面处导电物与防雷装置的电气连接性能	1			
	2			
	3			
	4			
	5			
	6			
	7			
	8			
发电机、齿轮箱、机械制动器、控制柜等金属结构件与防雷装置的电气连接性能	1			
	2			
	3			
	4			
	5			
	6			
	7			
	8			
塔筒内所有金属导体与防雷装置的电气连接性能	1			
	2			
	3			
	4			
	5			
	6			
	7			
	8			
控制柜及塔筒底部与防雷装置的电气连接性能	1			
	2			
	3			
	4			
	5			
	6			
	7			
	8			
备注：				
检测员：			校核人：	
检测日期：			天气状况：	

表 A.4　电涌保护器(SPD)检测表

编号	1	2	3	4	5
安装位置					
产品型号					
安装数量					
U_C 标称值					
I_{imp}、I_n 或 U_{oc}					
电压保护水平 U_P					
I_{ie}测试值					
U_{1mA}测试值					
引线长度					
连线色标					
连线截面/mm^2					
过渡电阻					
级别(电源)					
过电流保护(电源)					
状态指示器(电源)					
脱离器检查(电源)					
绝缘电阻(信号)					
标称频率范围(信号)					
线路对数(信号)					
插入损耗(信号)					

备注：

检测员：	校核人：
检测日期：	天气状况：

附　录　B
（规范性附录）
接闪器、引下线的材料规格及最小截面积

表 B.1 给出了接闪器、引下线的材料规格及最小截面积的要求。

表 B.1　接闪器、引下线的材料规格及最小截面积

材料	形状	最小截面积/mm^2
铜	实心带状	50
	实心圆状	50
	绞线	50
	实心圆状	200
铝	实心带状	70
	实心圆状	50
	绞线	50
铝合金	实心带状	50
	实心圆状	50
	绞线	50
	实心圆状	200
热镀锌钢	实心带状	50
	实心圆状	50
	绞线	50
	实心圆状	200
不锈钢	实心带状	60
	实心圆状	78
	绞线	70
	实心圆状	200

参 考 文 献

［1］ GB/T 18802.22—2008 低压电涌保护器(SPD) 第22部分:电信和信号网络的电涌保护器 选择和使用导则(IEC 61643-22:2004,IDT)

［2］ GB/T 2900.53—2001 电工术语 风力发电机组